国家出版基金资助项目

现代数学中的著名定理纵横谈丛书

丛书主编 王梓坤

Fibonacci- Lucas Sequence and its Application

Fibonacci-Lucas序列及其应用

周持中 袁平之 肖果能 著

哈爾濱工業大學出版社
HARBIN INSTITUTE OF TECHNOLOGY PRESS

内容简介

本书全面系统地研究了斐波那契一卢卡斯序列的理论，主要内容包括：F-L序列的各种表示方法，有关F-L数的恒等式，同余关系与模周期性，整除性与可除性序列，F-L伪素数，值分布和对模的剩余分布，还专辟两章分别介绍了F-L序列在不定方程中的应用以及在数的表示中的应用，此外还介绍了在素性检验及其他方面的一些应用.

本书可作为从事数论、组合论及相应问题研究的科学工作者、相关专业的大学生和研究生的参考书，也可作为高中数学教师的参考读物.

图书在版编目(CIP)数据

Fibonacci-Lucas序列及其应用/周持中，袁平之，肖果能著. —哈尔滨：哈尔滨工业大学出版社，2016.1

(现代数学中的著名定理纵横谈丛书)

ISBN 978-7-5603-5661-7

Ⅰ.①F… Ⅱ.①周…②袁…③肖… Ⅲ.①lucas序列—研究Ⅳ.①O156

中国版本图书馆CIP数据核字(2015)第251394号

策划编辑　刘培杰　张永芹
责任编辑　张永芹　关虹玲
封面设计　孙茵艾
出版发行　哈尔滨工业大学出版社
社　　址　哈尔滨市南岗区复华四道街10号　邮编150006
传　　真　0451－86414749
网　　址　http://hitpress.hit.edu.cn
印　　刷　牡丹江邮电印务有限公司
开　　本　787mm×960mm　1/16　印张37.5　字数480千字
版　　次　2016年1月第1版　2016年1月第1次印刷
书　　号　ISBN 978-7-5603-5661-7
定　　价　88.00元

⊙ 代序

读书的乐趣

你最喜爱什么——书籍.

你经常去哪里——书店.

你最大的乐趣是什么——读书.

这是友人提出的问题和我的回答. 真的,我这一辈子算是和书籍,特别是好书结下了不解之缘. 有人说,读书要费那么大的劲,又发不了财,读它做什么? 我却至今不悔,不仅不悔,反而情趣越来越浓. 想当年,我也曾爱打球,也曾爱下棋,对操琴也有兴趣,还登台伴奏过. 但后来却都一一断交,"终身不复鼓琴". 那原因便是怕花费时间,玩物丧志,误了我的大事——求学. 这当然过激了一些. 剩下来唯有读书一事,自幼至今,无日少废,谓之书痴也可,谓之书橱也可,管它呢,人各有志,不可相强. 我的一生大志,便是教书,而当教师,不多读书是不行的.

读好书是一种乐趣,一种情操;一种向全世界古往今来的伟人和名人求教的方法,一种和他们展开讨论的方式;一封出席各种社会、体验各种生活、结识各种人物的邀请信;一张迈进科学宫殿和未知世界的入场券;一股改造自己、丰富自己的强大力量.书籍是全人类有史以来共同创造的财富,是永不枯竭的智慧的源泉.失意时读书,可以使人重整旗鼓;得意时读书,可以使人头脑清醒;疑难时读书,可以得到解答或启示;年轻人读书,可明奋进之道;年老人读书,能知健神之理.浩浩乎!洋洋乎!如临大海,或波涛汹涌,或清风微拂,取之不尽,用之不竭.吾于读书,无疑义矣,三日不读,则头脑麻木,心摇摇无主.

潜能需要激发

我和书籍结缘,开始于一次非常偶然的机会.大概是八九岁吧,家里穷得揭不开锅,我每天从早到晚都要去田园里帮工.一天,偶然从旧木柜阴湿的角落里,找到一本蜡光纸的小书,自然很破了.屋内光线暗淡,又是黄昏时分,只好拿到大门外去看.封面已经脱落,扉页上写的是《薛仁贵征东》.管它呢,且往下看.第一回的标题已忘记,只是那首开卷诗不知为什么至今仍记忆犹新:

日出遥遥一点红,飘飘四海影无踪.

三岁孩童千两价,保主跨海去征东.

第一句指山东,二、三两句分别点出薛仁贵(雪、人贵).那时识字很少,半看半猜,居然引起了我极大的兴趣,同时也教我认识了许多生字.这是我有生以来独立看的第一本书.尝到甜头以后,我便千方百计去找书,向小朋友借,到亲友家找,居然断断续续看了《薛丁山征西》《彭公案》《二度梅》等,樊梨花便成了我心中的女英雄.我真入迷了.从此,放牛也罢,车水也罢,我总要带一本书,还练出了边走田间小路边读书的本领,读得津津有味,不知人间别有他事.

当我们安静下来回想往事时,往往会发现一些偶然的小事却影响了自己的一生.如果不是找到那本《薛仁贵征东》,我的好学心也许激发不起来.我这一生,也许会走另一条路.人的潜能,好比一座汽油库,星星之火,可以使它雷声隆隆、光照天地;但若少了这粒火星,它便会成为一潭死水,永归沉寂.

抄,总抄得起

好不容易上了中学,做完功课还有点时间,便常光顾图书馆.好书借了实在舍不得还,但买不到也买不起,便下决心动手抄书.抄,总抄得起.我抄过林语堂写的《高级英文法》,抄过英文的《英文典大全》,还抄过《孙子兵法》,这本书实在爱得狠了,竟一口气抄了两份.人们虽知抄书之苦,未知抄书之益,抄完毫末俱见,一览无余,胜读十遍.

始于精于一,返于精于博

关于康有为的教学法,他的弟子梁启超说:"康先生之教,专标专精、涉猎二条,无专精则不能成,无涉猎则不能通也."可见康有为强烈要求学生把专精和广博(即"涉猎")相结合.

在先后次序上,我认为要从精于一开始.首先应集中精力学好专业,并在专业的科研中做出成绩,然后逐步扩大领域,力求多方面的精.年轻时,我曾精读杜布(J. L. Doob)的《随机过程论》,哈尔莫斯(P. R. Halmos)的《测度论》等世界数学名著,使我终身受益.简言之,即"始于精于一,返于精于博".正如中国革命一样,必须先有一块根据地,站稳后再开创几块,最后连成一片.

丰富我文采,澡雪我精神

辛苦了一周,人相当疲劳了,每到星期六,我便到旧书店走走,这已成为生活中的一部分,多年如此.一次,偶然看到一套《纲鉴易知录》,编者之一便是选编《古文观止》的吴楚材.这部书提纲挈领地讲中国历史,上自盘古氏,直到明末,记事简明,文字古雅,又富于故事性,便把这部书从头到尾读了一遍.从此启发了我读史书的兴趣.

我爱读中国的古典小说,例如《三国演义》和《东周列国志》.我常对人说,这两部书简直是世界上政治阴谋诡计大全.即以近年来极时髦的人质问题(伊朗人质、劫机人质等),这些书中早就有了,秦始皇的父亲便是受害者,堪称“人质之父”.

《庄子》超尘绝俗,不屑于名利.其中“秋水”“解牛”诸篇,诚绝唱也.《论语》束身严谨,勇于面世,“己所不欲,勿施于人”,有长者之风.司马迁的《报任少卿书》,读之我心两伤,既伤少卿,又伤司马;我不知道少卿是否收到这封信,希望有人做点研究.我也爱读鲁迅的杂文,果戈理、梅里美的小说.我非常敬重文天祥、秋瑾的人品,常记他们的诗句:“人生自古谁无死,留取丹心照汗青”“谁言女子非英物,夜夜龙泉壁上鸣”.唐诗、宋词、《西厢记》《牡丹亭》,丰富我文采,澡雪我精神,其中精粹,实是人间神品.

读了邓拓的《燕山夜话》,既叹服其广博,也使我动了写《科学发现纵横谈》的心.不料这本小册子竟给我招来了上千封鼓励信.以后人们便写出了许许多多的“纵横谈”.

从学生时代起,我就喜读方法论方面的论著.我想,做什么事情都要讲究方法,追求效率、效果和效益,方法好能事半而功倍.我很留心一些著名科学家、文学家写的心得体会和经验.我曾惊讶为什么巴尔扎克在51年短短的一生中能写出上百本书,并从他的传记中去寻找答案.文史哲和科学的海洋无边无际,先哲们的明智之光沐浴着人们的心灵,我衷心感谢他们的恩惠.

读书的另一面

以上我谈了读书的好处,现在要回过头来说说事情的另一面.

读书要选择.世上有各种各样的书:有的不值一看,有的只值看20分钟,有的可看5年,有的可保存一辈子,有的将永远不朽.即使是不朽的超级名著,由于我们的精力与时间有限,也必须加以选择.决不要看坏书,对一般书,要学会速读.

读书要多思考.应该想想,作者说得对吗?完全吗?适合今天的情况吗?从书本中迅速获得效果的好办法是有的放矢地读书,带着问题去读,或偏重某一方面去读.这时我们的思维处于主动寻找的地位,就像猎人追找猎物一样主动,很快就能找到答案,或者发现书中的问题.

有的书浏览即止,有的要读出声来,有的要心头记住,有的要笔头记录.对重要的专业书或名著,要勤做笔记,“不动笔墨不读书”.动脑加动手,手脑并用,既可加深理解,又可避忘备查,特别是自己的灵感,更要及时抓住.清代章学诚在《文史通义》中说:“札记之功必不可少,如不札记,则无穷妙绪如雨珠落大海矣.”

许多大事业、大作品，都是长期积累和短期突击相结合的产物．涓涓不息，将成江河；无此涓涓，何来江河？

爱好读书是许多伟人的共同特性，不仅学者专家如此，一些大政治家、大军事家也如此．曹操、康熙、拿破仑、毛泽东都是手不释卷，嗜书如命的人．他们的巨大成就与毕生刻苦自学密切相关．

王梓坤

◎前言

常系数线性齐次递归序列，在组合学中是作为一种组合计数的工具被研究的．然而，它的许多美妙的数论性质早已引起人们的注意．在许多场合（特别是在作为数论研究对象的场合），这种序列常与斐波那契或卢卡斯的名字联系起来，盖因这种序列渊源于1202年意大利数学家斐波那契所提的有趣的“兔子问题”，而到19世纪，法国数学家卢卡斯系统地研究了两类整数序列的数论性质，它们属于二阶常系数线性齐次递归序列．进入20世纪以来，特别是60年代以来，人们对这种序列的兴趣迅速增长，以至这种序列已逐步形成数论中的一个专题．随着研究工作的进展，斐波那契和卢卡斯的名字也逐步与高阶的或非整数的线性递增序列挂上了钩．基于上述原因，本书统一称各种常系数线性齐次递归序列为斐波那契－卢卡斯序列，简称F-L序列，称序列中每一项为一个F-L数．

F-L序列自问世以来，不断显示出它在理论上和应用上的重要作用．今天，F-L序列几乎渗透到了数学的各个分支，如数论、代数、组合与图论、计算机科学、微分、差分方程、数值分析、运筹学、概率统计、函数论、几何学等. 此外，在生物学、物理学、化学以及电力工程等方面，F-L 数也有许多用途. 这里特别指出，从数论的角度对 F-L 数进行研究，进展较快，这方面的成果也颇多. 卢卡斯和莱梅（Lehmer）先后利用 F-L 数给出了默森（Mersenne）数 2^p-1 为素数的判据. F-L 数的一些性质被用于大整数分解和求解不定方程. 对 F-L 数的数型研究，解决了某些高次不定方程的求解问题. 1970 年，俄罗斯数学家马季亚谢维奇（Matijasevič）运用斐波那契数的整除性成功地解决了著名的希尔伯特（Hilbert）第十问题. 数的 F-L 表示为 F-L 数的应用进一步开辟了途径. 近些年来，对 F-L 伪素数的研究成了计算数论中一个非常活跃的课题，这在素性检验和现代密码学等方面均有其应用.

国际上对于 F-L 序列的研究正方兴未艾，研究工作者的队伍越来越大，发表论文的数量逐年增多，问题的深度和难度亦日新月异. 有两件大事特别引人注目，一件是 1963 年，Hoggatt 和他的同行们在美国创立了斐波那契协会并开始出版斐波那契季刊（Fibonacci Quarterly）. 另一件是自 1984 年以来召开了五次斐波那契数及其应用的国际会议并出版了论文集. 所有这些，既显示了各国学者们对研究 F-L 序列的这一课题的极大热情，又促进了对这一课题研究范围的扩大和研究工作的深入.

在我国，柯召先生和孙琦先生对 F-L 序列的研究做出出色的工作，徐利治先生的研究工作中也涉及过 F-L 序列. 近年来，对 F-L 序列感兴趣的人越来越多，关于 F-

L序列的研究论文和普及读物也常见于各国层次的书刊.但作者认为,总的来说我国对F-L序列的研究还跟不上国际上蓬勃发展的形势.

作者多年来对F-L序列的研究颇感兴趣.我们不仅十分关注国际上研究工作的进展,并且对其中若干问题的研究亦有所得.目前国内这方面的参考资料很少,一些对F-L序列感兴趣者不了解对F-L序列研究的主要内容和进展情况,研究工作存在一定困难或走了弯路.作者有感于此,遂萌生了为对F-L序列感兴趣者和有志于F-L序列的研究者提供一本专著的想法.这就是本书的缘起.我们试图在本书中全面系统地介绍对F-L序列研究的主要课题,概括国内外的新近成果,其中也包括我们自己的成果,并反映国际上的研究动态.我们希望这样能对我国在F-L序列的研究方面有所促进.

下面谈谈本书的结构与主要内容.在第1章我们建立了F-L序列的各种表示法,其中多值数环是我们试引入的新概念,矩阵表示法过去已出现,但尚不够成熟,我们进行了一些完善和深化工作.这些表示法为我们研究F-L序列提供了有效的工具,同时也使我们对一些传统内容能够进行简单处理或者作出推广.在第2章,我们新建立了高阶F-L序列一系统恒等式.对于二阶F-L序列,我们较全面地总结或推广了已有的恒等式,新建立了若干恒等式.在建立恒等式的过程中,体现了不同于以往的一些较为简便的方法.前两章可以说主要是提供研究工具,从第3章到第6章则主要是研究F-L数的数论性质.第3章研究同余性质和模周期性，第 4 章研究整除性，这些是最基本的数论性质，所以这两章又是第 5，6 两章的基础. 在研究模周期性和整除性时，我们把二阶 F-L 序列的模 m 约束周期和整数 m 在二阶 F-L 序列中的出现秩这两个概念推广到了高阶情形，并得出了一些相应的结果. 我们介绍了用特征根、矩阵、特征多项式研究同余性及模周期性的各种方法和主要结果，还介绍了与整除性相关的内容，即 F-L 数的本原因子，可除性序列和强可除性序列，莱梅序列以及在素性判定中的应用等. 第 5 章介绍了各种 F-L 伪素数的定义、性质、存在性与分布问题以及它们在素性检验中的应用. 这章涉及的内容是当前正在深入研究和不断向前发展的课题. 在第 6 章我们研究了 F-L 序列的单值性，零类分布与任意值分布，两序列的公共值，对模的剩余分布等问题，特别对于对模的一致分布做了较详尽的讨论，第 7 章主要介绍 F-L 序列在不定方程中的应用，同时也涉及研究不定方程中常用的一些方法. 本章从阐述 F-L 序列与不定方程的关系入手，然后介绍了几种初等方法，简要介绍了 p－adic 方法，超几何级数方法和贝克(Baker)有效方法，介绍了对一些典型不定方程研究的主要结果. 第 8 章介绍了 F-L 数在数的表示中的应用，同时介绍了 F-L 整数的舍入函数表示以及 Stolarsky 数阵. 这些内容，与实际应用有较紧密的联系. 从逻辑顺序看，前四章有先后依赖关系，后四章则基本上是相互独立的.

我们撰写本书时的立足点是，假定读者已具备相当的分析、代数和数论知识及初步的组合论知识. 在此条件下，为方便读者，本书尽量做到自我封闭.除了显然的、读者已知的或常见参考书中已有的结论以及个别特殊的情况外，本书中的引理或定理均给出了证明.有些涉及知识面过多或证明过程过长的定理，我们就只介绍其结果，而不作正式定理列出.

F-L序列所涉及的面很广，有些内容也很深.由于篇幅所限，我们在选材时不得不有所取舍.比如，关于F-L数的数型，虽在第7章中有所涉及，但还有大量丰富的内容不可能详细讨论到.对于F-L序列的各种推广（非齐次序列，多元序列，带实数下标或矩阵下标的序列，各种F-L多项式等）则不能涉及.关于F-L序列的应用，除了第7，8章的专门内容以及穿插在前面相关章节的内容外，还有许多很有价值的内容也只好割爱.但是，对于F-L序列最主要的内容我们都基本上涉及了.

值得提出的是，本书还有两位撰稿人，他们为本书合写了第7章.一位撰稿人是肖果能，他从本书构思和制订写作计划起就投入了工作，审阅了第1章样稿并参与了其中第一、二节的修改工作.后虽其他工作任务较多，但始终关心和支持本书的撰写工作，仍挤时间完成了第7章第一至二节的书稿.另一位撰稿人是袁平之，完成了第7章第三至七节书稿，其中有些内容是他本人的成果.袁平之还对全部书稿进行了较仔细阅读，提出了一些宝贵意见，所以，肖、袁两位对本书的出版贡献都是很大的.

在本书出版之际，我要衷心感谢谭彬生、周平阶、漆召光、刘新整等同志，他们始终热情地关心和支持本书的撰写工作，为我们提供了许多有利条件．另外，我们还要感谢周敢和谭莉热心而又有益的帮助．

由于时间仓促，水平有限，本书疏漏之处在所难免，恳请读者不吝赐教，批评指正．

周持中

2014 年 12 月

目录

第 1 章　k 阶 F-L 序列　//1

1.1　F-L 序列空间　//1

1.1.1　F-L 序列空间　//1

1.1.2　序列的拓展与移位　//3

1.1.3　奇异 F-L 序列空间　//6

1.2　特征根表示　//7

1.2.1　De Moivre 公式　//7

1.2.2　多值数环　//10

1.2.3　F-L 序列的多值特征根表示　//11

1.2.4　共轭序列的特征根表示　//14

1.3　特征多项式表示　//16

1.3.1　F-L 序列的特征多项式表示　//16

1.3.2　正则单扩环 $FV_{k,1}^{*}(\theta)$　//18

1.4　矩阵表示　//20

1.4.1　F-L 序列的矩阵表示　//20

1.4.2　矩阵表示的特征根形式　//24

1.4.3　环 $M_F(A)$　//26

1.5　母函数　//28

1.5.1　普母函数　//28

1.5.2 既约母函数与极小多项式 //30
1.5.3 F-L 序列的积与幂的母函数 //32
1.6 通项公式与求和公式 //41
1.6.1 由特征根表示法导出的通项公式 //41
1.6.2 由母函数导出的通项公式 //43
1.6.3 求和公式 //46
1.7 周期性 //49
1.7.1 周期的定义和性质 //49
1.7.2 周期性与特征根的关系 //51
1.7.3 周期性与特征多项式的关系 //52
1.7.4 周期性与联结矩阵的关系 //55
1.7.5 周期性与母函数的关系 //58
参考文献 //58
第 2 章 有关 F-L 数的恒等式 //62
2.1 高阶恒等式 //62
2.1.1 基本引理 //62
2.1.2 有关下标和、差、倍的恒等式 //64
2.1.3 含 F-L 数的积与幂的恒等式 //66
2.1.4 F-L 数的和式的恒等式 //69
2.1.5 广 k 阶 F 序列与广 k 阶 L 序列的恒等式 //74
2.2 关于下标和、差的二阶恒等式 //77
2.2.1 二阶 F-L 序列表示法的特点 //77
2.2.2 基本公式 //79
2.2.3 相关序列及基本公式的推论 //79
2.3 含 F-L 数的积与幂的二阶恒等式 //84
2.3.1 基本公式 //84

2.3.2　基本公式的推广　//86
2.3.3　降幂、升幂与倍比公式　//90
2.4　二阶 F-L 数的和式的恒等式　//93
2.4.1　线性和　//93
2.4.2　乘积和　//95
2.5　二阶 F-L 数的组合恒等式　//104
2.5.1　方法概述及基本组合恒等式　//104
2.5.2　涉及多项式系数的组合恒等式　//110
2.5.3　含 F-L 数积与幂的组合恒等式　//111
2.6　二阶 F-L 数的倒数和及有关恒等式　//120
2.6.1　有穷多项的和　//120
2.6.2　无穷多项的和　//124
2.7　关于二阶 F-L 数的积与幂的恒等式的一般方法　//132
2.7.1　特征多项式　//132
2.7.2　极小多项式　//136
2.7.3　恒等式　//142
2.7.4　和式　//161
参考文献　//172
第 3 章　同余关系与模周期性　//179
3.1　一般概念和引理　//179
3.1.1　Ω_Z 的相关环及其中的同余关系　//179
3.1.2　模序列的拓展　//184
3.2　同余性质　//185
3.2.1　下标成等差数列的子序列的同余性质　//185
3.2.2　主序列及主相关序列的同余性质　//190

3.2.3 以 F-L 数为模的同余关系 //195
3.3 一般 F-L 序列的模周期性 //199
3.3.1 模周期的概念与性质 //199
3.3.2 用相关环中元素的阶研究序列的模周期 //200
3.3.3 用多项式的模周期研究序列的模周期 //207
3.4 二阶和某些三阶序列的模周期性 //217
3.4.1 一般二阶序列的模周期 //217
3.4.2 斐波那契序列的模周期 //227
3.4.3 $\Omega_Z(a,b,1)$中序列的模周期 //235
参考文献 //237
第 4 章 整除性与可除性序列 //240
4.1 整除性 //240
4.1.1 因数在序列中的出现秩 //240
4.1.2 k 阶 F-L 数的整除性 //245
4.1.3 二阶 F-L 数的整除性 //247
4.2 F-L 数之本原因子 //257
4.2.1 基本概念与引理 //257
4.2.2 几个结果的证明 //267
4.3 可除性序列 //274
4.3.1 可除性序列 //274
4.3.2 强可除性序列 //278
4.4 莱梅序列 //288
4.4.1 基本概念与同余性质 //288
4.4.2 整除性 //293
4.4.3 素性判定 //295

参考文献 //297
第 5 章 F-L 伪素数 //302
5.1 斐波那契伪素数 //302
5.1.1 引言 //302
5.1.2 fpsp 的性质 //304
5.1.3 构造 fpsp 的一种方法 //306
5.1.4 偶 fpsp 的存在性问题 //309
5.2 一般二阶 F-L 伪素数 //317
5.2.1 m—fpsp 和 M—sfpsp //317
5.2.2 lpsp //322
5.2.3 存在性与分布 //326
5.2.4 在素性检验中的应用 //330
5.3 Perrin 伪素数及其他 //333
5.3.1 Perrin 伪素数 //333
5.3.2 伪素数的进一步发展 //339
参考文献 //340
第 6 章 值分布和对模的剩余分布 //344
6.1 值分布 //344
6.1.1 二阶序列的单值性 //344
6.1.2 二阶序列的零点分布与任意值分布 //352
6.1.3 一般序列的值分布 //360
6.2 两个序列的值之间的关系 //364
6.2.1 两个二阶序列的公共值 //364
6.2.2 两个 k 阶序列的公共值 //369
6.3 对模的剩余分布 //373
6.3.1 二阶模 p 序列的结构 //373

6.3.2 对一类二阶序列具有不完全剩余系的素数 //378
6.3.3 一个周期中剩余出现的次数 //383
6.4 对模的一致分布 //391
6.4.1 对模一致分布的性质与必要条件 //391
6.4.2 对模的 f——致分布 //398
6.4.3 对任意整数模一致分布的充要条件 //404
6.4.4 其他情形简介 //407
参考文献 //408
第 7 章 F-L 序列与不定方程 //415
7.1 二阶 F-L 序列与二次不定方程 //415
7.1.1 $\Omega_Z(a,\pm 1)$中的序列与不定方程 //415
7.1.2 皮尔方程的解的递归表示 //417
7.1.3 不定方程 $X^2-Y^2=ck^n$ 的解 //419
7.1.4 不定方程 $X^2-DY^2=c$ 的解 //421
7.1.5 不定方程 $aX^2+bY^2=cp^n$ 的解 //423
7.2 初等方法(一) //427
7.2.1 幂数问题 //427
7.2.2 Störmer 定理及其推广和应用 //433
7.3 初等方法(二) //440
7.3.1 概述 //440
7.3.2 不定方程 $Ax^4-By^2=4(c=4,1)$ //441
7.3.3 不定方程 $x^3-1=Dy^2$ //451
7.3.4 不定方程 $x^2-x+6=6y^2,x+1=z^2$ //454
7.4 柯召－Terjanian－Rotkiewicz 方法 //459

7.4.1　雅可比符号$\left(\frac{P_n}{P_m}\right)$　//459
7.4.2　雅可比符号在某些与莱梅数有关的不定方程中的应用　//470
7.4.3　在不定方程 $Ax^4-By^2=1$ 中的应用　//478
7.5　p—adic 方法　//481
7.5.1　简介　//481
7.5.2　不定方程 $x^2+7=2^n$　//482
7.5.3　不定方程 $ax^2+D=p^n$ 或 $4p^n$　//484
7.6　超几何级数方法　//488
7.6.1　引言　//488
7.6.2　超几何级数基础　//488
7.6.3　不定方程 $ax^2+D=4p^n$　//494
7.6.4　不定方程 $ax^2-D=cp^n,c=1,2,4$ 简介　//499
7.7　贝克有效方法　//501
7.7.1　引言和基本结论　//501
7.7.2　主要问题和结论　//503
7.7.3　定理的证明　//506
7.7.4　联立不定方程和 P_k—数组　//511
参考文献　//517
第8章　数的斐波那契表示　//528
8.1　整数的斐波那契表示　//528
8.1.1　自然数的斐波那契表示　//528
8.1.2　F 表示中的加项个数　//538
8.1.3　两个斐波那契 Nim　//547
8.2　F-L 连分数　//549

8.2.1　斐波那契连分数　//549
8.2.2　广义斐波那契连分数　//553
8.3　F-L 整数的舍入函数表示　//557
8.3.1　由特征根的幂产生的舍入函数　//557
8.3.2　舍入函数[αn+0.5]的迭代　//563
8.3.3　Stolarsky 数阵　//567
参考文献　//573

第1章 k阶F-L序列

本章我们首先给出广泛意义下的F-L序列的概念，建立F-L序列的几种表示法，即特征根表示法、特征多项式表示法、矩阵表示法和母函数表示法. 在特征根表示法中，我们试引入了多值数环的概念，这是我们新近建立的一种研究F-L序列的方法. 然后我们介绍关于F-L序列的两个基本问题，即通项与求和公式问题及周期性问题. 本章所讨论的内容是进一步研究F-L序列的基础.

1.1 F-L序列空间

1.1.1 F-L序列空间

由常系数齐次线性递归关系

$$u_{n+k}=a_1u_{n+k-1}+\cdots+a_ku_n\ (a_k\neq 0,n\geqslant 0) \tag{1.1.1}$$

和初始条件

$$u_0=c_0,u_1=c_1,\cdots,u_{k-1}=c_{k-1} \tag{1.1.2}$$

确定的序列

$$\mathfrak{u}=\mathfrak{u}(c_0,c_1,\cdots,c_{k-1})=\{u_n\}_0^\infty=\{u_n(c_0,c_1,\cdots,c_{k-1})\}_0^\infty \tag{1.1.3}$$

其中 $a_1,\cdots,a_k,c_0,\cdots,c_{k-1}$ 在数域 F 中取值，称为数域 F 上的 k 阶**斐波那契一卢卡斯序列**，简称 k 阶 F-L **序列**. 序列中的每一项称为一个 F-L **数**.

注意：式(1.1.3)中黑哥德体 $\mathfrak{u}$ 表示整个序列，非黑体的 u_n 表示序列的第 n 项，$c_0,\cdots,c_{k-1}$ 表示序列的初始值，需要分清.

我们还指出，这里虽然是在数域之中研究 F-L 序列，但所用的方法及所得的结果，除了与域的特征有关的情形外，对有限域也是适用的，因而对一般域也是适用的.

适合递归关系式(1.1.1)的 F-L 序列的集合记为 $\Omega=\Omega(a_1,\cdots,a_k)$.

我们把 Ω 中的每个序列 $\mathfrak{u}=(u_0,u_1,\cdots,u_n,\cdots)$ 看作一个无穷维向量，则由递归关系式(1.1.1)的线性性和齐次性可知，当 $\mathfrak{u},\mathfrak{v}\in\Omega$ 时，$\mathfrak{u}+\mathfrak{v}\in\Omega$；当 $\mathfrak{u}\in\Omega$，$\lambda\in F$ 时，$\lambda\mathfrak{u}\in\Omega$. 因此 Ω 构成 F 上的无穷维向量空间的一个子空间，称为由式(1.1.1)确定的 k 阶 F-L **序列空间**. 作映射 φ: $\Omega(a_1,\cdots,a_k)\to F^k$，对每个 $\mathfrak{u}(c_0,c_1,\cdots,c_{k-1})\in\Omega$，令

$$\mathfrak{u}(c_0,c_1,\cdots,c_{k-1})\to(c_0,c_1,\cdots,c_{k-1}) \tag{1.1.4}$$

则易知 φ 为同构映射，因而 Ω 为无穷维向量空间的一个 k 维线性子空间. 在 Ω 中取如下的 k 个序列

$$\begin{cases}\mathfrak{u}^{(0)}=\mathfrak{u}(1,0,0,\cdots,0,0)\\ \mathfrak{u}^{(1)}=\mathfrak{u}(0,1,0,\cdots,0,0)\\ \qquad\vdots\\ \mathfrak{u}^{(k-1)}=\mathfrak{u}(0,0,0,\cdots,0,1)\end{cases} \tag{1.1.5}$$

则由式(1.1.4)可知,$\mathbf{u}^{(0)},\mathbf{u}^{(1)},\cdots,\mathbf{u}^{(k-1)}$线性无关,并且组成$\Omega$的一个基,称之为$\Omega$中的**基本序列**.这样,我们有:

引理1.1.1　Ω中的任一序列$\mathbf{u}(c_0,c_1,\cdots,c_{k-1})$均可由其基本序列$\mathbf{u}^{(0)},\mathbf{u}^{(1)},\cdots,\mathbf{u}^{(k-1)}$唯一地表示为

$$\mathbf{u}=c_0\mathbf{u}^{(0)}+c_1\mathbf{u}^{(1)}+\cdots+c_{k-1}\mathbf{u}^{(k-1)} \tag{1.1.6}$$

上式在应用中常写成关于序列的项的恒等式,即

$$u_n=c_0u_n^{(0)}+c_1u_n^{(1)}+\cdots+c_{k-1}u_n^{(k-1)} \tag{1.1.6$'$}$$

1.1.2　序列的拓展与移位

由式(1.1.1)我们有

$$u_n=(u_{n+k}-a_1u_{n+k-1}-\cdots-a_{k-1}u_{n+1})/a_k\ (n\geqslant 0) \tag{1.1.7}$$

但当$n=-1$时,式(1.1.7)的右端有意义,我们以之定义u_{-1},依此类推,可定义一切$u_{-n}(n>0)$.因此,对每个$\{u_n\}_0^{+\infty}\in\Omega$,我们可按式(1.1.7)拓展成为$\{u_n\}_{-\infty}^{+\infty}$.今后若无特别声明,我们都是研究拓展后的F-L序列,而视Ω为拓展后的F-L序列的集合.这时,Ω仍是k维线性空间,式(1.1.6)仍然成立,而式(1.1.1)及式(1.1.7)则对任意的$n\in\mathbf{Z}$均成立,即拓展以后,递归关系依然保持.

设E为移位算子,即

$$Eu_n=u_{n+1} \tag{1.1.8}$$

对于拓展后的F-L序列,对任何$j\in\mathbf{Z}$,在式(1.1.1)中以$n+j$代n可得

$$E^ju_{n+k}=a_1E^ju_{n+k-1}+\cdots+a_kE^ju_n$$

因此,令

$$v_n=E^ju_n=u_{n+j}\ (n\in\mathbf{Z}) \tag{1.1.9}$$

时,则$\mathbf{v}=\{v_n\}$仍适合递归关系式(1.1.1),且是$\mathbf{u}$向

左($j>0$)或右($j<0$)推移的结果. 这就是说,在 E^j 的作用下,Ω 中以 $u_0, u_1, \cdots, u_{k-1}$ 为初始值的序列的第 $n+j$ 项变成了 Ω 中以 $u_j, u_{j+1}, \cdots, u_{j+k-1}$ 为初始值的序列的第 n 项,即对一切 $n\in \mathbf{Z}$ 有

$$u_{n+j}(u_0, u_1, \cdots, u_{k-1}) = v_n(u_j, u_{j+1}, \cdots, u_{j+k-1}) \tag{1.1.10}$$

特别地,当 $j=\pm 1$ 时,由式(1.1.1)及式(1.1.7)可得:

引理 1.1.2 设 $\mathbf{u}(c_0, \cdots, c_{k-1})\in \Omega(a_1, \cdots, a_k)$,$\mathbf{u}, \mathbf{v}$ 有关系式(1.1.9),则对一切 $n\in \mathbf{Z}$ 有

$$u_{n-1}(c_0, \cdots, c_{k-1}) = v_n(d, c_0, \cdots, c_{k-2}) \tag{1.1.11}$$

其中

$$d = (c_{k-1} - a_1 c_{k-2} - \cdots - a_{k-1} c_0)/a_k$$

$$u_{n+1}(c_0, \cdots, c_{k-1}) = v_n(c_1, \cdots, c_{k-1}, d) \tag{1.1.12}$$

其中

$$d = a_1 c_{k-1} + a_2 c_{k-2} + \cdots + a_k c_0$$

由式(1.1.6′)知

$$v_n(u_j, \cdots, u_{j+k-1}) = u_j u_n^{(0)} + \cdots + u_{j+k-1} u_n^{(k-1)} \tag{1.1.13}$$

特别地,当 $j=1$,而 $\mathbf{u}=\mathbf{u}^{(i)}$ $(i=0,1,\cdots,k-1)$时,由式(1.1.11)知

$$u_{n-1}^{(i)} = v_n(-a_{k-i-1}/a_k, 0, \cdots, 0, 1, 0, \cdots, 0)$$

$$(0\leqslant i\leqslant k-2)$$

$$u_{n-1}^{(k-1)} = v_n(1/a_k, 0, \cdots, 0)\text{(第 } i+1 \text{ 位)}$$

故由式(1.1.13)得:

引理 1.1.3 设 $\mathbf{u}^{(i)}$ $(i=0, \cdots, k-1)$ 为 $\Omega(a_1, \cdots, a_k)$ 中的基本序列,则对于一切 $n\in \mathbf{Z}$

$$u_{n-1}^{(i)}=(-a_{k-i-1}/a_k)u_n^{(0)}+u_n^{(i+1)}(0\leqslant i\leqslant k-2) \tag{1.1.14}$$

$$u_{n-1}^{(k-1)}=u_n^{(0)}/a_k \tag{1.1.15}$$

将式(1.1.15)代入式(1.1.14),还有

$$u_{n-1}^{(i)}=-a_{k-i-1}u_{n-1}^{(k-1)}+u_n^{(i+1)}(0\leqslant i\leqslant k-2) \tag{1.1.16}$$

利用式(1.1.15),(1.1.16),可以将 $\Omega(a_1,\cdots,a_k)$ 中诸基本序列的项由 $\mathbf{u}^{(k-1)}$ 的项线性表示,即有:

引理 1.1.4　对任意 $n\in\mathbf{Z}$,有

$$u_n^{(i)}=a_{k-i}u_{n-1}^{(k-1)}+a_{k-i+1}u_{n-2}^{(k-1)}+\cdots+a_k u_{n-i-1}^{(k-1)} \tag{1.1.17}$$

及

$$u_n^{(i)}=u_{n+k-i-1}^{(k-1)}-a_1u_{n+k-i-2}^{(k-1)}-\cdots-a_{k-i-1}u_n^{(k-1)}$$
$$(i=0,1,\cdots,k-2) \tag{1.1.18}$$

证　当 $i=0$ 时,由式(1.1.15)知式(1.1.17)成立.设对 $i(<k-2)$式(1.1.17)已成立,则由式(1.1.16)知

$$u_n^{(i+1)}=u_{n-1}^{(i)}+a_{k-i-1}u_{n-1}^{(k-1)}=$$
$$a_{k-i+1}u_{n-1}^{(k-1)}+a_{k-i}u_{n-2}^{(k-1)}+\cdots+a_ku_{n-i-2}^{(k-1)}$$

由式(1.1.17)得证.对式(1.1.18)可于式(1.1.16)中由 $i=k-2$ 开始仿上面的方法证明.

将式(1.1.17),(1.1.18)代入式(1.1.16),又可得到 $\Omega(a_1,\cdots,a_k)$ 中的任一序列 $\mathbf{u}$ 的项由基本序列 $\mathbf{u}^{(k-1)}$ 的项的线性表示法,即下面的:

引理 1.1.5　对任意的 $n\in\mathbf{Z}$,有

$$u_n=b_{k-1}u_n^{(k-1)}+b_{k-2}u_{n-1}^{(k-1)}+\cdots+b_0u_{n-k+1}^{(k-1)} \tag{1.1.19}$$

及

$$u_n = d_0 u_n^{(k-1)} + d_1 u_{n+1}^{(k-1)} + \cdots + d_{k-1} u_{n+k-1}^{(k-1)} \tag{1.1.20}$$

其中

$$b_{k-1} = u_{k-1}$$
$$b_{k-i-1} = a_{i+1} u_{k-2} + a_{i+2} u_{k-3} + \cdots + a_k u_{i-1}$$
$$(i = 1, \cdots, k-1) \tag{1.1.21}$$
$$d_{k-1} = u_0$$
$$d_i = u_{k-1-i} - a_1 u_{k-2-i} - \cdots - a_{k-1-i} u_0$$
$$(i = 0, 1, \cdots, k-2) \tag{1.1.22}$$

1.1.3 奇异 F-L 序列空间

在式(1.1.1)中若允许 $a_k = 0$,可以证明 $\Omega(a_1, \cdots, a_k)$仍构成 k 维线性空间,这时,称此线性空间为**奇异的**,而称适合 $a_k \neq 0$ 时的空间为**非奇异的**,以示区别.

对于奇异的 F-L 序列空间 $\Omega(a_1, \cdots, a_k)$,由于 $a_k = 0$,因而式(1.1.7)无意义,故由式(1.1.1),(1.1.2)确定的序列 $\mathbf{u}$ 不能依式(1.1.7)来拓展.这时,若

$$u_{k-1} = a_1 u_{k-2} + \cdots + a_{k-1} u_0 \tag{1.1.23}$$

成立,则 $\mathbf{u} = \mathbf{u}(u_0, \cdots, u_{k-2}) \in \Omega(a_1, \cdots, a_{k-1})$;若式(1.1.23)不成立,则 $\mathbf{u} \notin \Omega(a_1, \cdots, a_{k-1})$.对于前一情况,若 $a_{k-1} \neq 0$,则 $\mathbf{u}$ 已属一个 $k-1$ 维非奇异 F-L 序列空间.若 $a_{k-1} = 0$,我们可继续仿上考虑.如果我们排除 $a_1, \cdots, a_k$ 全为 0 的情况,那么最后只有两种可能:(1)存在某个 k',$1 \leqslant k' < k$,$a_{k'} \neq 0$,$\mathbf{u} \in \Omega(a_1, \cdots, a_{k'})$.(2)存在某个 k'',$1 \leqslant k'' < k$,$a_{k''} = 0$,$\mathbf{u} \in \Omega(a_1, \cdots, a_{k''})$,但 $\mathbf{u} \notin \Omega(a_1, \cdots, a_{k''-1})$.在情形(2),设适合 $a_i \neq 0$ 的最大 i 为 t,那么,去掉 $\mathbf{u}$ 最前面 $k-t$ 项以后,所得序列为非奇异空间$\Omega(a_1, \cdots, a_t)$中的序列.这说明奇异空间的任一序列必与非奇异空间的某个序列至多只有若干初始项的

差别.

今后若无特别声明,则 $\Omega(a_1,\cdots,a_k)$ 均指非奇异F-L序列空间.但一切与 $a_k\neq0$ 无关的结论对奇异空间亦然成立,这时一般只考虑 u_n 的下标 $n\geqslant0$.特别地我们指出,引理1.1.3～1.1.5也可由式(1.1.12)指出,故对 $a_k=0$ 仍有效.

1.2　特征根表示

1.2.1　De Moivre 公式

设 $\Omega=\Omega(a_1,\cdots,a_k)$ 为F-L序列空间,称多项式

$$f(x)=x^k-a_1x^{k-1}-\cdots-a_k \tag{1.2.1}$$

为 Ω 及 Ω 中的每个序列的**特征多项式**. $f(x)$的根称为它们的**特征根**,设这些根为 $x_1,\cdots,x_k$,则

$$x_i^k=a_1x_i^{k-1}+\cdots+a_k(i=1,\cdots,k) \tag{1.2.2}$$

于是

$$x_i^{n+k}=a_1x_i^{n+k-1}+\cdots+a_kx_i^n(n\in\mathbf{Z})$$

此式表明,等比数列 $\{x_i^n\}_{-\infty}^{+\infty}$ 适合递归关系式(1.1.1),因而

$$\{x_i^n\}_{-\infty}^{+\infty}=\mathbf{u}(1,x_i,\cdots,x_i^{k-1})\in\Omega(a_1,\cdots,a_k)$$
$$(i=1,2,\cdots,k)$$

故由式(1.1.6′),$\{x_i^n\}$的项均可表示为 Ω 中的基本序列的项的线性组合,即有:

定理1.2.1　设 $\mathbf{u}^{(i)}(i=0,\cdots,k-1)$ 为 $\Omega(a_1,\cdots,a_k)$ 的基本序列,$x_1,\cdots,x_k$ 为它的特征根,则对一切 $n\in\mathbf{Z}$

$$x_i^n=u_n^{(k-1)}x_i^{k-1}+\cdots+u_n^{(1)}x_i+u_n^{(0)}(i=1,\cdots,k) \tag{1.2.3}$$

式(1.2.3)称为 De Moivre **公式**(或 De Moivre **恒等式**). De Moivre 首先对$\Omega(1,1)$中的$\{u_n^{(1)}\}=\{f_n\}$(即原来的意义下的斐波那契序列),$\{u_n^{(0)}\}=\{f_{n-1}\}$及特征根 $x_{1,2}=(1+\pm\sqrt{5})/2$ 建立了公式

$$x_i^n=f_nx_i+f_{n-1}(i=1,2) \qquad (1.2.4)$$

又对 $l_0=2,l_1=1,\{l_n\}\in\Omega(1,1)$(即原来意义下的卢卡斯序列)有 $l_n=f_n+2f_{n-1}$,因而式(1.2.4)可改写为

$$[(1\pm\sqrt{5})/2]^n=(l_n\pm\sqrt{5}f_n)/2 \qquad (1.2.5)$$

此式称为 De Moivre **型等式**[22]. 文献[18]和[19]对$\Omega(1,1,1)$及$\Omega(1,1,1,1)$得出了类似于式(1.2.5)的公式,其方法是求出特征根,计算特征根的一系列的幂,观察发现规律,然后用数学归纳法证明. 其实,如果利用式(1.2.3),对于$k=4$的情形,只要计算出 x_i^2 和 x_i^3 即可得出类似于式(1.2.5)的公式.

我们可以看到,在式(1.1.4)所定义的同构映射下,k 个序列$\{x_i^n\}(i=1,\cdots,k)$对应于 k 维向量组

$$\{(1,x_i,x_i^2,\cdots,x_i^{k-1})\mid i=1,\cdots,k\}$$

当特征多项式无重根时,上述向量组构成的行列式(k 阶 Vandermonde 行列式)不为 0,由此可知序列组

$$\{\{x_i^n\}=\mathbf{u}(1,x_i,x_i^2,\cdots,x_i^{k-1})\mid i=1,2,\cdots,k\}$$

构成 F-L 序列空间$\Omega(a_1,\cdots,a_k)$的一个基.

对于Ω有重特征根的情形,我们要做更加细致的考察.

为简便,$\Omega(a_1,\cdots,a_k)$的特征多项式为 $f(x)$时也记$\Omega=\Omega(f(x))$.

引理 1.2.1 设 x_i 为$\Omega(a_1,\cdots,a_k)=\Omega(f(x))$的 m_i 重特征根,则对一切$n\in\mathbf{Z},j=0,1,\cdots,m_{i+1}$有

$$(n+k)^j x_i^{n+k}=a_1(n+k-1)^j x_i^{n+k-1}+\cdots+a_{k-1}(n+1)^j x_i^{n+1}+a_k n^j x_i^n \quad (1.2.6)$$

及

$$(n+k)_j x_i^{n+k}=a_1(n+k-1)_j x_i^{n+k-1}+\cdots+a_{k-1}(n+1)_j x_i^{n+1}+a_k(n)_j x_i^n \quad (1.2.7)$$

规定 $0^0=1$ 及 $(0)_0=1$（注意：$(m)_j=m(m-1)\cdots(m-j+1)$）.

证　x_i 为 $f(x)=x^k-a_1x^{k-1}-\cdots-a_k$ 的 m_i 重根，因而当 $n\geqslant 0$ 时也为 $g(x)=x^n f(x)=x^{n+k}-a_1x^{n+k-1}-\cdots-a_kx^n$ 的 m_i 重根，于是为 $g'(x)=(n+k)x^{n+k-1}-a_1(n+k-1)x^{n+k-2}-\cdots-a_knx^{n-1}$ 的 m_i-1 重根，因而也是 $g_1(x)=xg'(x)$ 的 m_i-1 重根. 假设 x_i 已是 $g_{j-1}(x)=(n+k)^{j-1}x^{n+k}-a_1(n+k-1)^{j-1}x^{n+k-1}-\cdots-a_kn^{j-1}x_i^n$ 的 $m_i-(j-1)$ 重根 $(j<m_i)$，则它是 $g_j(x)=xg'_{j-1}(x)=(n+k)^jx^{n+k}-a_1(n+k-1)^jx^{n+k-1}-\cdots-a_kn^jx_i^n$ 的 $m-j$ 重根. 故上述结论对 $j=0,\cdots,m_i-1$ 均成立. 由 $g_j(x_i)=0$ 即得式(1.2.6)，它已对 $n\geqslant 0$ 成立. 又因为 $x_i\neq 0$①，故式(1.2.6)等价于

$$(n+k)^j x_i^k=a_1(n+k-1)^j x_i^{k-1}+\cdots+a_{k-1}(n+1)^j x_i+a_k n^j$$

它两边均为 n 的多项式. 由多项式恒等定理知它对一切 $n\in\mathbf{Z}$ 成立.

由 $x_i^j g^{(j)}(x_i)=0$ 得式(1.2.7)，它已对 $n\geqslant 0$ 成立，同理可证它对一切 $n\in\mathbf{Z}$ 成立.

定理 1.2.2　设 $\mathbf{u}^{(i)}(i=0,\cdots,k-1)$ 为 $\Omega(a_1,\cdots,$

---

①请注意我们在1.1末尾的说明，一般指 Ω 为非奇异的. 以后同此.

a_k)的基本序列,x_i 为它的 m_i 重特征根,则对一切 $n\in\mathbf{Z}$ 及 $j=0,\cdots,m_i-1$ 有

$$n^j x_i^n = u_n^{(k-1)}\cdot(k-1)^j x_i^{k-1}+\cdots+u_n^{(1)}\cdot 1^j x_i+u_n^{(0)}\cdot 0^j \tag{1.2.8}$$

及

$$(n)_j x_i^n = u_n^{(k-1)}(k-1)_j x_i^{k-1}+\cdots+u_n^{(1)}(1)_j x_i+u_n^{(0)}(0)_j \tag{1.2.9}$$

证 由式(1.2.6)知$\{n^j x_i^n\}\in\Omega$,又其初始值为 0^j,$1^j x_i,\cdots,(k-1)^j x_i^{k-1}$,故由式(1.1.6′)证得式(1.2.8).同理可证式(1.2.9).

1.2.2 多值数环

为把 Ω 的诸特征根作为一个整体进行探究,以更便于应用,我们引入多值数的概念.

一个 $k(\geqslant 2)$元的有序数组 $\theta=(x_1,\cdots,x_k)$,其中 $x_1,\cdots,x_k$ 在某个数域 D 上取值,称为数域 D 上的 k 值数. 2 值以上的数统称多值数.在 $\theta=(x_1,\cdots,x_k)$中,$x_i(i=1,\cdots,k)$称为它的第 i 个分值.若诸分值互异,称 θ 为真 k 值数;若诸分值均为整数,称 θ 为 k 值整数,其他如 k 值复(实、有理……)数等概念仿此.

规定两个 k 值数相等,当且仅当其对应的分值全部相等,k 值数的运算法则定义如下:

(1)加法.两个 k 值数相加,各对应分值相加,即

$$(x_1,\cdots,x_k)+(y_1,\cdots,y_k)=(x_1+y_1,\cdots,x_k+y_k)$$

(2)乘法.两个 k 值数相乘,各对应分值相乘,即

$$(x_1,\cdots,x_k)\cdot(y_1,\cdots,y_k)=(x_1y_1,\cdots,x_ky_k)$$

不难看出,数域 D 上的全体 k 值数关于上述加法和乘法构成一个含有单位元的交换环,我们称之为数域 D 上的 k **值数环**,记为 DV_k.

对 k 值数 $\theta=(x_1,\cdots,x_k)$，规定 $T(\theta)=x_1+\cdots+x_k$ 为它的**迹**，$N(\theta)=x_1x_2\cdots x_k$ 为它的**范数**，则

$$\Delta(\theta)=\begin{vmatrix}1 & 1 & \cdots & 1\\ x_1 & x_2 & \cdots & x_k\\ x_1^2 & x_2^2 & \cdots & x_k^2\\ \vdots & \vdots & & \vdots\\ x_1^{k-1} & x_2^{k-1} & \cdots & x_k^{k-1}\end{vmatrix}^2=\prod_{1\leqslant j<i\leqslant k}(x_i-x_j)^2$$

为它的**判别式**.

显然有：

引理 1.2.2　k 值数 θ 可逆的充要条件是 $N(\theta)\neq 0$.

当 θ 可逆时，另一 k 值数 α 与它的商定义为 $\alpha/\theta=\alpha\cdot\theta^{-1}$.

引理 1.2.3　k 值数 θ 为真 k 值数的充要条件是 $\Delta(\theta)\neq 0$.

引理 1.2.4　对两个 k 值数 α,β，有 $T(\alpha+\beta)=T(\alpha)+T(\beta)$ 及 $N(\alpha\beta)=N(\alpha)N(\beta)$.

DV_k 的子集 $DV_{k,1}=\{(a,\cdots,a)\mid a\in D\}$ 显然构成 DV_k 的子环，并与作为环的 D 同构. 故在不引起混淆的情况下，我们简记 $(a,\cdots,a)=a$. 今后在出现多值数的场合中我们一般用希腊字母表多值数，用英文字母表普通数. 如果在一个式子中出现了两种字母，则英文字母表 $DV_{k,1}$ 中的数.

1.2.3　F-L序列的多值特征根表示

数域 F 上的多项式

$$f(x)=x^k-a_1x^{k-1}-\cdots-a_k \qquad (1.2.10)$$

其根 $x_1,\cdots,x_k$ 一般为某个扩域 D 中的数. 因此 $\theta=(x_1,\cdots,x_k)\in DV_k$. 把 $a_1,\cdots,a_k$ 作为 $FV_{k,1}\subset DV_{k,1}$ 中

的元素,则有

$$\theta^k=a_1\theta^{k-1}+\cdots+a_{k-1}\theta+a_k \qquad (1.2.11)$$

故我们称 θ 为 $f(x)$ 的一个 k **值根**. k 值根并不唯一,如果 $i_1,\cdots,i_k$ 为 $1,\cdots,k$ 的任一个排列,则 $(x_{i_1},\cdots,x_{i_k})$ 也为一个 k 值根.

对于上述 θ,作集合

$$FV_{k,1}(\theta)=\{\alpha\,|\,\alpha=b_1\theta^{k-1}+\cdots+b_{k-1}\theta+ b_k,b_1,\cdots,b_k\in FV_{k,1}\} \qquad (1.2.12)$$

利用式(1.2.11),可以像普通数论书中那样证得:

引理 1.2.5 $FV_{k,1}(\theta)$ 关于 k 值数的加法与乘法构成具有单位元的交换环.

环 $FV_{k,1}(\theta)$ 称为添加 θ 到 $FV_{k,1}$ 所得的**单扩环**.

引理 1.2.6 若 θ 为真 k 值数,则 $FV_{k,1}(\theta)$ 中诸 k 值数的表示是唯一的,即若有

$$b_1\theta^{k-1}+\cdots+b_{k-1}\theta+b_k=c_1\theta^{k-1}+\cdots+c_{k-1}\theta+c_k \qquad (1.2.13)$$

其中 $b_1,\cdots,b_k,c_1,\cdots,c_k\in FV_{k,1}$,则 $b_i=c_i(i=1,\cdots,k)$.

证 设 $\theta=(x_1,\cdots,x_k)$,则由式(1.2.13)可得

$$(b_1-c_1)x_i^{k-1}+\cdots+(b_{k-1}-c_{k-1})x_i+(b_k-c_k)=0 \quad (i=1,\cdots,k)$$

以上诸式是关于 $b_1-c_1,\cdots,b_k-c_k$ 的齐次线性方程组,其系数行列式的平方为 $\Delta(\theta)$,因 θ 为真 k 值数,故 $\Delta(\theta)\neq 0$,于是上述方程组仅有零解,故证.

当 $f(x)$ 为 $\Omega(a_1,\cdots,a_k)$ 的特征多项式时,$f(x)$ 的 k 值根 θ 称为 Ω 的 k **值特征根**,且 $\Delta=\Delta(\theta)$ 既是 $f(x)$ 的判别式,我们也称为 Ω 的**判别式**.

定理 1.2.3 设 θ 为 $\Omega(a_1,\cdots,a_k)$ 的一个 k 值特

征根，$\mathbf{u}^{(i)}(i=0,\cdots,k-1)$ 为 Ω 的基本序列，则对一切 $n\in\mathbf{Z}$ 有

$$\theta^n=u_n^{(k-1)}\theta^{k-1}+\cdots+u_n^{(1)}\theta+u_n^{(0)} \quad (1.2.14)$$

且当 $\Delta(\theta)\neq 0$ 时上式右边 $\theta^i(i=0,\cdots,k-1)$ 的系数是唯一的，即若还有

$$\theta^n=v_n^{(k-1)}\theta^{k-1}+\cdots+v_n^{(1)}\theta+v_n^{(0)}$$

则 $v_n^{(i)}=u_n^{(i)}(i=0,\cdots,k-1)$.

证 式(1.2.14)是式(1.2.1)的直接结果. 又当 $\Delta(\theta)\neq 0$ 时，θ 为真 k 值数，由引理 1.2.6 即证得唯一性.

定理 1.2.4 设 $x_1,\cdots,x_r$ 为 $\Omega(a_1,\cdots,a_k)$ 互异的特征根，它们的重数分别为 $m_1,\cdots,m_r$，$m_1+\cdots+m_r=k$. 令 Ω 的 k 值特征根 $\theta=(x_1,\cdots,x_1,x_2,\cdots,x_2,\cdots,x_r,\cdots,x_r)$，其中 x_i 出现 m_i 次($i=1,\cdots,r$). 作 k 值数序列

$$\alpha_n=(1,n,\cdots,n^{m_1-1},1,n,\cdots,n^{m_2-1},\cdots,1,n,\cdots,n^{m_r-1})$$

又设 $\mathbf{u}^{(i)}$ 为 Ω 的基本序列($i=0,\cdots,k-1$)，则对一切 $n\in\mathbf{Z}$有

$$\alpha_n\cdot\theta^n=u_n^{(k-1)}\cdot\alpha_{k-1}\theta^{k-1}+\cdots+u_n^{(1)}\cdot\alpha_1\theta+u_n^{(0)}\cdot\alpha_0 \quad (1.2.15)$$

且右边诸 $\alpha_i\cdot\theta^i(i=0,\cdots,k-1)$ 的系数是唯一的.

证 式(1.2.15)是式(1.2.8)的直接结果. 又若有

$$\alpha_n\cdot\theta^n=v_n^{(k-1)}\cdot\alpha_{k-1}\theta^{k-1}+\cdots+v_n^{(1)}\cdot\alpha_1\theta+v_n^{(0)}\cdot\alpha_0$$

则得

$$(v_n^{(k-1)}-u_n^{(k-1)})(k-1)^{j_i}x_i^{k-1}+\cdots+(v_n^{(1)}-u_n^{(1)})\cdot 1^{j_i}x_i+(v_n^{(0)}-u_n^{(0)})0^{j_i}=0$$

$$(i=1,\cdots,r;j_i=0,\cdots,m_i-1)$$

上面是关于 $v_n^{(i)}-u_n^{(i)}(i=0,\cdots,k-1)$ 的齐次线性方程组，可知其系数行列式非 0，由此即证得唯一性.

同样可证得：

定理 1.2.5 在定理 1.2.4 的条件下，作 k 值数序列 $\beta_n=(1,(n)_1,\cdots,(n)_{m_1-1},1,(n)_1,\cdots,(n)_{m_2-1},\cdots,1,(n)_1,\cdots,(n)_{m_r-1})$，则对一切 $n\in\mathbf{Z}$ 有

$$\beta_n\theta^n=u_n^{(k-1)}\cdot\beta_{k-1}\theta^{k-1}+\cdots+u_n^{(1)}\cdot\beta_1\theta+u_n^{(0)}\cdot\beta_0 \tag{1.2.16}$$

且右边诸 $\beta_i\theta^i(i=0,\cdots,k-1)$ 的系数是唯一的.

注 上述两定理中都涉及系数行列式非零的问题. 兹将证明思路简介如下：

作函数 $g_{i,j}(t)=(x_it)^je^{x_it}$，由高阶导数的莱布尼茨(Leibniz)公式可得 $g_i^{(n)}(0)=(n)_jx_i^n$. 由此可知，定理 1.2.5 证明中的系数行列式 D 为函数组 $\{g_{i,j_i}(t)\mid i=1,\cdots,r;j_i=0,1,\cdots,m_i-1\}$ 的朗斯基(Wronsky)行列式在 $t=0$ 之值，从微分方程理论知这个值非零.

又由 $(n)_j=\sum\limits_{\lambda=0}^{j}s(j,\lambda)n^j$ 及 $n^j=\sum\limits_{\lambda=0}^{j}S(j,\lambda)(n)_j$，其中 $s(j,\lambda)$ 和 $S(j,\lambda)$ 分别为第一类和第二类斯特林(Stirling)数[1]，可知定理 1.2.4 证明中的系数行列式 G 的行向量组与 D 的行向量组等价，故也有 $G\neq 0$.

1.2.4 共轭序列的特征根表示

前面所述，实际上是 Ω 中的基本序列的特征根表示. 对于 Ω 中的任一序列，我们可采用共轭序列的方法表示.

根据引理 1.1.6，对任一 $\mathbf{u}\in\Omega$，有式(1.1.19)、式(1.1.20). 作序列 $\mathbf{v}^{(i)},\mathbf{w}^{(i)}\in\Omega$，使

$$v_n^{(i)}=b_{k-1}u_n^{(i)}+b_{k-2}u_{n-1}^{(i)}+\cdots+b_0u_{n-k+1}^{(i)} \tag{1.2.17}$$

$$w_n^{(i)}=d_0u_n^{(i)}+d_1u_{n+1}^{(i)}+\cdots+d_{k-1}u_{n+k-1}^{(i)}(i=0,\cdots,k-1) \tag{1.2.18}$$

称 $\mathbf{v}^{(i)}$ 和 $\mathbf{w}^{(i)}$ $(i=0,\cdots,k-1)$ 分别为 $\mathbf{u}$ 的**下共轭组**和**上共轭组**. 显然有 $u_n=v_n^{(k-1)}=w_n^{(k-1)}$，这样，表示了 $\mathbf{v}^{(i)}$ 或 $\mathbf{w}^{(i)}$ 也就表示了 $\mathbf{u}$.

定理 1.2.6　设 θ 为 $\Omega(a_1,\cdots,a_k)$ 的一个 k 值特征根，$\mathbf{u}^{(i)}$ 为 Ω 的基本序列，$\mathbf{v}^{(i)}$ 和 $\mathbf{w}^{(i)}$ 分别为 $\mathbf{u}\in\Omega$ 的下、上共轭组，$i=0,\cdots,k-1$，它们分别由式(1.2.17)或式(1.2.18)表示，则对一切 $n\in\mathbf{Z}$ 有

$$b_{k-1}\theta^n+b_{k-2}\theta^{n-1}+\cdots+b_0\theta^{n-k+1}=$$
$$v_n^{(k-1)}\theta^{k-1}+\cdots+v_n^{(1)}\theta+v_n^{(0)} \tag{1.2.19}$$

及

$$d_0\theta^n+d_1\theta^{n+1}+\cdots+d_{k-1}\theta^{n+k-1}=$$
$$w_n^{(k-1)}\theta^{k-1}+\cdots+w_n^{(1)}\theta+w_n^{(0)} \tag{1.2.20}$$

且当 $\Delta(\theta)\neq 0$ 时上两式右边 θ^i $(i=0,\cdots,k-1)$ 的系数是唯一的.

证　由式(1.2.14)及式(1.2.17)有

$$\sum_{i=0}^{k-1}b_{k-1-i}\theta^{n-i}=\sum_{i=0}^{k-1}b_{k-1-i}\sum_{j=0}^{k-1}u_{n-i}^{(j)}\theta^j=$$
$$\sum_{j=0}^{k-1}\Big(\sum_{i=0}^{k-1}b_{k-1-i}u_{n-i}^{(j)}\Big)\theta^j=\sum_{j=0}^{k-1}v_{n-i}^{(j)}\theta^j$$

此即式(1.2.19). 又此式两边属于 $FV_{k,1}(\theta)$，故当 $\Delta(\theta)\neq 0$ 时 θ 为真 k 值数，因而具有表示的唯一性.

定理的第二部分同理可证.

同样还可以证得：

定理 1.2.7　在定理 1.2.4 和 1.2.6 的条件下，对一切 $n\in\mathbf{Z}$ 有

$$b_{k-1}\alpha_n\theta^n+b_{k-2}\alpha_{n-1}\theta^{n-1}+\cdots+b_0\alpha_{n-k+1}\theta^{n-k+1}=$$
$$v_n^{(k-1)}\cdot\alpha_{k-1}\theta^{k-1}+\cdots+v_n^{(1)}\cdot\alpha_1\theta+v_n^{(0)}\cdot\alpha_0 \tag{1.2.21}$$

及

$$d_0\alpha_n\theta^n+d_1\alpha_{n+1}\theta^{n+1}+\cdots+d_{k-1}\alpha_{n+k-1}\theta^{n+k-1}=$$
$$w_n^{(k-1)}\cdot\alpha_{k-1}\theta^{k-1}+\cdots+w_n^{(1)}\cdot\alpha_1\theta+w_n^{(0)}\cdot\alpha_0 \tag{1.2.22}$$

且上两式中右边 $\alpha_i\theta^i(i=0,\cdots,k-1)$ 的系数是唯一的.

定理 1.2.8 在定理 1.2.5 和 1.2.6 的条件下,对一切 $n\in\mathbf{Z}$ 有

$$b_{k-1}\beta_n\theta^n+b_{k-2}\beta_{n-1}\theta^{n-1}+\cdots+b_0\beta_{n-k+1}\theta^{n-k+1}=$$
$$v_n^{(k-1)}\cdot\beta_{k-1}\theta^{k-1}+\cdots+v_n^{(1)}\cdot\beta_1\theta+v_n^{(0)}\cdot\beta_0 \tag{1.2.23}$$

及

$$d_0\beta_n\theta^n+d_1\beta_{n+1}\theta^{n+1}+\cdots+d_{k-1}\beta_{n+k-1}\theta^{n+k-1}=$$
$$w_n^{(k-1)}\cdot\beta_{k-1}\theta^{k-1}+\cdots+w_n^{(1)}\cdot\beta_1\theta+w_n^{(0)}\cdot\beta_0 \tag{1.2.24}$$

且上两式右边 $\beta_i\theta^i(i=0,\cdots,k-1)$ 的系数是唯一的.

1.3 特征多项式表示

1.3.1 F-L 序列的特征多项式表示

设 $\Omega(a_1,\cdots,a_k)=\Omega(f(x))$. 今考察数域 F 上的多项式环 $F[x]$ 中 $\bmod f(x)$ 的同余关系. 令

$$g(x)=(x^{k-1}-a_1x^{k-2}-\cdots-a_{k-1})/a_k \tag{1.3.1}$$

则 $x\cdot g(x)\equiv1(\bmod f(x))$,故 $g(x)$ 为 x 对模 $f(x)$ 的逆元,记

$$x^{-1}\equiv g(x)(\bmod f(x)) \tag{1.3.2}$$

定理 1.3.1 设 $\mathbf{u}^{(i)}(i=0,\cdots,k-1)$ 为 $\Omega(a_1,\cdots,a_k)=\Omega(f(x))$ 的基本序列,则对一切 $n\in\mathbf{Z}$ 有

$$x^n \equiv u_n^{(k-1)} x^{k-1} + \cdots + u_n^{(1)} x + u_n^{(0)} \pmod{f(x)} \tag{1.3.3}$$

且右边 $x^i(i=0,\cdots,k-1)$ 的系数是唯一的.

证　因为 $x^0=1$,所以 $x^0 \equiv u_0^{(k-1)} x^{k-1} + \cdots + u_0^{(1)} x + u_0^{(0)} \pmod{f(x)}$ 成立.

现设对 $n=m(\geqslant 0)$ 已有

$$x^m \equiv u_m^{(k-1)} x^{k-1} + \cdots + u_m^{(1)} x + u_m^{(0)} \pmod{f(x)}$$

则

$$\begin{aligned} x^{m+1} \equiv {} & u_m^{(k-1)} x^k + u_m^{(k-2)} x^{k-1} + \cdots + u_m^{(1)} x^2 + u_m^{(0)} x \equiv \\ & u_m^{(k-1)} (a_1 x^{k-1} + a_2 x^{k-2} + \cdots + a_{k-1} x + a_k) + \\ & u_m^{(k-2)} x^{k-1} + \cdots + u_m^{(1)} x^2 + u_m^{(0)} x = \\ & (a_1 u_m^{(k-1)} + u_m^{(k-2)}) x^{k-1} + (a_2 u_m^{(k-1)} + u_m^{(k-3)}) \cdot \\ & x^{k-2} + \cdots + (a_{k-1} u_m^{(k-1)} + u_m^{(0)}) x + \\ & a_k u_m^{(k-1)} \pmod{f(x)} \end{aligned}$$

由式(1.1.15),(1.1.16)知,上式即为

$$\begin{aligned} x^{m+1} \equiv {} & u_{m+1}^{(k-1)} x^{k-1} + u_{m+1}^{(k-2)} x^{k-2} + \cdots + \\ & u_{m+1}^{(1)} x + u_{m+1}^{(0)} \pmod{f(x)} \end{aligned}$$

故对一切 $n \geqslant 0$,式(1.3.3)成立.

再设对 $n=-m(m \geqslant 0)$,已有

$$x^{-m} \equiv u_{-m}^{(k-1)} x^{k-1} + u_{-m}^{(k-2)} x^{k-2} + \cdots + u_{-m}^{(0)} \pmod{f(x)}$$

则

$$\begin{aligned} x^{-m-1} \equiv {} & u_{-m}^{(k-1)} x^{k-2} + u_{-m}^{(k-2)} x^{k-3} + \cdots + \\ & u_{-m}^{(1)} + u_{-m}^{(0)} x^{-1} \pmod{f(x)} \end{aligned}$$

以式(1.3.1),(1.3.2)代上式中的 x^{-1},并再利用式(1.1.15),(1.1.16)得

$$\begin{aligned} x^{-m-1} \equiv {} & u_{-m-1}^{(k-1)} x^{k-1} + u_{-m-1}^{(k-2)} x^{k-2} + \cdots + \\ & u_{-m-1}^{(0)} \pmod{f(x)} \end{aligned}$$

故对一切 $n<0$,式(1.3.3)也成立.

最后,由多项式带余除法中余式的唯一性即得诸 $x^i(i=0,\cdots,k-1)$ 的系数的唯一性. 证毕.

1.3.2 正则单扩环 $FV_{k,1}^*(\theta)$

在式(1.3.3)中如果以 $f(x)$ 的 k 值根 θ 代 x,则不但得到式(1.2.14),而且还得到其中 $\theta^i(i=0,\cdots,k-1)$ 的系数的唯一性. 这里为什么不像定理 1.2.3 中那样要求 Ω 无重特征根呢? 为解决这一问题,我们对 θ 引入集合

$$FV_{k,1}^*(\theta)=\{\alpha\mid\alpha\overset{N}{=}b_1\theta^{k-1}+\cdots+b_{k-1}\theta+b_k,b_1,\cdots,b_k\in FV_{k,1}\} \tag{1.3.4}$$

其中“$\overset{N}{=}$”表该集合中的加法和乘法按如下定义的所谓**正则运算**法则进行:

设 $\alpha,\beta\in FV_{k,1}^*(\theta)$,$\alpha\overset{N}{=}b_1\theta^{k-1}+\cdots+b_{k-1}\theta+b_k$,$\beta\overset{N}{=}c_1\theta^{k-1}+\cdots+c_{k-1}\theta+c_k$,则规定:

(1)在运算的开始和过程中均把 α 和 β 看作以 θ 为不定元的多项式,而不考虑其具体的值.

(2)$\alpha+\beta$ 按 θ 的多项式加法相加.

(3)$\alpha\beta$ 按 θ 的多项式乘法相乘,然后把高于 $k-1$ 次的项用式(1.2.11)反复迭代,经过合并同类项,最后化为 θ 的不超过 $k-1$ 次的多项式.

原来,多项式按 mod $f(x)$ 相加和相乘时就相当于 $FV_{k,1}^*(\theta)$ 中的元素进行正则运算. 具体而言,我们有:

引理 1.3.1 设 θ 为 $\Omega(a_1,\cdots,a_k)=\Omega(f(x))$ 的 k 值特征根,则 $FV_{k,1}^*(\theta)$ 关于正则运算构成有单位元的交换环(称为添加 θ 于 $FV_{k,1}^*$ 所得的**正则单扩环**),且 $FV_{k,1}^*(\theta)\cong F[x]/(f(x))$.

证 作映射 $\varphi:FV_{k,1}^*(\theta)\to F[x]/(f(x))$,对

$$\alpha \overset{N}{=} b_1\theta^{k-1}+\cdots+b_{k-1}\theta+b_k \in FV_{k,1}^*(\theta) \qquad (1.3.5)$$

令

$$\varphi(\alpha)\equiv b_1x^{k-1}+\cdots+b_{k-1}x+b_k \pmod{f(x)}$$

易知 φ 作成一一对应，且 $\varphi(\alpha+\beta)\equiv\varphi(\alpha)+\varphi(\beta)\pmod{f(x)}$. 又以式(1.2.11)迭代对应于以 $f(x)$ 为除式作带余除法，故也有 $\varphi(\alpha\beta)\equiv\varphi(\alpha)\varphi(\beta)\pmod{f(x)}$，故得所证.

定理 1.3.1 是把多项式 x^n 除以多项式 $f(x)$ 所得余式用 F-L 数来表示. 2004 年，笔者和 F. T. Howard 把这一结果大大推进了，将任意环上多项式 $g(x)$ 除以多项式 $f(x)$ 所得商和余式都用 F-L 数表示出来，并给出了在判断整除性和建立恒等式等方面的应用[24].

引理 1.3.2　若 θ 为真 k 值数，则 $FV_{k,1}^*(\theta)\cong FV_{k,1}(\theta)$.

证　作映射 $\varphi: FV_{k,1}^*(\theta)\to FV_{k,1}(\theta)$，对由式(1.3.5)表示之 α，令

$$\varphi(\alpha)=b_1\theta^{k-1}+\cdots+b_{k-1}\theta+b_k\in FV_{k,1}(\theta)$$

因为 θ 为真 k 值数，故 $FV_{k,1}(\theta)$ 的元素具有表示的唯一性，由此可知 φ 为单射. 又显然 φ 为满射，故 φ 为一一对应. φ 保持运算也是显然的，故得所证.

由上知，θ 为真 k 值数时，$FV_{k,1}^*(\theta)$ 与 $FV_{k,1}(\theta)$ 没有本质的区别.

由定理 1.3.1 和引理 1.3.1 立即得到：

定理 1.3.2　设 θ 为 $\Omega(a_1,\cdots,a_k)$ 的 k 值特征根，$\mathbf{u}^{(i)}$ 为 Ω 的基本序列$(i=0,\cdots,k-1)$，则对一切 $n\in\mathbf{Z}$ 有

$$\theta^n \overset{N}{=} u_n^{(k-1)}\theta^{k-1}+u_n^{(k-2)}\theta^{k-2}+\cdots+u_n^{(0)} \qquad (1.3.6)$$

且右边 $\theta^i(i=0,\cdots,k-1)$ 的系数是唯一的.

同样可以证明：

定理 1.3.3 在定理 1.2.6 中把“$=$”改为“$\overset{N}{=}$”，等式仍成立，且等式右边$\theta^i(i=0,\cdots,k-1)$的系数是唯一的.

根据上述讨论，为今后方便起见我们将两种运算的记号不加区别，即将“$\overset{N}{=}$”也记为“$=$”，只是当 $\Delta(\theta)=0$ 时，若要考虑表示的唯一性，则应视 $\theta\in FV_{k,1}^*(\theta)$，而不应涉及 θ 的具体值. 另外，在可能引起混淆之处我们将加以特别说明.

1.4 矩阵表示

1.4.1 F-L 序列的矩阵表示

用矩阵方法研究 F-L 序列已引起人们的重视（如文献[2-7]），但还不够成熟. 如 Waddill[3-4] 用矩阵方法研究了三阶和四阶序列的某些性质. 但他的方法难以推广到高阶情形. 本节将比较系统地研究用矩阵表示 F-L 序列的问题. 我们不但总结已有的一些结果，而且将进行进一步的探讨，建立一系列新的一般性的结果. 读者从本书将会看到，用矩阵研究 F-L 序列是一种非常有效而又有发展前途的方法.

对 $\Omega(a_1,\cdots,a_k)$ 作矩阵

$$\boldsymbol{A}=\begin{bmatrix} a_1 & a_2 & a_3 & \cdots & a_{k-1} & a_k \\ 1 & 0 & & & & \\ & 1 & 0 & & & \\ & & \ddots & \ddots & & \\ & & & \ddots & \ddots & \\ & & & & 1 & 0 \end{bmatrix} \tag{1.4.1}$$

它称之为 Ω 的**联结矩阵**(**或相伴矩阵**).

因为 $\det \boldsymbol{A}=(-1)^{k-1}a_k\neq 0$,所以 $\boldsymbol{A}$ 可逆. 直接验证可得:

引理 1.4.1　设 $\boldsymbol{A}$ 为 $\Omega(a_1,\cdots,a_k)$ 的联结矩阵,则

$$\boldsymbol{A}^{-1}=\begin{bmatrix} 0 & 1 & & & & \\ & 0 & 1 & & & \\ & & \ddots & \ddots & & \\ & & & \ddots & \ddots & \\ & & & & 0 & 1 \\ \frac{1}{a_k} & -\frac{a_1}{a_k} & -\frac{a_2}{a_k} & \cdots & -\frac{a_{k-2}}{a_k} & -\frac{a_{k-1}}{a_k} \end{bmatrix} \tag{1.4.2}$$

对 $\mathbf{u}\in\Omega(a_1,\cdots,a_k)$,记

$$\boldsymbol{U}_n=\begin{bmatrix} u_{n+k-1} \\ \vdots \\ u_{n+1} \\ u_n \end{bmatrix}(n\in\mathbf{Z}) \tag{1.4.3}$$

它称之为 $\mathbf{u}$ 的**第 n 个列矩阵**(**或第 n 个状态向量**),简称**第 n 列**. $\boldsymbol{U}_0$ 又称**初始列**. 显然有:

引理 1.4.2　设 $\boldsymbol{A}$ 为 $\Omega(a_1,\cdots,a_k)$ 的联结矩阵,$\boldsymbol{U}_n$ 为 $\mathbf{u}\in\Omega$ 的第 n 列,则对一切 $n\in\mathbf{Z}$ 有

$$\boldsymbol{U}_{n+1}=\boldsymbol{A}\boldsymbol{U}_n \tag{1.4.4}$$

定理 1.4.1　设 $\boldsymbol{A}$ 为 $\Omega(a_1,\cdots,a_k)$ 的联结矩阵,$\boldsymbol{U}_n$ 为 $\mathbf{u}\in\Omega$ 的第 n 列,则对一切 $n\in\mathbf{Z}$ 有

$$\boldsymbol{U}_n=\boldsymbol{A}^n\boldsymbol{U}_0 \tag{1.4.5}$$

证　由式(1.4.4)我们易证对 $t\geqslant 0$ 有

$$\boldsymbol{U}_{n+t}=\boldsymbol{A}^t\boldsymbol{U}_n \tag{1.4.6}$$

令 $n=0$ 得 $\boldsymbol{U}_t=\boldsymbol{A}^t\boldsymbol{U}_0$，即对 $n\geqslant 0$ 已有 $\boldsymbol{U}_n=\boldsymbol{A}^n\boldsymbol{U}_0$；当 $n<0$时，我们可令 $t=-n$ 得 $\boldsymbol{U}_0=A^{-n}\boldsymbol{U}_n$，由此也得证.

由式(1.4.5)可以看出，要达到用矩阵清楚地表示 $\mathfrak{u}\in\Omega$，关键是需要弄清 $\boldsymbol{A}^n$ 的结构. 我们有：

定理 1.4.2 设 $\boldsymbol{A}$ 为 $\Omega(a_1,\cdots,a_k)$的联结矩阵，$u^{(i)}$ $(i=0,\cdots,k-1)$为 Ω 的基本序列，则对一切 $n\in\mathbf{Z}$ 有

$$\boldsymbol{A}^n=(\boldsymbol{U}_n^{(k-1)},\boldsymbol{U}_n^{(k-2)},\cdots,\boldsymbol{U}_n^{(0)})=\begin{bmatrix} u_{n+k-1}^{(k-1)} & u_{n+k-1}^{(k-2)} & \cdots & u_{n+k-1}^{(0)} \\ u_{n+k-2}^{(k-1)} & u_{n+k-2}^{(k-2)} & \cdots & u_{n+k-2}^{(0)} \\ \vdots & \vdots & & \vdots \\ u_n^{(k-1)} & u_n^{(k-2)} & \cdots & u_n^{(0)} \end{bmatrix} \tag{1.4.7}$$

证 由式(1.4.5)有

$$(\boldsymbol{U}_n^{(k-1)},\boldsymbol{U}_n^{(k-2)},\cdots,\boldsymbol{U}_n^{(0)})=$$
$$\boldsymbol{A}^n(\boldsymbol{U}_n^{(k-1)},\boldsymbol{U}_n^{(k-2)},\cdots,\boldsymbol{U}_n^{(0)})=$$
$$\boldsymbol{A}^n\boldsymbol{E}=\boldsymbol{A}^n$$

证毕.(注意：未特别说明时 $\boldsymbol{E}$ 均指单位矩阵)

我们顺便指出，利用矩阵方法，可简单地建立 1.1 中的结果. 例如，以式(1.4.7)代入式(1.4.5)可得式(1.1.6′)，以式(1.4.7)代入 $\boldsymbol{A}^{n-1}=\boldsymbol{A}^n\cdot\boldsymbol{A}^{-1}$ 可得式(1.1.14)，(1.1.15).

设 $\mathfrak{v}^{(i)}$ 和 $\mathfrak{w}^{(i)}$ $(i=0,\cdots,k-1)$分别为 $\mathfrak{u}\in\Omega(a_1,\cdots,a_k)$的下、上共轭组，根据式(1.2.17)，(1.2.18)，我们引入记号

$$\boldsymbol{V}_n^* = \begin{bmatrix} v_n^{(k-1)} \\ v_n^{(k-2)} \\ \vdots \\ v_n^{(0)} \end{bmatrix}, \quad \boldsymbol{B} = \begin{bmatrix} b_{k-1} \\ b_{k-2} \\ \vdots \\ b_0 \end{bmatrix}$$
$$\boldsymbol{W}_n^* = \begin{bmatrix} w_n^{(k-1)} \\ w_n^{(k-2)} \\ \vdots \\ w_n^{(0)} \end{bmatrix}, \quad \boldsymbol{D} = \begin{bmatrix} d_{k-1} \\ d_{k-2} \\ \vdots \\ d_0 \end{bmatrix} \tag{1.4.8}$$

它们分别称为 $\mathfrak{u}$ 的**第 n 下共轭列，下共轭系数列，第 n 上共轭列和上共轭系数列**. 令 $\boldsymbol{U}_n^{(i)}$ 为基本序列 $\mathfrak{u}^{(i)}$ $(i=0,\cdots,k-1)$ 的第 n 列，则式(1.2.17)，(1.2.18)可改写为

$$v_n^{(i)} = \boldsymbol{B}'\boldsymbol{U}_{n-k+1}^{(i)} \tag{1.4.9}$$

和

$$w_n^{(i)} = \boldsymbol{D}'\boldsymbol{U}_n^{(i)} \quad (i=0,\cdots,k-1) \tag{1.4.10}$$

定理 1.4.3　设 $\boldsymbol{A}$ 为 $\Omega(a_1,\cdots,a_k)$ 的联结矩阵，$\mathfrak{v}^{(i)}$ 和 $\mathfrak{w}^{(i)}$ $(i=0,\cdots,k-1)$ 分别为 $\mathfrak{u}\in\Omega$ 的下、上共轭组，$\boldsymbol{V}_n^*$ 和 $\boldsymbol{W}_n^*$ 分别为第 n 下、上共轭列，$\boldsymbol{B}$ 和 $\boldsymbol{D}$ 分别为下、上共轭系数列，则对一切 $n\in\mathbf{Z}$ 有

$$\boldsymbol{V}_n^* = (\boldsymbol{A}')^{n-k+1}\boldsymbol{B} \tag{1.4.11}$$

和

$$\boldsymbol{W}_n^* = (\boldsymbol{A}')^n\boldsymbol{D} \tag{1.4.12}$$

证　只证式(1.4.11). 由式(1.4.8)，(1.4.9)知

$$\begin{aligned}(\boldsymbol{V}_n^*)' &= (\boldsymbol{V}_n^{(k-1)},\boldsymbol{V}_n^{(k-2)},\cdots,\boldsymbol{V}_n^{(0)}) = \\ &\boldsymbol{B}'(\boldsymbol{U}_{n-k+1}^{(k-1)},\boldsymbol{U}_{n+k-1}^{(k-2)},\cdots,\boldsymbol{U}_{n-k+1}^{(0)}) = \\ &\boldsymbol{B}'\boldsymbol{A}^{n-k+1}\end{aligned}$$

取转置即证.

1.4.2 矩阵表示的特征根形式

定理 1.4.4 设 $\mathbf{A}$ 为 $\Omega(a_1,\cdots,a_k)$ 的联结矩阵，$x_1,\cdots,x_k$ 为其特征根，$\mathbf{X}_n^{(i)}$ 为 $\{x_i^n\}$ 的第 n 列（$i=1,\cdots,k$），则对一切 $n\in\mathbf{Z}$ 有

$$\mathbf{X}_n^{(i)}=\mathbf{A}^n\mathbf{X}_0^{(i)}\ (i=1,\cdots,k) \tag{1.4.13}$$

此实为定理 1.4.1 之推论.

因式(1.4.13)可改写为

$$\mathbf{A}^n\mathbf{X}_0^{(i)}=x_i^n\mathbf{X}_0^{(i)} \tag{1.4.14}$$

故得：

推论 在定理 1.4.4 的条件下，对任何 $n\in\mathbf{Z}$，x_i^n 为 $\mathbf{A}^n$ 的特征值，而 $\mathbf{X}_0^{(i)}$ 为对应的特征向量（$i=1,\cdots,k$）.

由此推论又立即得：

定理 1.4.5 在定理 1.4.4 的条件下，若诸特征根互异，则对任何 $n\in\mathbf{Z}$ 有

$$\mathbf{A}^n=\mathbf{V}\cdot\mathrm{diag}(x_1^n,\cdots,x_k^n)\cdot\mathbf{V}^{-1} \tag{1.4.15}$$

其中

$$\mathbf{V}=(\mathbf{X}_0^{(1)},\mathbf{X}_0^{(2)},\cdots,\mathbf{X}_0^{(k)})=\begin{bmatrix} x_1^{k-1} & x_2^{k-1} & \cdots & x_k^{k-1} \\ \vdots & \vdots & & \vdots \\ x_1 & x_2 & \cdots & x_k \\ 1 & 1 & \cdots & 1 \end{bmatrix} \tag{1.4.16}$$

此定理说明了 $\mathbf{A}^n$ 的另一种结构形式. 对于有重特征根的情形，我们可以进一步弄清 $\mathbf{A}^n$ 的结构. 首先，由引理 1.2.1 及定理 1.4.1 我们可得：

定理 1.4.6 设 x_i 为 $\Omega(a_1,\cdots,a_k)$ 的 m_i 重特征根，则对一切 $n\in\mathbf{Z}$，$j=0,\cdots,m_{i-1}$ 有

$$\begin{bmatrix}(n+k-1)^j x_i^{n+k-1}\\(n+k-2)^j x_i^{n+k-2}\\\vdots\\n^j x_i^n\end{bmatrix}=\boldsymbol{A}^n\begin{bmatrix}(k-1)^j x_i^{k-1}\\(k-2)^j x_i^{k-2}\\\vdots\\0^j\end{bmatrix}\tag{1.4.17}$$

及

$$\begin{bmatrix}(n+k-1)_j x_i^{n+k-1}\\(n+k-2)_j x_i^{n+k-2}\\\vdots\\(n)_j x_i^n\end{bmatrix}=\boldsymbol{A}^n\begin{bmatrix}(k-1)_j x_i^{k-1}\\(k-2)_j x_i^{k-2}\\\vdots\\(0)_j\end{bmatrix}\tag{1.4.18}$$

由此定理立即又可得：

定理 1.4.7　设 $x_1,\cdots,x_r$ 为 $\Omega(a_1,\cdots,a_k)$ 互异的特征根，它们分别为 $m_1,\cdots,m_r$ 重，$m_1+\cdots+m_r=k$，则对一切 $n\in\mathbf{Z}$ 有

$$\boldsymbol{A}^n=\boldsymbol{P}(n)\cdot\mathrm{diag}(x_1^n,\cdots,x_1^n,x_2^n,\cdots,x_2^n,\cdots,x_r^n,\cdots,x_r^n)\cdot\boldsymbol{P}(0)^{-1}\tag{1.4.19}$$

及

$$\boldsymbol{A}^n=\boldsymbol{Q}(n)\cdot\mathrm{diag}(x_1^n,\cdots,x_1^n,x_2^n,\cdots,x_2^n,\cdots,x_r^n,\cdots,x_r^n)\cdot\boldsymbol{Q}(0)^{-1}\tag{1.4.20}$$

其中在 diag(⋯)中 x_i^n 出现 m_i 次($i=1,\cdots,r$)，而

$\boldsymbol{P}(n)=$

$$\begin{bmatrix}x_1^{k-1} & (n+k-1)x_1^{k-1} & \cdots & (n+k-1)^{m_1-1}x_1^{k-1} & \cdots & x_r^{k-1} & (n+k-1)x_r^{k-1} & \cdots & (n+k-1)^{m_r-1}x_r^{k-1}\\ x_1^{k-2} & (n+k-2)x_1^{k-2} & \cdots & (n+k-2)^{m_1-1}x_2^{k-2} & \cdots & x_r^{k-2} & (n+k-2)x_r^{k-2} & \cdots & (n+k-2)^{m_r-1}x_r^{k-2}\\ \vdots & \vdots & & \vdots & & \vdots & \vdots & & \vdots\\ x_1 & (n+1)x_1 & \cdots & (n+1)^{m_1-1}x_1 & \cdots & x_r & (n+1)x_r & \cdots & (n+1)^{m_r-1}x_r\\ 1 & n\cdot 1 & \cdots & n^{m_1-1}\cdot 1 & \cdots & 1 & n\cdot 1 & \cdots & n^{m_r-1}\cdot 1\end{bmatrix}\tag{1.4.21}$$

$\boldsymbol{Q}(n)$则是在 $\boldsymbol{P}(n)$中把所有$(n+k-1)^{i_j}$,$(n+k-2)^{i_j}$,…,n^{i_j}均换成$(n+k-1)_{i_j}$,…,$(n)_{i_j}$($i_j=1,\cdots,m_i-1$;$i=1,\cdots,r$)所得到的矩阵.

1.4.3 环 $M_F(\mathbf{A})$

设 $\mathbf{A}$ 为$\Omega(a_1,\cdots,a_k)$的联结矩阵,则由于 Caley-Hamilton 定理

$$\mathbf{A}^k=a_1\mathbf{A}^{k-1}+\cdots+a_{k-1}\mathbf{A}+a_k\mathbf{E} \quad (1.4.22)$$

成立,我们可知:

引理 1.4.2 k 阶矩阵的集合

$$M_F(\mathbf{A})=\{\mathbf{M}|\mathbf{M}=b_1\mathbf{A}^{k-1}+\cdots+b_{k-1}\mathbf{A}+b_k\mathbf{E},b_1,\cdots,b_k\in F\} \quad (1.4.23)$$

关于矩阵的加法与乘法构成具有单位元的交换环.

引理 1.4.3 设 $\mathbf{A}$ 为$\Omega(a_1,\cdots,a_k)$的联结矩阵,则$M_F(\mathbf{A})$中元素表示是唯一的.

证 设 $\mathbf{u}^{(i)}$为 Ω 的基本序列,$\boldsymbol{U}_n^{(i)}$ 为基第 n 列,$i=0,\cdots,k-1$. 设有$b_1\mathbf{A}^{k-1}+\cdots+b_{k-1}\mathbf{A}+b_k\mathbf{E}=c_1\mathbf{A}^{k-1}+\cdots+c_{k-1}\mathbf{A}+c_k\mathbf{E}$,两边右乘 $\boldsymbol{U}_0^{(i)}$ 得

$$b_1\boldsymbol{U}_{k-1}^{(i)}+\cdots+b_{k-1}\boldsymbol{U}_1^{(i)}+b_k\boldsymbol{U}_0^{(i)}=c_1\boldsymbol{U}_{k-1}^{(i)}+\cdots+c_{k-1}\boldsymbol{U}_1^{(i)}+c_k\boldsymbol{U}_0^{(i)}$$

比较两边第 k 行得

$$b_1u_{k-1}^{(i)}+\cdots+b_{k-1}u_1^{(i)}+b_ku_0^{(i)}=c_1u_{k-1}^{(i)}+\cdots+c_{k-1}u_1^{(i)}+c_ku_0^{(i)}$$

所以由式(1.1.5)有 $b_{k-i}=c_{k-i}$. 令 $i=0,\cdots,k-1$ 即得证.

如果作映射 φ:$M_F(\mathbf{A})\to F[X]/(f(x))$,令

$$\mathbf{M}=b_1\mathbf{A}^{k-1}+\cdots+b_{k-1}\mathbf{A}+b_k\mathbf{E}$$

有 $\varphi(\mathbf{M})\equiv b_1x^{k-1}+\cdots+b_{k-1}x+b_k \pmod{f(x)}$,则由于 $M_F(\mathbf{A})$中元素表示的唯一性知 φ 为一一对应. 于是

利用式(1.4.22)可得：

引理 1.4.4　设 $\mathbf{A}$ 为 $\Omega(a_1,\cdots,a_k)=\Omega(f(x))$ 的联结矩阵，θ 为一个 k 值特征根，则

$$M_F(\mathbf{A})\cong F[X]/(f(x))\cong FV_{k,1}(\theta)$$

定理 1.4.8　设 $\mathbf{A}$ 为 Ω 的联结矩阵，$\mathbf{u}^{(i)}(i=0,\cdots,k-1)$ 为其基本序列，则对一切 $n\in\mathbf{Z}$ 有

$$\mathbf{A}^n=u_n^{(k-1)}\mathbf{A}^{k-1}+\cdots+u_n^{(1)}\mathbf{A}+u_n^{(0)}\mathbf{E} \quad (1.4.24)$$

且右边 $\mathbf{A}^i(i=0,\cdots,k-1)$ 的系数是唯一的.

此定理利用上述同构性立即得证，但也可独立证明如下：

由式(1.4.22)，对任何 $n\in\mathbf{Z}$ 有

$$\mathbf{A}^{n+k}=a_1\mathbf{A}^{n+k-1}+\cdots+a_{k-1}\mathbf{A}^{n+1}+a_k\mathbf{A}^n$$

设

$$\mathbf{A}^n=(w_{i,j}^{(n)})(1\leqslant i,j\leqslant k)$$

则

$$w_{i,j}^{(n+k)}=a_1w_{i,j}^{(n+k-1)}+\cdots+a_{k-1}w_{i,j}^{(n+1)}+a_kw_{i,j}^{(n)}$$

因此，关于 n 的序列 $\{w_{i,j}^{(n)}\}\in\Omega$，从而可由基本序列表示为

$$w_{i,j}^{(n)}=u_n^{(k-1)}w_{i,j}^{(k-1)}+\cdots+u_n^{(1)}w_{i,j}^{(1)}+u_n^{(0)}w_{i,j}^{(0)}$$
$$(1\leqslant i,j\leqslant k)$$

上式即等价于式(1.4.24). 而由引理 1.4.3 得唯一性.

由定理 1.4.8 的证明过程可知，可以把该定理扩展为下面的：

定理 1.4.8′　设 $\mathbf{u}^{(i)}(i=0,\cdots,k-1)$ 为 $\Omega(f(x))$ 中的基本序列. $\mathbf{A}$ 为特征多项式是 $f(x)$ 的任意矩阵. 又设 $\mathbf{A}^n=(w_{i,j}^{(n)})$，则对于固定的 i,j 关于 n 的序列 $\{w_{i,j}^{(n)}\}_n\in\Omega(f(x))$ 且式(1.4.24)成立.

这时，虽然 $\mathbf{A}$ 不一定是联结矩阵，但我们仍可以

写出 $\Omega(\mathbf{A})$，并认为它与$\Omega(f(x))$有相同的意义.

1.5 母 函 数

1.5.1 普母函数

设 $\mathbf{u}\in\Omega(a_1,\cdots,a_k)=\Omega(f(x))$，形式幂级数

$$U(x)=\sum_{n=0}^{\infty}u_nx^n \tag{1.5.1}$$

称为 $\mathbf{u}$ 的**普母函数**，简称**母函数**.

因为母函数只考虑$\{u_n\}_0^{\infty}$，故对奇异 F-L 序列空间中的序列均是有意义的.

相应于特征多项式

$$f(x)=x^k-a_1x^{k-1}-\cdots-a_{k-1}x-a_k$$

定义

$$\widetilde{f}(x)=1-a_1x-\cdots-a_{k-1}x^{k-1}-a_kx^k \tag{1.5.2}$$

为 Ω 的(也是其中每个序列的)**特征互倒多项式**. 定义

$$\begin{aligned}U_0(x)=&u_0x^{k-1}+(u_1-a_1u_0)x^{k-2}+\cdots+\\&(u_{k-1}-a_1u_{k-2}-\cdots-a_{k-1}u_0)\end{aligned} \tag{1.5.3}$$

为 $\mathbf{u}$ 的**初始多项式**，而

$$\begin{aligned}\widetilde{U}(x)=&u_0+(u_1-a_1u_0)x+\cdots+\\&(u_{k-1}-a_1u_{k-2}-\cdots-a_{k-1}u_0)x^{k-1}\end{aligned} \tag{1.5.4}$$

为 $\mathbf{u}$ 的**初始互倒多项式**.

显然有

$$f(x)=x^k\widetilde{f}(x^{-1}),\ \widetilde{f}(x)=x^kf(x^{-1}) \tag{1.5.5}$$

及

$$U_0(x)=x^{k-1}\widetilde{U}_0(x^{-1}),\ \widetilde{U}_0(x)=x^{k-1}U_0(x^{-1}) \tag{1.5.6}$$

定理 1.5.1 设 $\mathbf{u}\in\Omega(a_1,\cdots,a_k)=\Omega(f(x))$的特

征互倒多项式和初始互倒多项式分别为$\tilde{f}(x)$和$\tilde{U}_0(x)$，则其母函数为

$$U(x)=\tilde{U}_0(x)/\tilde{f}(x) \qquad (1.5.7)$$

证　由递归关系式(1.1.1)有

$$\sum_{n=0}^{\infty}u_{n+k}x^{n+k}=\sum_{n=0}^{\infty}a_1u_{n+k-1}x^{n+k}+\cdots+\sum_{n=0}^{\infty}a_{k-1}u_{n+1}x^{n+k}+\sum_{n=0}^{\infty}a_ku_nx^{n+k}$$

以式(1.5.1)代入并整理得$\tilde{f}(x)U(x)=\tilde{U}_0(x)$，即证.

推论1　$\Omega(a_1,\cdots,a_k)$中基本序列$\mathbf{u}^{(i)}$的母函数是

$$U^{(i)}(x)=(x^i-a_1x^{i+1}-\cdots-a_{k-1-i}x^{k-1})/\tilde{f}(x)$$
$$(i=0,\cdots,k-2)$$

及

$$U^{(k-1)}(x)=x^{k-1}/\tilde{f}(x) \qquad (1.5.8)$$

推论2　若Ω非奇异，则任何$\mathbf{u}\in\Omega$的母函数为有理真分式.

推论3　在定理的条件下有$\partial^\circ U_0$及$\partial^\circ\tilde{U}_0<k=\partial^\circ f$.

定理1.5.2　若序列$\{u_n\}$的母函数$U(x)$为有理分式$h(x)/g(x)$，其中$g(x)=1-a_1x-\cdots-a_kx^k$，而$\partial^\circ h<k$，则$\{u_n\}\in\Omega(a_1,\cdots,a_k)$.

证　以式(1.5.1)代入$g(x)U(x)=h(x)$，展开后比较两边x^{n+k}的系数即得形如式(1.1.1)的递归关系.证毕.

例1　有理数域中序列$\{u_n\}$的母函数为$U(x)=(2-2x+2x^2)/(1-3x+2x^2)$时，$\partial^\circ\tilde{U}_0=2<3$，所以$\{u_n\}\in\Omega(3,-2,0)$(但不属于$\Omega(3,-2)$).

引理1.5.1　设首1多项式$f(x),g(x)$，它们作为特征多项式时的互倒多项式为$\tilde{f}(x),\tilde{g}(x)$.若$\partial^\circ f\leqslant\partial^\circ g$，

则 $f(x)\mid g(x)\Leftrightarrow\tilde{f}(x)\mid\tilde{g}(x)$.

证 只证充分性. $\partial^\circ f=k,\partial^\circ g=m,\tilde{g}(x)=\tilde{f}(x)\tilde{d}(x)$，则 $g(x)=x^m\tilde{g}(x^{-1})=x^k\tilde{f}(x^{-1})\cdot x^{m-k}\tilde{d}(x^{-1})=f(x)d(x)$. 证毕.

引理 1.5.2 设 $\mathbf{u}\in\Omega(f(x)),f(x)\mid g(x)$(首 1 多项式)，则 $\mathbf{u}\in\Omega(g(x))$.

证 由上一引理有 $\tilde{g}(x)=\tilde{f}(x)\tilde{d}(x)$，于是 $\mathbf{u}$ 的母函数 $W(x)=\tilde{U}_0(x)/\tilde{f}(x)=\tilde{U}_0(x)\tilde{d}(x)/\tilde{g}(x)$. 又 $\partial^\circ(\tilde{U}_0\tilde{d})<\partial^\circ f+(\partial^\circ g-\partial^\circ f)=\partial^\circ g$，故由定理1.5.2得证.

1.5.2 既约母函数与极小多项式

$\mathbf{u}\in\Omega$ 的母函数按式(1.5.7)求出来不一定是既约有理分式. 例如在有理数域中，$u_0=1,u_1=4,u_2=10$，$\mathbf{u}\in\Omega(4,-5,2)$的母函数是 $U(x)=(1-x^2)/(1-4x+5x^2-2x^3)$，它可约化为 $U(x)=(1+x)/(1-3x+2x^2)$. 这样又有 $\mathbf{u}\in\Omega(3,-2)$. 这就引出高维空间中的 F-L 序列能否属于低维空间的问题. 为此我们定义：

数域 F 中的序列 $\mathbf{u}\in\Omega(f(x))$，若相应于 $f(x)$的初始互倒多项式与特征互倒多项式互素，则称 $\mathbf{u}$ 相应于 $f(x)$的母函数是**既约的**.

若数域 F 中的非零序列 $\mathbf{u}\in\Omega(b_1,\cdots,b_r)=\Omega(m(x))$，而 $\mathbf{u}$ 不属于低于 r 维 F-L 序列空间，则称 $m(x)$ 为 $\mathbf{u}$ 的**极小多项式**，称 Ω 为 $\mathbf{u}$ 的**极小空间**.

定理 1.5.3 数域 F 中的非零序列 $\mathbf{u}$ 的极小多项式为 $m(x)$，当且仅当相应于 $m(x)$的母函数 $U(x)$是既约的，且

$$\partial^\circ m=\max\{(\partial^\circ\tilde{m},\partial^\circ\tilde{U}_0+1\}\qquad(1.5.9)$$

证 必要性. 设 $m(x)$为 $\mathbf{u}$ 的极小多项式，相应的

母函数为 $U(x)=\widetilde{U}_0(x)/\widetilde{m}(x)$，$\partial^\circ\widetilde{U}_0<\partial^\circ m$. 反设有 $d(x)$，$\partial^\circ d>0$，使 $\widetilde{U}_0(x)=\widetilde{V}_0(x)d(x)$，$\widetilde{m}(x)=\widetilde{h}(x)\cdot d(x)$. 我们可适当选取 $d(x)$，使 $d(0)=\widetilde{h}(0)=1$，即有 $\widetilde{h}(x)=1-b_1x-\cdots-b_rx^r$，$r=\partial^\circ m-\partial^\circ d<\partial^\circ m$（允许 $b_r=0$）. 又 $U(x)=\widetilde{V}_0(x)/\widetilde{h}(x)$. $\partial^\circ\widetilde{V}_0<r$，故 $\mathbf{u}\in\Omega(h(x))$，$h(x)=x^r-b_1x^{r-1}-\cdots-b_r$. 这与 $m(x)$ 的定义矛盾.

又 $\partial^\circ m\geqslant\max\{\partial^\circ\widetilde{m},\partial^\circ\widetilde{U}_0+1\}$. 反设"$>$"号成立，并设 $\partial^\circ\widetilde{m}=s$，$\partial^\circ\widetilde{U}_0+1=t$，$\widetilde{m}(x)=1-c_1x-\cdots-c_sx^s$，则当 $s\geqslant t$ 时 $\mathbf{u}\in\Omega(x^s-c_1x^{s-1}-\cdots-c_s)$，而当 $s<t$ 时 $\mathbf{u}\in\Omega(x^t-c_1x^{t-1}-\cdots-c_sx^{t-s})$，均与 $m(x)$ 之极小性矛盾. 故式(1.5.9)成立.

充分性. 设 $\widetilde{U}_0(x)/\widetilde{m}(x)$ 既约且式(1.5.9)成立. 又设 $\mathbf{u}$ 的极小多项式为 $g(x)$，相应的母函数为 $\widetilde{W}_0(x)/\widetilde{g}(x)$. 由必要性，后者也是既约的且 $\partial^\circ g=\max\{\partial^\circ\widetilde{g},\partial^\circ\widetilde{W}_0+1\}$. 今两母函数相等，且 $\widetilde{m}(0)=\widetilde{g}(0)=1$，故 $\widetilde{m}(x)=\widetilde{g}(x)$ 及 $\widetilde{U}_0(x)=\widetilde{W}_0(x)$，于是 $\partial^\circ m=\partial^\circ g$，所以 $m(x)=g(x)$. 证毕.

推论1　若 $m(0)\neq0$，则相应于 $m(x)$ 的母函数的既约性是 $m(x)$ 为 $\mathbf{u}$ 的极小多项式的充要条件.

推论2　若数域 F 中非零序列 $\mathbf{u}$ 的极小多项式为 $m(x)$，而又 $\mathbf{u}\in\Omega(f(x))$，则 $m(x)\mid f(x)$.

证　设 $\mathbf{u}$ 相应于 $m(x)$ 和 $f(x)$ 的母函数分别为 $\widetilde{U}_0(x)/\widetilde{m}(x)$ 和 $\widetilde{V}_0(x)/\widetilde{f}(x)$. 由 $\widetilde{V}_0(x)=\widetilde{U}_0(x)\widetilde{f}(x)/\widetilde{m}(x)$ 及 $\widetilde{m}(x)$ 与 $\widetilde{U}_0(x)$ 互素得 $\widetilde{m}(x)\mid\widetilde{f}(x)$，又 $\partial^\circ m\leqslant\partial^\circ f$，从而 $m(x)\mid f(x)$.

推论3　数域 F 中的非零序列 $\mathbf{u}\in\Omega(f(x))$，若 $f(x)$ 在 F 中不可约，则 $f(x)$ 为 $\mathbf{u}$ 的极小多项式.

证　设极小多项式为 $m(x)$，则 $m(x)\mid f(x)$. 因为

$f(x)$在 F 中不可约，所以 $m(x)=1$ 或 $f(x)$，但 $\mathbf{u}$ 非零序列，故 $m(x)=f(x)$.

推论 4 $\Omega(a_1,\cdots,a_k)=\Omega(f(x))$中每一非零序列之极小多项式整除$f(x)$，而基本序列 $\mathbf{u}^{(k-1)}$ 之极小多项式为 $f(x)$.

证 前一结论显然. 后一结论由式(1.5.8)第二式右边分式的既约性及其分子的次数为 $k-1$ 得证.

下面定理的证明中和以后的应用中需要如下概念：设 $r\geqslant 0$，$f(x)$为多项式，若 $x^r\mid f(x)$，而任何 $r_1>r$ 时 $x^{r_1}\nmid f(x)$，则称 r 为 x **在** $f(x)$ **中的阶**，记为$r=\theta_f$.

定理 1.5.4 设数域 F 中的非零序列 $\mathbf{u}\in\Omega(f(x))$，相应的初始多项式为 $U_0(x)$. 若 $\gcd(U_0(x),f(x))=d(x)$(取首 1 多项式)，$f(x)=m(x)d(x)$，则$m(x)$为 $\mathbf{u}$ 的极小多项式.

证 设 $U_0(x)=V_0(x)d(x)$. $\partial^\circ f=k$，$\partial^\circ m=r$，则 $\mathbf{u}$ 的母函数

$$U(x)=\widetilde{U}_0(x)/\widetilde{f}(x)=x^{k-1}U_0(x^{-1})/x^kf(x^{-1})=$$
$$x^{r-1}V_0(x^{-1})/x^rm(x^{-1})=\widetilde{V}_0(x)/\widetilde{m}(x)$$

且$\partial^\circ\widetilde{V}_0<r$，故 $u\in\Omega(m(x))$. 由 $V_0(x)$与 $m(x)$互素可知，$\widetilde{V}_0(x)$与 $\widetilde{m}(x)$互素. 又易知$\partial^\circ\widetilde{m}=r-\theta_m$，$\partial^\circ\widetilde{V}_0=r-1-\theta_{V_0}$. 若 $\theta_m=0$，则$\partial^\circ m=\partial^\circ\widetilde{m}$. 若 $\theta_m>0$，则 $\theta_{V_0}=0$，所以$\partial^\circ m=\partial^\circ\widetilde{V}_0+1$. 因而$\partial^\circ m=\max\{\partial^\circ\widetilde{m},\partial^\circ\widetilde{V}_0+1\}$成立. 故根据定理1.5.3，$m(x)$为 $\mathbf{u}$ 的极小多项式.

1.5.3 F-L 序列的积与幂的母函数

定理 1.5.5 设复数域中的序列$\{u_n\}$和$\{v_n\}$的极小多项式分别为 $f(x)$和 $g(x)$，它们的初始多项式分

别为 $U_0(x)$ 和 $V_0(x)$，相应的互倒多项式为 $\widetilde{f}(x)$，$\widetilde{g}(x)$，$\widetilde{U}_0(x)$ 和 $\widetilde{V}_0(x)$. 又设 $g(x)$ 全部互异的特征根为 $b_1,\cdots,b_t$，它们分别为 $m_1,\cdots,m_t$ 重，则 $\{u_nv_n\}$ 的母函数是

$$W(x)=\sum_{i=1}^{t}\frac{1}{(m_i-1)!}\lim_{z\to b_i}D^{m_i-1}\cdot\left[(z-b_i)^{m_i}\frac{\widetilde{U}_0(zx)}{\widetilde{f}(zx)}\cdot\frac{V_0(z)}{g(z)}\right]\quad(1.5.10)$$

其中 $D=\mathrm{d}/\mathrm{d}z$，$D^0=1$.

证　由已知可得 $\{u_n\}$ 和 $\{v_n\}$ 的既约母函数分别为

$$U(x)=\widetilde{U}_0(x)/\widetilde{f}(x)\text{和}V(x)=\widetilde{V}_0(x)/\widetilde{g}(x)$$

作二元函数

$$H(x,z)=U(zx)V(z^{-1})z^{-1}\quad(\text{Ⅰ})$$

则

$$H(x,z)=\sum_{n=0}^{\infty}u_nz^nx^n\cdot\sum_{n=0}^{\infty}v_nz^{-n-1}=\sum_{n=-\infty}^{\infty}A_n(x)z^n\quad(\text{Ⅱ})$$

由此可知

$$W(x)=\sum_{n=0}^{\infty}u_nv_nx^n=A_{-1}(x)=\frac{1}{2\pi\mathrm{i}}\oint_c H(x,z)\mathrm{d}z\quad(\text{Ⅲ})$$

其中 c 为区域 G 内包含原点的闭曲线，而

$$G=\{z\,|\,1/r<|z|<R/|x|\}(\text{当 }x=0\text{ 时右边为}+\infty)$$

这里 R 和 r 分别为 $U(x)$ 和 $V(x)$ 的收敛半径. 由式(Ⅰ)，作 z 的函数 $H(x,z)$ 为 z 的有理函数，它在区域 G 内可展成洛朗(Laurent)级数(Ⅱ)，而在整个复平面除有限个奇点外在每点是解析的，因此根据柯西(Cauchy)残数定理，积分式(Ⅲ)即 $W(x)$ 应等于 c 的

内部所包含的 $H(x,z)$ 的诸奇点的残数之和. 但上述奇点仅出现于

$$V(z^{-1})z^{-1}=\widetilde{V}_0(z^{-1})z^{-1}/\widetilde{g}(z^{-1})=V_0(z)/g(z)$$

之中, 后者的全部奇点为 $b_1,\cdots,b_t$, 它们均在区域 $\left|\frac{1}{z}\right|\geqslant r$ 即 $|z|\leqslant\frac{1}{r}$ 内, 故必在 c 的内部. 因 $g(z)$ 为极小的多项式, 所以 $g(z)$ 与 $V_0(z)$ 互素. 这样, 上述奇点均不可去, 且分别为 $m_1,\cdots,m_t$ 级极点. 所以

$$W(x)=\sum_{i=1}^{t}\mathrm{Res}[H(x,z),b_i]=$$
$$\sum_{i=1}^{t}\mathrm{Res}\left[\frac{\widetilde{U}_0(zx)}{\widetilde{f}(zx)}\cdot\frac{V_0(z)}{g(z)},b_i\right]$$

根据极点残数的求法即得式(1.5.10).

推论 在定理的条件下, 若 $b_1,\cdots,b_t$ 均为单根, 则

$$W(x)=\sum_{i=1}^{t}\frac{\widetilde{U}_0(b_ix)}{\widetilde{f}(b_ix)}\cdot\frac{V_0(b_i)}{g'(b_i)}\qquad(1.5.11)$$

注 就定理的证明而言, $f(x)$ 的极小性是不必要的, 实际是为了强调使用既约母函数.

例 2 $p_0=0,p_1=1,p_{n+2}=2p_{n+1}-p_n,q_0=1,q_1=4,q_{n+2}=3q_{n+1}-2q_n$. 求 $\{p_nq_n\}$ 的母函数.

解 求得 $\{p_n\},\{q_n\}$ 的母函数分别为

$$P(x)=x/(1-x)^2$$

和

$$Q(x)=(1+x)/((1-x)(1-2x))$$

可知 $\{q_n\}$ 仅有单特征根, 故可选 $Q(x)$ 作为式(1.5.11)中的 $V(x)$. 此时 $V_0(x)=x+1,g(x)=(x-1)(x-2)$, 于是所求为

$$W(x)=\frac{1\cdot x}{(1-1\cdot x)^2}\cdot\frac{1+1}{-1}+\frac{2\cdot x}{(1-2\cdot x)^2}\cdot\frac{2+1}{1}=$$

$$\frac{2x(2-2x-x^2)}{(1-x)^2(1-2x)^2}=$$

$$\frac{4x-4x^2-2x^3}{1-16x+13x^2-12x^3+4x^4}$$

定理1.5.5还可以细致化.

定理1.5.6　在定理1.5.5的条件下，又设 $c_1,\cdots,c_r$ 为 $f(x)$ 全部互异的特征根，它们分别为 $h_1,\cdots,h_r$ 重，则 $\{u_nv_n\}\in\Omega(\omega(x))$，其中

$$\omega(x)=\prod_{i=1}^{t}\prod_{j=1}^{r}(x-b_ic_j)^{m_i+h_j-1}\tag{1.5.12}$$

相应的母函数为

$$W(x)=\frac{\widetilde{W}_0(x)}{\tilde{\omega}(x)}=$$

$$\widetilde{W}_0(x)\left[\prod_{i=1}^{t}\prod_{j=1}^{r}(1-b_ic_jx)^{m_i+h_j-1}\right]^{-1}\tag{1.5.13}$$

又

$$\partial^\circ\omega=r\cdot\partial^\circ g+t\cdot\partial^\circ f-rt\tag{1.5.14}$$

$$\partial^\circ\tilde{\omega}=\partial^\circ\omega-\bar{\delta}(\theta_f,0)(\partial^\circ g+t\theta_f-t)-\bar{\delta}(\theta_g,0)\times$$

$$(\partial^\circ f+r\theta_g-r)+\bar{\delta}(\theta_f,0)\bar{\delta}(\theta_g,0)(\theta_f+\theta_g-1)$$

（其中 $\bar{\delta}(n,m)=1-\delta(n,m)$，而 δ 为克罗内克(Kronecker)函数）　(1.5.15)

$$\partial^\circ\widetilde{W}_0\leqslant\partial^\circ\tilde{\omega}+\max\{\theta_f,\theta_g\}-1\tag{1.5.16}$$

证　式(1.5.10)中含 x 的部分为 $\widetilde{U}_0(zx)/\tilde{f}(zx)$，由已知，它可以化为部分分式

$$q(zx)+\sum_{j=1}^{r}\sum_{s=1}^{h_j}\frac{e_{js}}{(1-c_jzx)^s} \tag{1.5.17}$$

其中当 $\theta_f>0$ 时 $\partial^\circ q=\partial^\circ \widetilde{U}_0-\partial^\circ \widetilde{f}\leqslant\theta_f-1$ 或 $q(zx)=0$，而当 $\theta_f=0$ 时 $q(zx)=0$. 在运算 D^{m_i-1} 下，式(1.5.17)化为

$$x^{m_i-1}q^{(m_i-1)}(zx)+$$
$$\sum_{j=1}^{r}\sum_{s=1}^{h_j}\frac{e_{js}s(s+1)\cdots(s+m_i-2)c_j^{m_i-1}x^{m_i-1}}{(1-c_jzx)^{s+m_i-1}}$$

当 $z\to b_i$ 时化为

$$x^{m_i-1}q^{(m_i-1)}(b_ix)+\sum_{j=1}^{r}\sum_{s=1}^{h_j}\frac{e_{js}s(s+1)\cdots(s+m_i-2)c_j^{m_i-1}x^{m_i-1}}{(1-b_ic_jx)^{s+m_i-1}} \tag{1.5.18}$$

由此可知式(1.5.10)中公分母可取为(不一定最简)

$$\tilde{\omega}(x)=\prod_{i=1}^{t}\prod_{j=1}^{r}(1-b_ic_jx)^{m_i+h_j-1} \tag{1.5.19}$$

这时 $\omega(x)$ 由式(1.5.12)表示时，式(1.5.13)～(1.5.15)是显然的.

当 $\theta_f>0$，对于 $x^{m_i-1}q^{(m_i-1)}(b_ix)$，当 $\partial^\circ q<m_i-1$ 时它化为 0，当 $\partial^\circ q\geqslant m_i-1$ 时其次数 $\leqslant\partial^\circ q\leqslant\theta_f-1$.

当 $\theta_g>0$，比如设 $b_1=0$，则式(1.5.18)的后一和式中相对于 $i=1$ 的项化为 x 的多项式，其次数 $\leqslant m_1-1=\theta_g-1$(或为零多项式).

综上，当 $\theta_f>0$ 及 $\theta_g>0$ 时，设 $W(x)$ 的分子为 $\widetilde{W}_0(x)$，则式(1.5.16)成立. 又 θ_f 和 θ_g 有一个或两个为 0 时，式(1.5.16)也显然成立. 又易知 $\partial^\circ\widetilde{W}_0<\partial^\circ\omega$，因而根据定理 1.5.2 有 $\{u_nv_n\}\in\Omega(\omega(x))$. 证毕.

例 3 设

$$u_0=1,u_1=2,u_2=2,u_3=3,\mathfrak{u}\in\Omega(2,-1,0,0)$$
$$v_0=0,v_1=4,v_2=10,\mathfrak{v}\in\Omega(3,-2,0)$$

则

$$f(x)=x^2(x-1)^2,g(x)=x(x-1)(x-2)$$
$$\theta_f=2,\theta_g=1,b_1=0,b_2=1,b_3=2$$
$$t=3,c_1=0,c_2=1,r=2$$
$$\partial^\circ\omega=2\times3+3\times4-2\times3=12,\partial^\circ\tilde{\omega}=4$$

而

$$\partial^\circ\widetilde{W}_0\leqslant5$$

求得 $\omega(x)=x^8(x-1)^2(x-2)^2,\tilde{\omega}(x)=(1-x)^2\cdot(1-2x)^2$，而 $\widetilde{W}_0(x)$ 可用初始值 $u_0v_0,\cdots,u_5v_5$，由 $\omega(x)$ 确定的递归关系按式(1.5.4)求之，于是得 $\{u_nv_n\}$ 的母函数

$$W(x)=\frac{(8x-28x^2+50x^3-48x^4+16x^5)}{(1-16x+13x^2-12x^3+4x^4)}$$

推论1　在定理的条件下，若 $f(x),g(x)$ 均只有单根，则

$$\omega(x)=\prod_{i=1}^{t}\prod_{j=1}^{r}(x-b_ic_j)\tag{1.5.20}$$

$$W(x)=\widetilde{W}_0(x)\prod_{i=1}^{t}\prod_{j=1}^{r}(1-b_ic_jx)^{-1}\tag{1.5.21}$$

$$\partial^\circ\omega=\partial^\circ f\cdot\partial^\circ g\tag{1.5.22}$$

$$\partial^\circ\tilde{\omega}=\partial^\circ f\cdot\partial^\circ g-\delta(\theta_f,1)\partial^\circ g-\delta(\theta_g,1)\partial^\circ f+\delta(\theta_f,1)\delta(\theta_g,1)\tag{1.5.23}$$

推论2　在定理的条件下，若 $\theta_f=\theta_g=0$，则 $W(x)$ 为有理真分式.

定理1.5.7　设复数域中的序列 $\{u_n\}$ 的极小多项式为 $f(x)$，它全部互异的特征根为 $b_1,\cdots,b_t$，其重数分别为 $m_1,\cdots,m_t$，则 $\{u_n^2\}\in\Omega(\omega_2(x))$，其中

$$\omega_2(x)=\prod_{i=1}^{t}\prod_{j=1}^{t}(x-b_ib_j)^{m_i+m_j-1} \qquad (1.5.24)$$

相应的母函数为

$$W_2(x)=\frac{\widetilde{W}_{20}(x)}{\widetilde{\omega}_2(x)}=$$

$$\widetilde{W}_{20}\Big[\prod_{i=1}^{t}\prod_{j=1}^{t}(1-b_ib_jx)^{m_i+m_j-1}\Big]^{-1} \qquad (1.5.25)$$

又

$$\partial^\circ\omega_2=2t\cdot\partial^\circ f-t^2 \qquad (1.5.26)$$

$$\partial^\circ\widetilde{\omega}_2=\partial^\circ\omega_2-2\bar{\delta}(\theta_f,0)(\partial^\circ f+t\theta_f-t)+$$
$$\bar{\delta}(\theta_f,0)(2\theta_f-1) \qquad (1.5.27)$$

而

$$\partial^\circ\widetilde{W}_{20}\leqslant\partial^\circ\widetilde{\omega}_2+\theta_f-1 \qquad (1.5.28)$$

由定理 1.5.6 中 $\omega(x)$的表达式(1.5.12),难以看出其诸根的重数,因为可能有 $i_1\neq i_2$,$j_1\neq j_2$,但 $b_{i_1}c_{j_1}=b_{i_2}c_{j_2}$. 这就给进行推广带来了麻烦. 为解决此矛盾,我们给 $\omega(x)$提供一个补偿因子

$$p(x)=\prod_{i=1}^{t}\prod_{j=1}^{r}(x-b_ic_j)^{(m_i-1)(h_j-1)}$$

令

$$q(x)=p(x)\omega(x)=\prod_{i=1}^{t}\prod_{j=1}^{r}(x-b_ic_j)^{m_ih_j}$$

这样,在 $q(x)$中,如果把每个 m_i 和 h_j 重根 b_i 和 c_j 分别看作 m_i 个和 h_j 个单根时,那么每个 b_i 恰与每个 c_j 相乘了一次. 这时,把式(1.5.13)的分子分母同乘以相应的补偿因子

$$\widetilde{p}(x)=\prod_{i=1}^{t}\prod_{j=1}^{r}(1-b_ic_jx)^{(m_i-1)(h_j-1)}$$

后，我们就得到定理 1.5.6 的变形：

定理 1.5.8　设复数域中的序列 $\{u_n\}$ 和 $\{v_n\}$ 的极小多项式分别为 $f(x)$ 和 $g(x)$，它们的根分别为 $b_1,\cdots,b_k$ 和 $c_1,\cdots,c_m$，$k=\partial^\circ f$，$m=\partial^\circ g$，则 $\{u_nv_n\}\in\Omega(q(x))$，其中

$$q(x)=\prod_{i=1}^{k}\prod_{j=1}^{m}(x-b_ic_j)\qquad(1.5.29)$$

相应的母函数为

$$Q(x)=\frac{\widetilde{Q}_0(x)}{\widetilde{q}(x)}=\widetilde{Q}_0(x)\left[\prod_{i=1}^{k}\prod_{j=1}^{m}(1-b_ic_jx)\right]^{-1}\qquad(1.5.30)$$

又

$$\partial^\circ q=\partial^\circ f\cdot\partial^\circ g\qquad(1.5.31)$$

$$\partial^\circ\widetilde{q}=(\partial^\circ f-\theta_f)(\partial^\circ g-\theta_g)\qquad(1.5.32)$$

而

$$\partial^\circ\widetilde{Q}_0\leqslant\partial^\circ\widetilde{q}+\max\{\theta_f,\theta_g\}-1\qquad(1.5.33)$$

定理 1.5.9　设复数域中的序列 $\{u_n^{(i)}\}$ 的极小多项式为 $f_i(x)$，$\partial^\circ f_i=d_i$，其根为 $b_{i1},\cdots,b_{id_i}$，$i=1,\cdots,k$，则 $\{u_n^{(1)},u_n^{(2)},\cdots,u_n^{(k)}\}\in\Omega(q_k(x))$，其中

$$q_k(x)=\prod_{i_1=1}^{d_1}\cdots\prod_{i_k=1}^{d_k}(x-b_{1i_1}\cdots b_{ki_k})\qquad(1.5.34)$$

相应的母函数为

$$Q_k(x)=\frac{\widetilde{Q}_{k0}(x)}{\widetilde{q}_k(x)}=$$

$$\widetilde{Q}_{k0}(x)\prod_{i_1=1}^{d_1}\cdots\prod_{i_k=1}^{d_k}(1-b_{1i_1}\cdots b_{ki_k}x)^{-1}\qquad(1.5.35)$$

又

$$\partial^\circ q_k = \prod_{i=1}^{k} \partial^\circ f_i \tag{1.5.36}$$

$$\partial^\circ \tilde{q}_k = \prod_{i=1}^{k} (\partial^\circ f_i - \theta_{f_i}) \tag{1.5.37}$$

而

$$\partial^\circ \widetilde{Q}_{k0} \leqslant \partial^\circ \tilde{q}_k + \max\left\{ \prod_{i=1}^{k-1} \partial^\circ f_i - \prod_{i=1}^{k-1} (\partial^\circ f_i - \theta_{f_i}), \theta_{f_k} \right\} - 1 \tag{1.5.38}$$

证　当 $k=2$ 时由定理 1.5.8 得证. 现设对 $k-1$ 结论已成立. 尽管 $q_{k-1}(x)$ 不一定是 $\{u_n^{(1)} \cdots u_n^{(k-1)}\}$ 的极小多项式,但根据定理 1.5.5 的附注,我们仍可应用定理 1.5.8 于 $q_{k-1}(x)$ 和 $f(x)$. 此时由归纳假设推出式(1.5.34)~(1.5.37)都是显然的. 由式(1.5.33)应有 $\partial^\circ \widetilde{Q}_{k0} \leqslant \partial^\circ \tilde{q}_k + \max\{\theta_{q_{k-1}}, \theta_{f_k}\} - 1$. 利用 $\theta_{q_{k-1}} = \partial^\circ q_{k-1} - \partial^\circ \tilde{q}_{k-1}$ 及归纳假设即得式(1.5.38). 证毕.

定理 1.5.10　设复数域中的序列 $\{u_n\}$ 的极小多项式为 $f(x)$, $\partial^\circ f = d$, 其根为 $b_1, \cdots, b_d$, 则 $\{u_n^k\} \in \Omega(\omega_k(x))$, 其中

$$\omega_k(x) = \prod_{i_1=1}^{d} \cdots \prod_{i_k=1}^{d} (x - b_{i_1} \cdots b_{i_k}) \tag{1.5.39}$$

相应的母函数为

$$W_k(x) = \frac{\widetilde{W}_{k0}(x)}{\tilde{\omega}_k(x)} = \widetilde{W}_{k0}(x) \prod_{i_1=1}^{d} \cdots \prod_{i_k=1}^{d} (1 - b_{i_1} \cdots b_{i_k} x)^{-1} \tag{1.5.40}$$

又

$$\partial^\circ \omega_k = (\partial^\circ f)^k \tag{1.5.41}$$

$$\partial^\circ \tilde{\omega}_k = (\partial^\circ f - \theta_f)^k \tag{1.5.42}$$

$$\partial^\circ \widetilde{W}_{k0} \leqslant (\partial^\circ f)^{k-1} + (\partial^\circ f - \theta_f - 1)(\partial^\circ f - \theta_f)^{k-1} - 1 \quad (k \geqslant 2) \tag{1.5.43}$$

此定理为定理 1.5.9 的直接结果. 只是在推导式(1.5.43)的过程中利用了 $d^{k-1} - (d-\theta_f)^{k-1} \geqslant \theta_f (k \geqslant 2)$.

研究 F-L 序列的积与幂的母函数的文献颇多，如文献[10-17]，其中绝大多数是研究二阶、三阶 F-L 序列的情形或其他特殊情形. 1991 年，文献[10]中在相当于上述定理 1.5.10 的条件下，得出了

$$\tilde{\omega}_k(x) = \prod_{\substack{r_1+\cdots+r_d=k \\ r_1,\cdots,r_d \geqslant 0}} (1 - b_1^{r_1} \cdots b_d^{r_d} x) \tag{1.5.44}$$

及

$$\partial^\circ \widetilde{W}_{k0} \leqslant \binom{d+k-1}{k} - d + \partial^\circ \widetilde{W}_{10} \tag{1.5.45}$$

但此结果是在 $f(x)$ 诸根互异且 $\theta_f = 0$ 的条件下证明的. 而对于有重根及 $\theta_f > 0$ 的情况是用令 $b_i \to b_j, b_i \to 0$ 等极限过程来完成证明的. 该文作者在附注中说，这种证明方法“不一定给出最可靠的结果. 然而对那种情况应用阿达玛(Hadamard)定理和柯西残数定理的确太艰难了.”

1.6　通项公式与求和公式

1.6.1　由特征根表示法导出的通项公式

由式(1.2.3)立即得到:

定理 1.6.1 若 $\Omega(a_1,\cdots,a_k)$ 的特征根 $x_1,\cdots,x_k$ 互异，则其基本序列 $\mathbf{u}^{(i)}(i=0,\cdots,k-1)$ 的通项公式是

$$u_n^{(i)}=V_n^{(i)}(x_1,\cdots,x_k)/V(x_1,\cdots,x_k) \tag{1.6.1}$$

其中

$$V(x_1,\cdots,x_k)=\begin{vmatrix} 1 & x_1 & x_1^2 & \cdots & x_1^{k-1} \\ 1 & x_2 & x_2^2 & \cdots & x_2^{k-1} \\ \vdots & \vdots & \vdots & & \vdots \\ 1 & x_k & x_k^2 & \cdots & x_k^{k-1} \end{vmatrix} \tag{1.6.2}$$

为范德蒙特(Vandermond)行列式，而 $V_n^{(i)}(x_1,\cdots,x_k)$ 则是将 $V(x_1,\cdots,x_k)$ 中 $x_1^i,x_2^i,\cdots,x_k^i$ 分别换成 $x_1^n,x_2^n,\cdots,x_k^n$ 所得的行列式.

推论 在定理条件下，$\mathbf{u}\in\Omega$ 的通项公式是

$$u_n=\sum_{i=0}^{k-1}u_i\cdot V_n^{(i)}(x_1,\cdots,x_k)/V(x_1,\cdots,x_k) \tag{1.6.3}$$

此公式或后面的式(1.6.8)又称比内(Binet)**公式**(文献[20-21]).

由式(1.2.8),(1.2.9)我们又得到：

定理 1.6.2 设 $x_1,\cdots,x_t$ 为非奇异空间 $\Omega(a_1,\cdots,a_k)$ 互异的特征根，它们分别为 $m_1,\cdots,m_t$ 重，$m_1+\cdots+m_t=k$，则 Ω 中基本序列 $\mathbf{u}^{(i)}(i=0,\cdots,k-1)$ 的通项公式为

$$u_n^{(i)}=\frac{U_n^{(i)}(x_1,\cdots,x_t;m_1,\cdots,m_t)}{U(x_1,\cdots,x_t;m_1,\cdots,m_t)} \tag{1.6.4}$$

其中

$U(x_1,\cdots,x_t;m_1,\cdots,m_t)=$

$$\begin{vmatrix} 1 & x_1 & x_1^2 & \cdots & x_1^{k-1} \\ 0 & 1\cdot x_1 & 2\cdot x_1^2 & \cdots & (k-1)x_1^{k-1} \\ \vdots & \vdots & \vdots & & \vdots \\ 0 & 1^{m_1-1}\cdot x_1 & 2^{m_1-1}\cdot x_1^2 & \cdots & (k-1)^{m_1-1}x_1^{k-1} \\ \vdots & \vdots & \vdots & & \vdots \\ 1 & x_t & x_t^2 & \cdots & x_t^{k-1} \\ 0 & 1\cdot x_t & 2\cdot x_t^2 & \cdots & (k-1)x_t^{k-1} \\ \vdots & \vdots & \vdots & & \vdots \\ 0 & 1^{m_t-1}\cdot x_t & 2^{m_t-1}\cdot x_t^2 & \cdots & (k-1)^{m_t-1}x_t^{k-1} \end{vmatrix} \tag{1.6.5}$$

而$U_n^{(i)}(x_1,\cdots,x_t;m_1,\cdots,m_t)$是将$U(x_1,\cdots,x_t;m_1,\cdots,m_t)$中$x_1^i,ix_1^i,\cdots,i^{m_1-1}\cdot x_1^i,\cdots,x_t^i,ix_t^i,\cdots,i^{m_t-1}x_t^i$分别代之以$x_1^n,nx_1^n,\cdots,n^{m_1-1}x_1^n,\cdots,x_t^n,nx_t^n,\cdots,n^{m_t-1}\cdot x_t^n$所得到的行列式,或

$$u_n^{(i)}=\frac{W_n^{(i)}(x_1,\cdots,x_t;m_1,\cdots,m_t)}{W(x_1,\cdots,x_t;m_1,\cdots,m_t)} \tag{1.6.6}$$

其中W是将U中$j^{r_s}x_s^j$换成$(j)_{r_s}x_s^j$所得($s=1,\cdots,t$;$r_s=0,\cdots,m_s-1$;$j=0,\cdots,k-1$);$W_n^{(i)}$也是将$U_n^{(i)}$作相应代换所得.

推论　在定理1.6.2的条件下,任一$\mathbf{u}\in\Omega$的通项公式是(Ω代之以U或W)

$$u_n=\sum_{i=0}^{k-1}u_i\cdot\frac{Q_n^{(i)}(x_1,\cdots,x_t;m_1,\cdots,m_t)}{Q(x_1,\cdots,x_t;m_1,\cdots,m_t)} \tag{1.6.7}$$

1.6.2　由母函数导出的通项公式

定理1.6.3　设$\Omega(a_1,\cdots,a_k)=\Omega(f(x))$有互异特征根$x_1,\cdots,x_k$,$\mathbf{u}\in\Omega$相应于$f(x)$的初始多项式为$U_0(x)$,则$\mathbf{u}$的通项公式为

$$u_n = \sum_{i=1}^{k} U_0(x_i)x_i^n \Big/ \prod_{\substack{j=1\\ j\neq i}}^{k}(x_i - x_j) = \sum_{i=1}^{k} \frac{U_0(x_i)}{f'(x_i)}x_i^n \tag{1.6.8}$$

证 由式(1.5.7)，$\mathbf{u}$ 的母函数知

$$U(x) = \frac{\widetilde{U}_0(x)}{\widetilde{f}(x)} = \frac{\sum_{i=1}^{k} b_i}{(1 - x_i x)} \tag{1.6.9}$$

由于 $\frac{\widetilde{f}(x)}{1 - x_i x} = \prod_{\substack{j=1\\ j\neq i}}^{k}(1 - x_i x)$，故式(1.6.9)两边同乘 $1 - x_i x$ 然后令 $x \to x_i^{-1}$ 得 $b_i = x_i^{k-1}\widetilde{U}_0(x_i^{-1}) \Big/ \prod_{\substack{j=1\\ j\neq i}}^{k}(x_i - x_j)$. 注意 $x_i^{k-1}\widetilde{U}_0(x_i^{-1}) = U_0(x_i)$，代入式(1.6.9)并展开为 x 的幂级数，比较两边 x^n 的系数即得式(1.6.8).

注 可以证明式(1.6.8)与式(1.6.3)是一致的. 又当有某个 $x_i = 0$ 时上述公式仍适用，只是规定其中 $0^0 = 1$ 即可.

推论 在定理的条件下，Ω 中基本序列 $\mathbf{u}^{(i)}$ 的通项公式是

$$u_n^{(i)} = \sum_{j=1}^{k} \frac{x_j^{k-1-i} - a_1 x_j^{k-2-i} - \cdots - a_{k-1-i}}{f'(x_j)} x_j^n \quad (i = 0, \cdots, k-2) \tag{1.6.10}$$

$$u_n^{(k-1)} = \sum_{j=1}^{k} x_j^n / f'(x_j) \tag{1.6.11}$$

定理 1.6.4 设 $x_1, \cdots, x_t$ 为 $\Omega(a_1, \cdots, a_k) = \Omega(f(x))$ 的互异的特征根，它们分别为 $m_1, \cdots, m_t$ 重，$m_1 + \cdots + m_t = k$，又若 Ω 非奇异，则任一 $\mathbf{u} \in \Omega$ 的通项公式为

$$u_n = \sum_{i=1}^{t} \sum_{j=1}^{m_i} b_{ij} \binom{n+j-1}{j-1} x_i^n \tag{1.6.12}$$

其中 b_{ij} 由 $\mathbf{u}$ 的母函数 $U(x)=\widetilde{U}_0(x)/\widetilde{f}(x)$ 的部分分式

$$U(x)=\sum_{i=1}^{t}\sum_{j=1}^{m_i}\frac{b_{ij}}{(1-x_i x)^j}\qquad(1.6.13)$$

确定.

证　由已知,$U(x)$ 可展成部分分式(1.6.13). 又 $(1-x_i x)^{-j}$ 的幂级数展开式为 $\sum_{n=0}^{\infty}\binom{n+j-1}{j-1}x_i^n x^n$,由此即证.

推论　在定理的条件下有

$$u_n=\sum_{i=1}^{t}\Big(\sum_{j=1}^{m_i-1}d_{ij}n^j\Big)x_i^n\qquad(1.6.14)$$

其中 $d_{ij}(1\leqslant i\leqslant t,0\leqslant j\leqslant m_i-1)$ 为与 n 无关的常数.

注　当 Ω 奇异时,由于其母函数可能分离出整式部分,这时通项公式需分段表示. 对以后的求和公式不另说明.

下面是不含特征根的通用公式.

定理 1.6.5　设 $\mathbf{u}\in\Omega(a_1,\cdots,a_k)$,则 $\mathbf{u}$ 的通项公式为

$$u_n=\sum_{j=0}^{k-1}(u_j-a_1u_{j-1}-\cdots-a_ju_0)\cdot\sum_{i_1+2i_2+\cdots+ki_k=n-j}\binom{i_1+\cdots+i_k}{i_1,\cdots,i_k}a_1^{i_1}\cdots a_k^{i_k}\ (\text{定义 }0^0=1)\qquad(1.6.15)$$

证　由式(1.5.2),$1/\widetilde{f}(x)$ 可展成幂级数

$$1/\widetilde{f}(x)=\sum_{i=0}^{\infty}(a_1x+a_2x^2+\cdots+a_kx^k)^i=\sum_{i=0}^{\infty}\sum_{i_1+\cdots+i_k=i}\binom{i}{i_1,\cdots,i_k}a_1^{i_1}\cdots a_k^{i_k}x^{i_1+2i_2+\cdots+ki_k}=$$

$$\sum_{n=0}^{\infty}\sum_{i_1+2i_2+\cdots+ki_k=n}\binom{i_1+\cdots+i_k}{i_1,\cdots,i_k}a_1^{i_1}\cdots a_k^{i_k}x^n$$

以之代入式(1.5.7),利用式(1.5.4)即可得证.

特别地,著名的斐波那契序列依此定理有通项公式

$$f_n=\sum_{r+2t=n-1}\binom{r+t}{r,t}=\sum_{t=0}^{[(n-1)/2]}\binom{n-1-t}{t} \tag{1.6.16}$$

注 线性代数中有把行列式化为 F-L 序列的项而求值的技巧. 反之,F-L 序列的通项也可用行列式表示. 事实上,在式(1.1.1)中依次以 $0,1,\cdots,n-k$ 代入 n,可得关于 $u_k,u_{k+1},\cdots,u_n$ 的线性方程组($u_0,\cdots,u_{k-1}$ 作为已知),由此可用 Gramer 法则解出 u_n. 不过,此种行列式形式的通项公式中随着 n 的增大其行列式之阶数也很大.

1.6.3 求和公式

定理 1.6.6 设 $\Omega(a_1,\cdots,a_k)=\Omega(f(x))$ 有互异的特征根 $x_1,\cdots,x_k$,$U_0(x)$ 为 $\mathbf{u}\in\Omega$ 相应于 $f(x)$ 的初始多项式,则 $\mathbf{u}$ 的求和公式为

$$S_n=\sum_{i=0}^{n}u_i=\sum_{j=1}^{k}\frac{U_0(x_i)}{f'(x_i)}\cdot\frac{x_j^{n+1}-1}{x_j-1} \tag{1.6.17}$$

其中当 $x_j=1$ 时定义 $(x_j^{n+1}-1)/(x_j-1)=n+1$.

此定理可由式(1.6.8)直接得证.

定理 1.6.7 设 $x_1,\cdots,x_t$ 为非奇异空间 $\Omega(a_1,\cdots,a_k)=\Omega(f(x))$ 互异的特征根,它们分别为 $m_1,\cdots,m_t$ 重,$m_1+\cdots+m_t=k$,$\mathbf{u}\in\Omega$ 相应的母函数为 $U(x)=\widetilde{U}_0(x)/\widetilde{f}(x)$,则 $\mathbf{u}$ 的求和公式为:

当 1 为非特征根时

$$S_n=\frac{\widetilde{U}_0(1)}{\widetilde{f}(1)}+\sum_{i=1}^{t}\sum_{j=1}^{m_i}c_{ij}\binom{n+j-1}{j-1}x_j^n \quad (1.6.18)$$

其中 c_{ij} 由 $\frac{1}{1-x}U(x)$ 的部分分式

$$\frac{1}{1-x}U(x)=\frac{c}{1-x}+\sum_{i=1}^{t}\sum_{j=1}^{m_i}\frac{c_{ij}}{(1-x_ix)^j} \quad (1.6.19)$$

确定.

当 1 为特征根时，如 $x_1=1$，则

$$S_n=\sum_{j=1}^{m_1+1}d_{1j}\binom{n+j-1}{j-1}+\sum_{i=2}^{t}\sum_{j=1}^{m_i}d_{ij}\binom{n+j-1}{j-1}x_i^n \quad (1.6.20)$$

其中 d_{ij} 由 $\frac{1}{1-x}U(x)$ 的部分分式

$$\frac{1}{1-x}U(x)=\sum_{j=1}^{m_1+1}\frac{d_{1j}}{(1-x_1x)^j}+\sum_{i=2}^{t}\sum_{j=1}^{m_i}\frac{d_{ij}}{(1-x_ix)^j} \quad (1.6.21)$$

确定.

证　我们知道 $\{S_n\}$ 的母函数是 $\sum_{n=0}^{\infty}S_nx^n=\frac{1}{1-x}U(x)$，当 1 为非特征根时，它的部分分式有形式 (1.6.19)，且可求得 $C=U(1)=\widetilde{U}_0(1)/\widetilde{f}(1)$. 其余仿定理 1.6.4 证之. 当 1 为特征根时，其部分分式有形式 (1.6.21)，同理可证.

定理 1.6.8　设 $\mathbf{u}\in\Omega(a_1,\cdots,a_k)$，则 $\mathbf{u}$ 的求和公式为

$$S_n = \sum_{j=0}^{k-1}(u_j - a_1 u_{j-1} - \cdots - a_j u_0)\cdot$$
$$\sum_{i_1+2i_2+\cdots+(k+1)i_{k+1}=n-j}\binom{i_1+\cdots+i_{k+1}}{i_1,\cdots,i_{k+1}}\cdot$$
$$(a_1+1)^{i_1}(a_2-a_1)^{i_2}\cdots(a_k-a_{k-1})^{i_k}(-a_k)^{i_{k+1}}$$
$$(定义\ 0^0=1) \qquad (1.6.22)$$

证 因为$(1-x)\tilde{f}(x)=(1-x)(1-a_1x-a_2x^2-\cdots-a_kx^k)=1-[(a_1+1)x+(a_2-a_1)x^2+\cdots+(a_k-a_{k-1})x^k-a_kx^{k+1}]$,故我们可仿照定理 1.6.5,把$\dfrac{1}{(1-x)\tilde{f}(x)}$展成幂级数,再代入$\sum_{n=0}^{\infty}S_nx^n=\tilde{U}_0(x)/((1-x)\tilde{f}(x))$证之.

特别地,斐波那契序列$\{f_n\}$有求和公式

$$S_n=\sum_{t=0}^{[(n-1)/3]}\binom{n-1-2t}{t}(-1)^t2^{n-1-3t} \qquad (1.6.23)$$

兹证明如下:由式(1.6.22)知

$$S_n=\sum_{r+2l+3t=n-1}\binom{r+l+t}{r,l,t}(1+1)^r(1-1)^l(-1)^t$$

故对非零项必有 $l=0$,于是

$$S_n=\sum_{r+3t=n-1}\binom{r+t}{r,t}(-1)^t2^r$$

由此即证.

我们顺便指出,因为 $S_n=f_0+f_1+\cdots+f_n=f_{n+2}-1$,于是比较式(1.6.23)和式(1.6.16),就得到如下组合的恒等式

$$\sum_{t=0}^{[(n-1)/3]}\binom{n-1-2t}{t}(-1)^t2^{n-1-3t}=\sum_{t=1}^{[(n+1)/2]}\binom{n+1-t}{t} \qquad (1.6.24)$$

1.7　周　期　性

1.7.1　周期的定义和性质

对数域 F 中的序列 $\{u_n\}$，若存在正整数 t 和非负整数 n_0，使得当且仅当 $n\geqslant n_0$ 时有

$$u_{n+t}=u_n \tag{1.7.1}$$

则称 $\{u_n\}$ 为从 n_0 起的**周期序列**，t 称为它的**周期**，n_0 称为它的**预备周期**，使式(1.7.1)成立的最小正整数称为它的**最小正周期**. 以后周期一般均指最小正周期. 若 $n_0=0$，则称 $\{u_n\}$ 为**纯周期序列**. $\{u_n\}$ 之周期为 t 记为 $P(\mathbf{u})=t$.

因当且仅当 $n\geqslant n_0$ 时式(1.7.1)可改写为

$$u_{n+n_0+t}=0\cdot u_{n+n_0+t-1}+\cdots+0\cdot u_{n+n_0+1}+u_{n+n_0}+0\cdot u_{n+n_0-1}+\cdots+0\cdot u_n\ (n\geqslant 0)$$

故有：

引理 1.7.1　若 $P(\mathbf{u})=t$，则 $\{u_n\}\in\Omega(x^{n_0}(x^t-1))$.

此引理说明凡周期序列必属 F-L 序列. 顺便指出，由前面的定义可知，周期序列的定义不论对奇异或非奇异 F-L 序列空间都是适用的. 因此如无特别说明，本节论述对奇异空间同样有效.

引理 1.7.2　设 $P(\mathbf{u})=t$，$\{u_n\}$ 之预备周期为 n_0. 又正整数 t' 适合 $n\geqslant n_1$ 时 $u_{n+t'}=u_n$，则 $t|t'$.

证　设 $t'=mt+r$，$0\leqslant r<t$. 则 $n\geqslant\max\{n_0,n_1\}$ 时 $u_{n+t'}=u_{n+r+mt}=u_{n+r}=u_n$. 若 $r\neq 0$，则与 t 之意义矛盾，所以 $r=0$，即 $t|t'$.

引理 1.7.3　若 Ω 非奇异，$\{u_n\}\in\Omega(a_1,\cdots,a_k)$ 为

周期的,则必为纯周期的.

证 反证式(1.7.1)仅当 $n \geqslant n_0 > 0$ 时才成立.由递归关系有

$$u_{n_0+k-1+t} = a_1 u_{n_0+k-2+t} + \cdots + a_{k-1} u_{n_0+t} + a_k u_{n_0-1+t}$$

由周期性,上式化为

$$u_{n_0+k-1} = a_1 u_{n_0+k-2} + \cdots + a_{k-1} u_{n_0} + a_k u_{n_0-1+t} \tag{1.7.2}$$

再由递归关系有

$$u_{n_0+k-1} = a_1 u_{n_0+k-2} + \cdots + a_{k-1} u_{n_0} + a_k u_{n_0-1} \tag{1.7.3}$$

比较式(1.7.2),(1.7.3)得

$$a_k u_{n_0-1+t} = a_k u_{n_0-1}$$

因为 $a_k \neq 0$,所以 $u_{n_0-1+t} = u_{n_0-1}$,又 $n_0 - 1 \geqslant 0$,这与 n_0 之意义矛盾.证毕.

引理 1.7.4 若 $\Omega(a_1, \cdots, a_k)$ 为奇异的,$\{u_n\} \in \Omega$ 适合

$$u_{k-1} \neq a_1 u_{k-2} + \cdots + a_{k-1} u_0 \tag{1.7.4}$$

则 $\{u_n\}$ 必为非纯周期序列.

证 反设 $\{u_n\}$ 为纯周期的.因为 $a_k = 0$,所以有 $u_{k-1+t} = a_1 u_{k-2+t} + \cdots + a_{k-1} u_t$,而由纯周期性,此式化为 $u_{k-1} = a_1 u_{k-2} + \cdots + a_{k-1} u_0$,这与已知矛盾.证毕.

引理 1.7.5 设 $\Omega(a_1, \cdots, a_k)$ 非奇异,$\{u_n\} \in \Omega$,$P(\mathbf{u}) = t$,则对一切 $n \in \mathbf{Z}$,式(1.7.1)成立.

证 由引理 1.7.3 已知式(1.7.1)对 $n \geqslant 0$ 成立,然后利用式(1.1.7)可推出 $n < 0$ 时也成立.

定理 1.7.1 设 $\mathbf{u}^{(i)} (i = 0, \cdots, k-1)$ 为 $\Omega(a_1, \cdots, a_k)$ 的基本序列,则:

(1) Ω 非奇异时 $\mathbf{u}^{(0)}$ 与 $\mathbf{u}^{(k-1)}$ 有相同的周期和预备

周期.

(2)若 $\mathbf{u}^{(k-1)}$ 有周期 t,则任何 $\mathbf{u}\in\Omega$ 均有周期 t',且 $t'|t$.

(3)若 $a_{k-j}\neq0$,$\mathbf{u}^{(j)}$,$\mathbf{u}^{(j-1)}$ 均为周期的,则 $u^{(k-1)}$ 也是周期的,且

$$P(\mathbf{u}^{(k-1)})=\operatorname{lcm}(P(\mathbf{u}^{(j)}),P(\mathbf{u}^{(j-1)}))$$

证　(1)由式(1.1.15)得证.

(2)由 $P(\mathbf{u}^{(k-1)})=t$,利用式(1.1.20)可得 $u_{n+t}=u_n(u\geqslant n_0)$,故$\{u_n\}$为周期的,再由引理1.7.2知其周期 $t'|t$.

(3)设 $P(\mathbf{u}^{(j)})=t_j$,$P(\mathbf{u}^{(j-1)})=t_{j-1}$,由式(1.1.16)知 $\mathbf{u}^{(k-1)}$ 也是周期的.设 $P(\mathbf{u}^{(k-1)})=t$,$l=\operatorname{lcm}(t_j,t_{j-1})$.由已知之(2)知 $l|t$.又由式(1.1.16)知 $u_{n+l}^{(k-1)}=u_n^{(k-1)}$,所以 $t|l$.综上得 $t=l$.

由上知,若 $\mathbf{u}^{(k-1)}$ 为周期的,则必为 Ω 中最大周期序列.但值得注意的是,(2)之逆并不成立.例如对 $\Omega(2,1,-2)$,$u_n^{(0)}=1-(1/3)[2^n-(-1)^n]$,$u_n^{(1)}=(1/2)\cdot[1-(-1)^n]$,$u_n^{(2)}=-1/2+(1/6)(-1)^n+(1/3)\cdot2^n$.在有理数域中 $\mathbf{u}^{(1)}$ 是周期的,但 $\mathbf{u}^{(0)}$,$\mathbf{u}^{(2)}$ 均是非周期的.

1.7.2　周期性与特征根的关系

设 $\theta\in DV_k$,若存在正整数 t,使 $\theta^t=1$,又若对任何正整数 $t_1<t$,$\theta^{t_1}\neq1$,则称 t 为 θ 的**阶**,记为 $\operatorname{ord}(\theta)=t$.显然有:

引理1.7.6　若 $\operatorname{ord}(\theta)=t$,又正整数 t_1 适合 $\theta^{t_1}=1$,则 $t|t_1$.

引理1.7.7　若 $\theta=(x_1,\cdots,x_k)$,则在非正则运算下 $\operatorname{ord}(\theta)$ 存在之充要条件为 $\operatorname{ord}(x_i)(i=1,\cdots,k)$ 均存

在，且 $\operatorname{ord}(\theta)=\underset{1\leqslant i\leqslant k}{\operatorname{lcm}}\operatorname{ord}(x_i)$.

定理 1.7.2 设 $\Omega(a_1,\cdots,a_k)$ 非奇异，θ 为其 k 值特征根，$\mathbf{u}^{(k-1)}$ 为其基本序列，则 $P(\mathbf{u}^{(k-1)})=t$ 的充要条件是 θ 为真 k 值数且 $\operatorname{ord}(\theta)=t$.

证 必要性. 设 $P(\mathbf{u}^{(k-1)})=t$，则由定理 1.7.1 之(2)，对 Ω 中任何基本序列 $\mathbf{u}^{(i)}$ 均有

$$u_{n+t}^{(i)}=u_n^{(i)}\ (i=0,\cdots,k-1)$$

于是

$$\theta^{n+t}=u_{n+t}^{(k-1)}\theta^{k-1}+\cdots+u_{n+t}^{(1)}\theta+u_{n+t}^{(0)}=$$
$$u_n^{(k-1)}\theta^{k-1}+\cdots+u_n^{(1)}\theta+u^{(0)}=\theta^n$$

因为 Ω 非奇异，所以 $N(\theta)\neq 0$，故 θ 可逆，因而得 $\theta^t=1$.

反设 θ 为非真 k 值数，则有某个 x_i 为 Ω 之重根，因而 $\{nx_i^n\}\in\Omega$，它显然是非周期的，这与定理 1.7.1 矛盾. 现设还有 $t_1<t$，使 $\theta^{t_1}=1$，则 $\theta^{n+t_1}=\theta^n$，即 $u_{n+t_1}^{(k-1)}\theta^{k-1}+\cdots+u_{n+t_1}^{(0)}=u_n^{(k-1)}\theta^{k-1}+\cdots+u_n^{(0)}$，因为已证 θ 为真 k 值数，所以由引理 1.2.6 得 $u_{n+t_1}^{(k-1)}=u_n^{(k-1)}$. 这与 t 之意义矛盾. 故 $\operatorname{ord}(\theta)=t$.

充分性. 设 $\operatorname{ord}(\theta)=t$ 且 θ 为真 k 值数，则由 $\theta^t=1$ 仿必要性之证明得 $u_{n+t}^{(k-1)}=u_n^{(k-1)}$，故 $\mathbf{u}^{(k-1)}$ 为周期的. 又由必要性知 $P(\mathbf{u}^{(k-1)})=\operatorname{ord}(\theta)=t$.

在数域 F 中，Ω 有重根时，其他序列仍有可能为周期的，如 $\Omega(0,-2,0,-1)$ 的特征根为 $i,i,-i,-i$，但其中 $\mathbf{u}(0,1,0,-1)=\{0,1,0,-1,\cdots\}$ 有周期 4.

1.7.3 周期性与特征多项式的关系

设 $f(x)$ 为多项式，若存在正整数 t，使得

$$x^t\equiv 1(\bmod f(x))\qquad(1.7.5)$$

则称 $f(x)$ 为**周期的**，使上式成立的最小正整数 t 称为 $f(x)$ 的**周期**，并记 $P(f(x))=t$，

引理1.7.8　若$P(f(x))=t$，又若存在$t_1\in\mathbf{Z}_+$，使$x^{t_1}\equiv1(\bmod f(x))$，则$t\mid t_1$.

定理1.7.3　设$m(x)$为$\{u_n\}$的极小多项式，则$P(\mathbf{u})=t$的充要条件是$P(m(x)/x^{\theta_m})=t$，且θ_m恰为$\{u_n\}$的预备周期.

证　必要性. 设$P(\mathbf{u})=t$，预备周期为n_0，则

$$u_{n+t}=u_n(n\geqslant n_0)$$

即

$$u_{n+n_0+t}=u_{n+n_0}(n\geqslant0)$$

所以$\{u_n\}\in\Omega(g(x))$，其中

$$g(x)=x^{n_0+t}-x^{n_0}=x^{n_0}(x^t-1)$$

由定理1.5.3推论1知，$m(x)\mid g(x)$，所以$\theta_m\leqslant n_0$，$m(x)/x^{\theta_m}=m_1(x)\mid x^t-1$. 反设还有$t_1<t$，使$m_1(x)\mid x^{t_1}-1$，则$m(x)\mid x^{\theta_m}(x^{t_1}-1)$. 由引理1.5.2可得递归关系

$$u_{n+t_1}=u_n(n\geqslant\theta_m)$$

这与t之意义矛盾. 所以$P(m_1(x))=t$. 又若$\theta_m<n_0$，则与n_0之意义矛盾，所以$\theta_m=n_0$.

充分性. 设$P(m(x)/x^{\theta_m})=t$，则由式(1.7.5)可得$\{u_n\}\in\Omega(x^{\theta_m}(x^t-1))$，从而$\{u_n\}$为周期的. 剩下部分由必要性得证.

推论1　设$m(x)$和$x^r m(x)(r\geqslant0)$分别为$\{u_n\}$和$\{v_n\}$的极小多项式，则两序列周期相同(如果存在的话)，而预备周期相差r.

推论2　设$\mathbf{u}^{(k-1)}$为$\Omega(a_1,\cdots,a_k)=\Omega(f(x))$中基本序列，则$\mathbf{u}^{(k-1)}$为周期序列时有$P(\mathbf{u}^{(k-1)})=P(f(x)/x^{\theta_f})$.

定理1.7.4　设非零序列$\{u_n\}$的极小多项式为

$m(x)$，则 $P(\mathfrak{u})=t$ 的充要条件是 $m_1(x)=m(x)/x^{\theta_m}$ 的根既是单根又是 t 次单位根，且设这些根为 $x_1,\cdots,x_r$ 时，则有

$$t=\operatorname*{lcm}_{1\leqslant i\leqslant r}\operatorname{ord}(x_i)$$

证 运用定理 1.7.3. 注意 x^t-1 的根既是单根又是 t 次单位根. 再注意单位原根的意义即可得证.

定理 1.7.5 若 $\{u_n\}$，$\{v_n\}$ 和 $\{w_n\}$ 的极小多项式分别为 $f(x)$，$g(x)$ 和 $f(x)g(x)$，$\gcd(f(x),g(x))=1$，则：

(1) 当 $\{u_n\}$ 和 $\{v_n\}$ 均为周期序列时，$\{w_n\}$ 也为周期序列，反之亦然.

(2) 当(1)的条件满足时

$$P(\mathfrak{w})=\operatorname{lcm}(P(\mathfrak{u}),P(\mathfrak{v}))\qquad(1.7.6)$$

实际上，只要证明如下的引理：

引理 1.7.9 设 $f(x)$，$g(x)$ 为互素的多项式，则当 $P(f(x)/x^{\theta_f})$ 和 $P(g(x)/x^{\theta_g})$ 均存在或 $P(f(x)g(x))/x^{\theta_f+\theta_g})$ 存在时

$$\begin{aligned}&P(f(x)g(x)/x^{\theta_f+\theta_g})=\\&\operatorname{lcm}(P(f(x)/x^{\theta_f}),P(g(x)/x^{\theta_g})\end{aligned}\qquad(1.7.7)$$

证 因为 $f(x)$，$g(x)$ 互素，故不妨设 $\theta_g=0$. 当 $P(f(x)g(x)/x^{\theta_f})=t$ 时，可得

$$x^t\equiv 1(\bmod f(x)g(x)/x^{\theta_f})$$

于是

$$x^t\equiv 1(\bmod f(x)/x^{\theta_f}\text{ 及 }\bmod g(x))$$

所以 $P(f(x)/x^{\theta_f})$ 及 $P(g(x))$ 均存在且整除 t. 故其最小公倍数 $s\mid t$.

反之，当 $P(f(x)/x^{\theta_f})$ 及 $P(g(x))$ 均存在时，可得 $x^s\equiv 1(\bmod f(x)/x^{\theta_f}$ 及 $\bmod g(x))$，但 $f(x)$ 与

$g(x)$互素,因而 $x^s\equiv 1(\bmod f(x)g(x)/x^{\theta_f})$. 故 $P(f(x)\cdot g(x)/x^{\theta_f})=t$存在且 $t\mid s$. 综上得 $t=s$,证毕.

利用多项式的分解,上述定理把对多项式的周期的研究转化为对形如$f(x)^r$的多项式的周期的研究. 但由定理1.7.4知,若 $r\geqslant 2$ 则 $f(x)^r$ 已是非周期的. 另外一种周期性的情形则不然,此种情况我们将在有关模周期性的章节详细研究.

1.7.4　周期性与联结矩阵的关系

为简便,当$\Omega(f(x))$的联结矩阵为 $\mathbf{A}$ 时我们也记 $\Omega=\Omega(\mathbf{A})$. 由环 $M_F(\mathbf{A})$与环 $F[x]/(f(x))$的同构性,我们可引出联结矩阵的一系列关于周期性方面的定义、引理和定理. 为了说明矩阵方法,我们对其中某些引理和定理还是另行证明.

若存在正整数 t,使得对数域 F 上的方阵 $\mathbf{A}$ 有 $\mathbf{A}^t=\boldsymbol{E}$,则称使上式成立的最小正整数 t 为 $\mathbf{A}$ 的阶,并记 $\mathrm{ord}(\mathbf{A})=t$.

引理 1.7.10　若 $\mathrm{ord}(\mathbf{A})=t$. 又若存在 $t_1\in\mathbf{Z}_+$,使 $\mathbf{A}^{t_1}=\boldsymbol{E}$,则 $t\mid t_1$.

设数域 F 上的非零序列 $\mathbf{u}\in\Omega(m(x))=\Omega(\boldsymbol{M})$,若 $m(x)$为 $\mathbf{u}$ 的极小多项式,则称 $\boldsymbol{M}$ 为 $\mathbf{u}$ 的**极小矩阵**.

引理 1.7.11　设数域 F 上的非零序列 $\mathbf{u}\in\Omega(a_1,\cdots,a_k)=\Omega(\mathbf{A})$,$\boldsymbol{U}_n$ 为 $\mathbf{u}$ 相应的第 n 列. 又设在 F 上 $\Omega(b_1,\cdots,b_r)=\Omega(\boldsymbol{M})$ $(r\leqslant k)$,则 $\boldsymbol{M}$ 为 $\mathbf{u}$ 的极小矩阵的充要条件是

$$\mathrm{rank}(\boldsymbol{U}_{k-1},\cdots,\boldsymbol{U}_1,\boldsymbol{U}_0)=r \qquad (1.7.8)$$

且

$$\boldsymbol{U}_r=b_1\boldsymbol{U}_{r-1}+\cdots+b_{r-1}\boldsymbol{U}_1+b_r\boldsymbol{U}_0 \qquad (1.7.9)$$

证 必要性. 若 $\boldsymbol{M}$ 为 $\mathbf{u}$ 的极小矩阵,则有 $u_{n+r}=b_1u_{n+r-1}+\cdots+b_{r-1}u_{n+1}+b_ru_n$. 由此可得 $\boldsymbol{U}_{n+r}=b_1\boldsymbol{U}_{n+r-1}+\cdots+b_{r-1}\boldsymbol{U}_{n+1}+b_r\boldsymbol{U}_n$. 令 $n=0$ 即得式(1.7.9). 前一式又说明向量组 $\boldsymbol{U}_{k-1},\cdots,\boldsymbol{U}_1,\boldsymbol{U}_0$ 可由向量组 $\boldsymbol{U}_{r-1},\cdots,\boldsymbol{U}_1,\boldsymbol{U}_0$ 线性表示. 若能证后一向量组线性无关,则得式(1.7.8). 反设有不全为 0 之数 $c_{r-1},\cdots,c_0$ 使 $c_{r-1}\boldsymbol{U}_{r-1}+\cdots+c_0\boldsymbol{U}_0=0$. 设上式左边第一个非 0 系数为 $c_t(1\leqslant t\leqslant r-1)$,则 $\boldsymbol{U}_t=d_{t-1}\boldsymbol{U}_{t-1}+\cdots+d_0\boldsymbol{U}_0,d_i=-c_i/c_t(i=0,\cdots,t-1)$. 两边左乘 $\boldsymbol{A}^n$ 得 $\boldsymbol{U}_{n+t}=d_{t-1}\boldsymbol{U}_{n+t-1}+\cdots+d_0\boldsymbol{U}_n$. 此说明 $\mathbf{u}\in\Omega(d_{t-1},\cdots,d_0)$,而 $t<r$,这与 $\boldsymbol{M}$ 之意义矛盾. 故必要性得证.

充分性. 设式(1.7.8),(1.7.9)成立,则由式(1.7.9)可知,$\mathbf{u}\in\Omega(b_1,\cdots,b_r)$. 反设还有 $t<r$,使 $\mathbf{u}\in\Omega(e_1,\cdots,e_t)$,则可得 $\boldsymbol{U}_t=e_1\boldsymbol{U}_{t-1}+\cdots+e_t\boldsymbol{U}_0$. 这与式(1.7.8)矛盾. 故证.

例 1 设 $\mathbf{u}\in\Omega(4,-5,2),u_0=2,u_1=3,u_2=5$. 求 $\mathbf{u}$ 之极小矩阵.

解法 1 由递归关系 $u_{n+3}=4u_{n+2}-5u_{n+1}+2u_n$ 及初始值得 $u_3=9,u_4=17,u_5=33$. 对矩阵 $(\boldsymbol{U}_2,\boldsymbol{U}_1,\boldsymbol{U}_0)$ 进行初等行变换化为右阶梯形

$$(\boldsymbol{U}_2,\boldsymbol{U}_1,\boldsymbol{U}_0)=\begin{bmatrix}u_4&u_3&u_2\\u_3&u_2&u_1\\u_2&u_1&u_0\end{bmatrix}=$$

$$\begin{bmatrix}17&9&5\\9&5&3\\5&3&2\end{bmatrix}\sim\begin{bmatrix}-2&0&1\\3&1&0\\0&0&0\end{bmatrix}$$

所以 $\operatorname{rank}(\boldsymbol{U}_2,\boldsymbol{U}_1,\boldsymbol{U}_0)=2$ 且 $\boldsymbol{U}_2=3\boldsymbol{U}_1-2\boldsymbol{U}_0$,故 $\mathbf{u}$ 之极小矩阵为 $\Omega(3,-2)$之联结矩阵,即

$$M=\begin{bmatrix}3 & -2\\ 1 & 0\end{bmatrix}$$

解法 2　在 $\Omega(4,-5,2)$ 中，$\mathbf{u}$ 之特征多项式为 $f(x)=x^3-4x^2+5x-2$，初始多项式 $U_0(x)=2x^2-5x+3$. 因为 $\gcd(f(x),U_0(x))=x-1$，故 $\mathbf{u}$ 之极小多项式为 $m(x)=f(x)/(x-1)=x^2-3x+2$. 由此得同一结果.

推论　在引理条件下，若 $\det(\boldsymbol{U}_{k-1},\cdots,\boldsymbol{U}_1,\boldsymbol{U}_0)\neq 0$，则 $\mathbf{A}$ 是 $\mathbf{u}$ 的极小矩阵.

注　以后会知道，上式左边称为汉克尔(Hankel)行列式，此式可改写为 $D_0^{(k)}(\mathbf{u})\neq 0$.

证　行列式非 0 说明了 $\mathrm{rank}(\boldsymbol{U}_{k-1},\cdots,\boldsymbol{U}_1,\boldsymbol{U}_0)=k$. 又因 $\mathbf{u}\in\Omega(a_1,\cdots,a_k)=\Omega(\mathbf{A})$，所以 $\boldsymbol{U}_k=a_1\boldsymbol{U}_{k-1}+\cdots+a_{k-1}\boldsymbol{U}_1+a_k\boldsymbol{U}_0$ 自然成立. 故极小矩阵是 k 阶的，即是 $\mathbf{A}$ 本身.

定理 1.7.6　设 $\Omega(a_1,\cdots,a_k)=\Omega(\mathbf{A})$ 非奇异，$\mathbf{u}^{(k-1)}$ 为其中基本序列，则 $P(\mathbf{u}^{(k-1)})=t$ 的充要条件是 $\mathrm{ord}(\mathbf{A})=t$.

证　必要性. 设 $P(\mathbf{u}^{(k-1)})=t$，则对所有基本序列 $\mathbf{u}^{(i)}\in\Omega(\mathbf{A})$ 均有 $u_{n+t}^{(i)}=u_n^{(i)}$. 由此得 $\mathbf{A}^{n+t}=\mathbf{A}^n$. 因为 $\Omega(\mathbf{A})$ 非奇异，所以 $\mathbf{A}$ 可逆，故得 $\mathbf{A}^t=\boldsymbol{E}$. 反设有 $t_1<t$ 使 $\mathbf{A}^{t_1}=\boldsymbol{E}$，则 $\mathbf{A}^{n+t_1}=\mathbf{A}^n$，于是 $u_{n+t_1}^{(k-1)}=u_n^{(k-1)}$，此与 t 之意义矛盾. 故 $\mathrm{ord}(\mathbf{A})=t$.

充分性易证. 从略.

定理 1.7.7　设 $\mathbf{u}\in\Omega(a_1,\cdots,a_r,\cdots,a_k)=\Omega(\mathbf{A})$，$a_r\neq 0$，$a_{r+1}=\cdots=a_k=0$. 若 $\mathbf{A}$ 为 $\mathbf{u}$ 的极小矩阵，则 $P(\mathbf{u})=t$ 的充要条件是 $\mathrm{ord}(\mathbf{A}_r)=t$，其中 $\mathbf{A}_r$ 是 $\mathbf{A}$ 的前 r 行构成的主子阵(称为 $\mathbf{A}$ 的 r 阶**首主子阵**).

证 必要性.由定理1.5.3之推论3,$\Omega(\mathbf{A})$中基本序列$\mathbf{u}^{(k-1)}$与$\mathbf{u}$有相同之极小多项式,故若$P(\mathbf{u})=t$,则$P(\mathbf{u}^{(k-1)})=t$.今取$\Omega(\mathbf{A}_r)$中的基本序列$\mathbf{v}^{(r-1)}$,则显然$v_n^{(r-1)}=u_{n+n_0}^{(k-1)}(n\geqslant 0)$,其中$n_0=k-r$.于是$P(\mathbf{v}^{(r-1)})=t$.又$\Omega(\mathbf{A}_r)$非奇异,故由定理1.7.6,$\mathrm{ord}(\mathbf{A}_r)=t$.

充分性.依必要性之逆过程可证.

1.7.5 周期性与母函数的关系

定理1.7.8 设$\mathbf{u}\in\Omega(f(x))$,相应的母函数$U(x)=\widetilde{U}_0(x)/\widetilde{f}(x)$为既约的,则$P(\mathbf{u})=t$的充要条件是$P(\widetilde{f}(x))=t$,又当且仅当$\partial^\circ\widetilde{U}_0\leqslant\partial^\circ\widetilde{f}-1$时$\mathbf{u}$为纯周期的.

证 由式(1.5.9)及母函数的既约性知,存在$r\geqslant 0$使$f(x)/x^r$为$\mathbf{u}$的极小多项式,所以$P(\mathbf{u})=t\Leftrightarrow P(f(x)/x^{\theta_f})=t\Leftrightarrow P(\widetilde{f}(x))=t$.又因为$\partial^\circ\widetilde{U}_0\leqslant\partial^\circ\widetilde{f}-1=\partial^\circ\widetilde{f}+\theta_f-1$.而当$\mathbf{u}$为纯周期时$\theta_f=0$,所以$\partial^\circ\widetilde{U}_0\leqslant\partial^\circ\widetilde{f}-1$.反之,当$\mathbf{u}$为周期的且$\partial^\circ\widetilde{U}_0\leqslant\partial^\circ\widetilde{f}-1$时,设$\widetilde{f}(x)=1-b_1x-\cdots-b_rx^r$,$b_r\neq 0$,则由引理1.5.2知,$\mathbf{u}\in\Omega(b_1,\cdots,b_r)$,此空间非奇异,因而$\mathbf{u}$为纯周期的.

参考文献

[1]柯召,魏万迪.组合论(上册)[M].北京:科学出版社,1984.

[2]LIDL R,NIEDERREITER H. Finite fields[M]. Boston:Addidon-Wesley Pub. Co.,1983.

[3]WADDILL M E. The Tetranacci seguence and generalizations[J]. Fibonacci Quart.,1992,30(1):9-20.

[4]WADDILL M E. Using matrix technigues to establish properties of a generalized tribonacci seguence[J]. Applications of Fibonacci Numbers, 1991,4:299-308.

[5]WADDILL M E, SACKS L. Another generalized Fibonacci seguence[J]. Fibonacci Quart., 1967, 5(3):209-222.

[6]SHANNON A G, HARADAM A F. Some properties of third-order recurrence relations[J]. Fibonacci Quart., 1972, 10(2):135-146.

[7]LIU B L. A matrix method to volve linear recurrence with constant coefficients[J]. Fibonacci Quart., 1992, 30(1):2-8.

[8]曹汝成,柳柏濂.常系数线性齐次递归式的一般解公式[J].数学的实践与认识,1987,3:80-82.

[9]叶世绮.广义 Fibonacci 数列[J].数学的实践与认识,1992,1:37-49.

[10]PENTTI H, JERZY R. On generating functions for powers of recurrence seguences[J]. Fibonacci Quart., 1991, 29(4):329-332.

[11]PENTTI H, JERZY R. On the usual product of rational arithmetic functions[J]. Collog, Math., 1990, 59:191-196.

[12]CARLITZ L. Generating functions for powers of certain seguences of numbers[J]. Duke Math. J., 1962, 29:521-537.

[13]HORADAM A F. Generating functions for powers of a certain generalized seguences of numbers

[J]. Duke Math J. ,1965,32:437-446.

[14]KLARNER D A. A ring of seguences generated by rational functions[J]. Amer. Math. Monthly, 1967,74:813-816.

[15]VAN DER POORTEN A J. A note on recurrence seguences[J]. J. Proc. Roy. Soc. New south Wales,1973,106:115-117.

[16]POPOV B S. Generating functions for powers of certain second-order recurrence seguences[J]. Fibonacci Quart. ,1997,15:221-224.

[17]SHANNON A G, HORADAM A F. Generating functions for powers of third-order recurrence seguences[J]. Duke Math. J. ,1971,38:791-794.

[18]LIN P Y. De Moivre-type identities for the tetrabonacci numbers[J]. Applications of Fibonacci Numbers,1991,4:215-218.

[19]LIN P Y. De Moivre-type identies for the tribonacci numbers[J]. Fibonacci Quart. , 1998, 26(2):131-134.

[20]SPICKERMAN W R. Binet's formula for the tribonacci seguence[J]. Fibonacci Quart. ,1982, 20(2):118-120.

[21]SPICKERMAN,JOYNER R N. Binet's formula for the recursive seguence of order k[J]. Fionacci Quart. ,1984,22(4):327-331.

[22]BICKNELL M, HOGGATT V E Jr. A Primer for the Fibonacci numbers[J]. Santa Glara,CA, The Fibonacci Association,1972:45-10.

[23]吴振奎. 斐波那契数列(世界数学名题欣赏丛书)[M]. 沈阳:辽宁教育出版社,1987.

[24]ZHOU C Z,HOWARD F T. Applications of Fibonacci numbers[M]. Dordrecht: Kluwer Academic Publishers,2004:297-308.

第2章 有关 F-L 数的恒等式

本章主要建立涉及 F-L 数的各种恒等式(其中包括我们的一些新结果),作为进一步研究的重要基础.我们在第一节先对一般高阶 F-L 序列的恒等式进行讨论,然后在以后各节对二阶 F-L 序列的恒等式进行较深入细致的讨论.上章建立的 F-L序列的各种表示法在这里将起关键作用.本章只对非奇异 F-L 序列空间讨论,序列下标除特指外均为任意整数.但我们指出,那些不用到非奇异性的结论,对奇异空间仍有效.

2.1 高阶恒等式

2.1.1 基本引理

关于高阶 F-L 数的恒等式(像文献[49]中那样,已简称为 F-L 恒等式),各种文献中建立甚少.文献[3-5]曾对 k 阶 F-L 数的某些特殊情况建立过若干恒等式.1991 和 1992 年 Waddill[2-4]用矩阵方法建立了三阶和四阶 F-L 数的一些新的恒等式，但他的方法不适于推广．我们采用新方法将他们的结果推广到最一般的情形，并补充若干新型恒等式，特别是关于乘积及和式的恒等式．我们的方法不限于矩阵方法，上章建立的各种表示法均可有效地运用．这些方法的运用主要依赖于下面的基本引理．

引理 2.1.1　设 θ 为 $\Omega(a_1,\cdots,a_k)=\Omega(f(x))=\Omega(A)$ 的 k 值特征根，若下列条件之一成立

$$\sum_{i=1}^{m} b_i x^{n_i} \equiv \sum_{j=1}^{h} c_j x^{p_j} (\mathrm{mod}\ f(x)) \qquad (2.1.1)$$

$$\sum_{i=1}^{m} b_i \theta^{n_i} = \sum_{j=1}^{h} c_j \theta^{p_j} \qquad (2.1.2)$$

$$\sum_{i=1}^{m} b_i A^{n_i} = \sum_{j=1}^{h} c_j A^{p_j} \qquad (2.1.3)$$

其中 $n_i, p_j \in \mathbf{Z}$，而 $b_i, c_j (i=1,\cdots,m; j=1,\cdots,h)$ 为分别与 x,θ,A 无关之数（在式(2.1.2)中表 $FV_{k,1}$ 中之数），则对任一 $\mathfrak{w}\in\Omega$ 有

$$\sum_{i=1}^{m} b_i w_{n_i} \equiv \sum_{j=1}^{h} c_j w_{p_j} \qquad (2.1.4)$$

又此结论之逆也成立．

证　根据 F-L 序列各种表示法及其唯一性，由式(2.1.1)～(2.1.3)的每一个均可推出 Ω 中诸基本序列适合式(2.1.4)．又 $\mathfrak{w}$ 为诸基本序列之线性组合，故它也适合式(2.1.4)．

反之，若式(2.1.4)对 Ω 中任一序列成立，则对诸基本序列亦然，由此推出式(2.1.1)～(2.1.3)，证毕．

注　上述引理指出了一个把关于 x,θ,A 的多项式恒等式改为关于 $\mathfrak{w}$ 的线性恒等式的法则，即分别把 x,θ,A 的指数改为 w 的下标．这实际是卢卡斯及后来

一些人所使用的符号方法的理论根据[1-2].

1998 年,在第 8 次斐波那契数及其应用国际会议上,作者把引理 2.1.1 的特征多项式形式介绍给了国际同行,称其为**构造恒等式定理**(Theorem of Constructing Identities),简称 TCI[44].并阐述了它的应用.2003 年,作者在文献[45]中把引理 2.1.1 的矩阵形式介绍给了国际读者,并给出了在模周期性和同余式方面的应用.2009 年,Howard,Fred T. 和 Saidak Filip 在文献[46]中给出了 TCI 的另证,并研究了其应用.

2.1.2 有关下标和、差、倍的恒等式

定理 2.1.1 设 $\mathbf{w}\in\Omega(a_1,\cdots,a_k)=\Omega(f(x))=\Omega(A)$,$\mathbf{u}^{(i)}(i=0,\cdots,k-1)$为 Ω 中基本序列,则

$$w_{m+n}=\sum_{i=0}^{k-1}u_{m+r}^{(i)}w_{n-r+i}=\sum_{i=0}^{k-1}u_m^{(i)}w_{n+i}\tag{2.1.5}$$

$$w_{m-n}=\sum_{i=0}^{k-1}u_{m-r}^{(i)}w_{r-n+i}=\sum_{i=0}^{k-1}u_m^{(i)}w_{-n+i}\tag{2.1.6}$$

$$w_{-n}=\sum_{i=0}^{k-1}u_{-r}^{(i)}w_{r-n+i}=\sum_{i=0}^{k-1}u_{-n}^{(i)}w_i\tag{2.1.7}$$

$n>0$ 时

$$w_{m-n}=a_k^{-n}\sum_{\substack{i_0+\cdots+i_{k-1}=n\\ i_0,\cdots,i_{k-1}\geqslant 0}}(-1)^{n-i_0}\binom{n}{i_0,\cdots,i_{k-1}}a_1^{i_1}\cdot\cdots\cdot a_{k-1}^{i_{k-1}}w_{m+(k-1)i_0+(k-2)i_1+\cdots+i_{k-2}}\tag{2.1.8}$$

$n>0$ 时

$$w_{-n}=a_k^{-n}\sum_{\substack{i_0+\cdots+i_{k-1}=n\\ i_0,\cdots,i_{k-1}\geqslant 0}}(-1)^{n-i_0}\binom{n}{i_0,\cdots,i_{k-1}}a_1^{i_1}\cdot\cdots\cdot a_{k-1}^{i_{k-1}}w_{(k-1)i_0+(k-2)i_1+\cdots+i_{k-2}}\tag{2.1.9}$$

$m>0$ 时

$$w_{mn+r} = \sum_{\substack{i_1+\cdots+i_k=n \\ i_1,\cdots,i_k\geqslant 0}} \binom{m}{i_1,\cdots,i_k} (u_n^{(k-1)})^{i_1} \cdot \cdots \cdot$$

$$(u_n^{(0)})^{i_k} w_{(k-1)i_0+(k-2)i_1+\cdots+i_{k-2}+r} \qquad (2.1.10)$$

证法 1　由 $x^{m+n}=x^{m+r}\cdot x^{n-r}$ 得

$$x^{m+n}\equiv(u_{m+r}^{(k-1)}x^{k-1}+\cdots+u_{m+r}^{(1)}x+u_{m+r}^{(0)})x^{n-r}\equiv$$

$$u_{m+r}^{(k-1)}x^{n-r+k-1}+\cdots+u_{m+r}^{(1)}x^{n-r+1}+$$

$$u_{m+r}^{(0)}x^{n-r}(\mathrm{mod}\ f(x))$$

由引理 2.1.1 即证式(2.1.5).

证法 2　把上法中 x 改为 θ,并去掉 mod $f(x)$,即得特征根表示的证法.

证法 3　以 $\boldsymbol{W}_n$ 表 $\mathfrak{w}$ 之第 n 列,则 $\boldsymbol{W}_{m+n}=\boldsymbol{A}^{m+n}\boldsymbol{W}_0=\boldsymbol{A}^{m+r}\cdot\boldsymbol{A}^{n-r}\boldsymbol{W}_0=\boldsymbol{A}^{m+r}\boldsymbol{W}_{n-r}$,比较两边第 k 行即证.

式(2.1.6),(2.1.7)为式(2.1.5)之推论.

因为 $\boldsymbol{A}^{-1}=a_k^{-1}(\boldsymbol{A}^{k-1}-a_1\boldsymbol{A}^{k-2}-\cdots-a_{k-1}\boldsymbol{E})$,所以由多项式定理得

$$\boldsymbol{A}^{m-n} = \boldsymbol{A}^m(\boldsymbol{A}^{-1})^n = a_k^{-n} \sum_{\substack{i_0+\cdots+i_{k-1}=n \\ i_0,\cdots,i_{k-1}\geqslant 0}} \binom{n}{i_0,\cdots,i_{k-1}} \cdot \cdots \cdot$$

$$(-a_1)^{i_1}\cdots(-a_{k-1})^{i_{k-1}}\boldsymbol{A}^{m+(k-1)i_0+(k-2)i_1+\cdots+i_{k-1}}$$

由此得式(2.1.8),令 $m=0$ 得式(2.1.9).

由 $\boldsymbol{A}^{mn+r}=(\boldsymbol{A}^n)^m\cdot\boldsymbol{A}^r=(u_n^{(k-1)}\boldsymbol{A}^{k-1}+\cdots+u_n^{(0)}\boldsymbol{E})^m\cdot\boldsymbol{A}^r$ 仿上证之.即得式(2.1.10)

推论

$$w_{2n} = \sum_{i=0}^{k-1} u_{n+r}^{(i)} w_{n-r+i} = \sum_{i=0}^{k-1} u_n^{(i)} w_{n+i} \qquad (2.1.11)$$

$$w_{2n-1} = \sum_{i=0}^{k-1} u_{n+r}^{(i)} w_{n-1-r+i} = \sum_{i=0}^{k-1} u_n^{(i)} w_{n-1+i}$$

$$(2.1.12)$$

$$w_{3n}=\sum_{i=0}^{k-1}\sum_{j=0}^{k-1}u_{n+j}^{(i)}u_n^{(j)}w_{n+i} \tag{2.1.13}$$

$$w_{mn+r}=\sum_{i=0}^{k-1}u_{(m-1)n+t+r}^{(i)}w_{n-t+i}=\sum_{i=0}^{k-1}u_{(m-1)n+r}^{(i)}w^{n+i} \tag{2.1.14}$$

$m>0$ 时

$$w_{mk+r}=\sum_{\substack{i_1+\cdots+i_k=m\\ i_1,\cdots,i_k\geqslant 0}}\binom{m}{i_1,\cdots,i_k}a_1^{i_1}\cdot\cdots\cdot a_k^{i_k}w_{(k-1)i_1+(k-2)i_2+\cdots+i_{k-1}+r} \tag{2.1.15}$$

2.1.3 含 F-L 数的积与幂的恒等式

下面诸定理说明了构造此类恒等式的一些方法，如利用共轭序列，利用行列式，利用多值数的范数等.

定理 2.1.2 设 $\mathfrak{h},\mathfrak{w}\in\Omega(a_1,\cdots,a_k)=\Omega(\boldsymbol{A})$，$\overline{\mathfrak{h}}^{(i)}$ 和 $\overline{\overline{\mathfrak{h}}}^{(i)}(i=0,\cdots,k-1)$ 为 $\mathfrak{h}$ 的下、上共轭组，相应的共轭系数列为 $\overline{B}$，$\overline{\overline{B}}$，其中 $\overline{B}'=\overline{b}_{k-1},\cdots,\overline{b}_0)$，$\overline{\overline{B}}'=(\overline{\overline{b}}_{k-1},\cdots,\overline{\overline{b}}_0)$，则

$$\sum_{i=0}^{k-1}\overline{h}_{m+r}^{(i)}w_{n-r+i}=\sum_{i=0}^{k-1}\overline{b}_iw_{m+n-k+1+i} \tag{2.1.16}$$

及

$$\sum_{i=0}^{k-1}\overline{\overline{h}}_{m+r}^{(i)}w_{n-r+i}=\sum_{i=0}^{k-1}\overline{\overline{b}}_iw_{m+n+i} \tag{2.1.17}$$

证 只证式(2.1.16).记 $\overline{\boldsymbol{H}}_n^{*}{}'$ 和 $\boldsymbol{W}_n$ 分别为 $\mathfrak{h}$ 的第 n 下共轭列和 w 的第 n 列，则由式(1.4.8)和式(1.4.11)得

式(2.1.16)之左边 $=\overline{\boldsymbol{H}}_{m+r}^{*}{}'\boldsymbol{W}_{n-r}=$

$\overline{\boldsymbol{B}}'\boldsymbol{A}^{m+r-k+1}\cdot\boldsymbol{A}^{n-r}\boldsymbol{W}_0=$

$\boldsymbol{B}'\boldsymbol{A}^{m+n-k+1}\boldsymbol{W}_0=$

$$\boldsymbol{B}'\boldsymbol{W}_{m+n-k+1}=$$
式(2.1.16)之右边

当 $\mathfrak{h}$ 为基本序列 $\mathfrak{u}^{(k-1)}$，则 $\bar{b}_{k-1}=\bar{\bar{b}}_0=1$，而其余的 $\bar{b}_i$ 和 $\bar{\bar{b}}_j$ 为 0，又 $\bar{\mathfrak{h}}^{(i)}$ 和 $\bar{\bar{\mathfrak{h}}}_{(i)}$ 均变成了基本序列 $\mathfrak{u}^{(i)}$，此时式(2.1.16)，(2.1.17)变成了与(2.1.5)等价的恒等式. 可见式(2.1.16)，(2.1.17)可看作式(2.1.5)的推广.

定理 2.1.3　设 k 个序列 $\mathfrak{h},\mathfrak{w},\cdots,\mathfrak{q}\in\Omega(a_1,\cdots,a_k)=\Omega(\boldsymbol{A})$，$\boldsymbol{H}_n,\boldsymbol{W}_n,\cdots,\boldsymbol{Q}_n$ 分别表它们的第 n 列，则

$$\det(\boldsymbol{H}_{n+m_1},\boldsymbol{W}_{n+m_2},\cdots,\boldsymbol{Q}_{n+m_k})=$$
$$(-1)^{(k-1)n}a_k^n\cdot\det(\boldsymbol{H}_{m_1},\boldsymbol{W}_{m_2},\cdots,\boldsymbol{Q}_{m_k})\quad(2.1.18)$$

证　左边 $=\det(\boldsymbol{A}^n\boldsymbol{H}_{m_1},\cdots,\boldsymbol{A}^n\boldsymbol{Q}_{m_k})=(\det\boldsymbol{A}^n)\cdot\det(\boldsymbol{H}_m,\cdots,\boldsymbol{Q}_{m_k})=$ 右边.

如果按式(2.1.8)，(2.1.9)把 w_{m-n} 和 w_{-n} 转化为下标为正的 F-L 数来计算，手续将十分复杂. 但由定理 2.1.3，我们可以推出用行列式较简单地表示它们的公式. 为今后运用的方便，我们称 $\Omega(a_1,\cdots,a_k)$ 中的基本序列 $\mathfrak{u}^{(k-1)}$ 为它的**主序列**，并改记为 $\mathfrak{u}$，又称由

$$v_n=x_1^n+\cdots+x_k^n(x_1,\cdots,x_k\text{ 为 }\Omega\text{ 的特征根})\quad(2.1.19)$$

确定的序列 $\mathfrak{v}$ 为**主序列的相关序列**，，简称**主相关序列**. 采用上述概念后我们有：

定理 2.1.4　设 $\mathfrak{u}$ 为 $\Omega(a_1,\cdots,a_k)$ 的主序列，$\mathfrak{w}$ 为 Ω 中任一序列，$\boldsymbol{U}_n$ 和 $\boldsymbol{W}_n$ 分别表 $\mathfrak{u}$ 和 $\mathfrak{w}$ 的第 n 列，则

$$w_{m-n}=(-1)^{(k-1)n}a_k^{-n}\cdot\det(\boldsymbol{U}_n,\boldsymbol{U}_{n+1},\cdots,\boldsymbol{U}_{n+k-2},\boldsymbol{W}_m)\quad(2.1.20)$$

$$w_{-n}=(-1)^{(k-1)n}a_k^{-n}\cdot\det(\boldsymbol{U}_n,\boldsymbol{U}_{n+1},\cdots,\boldsymbol{U}_{n+k-2}\boldsymbol{W}_0)\quad(2.1.21)$$

证 只证式(2.1.20).由式(2.1.18)我们有

$\det(\boldsymbol{U}_n,\boldsymbol{U}_{n+1},\cdots,\boldsymbol{U}_{n+k-2},\boldsymbol{W}_m)=$

$(-1)^{(k-1)n}a_k^n\cdot\det(\boldsymbol{U}_0,\boldsymbol{U}_1,\cdots,\boldsymbol{U}_{k-2},\boldsymbol{W}_{m-n})=$

$(-1)^{(k-1)n}a_k^n w_{m-n}$

即证.

定理2.1.3还可推广为一个非常有用的恒等式,这就是:

定理2.1.5 设 t 个序列 $\{w_n^{(i)}\}\in\Omega(a_1,\cdots,a_k)$,以 $\mathrm{col}\,w_n^{(i)}$ 表其第 n 列,$i=0,\cdots,t-1$.又设 $\{u_n^{(i)}\}(i=0,\cdots,k-1)$ 为 Ω 的基本序列.记 $\boldsymbol{A}_n=(u_n^{(k-1)}u_n^{(k-2)}\cdots u_n^{(0)})$.以及

$$\boldsymbol{M}=\begin{bmatrix} w_{n+m_1+p_1}^{(1)} & w_{n+m_2+p_1}^{(2)} & \cdots & w_{n+m_t+p_1}^{(t)} \\ w_{n+m_1+p_2}^{(1)} & w_{n+m_2+p_2}^{(2)} & \cdots & w_{n+m_t+p_2}^{(t)} \\ \vdots & \vdots & & \vdots \\ w_{n+m_1+p_t}^{(1)} & w_{n+m_2+p_t}^{(2)} & \cdots & w_{n+m_t+p_t}^{(t)} \end{bmatrix}$$

(1)当 $t=k$ 时

$$\det(\boldsymbol{M})=(-1)^{(k-1)n}a_k^n\cdot\det\begin{bmatrix}\boldsymbol{A}_{p_1}\\ \boldsymbol{A}_{p_2}\\ \vdots\\ \boldsymbol{A}_{p_k}\end{bmatrix}\cdot\det(\mathrm{col}\,\boldsymbol{w}^{(1)},\ \mathrm{col}\,\boldsymbol{w}_{m_2}^{(2)},\cdots,\mathrm{col}\,\boldsymbol{w}_{m_k}^{(k)}) \quad (2.1.22)$$

(2)当 $t>k$ 时 $\det(\boldsymbol{M})=0$.

证 根据引入的记号,公式(2.1.5)(取 $r=0$)可改写为 $w_{m+n}=w_{n+m}=\boldsymbol{A}_n\cdot\mathrm{col}\,\boldsymbol{w}_m$.于是

$\det(\boldsymbol{M})=$

$$\det\begin{bmatrix}\boldsymbol{A}_{p_1}\operatorname{col} w_{n+m_1}^{(1)} & \boldsymbol{A}_{p_1}\operatorname{col} w_{n+m_2}^{(2)} & \cdots & \boldsymbol{A}_{p_1}\operatorname{col} w_{n+m_k}^{(t)}\\ \boldsymbol{A}_{p_2}\operatorname{col} w_{n+m_1}^{(1)} & \boldsymbol{A}_{p_2}\operatorname{col} w_{n+m_2}^{(2)} & \cdots & \boldsymbol{A}_{p_2}\operatorname{col} w_{n+m_k}^{(t)}\\ \vdots & \vdots & & \vdots\\ \boldsymbol{A}_{p_t}\operatorname{col} w_{n+m_1}^{(1)} & \boldsymbol{A}_{p_t}\operatorname{col} w_{n+m_2}^{(2)} & \cdots & \boldsymbol{A}_{p_t}\operatorname{col} w_{n+m_k}^{(t)}\end{bmatrix}=$$

$$\det\left[\begin{bmatrix}\boldsymbol{A}_{p_1}\\ \boldsymbol{A}_{p_2}\\ \vdots\\ \boldsymbol{A}_{p_t}\end{bmatrix}(\operatorname{col} w_{n+m_1}^{(1)}\quad \operatorname{col} w_{n+m_2}^{(2)}\quad \cdots\quad \operatorname{col} w_{n+m_t}^{(t)})\right]$$

当 $t=k$ 时，利用式(2.1.18)可证得式(2.1.22)；而当 $t>k$时，t 个 k 维向量 $\boldsymbol{A}_{p_1},\boldsymbol{A}_{p_2},\cdots\boldsymbol{A}_{p_t}$ 必线性相关. 因而矩阵 $\boldsymbol{M}$ 的行向量也线性相关. 故 $\det(\boldsymbol{M})=0$.

1991 年，Andre-Jeannin，Richard[6] 曾对于 $\mathfrak{h}$，$\mathfrak{w},\cdots,\mathfrak{q}$均为同一个序列的较简单情况得出过类似于式(2.1.22)的结果.

定理 2.1.6　设 θ 为 $\Omega(a_1,\cdots,a_k)$的 k 值特征根，$\mathfrak{u}^{(i)}(i=0,\cdots,k-1)$为其中基本序列，则

$$N\Big(\sum_{i=0}^{k-1}u_n^{(i)}\theta^i\Big)=(-1)^{(k-1)n}a_k^n \qquad (2.1.23)$$

证　由式(1.2.14)及 $N(\theta^n)=N(\theta)^n=(-1)^{(k-1)n}a_k^n$即证.

2.1.4　F-L 数的和式的恒等式

定理 2.1.7　设 $x_1,\cdots,x_k$ 为 $\Omega(a_1,\cdots,a_k)=\Omega(f(x))=\Omega(\boldsymbol{A})$的特征根，则 $q\neq x_i^{-1}(i=1,\cdots,k)$时，对任何 $\mathfrak{w}\in\Omega$ 有

$$\sum_{i=0}^{n} w_{i+r}q^{i} = \sum_{i=0}^{k-1} C_i(q)(w_{i+r} - w_{n+1+i+r}q^{n+1})/\widetilde{f}(q) \tag{2.1.24}$$

其中 $\widetilde{f}(x)$ 为 $f(x)$ 的互倒多项式，而

$$c_i(q) = \sum_{j=0}^{k-1-i} (-a_j)q^{i+j} (i = 0, \cdots, k-1; a_0 = -1) \tag{2.1.25}$$

又有

$$\sum_{i=0}^{n} w_{i+r}q^{i} = \sum_{i=0}^{k-1} (\Psi(0,i)q^{i} - \Psi(n+1,i)q^{n+1+i})/\widetilde{f}(q) \tag{2.1.24'}$$

其中

$$\Psi(n+1,i) = \sum_{j=0}^{i} (-a_j) w_{n+1+i-j+r}$$
$$(i = 0, \cdots, k-1; a_0 = -1) \tag{2.1.25'}$$

而 $\Psi(0,i)$ 可形式地在 $\Psi(n+1,i)$ 中令 $n=-1$ 得到.

证 令 $p(q;x)$ 为 $f(x)$ 除以 $x-q$ 所得的商. 由综合除法易知

$$p(q;x) = \sum_{i=0}^{k-1} p_i(q)x^{i} = \sum_{i=0}^{k-1}\sum_{j=0}^{k-1-i} (-a_j q^{k-1-i-j}) x^{i} (a_0 = -1) \tag{2.1.26}$$

由余数定理 $f(x) = (x-q)p(q;x) + f(q)$. 于是 $(\mathbf{A} - q\mathbf{E})p(q;\mathbf{A}) + f(q)\mathbf{E} = f(\mathbf{A}) = 0$. 以 q^{-1} 代 q 并两边同乘以 q^{k} 得

$$(\mathbf{E} - \mathbf{A}q)\widetilde{p}(q;\mathbf{A}) = \widetilde{f}(q)\mathbf{E} \tag{2.1.27}$$

其中 $\widetilde{p}(q;\mathbf{A})=\sum_{i=0}^{k-1}c_i(q)x^i$，而 $c_i(q)=q^{k-1}p_i(q^{-1})$. 从明显的等式

$$(\mathbf{E}-q\mathbf{A})\sum_{i=0}^{n}\mathbf{A}^{i+r}q^i=(\mathbf{E}-q^{n+1}\mathbf{A}^{n+1})\mathbf{A}^r$$

出发，以 $\widetilde{p}(q;A)$ 乘其两边并注意式(2.1.27)，得

$$\widetilde{f}(q)\sum_{i=0}^{n}\mathbf{A}^{i+r}q^i=\widetilde{p}(q;\mathbf{A})(\mathbf{A}^r-q^{n+1}\mathbf{A}^{n+1+r})=\sum_{i=0}^{k-1}c_i(q)(\mathbf{A}^{i+r}-q^{n+1}\mathbf{A}^{n+1+i+r})\tag{2.1.28}$$

当 $q=1$ 不是 $f(x)$ 的根时由 TCI 即得式(2.1.24). 由式(2.1.26)知诸 $c_i(q)$ 适合式(2.1.25). 而(2.1.24′)和式(2.1.25′)是将和式的分子按 q 的幂整理得到的.

由式(2.1.28)知矩阵幂级数 $\sum_{n=0}^{\infty}\mathbf{A}^{i+r}q^i$ 收敛，当且仅当矩阵序列 $\{q^{n+1}\mathbf{A}^{n+1}\}$ 收敛.

因为 $\max\limits_{1\leqslant i\leqslant k}|x_i|\leqslant\|\mathbf{A}\|$，所以当 $|q|<\|A\|^{-1}\leqslant\min\limits_{1\leqslant i\leqslant k}|x_i^{-1}|$ 时，$\lim\limits_{n\to\infty}q^{n+1}\mathbf{A}^{n+1}=0$，故得：

推论 1　在定理的条件下，当 $|q|<\min\limits_{i}|x_i^{-1}|$ 时

$$\sum_{i=0}^{\infty}w_{i+r}q^n=\sum_{i=0}^{k-1}C_i(q)w_{i+r}=\sum_{i=0}^{k-1}\Psi(0,i)q^i/\widetilde{f}(q)\tag{2.1.29}$$

在式(2.1.29)中以 w 代 u 并令 $r=0$，其结果恰与母函数(第 1 章 1.5)一节中式(1.5.7)一致，这正是所期望的.

推论 2　在定理的条件下，若 q^{-1} 为 $f(x)$ 的 t 重根 α，则

$$\sum_{i=0}^{n} w^{i+r}\alpha^{-i} = \frac{\sum_{i=t}^{k-1}\Psi(0,i)\binom{i}{t}\alpha^{(-i-t)} - \sum_{i=0}^{k-1}\Psi(n+1,i)\binom{n+1+i}{t}\alpha^{-(n+1+i-t)}}{\sum_{i=t}^{k}\binom{i}{t}(-a_i)\alpha^{-(i-t)}} \tag{2.1.24''}$$

证 从定理推导过程知,式(2.1.28)可改写为形式

$$\tilde{f}(q)s(q) = w(q) = \sum_{i=0}^{k-1}(\boldsymbol{\Psi}(0,i)\mathbf{A}^{i+r}q^i - \boldsymbol{\Psi}(n+1,i)\mathbf{A}^{n+1+i+r}q^{n+1+i})/\tilde{f}(q)$$

两边对 q 取 t 阶导数得

$$\tilde{f}^{(t)}(q)s(q)+\binom{t}{1}\tilde{f}^{(t-1)}(q)s'(q)+\cdots+\binom{t}{t-1}\tilde{f}'(q)s^{(t-1)}(q)+\tilde{f}(q)s^{(t)}=w^{(t)}(q) \tag{$*$}$$

依假设

$$\tilde{f}(\alpha^{-1})=\tilde{f}'(\alpha^{-1})=\cdots=\tilde{f}^{(t-1)}(\alpha^{-1})=0(\tilde{f}^{(t)}(\alpha^{-1})\neq 0)$$

在式($*$)中令 $q\to\alpha^{-1}$ 取极限得

$$\tilde{f}^{(t)}(\alpha^{-1})s(\alpha^{-1})=w^{(t)}(\alpha^{-1})$$

由此,利用 TCI 即得所证.

定理 2.1.7 具有广泛的意义,在其中赋予 q 不同的值,可以得出形形色色的 F-L 数的和式的恒等式,推出许多文献中出现的一些结果. 但此定理还可以进一步推广如下:

定理 2.1.8 设 $x_1,\cdots,x_k$ 为 $\Omega(a_1,\cdots,a_k)=\Omega(f(x))=\Omega(\mathbf{A})$ 的特征根,$t\in\mathbf{Z}_+$,$g(x)=(x-x_1^t)\cdots(x-x_k^t)=x^k-b_1x^{k-1}-\cdots-b_{k-1}x-b_k$,$\tilde{g}(x)=1-$

$b_1x-\cdots-b_kx^k$，则 $q\neq x_i^{-t}(i=1,\cdots,k)$时对任何 $\mathbf{w}\in\Omega$ 有

$$\sum_{i=0}^{n}w_{ti+r}q^i=\sum_{i=0}^{k-1}C_i^*(q)(w_{ti+r}-w_{t(n+1+i)+r}q^{n+1})/\tilde{g}(q) \tag{2.1.30}$$

其中 $C_i^*(q)$是把式(2.1.25)中右边 a_j 均改为 b_j 得到的，$j=1,\cdots,k-1-i$.

证　因为 $f(x)\mid g(x^t)$，$f(\mathbf{A})=0$，所以 $g(\mathbf{A}^t)=0$. 因此，只要在定理 2.1.7 证明的过程中，把 $\mathbf{A}$ 换成 $\mathbf{A}^t$(但 $\mathbf{A}^r$ 不变)，把 a_i 换成 $b_i(i=1,\cdots,k)$，把 $\tilde{f}(q)$换成 $\tilde{g}(q)$，即可得本定理的证明.

推论 1　在定理的条件上，当$|q|<\min\limits_i|x_i^{-t}|$时

$$\sum_{i=0}^{\infty}w_{ti+r}q^i=\sum_{i=0}^{k-1}C_i^*(q)w_{ti+r}/\tilde{g}(q) \tag{2.1.31}$$

此推论包含了文献[7]的结果作为特例，完全解决了文献[8]中的问题.

推论 2　若$\{w_n\}\in\Omega(f(x))$，$f(x)=(x-x_1)\cdots(x-x_k)$，$t\in\mathbf{Z}_+$，$r\in\mathbf{Z}$，则有$\{w_{tn+r}\}_n\in\Omega(g(x))$，其中

$$g(x)=(x-x_1^t)\cdots(x-x_k^t)$$

证　由定理的证明中有 $g(\mathbf{A}^t)=0$，即 $\mathbf{A}^{tk}=b_1\mathbf{A}^{t(k-1)}+\cdots+b_{k-1}\mathbf{A}^t+b_k\mathbf{I}$. 两边同乘以 $\mathbf{A}^{tn+r}$ 并利用 TCI 即得所证.

例 1　设 $f(x)=x^2-ax-b$ 的两根为 α,β，则 $g(x)=(x-\alpha^t)(x-\beta^t)=x^2-(\alpha^t+\beta^t)+(-b)^t=x^2-v_t\cdot x+(-b)^t$，其中$\{v_n\}$为 $\Omega(a,b)$中主相关序列. 于是，由此推论，对任何$\{w_n\}\in\Omega(a,b)$，$t\in\mathbf{Z}_+$ 有$\{w_{tn+r}\}_n\in\Omega(v_t,-(-b)^t)$，即适合递归关系 $w_{t(n+2)+r}=v_tw_{t(n+1)+r}-(-b)^tw_{tn+r}$.

2.1.5 广 k 阶 F 序列和广 k 阶 L 序列的恒等式

对 $\Omega(a_1,\cdots,a_k)$，当 $\Delta\neq0$ 时，Ω 的主序列 $\mathfrak{u}$ 及其相关序列 $\mathfrak{v}$ 分别称之为**广义 k 阶斐波那契序列**和**广义 k 阶卢卡斯序列**，简称**广 k 阶 F 序列**和**广 k 阶 L 序列**. 依式(1.6.1)，(1.6.2)，当 Ω 的特征根为 $x_1,\cdots,x_k$ 时，$\mathfrak{u}$ 有通项公式

$$u_n=\begin{vmatrix}1 & x_1 & \cdots & x_1^{k-2} & x_1^n\\ \vdots & \vdots & & \vdots & \vdots\\ 1 & x_k & \cdots & x_k^{k-2} & x_k^n\end{vmatrix}\cdot\begin{vmatrix}1 & x_1 & \cdots & x_1^{k-2} & x_1^{k-1}\\ \vdots & \vdots & & \vdots & \vdots\\ 1 & x_k & \cdots & x_k^{k-2} & x_k^{k-1}\end{vmatrix}^{-1} \tag{2.1.32}$$

而 $\mathfrak{v}$ 仍由式(2.1.19)表示.

特别地，当 $a_1=\cdots=a_k=1$ 时，上述 $\mathfrak{u},\mathfrak{v}$ 分别称为 **k 阶斐波那契序列**和 **k 阶卢卡斯序列**，简称 **k 阶 F 序列**和 **k 阶 L 序列**. 当 a,b 为互素的整数，$\Delta\neq0$ 时一些文献将 $\Omega(a,b)$ 中广 F 序列与广 L 序列统称为**卢卡斯序列**.

1990 年，Gurak[9] 建立了下面的：

定理 2.1.9 设 $\mathfrak{u},\mathfrak{v}$ 为 $\Omega(a_1,\cdots,a_k)$（其判别式 $\Delta\neq0$）中广 F 序列与广 L 序列，则

$$u_mu_n\Delta=\begin{vmatrix}v_{m+n} & v_{n+k-2} & \cdots & v_{n+1} & v_n\\ v_{m+k-2} & v_{2k-4} & \cdots & v_{k-1} & v_{k-2}\\ \vdots & \vdots & & \vdots & \vdots\\ v_{m+1} & v_{k-1} & \cdots & v_2 & v_1\\ v_m & v_{k-2} & \cdots & v_1 & v_0\end{vmatrix} \tag{2.1.33}$$

$$u_n=\frac{1}{\Delta}\begin{vmatrix} v_{n+k-1} & v_{n+k-2} & \cdots & v_{n+1} & v_n \\ v_{2k-3} & v_{2k-4} & \cdots & v_{k-1} & v_{k-2} \\ \vdots & \vdots & & \vdots & \vdots \\ v_k & v_{k-1} & \cdots & v_2 & v_1 \\ v_{k-1} & v_{k-2} & \cdots & v_1 & v_0 \end{vmatrix}=$$

$$\frac{1}{\Delta}\sum_{i=1}^{k}b_i v_{n+i-1} \tag{2.1.34}$$

其中右边是将中间行列式按第一行展开的结果. 则

$$v_n=\sum_{i=1}^{k}ia_i u_{n+k-i-1} \tag{2.1.35}$$

证　式(2.1.33)的证明如下:由式(2.1.32)得

$$u_m u_n \Delta=\begin{vmatrix} x_1^n & x_2^n & \cdots & x_k^n \\ x_1^{k-2} & x_2^{k-2} & \cdots & x_k^{k-2} \\ \vdots & \vdots & & \vdots \\ 1 & 1 & \cdots & 1 \end{vmatrix}\cdot \begin{vmatrix} x_1^m & x_2^m & \cdots & x_k^m \\ x_1^{k-2} & x_2^{k-2} & \cdots & x_k^{k-2} \\ \vdots & \vdots & & \vdots \\ 1 & 1 & \cdots & 1 \end{vmatrix}=$$

式(2.1.33)之右边

式(2.1.34)的证明如下:在式(2.1.33)中令 $m=k-1$即证.

式(2.1.35)的证明如下:设 Ω 中联结矩阵为$\boldsymbol{A}$,以$\boldsymbol{U}_n$,$\boldsymbol{V}_n$ 分别表 $\mathfrak{u}$,$\mathfrak{v}$之第 n 列. 我们若能证式(2.1.35)对于 $0\leqslant n\leqslant k-1$ 成立,则有 $\boldsymbol{V}_0=\sum\limits_{i=1}^{k}ia_i\boldsymbol{U}_{k-i-1}$,两边左乘 $\boldsymbol{A}^m$ 得 $\boldsymbol{V}_m=\sum\limits_{i=1}^{k}ia_i u_{m+k-i-1}$,比较两边第 k 行得 $v_m=$

$\sum_{i=1}^{k} ia_i u_{m+k-i-1}$，此说明式(2.1.35)当 n 取任意整数值 m 时成立. 于是我们只要对 $0 \leqslant n \leqslant k-1$ 进行证明. 由牛顿(Newton)公式，$1 \leqslant i \leqslant k$ 时

$$ia_1 = v_i - a_1 v_{i-1} - \cdots - a_{i-1} v_1 = -\sum_{j=1}^{i} a_{i-j} v_j (a_0 = -1) \qquad (2.1.36)$$

于是

$$\sum_{i=1}^{k} ia_i u_{n+k-i-1} = -\sum_{i=1}^{k}\sum_{j=1}^{i} a_{i-j} v_j u_{n+k-i-1} = -\sum_{j=1}^{k} v_j \sum_{i=j}^{k} a_{i-j} u_{n+k-i-1} = -\sum_{j=1}^{k} v_j \sum_{i=0}^{k-j} a_i u_{n+k-j-i-1} = \sum_{j=1}^{k} d_j v_j$$

其中

$$d_j = u_{n+k-j-1} - a_1 u_{n+k-j-2} - \cdots - a_{k-j} u_{n-1}$$

可知 $j > n$ 时 $d_j = 0$，而 $d_n = 1$. 又 $j < n$ 时可写 $d_j = u_{n+k-j-1} - a_1 u_{n+k-j-2} - \cdots - a_{k-j} u_{n-1} - a_{k-j-1} u_{n-2} - \cdots - a_k u_{n-j-1} = 0$.

由上即得所证.

注 对于式(2.1.35)文献[9]中加了限制 $n \geqslant 0$，我们的证明说明对一切 $n \in \mathbf{Z}$ 成立. 式(2.1.33)是对二阶情形 $2v_{m+n} = v_m v_n + \Delta u_m u_n$(参见下节)的推广，但文献[9]中指出，对二阶情形 $2u_{m+n} = u_m v_n + u_n v_m$ 似乎不存在高阶的类似推广.

2.2　关于下标和、差的二阶恒等式

2.2.1　二阶 F-L 序列表示法的特点

二阶 F-L 序列是研究得最为成熟的一种 F-L 序列. 它具有许多优美的性质. 它的表示法也有其特点,这种特点为我们更简便地研究它提供了有利条件.

设 $\theta=(x_1,x_2)$ 为 $\Omega(a,b)=\Omega(\mathbf{A})$ 的二值特征根. 令 $\tilde{\theta}=(x_2,x_1)$,我们称 $\theta,\tilde{\theta}$ 为 Ω 的一组**共轭二值特征根**. 易知

$$\theta+\tilde{\theta}=a,\theta\tilde{\theta}=-b,(\theta-\tilde{\theta})^2=\Delta=a^2+4b \quad (2.2.1)$$

相应于联结矩阵

$$\mathbf{A}=\begin{bmatrix} a & b \\ 1 & 0 \end{bmatrix}$$

我们定义 $\mathbf{A}$ 的**共轭矩阵**为

$$\widetilde{\mathbf{A}}=\begin{bmatrix} 0 & -b \\ -1 & a \end{bmatrix}$$

易知

$$\mathbf{A}=\widetilde{\mathbf{A}}=a\mathbf{E},\mathbf{A}\widetilde{\mathbf{A}}=\widetilde{\mathbf{A}}\mathbf{A}=-b\mathbf{E},(\mathbf{A}-\widetilde{\mathbf{A}})^2=\Delta\mathbf{E} \quad (2.2.2)$$

设 $\mathbf{u}^{(0)},\mathbf{u}^{(1)}$ 为 Ω 的基本序列,根据上节引入的概念,$\mathbf{u}^{(1)}$ 即 Ω 的主序列 $\mathbf{u}$. 由式(1.1.15)知 $u_n^{(0)}=bu_{n-1}$. 于是**主序列 u** 有特征根表示

$$\theta^n=u_n\theta+bu_{n-1},\tilde{\theta}^n=u_n\tilde{\theta}+bu_{n-1} \quad (2.2.3)$$

又易知 $\widetilde{\mathbf{A}}$ 与 $\mathbf{A}$ 有相同的特征多项式,因而也适合

$$\widetilde{\mathbf{A}}^2=a\widetilde{\mathbf{A}}+b\mathbf{E} \quad (2.2.4)$$

故也有

$$\boldsymbol{A}^n = u_n\boldsymbol{A} + bu_{n-1}\boldsymbol{E}, \widetilde{\boldsymbol{A}}^n = u_n\widetilde{\boldsymbol{A}} + bu_{n-1}\boldsymbol{E} \tag{2.2.5}$$

这时式(1.4.7)变成了

$$\boldsymbol{A}^n = \begin{bmatrix} u_{n+1} & bu_n \\ u_n & bu_{n-1} \end{bmatrix} \tag{2.2.6}$$

将式(2.2.3)的两式相减得

$$\theta^n - \tilde{\theta}^n = (\theta - \tilde{\theta})u_n \tag{2.2.7}$$

因此

$$u_n = (\theta^n - \tilde{\theta})/(\theta - \tilde{\theta}) = (x_1^n - x_2^n)/(x_1 - x_2)(\Delta \neq 0 \text{ 时}) \tag{2.2.8}$$

再将同样的两式相加得 $\theta^n + \tilde{\theta}^n = au_n + 2bu_{n-1}$，因此，主序列的相关序列 $\mathfrak{v}$ 适合

$$v_n = \theta^n + \tilde{\theta}^n = x_1^n + x_2^n = au_n + 2bu_{n-1} =$$
$$2u_{n+1} - au_n = u_{n+1} + bu_{n-1} \tag{2.2.9}$$

又 $v_n\theta + bv_{n-1} = (u_{n+1} + bu_{n-1})\theta + b(u_n + bu_{n-2}) = (u_{n+1}\theta + bu_n) + b(u_{n-1}\theta + bu_{n-2}) = \theta^{n+1} + b\theta^{n-1}$，由 $b = -\theta\tilde{\theta}$ 即得 $\mathfrak{v}$ 的特征根表示

$$(\theta - \tilde{\theta})\theta^n = v_n\theta + bv_{n-1}, (\tilde{\theta} - \theta)\tilde{\theta}^n = v_n\tilde{\theta} + bv_{n-1} \tag{2.2.10}$$

将上两式相加得

$$(\theta - \tilde{\theta})(\theta^n - \tilde{\theta}^n) = av_n + 2bv_{n-1}$$

即

$$\Delta u_n = av_n + 2bv_{n-1} = 2v_{n+1} - av_n = v_{n+1} + bv_{n-1} \tag{2.2.11}$$

所以当 $\Delta = 0$ 时

$$v_{n+1} = av_n/2 \tag{2.2.12}$$

当 $\Delta \neq 0$ 时

$$u_n = (av_n + 2bv_{n-1})/\Delta = (2v_{n+1} - av_n)/\Delta =$$
$$(v_{n+1} + bv_{n-1})/\Delta \tag{2.2.13}$$

同样，我们有

$$\boldsymbol{A}^n-\widetilde{\boldsymbol{A}}^n=(\boldsymbol{A}-\widetilde{\boldsymbol{A}})u_n \tag{2.2.14}$$

$$\boldsymbol{A}^n+\widetilde{\boldsymbol{A}}^n=v_n\boldsymbol{E} \tag{2.2.15}$$

及

$$(\boldsymbol{A}-\widetilde{\boldsymbol{A}})\boldsymbol{A}^n=v_n\boldsymbol{A}+bv_{n-1}\boldsymbol{E}$$

$$(\widetilde{\boldsymbol{A}}-\boldsymbol{A})\widetilde{\boldsymbol{A}}^n=v_n\widetilde{\boldsymbol{A}}+bv_{n-1}\boldsymbol{E} \tag{2.2.16}$$

2.2.2　基本公式

作为式(2.1.5)和式(2.1.20)，(2.1.21)的推论，我们有：

定理 2.2.1　设 $\mathbf{u}$ 为 $\Omega(a,b)$ 的主序列，则对任一 $\mathbf{w}\in\Omega$ 有

$$w_{m+n}=w_{m-r+1}u_{n+r}+bw_{m-r}u_{n+r-1}=w_{m+1}u_n+bw_mu_{n-1} \tag{2.2.17}$$

$$w_{m-n}=(-1)^{n-1}b^{-n}(w_{m+1}u_n-w_mu_{n+1}) \tag{2.2.18}$$

$$w_{-n}=(-1)^{n-1}b^{-n}(w_1u_n-w_0u_{n+1}) \tag{2.2.19}$$

为了说明二阶情形的特点，我们对式(2.2.18)用另外的方法证明如下：

证　由式(2.2.2)及式(2.2.5)我们有

$$\boldsymbol{A}^{m-n}=\boldsymbol{A}^m(-b^{-1}\widetilde{\boldsymbol{A}})^n=(-b)^{-n}\boldsymbol{A}^m(u_n\widetilde{\boldsymbol{A}}+bu_{n-1}\boldsymbol{E})=$$

$$(-b)^{-n}\boldsymbol{A}^m[u_n(a\boldsymbol{E}-\boldsymbol{A})+bu_{n-1}\boldsymbol{E}]$$

即

$$\boldsymbol{A}^{m-n}=(-1)^{n-1}b^{-n}(u_n\boldsymbol{A}^{m+1}-u_{n+1}\boldsymbol{A}^m)$$

由引理 2.2.1 即得所证.

2.2.3　相关序列及基本公式的推论

把式(2.2.17)，(2.2.18)结合起来，可以得到许多有趣而有用的公式.

推论 1

$$w_{m+n}+(-1)^n b^n w_{m-n}=w_m(u_{n+1}+bu_{n-1})=$$
$$w_m v_n\text{（}\mathfrak{v}\text{ 为 }\mathfrak{u}\text{ 的相关序列）}\qquad(2.2.20)$$

而

$$w_{m+n}-(-1)^n b^n w_{m-n}=(w_{m+1}+bw_{m-1})u_n \qquad (2.2.21)$$

为使式(2.2.21)具有更简单的形式，我们引入算子 $\delta=E+bE^{-1}$，其中 E 为移位算子，即

$$\delta w_n=w_{n+1}+bw_{n-1} \qquad (2.2.22)$$

于是对 $\mathfrak{w}\in\Omega(a,b)$ 有

$$\delta^2 w_n=\delta(w_{n+1}bw_{n-1})=$$
$$(w_{n+2}+bw_n)+b(w_n+bw_{n-2})=$$
$$(a^2+4b)w_n$$

即

$$\delta^2 w_n=\Delta w_n \qquad (2.2.23)$$

记

$$w'_n=\delta w_n \qquad (2.2.24)$$

则

$$\delta w'_n=\Delta w_n \qquad (2.2.25)$$

称 $\mathfrak{w}'$ 为 $\mathfrak{w}$ 的**相关序列**. 这一概念恰好是 $\mathfrak{v}$ 与 $\mathfrak{u}$ 的相关性的推广，因为式(2.2.9)和式(2.2.11)即是

$$v_n=u'_n \text{ 及 } \Delta u_n=v'_n \qquad (2.2.26)$$

我们还指出，上述概念是文献[11]中概念的推广，那里对 $\Omega(1,1)$ 引入了上述概念.

这样，运用相关序列，式(2.2.21)就可简写为

$$w_{m+n}-(-1)^n b^n w_{m-n}=w'_m u_n \qquad (2.2.21')$$

在推论 1 中分别令 $m=n$ 和 $m=n+1$ 得：

推论 2

$$w_{2n}=w_nv_n-(-1)^nb^nw_0=w'_nu_n+(-1)^nb^nw_0 \tag{2.2.27}$$

$$w_{2n+1}=w_{n+1}v_n-(-1)^nb^nw_1=w'_{n+1}u_n+(-1)^nb^nw_1 \tag{2.2.28}$$

又将推论 1 中两式相加减得：

推论 3

$$2w_{m+n}=w_mv_n+w'_mu_n \tag{2.2.29}$$

$$2w_{m-n}=(-b)^{-n}(w_mv_n-w'_mu_n) \tag{2.2.30}$$

于是又有：

推论 4

$$2w_{2n}=w_nv_n+w'_nu_n \tag{2.2.31}$$

$$2w_{2n+1}=w_{n+1}v_n+w'_{n+1}u_n \tag{2.2.32}$$

$$w_nv_n-w'_nu_n=2w_0(-b)^n \tag{2.2.33}$$

在本定理及上述各推论的恒等式中，由于 $\mathfrak{w}$ 的任意性，故可用它的相关序列代换，这样可以得到一些新的恒等式.

推论 5

$$w'_{m-n}=(-b)^{-n}(w_{m+1}v_n-w_mv_{n+1}) \tag{2.2.34}$$

$$w'_{-n}=(-b)^{-n}(w_1v_n-w_0v_{n+1}) \tag{2.2.35}$$

证　在式(2.2.18)中以 $\mathfrak{w}'$ 代 $\mathfrak{w}$ 得

$$w'_{m-n}=(-1)^{n-1}b^{-n}(w'_{m+1}u_n-w'_mu_{n+1})$$

而

$$w'_{m+1}u_n-w'_mu_{n+1}=$$
$$(aw_{m+1}+2bw_m)u_n-(2w_{m+1}-aw_m)u_{n+1}=$$
$$w_mv_{n+1}-w_{m+1}v_n$$

故证.

式(2.2.20)中的 $\mathfrak{w}$ 用 $\mathfrak{w}'$ 代换后，公式的形式无

实质变化，但对式(2.2.21′)可导出：

推论 6

$$w'_{m+n}-(-1)^n b^n w'_{m-n}=\Delta w_m u_n \quad (2.2.36)$$

同理我们还有：

推论 7

$$2w'_{m+n}=w'_m v_n+\Delta w_m u_n \quad (2.2.37)$$

$$2w'_{m-n}=(-b)^{-n}(w'_m v_n-\Delta w_m u_n) \quad (2.2.38)$$

推论 8

$$w'_{2n}=\Delta w_n u_n+(-1)^n b_n w'_0 \quad (2.2.39)$$

$$2w'_{2n}=w'_n u_n+\Delta w_n u_n \quad (2.2.40)$$

推论 9

$$w'_{2n+1}=\Delta w_{n+1} u_n+(-1)^n b^n w'_1 \quad (2.2.41)$$

$$2w'_{2n+1}=w'_{n+1} v_n+\Delta w_{n+1} u_n \quad (2.2.42)$$

推论 10

$$w'_n v_n-\Delta w_n u_n=2w'_0(-b)^n \quad (2.2.43)$$

在上述各公式中，将 w 分别代之以 $\mathfrak{u}$ 和 $\mathfrak{v}$，我们就得到一系列平时应用最多的恒等式. 由于它们的重要性，我们总结为下面的定理：

定理 2.2.2 设 $\mathfrak{u},\mathfrak{v}$ 为 $\Omega(a,b)$ 中的主序列及其相关序列，则

$$u_{m+n}=u_{m+1}u_n+bu_m u_{n-1} \quad (2.2.44)$$

$$2u_{m+n}=u_m v_n+v_m u_n \quad (2.2.45)$$

$$v_{m+n}=v_{m+1}u_n+bv_m u_{n-1} \quad (2.2.46)$$

$$2v_{m+n}=v_m v_n+\Delta u_m u_n \quad (2.2.47)$$

$$u_{m-n}=(-1)^{n-1}b^{-n}(u_{m+1}u_n-u_m u_{n+1}) \quad (2.2.48)$$

$$\Delta u_{m-n}=(-b)^{-n}(v_{m+1}v_n-v_mv_{n+1}) \quad (2.2.49)$$

$$2u_{m-n}=(-b)^{-n}(u_mv_n-v_mu_n) \quad (2.2.50)$$

$$v_{m-n}=(-1)^{n-1}b^{-n}(v_{m+1}u_n-v_mu_{n+1}) \quad (2.2.51)$$

$$v_{m-n}=(-b)^{-n}(u_{m+1}v_n-u_mv_{n+1}) \quad (2.2.52)$$

$$2v_{m-n}=(-b)^{-n}(v_mv_n-\Delta u_mu_n) \quad (2.2.53)$$

$$u_{-n}=(-1)^{n-1}b^{-n}u_n \quad (2.2.54)$$

$$v_{-n}=(-b)^{-n}v_n \quad (2.2.55)$$

$$u_{2n}=u_nv_n \quad (2.2.56)$$

$$v_{2n}=v_n^2-2(-1)^nb^n=\Delta u_n^2+2(-1)^nb^n \quad (2.2.57)$$

$$2v_{2n}=v_n^2+\Delta u_n^2 \quad (2.2.58)$$

$$u_{2n+1}=u_{n+1}v_n-(-1)^nb^n=v_{n+1}u_n+(-1)^nb^n \quad (2.2.59)$$

$$u_{2n+1}=(u_{n+1}v_n+v_{n+1}u_n)/2=u_{n+1}^2+bu_n^2 \quad (2.2.60)$$

$$v_{2n+1}=v_{n+1}v_n-(-b)^na=\Delta u_{n+1}u_n+(-b)^na \quad (2.2.61)$$

$$2v_{2n+1}=v_{n+1}v_n+\Delta u_{n+1}u_n \quad (2.2.62)$$

$$u_{m+n}+(-1)^nb^nu_{m-n}=u_mv_n \quad (2.2.63)$$

$$u_{m+n}-(-1)^nb^nu_{m-n}=v_mu_n \quad (2.2.64)$$

$$v_{m+n}+(-1)^nb^nv_{m-n}=v_mv_n \quad (2.2.65)$$

$$v_{m+n}-(-1)^nb^nv_{m-n}=\Delta u_mu_n \quad (2.2.66)$$

$$v_n^2-\Delta u_n^2=4(-b)^n \quad (2.2.67)$$

或

$$u_n^2-au_nu_{n-1}-bu_{n-1}^2=(-b)^{n-1} \quad (2.2.67')$$

2.3 含 F-L 数的积与幂的二阶恒等式

2.3.1 基本公式

首先,作为定理 2.1.2 的推论有:

定理 2.3.1 对任何 $\mathfrak{h},\mathfrak{w}\in\Omega(a,b)$ 有

$$h_{m+r}w_{n-r+1}+bh_{m+r-1}w_{n-r}=$$
$$h_1w_{m+n}+h_0bw_{m+n-1}=$$
$$h_0w_{m+n+1}+h_{-1}bw_{m+n} \tag{2.3.1}$$

证 后一个等式与前一个等价,只证前一个.因为 $\mathfrak{h}$ 可由 Ω 中主序列表示为 $h_n=h_1u_n+h_0bu_{n-1}$,故知 $\mathfrak{h}$ 的下共轭组适合 $\overline{h}_n^{(1)}=h_n,\overline{h}_n^{(0)}=bh_{n-1}$,下共轭系数列 $\overline{B}$ 适合 $\overline{B}'=(h_1,h_0b)$.以之代入式(2.1.16)即证.

推论 1

$$h_{n+p}w_{n+q+1}+bh_{n+p-1}w_{n+q}=h_1w_{2n+p+q}+h_0bw_{2n+p+q-1} \tag{2.3.2}$$

推论 2

$$w_{n+p}^2+bw_{n+p-1}^2=h_1w_{2n+2p-1}+h_0bw_{2n+2p-2} \tag{2.3.3}$$

作为定理 2.1.5 的推论我们有:

定理 2.3.2 设 $\mathfrak{u},\mathfrak{v}$ 为 $\Omega(a,b)$ 的主序列及其相关序列,则对任何 $\mathfrak{h},\mathfrak{w}\in\Omega$ 有

$$h_{n+m_1+p_1}w_{n+m_2+p_2}-h_{n+m_1+p_2}w_{n+m_2+p_1}=$$
$$(-b)^{n+1}(u_{p_2}u_{p_1-1}-u_{p_1}u_{p_2-1})(h_{m_1+1}w_{m_2}-h_{m_1}w_{m_2+1})=$$
$$(-b)^{n+m_2+p_2}u_{p_1-p_2}(w_0h_{m_1-m_2+1}-w_1h_{m_1-m_2}) \tag{2.3.4}$$

此定理有非常广泛的意义.例如,令 $n=p_2=0$,$m_1=m,m_2=r,p_1=p$ 得:

推论1

$$h_{m+p}w_r-h_m w_{r+p}=u_p(h_{m+1}w_r-h_m w_{r+1})=(-b)^r u_p(w_0 h_{m-r+1}-w_1 h_{m-r}) \tag{2.3.5}$$

又如在定理中令 $m_1=p_2=0, p_1=p, m_2=q$ 得：

推论2

$$h_{n+p}w_{n+q}-h_n w_{n+p+q}=(-b)^n u_p(h_1 w_q-h_0 w_{q+1}) \tag{2.3.6}$$

如将上式左边记为 J_n，则可知 $J_n=(-b)^n J_0$，因而又可推得：

推论3

$$h_{n+p}w_{n+q}-h_n w_{n+p+q}=(-b)^n(h_p w_q-h_0 w_{p+q}) \tag{2.3.7}$$

如果在式(2.3.6)中令 $\mathfrak{h}=\mathfrak{w}$，并注意 $w_1 w_q-w_0 w_{q+1}=w_1(w_1 u_q+w_0 b u_{q-1})-w_0(w_1 u_{q+1}+w_0 b u_q)=(w_1^2-a w_1 w_0-b w_0^2)u_q$，则得：

推论4

$$w_{n+p}w_{n+q}-w_n w_{n+p+q}=(w_1^2-a w_1 w_0-b w_0^2)(-b)^n u_p u_q \tag{2.3.8}$$

Horadam 和 Shannon[12] 曾得到过式(2.3.8)，但他们是在 $\Delta\neq 0$ 的条件下得到的. 此式在解决 F-L 数的 Diophantine 数组问题中有重要作用，我们将在后面的章节介绍. 在此式中分别令 $p=q=r$ 和 $p=-r$，$q=r$，还可得到：

推论5

$$w_{n+r}^2-w_n w_{n+2r}=(w_1^2-a w_1 w_0-b w_0^2)(-b)^n u_r^2 \tag{2.3.9}$$

及

$$w_{n-r}w_{n+r}-w_n^2=(bw_0^2+aw_1w_0-w_1^2)(-b)^{n-r}u_r^2 \tag{2.3.10}$$

推论 6 设 $\mathfrak{u},\mathfrak{v}$ 分别为 $\Omega(a,b)$ 中的主序列及其相关序列,则

$$u_{n+p}u_{n+q}-u_nu_{n+p+q}=(-b)^nu_pu_q \tag{2.3.11}$$

$$v_{n+p}v_{n+q}-v_nv_{n+p+q}=-(-b)^n\Delta u_pu_q \tag{2.3.12}$$

$$u_{n+p}v_{n+q}-u_nv_{n+p+q}=(-b)^nu_pv_q \tag{2.3.13}$$

$$v_{n+p}u_{n+q}-v_nu_{n+p+q}=-(-b)^nu_pv_q \tag{2.3.14}$$

$$u_{n+r}^2-u_nu_{n+2r}=(-b)^nu_r^2 \tag{2.3.15}$$

$$u_{n-r}u_{n+r}-u_n^2=-(-b)^{n-r}u_r^2 \tag{2.3.16}$$

$$v_{n+r}^2-v_nv_{n+2r}=-(-b)^n\Delta u_r^2 \tag{2.3.17}$$

$$v_{n-r}v_{n+r}-v_n^2=(-b)^{n-r}\Delta u_r^2 \tag{2.3.18}$$

我们指出,作为定理 2.1.6 在二阶情形的推论 $N(u_n\theta+bu_{n-1})=(u_nx_1+bu_{n-1})(u_nx_2+bu_{n-1})=-bu_n^2+abu_nu_{n-1}+b^2u_{n-1}^2=(-b)^n$,它已包含在式(2.3.15)或式(2.3.16)之中(对应于 $r=1$),同时它与式(2.2.67)是等价的,即(2.2.67′).

2.3.2 基本公式的推广

定理 2.3.3 设 $\Omega(a,b)$ 有 $\Delta\neq 0$,$\mathfrak{u},\mathfrak{v}$ 分别为其中广 F 序列和广 L 序列,则对任何 $\mathfrak{h},\mathfrak{w}\in\Omega$ 有

$$h_{m+r}w_{n+r}-b^rh_mw_n=\begin{cases}u_r(w_1h_{m+n+r}+w_0bh_{m+n+r-1}, & \text{当 } 2\mid r\\ \Delta^{-1}[v_r(w_1h'_{m+n+r})+w_0bh'_{m+n+r-1})-\\ 2(-b)^{n+r}(w_1h'_{m-n}-w_0h'_{m-n+1})], & \text{当 } 2\nmid r\end{cases} \tag{2.3.19}$$

$$h_{m+r}w_{n+r}+b^rh_mw_n=\begin{cases}\Delta^{-1}[v_r(w_1h'_{m+n+r}+w_0bh'_{m+n+r-1})-\\ 2(-b)^{n+r}(w_1h'_{m-n}-w_0h'_{m-n+1})], & \text{当 } 2\mid r\\ u_r(w_1h_{m+n+r}+w_0bh_{m+n+r-1}), & \text{当 } 2\nmid r\end{cases} \tag{2.3.20}$$

证　式(2.3.19)的证明如下：设 $\theta,\tilde{\theta}$ 为 Ω 的一组二值共轭特征根. 我们有

$$\theta^{m+r}\cdot\theta^{n+r}-b^r\theta^m\cdot\theta^n=\theta^{m+n+r}[\theta^r-(-1)^r\tilde{\theta}^r]=$$

$$\begin{cases}\theta^{m+n+r}u_r(\theta-\tilde{\theta}),\text{当 } 2\mid r\\ \theta^{m+n+r}v_r,\text{当 } 2\nmid r\end{cases}\qquad(\text{Ⅰ})$$

又

$$\theta^{m+r}\cdot\tilde{\theta}^{n+r}-b^r\theta^m\cdot\tilde{\theta}^n=\theta^{m+r}\tilde{\theta}^{n+r}[1-(-1)^r]=$$

$$\begin{cases}0,\text{当 } 2\mid r\\ 2(-b)^{n+r}\theta^{m-n},\text{当 } 2\nmid r\end{cases}\qquad(\text{Ⅱ})$$

由式(Ⅰ),(Ⅱ)得

$$(\theta^{m+r}\cdot u_{n+r}-b^r\theta^m\cdot u_n)(\theta-\tilde{\theta})=$$

$$\begin{cases}\theta^{m+n+r}u_r(\theta-\tilde{\theta}),\text{当 } 2\mid r\\ \theta^{m+n+r}v_r-2(-b)^{n+r}\theta^{m-n},\text{当 } 2\nmid r\end{cases}\qquad(\text{Ⅲ})$$

在式(Ⅲ)中以 $n-1$ 代 n 得

$$(\theta^{m+r}\cdot u_{n-1+r}-b^r\theta^m\cdot u_{n-1})(\theta-\tilde{\theta})=$$

$$\begin{cases}\theta^{m+n+r-1}u_r(\theta-\tilde{\theta}),\text{当 } 2\mid r\\ \theta^{m+n+r-1}v_r-2(-b)^{n+r-1}\theta^{m-n+1}\text{当 } 2\nmid r\end{cases}\qquad(\text{Ⅳ})$$

$w_1\cdot(\text{Ⅲ})+w_0b\cdot(\text{Ⅳ})$得

$$(\theta^{m+r}\cdot w_{n+r}-b^r\theta^m\cdot w_n)(\theta-\tilde{\theta})=$$

$$\begin{cases}u_r(w_1\theta^{m+n+r}+w_0b\theta^{m+n+r-1})(\theta-\tilde{\theta}),\text{当 } 2\mid r\\ v_r(w_1\theta^{m+n+r}+w_0b\theta^{m+n+r-1})-\\ 2(-b)^{n+r}(w_1\theta^{m-n}-w_0\theta^{m-n+1}),\text{当 } 2\nmid r\end{cases}\qquad(\text{Ⅴ})$$

将式(Ⅴ)两边同乘以 $\theta-\tilde{\theta}$,得：

当 $2\mid r$ 时

$$\theta^{m+r}\cdot w_{n+r}-b^r\theta^m\cdot w_n=$$

$$u_r(w_1\theta^{m+n+r}+w_0b\theta^{m+n+r-1})\qquad(\text{Ⅵ})$$

当 $2\nmid r$ 时

$$\begin{aligned}&(\theta^{m+r}\cdot w_{n+r}-b^r\theta^m\cdot w_n)\Delta=\\&v_r[w_1(\theta^{m+n+r+1}+b\theta^{m+n+r-1})+\\&w_0b(\theta^{m+n+r}+b\theta^{m+n+r-2})]-\\&2(-b)^{n+r}[w_1(\theta^{m-n+1}+b\theta^{m-n-1})]-\\&w_0(\theta^{m-n+2}+b\theta^{m-n})]\end{aligned}\qquad(\text{Ⅶ})$$

对式(Ⅵ),(Ⅵ)运用引理 2.1.1 并注意相关序列的概念即得所证.

式(2.3.20)的证明可完全仿式(2.3.19)的证明.

定理 2.3.3 可看作定理 2.3.1 的一种推广. 由于我们采用了相关序列,所以简化了定理的叙述,并概括了一类公式,如文献[13]中的式(50)～(52),式(61)～(63)和式(50′)～(52′),式(61′)～(63′).

定理 2.3.2 作为由二阶行列式产生的恒等式,还可进行推广,这就是下面的:

定理 2.3.4 设 $\mathbf{w}\in\Omega(a,b)$, $t\in\mathbf{Z}_+$,则

$$\begin{vmatrix} w^t_{m(n+2t)+r} & \cdots & w^t_{m(n+t+1)+r} & w^t_{m(n+t)+r}\\ w^t_{m(n+2t-1)+r} & \cdots & w^t_{m(n+t)+r} & w^t_{m(n+t-1)+r}\\ \vdots & & \vdots & \vdots\\ w^t_m\ (n+t+1)+r & \cdots & w^t_{m(n+2)+r} & w^t_{m(n+1)+r}\\ w^t_{m(n+t)+r} & \cdots & w^t_{m(n+1)+r} & w^t_{mn+r}\end{vmatrix}=$$

$$(-b)^{\frac{1}{2}t(t+1)mn}\begin{vmatrix} w^t_{2tm+r} & \cdots & w^t_{(t+1)m+r} & w^t_{tm+r}\\ \vdots & & \vdots & \vdots\\ w^t_{(t+1)m+r} & \cdots & w^t_{2m+r} & w^t_{m+r}\\ w^t_{tm+r} & \cdots & w^t_{m+r} & w^t_r\end{vmatrix}$$

(2.3.21)

证 设 Ω 的特征根为 x_1, x_2. 当 $x_1\neq x_2$ 时, $w_n=$

$c \cdot x_1^n + d \cdot x_1^n$，$c$，$d$ 为与 n 无关的常数. 则

$$h_n = w_{mn+r}^t = (c \cdot x_1^{mn+r} + d \cdot x_2^{mn+r})^t =$$

$$\sum_{i=0}^{t} l_i x_1^{mn(t-i)} x_2^{mni} = \sum_{i=0}^{t} l_i (-b)^{mni} x_1^{mn(t-2i)}$$

其中 l_i 为与 n 无关之常数.

令

$$y_i = (-b)^{mi} x_1^{m(t-2i)} \quad (i = 0, 1, \cdots, t)$$

又令

$$g(y) = (y - y_0)(y - y_1) \cdots (y - y_t) =$$
$$y^{t+1} - b_1 y^t - \cdots - b_{t+1}$$

因为 $\{y_i^n\} \in \Omega(g(y)) (i = 0, \cdots, t)$，而 $h_n = \sum_{i=0}^{t} l_i y_i^n$，所以 $\mathfrak{h} \in \Omega(g(y))$.

设 $\Omega(g(y))$ 之联结矩阵为 $\boldsymbol{B}$，又以 $\boldsymbol{H}_n$ 表 $\mathfrak{h}$ 之第 n 列，则式(2.3.21)之左边等于 $\det(\boldsymbol{H}_{n+t}, \cdots, \boldsymbol{H}_{n+1}, \boldsymbol{H}_n)$. 依式(2.1.18)，它应等于

$$(-1)^{tn} b_{t+1}^n \det(\boldsymbol{H}_t, \cdots, \boldsymbol{H}_1, \boldsymbol{H}_0)$$

而

$$(-1)^t b_{t+1} = y_0 y_1 \cdots y_t = (-b)^{t(t+1)m/2}$$

故可得证.

当 $x_1 = x_2$，则 $w_n = (pn + q) x_1^n$，$h_n = \sum_{i=0}^{t} r_i n^i x_1^{mnt}$，同样可证 $\mathfrak{h} \in \Omega(\varphi(y))$，$\varphi(y)$ 为以 x_1^{mt} 为 $t+1$ 重根的 $t+1$ 次首 1 多项式，以下可仿前证之.

L. Garlitz[14] 曾研究了本定理中 $m=1$，$r=0$ 的情形. 后来 D. Zeitlin[15] 研究了下面的情形，它蕴含了上述定理的结果，但它的证明完全与上相仿. 这就是：

定理 2.3.5　设 $w \in \Omega(a, b)$，则

$$\begin{vmatrix} \prod\limits_{i=1}^{t} w_{m(n+2t)+n_i} & \cdots & \prod\limits_{i=1}^{t} w_{m(n+t+1)+n_i} & \prod\limits_{i=1}^{t} w_{m(n+t)+n_i} \\ \prod\limits_{i=1}^{t} w_{m(n+2t-1)+n_i} & \cdots & \prod\limits_{i=1}^{t} w_{m(n+t)+n_i} & \prod\limits_{i=1}^{t} w_{m(n+t-1)+n_i} \\ \vdots & & \vdots & \vdots \\ \prod\limits_{i=1}^{t} w_{m(n+t+1)+n_i} & \cdots & \prod\limits_{i=1}^{t} w_{m(n+2)+n_i} & \prod\limits_{i=1}^{t} w_{m(n+1)+n_i} \\ \prod\limits_{i=1}^{t} w_{m(n+t)+n_i} & \cdots & \prod\limits_{i=1}^{t} w_{m(n+1)+n_i} & \prod\limits_{i=1}^{t} w_{mn+n_i} \end{vmatrix} =$$

$$(-b)^{\frac{1}{2}t(t+1)mn} \begin{vmatrix} \prod\limits_{i=1}^{t} w_{2tm+n_i} & \cdots & \prod\limits_{i=1}^{t} w_{(t+1)m+n_i} & \prod\limits_{i=1}^{t} w_{tm+n_i} \\ \vdots & & \vdots & \vdots \\ \prod\limits_{i=1}^{t} w_{(t+1)m+n_i} & \cdots & \prod\limits_{i=1}^{t} w_{2m+n_i} & \prod\limits_{i=1}^{t} w_{m+n_i} \\ \prod\limits_{i=1}^{t} w_{tm+n_i} & \cdots & \prod\limits_{i=1}^{t} w_{m+n_i} & \prod\limits_{i=1}^{t} w_{n_i} \end{vmatrix}$$

(2.3.22)

2.3.3 降幂、升幂与倍比公式

降幂问题就是把某个 F-L 数的幂化为若干 F-L 数的线性和的问题.

定理 2.3.6 设 $\mathfrak{u},\mathfrak{v}$ 分别为 $\Omega(a,b)$ 的主序列及其相关序列，$t\in\mathbf{Z}_+$，则：

当 $2\nmid t$ 时

$$(\sqrt{\Delta})^t u_n^t = \sum_{i=0}^{(t-1)/2}\binom{t}{i}(-1)^i(-b)^{ni}\sqrt{\Delta}u_{(t-2i)n}$$

(2.3.23)

$$v_n^t = \sum_{i=0}^{(t-1)/2} \binom{t}{i} (-b)^{ni} v_{(t-2i)n} \qquad (2.3.24)$$

当 $2|t$ 时

$$(\sqrt{\Delta})^t u_n^t = \sum_{i=0}^{(t/2)-1} \binom{t}{i} (-1)^i (-b)^{ni} v_{(t-2i)n} + \binom{t}{t/2} (-1)^{t/2} (-b)^{nt/2} \qquad (2.3.25)$$

$$v_n^t = \sum_{i=0}^{(t/2)-1} \binom{t}{i} (-b)^{ni} v_{(t-2i)n} + \binom{t}{t/2} (-b)^{nt/2} \qquad (2.3.26)$$

证　由二项式定理得：

当 $2\nmid t$ 时

$$(x-y)^t = \sum_{i=0}^{(t-1)/2} \binom{t}{i} (xy)^i (-1)^i (x^{t-2i} - y^{t-2i})$$

$$(x+y)^t = \sum_{i=0}^{(t-1)/2} \binom{t}{i} (xy)^i (x^{t-2i} + y^{t-2i})$$

当 $2|t$ 时

$$(x-y)^t = \sum_{i=0}^{t/2-1} \binom{t}{i} (xy)^i (-1)^i (x^{t-2i} + y^{t-2i}) + \binom{t}{2/t} (xy)^{t/2} (-1)^{t/2}$$

$$(x+y)^t = \sum_{i=0}^{t/2-1} \binom{t}{i} (xy)^i (x^{t-2i} + y^{t-2i}) + \binom{t}{2/t} (xy)^{t/2}$$

设 Ω 的特征根为 x_1, x_2，分别以 x_1^n 和 x_2^n 代上面诸式中 x 和 y 即得所证.

另一类问题则与上相反，就是把下标为 nt 的 F-L 数化为下标为 t 的 F-L 数的幂. 这需要用到下面的：

引理 2.3.1　当 $n \in \mathbf{Z}_+$ 时

$$x^n + y^n = \sum_{i=0}^{n/2} (-1)^i \frac{n}{n-i}\binom{n-i}{i}(xy)^i (x+y)^{n-2i} \tag{2.3.27}$$

且各项系数$\frac{n}{n-i}\binom{n-i}{i}$为整数.

此引理称为 Waring **公式**. 可用归纳法证之. 此处证明从略.

定理 2.3.7 设 $\mathfrak{u},\mathfrak{v}$ 分别为 $\Omega(a,b)$的主序列及其相关序列,$n\in \mathbf{Z}_+$,则

$$\sum_{i=0}^{n/2} \frac{n}{n-i}\binom{n-i}{i}(-b)^{ti}(\sqrt{\Delta})^{n-2i}u_t^{n-2i} = \begin{cases}\sqrt{\Delta}u_{nt}, 当 2\nmid n \\ v_{nt}, 当 2 \mid n\end{cases} \tag{2.3.28}$$

$$\sum_{i=0}^{n/2} (-1)^i \frac{n}{n-i}\binom{n-i}{i}(-b)^{ti}v_t^{n-2i} = v_{nt} \tag{2.3.29}$$

证 只要分别以 $x=x_1^t, y=-x_2^t$ 和 $x=x_1^t, y=x_2^t$ 代入式(2.3.27)即可.

利用显然的恒等式

$$(x^n - y^n)/(x-y) = \sum_{i=0}^{(n-3)/2} (xy)^i (x^{n-2i-1} + y^{n-2i-1}) + (xy)^{(n-1)/2} \quad (2\nmid n, n\geqslant 3)$$

$$(x^n - y^n)/(x-y) = \sum_{i=0}^{n/2-1} (xy)^i (x^{n-2i-1} + y^{n-2i-1}) \quad (2\mid n, n\geqslant 2)$$

$$(x^n + y^n)/(x+y) = \sum_{i=0}^{(n-3)/2} (-1)^i (xy)^i (x^{n-2i-1} + y^{n-2i-1}) + (-1)^{(n-1)/2}(xy)^{(n-1)/2} \quad (2\nmid n, n\geqslant 3)$$

及

$$(x^n - y^n)/(x + y) = \sum_{i=0}^{n/2-1} (-1)^i (xy)^i \cdot (x^{n-2i-1} - y^{n-2i-1}) \quad (2 \mid n, n \geqslant 2)$$

我们还可以得到下标为 nt 的 F-L 数与下标为 t 的 F-L 数之比的公式.

定理 2.3.8　设 $\mathfrak{u}, \mathfrak{v}$ 分别为 $\Omega(a,b)$(其判别式 $\Delta \neq 0$)中的广 F 序列及广 L 序列,则

$$u_{nt}/u_t = \sum_{i=0}^{(n-3)/2} (-b)^{ti} v_{(n-2i-1)t} + (-b)^{(n-1)t/2} \quad (2 \nmid n, n \geqslant 3) \tag{2.3.30}$$

$$u_{nt}/u_t = \sum_{i=0}^{n/2-1} (-b)^{ti} v_{(n-2i-1)t} \quad (2 \mid n, n \geqslant 2) \tag{2.3.31}$$

$$v_{nt}/v_t = \sum_{i=0}^{(n-3)/2} (-1)^i (-b)^{ti} v_{(n-2i-1)t} + (-1)^{(n-1)/2} (-b)^{(n-1)t/2} \quad (2 \nmid n, n \geqslant 3) \tag{2.3.32}$$

$$u_{nt}/v_t = \sum_{i=0}^{n/2-1} (-1)^i (-b)^{ti} u_{(n-2i-1)t} \quad (2 \mid n, n \geqslant 2) \tag{2.3.33}$$

2.4　二阶 F-L 数的和式的恒等式

2.4.1　线性和

首先,作为定理 2.1.8 在二阶情形的具体化,我们有:

定理 2.4.1　设 x_1, x_2 为 $\Omega(a,b)$的特征根,$\mathfrak{u}, \mathfrak{v}$

分别为 Ω 中的主序列及其相关序列，$t\in\mathbf{Z}_+$，则 $q\neq x_i^{-t}$ $(i=1,2)$时对任何 $\mathbf{w}\in\Omega$ 有

$$\sum_{i=0}^{n} w_{ti+r}q^i=[(1-v_tq)(w_r-w_{(n+1)t+r}q^{n+1})]+q(w_{t+r}-w_{(n+2)t+r}q^{n+1})]/[1-v_tq+(-b)^tq^2] \tag{2.4.1}$$

$$\sum_{i=0}^{n} w_{ti+r}q^i=(w_r-(-b)^tw_{-t+r}q-w_{t(n+1)+r}q^{n+1}+(-b)^tw_{tn+r}q^{n+2})/(1-v_tq+(-b)^tq^2) \tag{2.4.1'}$$

文献[16]中用另一种矩阵方法在 $b=1$ 的情形得出了上述结果. 文献[17]中对斐波那契序列在 $q=1$，$2\nmid t$的条件下得出了相应结果.

推论 1　$|q|<\min\limits_i|x_i^{-t}|$时

$$\sum_{i=0}^{\infty} w_{ti+r}q^i=[(1-v_tq)w_r+qw_{t+r}]/[1-v_tq+(-b)^tq^2] \tag{2.4.2}$$

推论 2　$q\neq x_1^{-1},x_2^{-1}$ 时

$$\sum_{i=0}^{n} w_{i+r}q^i=(w_r+qbw_{r-1}-q^{n+1}w_{n+1+r}-q^{n+2}bw_{n+r})/(1-aq-bq^2) \tag{2.4.3}$$

推论 3　$|q|<\min\{|x_1^{-1}|,|x_2^{-1}|\}$时

$$\sum_{i=0}^{\infty} w_{i+r}q^i=(w_r+qbw_{r-1})/(1-aq-bq^2) \tag{2.4.4}$$

推论 4　$a+b\neq 1$ 时

$$\sum_{i=0}^{n} w_{i+r}=(w_r+bw_{r-1}-w_{n+1+r}-bw_{n+r})/(1-a-b) \tag{2.4.5}$$

推论 5　$a+b\neq 1$ 时

$$\sum_{i=1}^{4n} w_i+(w_1+bw_0)(1+b^{2n})/(a+b-1)=$$
$$v_{2n}(w_{2n+1}+bw_{2n})/(a+b-1) \tag{2.4.6}$$

$$\sum_{i=1}^{4n} w_i+(w_1+bw_0)(1-b^{2n})/(a+b-1)=$$
$$u_{2n}(w'_{2n+1}+bw'_{2n})/(a+b-1) \tag{2.4.7}$$

$$\sum_{i=1}^{4n-2} w_i+(w_1+bw_0)(1-b^{2n-1})/(a+b-1)=$$
$$u_{2n-1}(w'_{2n}+bw'_{2n-1})/(a+b-1) \tag{2.4.8}$$

$$\sum_{i=1}^{4n-2} w_i+(w_1+bw_0)(1-b^{2n-1})/(a+b-1)=$$
$$v_{2n-1}(w_{2n}+bw_{2n-1})/(a+b-1) \tag{2.4.9}$$

证　只证式(2.4.6),(2.4.7).由式(2.4.5)知

$$\sum_{i=1}^{4n} w_i=(w_{4n+1}+bw_{4n}-w_0-bw_{-1})/(a+b-1)-w_0$$

在式(2.2.27),(2.2.28)中以 $2n$ 代 n,再代入上式即可得证.

注　式(2.4.7)和式(2.4.9)概括了文献[18]中60个恒等式(该文是对$\Delta\neq 0$进行证明的),而式(2.4.6)和式(2.4.8)则是文献[18]中没有的.

2.4.2　乘积和

下面考虑 F-L 数的乘积之和的问题.在式(2.3.20)中令 $r=0$ 得

$$\Delta h_m w_n=w_1 h'_{m+n}+w_0 bh'_{m+n-1}-(-b)^n(w_1 h'_{m-n}-w_0 h'_{m-n+1}) \tag{2.4.10}$$

于是

$$\Delta h_{i+s}w_{i+t}=w_1h'_{2i+s+t}+w_0bh'_{2i+s+t-1}-(-b)^{i+t}(w_1h'_{s-t}-w_0h'_{s-t+1}) \tag{2.4.11}$$

这样,利用式(2.4.1)我们就得到:

定理 2.4.2 设 $\Omega(a,b)$ 有 $\Delta\neq 0$①,x_1,x_2 为其特征根,则 $q\neq x_i^{-2}(i=1,2)$ 时对任何 $\mathfrak{h},\mathfrak{w}\in\Omega$ 有

$$\Delta\sum_{i=0}^{n}h_{i+s}w_{i+t}q^i=\{w_1[(1-(a^2+2b)q)\cdot(h'_{s+t}-h'_{2n+2+s+t}q^{n+1})+q(h'_{2+s+t}-h'_{2n+4+s+t}q^{n+1})]+w_0b[(1-(a^2+2b)q)(h'_{s+t-1}-h'_{2n+1+s+t})+q(h'_{1+s+t}-h'_{2n+3+s+t}q^{n+1})]\}/[1-(a^2+2b)q+b^2q^2]-(w_1h'_{s-t}-w_0h'_{s-t+1})\cdot(-b)^t[1-(-bq)^{n+1}]/(1+bq) \tag{2.4.12}$$

其中 $q=-b^{-1}$ 时定义 $[1-(-bq)^{n+1}]/(1+bq)=n+1$.

推论 1 当 $|q|<\min|x_i^{-2}|$ 时

$$\Delta\sum_{i=0}^{\infty}h_{i+s}w_{i+t}q^i=\{w_1[(1-(a^2+2b)q)h'_{s+t}+qh'_{2+s+t}]+w_0b[(1-(a^2+2b)q)h'_{s+t-1}+qh'_{1+s+t}]\}/[1-(a^2+2b)q+b^2q^2]-(w_1h'_{s-t}-w_0h'_{s-t+1})(-b)^t/(1+bq) \tag{2.4.13}$$

注 $|q|<\min|x_i^{-2}|$ 时必有 $|bq|<1$.

①我们指出,式(2.4.10)也可由式(2.2.36)得到,因此对 $\Delta=0$ 也成立.故我们下面的等式(2.4.12)实际上对 $\Delta=0$ 也是成立的.

特别地，在定理中取 $q=-b^{-1}$ 并在等式两边同乘以 $(-b)^n$ 时，根据式(2.2.36)有

$$h'_m-h'_{2n+2+m}q^{n+1}=-q^{n+1}(h'_{2n+2+m}-(-b)^{n+1}h'_m)=$$
$$-(-b)^{-n-1}\Delta h_{n+1+m}u_{n+1}$$

又

$$1-(a^2+2b)q+b^2q^2=1+a^2b^{-1}+2+1=b^{-1}\Delta$$

于是记式(2.4.12)中第一、二个方括号内的式子分别为 P,Q 时，则有

$$(-b)^nP=[(a^2b^{-1}+3)b^{-1}h_{n+1+s+t}-b^{-2}h_{n+3+s+t}]\cdot$$
$$\Delta u_{n+1}=b^{-2}[(a^2+3b)h_{n+1+s+t}-(a^2+b)h_{n+1+s+t}-$$
$$bh_{n+s+t}]\Delta u_{n+1}=b^{-1}(2h_{n+1+s+t}-ah_{n+s+t})\Delta u_{n+1}=$$
$$b^{-1}h'_{n+s+t}\Delta u_{n+1}$$

同理 $(-b)^nQ=b^{-1}h'_{n-1+s+t}\Delta u_{n+1}$.

于是我们有：

推论 2　设 $\mathbf{u}$ 为 Ω 的广 F 序列，则

$$\Delta\sum_{i=0}^{n}h_{i+s}w_{i+t}(-b)^{n-i}=$$
$$(w_1h_{n+s+t}+w_0bh_{n-1+s+t})u_{n+1}-$$
$$(w_1h'_{s-t}-w_0h'_{s-t+1})(-b)^t(n+1)\qquad(2.4.14)$$

推论 3　设 $\mathbf{u},\mathbf{v}$ 分别为 Ω 中广 F 序列与广 L 序列，则

$$\Delta\sum_{i=0}^{n}h_{i+s}u_{i+t}q^i=[1-(a^2+2b)q](h'_{s+t}-h'_{2n+2+s+t}q^{n+1})+$$
$$q(h'_{2+s+t}-h'_{2n+4+s+t}q^{n+1})/[1-(a^2+$$
$$2b)q+b^2q^2]-h'_{s-t}(-b)^t\cdot$$
$$[1-(-bq)^{n+q}]/(1+bq)\qquad(2.4.15)$$

$$\sum_{i=0}^{n} v_{i+s} w_{i+t} q^{i} = \text{式(2.4.12)的右边以 } \mathbf{u} \text{ 代 } \mathbf{h}' \text{ 所得的结果} \tag{2.4.16}$$

推论 4 $a \neq \pm(b-1)$时有

$$\Delta \sum_{i=0}^{n} h_{i+s} w_{i+t} = \text{式(2.4.12)的右边以 1 代 } q \text{ 所得的结果} \tag{2.4.17}$$

推论 5 当 $b=-1, a \neq \pm 2$ 时

$$\Delta \sum_{i=0}^{n} h_{i+s} w_{i+t} = (w_1 h_{n+s+t} - w_0 h_{n-1+s+t}) u_{n+1} - (w_1 h_{s-t}' - w_0 h_{s-t+1}')(n+1) \tag{2.4.18}$$

此实又为推论 2 之推论.

推论 6 当 $b=1, a \neq 0$ 时:

若 $2 \mid n$,则

$$\Delta \sum_{i=0}^{n} h_{i+s} w_{i+t} = a^{-1}(w_1 h_{n+s+t}' + w_0 h_{n-1+s+t}') v_{n+1} - (w_1 h_{s-t}' - w_0 h_{s-t+1}')(-1)^{t} \tag{2.4.19}$$

若 $2 \nmid n$,则

$$\sum_{i=0}^{n} h_{i+s} w_{i+t} = a^{-1}(w_1 h_{n+s+t} + w_0 h_{n-1+s+t}) u_{n+1} \tag{2.4.20}$$

证 式(2.4.19)的证明如下:$2 \mid n$ 时,可根据式(2.2.20)知

$$h_{2n+2+m}' - h_m' = h_{2n+2+m}' + (-1)^{n+1} h_m' = h_{n+1+m}' v_{n+1}$$

故式(2.4.12)中第一个方括号化为

$$P = [(a^2+1) h_{n+1+s+t}' - h_{n+3+s+t}'] v_{n+1} = -a h_{n+s+t}' v_{n+1}$$

同理,第二方括号 $Q=-ah'_{n-1+s+t}v_{n+1}$. 由此即证.

式(2.4.20 的证明如下:当 $2\nmid n$ 时,则

$$h'_{2n+2+m}-h'_m=h'_{2n+2+m}-(-1)^{n+1}h'_m=\Delta h_{n+1+m}u_{n+1}$$

仿式(2.4.19)的证明,同样可证.

为得到下面的推论,我们先证:

引理 2.4.1　对任何 $\mathfrak{h}\in\Omega(a,b)$有

$$h_1h_{2n+2m}+h_0bh_{2n+2m-1}=h_{n+m}h'_{n+m}\quad(2.4.21)$$

证　由式(2.2.27),(2.2.28)有

$$\begin{aligned}\text{原式左边}=&h_1(h'_{n+m}u_{n+m}+(-b)^{n+m}h_0)+\\&h_0b(h'_{n+m}u_{n+m-1}+(-b)^{n+m-1}h_1)+\\&h'_{n+m}(h_1u_{n+m}+h_0bu_{n+m-1})=h_{n+m}h'_{n+m}\end{aligned}$$

推论 7　当 $b=-1,a\neq\pm2$ 时

$$\begin{aligned}\sum_{i=0}^{2n}h'_{i+s}h_{i+2r-s}=&h_{n+r}h'_{n+r}u_{2n+1}-\\&(h_1h_{2s-2r}-h_0h_{2s-2r+1})(2n+1)\end{aligned}\quad(2.4.22)$$

$$\begin{aligned}\sum_{i=0}^{2n-1}h'_{i+s+1}h_{i+2r-s}=&h_{n+r}h'_{n+r}u_nv_n-\\&(h_1h_{2s-2r+1}-h_0h_{2s-2r+2})2n\end{aligned}\quad(2.4.23)$$

证　在推论 5 中以 $\mathfrak{h}'$ 代 $\mathfrak{h}$,又以 $\mathfrak{h}$ 代 $\mathfrak{w}$,注意 $(h'_n)'=\Delta h_n$ 并运用引理 2.4.1 即证.

推论 8　当 $b=1,a\neq0$ 时

$$\begin{aligned}\sum_{i=0}^{2n}h'_{i+s}h_{i+2r-s}=&a^{-1}h_{n+r}h'_{n+r}v_{2n+1}+\\&(h_1h_{2s-2r}-h_0h_{2s-2r+1})(-1)^s\end{aligned}\quad(2.4.24)$$

$$\sum_{i=0}^{2n-1}h'_{i+s+1}h_{i+2r-s}=a^{-1}h_{n+r}h'_{n+r}u_nv_n\quad(2.4.25)$$

此可由推论 6 仿上证之. 用同样方法我们还可得到:

推论 9 $a\neq\pm(b-1)$时

$$\sum_{i=0}^{n}h'_{i+s}h_{i+2r-s}=[(1-a^2-2b)(h_rh'_r-h_{n+1+r}h'_{n+1+r})+(h_{1+r}h'_{1+r}-h_{n+2+r}h'_{n+2+r})]/[1-2b+b^2-a^2]-(h_1h_{2s-2r}-h_0h_{2s-2r+1})(-b)^{2r-s}(1-(-b)^{n+1})/(1+b) \qquad (2.4.26)$$

对于定理 2.4.2 的内容, Calvin T. Long[19] 曾研究过 $q=1$ 且 $\mathfrak{h},\mathfrak{w}$ 均为 $\mathfrak{u}$ 的情形, Pethe 和 Horadam[20] 曾研究过推论 2 中 $\mathfrak{w}$ 取 $\mathfrak{u}$ 的情形. 他们的结果形式更复杂一些.

定理 2.4.2 还可推广. 一种方法是把 $h_{i+s}w_{i+t}$ 改为 $h_{r_1i+s}w_{r_2i+t}$, 相应的求和公式只需对式(2.4.12)稍加修改, 我们就不写出来了. 另一种方法是推广到多个序列的积与幂的和, 但其一般公式的形式将是十分复杂的, 我们这里先做一原则上的讨论.

引理 2.4.2 设 $\Omega(a,b)$有 $\Delta\neq0$, t 个序列 $\mathfrak{h},\mathfrak{w},\cdots,\mathfrak{p}\in\Omega$, 则

$$\Delta^{t/2}h_{m_1}w_{m_2}\cdots p_{m_t}=\sum_{j=1}^{4^{t-1}}(-b)^{e_j}c_jy_{d_j}$$

其中(1)$2|t$ 时 $y_n=h'_n$, $2\nmid t$ 时 $y_n=h_n$. (2)每个 c_j 与 $m_1,\cdots,m_t$ 无关. (3)每个 e_j 与 d_j 均为 $m_1,\cdots,m_t$ 的线性函数.

证 $t=2$ 时由式(2.4.10)知引理成立. 又在此式中以 $\mathfrak{h}'$代 $\mathfrak{h}$ 得

$$h'_mw_n=w_1h_{m+n}+w_0bh_{m+n-1}-(-b)^n(w_1h_{m-n}-w_0h_{m-n+1}) \qquad (2.4.10')$$

于是

$$\Delta h_{m_1} w_{m_2} v_{m_3} = w_1 h'_{m_1+m_2} v_{m_3} + w_0 h'_{m_1+m_2-1} v_{m_3} - (-b)^{m_2}(w_1 h'_{m_1-m_2} v_{m_3} - w_0 h'_{m_1-m_2+1} v_{m_3})$$

把式(2.4.10′)运用于上式右边,可知 $t=3$ 时引理也成立.依此即可用归纳法完成证明.

由上述引理可知,设 $\Omega(a,b)$ 有 $\Delta\neq 0$, t 个序列 $\mathfrak{h}$, $\mathfrak{w}\cdots,\mathfrak{p}\in\Omega$, $\mathfrak{u},\mathfrak{v}$ 为基中广 F 序列与广 L 序列,则

$$\sum_{i=0}^{n} h_{i+s_1} w_{i+s_2} \cdots p_{i+s_t} q^i$$

可表示为如下形式的有限多个项的线性组合

$$\{(1-v_s(-b)^e q)[y_r - y_{(n+1)s+r}((-b)^e q)^{n+1} + (-b)^e q[y_{s+r} - y_{(n+2)s+r}((-b)^e q)^{n+1}]\}/[(1-v_s(-b)^e q+(-b)^{s+2e}q^2]$$

(设 q 使分母不为 0) (2.4.27)

其中 $s\geqslant 0$, $2\mid t$ 时 y_n 可取 h'_n 和 u_n(但 $t=2$ 时 u_n 不出现), $2\nmid t$ 时 y_n 可取 h_n 和 u_n.

同样可知, $t\in\mathbf{Z}_+$ 时 $\sum\limits_{i=0}^{n} h_{i+s}^t q^i$ 可由有限多个形如式(2.4.27)的项线性表示.

对于某些特殊 F-L 数,其幂和有较简单的形式.比如对斐波那契数,孔庆新[21,43] 得出过 $\sum\limits_{i=1}^{n} f_i^{2r+1}$ 的明显表达式,朱丹非[42] 得出过 $\sum\limits_{i=1}^{n} f_i^{2r}$ 和 $\sum\limits_{i=1}^{n} f_i^{2r+1}$ 的明显表达式.我们可以得到更一般的结果,这可以由定理 2.3.6 和式(2.4.1)及式(2.4.1′)直接推出,就是:

定理 2.4.3 设 $\mathfrak{u},\mathfrak{v}$ 为 $\Omega(a,b)$ 中主序列及其相关序列, $\Delta\neq 0$. 则:

当 $2\nmid t$ 时

$$(\sqrt{\Delta})^{t-1}\sum_{n=1}^{m}u_n^t q^n = \sum_{i=0}^{(t-1)/2}(-1)^i\binom{t}{i}((v_{t-2i}(-b)^i q - 1)u_{(m+1)(t-2i)}((-b)^i q)^{m+1} + (-b)^i q(u_{t-2i} - u_{(m+2)(t-2i)}\cdot((-b)^i q)^{m+1}))/(1 - v_{t-2i}(-b)^i q - b^t q^2) \quad (2.4.28)$$

$$(\sqrt{\Delta})^{t-1}\sum_{n=1}^{m}u_n^t q^n = q\sum_{i=0}^{(t-1)/2}b^i\binom{t}{i}(u_{t-2i} - (-b)^{im}u_{(m+1)(t-2i)}q^m + (-b)^{t+(m-1)i}u_{m(t-2i)}q^{m+1})/(1 - v_{t-2i}(-b)^i q - b^t q^2) \quad (2.4.28')$$

$$\sum_{n=0}^{m}v_n^t q^n = \sum_{i=0}^{(t-1)/2}\binom{t}{i}((1 - v_{t-2i}(-b)^i q)(2 - v_{(m+1)(t-2i)}((-b)^i q)^{m+1}) + (-b)^i q(v_{t-2i} - v_{(m+2)(t-2i)}\cdot((-b)^i q)^{m+1}))/(1 - v_{t-2i}(-b)^i q - b^t q^2) \quad (2.4.29)$$

$$\sum_{n=1}^{m}v_n^t q^n = \sum_{i=0}^{(t-1)/2}\binom{t}{i}(2 - v_{t-2i}(-b)^i q - v_{(m+1)(t-2i)}((-b)^i q)^{m+1} + (-b)^{t+mi}v_{m(t-2i)}q^{m+2})/(1 - v_{t-2i}(-b)^i q - b^t q^2) \quad (2.4.29')$$

当 $2 \mid t$ 时

$$(\sqrt{\Delta})^t\sum_{n=1}^{m}u_n^tq^n=\sum_{i=0}^{t/2-1}(-1)^i\begin{bmatrix}t\\i\end{bmatrix}((1-v_{t-2i}(-b)^iq)\cdot(2-v_{(m+1)(t-2i)}((-b)^iq)^{m+1})+(-b)^iq(v_{t-2i}-v_{(m+2)(t-2i)}\cdot((-b)^iq)^{m+1}))/(1-v_{t-2i}(-b)^iq+b^tq^2)+(-1)^{t/2}\begin{bmatrix}t\\t/2\end{bmatrix}(1-((-b^{t/2}q)^{m+1})/(1-(-b)^{(t/2)}q)\qquad(2.4.30)$$

$$(\sqrt{\Delta})^t\sum_{n=1}^{m}u_n^tq^n=\sum_{i=0}^{t/2-1}(-1)^i\begin{bmatrix}t\\i\end{bmatrix}(2-v_{t-2i}(-b)^iq-v_{(m+1)(t-2i)}((-b)^iq)^{m+1}+(-b)^{t+mi}v_{m(t-2i)}q^{m+2})/(1-v_{t-2i}(-b)^iq+b^tq^2)+(-1)^{t/2}\begin{bmatrix}t\\t/2\end{bmatrix}(1-((-b)^{t/2}q)^{m+1})/(1-(-b)^{t/2}q)\qquad(2.4.30')$$

$$\sum_{n=0}^{m}v_n^tq^n=\sum_{i=0}^{t/2-1}\begin{bmatrix}t\\i\end{bmatrix}((1-v_{t-2i}(-b)^iq)\cdot(2-v_{(m+1)(t-2i)}((-b)^iq)^{m+1})+(-b)^iq(v_{t-2i}-v_{(m+2)(t-2i)}((-b)^iq)^{m+1}))/(1-v_{t-2i}(-b)^iq+b^tq^2)+\begin{bmatrix}t\\t/2\end{bmatrix}(1-((-b)^{t/2}q)^{m+1})/(1-(-b)^{(t/2)}q)\qquad(2.4.31)$$

$$\sum_{n=0}^{m} v_n^t q^n = \sum_{i=0}^{t/2-1} \begin{bmatrix} t \\ i \end{bmatrix} (2 - v_{t-2i}(-b)^i q - v_{(m+1)(t-2i)}((-b)^i q)^{m+1} + (-b)^{t+mi} v_{m(t-2i)} q^{m+2}) / (1 - v_{t-2i}(-b)^i q + b^t q^2) + \begin{bmatrix} t \\ t/2 \end{bmatrix} (1 - ((-b)^{t/2} q)^{m+1}) / (1 - (-b)^{(t/2)} q) \qquad (2.4.31')$$

其中 q 使各分母不为 0. 又不定义 $x=0$ 时 $(1-x^{m+1})/(1-x)=m+1$.

2.5 二阶 F-L 数的组合恒等式

2.5.1 方法概述及基本组合恒等式

首先,我们可以像式(1.6.16),式(1.6.22)和式(1.6.24)那样,将 $\Omega(a,b)$ 中的序列用组合数表示并导出有关组合恒等式. 我们不再举例.

徐利治,蒋茂森[23]建立的互反公式不但适用于构造 F-L 序列的恒等式,也适用于构造其他一些类型的恒等式. 但运用 F-L 序列所特有的表示法来构造它们本身的恒等式显得更简单一些,故上述互反公式我们不专门介绍.

w_{-n} 的两种不同表达式(2.1.9)和(2.2.19)产生了如下的:

定理 2.5.1 设 $\mathbf{w}\in\Omega(a,b)$, $\mathbf{u}$ 为 Ω 中主序列,则 $n>0$ 时

$$\sum_{i=0}^{n}(-1)^{n-i}a^{n-i}\binom{n}{i}w_i = w_0u_{n+1} - w_1u_n \tag{2.5.1}$$

w_{mn+r}的不同表达式是构造大量组合恒等式的基本方法.

定理 2.5.2　设 $\mathbf{w}\in\Omega(a,b)$, $\mathbf{u}$, $\mathbf{v}$ 分别在 Ω 中主序列及其相关序列,则 $n>0$ 时

$$w_{2n+r} = \sum_{i=0}^{n}\binom{n}{i}b^{n-i}a^iw_{i+r} = u_n^2w_{r+2} + 2bu_nu_{n-1}w_{r+1} + b^2u_{n-1}^2w_r \tag{2.5.2}$$

$$w_{tn+r} = \sum_{i=0}^{n}\binom{n}{i}b^{n-i}u_{t-1}^{n-i}u_t^iw_{i+r} \tag{2.5.3}$$

$$w_{n+r} = \sum_{i=0}^{n}\binom{n}{i}a^{n-i}b^iw_{r-i} \tag{2.5.4}$$

$$\sum_{i=0}^{2n}\binom{2n}{i}b^{2n-i}w_{2i+r} = \Delta^nw_{2n+r} \tag{2.5.5}$$

$$\sum_{i=0}^{2n+1}\binom{2n+1}{i}b^{2n+1-i}w_{2i+r} = \Delta^nw_{2n+1+r} \tag{2.5.6}$$

$2\mid n$ 时

$$\Delta^{n/2}w_{tn+r} = \sum_{i=0}^{n}\binom{n}{i}b^{n-i}v_{t-1}^{n-i}v_t^iw_{i+r} \tag{2.5.7}$$

$2\nmid n$ 时

$$\Delta^{(n-1)/2}w'_{tn+r} = \sum_{i=0}^{n}\binom{n}{i}b^{n-i}v_{t-1}^{n-i}v_t^iw_{i+r} \tag{2.5.8}$$

$$u_t^nw_{n+r} = \sum_{i=0}^{n}\binom{n}{i}(-bu_{t-1})^{n-i}w_{ti+r} \tag{2.5.9}$$

$$u_t^nw_{sn+r} = \sum_{i=0}^{n}(-1)^{n-i}\binom{n}{i}(-b)^{t(n-i)}u_{s-t}^{n-i}u_s^iw_{ti+r} \tag{2.5.10}$$

当 $2 \mid n$ 时

$$\Delta^{n/2} u_t^n w_{sn+r} = \sum_{i=0}^{n} (-1)^{n-i} \binom{n}{i} (-b)^{t(n-i)} v_{s-t}^{n-i} v_s^i w_{ti+r} \tag{2.5.11}$$

当 $2 \nmid n$ 时

$$\Delta^{(n-1)/2} u_t^n w'_{sn+r} = \sum_{i=0}^{n} (-1)^{n-i} \binom{n}{i} (-b)^{t(n-i)} v_{s-t}^{n-i} v_s^i w_{ti+r} \tag{2.5.12}$$

$$\sum_{i=0}^{n} (-1)^i \binom{n}{i} b^{(n-i)t} w_{2ti+r} = \begin{cases} \Delta^{n/2} u_t^n w_{tn+r}, 当\ 2 \mid t, 2 \mid n \\ -\Delta^{(n-1)/2} u_t^n w'_{tn+r}, 当\ 2 \mid t, 2 \nmid n \\ (-1)^n v_t^n w_{tn+r}, 当\ 2 \nmid t \end{cases} \tag{2.5.13}$$

$$\sum_{i=0}^{n} \binom{n}{i} b^{(n-i)t} w_{2ti+r} = \begin{cases} v_t^n w_{tn+r}, 当\ 2 \mid t \\ \Delta^{n/2} u_t^n w_{tn+r}, 当\ 2 \nmid t, 2 \mid n \\ \Delta^{(n-1)/2} u_t^n w'_{tn+r}, 当\ 2 \nmid t, 2 \nmid n \end{cases} \tag{2.5.14}$$

证 设 $\mathbf{A}, \widetilde{\mathbf{A}}$ 分别为 Ω 的联结矩阵及其共轭矩阵. 式(2.5.2)的证明如下:一方面

$$\mathbf{A}^{2n+r} = (\mathbf{A}^2)^n \cdot \mathbf{A}^r = (a\mathbf{A} + b\mathbf{E})^n \mathbf{A}^r = \sum_{i=0}^{n} \binom{n}{i} b^{n-i} a^i \mathbf{A}^{i+r}$$

另一方面

$$\mathbf{A}^{2n+r} = (u_n \mathbf{A} + b u_{n-1})^2 \mathbf{A}^r = u_n^2 \mathbf{A}^{r+2} + 2b u_n u_{n-1} \mathbf{A}^{r+1} + b^2 u_{n-1}^2 \mathbf{A}^r$$

故由引理 2.1.1 得证.

式(2.5.3)为式(2.1.10)之推论.

式(2.5.4)的证明如下:由 $\boldsymbol{A}^2=a\boldsymbol{A}+b\boldsymbol{E}$ 得 $\boldsymbol{A}=a\boldsymbol{E}+b\boldsymbol{A}^{-1}$. 所以 $\boldsymbol{A}^{n+r}=\sum_{i=0}^{n}\binom{n}{i}a^{n-i}b^i\boldsymbol{A}^{r-i}$, 因而得证.

式(2.5.5),(2.5.6)的证明如下:因为 $b\boldsymbol{E}+\boldsymbol{A}^2=\boldsymbol{A}^2-\boldsymbol{A}\widetilde{\boldsymbol{A}}=(\boldsymbol{A}-\widetilde{\boldsymbol{A}})\boldsymbol{A}$,而$(\boldsymbol{A}-\widetilde{\boldsymbol{A}})^{2n}=\Delta^n\boldsymbol{E}$,$(\boldsymbol{A}-\widetilde{\boldsymbol{A}})^{2n+1}\cdot\boldsymbol{A}^{2n+1}=\Delta^n(\boldsymbol{A}^{2n+2}+bA^{2n})$,故第一式两边分别 $2n$ 次方和 $2n+1$ 次方再乘以 $\boldsymbol{A}^r$,即可证之.

式(2.5.7),(2.5.8)的证明可由$(\boldsymbol{A}-\widetilde{\boldsymbol{A}})\boldsymbol{A}^t=v_t\boldsymbol{A}+bv_{t-1}\boldsymbol{E}$ 两边 n 次方并同乘以 $\boldsymbol{A}^r$,仿式(2.5.5),(2.5.6)的证明证之.

式(2.5.9)的证明可由 $u_t\boldsymbol{A}=\boldsymbol{A}^t-bu_{t-1}\boldsymbol{E}$ 出发证之.

式(2.5.10)的证明如下:因为

$$\boldsymbol{A}^s=u_s\boldsymbol{A}+bu_{s-1}\boldsymbol{E}$$

所以

$$\begin{aligned}u_t\boldsymbol{A}^s=&u_su_t\boldsymbol{A}+bu_{s-1}u_t\boldsymbol{E}=\\&u_s(\boldsymbol{A}^t-bu_{t-1}\boldsymbol{E})+bu_{s-1}u_t\boldsymbol{E}=\\&u_s\boldsymbol{A}^t-b(u_su_{t-1}-u_{s-1}u_t)\boldsymbol{E}\end{aligned}$$

依式(2.2.48)得 $u_t\boldsymbol{A}^s=u_s\boldsymbol{A}^t-(-b)^tu_{s-t}\boldsymbol{E}$,由此即可得证.

式(2.5.11),(2.5.12)的证明可由$(\boldsymbol{A}-\widetilde{\boldsymbol{A}})\boldsymbol{A}^s=v_s\boldsymbol{A}+bv_{s-1}\boldsymbol{E}$ 两边乘以 u_t,仿式(2.5.10)的证明的代换后,利用式(2.2.48)可得$(\boldsymbol{A}-\widetilde{\boldsymbol{A}})u_t\boldsymbol{A}^s=v_s\boldsymbol{A}^t-(-b)^tv_{s-t}\boldsymbol{E}$,即可证之.

式(2.5.13)的证明如下:我们有

$$\begin{aligned}&\sum_{i=0}^{n}(-1)^{i}\binom{n}{i}b^{(n-i)t}\mathbf{A}^{2ti+r}=\\&(b^{t}\mathbf{E}-\mathbf{A}^{2t})^{n}\cdot\mathbf{A}^{r}=\\&[(-\mathbf{A}\widetilde{\mathbf{A}})^{t}-\mathbf{A}^{2t}]^{n}\cdot\mathbf{A}^{r}=\\&(-1)^{n}[\mathbf{A}^{t}-(-1)^{t}\widetilde{\mathbf{A}}^{t}]^{n}\mathbf{A}^{tn+r}=\\&\begin{cases}(-1)^{n}(\mathbf{A}-\widetilde{\mathbf{A}})^{n}u_{t}^{n}\mathbf{A}^{tn+r},当\ 2\mid t\\(-1)^{n}v_{t}^{n}\mathbf{A}^{tn+r},当\ 2\nmid t\end{cases}\end{aligned}$$

于是仿前可以得证.

式(2.5.14)的证明可仿式(2.5.13)的证明证之.

本定理中,式(2.5.3)和式(2.5.7),(2.5.8)是由相关序列联系起来的对偶公式.式(2.5.10)和式(2.5.11),(2.5.12)可分别看作它们的推广.式(2.5.13)和式(2.5.14)则是式(2.5.5),(2.5.6)的推广,这是 Calvin T. Long[13] 的结果.不过由于他未用相关序列,故用了八个公式表达,而且他的证明相当复杂.

推论

$$u_{nt}/u_{t}=\sum_{i=0}^{n}\binom{n}{i}b^{n-i}u_{t-1}^{n-i}u_{t}^{i-1}u_{i}\qquad(2.5.15)$$

$$\Delta^{n}u_{2nt}/v_{t}=\sum_{i=1}^{2n}\binom{2n}{i}b^{2n-i}v_{t-1}^{2n-i}v_{t}^{i-1}u_{i}\qquad(2.5.16)$$

$$\Delta^{n}v_{(2n+1)t}/v_{t}=\sum_{i=1}^{2n+1}\binom{2n+1}{i}b^{2n+1-i}v_{t-1}^{2n+ri}v_{t}^{i-1}u_{i}\qquad(2.5.17)$$

$$u_{t-1}^{n}u_{nt}/u_{t}=\sum_{i=1}^{n}(-1)^{n-i}\binom{n}{i}(-b)^{(t-1)(n-i)}u_{t}^{i-1}u_{(t-1)i}\qquad(2.5.18)$$

$$u_{2nt}/v_t = \sum_{i=1}^{n}(-1)^{n-i}\binom{n}{i}(-b)^{t(n-i)}v_t^{i-1}u_{ti} \tag{2.5.19}$$

$$\Delta^n u_t^{2n}u_{2nt}/v_t = \sum_{i=1}^{2n}(-2)^{2n-i}\binom{2n}{i}(-b)^{t(2n-i)}v_t^{i-1}u_{ti} \tag{2.5.20}$$

$$\Delta^n u_t^{2n+1}v_{(2n+1)/t}/v_t = \sum_{i=1}^{2n+1}(-2)^{2n+1-i}\binom{2n+1}{i}\cdot(-b)^{t(2n+1-i)}v_t^{i-1}u_{ti} \tag{2.5.21}$$

$$\Delta^n u_{2t}^{2n} = \sum_{i=0}^{2n}(-1)^i\binom{2n}{i}b^{2ti+1}u_{4(n-i)t-1} \tag{2.5.22}$$

$$\Delta^{n+1}u_{2t}^{2n+1} = \sum_{i=0}^{2n+1}(-1)^i\binom{2n+1}{i}b^{2ti+1}v_{2(2n+1-2i)t-1} \tag{2.5.23}$$

$$\Delta^n u_{2t+1}^{2n} = \sum_{i=0}^{2n}\binom{2n}{i}b^{(2t+1)i+1}u_{2(n-i)(2t+1)-1} \tag{2.5.24}$$

$$\Delta^{n+1}u_{2t+1}^{2n+1} = \sum_{i=0}^{2n+1}\binom{2n+1}{i}b^{(2t+1)i+1}v_{(2n+1-2i)(2t+1)-1} \tag{2.5.25}$$

$$v_{2t}^n = \sum_{i=0}^{n}\binom{n}{i}b^{2ti+1}u_{2(n-2i)t-1} \tag{2.5.26}$$

$$v_{2t+1}^n = \sum_{i=0}^{n}(-1)^i\binom{n}{i}b^{(2t+1)i+1}u_{(n-2i)(2t+1)-1} \tag{2.5.27}$$

证　式(2.5.15)的证明如下：在式(2.5.3)中令

$r=0$, $\mathfrak{w}=\mathfrak{u}$ 即可.

式(2.5.16),(2.5.17)的证明如下:在式(2.5.7),(2.5.8)中令 $r=0$, $\mathfrak{w}=\mathfrak{u}$ 即可.

式(2.5.18)的证明如下:在式(2.5.10)中令 $r=0$, $\mathfrak{w}=\mathfrak{u}$,又令 $s=t+1$,然后以 $t-1$ 代 t 即得所证.

式(2.5.19)的证明如下:在式(2.5.10)中令 $r=0$, $\mathfrak{w}=\mathfrak{u}$,又令 $s=2t$,再利用 $u_{2t}=u_t v_t$.

式(2.5.20),(2.5.21)的证明如下:在式(2.5.11),(2.5.12)中令 $r=0$, $\mathfrak{w}=\mathfrak{u}$, $s=t$.

式(2.5.22)~(2.5.27)的证明如下:在式(2.5.13)中对于 $2\mid t$, $2\nmid n$,以及式(2.5.14)中对 $2\nmid t$, $2\nmid n$,取 $\mathfrak{w}=\mathfrak{v}$. 对此两式中其他情况取 $\mathfrak{w}=\mathfrak{u}$. 又令 $r=-tn+1$,并利用式(2.2.54),(2.2.55).

上述推论中各式是与式(2.3.23)~(2.3.26)及式(2.3.30)~(2.3.33)对等的一组恒等式.

2.5.2 涉及多项式系数的组合恒等式

定理 2.5.3 在定理 2.5.2 相同的条件下有

$$\sum_{j,k}\binom{n}{j,k}(-1)^k a^j(-b)^{tj+(t+1)k}w_{(s+2t+2)n-(2t+1)j-(2t+2)k+r}=v_t^n w_{(s+t+2)n+r} \tag{2.5.28}$$

$$\sum_{j,k}\binom{n}{j,k}(-a)^j(-b)^{tj+(t+1)k}w_{(s+2t+2)n-(2t+1)j-(2t+2)k+r}=\begin{cases}\Delta^{n/2}u_t^n w_{(s+t+2)n+r}, & \text{当 } 2\mid n\\ \Delta^{(n-1)/2}u_t^n w'_{(s+t+2)n+r}, & \text{当 } 2\nmid n\end{cases} \tag{2.5.29}$$

$$\sum_{j,k}\binom{n}{j,k}(-1)^k(-b)^{(t+1)(n-j-k)}v_t^j w_{sn+(t+2)j+(2t+2)k+r}=a^n(-b)^{tn}w_{(s+1)n+r} \tag{2.5.30}$$

证 式(2.5.28)的证明中下:我们有

$$\begin{aligned}&\boldsymbol{A}^{2t+2}+a(-b)^t\boldsymbol{A}-(-b)^{t+1}\boldsymbol{E}=\\&\boldsymbol{A}^{2t+2}+(-b)^t\boldsymbol{A}^2=\\&\boldsymbol{A}^{2t+2}+(\boldsymbol{A}\widetilde{\boldsymbol{A}})^t\boldsymbol{A}^2=\\&(\boldsymbol{A}^t+\widetilde{\boldsymbol{A}}^t)\boldsymbol{A}^{t+2}=v_t\boldsymbol{A}^{t+2}\end{aligned}\qquad(\text{Ⅰ})$$

所以

$$\begin{aligned}&[\boldsymbol{A}^{s+2t+2}+a(-b)^t\boldsymbol{A}^{s+1}-(-b)^{t+1}\boldsymbol{A}^s]^n\cdot\boldsymbol{A}^r=\\&v_t^n\boldsymbol{A}^{(s+t+2)n+r}\end{aligned}\qquad(\text{Ⅱ})$$

上式左边按多项式定理展开即为

$$\sum_{i+j+k=n}\binom{n}{i,j,k}(-1)^k a^j(-b)^{tj+(t+1)k}\boldsymbol{A}^{(s+2t+2)i+(s+1)j+sk+r}$$

以 $n-j-k$ 代 i,再代回式(Ⅱ)即可得证.

式(2.5.29)的证明如下:类似地,我们有

$$\boldsymbol{A}^{2t+2}-a(-b)^t\boldsymbol{A}+(-b)^{t+1}\boldsymbol{E}=(\boldsymbol{A}-\widetilde{\boldsymbol{A}})u_t\boldsymbol{A}^{t+2}\qquad(\text{Ⅲ})$$

其余仿式(2.5.28)的证明证之.

式(2.5.30)的证明如下:由(Ⅰ)变形得

$$a(-b)^t\boldsymbol{A}=(-b)^{t+1}\boldsymbol{E}+v_t\boldsymbol{A}^{t+2}-\boldsymbol{A}^{2t+2}$$

然后仿式(2.5.28)的证明证之.

我们指出,当取 $a=b=1$ 时,式(2.5.28)和式(2.5.30)就是文献[23-24]中有关恒等式的推广,它们概括了文献[24]中 4 对互反公式.而式(2.5.29)则是该两文中不曾出现的.我们还可以对上面的式(Ⅲ)变形而导出式(2.5.29)的互反公式,但因其形式较复杂,我们在此不予列出.

2.5.3　含 F-L 数积与幂的组合恒等式

下面我们考虑 F-L 数的积与幂的组合问题.在式(2.5.9)中令 $t=2$ 得

$$\sum_{i=0}^{n}\binom{n}{i}(-b)^{n-i}w_{2i+r}=a^n w_{n+r}\qquad(2.5.31)$$

把此式运用于式(2.4.11),我们便有:

定理 2.5.4 设 $\Omega(a,b)$ 有 $\Delta\neq 0$,$\mathfrak{h},\mathfrak{w}\in\Omega$,则

$$\Delta\sum_{i=0}^{n}\binom{n}{i}(-b)^{n-i}h_{i+s}w_{i+s}=$$
$$a^n(w_1h'_{n+s+t}+w_0bh'_{n+s+t-1})-$$
$$(-b)^{n+t}2^n(w_1h'_{s-t}-w_0h'_{s-t+1}) \qquad (2.5.32)$$

推论

$$\sum_{i=0}^{2n}\binom{2n}{i}(-b)^{2n-i}h'_{i+s}h_{i+2r-s}=$$
$$a^nh_{n+r}h'_{n+r}-(-b)^{2n+2r-s}4^n(h_1h_{2s-2r}-h_0h_{2s-2r+1})$$
$$(2.5.33)$$

$$\sum_{i=0}^{2n-1}\binom{2n-1}{i}(-b)^{2n-1-i}h'_{i+s+1}h_{2r-s}=$$
$$a^nh_{n+r}h'_{n+r}-(-b)^{2n-1+2r-s}2^{2n-1}(h_1h_{2s-2r+1}-$$
$$h_0h_{2s-2r+2}) \qquad (2.5.34)$$

此推论可完全仿照式(2.4.22)等证之.同样,将式(2.5.5),(2.5.6)分别运用于式(2.4.11)得:

定理 2.5.5 在定理 2.2.17 的条件下

$$\sum_{i=0}^{2n}\binom{2n}{i}b^{2n-i}h_{i+s}w_{i+t}=\Delta^{n-1}(w_1h'_{2n+s+t}+w_0bh'_{2n+s+t-1})$$
$$(2.5.35)$$

$$\sum_{i=0}^{2n+1}\binom{2n+1}{i}b^{2n+1-i}h_{i+s}w_{i+t}=\Delta^n(w_1h_{2n+1+s+t}+w_0bh_{2n+s+t})$$
$$(2.5.36)$$

推论

$$\sum_{i=0}^{2n}\binom{2n}{i}b^{2n-i}h'_{i+s}h_{i+2r-s}=\Delta^nh_{n+r}h'_{n+r}$$
$$(2.5.37)$$

$$\sum_{i=0}^{2n+1}\binom{2n+1}{i}b^{2n+1-i}h_{i+s-1}h_{i+2r-s}=\Delta^n h_{n+r}h'_{n+r}$$

(2.5.38)

上述两定理可进一步推广.

定理 2.5.6　设 $\Omega(a,b)$ 有 $\Delta\neq0$, $\mathfrak{h},\mathfrak{w}\in\Omega$, $\mathfrak{u},\mathfrak{v}$ 分别为 Ω 中广 F 序列与广 L 序列,则

$$\Delta\sum_{i=0}^{n}(-1)^i\binom{n}{i}b^{(n-i)t}h_{ti+r}w_{ti+s}=$$

$$\begin{cases}\Delta^{n/2}u_t^n(w_1h'_{tn+r+s}+w_0bh'_{tn+r+s-1}),\text{当 }2\mid t,2\mid n\\ -\Delta^{(n+1)/2}u_t^n(w_1h_{tn+r+s}+w_0bh_{tn+r+s-1}),\text{当 }2\mid t,2\nmid n\\ (-1)^nv_t^n(w_1h'_{tn+r+s}+w_0bh'_{tn+r+s-1})-\\ (-1)^sb^{tn+s}2^n(w_1h'_{r-s}-w_0h'_{r-s+1}),\text{当 }2\nmid t\end{cases}$$

(2.5.39)

$$\Delta\sum_{i=0}^{n}\binom{n}{i}b^{(n-i)t}h_{ti+r}w_{ti+s}=$$

$$\begin{cases}\Delta^{n/2}u_t^n(w_1h'_{tn+r+s}+w_0bh'_{tn+r+s-1}),\text{当 }2\nmid t,2\mid n\\ \Delta^{(n+1)/2}u_t^n(w_1h_{tn+r+s}+w_0bh_{tn+r+s-1}),\text{当 }2\nmid t,2\nmid n\\ v_t^n(w_1h'_{tn+r+s}+w_0bh'_{tn+r+s-1})-\\ (-1)^sb^{tn+s}2^n(w_1h'_{r-s}-w_0h'_{r-s+1}),\text{当 }2\mid t\end{cases}$$

(2.5.40)

证　在式(2.4.10)中令 $m=ti+r$, $n=ti+s$,得

$$\Delta h_{ti+r}w_{ti+s}=w_1h'_{2ti+r+s}+w_0bh'_{2ti+r+s-1}-(-b)^{ti+s}(w_1h'_{r-s}-w_0h'_{r-s+1})$$

将式(2.5.13),(2.5.14)分别作用于上式两边即得所证.

推论

$$\Delta\sum_{i=0}^{n}(-1)^{i}\binom{n}{i}h_{r+ti}w_{s-ti}=$$

$$\begin{cases}(-1)^{s+1}b^{s-tn}\Delta^{n/2}u_t^n(w_1h'_{tn+r-s}-w_0h'_{tn+r-s+1}), & \text{当 } 2\mid n\\(-1)^{s+t}b^{s-tn}\Delta^{(n+1)/2}u_t^n(w_1h_{tn+r-s}-w_0h_{tn+r-s+1}), & \text{当 } 2\nmid n\end{cases}\tag{2.5.41}$$

$$\Delta\sum_{i=0}^{n}\binom{n}{i}h_{r+ti}w_{s-ti}=$$

$$(-1)^{s+1+tn}b^{s-tn}v_t^n(w_1h'_{tn+r-s}-w_0h'_{tn+r-s+1})+2^n(w_1h'_{r+s}+w_0bh'_{r+s-1})\tag{2.5.42}$$

证 由式(2.2.19)知

$$w_{s-ti}=(-1)^{ti-s-1}b^{s-ti}(w_1u_{ti-s}-w_0u_{ti-s+1})$$

于是

$$h_{r+ti}w_{s-ti}=$$

$$\begin{cases}(-1)^{s+1}b^{s-tn}\cdot b^{(n-i)t}h_{ti+r}(w_1u_{ti-s}-w_0u_{ti-s+1}), & \text{当 } 2\mid t\\(-1)^{s+1}b^{s-tn}\cdot(-1)^{i}b^{(n-i)t}h_{ti+r}(w_1u_{ti-s}-w_0u_{ti-s+1}), & \text{当 } 2\nmid t\end{cases}$$

这样,对式(2.5.41),当 $2\mid t$ 时可利用式(2.5.39)取 $\mathfrak{w}$ 为 $\mathfrak{u}$,当 $2\nmid t$ 时可利用式(2.5.40).而式(2.5.42)恰好相反.故得所证.

在上述定理和推论中,把 $\mathfrak{w}$ 换成 $\mathfrak{h}$,或把 $\mathfrak{h}$ 换成 $\mathfrak{h}'$,所得各种推论(我们不予列出)即 Calvin T. Long[13] 的 14 个主要恒等式.

上述定理是可否可以推广到多个 F-L 数的积或 F-L 数的高次幂的组合和,有待进一步研究.但对某些特殊情形,答案是肯定的,比如 Hoggatt 和 Bicknell[2.25] 对于斐波那契数和卢卡斯数就做出过 4 次幂

的组合和.我们可以将他们的结果推广如下:

定理 2.5.7　设 $\mathbf{u},\mathbf{v}$ 为 $\Omega(a,1)$ 的主序列及其相关序列,则

$$\Delta^t\sum_{n=0}^{m}(-1)^n\begin{bmatrix}m\\n\end{bmatrix}u_n^{2t}=$$

$$\begin{cases}\Delta^{m/2}\sum_{i=0}^{t-1}(-1)^i\begin{bmatrix}2t\\i\end{bmatrix}u_{t-i}^m v_{(t-i)m},\text{当 }2\mid t,2\mid m\\ -\Delta^{(m+1)/2}\sum_{i=0}^{t-1}\begin{bmatrix}2t\\i\end{bmatrix}u_{t-i}^m u_{(t-i)m},\text{当 }2\mid t,2\nmid m\\ \sum_{i=0}^{t-1}(-1)^i\begin{bmatrix}2t\\i\end{bmatrix}v_{t-i}^m v_{(t-i)m}-\begin{bmatrix}2t\\t\end{bmatrix}2^m,\text{当 }2\nmid t,2\mid m\\ -\sum_{i=0}^{t-1}\begin{bmatrix}2t\\i\end{bmatrix}v_{t-i}^m v_{(t-i)m}-\begin{bmatrix}2t\\t\end{bmatrix}2^m,\text{当 }2\nmid t,2\nmid m\end{cases}$$

(2.5.43)

$$\Delta^t\sum_{n=0}^{m}\begin{bmatrix}m\\n\end{bmatrix}u_n^{2t}=$$

$$\begin{cases}\sum_{i=0}^{t-1}(-1)^i\begin{bmatrix}2t\\i\end{bmatrix}v_{t-i}^m v_{(t-i)m}+\begin{bmatrix}2t\\t\end{bmatrix}2^m,\text{当 }2\mid t,2\mid m\\ \sum_{i=0}^{t-1}\begin{bmatrix}2t\\i\end{bmatrix}v_{t-i}^m v_{(t-i)m}+\begin{bmatrix}2t\\t\end{bmatrix}2^m,\text{当 }2\mid t,2\nmid m\\ \Delta^{m/2}\sum_{i=0}^{t-1}(-1)^i\begin{bmatrix}2t\\i\end{bmatrix}u_{t-i}^m v_{(t-i)m},\text{当 }2\nmid t,2\mid m\\ \Delta^{(m+1)/2}\sum_{i=0}^{t-1}\begin{bmatrix}2t\\i\end{bmatrix}u_{t-i}^m u_{(t-i)m},\text{当 }2\nmid t,2\nmid m\end{cases}$$

(2.5.44)

$$\sum_{n=0}^{m}(-1)^n\binom{m}{n}v_n^{2t}=$$

$$\begin{cases}\Delta^{m/2}\sum_{i=0}^{t-1}\binom{2t}{i}u_{t-i}^m v_{(t-i)m},当\ 2\mid t,2\mid m\\-\Delta^{(m+1)/2}\sum_{i=0}^{t-1}(-1)^i\binom{2t}{i}u_{t-i}^m u_{(t-i)m},当\ 2\mid t,2\nmid m\\\sum_{i=0}^{t-1}\binom{2t}{i}v_{t-i}^m v_{(t-i)m}+\binom{2t}{t}2^m,当\ 2\nmid t,2\mid m\\-\sum_{i=0}^{t-1}(-1)^i\binom{2t}{i}v_{t-i}^m v_{(t-i)m}+\binom{2t}{t}2^m,当\ 2\nmid t,2\nmid m\end{cases}$$

(2.5.45)

$$\sum_{n=0}^{m}\binom{m}{n}v_n^{2t}=$$

$$\begin{cases}\sum_{i=0}^{t-1}\binom{2t}{i}v_{t-i}^m v_{(t-i)m}+\binom{2t}{t}2^m,当\ 2\mid t,2\mid m\\\sum_{i=0}^{t-1}(-1)^i\binom{2t}{i}v_{t-i}^m v_{(t-i)m}+\binom{2t}{t}2^m,当\ 2\mid t,2\nmid m\\\Delta^{m/2}\sum_{i=0}^{t-1}\binom{2t}{i}u_{t-i}^m v_{(t-i)m},当\ 2\nmid t,2\mid m\\\Delta^{(m+1)/2}\sum_{i=0}^{t-1}(-1)^i\binom{2t}{i}u_{t-i}^m u_{(t-i)m},当\ 2\nmid t,2\nmid m\end{cases}$$

(2.5.46)

证 只证式(2.5.43),其余者之证法完全相同.由式(2.3.25)有

$$\Delta^t u_n^{2t}=\sum_{i=0}^{(t-1)/2}\binom{2t}{i}v_{2(t-2i)n}-\sum_{i=0}^{(t-2)/2}\binom{2t}{2i+1}\cdot$$

$$(-1)^n v_{2(t-2i-1)n}+\binom{2t}{t}(-1)^t(-1)^{nt}$$

所以

$$\Delta^t\sum_{n=0}^{m}(-1)^n\begin{bmatrix}m\\n\end{bmatrix}u_n^{2t}=\sum_{i=0}^{(t-1)/2}\begin{bmatrix}2t\\i\end{bmatrix}\sum_{n=0}^{m}(-1)^n\begin{bmatrix}m\\n\end{bmatrix}v_{2(t-2i)n}-\sum_{i=0}^{(t-2)/2}\begin{bmatrix}2t\\2i+1\end{bmatrix}\sum_{n=0}^{m}\begin{bmatrix}m\\n\end{bmatrix}v_{2(t-2i-1)n}+\begin{bmatrix}2t\\t\end{bmatrix}(-1)^t\sum_{n=0}^{m}\begin{bmatrix}m\\n\end{bmatrix}(-1)^{n(t+1)}\tag{2.5.47}$$

依式(2.5.13),(2.5.14)

$$\sum_{n=0}^{m}(-1)^n\begin{bmatrix}m\\n\end{bmatrix}v_{2(t-2i)n}=\begin{cases}\Delta^{m/2}u_{t-2i}^{m}v_{(t-2i)m}, & \text{当 } 2\mid t,2\mid m\\-\Delta^{(m+1)/2}u_{t-2i}^{m}u_{(t-2i)m}, & \text{当 } 2\mid t,2\nmid m\\(-1)^m v_{t-2i}^{m}v_{(t-2i)m}, & \text{当 } 2\nmid t\end{cases}$$

$$\sum_{n=0}^{m}\begin{bmatrix}m\\n\end{bmatrix}v_{2(t-2i-1)n}=\begin{cases}\Delta^{m/2}u_{t-2i-1}^{m}v_{(t-2i-1)m}, & \text{当 } 2\mid t,2\mid m\\\Delta^{(m+1)/2}u_{t-2i-1}^{m}u_{(t-2i-1)m}, & \text{当 } 2\mid t,2\nmid m\\v_{t-2i-1}^{m}v_{(t-2i-1)m}, & \text{当 } 2\nmid t\end{cases}$$

又

$$\sum_{n=0}^{m}\begin{bmatrix}m\\n\end{bmatrix}(-1)^{n(t+1)}=\begin{cases}0, & \text{当 } 2\mid t\\2^m, & \text{当 } 2\nmid t\end{cases}$$

将上述结果代入式(2.5.47),并整理之即得所证.

上述方法可进一步运用于 $\Omega(a,-1)$,这就是:

定理 2.5.8　设 $\mathfrak{u},\mathfrak{v}$ 为 $\Omega(a,-1)$ 的主序列及其

相关序列，则

$$\Delta^{t}\sum_{n=0}^{m}(-1)^{n}\binom{m}{n}u_{n}^{2t}=$$

$$\begin{cases}\Delta^{m/2}\sum\limits_{i=0}^{t-1}(-1)^{i}\dbinom{2t}{i}u_{t-i}^{m}v_{(t-i)m}, \text{当 } 2\mid m\\ -\Delta^{(m+1)/2}\sum\limits_{i=0}^{t-1}(-1)^{i}\dbinom{2t}{i}u_{t-i}^{m}u_{(t-i)m}, \text{当 } 2\nmid m\end{cases}\tag{2.5.48}$$

$$\Delta^{t}\sum_{n=0}^{m}\binom{m}{n}u_{n}^{2t}=\sum_{i=0}^{t-1}(-1)^{i}\binom{2t}{i}v_{t-i}^{m}v_{(t-i)m}+\binom{2t}{t}(-1)^{t}2^{m}\tag{2.5.49}$$

$$\sum_{n=0}^{m}(-1)^{n}\binom{m}{n}v_{n}^{2t}=$$

$$\begin{cases}\Delta^{m/2}\sum\limits_{i=0}^{t-1}\dbinom{2t}{i}u_{t-i}^{m}v_{(t-i)m}, \text{当 } 2\mid m\\ -\Delta^{(m+1)/2}\sum\limits_{i=0}^{t-1}\dbinom{2t}{i}u_{t-i}^{m}u_{(t-i)m}, \text{当 } 2\nmid m\end{cases}\tag{2.5.50}$$

$$\sum_{n=0}^{m}\binom{m}{n}v_{n}^{2t}=\sum_{i=0}^{t-1}\binom{2t}{i}v_{t-i}^{m}v_{(t-i)m}+\binom{2t}{t}2^{m}\tag{2.5.51}$$

证 同样只证式(2.5.48). 由式(2.2.35)有

$$\Delta^{t}u_{n}^{2t}=\sum_{i=0}^{(t-1)/2}\binom{2t}{2i}v_{2(t-2i)n}-\sum_{i=0}^{(t-2)/2}\binom{2t}{2i+1}v_{2(t-2i-1)n}+\binom{2t}{t}(-1)^{t}$$

所以

$$\Delta^t \sum_{n=0}^{m} (-1)^n \begin{bmatrix} m \\ n \end{bmatrix} u_n^{2t} =$$

$$\sum_{i=0}^{(t-1)/2} \begin{bmatrix} 2t \\ 2i \end{bmatrix} \sum_{n=0}^{m} (-1)^n \begin{bmatrix} m \\ n \end{bmatrix} v_{2(t-2i)n} -$$

$$\sum_{i=0}^{(t-2)/2} \begin{bmatrix} 2t \\ 2i+1 \end{bmatrix} \sum_{n=0}^{m} (-1)^n \begin{bmatrix} m \\ n \end{bmatrix} v_{2(t-2i-1)n} \qquad (2.5.52)$$

依式(2.5.13),(2.5.14),$2 \mid t$ 时有

$$\sum_{n=0}^{m} (-1)^n \begin{bmatrix} m \\ n \end{bmatrix} v_{2(t-2i)n} =$$

$$\sum_{n=0}^{m} (-1)^n \begin{bmatrix} m \\ n \end{bmatrix} (-1)^{(m-n)(t-2i)} v_{2(t-2i)n} =$$

$$\begin{cases} \Delta^{m/2} u_{t-2i}^m v_{(t-2i)m}, \text{当 } 2 \mid m \\ -\Delta^{(m+1)/2} u_{(t-2i)}^m v_{(t-2i)m}, \text{当 } 2 \nmid m \end{cases} \qquad (2.5.53)$$

$$\sum_{n=0}^{m} (-1)^n \begin{bmatrix} m \\ n \end{bmatrix} v_{2(t-2i-1)n} =$$

$$(-1)^m \sum_{n=0}^{m} \begin{bmatrix} m \\ n \end{bmatrix} (-1)^{(m-n)(t-2i-1)} v_{2(t-2i-1)n} =$$

$$\begin{cases} \Delta^{m/2} u_{t-2i-1}^m v_{(t-2i-1)m}, \text{当 } 2 \mid m \\ -\Delta^{(m+1)/2} u_{t-2i-1}^m u_{(t-2i-1)m}, \text{当 } 2 \nmid m \end{cases} \qquad (2.5.54)$$

$2 \nmid t$ 时有

$$\sum_{n=0}^{m} (-1)^n \begin{bmatrix} m \\ n \end{bmatrix} v_{2(t-2i)n} =$$

$$(-1)^m \sum_{n=0}^{m} \begin{bmatrix} m \\ n \end{bmatrix} (-1)^{(m-n)(t-2i)} v_{2(t-2i)n}$$

其表达式完全与式(2.5.53)右边相同,而

$$\sum_{n=0}^{m}(-1)^n\binom{m}{n}v_{2(t-2i-1)n}=$$

$$\sum_{n=0}^{m}(-1)^n\binom{m}{n}(-1)^{(m-n)(t-2i-1)}v_{2(t-2i-1)n}$$

其表达式也完全与式(2.5.54)右边相同.将上述诸结果代入式(2.5.52)并整理后即得所证.

我们指出,将 u_n^{2t+1} 和 v_n^{2t+1} 根据式(2.3.25),(2.3.26)进行变换以后,将出现 $v_{(2t+1-2i)n}$,由于 $2t+1-2i$ 为奇数,这时将无法应用公式(2.5.13),(2.5.14).因此,关于$\{u_n^{2t+1}\}$和$\{v_n^{2t+1}\}$能否构造类似于前面的组合恒等式,是一个有待研究的问题.

2.6 二阶 F-L 数的倒数和及有关恒等式

2.6.1 有穷多项的和

像通常涉及倒数的和式一样,此类问题难度颇大.到目前为止,仅有少数几种二阶 F-L 数的倒数和可以用闭形式表示.本节凡出现在分母中的量,如无特殊声明,都默认为非 0.

定理 2.6.1 设 **u** 为 $\Omega(a,b)$中的主序列,则 r 为非零整数时

$$\sum_{n=1}^{m}(-1)^{2^{n-1}\cdot r}b^{2^{n-1}\cdot r-1}/u_{2^n\cdot r}=u_{r-1}/u_r-u_{2^m\cdot r-1}/u_{2^m\cdot r}\tag{2.6.1}$$

证 由式(2.2.48)我们有

$$u_t=u_{(2t-1)-(t-1)}=(-1)^{t-2}b^{-(t-1)}(u_{2t}u_{t-1}-u_{2t-1}u_t)$$

于是

$$(-1)^t b^{t-1}/u_{2t}=u_{t-1}/u_t-u_{2t-1}/u_{2t}$$

令 $t=2^{n-1}\cdot r$ 得

$$(-1)^{2^{n-1}\cdot r}b^{2^{n-1}\cdot r-1}/u_{2^n\cdot r}=$$

$$u_{2^{n-1}\cdot r-1}/u_{2^{n-1}\cdot r}-u_{2^n\cdot r-1}/u_{2^n\cdot r}$$

将上式对 n 从1到 m 求和即得所证.

推论1 当 $b=1$ 时

$$\sum_{n=0}^{m}1/u_{2^n\cdot r}=c_r-u_{2^m\cdot r-1}/u_{2^m\cdot r} \tag{2.6.2}$$

其中

$$c_r=\begin{cases}(1+u_{r-1})/u_r,\text{当 } 2\mid r\\(1+u_{r-1})/u_r+2/u_{2r},\text{当 } 2\nmid r\end{cases} \tag{2.6.3}$$

证 以 $b=1$ 代入式(2.6.1)得

$$(-1)^r/u_{2r}+\sum_{n=2}^{m}1/u_{2^n\cdot r}=u_{r-1}/u_r-u_{2^m\cdot r-1}/u_{2^m\cdot r}$$

为了得到式(2.6.2),当 $2\mid r$ 时只需在上式两边同加 $1/u_r$ 即可,而当 $2\nmid r$ 时则需同加 $1/u_r+2/u_{2r}$. 此即所证.

推论2 当 $b=-1$ 时

$$\sum_{n=0}^{m}1/u_{2^n\cdot r}=(1-u_{r-1})/u_r+u_{2^m\cdot r-1}/u_{2^m\cdot r} \tag{2.6.4}$$

我们的上述定理是一些文献的结果的推广. 如Good[26], Greig[27-28], Hoggatt[29] 及 Bergum 和 Hoggatt[30] 的结果都是我们的推论1中当 a 取1,2等值时的特例. 1988年, Horadam[36] 对 $a=2,r\geqslant 1$ 得出了我们的推论1的结果,并指出当 a 取一般值时也有同样结论,但他未进行证明.

上述定理还可以进一步推广，这就是：

定理 2.6.2 设 $\mathbf{u}$ 为 $\Omega(a,b)$ 中的主序列，则 $rs\neq 0$ 时

$$\sum_{n=1}^{m}(-1)^{s^{n-1}\cdot r}b^{s^{n-1}\cdot r-1}\frac{u_{(s-1)s^{n-1}\cdot r}}{u_{s^n\cdot r}u_{s^{n-1}\cdot r}}=\frac{u_{r-1}}{u_r}-\frac{u_{s^m\cdot r-1}}{u_{s^m\cdot r}} \tag{2.6.5}$$

证 在式(2.3.11)中令 $n=st-1$，$p=1$，$q=-(s-1)t$ 得

$$u_{st}u_{t-1}-u_{st-1}u_t=(-b)^{st-1}u_{-(s-1)t}=-(-b)^{t-1}u_{(s-1)t}$$

所以

$$(-1)^t b^{t-1}u_{(s-1)t}/(u_{st}u_t)=u_{t-1}/u_t-u_{st-1}/u_{st}$$

在上式中令 $t=s^{n-1}\cdot r$，仿前即可得证.

当 $s=2$ 时我们就得到定理 2.6.1，当 $2\mid s$ 时我们可得到类似于定理 2.6.1 的两个推论；当 $2\nmid s$ 时，可得到形式稍不同于前者的推论. 这些推论就不列出来了. 我们还指出，当 $b=1$ 时我们就得到 Popov[31] 的结果. 他的证明方法是，在显然的恒等式

$$\frac{x^{s^n}-x^{s^{n+1}}}{(1-x^{s^n})(1-x^{s^{n+1}})}=\frac{1}{1-x^{s^n}}-\frac{1}{1-x^{s^{n+1}}}$$

中令 $x=(x_2/x_1)^r$ 然后对 n 求和，其中 x_1,x_2 为 $\Omega(a,1)$ 的特征根，$x_1=(a+\sqrt{a^2+4})/2$，$x_2=(a-\sqrt{a^2+4})/2$. 他还利用显然的恒等式

$$\frac{2^n x^{2^n}}{1+x^{2^n}}=\frac{2^n x^{2^n}}{1-x^{2^n}}-\frac{2^{n+1}x^{2^{n+1}}}{1-x^{2^{n+1}}}$$

证明了在 $\Omega(a,1)$ 中如下的结果，而这结果实际对 $\Omega(a,b)$ 成立，即：

定理 2.6.3 设 $\Omega(a,b)$ 有 $\Delta\neq 0$，其特征根为 x_1，x_2，又 $\mathbf{u},\mathbf{v}$ 为 Ω 中广 F 序列与广 L 序列，则

$$\sum_{n=0}^{m} \frac{2^n x_2^{2^n \cdot r}}{v_{2^n \cdot r}} = \frac{x_2^r}{(x_1 - x_2) u_r} - \frac{2^{m+1} x^{2^{m+1} \cdot r}}{(x_1 - x_2) u_{2^{m+1} \cdot r}} \tag{2.6.6}$$

证　我们再用另法证之.由

$$(x_1 - x_2) u_t = v_t - 2x_2^t$$

得

$$(x_1 - x_2) u_t u_{2t} = u_t v_t (v_t - 2x_2^t) = v_t (u_{2t} - 2x_2^t u_t)$$

所以

$$\frac{1}{v_t} = \frac{1}{(x_1 - x_2) u_t} - \frac{2x_2^t}{(x_1 - x_2) u_{2t}}$$

令 $t = 2^n \cdot r$ 并两边同乘 $2^n x_2^{2^n \cdot r}$ 得

$$\frac{2^n x_2^{2^n \cdot r}}{v_{2^n \cdot r}} = \frac{2^n \cdot x_2^{2^n \cdot r}}{(x_1 - x_2) u_{2^n \cdot r}} - \frac{2^{n+1} \cdot x_2^{2^{n+1} \cdot r}}{(x_1 - x_2) u_{2^{n+1} \cdot r}}$$

由此即证.

定理 2.6.4　设 $\mathfrak{u}, \mathfrak{v}$ 分别为 $\Omega(a, b)$ 中的主序列及其相关序列,则

$$\sum_{n=1}^{m} \frac{(-b)^n}{u_n u_{n+1}} = -\frac{b u_m}{u_{m+1}} \tag{2.6.7}$$

$$\sum_{n=0}^{m} \frac{(-b)^n}{v_n v_{n+1}} = \frac{1}{2} \cdot \frac{u_{m+1}}{v_{m+1}} \tag{2.6.8}$$

证　由式(2.2.52)得

$$u_{n+1} v_n - u_n v_{n+1} = 2(-b)^n$$

所以

$$\frac{(-b)^n}{u_n u_{n+1}} = \frac{1}{2}\left(\frac{v_n}{u_n} - \frac{v_{n+1}}{u_{n+1}}\right)$$

及

$$\frac{(-b)^n}{v_n v_{n+1}} = \frac{1}{2}\left(\frac{u_{n+1}}{v_{n+1}} - \frac{u_n}{v_n}\right)$$

由此即可得证.

推论 在定理的条件下,若 $k\in\mathbf{Z}_+$,则

$$\sum_{n=1}^{m}\frac{(-b)^{kn}}{u_{kn}u_{k(n+1)}}=\frac{(-b)^k u_{km}}{u_k^2 u_{k(m+1)}}\qquad(2.6.7')$$

$$\sum_{n=0}^{m}\frac{(-b)^{kn}}{v_{kn}v_{k(n+1)}}=\frac{v_{km}}{2u_k v_{k(m+1)}}\qquad(2.6.8')$$

证 令 $U_n=u_{kn}/u_k$,$V_n=u_{kn}$. 则显然 U_n 和 V_n 分别为 $\Omega(v_k,(-b)^k)$ 中的主序列和主相关序列. 分别以 U_n 和 V_n 代定理中的 u_n 和 v_n,即得所证.

2.6.2 无穷多项的和

获得无穷多项和的第一种途径自然是直接从有穷多项和取极限. 因此,根据上一目的结果我们有:

定理 2.6.5 设 $\Omega(a,b)$ 有 $\Delta\neq 0$,其中广 F 序列及广 L 序列分别为 $\mathbf{u}$,$\mathbf{v}$,其特征根为 x_1,x_2,且 $|x_1|>|x_2|$,则

$$\sum_{n=1}^{\infty}(-1)^{s^{n-1}\cdot r}b^{s^{n-1}\cdot r-1}\frac{u_{(s-1)s^{n-1}\cdot r}}{u_{s^n\cdot r}u_{s^{n-1}\cdot r}}=\frac{u_{r-1}}{u_r}-\frac{1}{x_1}(rs\neq 0)\qquad(2.6.9)$$

$$\sum_{n=1}^{\infty}\frac{2^n x_2^{2^n\cdot r}}{v_{2^n\cdot r}}=\frac{x_2^r}{(x_1-x_2)u_r}(r\neq 0)\qquad(2.6.10)$$

$$\sum_{n=1}^{\infty}\frac{(-b)^{kn}}{u_{kn}u_{k(n+1)}}=\frac{x_2^k}{u_k^2}\qquad(2.6.11)$$

$$\sum_{n=0}^{\infty}\frac{(-b)^{kn}}{v_{kn}v_{k(n+1)}}=\frac{1}{2(x_1^k-x_2^k)}\qquad(2.6.12)$$

注 其中式(2.6.9)对 $\Delta=0$ 也成立. 因 $x_1=x_2$ 时 $u_n=(cn+d)x_1^n$,仍有 $u_{n-1}/u_n\to x_1^{-1}(n\to\infty)$.

推论 1 $b=1$,$r\neq 0$ 时

$$\sum_{n=0}^{\infty}1/u_{2^n\cdot r}=c_r-x_1^{-1}\qquad(2.6.13)$$

其中 c_r 同式(2.6.2).

推论 2　$b=-1$ 时

$$\sum_{n=0}^{\infty} 1/u_{2^n \cdot r} = (1-u_{r-1})/u_r + x_1^{-1} \quad (2.6.14)$$

第二种途径是利用极限的性质. 例如, 1981 年 Backstrom[32] 证明了:

定理 2.6.6　对斐波那契序列 $\{f_n\}$ 及卢卡斯序列 $\{l_n\}$ 有

$$\sum_{n=0}^{\infty} (f_{2n+1} + f_{2r+1})^{-1} = \sqrt{5}\left(r+\frac{1}{2}\right)/l_{2r+1} \quad (2.6.15)$$

证　我们采用文献[33]中的证法. 设 $\alpha=(1+\sqrt{5})/2, q=\alpha^{-2}$, 则

$$(f_{2n+1}+f_{2r+1})^{-1}=\frac{\sqrt{5}}{l_{2r+1}}\left(\frac{1}{1+q^{n+r+1}}-\frac{1}{1+q^{n-r}}\right)$$

而

$$\sum_{n=0}^{N}\left(\frac{1}{1+q^{n+r-1}}-\frac{1}{1+q^{n-r}}\right)=$$

$$\sum_{i=N-r+1}^{N+r+1}\frac{1}{1+q^i}-\sum_{i=-r}^{r}\frac{1}{1+q^i} \to 2r+1-\left(r+\frac{1}{2}\right)=$$

$$r+\frac{1}{2}(N\to\infty)$$

这是因为 $(1+q^i)^{-1}+(1+q^{-i})^{-1}=1$. 于是得证.

又如 1991 年, Andre-Jeannin, Richard[34] 证明了:

定理 2.6.7　对斐波那契序列 $\{f_n\}$ 及卢卡斯序列 $\{l_n\}$ 有

$$\sum_{n=0}^{\infty}(f_{2n+1}+l_s/\sqrt{5})^{-1} = s/(2f_s)(2 \mid s, s\neq 0) \quad (2.6.16)$$

$$\sum_{n=0}^{\infty}(l_{2n}+\sqrt{5}f_s)^{-1}=\left(\frac{s-1}{2}+\frac{1}{1-\alpha^s}\right)\Big/l_s(2\nmid s) \tag{2.6.17}$$

其中 $\alpha=(1+\sqrt{5})/2$.

证 只证式(2.6.16),可仿此证式(2.6.17).我们有

$$\sum_{n=0}^{N}\frac{1}{f_{2n+1}+l_s/\sqrt{5}}=$$
$$\sum_{n=0}^{N}\frac{\sqrt{5}}{\alpha^{2n+1}+\alpha^{-(2n+1)}+\alpha^s+\alpha^{-s}}=$$
$$\sum_{n=0}^{N}\frac{\sqrt{5}\alpha^{2n+1}}{(\alpha^{2n+1+s}+1)(\alpha^{2n+1-s}+1)}=$$
$$\frac{\sqrt{5}}{\alpha^s-\alpha^{-s}}\sum_{n=0}^{N}\left(\frac{1}{\alpha^{2n+1-s}+1}-\frac{1}{\alpha^{2n+1+s}+1}\right)=$$
$$\frac{1}{f_s}\left(\sum_{n=0}^{s-1}\frac{1}{\alpha^{2n+1-s}+1}-\sum_{n=N-s+1}^{N}\frac{1}{\alpha^{2n+1+s}+1}\right)\to$$
$$\frac{1}{f_s}\sum_{n=0}^{s-1}\frac{1}{\alpha^{2n+1-s}+1}=$$
$$\frac{1}{f_s}\sum_{n=0}^{(s-2)/2}\left(\frac{1}{\alpha^{2n+1}+1}+\frac{1}{\alpha^{-(2n+1)}+1}\right)=$$
$$\frac{1}{f_s}\sum_{n=0}^{(s-2)/2}1=\frac{s}{2f_s}(N\to\infty)$$

即证.

近些年来,人们对采用其他函数或级数来探求或表示 F-L 数的倒数和,并建立有关恒等式逐渐感兴趣.例如,1986 年 Gert Almkvist 利用 Theta 函数证明了:

定理 2.6.8 对于斐波那契序列 $\{f_n\}$ 及卢卡斯序

列$\{l_n\}$有

$$\sum_{n=0}^{\infty}\frac{1}{l_{2n}+2}=$$

$$\frac{1}{8}+\frac{1}{4\log\alpha}\left[1-\frac{4\pi^2}{\log\alpha}\cdot\frac{\sum_{n=1}^{\infty}(-1)^n n^2 e^{-\pi^2 n^2/\log\alpha}}{1+2\sum_{n=1}^{\infty}(-1)^n e^{-\pi^2 n^2/\log\alpha}}\right]$$

$$(\alpha=(1+\sqrt{5})/2) \qquad (2.6.18)$$

$$\sum_{n=1}^{\infty}n/f_{2n}=\sqrt{5}\sum_{n=1}^{\infty}1/l_{2n-1}^2 \qquad (2.6.19)$$

$$\left(\sum_{n=1}^{\infty}1/f_{2n-1}\right)^2=\sqrt{5}\sum_{n=1}^{\infty}(2n-1)/l_{4n-2} \qquad (2.6.20)$$

$$3\sum_{n=1}^{\infty}1/f_{2n}^2+\sum_{n=1}^{\infty}1/f_{2n-1}^2=5\left(\sum_{n=1}^{\infty}1/l_{2n-1}^2-\sum_{n=1}^{\infty}1/l_{2n}^2\right) \qquad (2.6.21)$$

$$\left(1+4\sum_{n=1}^{\infty}1/l_{2n}\right)^2=$$

$$\frac{16}{5}\left(\sum_{n=1}^{\infty}1/f_{2n-1}\right)^2+\left(1+4\sum_{n=1}^{\infty}(-1)^n/l_{2n}\right)^2 \qquad (2.6.22)$$

下面 4 个函数都是 Theta 函数[35](各式右边均是对 $n\in\mathbf{Z}$ 求和)

$$\theta_1(x,q)=\frac{1}{i}\sum_{n\in\mathbf{Z}}(-1)^n q^{(n+1/2)^2}\mathrm{e}^{\mathrm{i}(2n+1)\pi x} \qquad (2.6.23)$$

$$\theta_2(x,q)=\sum_{n\in\mathbf{Z}}q^{(n+1/2)^2}\mathrm{e}^{\mathrm{i}(2n+1)\pi x} \qquad (2.6.24)$$

$$\theta_3(x,q)=\sum_{n\in\mathbf{Z}}q^{n^2}\mathrm{e}^{\mathrm{i}2n\pi x} \qquad (2.6.25)$$

$$\theta_4(x,q)=\sum_{n\in\mathbf{Z}}(-1)^n q^{n^2}\mathrm{e}^{\mathrm{i}2n\pi x} \qquad (2.6.26)$$

令

$$\theta_j=\theta_j(0,q),\theta_j^{(k)}=(\frac{\partial}{\partial x})^k\theta_j(0,q)(j=1,\cdots,4)$$

则[41]

$$\frac{\theta_2''}{\theta_2}=-\pi^2\left(1+8\sum_{n=1}^{\infty}\frac{q^{2n}}{(1+q^{2n})^2}\right) \qquad (2.6.27)$$

取 $q=\alpha^{-1}$ 可得

$$S=\sum_{n=0}^{\infty}\frac{1}{l_n+2}=\frac{1}{4}+\sum_{n=1}^{\infty}\frac{q^{2n}}{(1+q^{2n})^2}$$

由此有 $S=\frac{1}{8}(1-\frac{1}{\pi^2}\cdot\frac{\theta_2''}{\theta_2})$. 依 $\theta_2(x,q)$ 可求出 θ_2'', θ_2. 于是可得式(2.6.18). 关于式(2.6.18)之详细证明及式(2.6.19)～(2.6.22)之证明参见文献[33]. 式(2.6.18)之右边收敛极快,因 $\mathrm{e}^{-\pi^2/\log\alpha}\approx 10^{-9}$,故只需取其分子、分母中无穷级数的第一项即可给出 S 的 30 个正确小数位,即有很好的近似公式

$$\sum_{n=0}^{\infty}\frac{1}{l_{2n}+2}\approx\frac{1}{8}+\frac{1}{4\log\alpha}+\frac{\pi^2}{(\log\alpha)^2}\cdot\frac{1}{\mathrm{e}^{\pi^2/\log\alpha}-2} \qquad (2.6.28)$$

1988 年,Horadam[36] 利用雅可比(Jacobi)椭圆函数论[37-38] 中的椭圆积分

$$K=\int_0^{\pi/2}\frac{\mathrm{d}t}{\sqrt{1-k^2\sin^2 t}} \qquad (2.6.29)$$

和

$$K'=\int_0^{\pi/2}\frac{\mathrm{d}t}{\sqrt{1-k'^2\sin^2 t}}(k^2+k'^2=1) \qquad (2.6.30)$$

证明了：

定理 2.6.9　设 $\Omega(a,b)$有 $\Delta>0$，$\mathbf{u}$，$\mathbf{v}$ 分别为其中广 F 序列和广 L 序列，则：

$b=1$ 时

$$\sum_{n=1}^{\infty}\frac{1}{u_{2n-1}}=\frac{\sqrt{\Delta}}{2\pi}kK \tag{2.6.31}$$

$b=\pm 1$ 时

$$\sum_{n=1}^{\infty}\frac{1}{v_{2n}}=\frac{1}{4}\left(\frac{2K}{\pi}-1\right) \tag{2.6.32}$$

证　我们有雅可比求和公式[37]

$$1+\sum_{n=1}^{\infty}\frac{4q^n}{1+q^{2n}}=\frac{2K}{\pi},\sum_{n=0}^{\infty}\frac{\sqrt{q}q^n}{1+q^{2n+1}}=\frac{kK}{\pi} \tag{2.6.33}$$

令 $\alpha=(a+\sqrt{\Delta})/2,\beta=(a-\sqrt{\Delta})/2$，则 $b=1$ 时

$$\frac{1}{u_{2n-1}}=\frac{\alpha-\beta}{\alpha^{2n-1}-\beta^{2n-1}}=\frac{\sqrt{\Delta}\cdot\beta^{2n-1}}{-1-\beta^{4n-2}}$$

因为此时 $\beta<0$，所以取$\sqrt{q}=-\beta$ 得

$$\frac{1}{u_{2n-1}}=\sqrt{\Delta}\frac{\sqrt{q}q^{n-1}}{1+q^{2n-1}}$$

由此可证得式(2.6.31)．又当 $b=\pm 1$ 时

$$\frac{1}{v_{2n}}=\frac{1}{\alpha^{2n}+\beta^{2n}}=\frac{\beta^{2n}}{1+\beta^{4n}}=\frac{q^n}{1+q^{2n}}(\sqrt{q}=|\beta|)$$

故由此可证得式(2.6.32)．

在同一文献中，Horadam 还利用 Lambert 级数[39-40]

$$L(x)=\sum_{n=1}^{\infty}x^n/(1-x^n)(|x|<1) \tag{2.6.34}$$

和广义 Lanbert 级数

$$L(a,x)=\sum_{n=1}^{\infty}ax^n/(1-ax^n)(|x|<1,|ax|<1)$$

(2.6.35)

证明了：

定理 2.6.10 在定理 2.6.9 的条件下，令 $\alpha=(a+\sqrt{\Delta})/2,\beta=(a-\sqrt{\Delta})/2$，则

$b=\pm1$ 时

$$\sum_{n=1}^{\infty}1/u_{2n}=(\alpha-\beta)[L(\beta^2)-L(\beta^4)]$$

(2.6.36)

设 $\mathfrak{h}\in\Omega(1,1)$ 适合 $h_1>h_0\alpha$，那么

$$\sum_{n=1}^{\infty}\frac{1}{h_{2n}}=\frac{1}{\sqrt{h_1^2-h_1h_0-h_0^2}}\left[L(\frac{1}{\sqrt{c}},\beta^2)-L(\frac{1}{c},\beta^4)\right]$$

(2.6.37)

其中

$$c=(h_1-h_0\beta)/(h_1-h_0\alpha)$$

$b=1$ 时

$$\sum_{n=1}^{\infty}1/v_{2n-1}=-L(\beta)+2L(\beta^2)-L(\beta^4)$$

(2.6.38)

$a>0,\alpha>1$ 时

$$\sum_{n=1}^{\infty}\frac{1}{u_n}=(\alpha-\beta)\left[\frac{1}{\alpha-1}+L\left(\frac{1}{\alpha},\frac{\beta}{\alpha}\right)\right]$$

(2.6.39)

证 式(2.6.36)和(2.6.38)较易证，我们只证式(2.6.37)和式(2.6.39).

式(2.6.37)的证明如下:因为

$$h_n=h_1u_n+h_0u_{n-1}=$$
$$[h_1(\alpha^n-\beta^n)+h_0(\alpha^{n-1}-\beta^{n-1})]/(\alpha-\beta)=$$
$$[(h_1-h_0\beta)\alpha^n-(h_1-h_0\alpha)\beta^n]/(\alpha-\beta)$$

所以

$$\frac{1}{h_{2n}}=\frac{\sqrt{5}}{h_1-h_0\beta}\cdot\frac{\beta^{2n}}{1-\beta^{4n}/c}=$$
$$\frac{\sqrt{5}}{\sqrt{AB}}\left[\frac{(1/\sqrt{c})\beta^{2n}}{1-(1/\sqrt{c})\beta^{2n}}-\frac{(1/c)\beta^{4n}}{1-(1/c)\beta^{4n}}\right]$$

其中

$$A=h_1-h_0\beta,B=h_1-h_0\alpha$$

因为 $a=b=1$ 时 $|\beta^2|<1,1/\sqrt{c}<1$,所以 $|(1/\sqrt{c})\beta^2|<1,|\beta^4|<1,|(1/c)\beta^4|<1$,故适合运用(2.6.35)之条件,由此得证.

式(2.6.39)的证明如下:因为 $a>0$ 时 $|\beta|<|\alpha|$,所以

$$\frac{1}{u_n}=\frac{\alpha-\beta}{\alpha^n-\beta^n}=(\alpha-\beta)\frac{\alpha^{-n}}{1-(\beta/\alpha)^n}=$$
$$(\alpha-\beta)\alpha^{-n}\sum_{j=0}^{\infty}(\beta/\alpha)^{nj}$$

于是

$$\sum_{n=1}^{\infty}\frac{1}{u_n}=(\alpha-\beta)\sum_{j=0}^{\infty}\sum_{n=1}^{\infty}(\beta^j/\alpha^{j+1})^n=$$
$$(\alpha-\beta)\sum_{j=0}^{\infty}\frac{\beta^j}{\alpha^{j+1}-\beta_j}=$$
$$(\alpha-\beta)\left[\frac{1}{\alpha-1}+\sum_{j=1}^{\infty}\frac{(1/\alpha)(\beta/\alpha)^j}{1-(1/\alpha)(\beta/\alpha)^j}\right]$$

又$|1/\alpha|<1$,$|1/\alpha|\cdot|\beta/\alpha|<1$,故得所证.

其他结果我们就不一一介绍了.

2.7 关于二阶 F-L 数的积与幂的恒等式的一般方法

2.7.1 特征多项式

引理 2.7.1 设$\{w_n\}\in\boldsymbol{\Omega}(f(x))$,而$f(x)\mid g(x)$,则$\{w_n\}\in\boldsymbol{\Omega}(g(x))$.

证 设$f(x)$对应的联结矩阵为$\mathbf{A}$,则$f(\mathbf{A})=0$.因$f(x)\mid g(x)$,故$g(\mathbf{A})=0$.由此即证.

引理 2.7.2 设$\{w_n^{(i)}\}\in\Omega(f(x))=\Omega(a,b)$,$b\Delta\neq 0$,$i=1,\cdots m$.设$f(x)$不等两根为$\alpha,\beta$.令$h_n^{(m)}=w_{n+r_1}^{(1)}\cdot w_{n+r_2}^{(2)}\cdots w_{n+r_m}^{(m)}$.则对$m\geqslant 2$,存在与$n$无关的常数$c_{m,i}$,$0\leqslant i\leqslant m$,使$h_n^{(m)}$具有如下形式

$$h_n^{(m)}=\sum_{i=0}^{m}c_{m,i}\alpha^{(m-i)n}\beta^{in}\qquad(2.7.1)$$

证 因$\Delta\neq 0$,故诸$\{w_n^{(i)}\}$的通项有形式$w_n^{(i)}=c^i\alpha^n+d_i\beta^n$,$c_i$,$d_i$为常数.于是$m=2$时

$$\begin{aligned}h_n^{(2)}=&w_{n+r_1}^{(1)}w_{n+r_2}^{(2)}=\\&(c_1\alpha^{n+r_1}+d_1\beta^{n+r_1})(c_2\alpha^{n+r_2}+d_2\beta^{n+r_2})=\\&(c'_1\alpha^n+d'_1\beta^n)(c'_2\alpha^n+d'_2\beta^n)=\\&(c'_1c'_2\alpha^{2n}+(c'_1d'_2+c'_2d'_1)\alpha^n\beta^n+d'_1d'_2\beta^{2n})=\\&c_{2,0}\alpha^{2n}+c_{2,1}\alpha^n\beta^n+c_{2,2}\beta^{2n}\end{aligned}$$

此说明$n=2$时式(2.7.1)成立.设对于$m(m\geqslant 2)$已有式(2.7.1)成立.则

$$h_n^{(m+1)} = h_n^{(m)} w_{n+r_{m+1}}^{(m+1)} = h_n^{(m)} (c_{m+1}\alpha^{n+r_{m+1}} + d_{m+1}\beta^{n+r_{m+1}}) =$$

$$\sum_{i=1}^{m} c_{m,i}\alpha^{(m-i)n}\beta^{in}(c'_{m+1})\alpha^{n} + d'_{m+1}\beta^{n}) =$$

$$\sum_{i=0}^{m} c_{m,i}c'_{m+1}\alpha^{(m+1-i)n}\beta^{in} + \sum_{i=0}^{m} c_{m,i}d'_{m+1}\alpha^{(m-i)n}\beta^{(i+1)n} =$$

$$\sum_{i=0}^{m} c_{m,i}c'_{m+1}\alpha^{(m+1-i)}\beta^{in} + \sum_{i=1}^{m+1} c_{m,i-1}d'_{m+1}\alpha^{(m+1-i)n}\beta^{in} =$$

$$\sum_{i=0}^{m+1} c_{m+1,i}\alpha^{(m+1-i)n}\beta^{in}$$

由上可知，对于 $m+1$ 引理也成立. 故对一切 $n \geqslant 2$ 引理都成立.

定理 2.7.1　设$\{w_n^{(i)}\} \in \Omega(f(x)) = \Omega(a,b)$，$b\Delta \neq 0$，$i=1,\cdots,m$. 又设 $f(x)$两不等特征根为 α,β. 令 $h_n^{(m)} = w_{n+r_1}^{(1)} w_{n+r_2}^{(2)} \cdots w_{n+r_m}^{(m)}$. 则$\{h_n^{(m)}\} \in \Omega(\phi_m(x))$，其中

$$\phi_m(x) = \prod_{i=0}^{m}(x - \alpha^{m-i}\beta^{i}) \qquad (2.7.2)$$

证　在式(2.7.1)中，对每个 i，令 $p_i = \alpha^{(m-i)n}\beta^{in}$. 则有$\{p_i\} \in \Omega(f_i(x))$，其中 $f_i(x) = x - \alpha^{m-i}\beta^{i}$. 因为 $f_i(x) \mid \phi_m(x)$，所以，由引理 2.7.1 知，$\{p_i\} \in \Omega(\phi_m(x))$. 故作为诸 p_i 的线性组合的$\{h_n^{(m)}\} \in \Omega(\phi_m(x))$.

由于诸$\{w_n\}^{(i)}$及诸 r_i 可取得相同或不同，$h_n^{(m)}$ 既可以表示二阶 F-L 数的积，也可以表示它们的幂. 故 $\phi_m(x)$就是 $\Omega(a,b)$中 m 个 F-L 数的积和幂的特征多项式. 为了方便，$\phi_m(x)$也应用于当 $\Delta=0$，即 $\beta=\alpha$ 时的情况. 但此时

$$\phi_m(x) = (x - \alpha^{m})^{m+1} \qquad (2.7.3)$$

上述定理也说明了 $\phi_m(x)$是在二阶序列的基础上产生的，我们称 $\phi_m(x)$是基于 $\Omega(a,b)$的，也可以称是基于 $f(x)$的. 为避免混淆，也可记

$$\phi_m(x)=\phi_m(\alpha,\beta;x) \tag{2.7.4}$$

为了快速找出 $\phi_m(x)$ 的展开式,掌握 $h_n^{(m)}$ 所适合的递归关系,我们利用著名的 q 二项式定理. 设 q 不是单位根,或虽是单位根但 $\mathrm{ord}(q)>n$. 则

$$\prod_{i=0}^{n-1}(1-q^i x)=\sum_{i=0}^{n}(-1)^i q^{i(i-1)/2}\begin{bmatrix}n\\i\end{bmatrix}x^i \tag{2.7.5}$$

其中

$$\begin{bmatrix}n\\i\end{bmatrix}=\begin{cases}1,当\ i=0\\ \dfrac{(1-q^n)(1-q^{n-1})\cdots(1-q^{n-i+1})}{(1-q^i)(1-q^{i-1})\cdots(1-q)}(当\ i=1,\cdots,n)\end{cases} \tag{2.7.6}$$

是高斯 q 二项系数.

定理 2.7.2 设 $\{u_n\}$ 为 $\Omega(a,b)=\Omega(f(x))$ 中主序列,$b\Delta\neq 0$,α,β 是 $f(x)$ 的不相等的两根,且 β/α 不是单位根,或虽是单位跟但 $\mathrm{ord}(\beta/\alpha)>m+1$. $\phi_m(x)$ 定义为式(2.7.2). 则有

$$\phi_m(x)=\sum_{i=0}^{m+1}(-1)^{i(i+1)/2}b^{i(i-1)/2}\binom{m+1}{i}_u x^{m+1-i} \tag{2.7.7}$$

其中 $\binom{n}{i}_u$(我们按一些文献称为斐波那契系数)定义为

$$\binom{n}{i}_u=\begin{cases}1,当\ i=0\\ \dfrac{u_n u_{n-1}\cdots u_{n-i+1}}{u_i u_{i-1}\cdots u_1},当\ i=1,\cdots,n\end{cases} \tag{2.7.8}$$

证 在式(2.7.5)中以 $m+1$ 代 n,以 β/α 代 q,再以 $\alpha^m x^{-1}$ 代 x,并运用于经过改写的 $\phi_m(x)$ 得

$$\phi_m(x)=\prod_{i=0}^{m}(x-\alpha^{m-i}\beta^i)=$$

$$x^{m+1}\prod_{i=0}^{m}(1-(\beta/\alpha)^i\alpha^m x^{-1})=$$

$$x^{m+1}\prod_{i=0}^{m}(1-q^i(\alpha^m x^{-1}))=$$

$$x^{m+1}\sum_{i=0}^{m}(-1)^i q^{i(i-1)/2}\begin{bmatrix}m+1\\i\end{bmatrix}(\alpha^m x^{-1})^i=$$

$$\sum_{i=0}^{m}(-1)^i(\beta/\alpha)^{i(i-1)/2}\begin{bmatrix}m+1\\i\end{bmatrix}\alpha^{mi}x^{m+1-i}$$

根据式(2.2.8)及式(2.7.6),注意到 $1-q^j=(\alpha^j-\beta^j)/\alpha^j=u_j(\alpha-\beta)/\alpha^j$,则上式中 $\begin{bmatrix}m+1\\i\end{bmatrix}$ 可化为 $\binom{m+1}{i}_u\alpha^{i(i-1)-mi}$. 再注意到 $\alpha\beta=-b$ 即可得证.

例如,基于 $\Omega(1,1)$ 时可算得

$$\phi_2(x)=x^3-2x^2-2x+1 \qquad (2.7.9)$$

$$\phi_3(x)=x^4-3x^3-6x^2+3x+1 \qquad (2.7.10)$$

$$\phi_4(x)=x^5-5x^4-15x^3+15x^2+5x-1 \qquad (2.7.11)$$

$$\phi_5(x)=x^6-8x^5-40x^4+60x^3+40x^2-8x-1 \qquad (2.7.12)$$

我们只以计算其中最后一式为代表. 因 $\Omega(1,1)$ 中主序列为斐波那契序列 $\{f_n\}$. 根据式(2.7.8)有

$$\binom{6}{0}_f=1,\binom{6}{1}_f=\frac{f_6}{f_1}=\frac{8}{1}=8$$

$$\binom{6}{2}_f=8\cdot\frac{f_5}{f_2}=40,\binom{6}{3}_f=40\cdot\frac{f_4}{f_3}=60$$

同样算得

$$\binom{6}{4}_f=40,\binom{6}{5}_f=8,\binom{6}{6}_f=1$$

不难看出，q 二项系数也有与普通二项系数类似的性质，导致斐波那契系数也是如此. 比如，刚才计算结果显示 $\binom{m}{i}_f=\binom{m}{m-i}_f$. 以后我们可以利用这条性质简化计算.

2.7.2　极小多项式

极小多项式不但能简化递归关系，有利于计算和构造恒等式，而且对研究序列的本质属性有重要的作用，这从第 1 章的 1.5 和 1.7 也可以看出. 上小节的 $\phi_m(x)$ 不一定就是极小多项式. 现在探讨在什么条件下 $\phi_m(x)$ 就是极小多项式. 如果不是，如何求出极小多项式.

引理 2.7.3　设非 0 序列 $\{w_n\}\in\Omega(a,b)=\Omega(f(x))=\Omega(A)$，$b\Delta\neq 0$. 又设 $f(x)$ 不等的两根为 α,β. 则 $f(x)$ 为 $\{w_n\}$ 的极小多项式的充要条件是 $w_1^2-aw_1w_0-b_0^2\neq 0$.

证　我们利用引理 1.7.11 的推论来证明. 以 $\boldsymbol{W}_n=(w_{n+1}\quad w_n)^{\mathrm{T}}$ 表 $\{w_n\}$ 的第 n 列. 只要证明 $\det(\boldsymbol{W}_1,\boldsymbol{W}_0)\neq 0$，因为它是 $\{w_n\}$ 的极小矩阵为 $\boldsymbol{A}$ 的充要条件，也就是极小多项式为 $f(x)$ 的充要条件. 由已知

$$\det(\boldsymbol{W}_1,\boldsymbol{W}_0)=\begin{vmatrix}w_2 & w_1\\ w_1 & w_0\end{vmatrix}=\begin{vmatrix}aw_1+bw_0 & w_1\\ w_1 & w_0\end{vmatrix}=-(w_1^2-aw_1w_0-b_0^2)$$

即证.

推论　在定理条件下，若 $w_1^2-aw_1w_0-bw_0^2=0$，则 $\{w_n\}\in\Omega(x-w_1/w_0)$.

证　若 $w_1^2-aw_1w_0-bw_0^2=0$，则由 $w_0=0$，也有 $w_1=0$，导致 $\{w_n\}$ 为 0 序列．故 $w_0\neq0$．此时有 $(w_1/w_0)^2-a(w_1/w_0)-b=0$．即 w_1/w_0 为一特征根，比如为 α，则 $w_1=w_0\alpha$．由递归关系可得 $w_n=w_0\alpha^n$．此即所证．

例如，$\{w_n,\}\{h_n\}\in\Omega(f(x))=\Omega(1,6)$，$w_0=5$，$w_1=-10$，$h_0=3$，$h_1=-9$．因为 $(-10)^2-(-10)\cdot5-5^2=0$，而 $(-9)^2-(-9)\cdot3-3^2\neq0$，所以 $\{h_n\}$ 的极小多项式是 $f(x)$，而 $\{w_n\}$ 则否．事实上，w_n：5，-10，20，-40，…．其通项为 $w_0=5(-2)^n=w_0(w_1/w_0)^n$.

定理 2.7.3　设非 0 序列 $\{w_n\}\in\Omega(a_1,\cdots,a_k)=\Omega(f(x))=\Omega(\mathbf{A})$，$a_k\neq0$．又设 $f(x)$ 的诸根 $x_1,\cdots,x_k$ 互异，则 $f(x)$ 为 $\{w_n\}$ 的极小多项式的充要条件是 $\{w_n\}$ 的形如

$$w_n=c_1x_1^n+\cdots+c_kx_k^n$$

的通项中 $c_1\cdots c_k\neq0$.

证　因 $a_k\neq0$．故诸 $x_i\neq0$．根据定理 1.6.3，$\{w_n\}$ 的通项形式的确如定理所述．若 $f(x)$ 为 $\{w_n\}$ 的极小多项式，而却有某个 $c_i=0$，则有 $\{w_n\}\in\Omega(f(x)/(x-x_i))$，此与 $f(x)$ 的极小性矛盾！反之，若 $c_1\cdots c_k\neq0$，但 $\{w_n\}\in\Omega(g(x))$，其中 $g(x)$ 次数低于 $f(x)$，则必有某个 x_i 不是 $g(x)$ 的根，于是 $c_i=0$．此乃矛盾．证毕．

推论　在定理的条件下，若已知 $\{w_n\}$ 的极小多项式是 $f(x)$，$\alpha\neq0$，则 $\{\alpha^nw_n\}$ 的极小多项式是 $(x-\alpha x_1)\cdots$

$(x-\alpha x_k)=\alpha^k f(x/\alpha)$.

证 由 $\alpha^n w_n=c_1(\alpha x_1)^n+\cdots+c_k(\alpha x_k)^n$ 即证.

由此推论可知，乘以一个极小多项式为一次的F-L序列的通项，极小多项式的次数不变，但形式变了.故我们考虑序列的积或幂所属的F-L空间时，可把那些退化为一阶的序列放一边，先考虑其他系列的积或幂所属的F-L空间，再把它们放进来按此推论处理.

引理 2.7.4 设 $f(x)=x^2-ax-b$. $b\Delta\neq 0$. 又设 $f(x)$不等的两根为 α,β，令 $x_i=\alpha^{n-i}\beta^i$，$i=0,\cdots,m$. 则诸 x_i 互不相等的充要条件是β/α 不是单位根，或虽是单位根，但 $\mathrm{ord}(\beta/\alpha)>m$.

证 设出现某两个 i,j，$0\leqslant i<j\leqslant m$，使 $x_j=x_i$，即 $\alpha^{n-j}\beta^j=\alpha^{n-i}\beta^i$. 因 $b\neq 0$，故 $\alpha\beta\neq 0$. 上式可化为 $(\beta/\alpha)^{j-i}=1$. 此说明 β/α 是单位根. 因为 $0<j-i\leqslant m$，所以此单位根的次数不超过 m. 反之，若 β/α 不是单位根，或虽是单位根，但$\mathrm{ord}(\beta/\alpha)>m$. 则不可能出现上述情况. 即证.

有了这个引理，结合定理 2.7.3，照理似应能解决二阶 F-L 数的积或幂构成的序列的极小多项式问题. 但实际情况并非如此，因为序列的通项在相乘的过程中，可能有的项会消失. 在含有未定常量的序列中，往往根据常量的具体值不同有不同的结果，不好统一判断. 比如，对于斐波那契$\{f_n\}$序列和卢卡斯序列$\{l_n\}$，若令 $h_n=f_{n+r}l_n$. 则 $r=1$ 时，$h_n=(\alpha^{n+1}-\beta^{n+1})(\alpha^n+\beta^n)/\sqrt{5}=(\alpha(\alpha^2)^n-\beta(\beta^2)^n+(\alpha-\beta)(\alpha\beta)^n)/\sqrt{5}$. 此时$\{h_n\}$的极小多项式是 $\phi_2(x)$. 而 $r=0$ 时 $h_n=f_nl_n=f_{2n}=(\alpha^{2n}-\beta^{2n})/\sqrt{5}$，其中$(\alpha\beta)^n$ 的项消失了. 所以此时$\{h_n\}$

的极小多项式是二次的，即$(x-\alpha^2)(x-\beta^2)$. 下面再考虑一些其他形式的判断方法.

定理 2.7.4　设 $f(x)=x^2-ax-b$, $b\Delta\neq 0$. 又设 $f(x)$不等的两根为 α,β, $m\in\mathbf{Z}_+$, β/α 不是单位根，或虽是单位根，但 $\mathrm{ord}(\beta/\alpha)>m$. $\phi_m(x)=\phi_m(\alpha,\beta;x)$.

(1)设$\{h_n\}\in\phi_m(x)$，$\phi_m(x)$的 $m+1$ 个根为 x_i，$i=0,\cdots,m$. 令 $\boldsymbol{p}^j=(1,x_j,\cdots,x_j^m)^{\mathrm{T}}$，$\mathbf{V}=(p_0,p_1,\cdots,p_m)$ (Vandermonde 矩阵). 若 $\mathbf{V}^{-1}(h_0,h_1,\cdots,h_m)^{\mathrm{T}}$ 各分量均非 0，则$\{h_n\}$的极小多项式是 $\phi_m(x)$.

(2)若非 0 序列$\{w_n\}\in\Omega(a,b)=\Omega(f(x))$且以 $f(x)$为极小多项式，则$\{w_n^m\}_n$ 的极小多项式是 $\phi_m(x)$.

(3)$\Omega(\phi_m(x))$中的主序列的极小多项式是 $\phi_m(x)$.

证　(1)由 h_n 的初始值 $h_0,\cdots,h_m$ 求它的通项 $h_n=c_0x_0^n+\cdots+c_mx^m$ 时要解方程组 $\mathbf{V}(c_0,\cdots,c_m)^{\mathrm{T}}=(h_0,\cdots,h_m)^{\mathrm{T}}$. 再利用定理 2.7.3 即证.

(2)因为$\{w_n\}\in\Omega(a,b)=\Omega(f(x))$且以 $f(x)$为极小多项式，依定理 2.7.3，它的通项 $w_n=c\alpha^n+d\beta^n$ 中 $cd\neq 0$. 所以 $w_n^m=(c\alpha^n+d\beta^n)^m=\sum\limits_{i=0}^{m}\binom{m}{i}c^{m-i}d^i(\alpha^{m-i}\beta^i)^n$. 可知符合定理 2.7.3 的条件. 故得所证.

(3)直接由定理 1.5.3 的推论 4 得证.

对于 β/α 是单位根，且它的次数 $t\leqslant m$，则 $\phi_m(x)$只有 t 个不同的根. 这时出现在式(2.7.1)中的积或幂的通项中一些项要合并. 这肯定 $\phi_m(x)$已不能是它的极小多项式了. 事实上我们有：

引理 2.7.5　设 $f(x)=x^2-ax-b$. $b\Delta\neq 0$. 又设 $f(x)$不等的两根为 α,β, $m\in\mathbf{Z}_+$, β/α 是 t 次单位原根，且 $t\leqslant m$. 又设$\{w_n^{(i)}\}\in\Omega(f(x))$，$i=1,\cdots,m$，而 $h_n=$

$w_{n+r_1}^{(1)} w_{n+r_2}^{(2)} \cdots w_{n+r_m}^{(m)}$. 则

$$\{h_n\} \in \Omega(\alpha^{(m-t+1)t} \phi_{t-1}(\alpha^{-(m-t+1)x}))$$

证 h_n 的通项可写成 $h_n = \sum_{i=0}^{m} c_i \alpha^{m-i} \beta^i = \alpha^m \sum_{i=0}^{m} c_i (\beta/\alpha)^i$. 但其中 $(\beta/\alpha)^i$ 只有当 $i=0,\cdots,t-1$ 时有 t 个不同的值. 故通项可合并为 $h_n = \alpha^m \sum_{i=0}^{t-1} c_i'(\beta/\alpha)^i = \sum_{i=0}^{t-1} c_i' \alpha^{m-i} \beta^i$. 这样，就有 $\{h_n\} \in \psi(x)$，其中 $\psi(x) = \prod_{i=0}^{t-1}(x - \alpha^{m-i}\beta^i)$. 它的根 $\alpha^{m-i}\beta^i = \alpha^{m-t+1}(\alpha^{t-1-i}\beta^i)$, $i=0,\cdots,t-1$. 但 $\alpha^{t-1-i}\beta^i$, $i=0,\cdots,t-1$ 恰为 $\phi_{t-1}(x)$ 的全部根，而 $\psi(x)$ 每个根都是 $\phi_{t-1}(x)$ 的 α^{m-t+1} 倍. 故

$$\psi(x) = \alpha^{(m-t+1)m} \phi_{t-1}(\alpha^{-(m-t+1)} x)$$

即证.

例如，设 $\{u_n\}$，$\{v_n\}$ 分别为 $\Omega(2,-2)$ 中主序列和主相关序列，$w_n = u_{n+1}^4 v_n^2$. $\Omega(2,-2)$ 的特征根是 $\alpha = 1+i$，$\beta = 1-i$，$\beta/\alpha = -i$ 为 $t=4$ 次单位原根，$4<6=m$. 按此引理，这时 $\{w_n\}$ 的特征多项式是

$$\begin{aligned}\psi(x) = {} & \alpha^{12}\phi_3(\alpha^{-3}x) = \\ & (x-\alpha^6)(x-\alpha^5\beta)(x-\alpha^4\beta^2)(x-\alpha^3\beta^3) = \\ & (x+8i)(x+8)(x-8i)(x-8) = \\ & x^4 - 8^4\end{aligned}$$

注意，此时不能用式(2.7.8)计算 $\phi_3(x)$，因为 β/α 为单位根时，其中的斐波那契系数要在 $t>4$ 的条件下才有意义. 现具体计算验证如下：我们有

$$u_{n+1} = \frac{1}{2i}(\alpha^{n+1} - \beta^{n+1}) = \frac{\alpha^{n+1}}{2i}(1-(-i)^{n+1})$$

$$u_{n+1}^4=\frac{(-4)^n}{-4}(2+4i(-i)^n-6(-1)^n-4ii^n)$$

$$v_n=\alpha^n+\beta^n=\alpha^n(1+(-i)^n);$$

$$v_n^2=(2i)^n(1+2(-i)^n+(-1)^n)$$

$$w_n=u_{n+1}^4v_n^2=$$

$$(1+2i)(-8i)^n-(-8)^n+$$

$$(1-2i)(8i)^n+3\cdot 8^n$$

与引理的结果吻合，并由定理 2.7.3 知，$(x-8)(x+8)(x-8i)(x+8i)=x^4-8^4$ 就是$\{w_n\}$的极小多项式.

虽然此引理表明，$\{h_n\}$的特征多项式的次数降低了许多. 但并不能说明所求就是极小多项式. 甚至定理 2.7.4 的(2)都不成立，因为同类项合并时可能会消失. 例如，我们在 $\Omega(2,-2)$ 中另取一序列 $p_n=(1+i)\cdot(1+i)^n+\sqrt{2}(1-i)^n$，令 $w_n=p_n^6$. 则

$$w_n=112i(-8i)^n-112(8i)^n+80\sqrt{2}(-1+i)8^n$$

可见$\{w_n\}$的极小多项式是$(x+8i)(x-8i)(x-8)$而不是 x^4-8^4，因为含$(-8)^n$的项消失了.

当 $\Omega(a,b)$ 有相等的特征根时，极小多项式问题比较容易解决. 这就是：

引理 2.7.6　设 $p(x)$ 为 m 次多项式，$p(x)=p_mx^m+\cdots+p_1x+p_0$，$p_m\neq 0$. 又设 ξ 为常数，$\xi\neq 0$，$w_n=p(n)\xi^n$. 则 $\psi(x)=(x-\xi)^{m+1}$ 是序列$\{w_n\}$的极小多项式.

证　设 Δ 表差分算子，E，I 分别表移位算子和恒等算子，即 $\Delta=E-I$. 则

$$(E-\xi I)w_n=p(n+1)\xi^{n+1}-\xi\cdot p(n)\xi^n=(\Delta p(n))\xi^{n+1}$$

同理

$(E-\xi I)^2 w_n=(E-\xi I)((\Delta p(n))\xi^{n+1})=(\Delta^2 p(n))\xi^{n+2}$

用归纳法易证,对任何自然数 k 有

$$(E-\xi I)^k w_n=(\Delta^k p(n))\xi^{n+k}$$

在依降幂排列下我们有

$$\Delta p(n)=p_m m n^{m-1}+\cdots$$

$$\Delta^2 p(n)=p_m\cdot(m)_2 n^{n-2}+\cdots,\cdots$$

$$\Delta^k p(n)=p_m\cdot(m)_k n^{m-k}+\cdots,\cdots$$

$$\Delta^m p(n)=p_m m!,\Delta^{m+1}p(n)=0$$

从而$(E-\xi I)^{m+1}w_n=0$. 这说明$\{w_n\}\in\Omega(\psi(x))$. 设另有多项式 $\phi(x)$,$\partial^\circ\phi=k<m+1$. 令 $\phi(x)$依 $x-\xi$ 的幂展开得$\phi(x)=d_k(x-\xi)^k+\cdots+d_1(x-\xi)+d_0$. 设 t 为适合 $d_i\neq 0$ 的最小的 i. 可知 $0\leqslant t\leqslant k$. 则 $\phi(E)w_n=d_k(E-\xi I)^k w_n+\cdots+d_t(E-\xi I)^t w_n$. 由上面的讨论知,$\phi(E)w_n$ 中 n 的最高次项为 $p_m\cdot(m)_t n^{m-t}\xi^{n+t}$. 因此$\phi(E)w_n\neq 0$. 这说明$\{w_n\}\notin\Omega(\phi(x))$. 故 $\psi(x)$是序列$\{w_n\}$的极小多项式. 证毕.

定理 2.7.5 设 $f(x)=x^2-ax-b$,$b\neq 0$,有相等两根为 α. 设$\{w_n^{(i)}\}\in\Omega(a,b)$,$w_n^{(i)}=(c_i n+d_i)\alpha^n$,$i=1,\cdots,m$. 又令 $h_n=w_{n+r_1}^{(1)}w_{n+r_2}^{(2)}\cdots w_{n+r_m}^{(m)}$. 若 $c_1\cdots c_m\neq 0$,则$\{h_n\}$的极小多项式是 $\phi_m(x)=(x-\alpha^m)^{m+1}$.

证 根据已知条件,$\alpha\neq 0$,诸 $c_i n+d_i$ 都是 n 的一次多项式,所以 $h_n=p(n)(\alpha^m)^n$,其中 $p(n)$为 n 的 m 次多项式. 根据引理 2.7.6 立即得证.

2.7.3 恒等式

本小节主要介绍常见的构造和证明二阶 F-L 数的积或幂的恒等式的方法. 为了减少叙述的累赘和计算的繁琐,我们对于理论论证着眼于一般序列,但应用实例多以斐波那契序列等为主.

1. 运用特征多项式

第一，根据特征多项式写出的递归关系，就是很好的二阶 F-L 数的积或幂的恒等式.

例如，由定理 2.7.1 和式(2.7.9)～(2.7.12)我们可以随意写出

$$f_{n+3}^2=2f_{n+2}^2+2f_{n+1}^2-f_n^2 \tag{2.7.13}$$

$$f_{n+4}^2l_{n+3}=3f_{n+3}^2l_{n+2}+6f_{n+2}^2l_{n+1}-3f_{n+1}^2l_n-f_n^2l_{n-1} \tag{2.7.14}$$

$$f_{n+5}^4=5f_{n+4}^4+15f_{n+3}^4-15f_{n+2}^4-5f_{n+1}^4+f_n^4 \tag{2.7.15}$$

$$l_{n+6}^5=8l_{n+5}^5+40l_{n+4}^5-60l_{n+3}^5-40l_{n+2}^5+8l_{n+1}^5+l_n^5 \tag{2.7.16}$$

第二，以前使用过的特征多项式方法，都可以使用. 比如，可以按照引理 2.1.1 运用关于特征多项式的构造恒等式定理 TCI. 我们以对于 f_n^4 构造一个 2 倍下标的恒等式为例. 因为 $\{f_n^4\}\in\phi_4(x)$，我们从

$$x^5-5x^4-15x^3+15x^2+5x-1\equiv0(\bmod\ \phi_4(x))$$

出发，逐步变换

$$x^5-15x^3+5x\equiv1-15x^2+5x^4(\bmod\ \phi_4(x))$$

两边平方后并移项整理得

$$x^{10}-55x^8+385x^6-385x^4+55x^2-1\equiv0(\bmod\ \phi_4(x))$$

两边同乘以 x^{2n} 得

$$x^{2(n+5)}-55x^{2(n+4)}+385x^{2(n+3)}-385x^{2(n+2)}+55x^{2(n+1)}-x^{2n}\equiv(\bmod\ \phi_4(x))$$

于是，按 TCI，得到恒等式(当然其中的 f_n^4 可用 $\Omega(\phi_4(x))$ 中其他任一序列代之)

$$f_{2(n+5)}^4=55f_{2(n+4)}^4-385f_{2(n+3)}^4+385f_{2(n+2)}^4-55f_{2(n+1)}^4+f_{2n}^4 \tag{2.7.17}$$

第三，我们发现，利用特征多项式分解，可以构造和证明恒等式，我们有：

定理 2.7.6 设$\{w_n\}$为$\Omega(f(x))=\Omega(a_1,\cdots,a_k)$中任一序列，$\alpha$为$f(x)$一根. 又设

$$f(x)=q(x)(x-\alpha),q(x)=x^{k-1}-b_1x^{k-2}-\cdots-b_{k-2}x-b_{k-1}$$

则

$$w_{n+k}-b_1w_{n+k-1}-\cdots-b_{k-2}w_{n+2}-b_{k-1}w_{n+1}=c\alpha^n \tag{2.7.18}$$

其中c为一常数.

证 仍以E,I分别表移位算子和恒等算子，因$\{w_n\}\in\Omega(f(x))$，故$f(E)w_n=0$，即$q(E)(E-\alpha I)w_n=0$. 令$p_n=q(E)w_n$，则上式化为$p_{n+1}=\alpha p_n$. 由此可得$p_{n+1}=p_0\alpha^{n+1}=\alpha p_0\alpha^n$. 其中$p_{n+1}$恰为式(2.7.18)左边，而$c=\alpha p_0$为常数. 故证.

例如，基于$\Omega(1,1)$，我们有

$$\phi_4(x)=x^5-5x^4-15x^3+15x^2+5x-1=(x-1)q(x)$$

$$q(x)=x^4-4x^3-19x^2-4x+1$$

取$\alpha=1$. 并取$w_n=f_nf_{n+1}f_{n+2}l_{n+3}\in\Omega(\phi_4(x))$，得恒等式

$$f_nf_{n+1}f_{n+2}l_{n+3}-4_{n+1}f_{n+2}f_{n+3}l_{n+4}-19f_{n+2}f_{n+3}f_{n+4}l_{n+5}-4f_{n+3}f_{n+4}f_{n+5}l_{n+6}+f_{n+4}f_{n+5}f_{n+6}l_{n+7}=10 \tag{2.7.19}$$

其中$c=10$是取$n=-4$(或任一个便于计算的n值)代入求得. 由于w_n是$\Omega(\phi_4(x))$中任意序列，我们可构造许多这样的恒等式. 比如，我们取$w_n=f_n^4$，则可得到

$$f_{n+4}^4-4f_{n+3}^4-19f_{n+2}^4-4f_{n+1}^4+f_n^4=-6 \tag{2.7.20}$$

推论　若定理中的 $c=0$，则 $\{w_n\}\in\Omega(q(x))$，因而 $f(x)$ 不是它的极小多项式.

更进一步我们还有：

定理 2.7.7　设 $f(x)=p(x)q(x)$，$\{w_n\}\in\Omega(f(x))$，$\{h_n\}\in\Omega(q(x))$，$\partial^\circ q=k$. 以 E 表移位算子，令 $y_n=r(E)w_n$. 若：(1) $p(x)\mid r(x)$，(2) 存在 n_0 使 $y_{n_0+i}=h_{n_0+i}=0,\cdots,k-1$. 则 $y_n=h_n$ 为恒等式.

证　因 $p(x)\mid r(x)$，可设 $r(x)=d(x)p(x)$. 又因 $\{w_n\}\in\Omega(f(x))$，则

$$q(E)y_n=q(E)r(E)w_n=d(E)p(E)q(E)w_n=d(E)f(E)w_n=0$$

由此可知 $\{y_n\}\in\Omega(q(x))$. 而已知 $\{h_n\}\in\Omega(q(x))$，$\partial^\circ q=k$. 根据(2)，y_n 和 h_n 有连续 k 个值相等，故依 $\Omega(q(x))$ 中的 k 阶递归关系，恒有 $y_n=h_n$.

R. R. Melham 在文献[56]中介绍了这样一个恒等式

$$f_{n+2}^3-3f_n^3+f_{n-2}^3=3f_{3n}$$

现用我们的方法证明：令 $w_n=f_{n-2}^3$，$r(x)=x^4-3x^2+1$. 则等式的左边可表为 $y_n=r(E)w_n$. 等式的右边可表为 $h_n=3f_{3n}$. 可知 $\{w_n\}\in\Omega(\phi_3(x))$，$\phi_3(x)=x^4-4x^3-6x^2+3x+1=p(x)q(x)$，$p(x)=x^2+x-1$. $q(x)=x^2-4x-1$. 而 $\{h_n\}\in\Omega((q(x))$. 经直接除法验证有 $p(x)\mid r(x)$，且 $y_0=h_0=0$，$y_1=h_1=6$. 故原恒等式成立.

我们指出，定理 2.7.6 实际是定理 2.7.7 当 $k=1$ 时的特殊情况. 那里是特征多项式对一次因式进行分解，这里是对 k 次因式进行分解. 但各自描述的方式不同.

2. 运用基本序列

任何序列都能够被基本序列表示，而且像定理2.1.1中一些恒等式都离不开基本序列，所以基本序列对于建立恒等式是重要工具. 由于 $\Omega(\phi_m(x))$ 是以二阶序列为基础建立的，它的基本序列也可以由二阶序列得到. 要注意的是，$\phi_m(x)$ 是 $m+1$ 次的，$\Omega(\phi_m(x))$ 中有 $m+1$ 个基本序列.

定理 2.7.8 设 $\{u_n\}$ 为 $\Omega(a,b)=\Omega(f(x))$ 中主序列，$b\Delta\neq 0$. 又设 $f(x)$ 不等的两根为 α,β，$m\in\mathbf{Z}_+$，β/α 不是单位根，或虽是单位根，但 $\operatorname{ord}(\beta/\alpha)>m$. $\phi_m(x)=\phi_m(\alpha,\beta;x)$. 记 $\Omega(\phi_m(x))$ 中第 i 个基本序列为 $w_n^{(i)}$. 则

$$w_n^{(0)}=\frac{u_{n-1}u_{n-2}\cdots u_{n-(m-1)}u_{n-m}}{u_{-1}u_{-2}\cdots u_{-(m-1)}u_{-m}} \quad (2.7.21)$$

$$w_n^{(i)}=\frac{u_nu_{n-1}\cdots u_{n-(i-1)}u_{n-(i+1)}\cdots u_{n-(m-1)}u_{n-m}}{u_iu_{i-1}\cdots u_1u_{-1}\cdots u_{-(m-i)}} \quad (1\leqslant i\leqslant m-1) \quad (2.7.22)$$

$$w_n^{(m)}=\frac{u_nu_{n-1}\cdots u_{n-m-2}u_{n-(m-1)}}{u_mu_{m-1}\cdots u_2u_1} \quad (2.7.23)$$

证 首先，根据对 β/α 的假设，$w_n^{(i)}$ 的分母不为 0，所以有意义. 其次，它是$\Omega(a,b)$中 m 个 F-L 序列一般项的乘积，所以它属于 $\Omega(\phi_m(x))$. 再次，当 $n=j$，$0\leqslant j\leqslant m$，$j\neq i$ 时分子中总有一个 $u_{n-j}=u_0=0$. 因而 $w_j^{(i)}=0$；当 $j=i$ 时分子恰与分母相同，故 $w_i^{(i)}=1$. 证毕.

由式(2.2.54)有 $u_{-n}=(-1)^{n-1}b^{-n}$. 利用此式可以把这些基本序列写成斐波那契系数的形式，即

$$w_n^{(0)}=(-1)^{m(m-1)/2}b^{m(m+1)/2}\binom{n-1}{m}_u \quad (2.7.21')$$

$$w_n^{(i)}=(-1)^{(m-i)(m-i-1)/2}b^{(m-i)(m-i+1)/2}\binom{n}{i}_u\cdot\binom{n-i-1}{m-i}(1\leqslant i\leqslant m-1) \tag{2.7.22'}$$

$$w_n^{(m)}=\binom{n}{m}_u \tag{2.7.23'}$$

例如，$\Omega(2,1)$中主序列称为皮尔序列，记为$\{p_n\}$. 它的几个初值是 0，1，2，5，12，29，70，159，408，⋯. 它的特征根是 $\alpha,\beta=1\pm\sqrt{2}$. 令 $\phi_4(x)=\phi_4(\alpha,\beta;x)$. 则 $\Omega(\phi_4(x))$中的 5 个基本序列是

$$w_n^{(0)}=\frac{p_{n-1}p_{n-2}p_{n-3}p_{n-4}}{p_{-1}p_{-2}p_{-3}p_{-4}}=\frac{p_{n-1}p_{n-2}p_{n-3}p_{n-4}}{120}=\binom{n-1}{4}_p$$

$$w_n^{(1)}=\frac{p_np_{n-2}p_{n-3}p_{n-4}}{p_1p_{-1}p_{-2}p_{-3}}=\frac{p_np_{n-2}p_{n-3}p_{n-4}}{10}=-\binom{n}{1}_p\binom{n-2}{3}_p$$

$$w_n^{(2)}=\frac{p_np_{n-1}p_{n-3}p_{n-4}}{p_2p_1p_{-1}p_{-2}}=-\frac{p_np_{n-1}p_{n-3}p_{n-4}}{4}=-\binom{n}{2}_p\binom{n-3}{2}_p$$

$$w_n^{(3)}=\frac{p_np_{n-1}p_{n-2}p_{n-4}}{p_3p_2p_1p_{-1}}=\frac{p_np_{n-1}p_{n-2}p_{n-4}}{10}=\binom{n}{3}_p\binom{n-4}{1}_p$$

$$w_n^{(4)}=\frac{p_np_{n-1}p_{n-2}p_{n-3}}{p_4p_3p_2p_1}=\frac{p_np_{n-1}p_{n-2}p_{n-3}}{120}=\binom{n}{4}_p$$

令 $w_n=p_n^4-p_{n-1}^4$. 则$\{w_n\}\in\Omega(\phi_4(x))$，$w_0=-1$，$w_1=1$，$w_2=15$，$w_3=609$，$w_4=20\ 111$. 故依式(1.1.6′)它可以由诸基本序列线性表示. 于是得到如下恒等式

$$p_n^4-p_{n-1}^4=-\frac{1}{120}p_{n-1}p_{n-2}p_{n-3}p_{n-4}-\frac{1}{10}p_np_{n-2}p_{n-3}p_{n-4}-\frac{15}{4}p_np_{n-1}p_{n-3}p_{n-4}+\frac{609}{10}p_np_{n-1}p_{n-2}p_{n-4}+\frac{20\ 111}{120}p_np_{n-1}p_{n-2}p_{n-3}$$

再根据式(2.1.5)我们可以得到关于下标的和的恒等式

$$p_{n+m}^4-p_{n+m-1}^4=\frac{1}{120}p_{n-1}p_{n-2}p_{n-3}p_{n-4}(p_m^4-p_{m-1}^4)-\frac{1}{10}p_np_{n-2}p_{n-3}p_{n-4}(p_{m+1}^4-p_m^4)-\frac{1}{4}p_np_{n-1}p_{n-3}p_{n-4}(p_{m+2}^4-p_{m+1}^4)+\frac{1}{10}p_np_{n-1}p_{n-2}p_{n-4}(p_{m+3}^4-p_{m+2}^4)+\frac{1}{120}p_np_{n-1}p_{n-2}p_{n-3}(p_{m+4}^4-p_{m+3}^4)$$

因为 $p_{-n}=(-1)^{n-1}$，所以诸 $w_{-n}^{(i)}$ 可以求出，于是 w_{n-m} 和 w_{-n} 等公式构成的恒等式也容易推导出来，这些就不一一列举了.

对于 $\Omega(a,b)$ 有相等两根的情况，也有类似的结果.

定理 2.7.9 设 $\Omega(a,b)=\Omega(f(x))$ 中 $b\neq0,\Delta=0$. $f(x)$ 相等两根为 α，又设 $m\in\mathbf{Z}_+$，$\phi_m(x)=(x-\alpha^m)^{m+1}$. 记 $\Omega(\phi_m(x))$ 中第 i 个基本序列为 $w_n^{(i)}$. 则

$$w_n^{(i)}=(-1)^{m-i}\binom{n}{i}\binom{n-i-1}{m-i}\alpha^{m(n-i)}\ (i=0,\cdots,m)\tag{2.7.24}$$

证 显然诸 $w_n^{(i)}$ 均属于 $\Omega(\phi_m(x))$. 当 $0\leqslant n<i$ 时 $\binom{n}{i}=0$；当 $i<n\leqslant m$ 时 $\binom{n-i-1}{m-i}=0$；而当 $n=i$ 时 $w_i^{(i)}=(-1)^{m-i}\binom{-1}{m-i}=1$. 故证.

3. 线性化方法

要点是把积和幂用降幂，积化和差或行列式等手段变成若干线性项的和. 这里可以直接用定理 2.3.6 的降幂公式，类似于式(2.2.63)～(2.2.66)等的和积互化公式，式(2.1.18)，式(2.1.22)等行列式公式及其对二阶序列的推论(定理 2.3.2 及其推论)，也可像 2.7.1小节那样，从通项公式出发进行线性化. 有时，和积互化可能要反复进行多次. 例如，Melham 在文献[56]中有恒等式

$$f_{n-2}f_{n-1}f_{n+1}f_{n+2}-f_n^4=-1 \qquad (2.7.25)$$

证明如下

$$\begin{aligned}25f_{n-2}f_{n-1}f_{n+1}f_{n+2}=&(f_{n-2}f_{n+2})(f_{n-1}f_{n+1})=\\&(l_{2n}-(-1)^{n-2}l_4)(l_{2n}-\\&(-1)^{n-1}l_2)=\\&(\text{利用式(2.2.66)积化和差})\\&l_{2n}^2-4(-1)^n l_{2n}-21=\\&l_{4n}-4(-1)^n l_{2n}-19(l_{2n}^2\text{降幂})\end{aligned}$$

$25f_n^4=l_{4n}-4(-1)^n l_{2n}+6$(利用式(2.3.25)降幂，或直接用通项公式)

两式相减得 25 左边＝－25. 故左边＝－1. 即证.

4. 幂次分析法

这是 L. A. G. Dresel[57] 于 1993 年首先提出来的.

定理 2.7.10　设 $\phi_m(x)=\phi_m(\alpha,\beta;x)$，$\alpha\beta\neq 0$. 在一个由 $\Omega(\phi_m(x))$ 中若干序列的项构成的等式中，以 n 为变元. 若等式两边都是关于 α^n 和 β^n 的 m 次齐次多项式，又存在 $m+1$ 个不同的 n 值使得 $(\beta/\alpha)^n$ 也有不同值，并且使等式两边相等，则此等式为恒等式.

证　令 $x=(\beta/\alpha)^n$. 依假设条件，该等式两边可化

为关于 x 的 m 次多项式，这只要在等式两边同除以 α^{mn} 即可. 显然所得的多项式等式与原等式在相等性上是等价的. 因为两个 m 次多项式恒等的充要条件是有 $m+1$ 个不同的 x 值使之相等，故得所证.

例如，等式

$$f_{n+2}^3+f_{n+1}^3-f_n^3=f_{3n+3}$$

显然关于 α^n 和 β^n 是 3 次齐次多项式，它能够化为两个 3 次多项式恒等的问题. 只要有 4 个不同的 x 值使之相等即可. 因为 β/α 不是单位根，所以对于不同的 n 值对应的 x 值也不同. 我们取 $n=-2,-1,0,1$，分别得到两边依次都等于 2，0，2，8. 故此式为恒等式.

关于幂次分析法，必须注意 $(-b)^n=\alpha^n\beta^n$ 是算 2 次的. 比如，我们前面已经用线性化方法证明过的恒等式 $f_{n-2}f_{n-1}f_{n+1}f_{n+2}-f_n^4=-1$. 它的右边好像不是 4 次齐次的. 其实不然，因为右边可以写成 $-(\alpha\beta)^{2n}$. 因此该等式是 4 次齐次的，简单地用 $n=0,\pm1,\pm2$ 即可验证. 现在让我们来考虑一对等式

$$l_{n+2}^3-15f_{n+1}^3+5f_n^3=3l_{3n+3} \tag{Ⅰ}$$

$$25f_{n+2}^3-3l_{n+1}^3+l_n^3=15f_{3n+3} \tag{Ⅱ}$$

其中式(Ⅰ)，(Ⅱ)都可用幂次分析法证明. 但是，当我们证明了式(Ⅰ)以后，式(Ⅱ)就自然成立，不必再证了，因为我们有：

定理 2.7.11(对偶定理)　设 $\{u_n\}$ 和 $\{v_n\}$ 分别为 $\Omega(a,b)=\Omega(f(x))$ 中主序列和主相关序列，$b\Delta\neq0$. 又设 $f(x)$ 不等的两根为 α,β，而 β/α 不是单位根. $\phi_m(x)=\phi_m(\alpha,\beta;x)$. 在一个以 n 为变元，包含 $\{u_n\}$，$\{v_n\}$ 以及 $\{(-b)^n\}$ 的等式中，等式两边都是关于 α^n 和 β^n 的 m 次齐次多项式，若此等式已经证明为恒等式，则对其进

行下列变换以后所得仍为恒等式：

(1)当 j 为奇数，把 u_{jn+r} 换成 $v_{jn+r}/\sqrt{\Delta}$.

(2)当 j 为奇数，把 v_{jn+r} 换成 $\sqrt{\Delta}u_{jn+r}$.

(3)当 j 为奇数，把 $(-b)^{jn+r}$ 换成 $-(-b)^{jn+r}$.

证　由假设. 原恒等式可化为关于 $x=\beta/\alpha$ 的多项式等式. 既然已证其成立，而 β/α 不是单位根，则对应 n 不同的值，x 也有不同的值. 这样，可知两边多项式恒等. 故以 $-x$ 代 x，两边仍恒等. 考察在这种代换前后等式中的变化

$$u_{jn+r}=\frac{\alpha^{jn+r}-\beta^{jn+r}}{\sqrt{\Delta}}=\frac{\alpha^r\alpha^{jn}-\beta^r\beta^{jn}}{\sqrt{\Delta}}$$

化多项式后，它对应于

$$\frac{\alpha^r-\beta^r x^j}{\sqrt{\Delta}}$$

经 $-x$ 代 x 后，若 j 为偶数，则没有变化；若 j 为奇数，则变成了

$$\frac{\alpha^r+\beta^r x^j}{\sqrt{\Delta}}$$

还原成关于 α^n 和 β^n 的 m 次齐次多项式后，它对应于

$$\frac{\alpha^{jn+r}+\beta^{jn+r}}{\sqrt{\Delta}}=v_{jn+r}/\sqrt{\Delta}$$

这就是符合变换规则(1). 变换规则(2)与此同理. 至于 $(-b)^{jn+r}=(-b)^r(\alpha\beta)^{jn}$ 化多项式后，它对应于 $(-b)^r x^j$. 经 $-x$ 代 x 后，若 j 为偶数，则没有变化；若 j 为奇数，则变成了 $-(-b)^r x^j$. 还原成关于 α^n 和 β^n 的 m 次齐次多项式后，它对应于 $-(-b)^{jn+r}$. 也符合变换规则(3). 证毕.

在上面考虑的一对等式中，当规则(1)已被证明为

恒等式以后，它符合定理 2.7.11 关于对偶变换的条件. 它的各下标中 n 的系数都是奇数，都要进行变换，即

$$l_{n+2}\to\sqrt{5}f_{n+2},f_{n+1}\to l_{n+1}/\sqrt{5},f_n\to l_n/\sqrt{5},l_{3n+3}\to\sqrt{5}f_{3n+3}$$

整理后即得恒等式(Ⅱ).

5. 行列式方法

行列式方法就是运用定理 2.1.5. 其中式(2.1.22)及其导出结果，除了有助于线性化以外，也能直接证明恒等式；而其中式(2.1.22′)是 2009 年由笔者和 Howard 在文献[49]中提出来的. 我们知道，在同一个 k 阶 F-L 序列空间中，任何 $k+1$ 个序列都是线性相关的. 而式(2.1.22′)中那个行列式为 0 就是给出了这种相关关系. 不过，由于其中的 $\{w_n^{(i)}\}$，m_i，p_i 等都可以自由选择，所以灵活性很大. 例如，我们说明如何来求 f_n^2，f_{n+2}^2，f_{n+4}^2，f_{n+6}^2 之间的相关关系. 因为 $\{f_n^2\}\in\phi_2(x)$ 为 3 阶序列，所以要取 4 阶行列式. 在式(2.1.22′)中取 $w_n^{(1)}=\cdots=w_n^{(4)}=f_n^2$，取 $n=0$，$p_1=n$，$p_2=-4$，$p_3=-3$，$p_4=-2$，取 $m_1=0$，$m_2=2$，$m_3=4$，$m_4=6$. 以之代入式(2.1.22′)得

$$\begin{vmatrix} f_n^2 & f_{n+2}^2 & f_{n+4}^2 & f_{n+6}^2 \\ 9 & 1 & 0 & 1 \\ 4 & 1 & 1 & 4 \\ 1 & 0 & 1 & 9 \end{vmatrix}=0$$

展开此行列式即得恒等式

$$f_{n+6}^2=8f_{n+4}^2-8f_{n+2}^2+f_n^2$$

可见行列式法对于发现恒等式颇为有效. 我们再来求 f_{n+1}^3，l_n^3，f_{n-1}^3，$f_{n+3}f_{n+1}f_{n-1}$ 和 $f_{n+1}f_{n-1}f_{n-3}$ 之间的相关关系. 这时 $k=4$. 要取 5 阶行列式. 记 $x_n=f_n^3$，

$y_n=l_n^3, z_n=f_{n+1}f_{n-1}f_{n-3}$. 在式(2.1.22′)中取 $w_n^{(1)}=w_n^{(3)}=x_n, w_n^{(2)}=y_n, w_n^{(4)}=w_n^{(5)}=z_n$，取 $n=0, p_1=n, p_2=3, p_3=1, p_4=0, p_5=-1$，取 $m_1=1, m_2=0, m_3=-1, m_4=1, m_5=0$. 以之代入式(2.1.22′)得

$$\begin{vmatrix} x_{n+1} & y_n & x_{n-1} & z_{n+1} & z_n \\ 27 & 64 & 1 & 24 & 0 \\ 1 & 1 & 0 & 0 & 0 \\ 1 & 8 & 1 & 2 & 2 \\ 0 & -1 & -1 & 0 & 0 \end{vmatrix}=0$$

展开后得恒等式

$$f_{n+1}^3-l_n^3+f_{n-1}^3=-\frac{3}{2}f_{n+1}f_{n-1}(f_{n+3}+f_{n-3})$$

或简化为

$$f_{n+1}^3-l_n^3+f_{n-1}^3=-3f_{n+1}l_nf_{n-1} \qquad (2.7.26)$$

下面我们分析几个典型的例子，来看看怎样综合运用上述方法.

例 1　设 f_n, l_n 为斐波那契数和卢卡斯数. 证明对 $k, n\in \mathbf{Z}$ 有

$$f_{3k+1}f_{n+k+1}^3+f_{3k+2}f_{n+k}^3-f_{n-2k-1}^3=f_{3k+1}f_{3k+2}f_{3n} \qquad (2.7.27)$$

$$f_{3k+1}l_{n+k+1}^3+f_{3k+2}l_{n+k}^3-l_{n-2k-1}^3=5f_{3k+1}f_{3k+2}l_{3n} \qquad (2.7.28)$$

这是 1999 年，R. S. Melham 在文献[53]中证明的恒等式. 他构造和证明了很多包含 F-L 数的积或幂的恒等式. 我们先介绍和解释 Melham 的两种证明方法.

证法 1　式(2.7.27)的证明如下：对 n 施行归纳法. 首先证明对于 $n=0,1,2,3$ 连续 4 个数式(2.7.27)成立. 比如当 $n=3$ 时就是要证明

$$f_{3k+1}f_{k+4}^3+f_{3k+2}f_{k+3}^3+f_{2k-2}^3-34f_{3k+1}f_{3k+2}=0$$

他采用的幂次分析法. 上式两边关于 α^k 和 β^k 是 6 次齐次的. 因为 β/α 不是单位根,所以只要选择 7 个不同的 n 值使两边值相等即可. 取 $k=0,\pm1,\pm2,\pm3$ 这 7 个比较简单的数代入式(2.7.27),不难直接验证其两边相等.

第二步,假设对 $n=m,m+1,m+2,m+3$ 这连续 4 个值式(2.7.27)已成立. 要证明它对于 $n=m+4$ 也成立. 这里引用了一个其他文献已证明了的恒等式

$$f_{n+4}^3=3f_{n+3}^3+6f_{n+2}^3-3f_{n+1}^3-f_n^3$$

(这实际上是 $\Omega(\phi_3(x))$ 中的递归关系)

(2.7.29)

对假设成立的 4 个等式两边依次乘以 $-1,-3,-6,3$,得

$$-(f_{3k+1}f_{m+k+1}^3+f_{3k+2}f_{m+k}^3-f_{m-2k-1}^3)=$$
$$-f_{3k+1}f_{3k+2}f_{3m}$$

$$-3(f_{3k+1}f_{(m+1)+k+1}^3+f_{3k+2}f_{m+1+k}^3-f_{(m+1)-2k-1}^3)=$$
$$-3f_{3k+1}f_{3k+2}f_{3(m+1)}$$

$$6(f_{3k+1}f_{(m+2)+k+1}^3+f_{3k+2}f_{m+2+k}^3-f_{(m+2)-2k-11}^3)=$$
$$6f_{3k+1}f_{3k+2}f_{3(m+2)}$$

$$3(f_{3k+1})f_{(m+3)+k+1}^3+f_{3k+2}f_{m+3+k}^3-f_{(m+3)-2k-1}^3=$$
$$3f_{3k+1}f_{3k+2}f_{3(m+3)}$$

把上述各式相加并利用式(2.7.29)得

$$f_{3k+1}f_{m+k+5}^3+f_{3k+2}f_{m+4+k}^3-f_{m-2k+3}^3=$$
$$f_{3k+1}f_{3k+2}(3f_{3(m+3)}+6f_{3(m+2)}-3f_{3(m+1)}-f_{3m})$$

然后,引用递归关系 $f_{3(n+2)}=4f_{3(n+1)}+f_{3n}$,证明

$$3f_{3(m+3)}+6f_{3(m+2)}-3f_{3(m+1)}-f_{3m}=f_{3(m+4)}$$

从而完成了证明.

式(2.7.28)的证明如下：完全用幂次分析法．式(2.7.29)关于 α^n 和 β^n 是 3 次齐次的．因此只有对 $n=0,1,2,3$ 这 4 个不同的值来验证．然后对 k 的验证与式(2.7.27)的证明中一样．其实式(2.7.27)也可以这样证明．他只是为了提供一种递归关系的证法罢了．

从上例可以看出，用幂次分析法时，为检验一个 n 值，需检验 7 个 k 值．检验 4 个 n 值就需要检验 28 个 k 值．因此，随着下标参数个数的增加，需要检验的数据个数成几何级数增加．以至 Melham 在文献[55]中的有些结果是用计算机验证的．下面是我们对例 1 的证法．我们只证式(2.7.27)被证明后运用对偶规则 $f_{n+k+1}\to l_{n+k+1}/\sqrt{5}$，$f_{n+k}\to l_{n+k}/\sqrt{5}$，$f_{n-2k-1}\to l_{n-2k-1}/\sqrt{5}$，$f_{3n}\to l_{3n}/\sqrt{5}$ 即证得式(2.7.28)．

证法 2　式(2.7.27)的证明如下：提供另一种利用递归关系的证法．令

$$w_n=f_{3k+1}f_{n+k+1}^3+f_{3k+2}f_{n+k}^3-f_{n-2k-1}^3-f_{3k+1}f_{3k+2}f_{3n}$$

由定理 2.7.2 知，$\{f_{n+k+1}^3\}_n$，$\{f_{n+k}^3\}_n$，$\{f_{n-2k-1}^3\}_n\in\Omega(\phi_3(x))$．而 $\{f_{3n}\}\in\Omega(g(x))$，$g(x)=(x-\alpha^3)(x-\beta^3)$．因为 $g(x)\mid\phi_3(x)$，所以根据引理 2.7.1，$\{f_{3n}\}\in\Omega(\phi_3(x))$．于是作为它们的线性组合，$\{w_n\}\in\Omega(\phi_3(x))$．然后验证 $w_0=w_1=w_2=w_3=0$．这说明 4 阶 F-L 序列 $\{w_n\}$ 的 4 个初始值全为 0，则它必为零序列，即 $w_n=0$．此即所证．

证法 3　线性化的方法．这里要用到 2.2 节的一些公式．因为

$$f_n=\frac{\alpha^n-\beta^n}{\sqrt{5}},l_n=\alpha^n+\beta^n$$

我们有

$$f_{n+k+1}^3=\frac{1}{\sqrt{5^3}}(\alpha^{3(n+k+1)}-\beta^{3(n+k+1)}-3(-1)^{n+k+1}(\alpha^{n+k+1}-\beta^{n+k+1})=\frac{1}{5}(f_{3(n+k+1)}-3(-1)^{n+k+1}f_{n+k+1})$$

(也可直接用式(2.3.33)的降幂公式)

于是

$$f_{3k+1}f_{n+k+1}^3=\frac{1}{5}(f_{3(n+k+1)}f_{3k+1}-3(-1)^{n+k+1}f_{n+k+1}f_{3k+1})=\frac{1}{5^2}(l_{3n+6k+4}-(-1)^{3k+1}l_{3n+2}-3(-1)^{n+k+1}(l_{n+4k+2}-(-1)^{3k+1}l_{n-2k}))$$

(运用式(2.2.66),积化和差)　　(Ⅰ)

同理

$$f_{3k+2}f_{n+k}^3=\frac{1}{5^2}(l_{3n+6k+2}-(-1)^{3k+2}l_{3n-2}-3(-1)^{n+k}(l_{n+4k+2}-(-1)^{3k+2}l_{n-2k-2}))\quad(\text{Ⅱ})$$

$$f_{n-2k-1}^3=\frac{1}{5}(f_{3(n-2k-1)}-3(-1)^{n-2k-1}f_{n-2k-1})\quad(\text{Ⅲ})$$

式(Ⅰ)+式(Ⅱ)得

$$f_{3k+2}f_{n+k}^3+f_{3k+2}f_{n+k}^3=\frac{1}{5}(f_{3n+6k+3}+(-1)^kf_{3n}+3(-1)^nf_{n-2k-1})\quad(\text{Ⅳ})$$

式(Ⅳ)-式(Ⅲ)得

$$f_{3k+1}f_{n+k+1}^3+f_{3k+2}f_{n+k}^3-f_{n-2k-1}^3=$$
$$\frac{1}{5}(f_{3n}l_{6k+3}+(-1)^kf_{3n})=$$

(这里用式(2.2.63)化积,下面用式(2.2.66)化积)

$$\frac{1}{5}((l_{(3k+2)+(3k+1)}-(-1)^{3k+1}l_{(3k+2)-(3k+1)})f_{3n})=$$
$$f_{3k+1}f_{3k+2}f_{3n}$$

证毕.

证法4　式(2.7.27)的证明如下:运用特征多项式分解方法.令

$$w_n=f_{n-2k-1}^3,r(x)=f_{3k+1}x^{3k+2}+f_{3k+2}x^{3k+1}-1$$

则式(2.7.27)的左边可表为 $y_n=r(E)w_n$.等式的右边可表示为 $h_n=f_{3k+1}f_{3k+2}f_{3n}$.可知

$$\{w_n\}\in\Omega(\phi_3(x))$$
$$\phi_3(x)=x^4-3x^3-6x^2+3x+1=p(x)q(x)$$

$p(x)=x^2+x-1,q(x)=x^2-4x-1$,而$\{h_n\}\in\Omega((q(x))$
为了验证 $p(x)|r(x)$,我们不宜直接做除法,因为 k 不是具体数字.而只要证明 $r(x)\equiv 0(\mathrm{mod}\ p(x))$即可.因 $p(x)$的根为$\dfrac{-1\pm\sqrt{5}}{2}=-\alpha,-\beta$,这里 α,β 是斐波那契序列的特征根.由此,若设 $\Omega(p(x))$中主序列是$\{u_n\}$,则可以得出 $u_n=\dfrac{(-\alpha)^n-(\beta)^n}{(-\alpha)-(-\beta)}=(-1)^{n-1}f_n$.于是,根据式(2.2.3)有

$$\begin{aligned}r(x)\equiv &f_{3k+1}(u_{3k+2}x+u_{3k+1})+f_{3k+2}(u_{3k+1}x+u_{3k})-1=\\&f_{3k+1}((-1)^{3k+1}f_{3k+2}x+(-1)^{3k}f_{3k+1})+\\&f_{3k+2}((-1)^{3k}f_{3k+1}x+(-1)^{3k-1}f_{3k})-1=\\&(-1)^{3k}(f_{3k+1}^2-f_{3k}f_{3k+2})-1=\\&(-1)^{3k}(-1)^{3k}-1=0(\mathrm{mod}\ p(x))\end{aligned}$$

(这里用到了式(2.3.15),取其中 $r=1$)

又

$$y_{-k-1}=f_{3k+2}-(-1)^{3k+1}f_{3k+2}^3=$$
$$(-1)^{3k+1}f_{3k+2}((-1)^{3k+1}+f_{3k+1}^2)=$$
$$(-1)^{3k+1}f_{3k+1}f_{3k+2}f_{3(k+1)}=h_{-k-1}$$

(这里也用到了式(2.3.15))

同理 $y_{-k}=f_{3k+1}-(-1)^{3k}f_{3k+1}^3=(-1)^{3k-1}f_{3k+1}f_{3k+2}\cdot f_{3k}=h_{-k}$. 故证.

例 2 Melham 在文献[56]中以主要篇幅用幂次分析法证明了下面包含三个下标变元的恒等式

$$f_mf_{n+k}^3+(-1)^{k+m+1}f_kf_{n+m}^3+(-1)^{k+m}f_{k-m}f_n^3=f_{k-m}f_kf_mf_{3n+k+m} \tag{2.7.30}$$

Melham 的幂次分析法步骤是. 首先, $m=0$, 或 $k=0$, 或 $m=k$ 时式(2.7.30)显然成立. 又 $m=-k$ 时, 式(2.7.30)化为一个其他文献证明了的恒等式

$$(-1)^{k+1}f_{n+k}^3-f_{n-k}^3+l_kf_n^3=(-1)^{k+1}f_kf_{2k}f_{3n}$$

由此可假设 $mk(m-k)(m+k)\neq 0$. 这样一来, $0,-m,-k,-m-k$ 就是 4 个不同的值. 根据幂次分析法, 只要对 n 取这 4 个值进行检验即可. 这在取检验值方面有改进. 但接下来的验证过程仍较长. 我们从略. 下面我们仍用特征多项式分解的方法证明. 一些过程可参看前面的有关例子.

证 令 $r(x)=f_mx^k+(-1)^{k+m+1}f_kx^m+(-1)^{k+m}f_{k-m}$, $w_n=f_n^3$, 则等式的左边可表为 $y_n=r(E)w_n$. 令 $h_n=f_{k-m}f_kf_mf_{3n+k+m}$. 可知 $\{w_n\}\in\Omega(\phi_3(x))$, $\phi_3(x)=x^4-3x^3-6x^2+3x+1=p(x)q(x)$, $p(x)=x^2+x-1$, $q(x)=x^2-4x-1$. 而 $\{h_m\}\in\Omega((q(x))$. 又

$$r(x)\equiv f_m((-1)^{k-1}f_kx+(-1)^{k-2}f_{k-1})+$$
$$(-1)^{k+m+1}f_k((-1)^{m-1}f_mx+$$
$$(-1)^{m-2}f_{m-1})+(-1)^{k+m}f_{k-m}=$$
$$(-1)^{k-2}(f_mf_{k-1}-f_kf_{m-1})+(-1)^{k+m}f_{k-m}=$$
$$(-1)^{k-2}(-1)^{m-1}f_{k-m}+(-1)^{k+m}f_{k-m}=$$
$$0(\mathrm{mod}\ p(x))$$

这里用到了式(2.1.18),就是

$$f_mf_{k-1}-f_kf_{m-1}=\begin{vmatrix} f_m & f_k \\ f_{m-1} & f_{k-1}\end{vmatrix}=$$
$$\det(\mathrm{col}\ f_{m-1},\mathrm{col}\ f_{k-1})=$$
$$(-1)^{m-1}\det(\mathrm{col}\ f_0,\mathrm{col}\ f_{k-m})=$$
$$(-1)^{m-1}f_{k-m}$$

这个结果下面要用到. 又

$$y_0=f_mf_k^3+(-1)^{k+m+1}f_kf_m^3=$$
$$f_mf_k(f_k^2-(-1)^{k-m}f_m^2)=$$
$$f_mf_kf_{k+m}f_{k-m}=h_0$$

这里用到了式(2.3.16). 同样由该式,我们还可得到 $f_{n+1}^2=f_nf_{n+2}+(-1)^n$. 于是

$$y_1=f_mf_{k+1}^3+(-1)^{k+m+1}f_kf_{m+1}^3+(-1)^{k+m}f_{k-m}=$$
$$f_mf_{k+1}(f_kf_{k+2}+(-1)^k)+$$
$$(-1)^{k+m+1}f_kf_{m+1}(f_mf_{m+2}+$$
$$(-1)^m)+(-1)^{k+m}f_{k-m}=$$
$$f_mf_k(f_{k+1}f_{k+2}+(-1)^{k+m+1}f_{m+1}f_{m+2})-$$
$$(-1)^k(f_{m+1}f_k-f_mf_{k+1})+(-1)^{k+m}f_{k-m}=$$
$$f_mf_k((l_{2k+3}-(-1)^{k+1})/5+(-1)^{k+m+1}(l_{2m+3}-$$
$$(-1)^{m+1})/5)-(-1)^{k+m}f_{k-m}+(-1)^{k+m}f_{k-m}=$$
$$f_mf_k(l_{2k+3}-(-1)^{k-m}l_{2m+3})/5=$$
$$f_mf_kf_{k-m}f_{k+m+3}=h_1$$

证毕.

例 3 在文献[58]中有一个 4 个下标参量的恒等式

$$f_{n+a}f_{n+b}f_{n+c}-f_nf_{n+a}f_{n+b+c}+f_nf_{n+b}f_{n+c+a}-f_nf_{n+c}f_{n+a+b}=(-1)^n(f_af_bf_{n+c}-f_cf_af_{n+b}+f_bf_cf_{n+a}) \quad (2.7.31)$$

证法 1 它是 3 次齐次的.理想的检验值是 $n=0$, $-a,-b,-c$.但要它们是不同的值,则需对 $abc(a-b)\cdot(b-c)(c-a)=0$ 这 6 种情况先单独检验通过,具体过程略.

证法 2 用行列式法的式(2.1.22)或者式(2.1.22)的导出结果式(2.3.11).考虑到原式的项的结合的对称性,我们进行适当的增减项,这个看来较为复杂的恒等式就变得轻而易举了.

原式左边可化为

$$f_{n+a}(f_{n+b}f_{n+c}-f_nf_{n+b+c})+f_{n+b}(f_nf_{n+c+a}-f_{n+c}f_{n+a})+f_{n+c}(f_{n+a}f_{n+b}-f_nf_{n+a+b})=$$

$$(-1)^nf_bf_cf_{n+a}-(-1)^nf_cf_af_{n+b}+(-1)^nf_af_bf_{n+c}=\text{右边}$$

证毕.

Melham 在文献[55]中列举了一系列漂亮的所谓"积差"式恒等式.他都是考虑用幂次分析法证明.不过,有的是人工证明,有的是机器证明.现提供几个给读者思考,看能否用人工证明,或者,不用幂次分析法,而找到更巧妙的证明方法.如

$$f_{n+a+b}f_{n-a}f_{n-b}-f_{n-a-b}f_{n+a}f_{n+b}=(-1)^{n+a+b}f_af_bf_{a+b}l_n \quad (2.7.32)$$

$$f_{n+a+b+c}f_{n-a}f_{n-b}f_{n-c}-f_{n-a-b-c}f_{n+a}f_{n+b}f_{n+c}=(-1)^{n+a+b+c}f_{a+b}f_{a+c}f_{b+c}f_{2n} \quad (2.7.33)$$

$$f_{n+a+b-c}f_{n-a+c}f_{n-b+c}-f_{n-a-b+c}f_{n+a}f_{n+b}=$$
$$(-1)^{n+a+b+c}f_{a+b-c}(f_cf_{n+a+b-c}+(-1)^cf_{a-c}f_{b-c}l_n)$$
$$(2.7.34)$$

$$f_{n+a+b+c-d}f_{n-a+d}f_{n-b+d}f_{n-c+d}-$$
$$f_{n-a-b-c+2d}f_{n+a}f_{n+b}f_{n+c}=$$
$$(-1)^{n+a+b+c}f_{a+b-d}f_{a+c-d}f_{b+c-d}f_{2n+d} \quad (2.7.35)$$

2.7.5　和式

把定理 2.7.1,2.7.2 等与定理 2.1.7 结合起来,得到:

定理 2.7.12　设$\{w_n^{(i)}\}\in\Omega(f(x))=\Omega(a,b)$,$b\neq 0$,$i=1,\cdots,m$,$\alpha,\beta$为$f(x)$两根,$\{u_n\}$为$\Omega(a,b)$中主序列.$\phi_m(x)=\phi_m(\alpha,\beta;x)$.令$h_n=w_{n+r_1}^{(1)}w_{n+r_2}^{(2)}\cdots w_{n+r_m}^{(m)}$.

(1)若$\Delta\neq 0$,且β/α不是单位根,或虽是单位跟但$\mathrm{ord}(\beta/\alpha)>m+1$,则当$q^{-1}\neq\alpha^{m-i}\beta^i(i=0,\cdots,m)$时

$$\sum_{i=0}^{n}h_{i+r}q^i=\frac{\sum_{i=0}^{m}(\Psi(0,i)q^i-\Psi(n+1,i)q^{n+1+i})}{\tilde{\phi}_m(q)}$$
$$(2.7.36)$$

其中

$$\psi(n+1,i)=\sum_{j=0}^{i}c_jh_{n+1+i-j+r} \quad (2.7.37)$$

$$\tilde{\phi}_m(q)=\sum_{i=0}^{m+1}c_ix^i=\sum_{i=0}^{m+1}(-1)^{i(i+1)/2}b^{i(i-1)/2}\begin{bmatrix}m+1\\i\end{bmatrix}_u x^i$$
$$(2.7.38)$$

而当$q^{-1}=\alpha^{m-t}\beta^t$时

$$\sum_{i=0}^{n}\frac{h_{i+r}}{(\alpha^{m-j}\beta^{j})^{i}}=$$

$$\frac{\sum_{i=0}^{m}(i\Psi(0,i)(\alpha^{m-t}\beta^{t})^{-(i-1)}-(n+1+i)\Psi(n+1,i)(\alpha^{m-t}\beta^{t})^{-(n+i)}}{\sum_{i=1}^{m+1}ic_{i}(\alpha^{m-t}\beta^{t})^{-(i-1)}}\tag{2.7.39}$$

(2)若 $\Delta=0$,则当 $q^{-1}\neq\alpha^{m}$ 时求和表达式不变,但其中

$$\tilde{\phi}_{m}(q)=\sum_{i=0}^{m+1}c_{i}x^{i}=\sum_{i=0}^{m+1}(-1)^{i}\binom{m+1}{i}\alpha^{mi}x^{i}\tag{2.7.40}$$

而当 $q^{-1}=\alpha^{m}$ 时

$$\sum_{i=0}^{n}\frac{h_{i+r}}{(\alpha^{m})^{i}}=(-1)^{m}\sum_{i=0}^{m}\binom{n+1+i}{m+1}\Psi(n+1,i)\alpha^{-m(n+1+i)}\tag{2.7.41}$$

有一个关于多项式序列求和的更简单的公式,它先出现在文献[48],然后在文献[49]中经过了改进,就是:

定理 2.7.13 设 p_n 为 m 次多项式,记 $s_n=s_n(p,a)=\sum_{i=0}^{n}p_{i}a^{i}$.则:

(1)当 $a=1$ 时

$$s_{n}=s_{n}(p,a)=\sum_{i=0}^{n}p_{i}=$$

$$\sum_{i=0}^{m+1}s_{i}(-1)^{m+1-i}\binom{n}{i}\binom{n+i-1}{m+1-i}\tag{2.7.42}$$

(2)当 $a\neq1$ 时

$$s_n = s_n(p,a) = \sum_{i=0}^{n} p_i a^i =$$

$$d + \sum_{i=0}^{m} (s_i - d)(-1)^{m-i}\binom{n}{i}\binom{n-i-1}{m-i}a^{n-i} \tag{2.7.43}$$

其中

$$d = \frac{\sum_{i=0}^{m+1} s_i(-1)^{m+1-i}\binom{m+1}{i}a^{m+1-i}}{(1-a)^{m+1}} = \frac{\Delta_a^{m+1}s_0}{(1-a)^{m+1}} \tag{2.7.44}$$

证　设 E,I 和 Δ 分别表移位算子,恒等算子和差分算子,记 $\Delta_a = E - aI$. 我们有 $\Delta s_n = p_{n+1}a^{n+1}$. 从引理 2.7.6 的证法我们已知 $\Delta_a^{m+1} p_{n+1} a^{n+1} = 0$.

(1) 当 $a = 1$ 时,则有 $\Delta^{m+2} s_n = 0$. 于是,$\{s_n\} \in \Omega((x-1)^{m+2})$. 由定理 2.7.9,$(-1)^{m+1-i}\binom{n}{i}\binom{n-i-1}{m+1-i}$ 是 $\Omega((x-1)^{m+2})$ 中第 $i(i=0,\cdots,m+1)$ 个基本序列. 由此即证.

(2) 当 $a \neq 1$ 时则有 $\Delta_a^{m+1}\Delta s_n = 0$. 于是 $\{s_n\} \in \Omega((x-a)^{m+1}(x-1))$,这是一个 $m+2$ 阶 F-L 空间. 我们用行列式法来证明,为此需要构造一个 $m+3$ 阶行列式. 在式(2.1.22′)中取 $w_n^{(1)} = s_n$,$w_n^{(2)} = 1$,其余的 $w_n^{(i)}$ 依次取 $\Omega((x-a)^{m+1})$ 中的基本序列 $u_n^{(m)},\cdots,u_n^{(0)}$,其中 $u_n^{(i)} = (-1)^{m-i}\binom{n}{i}\binom{n-i-1}{m-i}$,$i=0,\cdots,m$. 取其中行列下标参数 $m_1 = m_2 = \cdots = m_{m+3} = 0$;$p_1 = n$. $p_2 = m+1$,$p_3 = m,\cdots,p_{m+2} = 2$,$p_{m+3} = 1$ 得

$$\begin{vmatrix} s_n & 1 & u_n^{(m)} & \cdots & u_n^{(1)} & u_N^{(0)} \\ s_{m+1} & 1 & u_{m+1}^{(m)} & \cdots & u_{m+1}^{(1)} & u_{m+1}^{(0)} \\ s_m & 1 & 1 & \cdots & 0 & 0 \\ \vdots & \vdots & \vdots & & \vdots & \vdots \\ s_1 & 1 & 0 & \cdots & 1 & 0 \\ s_0 & 1 & 0 & \cdots & 0 & 1 \end{vmatrix} = 0$$

右下角是一个 $m+1$ 阶单位阵，我们利用它消去第 1，2 列的第 3 至第 $m+3$ 个元素，即：从第 1 列依次减去第 3 列的 s_m 倍，第 4 列的 s_{m-1} 倍，……，第 $m+3$ 列的 s_0 倍；然后，从第 2 列依次减去第 3 列，第 4 列，……，第 $m+3$ 列. 结果得

$$\begin{vmatrix} A_{2\times 2} & B_{2\times(m+1)} \\ O_{(m+1)\times 2} & I_{(m+1)\times(m+1)} \end{vmatrix} = 0$$

其中

$$\boldsymbol{A} = \begin{pmatrix} s_n - s_m u_n^{(m)} - \cdots - s_0 u_n^{(0)} & 1 - u_n^{(m)} - \cdots - u_n^{(0)} \\ s_{m+1} - s_m u_{m+1}^{(m)} - \cdots - s_0 u_{m+1}^{(0)} & 1 - u_{m+1}^{(m)} - \cdots - u_{m+1}^{(0)} \end{pmatrix}$$

将其按拉普拉斯（Laplace）法则展开即得(2.7.43). 又由

$$\sum_{i=0}^{m+1} s_i (-1)^{m+1-i} \binom{m+1}{i} a^{m+1-i} =$$

$$\sum_{i=0}^{m+1} (-1)^{m+1-i} \binom{m+1}{i} a^{m+1-i} E^i s_0 =$$

$$(E - aI)^{m+1} s_0 = \Delta_a^{m+1} s_0$$

我们得到式(2.7.44). 证毕.

多项式序列的加权和问题，包括自然数方幂和问题，研究的人不少，方法也颇多，例如差分析、逐差法、待定系数法、递推法、母函数方法、微积分方法、伯努力(Bernoulli)数方法、斯特林数方法以及其他许多特殊

的方法等，无法一一列举. 我们只是从 F-L 序列的体系来进行了阐述，不能介绍更多. 对于有兴趣的读者，有大量的文献可以参考.

我们现在对于 $h_n = f_n^4$ 来计算 $S(h,n,q) = \sum_{i=0}^{n} h^i q^i$. 这里 $m = 4$. 计算过程中可适当利用 $\Omega(\phi_4(x))$ 中的递归关系，以减少计算量和简化结果. 根据式(2.7.11) 我们有 $c_0 = 1, c_1 = -5, c_2 = -15, c_3 = 15, c_4 = 4, c_5 = -1$. 于是

$$\Psi(n+1,0)=h_{n+1}, \Psi(n+1,1)=h_{n+2}-5h_{n+1}$$

$$\Psi(n+1,2)=h_{n+3}-5h_{n+2}-15h_{n+1}$$

$$\Psi(n+1,3)=h_{n+4}-5h_{n+3}-15h_{n+2}+15h_{n+1}=-5h_n+h_{n-1}$$

$$\Psi(n+1,4)=h_{n+5}-5h_{n+4}-15h_{n+3}+15h_{n+2}+5h_{n+1}=h_n$$

以 $n=-1$ 代入各 $\Psi(n+1,i)$ 得 $\Psi(0,0)=h_0=0$, $\Psi(0,1)=h_1-5h_0=1$, $\Psi(0,2)=h_2-5h_1-15h_0=-4$, $\Psi(0,3)=-5h_{-1}+h_{-2}=-4$, $\Psi(0,4)=h_{-1}=1$. 故得

$$S(h,n,q) = \sum_{i=0}^{n} f_i^4 q^i =$$

$$\frac{q-4q^2-4q^3-q^4-f_{n+1}^4 q^{n+1}-(f_{n+2}^4-5f_{n+1}^4)q^{n+2}}{1-5q-15q^2+15q^3+5q^4-q^5}+$$

$$\frac{-(f_{n+3}^4-5f_{n+2}^4-15f_{n+1}^4)q^{n+3}+(5f_n^4-f_{n-1}^4)q^{n+4}-f_n^4 q^{n+5})}{1-5q-15q^2+15^3+5q^4-q^5}$$

2000 年，Melham[54] 证明了斐波那契数的 4 次幂的交错和的一个优美性质

$$\sum_{i=0}^{n} (-1)^i f_i^4 = (-1)^n f_{n-2} f_n f_{n+1} f_{n+3}/3 \tag{2.7.45}$$

他是以降幂法得出关于 $\sum_{i=0}^{n}(-1)^{i}f_{ti}^{4}$ 等的结果，再推出此结果的. 而且他的方法可用于一般二阶主序列及主相关序列. 根据我们的结果有 $S(h,n,-1)=(-1)^{n}(f_{n+3}^{4}-6f_{n+2}^{4}-9f_{n+1}^{4}+6f_{n}^{4}-f_{n-1}^{4})/(-18)$. 那么，应该得出恒等式

$$f_{n+3}^{4}-6f_{n+2}^{4}-9f_{n+1}^{4}+6f_{n}^{4}-f_{n-1}^{4}=-6f_{n-2}f_{n}f_{n+1}f_{n+3} \tag{2.7.46}$$

此恒等式利用幂次分析法取 $n=-3,\pm1,0,2$ 极易验证. 但是，如果事先不知道此式右边的结果，而要由左边推导出右边，就不是很容易的事了. 推导可用降幂法，但过程较长，此处从略. 由此可知，我们的一般方法虽有普遍适用性，但在有些问题上却不及降幂方法灵活快捷. 所以现在有不少人研究降幂方法. 不过像我们的定理 2.4.3 那样，对主序列及主相关序列比较奏效，对一般二阶序列比较困难. 如 2003 年，P. Stănică[59] 也只得出了与式(2.4.28′)和(2.4.30′)同样的结果. 2009 年，笔者与 Howard[47] 对于一般二阶序列用降幂及相关序列方法得出了降幂公式与幂和公式. 但叙述和证明都较长，这里从略.

还有一类多重卷积和问题也经常出现. 文献[51]中对于 $\Omega(a,b)$ 中主序列 $\{u_n\}$ 得出了 2 至 4 重的卷积和. 文献[52]中把结果推广到了 $\{u_{tn}\}$. 我们下面不但一般地解决任意重卷积和的问题，而且所用方法及所得结果都比较简单.

引理 2.7.7 设 $\{u_n\}$，$\{v_n\}$ 分别为 $\Omega(a,b)=\Omega(f(x))$ 中主序列和主相关序列，$b\Delta\neq0$，$k\in\mathbf{Z}_{+}$. 令

$$g(x)=\frac{1}{1-ax-bx^{2}} \tag{2.7.47}$$

则

$$g(x)^{k+1}=\sum_{n=0}^{\infty}g(n,k)x^n \qquad (2.7.48)$$

其中

$$g(n,k)=\sum_{i=0,2\mid i}^{k}\frac{b^i}{\Delta^{(k+1+i)/2}}\binom{k+i}{i}\binom{n+k-i}{k-i}v_{n+k+1-i}+\sum_{i=1,2\nmid i}^{k}\frac{b^i}{\Delta^{(k+1)/2}}\binom{k+i}{i}\binom{n+k-i}{k-i}u_{n+k+1-i}$$

$$(\text{当 } 2\nmid k) \qquad (2.7.49)$$

$$g(n,k)=\sum_{i=0,2\mid k}^{k}\frac{b^i}{\Delta^{(k+i)/2}}\binom{k+i}{i}\binom{n+k-i}{k-i}u_{n+k+1-i}+\sum_{i=1,2\nmid i}^{k}\frac{b^i}{\Delta^{(k+1+i)/2}}\binom{k+i}{i}\binom{n+k-i}{k-i}v_{n+k+1-i}$$

$$(\text{当 } 2\mid k) \qquad (2.7.50)$$

证　设 $f(x)$ 两不等根为 $\alpha=(a+\sqrt{\Delta})/2,\beta=(a-\sqrt{\Delta})/2$. 则按部分分式原理

$$g(x)^{k+1}=\frac{1}{(1-\alpha x)^{k+1}(1-\beta x)^{k+1}}=\sum_{i=0}^{k}\frac{c_i}{(1-\alpha x)^{k+1-i}}+\sum_{i=0}^{k}\frac{d_i}{(1-\beta x)^{k+1-i}} \qquad (2.7.51)$$

上式可改写为

$$(1-\alpha x)^{k+1}g(x)^{k+1}=\frac{1}{(1-\beta x)^{k+1}}=\sum_{i=0}^{k}c_i(1-\alpha x)^i+h(x)$$

其中 $h(x)$ 有 $k+1$ 重零点 α^{-1}. 对上式两边取 i 阶导数,并令 x 趋于 α^{-1} 得

$$c_i=(-1)^i\frac{\binom{k+i}{i}\alpha^{k+1}\beta^i}{(\alpha-\beta)^{k+1+i}}=b^i\frac{\binom{k+i}{i}\alpha^{k+1-i}}{(\sqrt{\Delta})^{k+1+i}}(i=0,\cdots,k)$$

同理

$$d_i=(-1)^i\frac{\binom{k+i}{i}\beta^{k+1}\alpha^i}{(\beta-\alpha)^{k+1+i}}=$$

$$(-1)^{k+1+i}b^i\frac{\binom{k+i}{i}\beta^{k+1-i}}{(\sqrt{\Delta})^{k+1+i}}(i=0,\cdots,k)$$

因为已知

$$\frac{1}{(1-rx)^{s+1}}=\sum_{n=0}^{\infty}\binom{n+s}{s}r^nx^n$$

所以由式(2.7.51)知

$$g(x)^{k+1}=\sum_{i=0}^{k}\sum_{n=0}^{\infty}\binom{n+k-i}{k-i}(c_i\alpha^n+d_i\beta^n)x^n=$$

$$\sum_{n=0}^{\infty}\sum_{i=0}^{k}\binom{n+k-i}{k-i}(c_i\alpha^n+d_i\beta^n)x^n$$

其中

$$c_i\alpha^n+d_i\beta^n=b^i\frac{\binom{k+i}{i}}{(\sqrt{\Delta})^{k+1+i}}(\alpha^{n+k+1-i}+(-1)^{k+1+i}\beta^{n+k+1-i})$$

由于

$$\alpha^{n+k-i}+(-1)^{k+1+i}\beta^{n+k+1-i}=\begin{cases}v_{n+k+1-i},\text{当 }2\nmid(t+i)\\ \sqrt{\Delta}f_{n+k+1-i},\text{当 }2\mid(t+i)\end{cases}$$

可知 $g(n,k)$ 符合式(2.7.49),(2.7.50). 证毕.

从式(1.5.8)可知,u_n 的母函数为

$$u(x)=\frac{x}{1-ax-bx^2}=\sum_{i=0}^{\infty}u_ix^i$$

从式(2.7.47)知

$$g(x)=u(x)/x=\frac{1}{1-ax-bx^2}=\sum_{i=0}^{\infty}u_{i+i}x^i$$

比较式(2.7.48)两边 x^{n-k-1} 的系数,立即得到:

定理 2.7.14 设 $\{u_n\}$,$\{v_n\}$ 分别为 $\Omega(a,b)=\Omega(f(x))$ 中主序列和主相关序列,$b\Delta\neq 0$,$k\in\mathbf{Z}_+$. 令

$$s(u,n,k)=\sum_{i_0+i_1+\cdots+i_k=n}u_{i_0}u_{i_1}\cdots u_{i_k} \quad (2.7.52)$$

则

$$s(u,n,k)=\sum_{i=0,2\mid i}^{k}\frac{b^i}{\Delta^{(k+1+i)/2}}\binom{k+i}{i}\binom{n-1-i}{k-i}v_{n-i}+\sum_{i=1,2\nmid i}^{k}\frac{b^i}{\Delta^{(k+1)/2}}\binom{k+i}{i}\binom{n-1-i}{k-i}u_{n-i}$$

$$(当 2\nmid k) \quad (2.7.53)$$

$$s(u,n,k)=\sum_{i=0,2\mid i}^{k}\frac{b^i}{\Delta^{(k+1)/2}}\binom{k+i}{i}\binom{n-1-i}{k-i}u_{n-i}+\sum_{i=1,2\nmid i}^{k}\frac{b^i}{\Delta^{(k+1+i)/2}}\binom{k+i}{i}\binom{n-1-i}{k-i}v_{n-i}$$

$$(当 2\mid k) \quad (2.7.54)$$

我们知道,对于上述 $\Omega(a,b)$ 和 α,β,空间 $\Omega((x-\alpha^t)\cdot(x-\beta^t))=\Omega(x^2-v_tx+(-b)^t)$ 中的主序列为 u_{tn}/u_t,主相关序列为 v_{tn}. 因此,我们只要在式(2.7.49),(2.7.50)中以 $-(-b)^t$ 代 b,以 $v_t^2-4(-b)^t$ 代 Δ,以 u_{tn}/u_t 代 u_n,以 v_{tn} 代 v_n,就可得到对于 $\Omega(x^2-v_tx+(-b)^t)$ 的相应结果. 但为避免分母中出现 u_t 的幂,我们在比较两边 x 的系数时就去掉了分母. 这样就得到:

定理 2.7.15 设$\{u_n\}$,$\{v_n\}$分别为$\Omega(a,b)=\Omega(f(x))$中主序列和主相关序列,$b\Delta\neq 0$,$t,k\in\mathbf{Z}_+$.令

$$s(u,t,n,k)=\sum_{i_0+i_1+\cdots+i_k=n}u_{ti_0}u_{ti_1}\cdots i_{ti_k} \tag{2.7.55}$$

则

$$s(u,t,n,k)=$$
$$\sum_{t=0,2\mid i}^{k}\frac{b^{ti}u_t^{k+1}}{(v_t^2-4(-b)^t)^{(k+1+i)/2}}\binom{k+i}{i}\binom{n-1-i}{k-i}v_{t(n-i)}+$$
$$\sum_{i=1,2\nmid i}^{k}\frac{-(-b)^{ti}u_t^{k}}{(v_t^2-4(-b)^t)^{(k+i)/2}}\binom{k+i}{i}\binom{n-1-i}{k-i}u_{t(n-i)}\text{(当}2\nmid k\text{)} \tag{2.7.56}$$

$$s(u,t,n,k)=$$
$$\sum_{i=0,2\mid i}^{k}\frac{b^{ti}u_t^{k}}{(v_t^2-4(-b)^t)^{(k+i)/2}}\binom{k+i}{i}\binom{n-1-i}{k-i}u_{t(n-i)}+$$
$$\sum_{i=1,2\nmid i}^{k}\frac{-(-b)^{ti}u_t^{k+1}}{(v_t^2-4(-b)^t)^{(k+1+i)/2}}\binom{k+i}{i}\binom{n-1-i}{k-i}v_{t(n-i)}\text{(当}2\mid k\text{)} \tag{2.7/57}$$

对于 $k=1,2,3$ 我们有

$$s(u,t,n,1)=$$
$$\frac{u_t}{v_t^2-4(-b)^t}((n-1)u_tv_{tn}-2(-b)^tu_{t(n-1)}) \tag{2.7.58}$$

$$s(u,t,n,2)=$$
$$\frac{u_t^2}{(v_t^2-4(-b)^t)^2}((v_t^2-4(-b)^t)\binom{n-1}{2}u_{tn}+$$
$$6b^{2t}u_{t(n-2)}-3(-b)^t(n-2)u_tv_{t(n-1)} \tag{2.7.59}$$

$$s(u,t,n,3)=$$
$$\frac{u_t^3}{(v_t^2-4(-b)^t)^3}\left((v_t^2-4(-b)^t)\binom{n-1}{3}u_t v_{tn}+\right.$$
$$10b^{2t}(n-3)u_t v_{t(n-2)}-4(-b)^t(v_t^2-$$
$$\left.4(-b)^t)\binom{n-2}{2}u_{t(n-1)}-20(-b)^{3t}u_{t(n-3)}\right)\qquad(2.7.60)$$

以斐波那契序列为例,我们有

$$s(f,1,n,1)=\frac{1}{5}((n-1)l_n+2f_{n-1})$$

$$s(f,2,n,1)=\frac{1}{5}((n-1)l_{2n}-2f_{2(n-1)})$$

$$s(f,3,n,1)=\frac{1}{10}(2(n-1)l_{3n}+2f_{3(n-1)})$$

$$s(f,1,n,2)=\frac{1}{25}\left(5\binom{n-1}{2}f_n+6f_{n-2}+3(n-2)l_{n-1}\right)$$

$$s(f,2,n,2)=\frac{1}{25}\left(5\binom{n-1}{2}f_{2n}+6f_{2(n-2)}-3(n-2)l_{2(n-1)}\right)$$

$$s(f,3,n,2)=\frac{1}{50}\left(10\binom{n-1}{2}f_{3n}+3f_{3(n-2)}+3(n-2)l_{3(n-1)}\right)$$

$$s(f,1,n,3)=$$
$$\frac{1}{25}\left(\binom{n-1}{3}l_n+2(n-3)l_{n-2}+4\binom{n-2}{2}f_{n-1}+4f_{n-3}\right)$$

$$s(f,2,n,3)=$$
$$\frac{1}{25}\left(\binom{n-1}{3}l_{2n}+2(n-3)l_{2(n-2)}-4\binom{n-2}{2}f_{2(n-1)}-4f_{2(n-3)}\right)$$

$$s(f,3,n,3)=$$
$$\frac{1}{50}\left(2\binom{n-1}{3}l_{3n}+(n-3)l_{3(n-2)}+4\binom{n-2}{2}f_{3(n-1)}+f_{3(n-3)}\right)$$

数值验证结果与实际计算的卷积完全吻合.

参考文献

[1]LUCAS E. Thiorie des fonctions numèrigue simplement periodques[J]. Amer. J. Math. ,1978,1:184-240,189-321.

[2]HOGGATT V E Jr,LIND D A. Symbolic substitutions into Fibonacci polynomials[J]. Fibonacci Quart. ,1968,6:55-74.

[3]GABAI H. Generalized Fibonacci k-sequences[J]. Fibonacci Quart. ,1970,8(1):31-38.

[4] WILLIAMS H C. Proceedings of the louisiana conference on combinatorics[J]. Graph Theory and Computing (Baton Rouge, LA, 1970), 340-356.

[5]IVIE J. A general Q-matrix[J]. Fibonacci Quart. ,1972,10(3):255-261.

[6]JEANNIN A,R. On determinants whose elements are recurring sequences of arbitrary order[J]. Fibonacci Quart. ,1991,29(4):304-309.

[7]HUDSON R H. Convergence of tribonacci decimal expansions [J]. Fibonacci Quart. , 1987, 25(2):163-170.

[8]LEE J Z,LEE J S. A complete characterization of B-power fractions that can be represented as series of general n-bonacci numbers[J]. Fibonacci Quart. ,1987,25(1):72-75.

[9]GURAK S. Pseudoprimes for higher-order linear

recurrence sequences[J]. Math Comp. ,1990,55:783-813.

[10]VAJDA S. Fibonacci & Lucas numbers,and the golden section:theory and applications[M]. London:Ellis Horwood Limited,1989.

[11]HERTA T F,GEORGE M P. On co-related sequences involving generalized Fibonacci numbers [J]. Applications of Fibonacci numbers,1991,4:121-125.

[12]HORADAM A F, SHANNON A G. Generalization of identities of Catalan and others[J]. Portugal. Math. ,1987,44:137-148.

[13]GALVIN T L. Some binomial Fibonacci identities [J]. Applications of Fibonacci numbers,1990,3:241-254.

[14] CARLITZ L. Some determinants containing powers of Fibonacci Numbers [J]. Fibonacci Quart. ,1966,4:129-134.

[15] ZEITLIN D. On determinants whose elements are products of recursive sequences[J]. Fibonacci Quart. ,1970,8(4):350-359.

[16]HORADAM A F,PHILLIPPONI P. Colesky algorithm matrices of Fibonacci type and properties of generalized sequences [J]. Fibonacci Quart. ,1991,29(2):164-173.

[17]孔庆新. Fibonacci 数的若干性质(Ⅱ)[J]. 青海师范大学学报,1990(1):7-12.

[18]GALVIN T L. On a Fibonacci arithmetical trick

[J]. Fibonacci Quart. ,1985,23(3):22-231.

[19]GALVIN T L. Discovering Fibonacci identities [J]. Fibonacci Quart. ,1986,24(2):160-167.

[20]PETHE S,HORADAM A F. Generalized Gaussian Lucas primordial functions [J]. Fibonacci Quart. ,1988,26(1):20-23.

[21]孔庆新. Fibonacci 数的若干性质(Ⅲ)[J]. 青海师范大学学报,1991(1):20-23.

[22]JOHN L. Summing power series with polymomial coefficients[J]. Amer. Math Monthly, 1983, 90(4):284-285.

[23]徐利治,蒋茂森. 获得互反公式的一类可逆图示程序及其应用[J]. 吉林大学自然科学学报,1980,(4):43-45.

[24]王锦功. 关于 Fibonacci 数列与 Lucas 数列的结构性质[J]. 吉林大学自然科学学报,1985(4):18-23.

[25]HOGGATT V E Jr,BICKNELL M. Fouth power identities from Pascal's triangle[J]. Fibonacci Quart. ,1964,2:261-266.

[26]GOOD I J. A reciprocal series of Fibonacci numbers[J]. Fibonacci Quart. ,1974,12(4):346.

[27]GREIG W E. Sums of Fibonacci-type reciprocal [J]. Fibonacci Quart. ,1977,15(1):46-48.

[28]GREIG W E. On sums of Fibonacci-type reciprocals[J]. Fibonacci Quart. ,1977,15(4):356-358.

[29]HOGGATT V E Jr,BICKNELL M. A reciprocal series of Fibonacci numbers with subscripts

$2^n k$[J]. Fibonacci Quart., 1976, 14(5): 453-455.

[30]BERGUM G E, HOGGATT V E Jr. Infinite series with Fibonacci and Lucas polynomials[J]. Fibonacci Quart., 1979, 17(2): 147-151.

[31]BLAGOJ S P. A note on the sums of Fibonacci and Lucas polynomials[J]. Fibonacci Quart., 1985, 23(3): 238-239.

[32]BACKSTROM B. On reciprocal series related to Fibonacci numbers with subscripts in arithmetic progression[J]. Fibonacci Quart., 1981, 19(1): 14-21.

[33]GRET A. A Solution to a tantilizing problem [J]. Fibonacci Quart., 1986, 24(4): 316-322.

[34]ANDRE J R. Sumation of certain reciprocal series related to Fibonacci and Lucas numbers[J]. Fibonacci Quart., 1991, 29(3): 200-204.

[35]BELMAN R. A brief introduction to Theta functions[M]. New Yourk: Holt, Rinehart & Winston, 1961.

[36]HORADAM A F. Elliptic functions and Lambert series in the summation of reciprocals in certain recurrence-generated sequences [J]. Fibonacci Quart., 1988, 26(2): 98-114.

[37]JACOBI C G J. Fundamenta nova theoriae functionum ellipticarum[J]. Gesamelte werke, 1881, 1: 159.

[38]BRUCKMAN P S. On the evaluation of certain infinite series by elliptic functions[J]. Fibonacci

Quart. ,1977,15(4):293-310.

[39]KNOPP K. Theory and application of infinite series[M]. Blackie:[s. n.],1947.

[40]华罗庚. 数论导引[M]. 北京:科学出版社,1964:162-163.

[41]TANNERY J,MOLK J. Elements de La thèorie des functions elliptiques[J]. New York:Chelsea,1972.

[42]朱丹非. 斐波那契数列研究的三个结果[G]//中国初等数学研究. 郑州:河南教育出版社,1992:413-418.

[43]孔庆新,赵海兴. Fibonacci 数和 Lucas 数的若干性质[J]. 陕西师大学报(自然版),1992,20(9):86-89.

[44]ZHOU C Z. Constructing indentities involving kth-order F-L numbers by using the characteristic polynomial [J]. Applications of Fibonacci numbers,1999:369-379.

[45]ZHOU C Z. Applications of matrix theory to congruence properties of kth-order F-L sequences[J]. Fibonacci Q. ,2003,41(1):48-58.

[46]HOWARD F T,SAIDAK F. Zhou's theory of constructing identities(English)[J]. Congr. Numerantium,2010,200:225-237.

[47]ZHOU C Z,HOWARD F T. Sums of powers of generalized Fibonacci numbers (English) [J]. Congr. Numerantium,2009,194:277-287.

[48]周持中. 利用线性空间中基表示方法计算多项式

序列的一种加权和[J]. 洛阳大学学报,2001(4):9-11.

[49]ZHOU C Z, HOWARD F T. Applications of a determinant F-L indentity(English)[J]. Congr. Numerantium,2009,194:265-275.

[50]ZHOU C Z, HOWARD F T. Sums of powers of generalized Fibonacci numbers (English) [J]. Congr. Numerantium,2009,194:277-287.

[51]ZHANG W P. Some identities involving the Fibonacci numbers[J]. The Fibonacci Quarterly, 1997,35(3):225-228.

[52]ZHAO F Z, WANG T. Generalizations of some identities involving the Fibonacci numbeers[J]. Fibonacci Quarterly,2001,39(2):165.

[53]MELHAM R S. Families of identities involving sums of powers of the Fibonacci and Lucas numbers[J]. The Fibonacci Quartely, 1999, 37(4): 315-319.

[54]MELHAM R S. Alternating Sums of fouth powers of Fibonacci and Lucas numbers[J]. The Fibonacci Quarterly,2000,38(3):254-259.

[55]MELHAM R S. On the product difference Fibonacci identities[J]. Integers,2011,11:1-8.

[56]MELHAM R S. A three-variant identity involving cubes of Fibonacci numbers[J]. The Fibonacci Quarterly,2003,41(3):220-223.

[57]DRESEL L A G. Transformations of Fibonacci-Lucas Identities[M]. Dordrecht:Kluwer,1993.

[58]FAIRGRIEVE S, HENRY W J. Product difference Fibonacci identities of Simson, Gelin-Gesaro, Tagiuri and Generalizations[J]. The Fibonacci Quarterly, 2005, 43(2): 137-141.

[59] STANICA P. Generating functions, weighted and non-weighted sums for powers of second-order recurrence sequences [J]. The Fibonacci Quarterly, 2003, 41(4): 321-323.

第3章 同余关系与模周期性

F-L 数的同余关系与模周期性是 F-L 数在数论、编码理论和其他方面应用的重要理论基础. 本章先讨论了 F-L 整数序列的一般概念和 Ω_Z 的相关环中的同余关系，然后较系统地讨论了 F-L 数的各种同余关系. 对高阶 F-L 序列的模周期性，我们进行了较深入地讨论，其中包括引入"约束周期"的概念以及介绍关于多项式的模周期的几个重要结论. 最后，我们着重讨论了二阶序列的模周期性，简单介绍了 $\Omega_Z(a,b,1)$ 中序列的模周期性.

3.1 一般概念和引理

3.1.1 Ω_Z 的相关环及其中的同余关系

假设递归关系式(1.1.1)中，$a_1,\cdots,a_k\in\mathbf{Z}$，则当初始值 $u_0,\cdots,u_{k-1}\in\mathbf{Z}$ 时，对任何 $n\geqslant 0$ 有 $u_n\in\mathbf{Z}$，这时我们称 $\{u_n\}_0^{\infty}$ 为 F-L **整数序列**，称其中每一项为 F-L **整数**. 适合式(1.1.1)的 F-L 整数序列的集合记为 $\Omega_Z=\Omega_Z(a_1,\cdots,a_k)$，它显然构成一个 $\mathbf{Z}$ 模，

我们称之为 F-L **整数序列模**. 在不引起混淆的情况下,上述诸概念中"整数"二字均可省去.

当 $a_k=\pm 1$ 时,对 $n>0$,u_{-n} 仍为整数,但当 $a_k\neq \pm 1$ 时,一般情况并非如此. 故当 $a_k=\pm 1$ 时,我们允许把 F-L 整数序列拓展到 $\{u_n\}_{-\infty}^{+\infty}$,而对 $a_k\neq\pm 1$ 仍只考虑 $\{u_n\}_0^{\infty}$.

当我们考察整数序列 $\{w_n\}$ 各项对模 m 的剩余时,所得序列 $\{w_n \pmod m\}$ 称为**模 m 序列**. 利用 Ω_Z 的相关环中的同余关系研究这种序列,是一种有效的方法. 下面我们就来介绍这种方法.

设 $\Omega_Z(a_1,\cdots,a_k)=\Omega_Z(f(x))=\Omega_Z(\mathbf{A})$ 的一个 k 值特征根为 $\theta=(x_1,\cdots,x_k)$. 仿照第 1 章那样,我们可以得到如下一些环:

(1)整系数多项式环 $Z[x]$ 对 $f(x)$ 的商环 $Z[x]/(f(x))$.

(2)

$$ZV_{k,1}(\theta)=\{\alpha\mid\alpha=b_1\theta^{k-1}+\cdots+b_{k-1}\theta+b_k,b_1,\cdots,b_k\in ZV_{k,1}\} \quad (3.1.1)$$

其中 $ZV_{k,1}=\{k$ 值数 $a=(a,\cdots,a)\mid a\in\mathbf{Z}\}$.

根据 1.3 末尾的说明,$ZV_{k,1}(\theta)$ 中的运算理解为正则的或非正则的依具体条件确定,今后凡未涉及 θ 的具体值的定理或公式中,我们均把 θ 看作正则运算意义下的元素,而不特别声明.

(3)

$$M_Z(\mathbf{A})=\{\mathbf{M}\mid\mathbf{M}=b_1\mathbf{A}^{k-1}+\cdots+b_{k-1}+b_k\mathbf{E},b_1,\cdots,b_k\in\mathbf{Z}\} \quad (3.1.2)$$

(4)添加 $x_1,\cdots,x_k$ 于整数环所生成的扩环 $Z(x_1,\cdots,x_k)$(此环在第 1 章末曾出现).

上述四个环统称为 Ω_Z 的**相关环**. 由于这些环有些相类似的性质,特别前三个环是彼此同构的,我们有必要统一进行研究. 在下面的讨论中,我们始终以 R 表 Ω_Z 的相关环之一.

设 m 为大于 1 的整数,对 $\alpha,\beta\in R$,当且仅当 $\alpha-\beta\in mR$ 时称 α,β **对模 m 同余**,记为 $\alpha\equiv\beta(\bmod m)$. 若存在正整数 t,适合

$$\alpha^t\equiv 1(\bmod m)(1\text{ 为 }R\text{ 中单位元}) \quad (3.1.3)$$

则称其中最小之 t 为 α **对模 m 之阶**,记为 $\mathrm{ord}_m(\alpha)$.

下面诸引理中未加证明者均是显然的.

引理 3.1.1 设 $\alpha,\beta,\gamma,\delta\in R,\alpha\equiv\beta(\bmod m),\gamma\equiv\delta(\bmod m)$,则:

(1)$\alpha x+\gamma y=\beta x+\delta y(\bmod m),x,y\in R$,特别可以是整数.

(2)$\alpha\gamma\equiv\beta\delta(\bmod m)$.

引理 3.1.2 设 $\alpha,\beta\in R,\alpha\equiv\beta(\bmod m_1),\alpha\equiv\beta(\bmod m_2),\gcd(m_1,m_2)=1$,则 $\alpha\equiv\beta(\bmod m_1m_2)$.

引理 3.1.3 设 p 为素数,$\alpha_1,\cdots,\alpha_t\in R,b_1,\cdots,b_t\in\mathbf{Z}$,则

$$(b_1\alpha_1+\cdots+b_t\alpha_t)^p\equiv b_1\alpha_1^p+\cdots+b_t\alpha_t^p(\bmod p) \quad (3.1.4)$$

推论 若 p 为素数,$g(x)\in Z[x],\alpha\in R$,则

$$g(\alpha)^p\equiv g(\alpha^p)(\bmod p) \quad (3.1.5)$$

引理 3.1.4 若 $\alpha,\beta\in ZV_{k,1}(\theta),\alpha\equiv\beta(\bmod m)$,则 $T(\alpha)\equiv T(\beta)$ 及 $N(\alpha)\equiv N(\beta)(\bmod m)$.

此引理可用多值数的相等证之.

引理 3.1.5 若 $\boldsymbol{\alpha},\boldsymbol{\beta}\in M_Z(\mathbf{A}),\boldsymbol{\alpha}\equiv\boldsymbol{\beta}(\bmod m)$,则 $T(\boldsymbol{\alpha})\equiv T(\boldsymbol{\beta})$ 及 $\det\boldsymbol{\alpha}\equiv\det\boldsymbol{\beta}(\bmod m)$.

引理 3.1.6 若 $\alpha\in ZV_{k,1}(\theta)$，则 α 对模 m 可逆的充要条件是 $\gcd(m,N(\alpha))=1$，特别地 θ 对模 m 可逆的充要条件是 $\gcd(m,a_k)=1$.

引理 3.1.7 若 $\boldsymbol{\alpha}\in M_Z(\mathbf{A})$，则 $\boldsymbol{\alpha}$ 对模 m 可逆的充要条件是 $\gcd(m,\det\boldsymbol{\alpha})=1$，特别地 $\mathbf{A}$ 对模 m 可逆的充要条件是 $\gcd(m,a_k)=1$.

引理 3.1.8 设 $\alpha\in R$，则 $\mathrm{ord}_m(\alpha)$ 存在之充要条件是 α 对模 m 可逆.

引理 3.1.9 设 $\alpha\in R$，$\mathrm{ord}_m(\alpha)=t$. 又正整数 t_1 适合 $\alpha^{t_1}\equiv1(\mathrm{mod}\ m)$，则 $t\mid t_1$.

在 $Z[x]/(f(x))$ 中，当 $\mathrm{ord}_m(x)=t$ 时，有

$$x^t\equiv1(\mathrm{mod}\ m,f(x)) \qquad (3.1.6)$$

如果我们称使形如上式成立的最小正整数 t 为 $f(x)$ 的**模 m 周期**并记为 $P(m,f(x))=t$ 的话，则有：

引理 3.1.10 在 $Z[x]/(f(x))$ 中有 $\mathrm{ord}_m(x)=P(m,f(x))$，它们存在的充要条件是 $\gcd(m,a_k)=1$.

以后我们将会看到，根据不同情况，有时使用 R 中元素的阶，有时使用特征多项式的周期，各有各的好处. 下面是关于 R 中元素的阶的性质和计算.

引理 3.1.11 设 $\alpha\in R$，$m_1\mid m_2$，则 $\mathrm{ord}_{m_1}(\alpha)\mid\mathrm{ord}_{m_2}(\alpha)$，假若上述阶均存在的话.

引理 3.1.12 设 p 为素数，$\alpha\in R$，$\mathrm{ord}_{p^r}(\alpha)=t$，则

$$\mathrm{ord}_{p^{r+1}}(\alpha)=t\ 或\ pt$$

证 由已知，$\alpha^t=1+p^r\cdot\beta$，$\beta\in R$.

则

$$\alpha^{pt}=1+\binom{p}{1}p^r\beta+\binom{p}{2}(p^r\beta)^2+\cdots\equiv1(\mathrm{mod}\ p^{r+1})$$

所以 $\mathrm{ord}_{p^{r+1}}(\alpha)\mid pt$，但 $t\mid\mathrm{ord}_{p^{r+1}}(\alpha)$，故证.

引理 3.1.13　设 p 为奇素数,$\alpha\in R$,若 $\mathrm{ord}_p(\alpha)=t$,且 $\alpha^t=1+p^i\beta,i\geqslant 1,\beta\not\equiv 0(\mathrm{mod}\ p)$,则

$$\mathrm{ord}_{p^r}(\alpha)=\begin{cases}t,\text{当 } 1\leqslant r\leqslant i\\ tp^{r-i},\text{当 } r>i\end{cases}\tag{3.1.7}$$

证　$1\leqslant r\leqslant i$ 时显然. 由已知,$\mathrm{ord}_{p^{i+1}}(\alpha)\neq t$,故必 $\mathrm{ord}_{p^{i+1}}(\alpha)=tp$. 由已知又有

$$\alpha^{pt}=1+\binom{p}{1}p^i\beta+\binom{p}{2}(p^i\beta)^2+\cdots+(p^i\beta)^p=$$

$$1+p^{i+1}\left[\beta+\binom{p}{2}p^{i-1}\beta^2+\cdots+p^{ip-i-1}\beta^p\right]=$$

$$1+p^{i+1}\delta\equiv 1(\mathrm{mod}\ p^{i+1})$$

因为 $p>2$,所以 $\delta\not\equiv 0(\mathrm{mod}\ p)$,于是 $\mathrm{ord}_{p^{i+2}}(\alpha)\neq pt$,因而必等于 p^2t. 即 $r=i+1,i+2$ 时引理均成立. 仿此用归纳法可完全证明.

推论　在定理的条件下:

(1)$\mathrm{ord}_{p^r}(\alpha)\mid p^{r-1}\cdot\mathrm{ord}_p(\alpha)$.

(2)若 $\mathrm{ord}_p(\alpha)\neq\mathrm{ord}_{p^2}(\alpha)$,则 $\mathrm{ord}_{p^r}(\alpha)=p^{r-1}\cdot\mathrm{ord}_p(\alpha)$.

(3)若 $\mathrm{ord}_p(\alpha)\neq\mathrm{ord}_{p^2}(\alpha)=\cdots=\mathrm{ord}_{p^i}(\alpha)\neq\mathrm{ord}_{p^{i+1}}(\alpha)$,则 $r>i$ 时 $\mathrm{ord}_{p^r}(\alpha)=p^{r-i}\cdot\mathrm{ord}_p(\alpha)$.

参照上述引理可以证明:

引理 3.1.14　设 $\alpha\in R$,若 $\mathrm{ord}_4(\alpha)=t$,且 $\alpha^t=1+2^i\beta,i\geqslant 2,\beta\not\equiv 0(\mathrm{mod}\ 2)$,则

$$\mathrm{ord}_{2^r}(\alpha)=\begin{cases}t,\text{当 } 2\leqslant r\leqslant i\\ tp^{r-i},\text{当 } r>i\end{cases}\tag{3.1.8}$$

推论　在定理的条件下:

(1)$\mathrm{ord}_{2^r}(\alpha)\mid 2^{r-1}\cdot\mathrm{ord}_2(\alpha)$.

(2)若 $\mathrm{ord}_4(\alpha)\neq\mathrm{ord}_8(\alpha)$,则 $r\geqslant 2$ 时

$$\mathrm{ord}_{2^r}(\alpha)=2^{r-2}\cdot \mathrm{ord}_4(\alpha)$$

(3)若 $\mathrm{ord}_4(\alpha)=\mathrm{ord}_8(\alpha)=\cdots=\mathrm{ord}_{2^i}(\alpha)\neq\mathrm{ord}_{2^{i+1}}(\alpha)$，则 $r>i$ 时 $\mathrm{ord}_{2^r}(\alpha)=2^{r-i}\cdot \mathrm{ord}_4(\alpha)$.

引理 3.1.15 在非正则运算下

$$\mathrm{ord}_m(\theta)=\mathrm{lcm}(\mathrm{ord}_m(x_1),\cdots,\mathrm{ord}_m(x_k)) \tag{3.1.9}$$

只要上式有一边的阶均存在，其中 $\mathrm{ord}_m(\theta)$ 在环 $ZV_{k,1}(\theta)$ 中计算，而 $\mathrm{ord}_m(x_i)(i=1,\cdots,k)$ 在环 $Z(x_1,\cdots,x_k)$ 中计算.

证 设 $\mathrm{ord}_m(\theta)=t$ 存在，则有

$$\theta^t=1+m\beta,\beta=(y_1,\cdots,y_k)\in ZV_{k,1}(\theta)$$

于是

$$y_i\in Z(x_1,\cdots,x_k)(i=1,\cdots,k)$$

利用多值数相等得

$$x_i^t=1+my_i\equiv 1(\mathrm{mod}\ m)$$

所以 $\mathrm{ord}_m(x_i)\mid t$，故它们的最小公倍数 l 也整除 t.

反之，由诸 $\mathrm{ord}_m(x_i)=t_i$ 的存在可推知 $\mathrm{ord}_m(\theta)=t$ 的存在，且 $t\mid l$. 故 $t=l$.

3.1.2 模序列的拓展

在 $\Omega_Z(a_1,\cdots,a_k)$ 中，若 $\gcd(m,a_k)=1$，则 a_k 对模 m 之逆元 a_k^{-1} 存在，那么我们按下列公式把 Ω_Z 中的模序列 $\{w_n(\mathrm{mod}\ m\}$ 拓展到 $n<0$ 的情况

$$w_n\equiv a_k^{-1}(w_{n+k}-a_1w_{n+k-1}-\cdots-a_{k-1}w_{n+1})(\mathrm{mod}\ m) \tag{3.1.10}$$

不过要注意的是，当 $a_k\neq\pm1$ 时，对于 $n<0$，$w_n(\mathrm{mod}\ m)$ 中的 w_n 与 Ω_Z 中原来的 w_n 可能是迥然不同的.

不难看出，前两章有关 F-L 数的公式一般对模序列都是成立的，只要把其中除以某数看作乘以某数对

模 m 之逆元(如果存在的话)即可. 上述看法,对拓展后的模序列也是适用的. 这对我们研究问题会带来方便.

本节最后我们指出,本节上一目所论及的环 R 中关于模 m 的同余关系,可以看作 R 中关于理想(m)的同余关系. 这种思想可推广到更一般的情况:就是把上一目中有关概念中的"整数"改为"数域 F 上的代数整数",我们就得到数域 F 上的**代数整数序列**及**代数整数序列模**的概念. 设 $\mathfrak{m}$ 为相关的环 R 中的一个理想,我们同样可以考察 R 中关于 $\mathfrak{m}$ 的同余关系. 但为了叙述简便起见,我们的主要内容仍以有理整数意义下的整数序列的形式阐述. 其中许多方法和结论可以直接或经过修改后推广到一般代数整数序列.

3.2　同余性质

3.2.1　下标成等差数列的子序列的同余性质

1986 年,Freitag[1] 证明了:

定理 3.2.1　设 $\{f_n\}$ 为斐波那契序列,$d\in \mathbf{Z}_+$,则对任何 $n\geqslant 0$

$$f_{n+2d}\equiv f_{n+d}+f_n \pmod{10} \qquad (3.2.1)$$

成立的充要条件是 $d\equiv 1$ 或 $5 \pmod{12}$.

同所年,Freitag 和 Phillips[2] 又证明了:

定理 3.2.2　设 $\mathfrak{w}\in \Omega_Z(a,b)$,$p$ 为奇素数,则对一切 $n\geqslant 0$ 有

$$w_{n+2p}\equiv aw_{n+p}+bw_n \pmod{2p} \qquad (3.2.2)$$

1988 年,上述二人[3] 进一步证明了:

定理 3.2.3 设 $\mathbf{w}\in\Omega_Z(a_1,\cdots,a_k)$有互异特征根,$p$ 为素数,则对一切 $n\geqslant 0$ 有

$$w_{n+kp}\equiv a_1 w_{n+(k-1)p}+\cdots+a_{k-1}w_{n+p}+a_k w_n \pmod p \tag{3.2.3}$$

1989 年,Somer[4]依上述结果,提出了如下推广问题:

对 $\mathbf{w}\in\Omega_Z(a_1,\cdots,a_k)$及任何 $n\geqslant 0$,是否存在正整数 $d,m,m>1$,使

$$w_{n+kd}\equiv a_1 w_{n+(k-1)d}+\cdots+a_{k-1}w_{n+d}+a_k w_n \pmod m \tag{3.2.4}$$

他作出了肯定回答,得到了如下一些解答:

定理 3.2.4 $m=p$ 为素数,$d=p^c$(e 为非负整数)时式(3.2.4)成立.

定理 3.2.5 $\gcd(m,a_k)=1$ 时,存在固定的模 g,使得 $d\equiv 1 \pmod g$时式(3.2.4)成立.

推论 $m=p$ 为素数,$p\nmid a_k$ 时,存在固定的模 g,使得 $d\equiv p^e$(e 为非负数)时式(3.2.4)成立.

定理 3.2.6 $\gcd(c,a_k)=1$ 时,在素数集中存在无限多个具有正密度的素数 p,使得 $m=cp,d=p^e$(e 为非负整数)时式(3.2.4)成立.进而言之,存在固定的模 g,使得上述素数由 $p\equiv 1 \pmod g$确定(可能除去有限多个值).

推论 1 设 c 为已知素数,$c\nmid a_k$,则存在无限多个在素数集中具有正密度的素数 p,使得 $m=cp,d=p^e$(e 为非负整数)时式(3.2.4)成立.进而言之,存在固定的模 g,使得上述 p 由 $p\equiv c^e \pmod g$确定(可能除去有限多个值).

推论 2 设 $\mathbf{w}\in\Omega_Z(a,b)$,$p>3$ 为素数,e 为非负

整数，则对一切 $n\geqslant 0$ 有

$$w_{n+2p^e}\equiv aw_{n+p^e}+bw_n \pmod{2p} \qquad (3.2.5)$$

定理 3.2.1～3.2.6 及其推论证明较为冗长，我们给出如下的推广，并采用我们所建立的 F-L 数的表示工具给出简单的证明.

定理 3.2.7　设 $\Omega_Z(a_1,\cdots,a_k)=\Omega_Z(\boldsymbol{A})=\Omega_Z(f(x))$，则式(3.2.4)对任何 $\boldsymbol{w}\in\Omega_Z$ 均成立的充要条件是

$$f(\boldsymbol{A}^d)\equiv 0 \pmod{m} \qquad (3.2.6)$$

即

$$\boldsymbol{A}^{kd}\equiv a_1\boldsymbol{A}^{(k-1)d}+\cdots+a_{k-1}\boldsymbol{A}^d+a_k\boldsymbol{E} \pmod{m} \qquad (3.2.7)$$

证　充分性. 设式(3.2.7)成立，则对一切 $n\geqslant 0$ 有

$$\boldsymbol{A}^{n+kd}\equiv a_1\boldsymbol{A}^{n+(k-1)d}+\cdots+a_{k-1}\boldsymbol{A}^{n+d}+a_k\boldsymbol{A}^n \pmod{m} \qquad (3.2.8)$$

利用引理 2.1.1，即得式(3.2.4).

必要性. 若式(3.2.4)对任何 $\boldsymbol{w}\in\Omega_Z$ 成立，同样由引理 2.1.1 之逆可得式(3.2.8). 令 $n=0$ 即得式(3.2.7).

下面利用我们的定理来证明前述定理($\boldsymbol{A}$ 在不同的证明中可能代表不同的联结矩阵).

定理 3.2.1 的证明：

因$\{f_n\}$为 $\Omega(1,1)$中的主序列，其他序列均可由$\{f_n\}$线性表示. 故式(3.2.1)对$\{f_n\}$成立时对 Ω 中其他序列也成立(即将其中$\{f_n\}$换成其他序列). 因此，根据定理 3.2.7，式(3.2.1)成立的充要条件是 $\boldsymbol{A}^{2d}\equiv\boldsymbol{A}^d+\boldsymbol{E} \pmod{10}$. 两边乘 $\widetilde{\boldsymbol{A}}^d$($\widetilde{\boldsymbol{A}}$ 为 $\boldsymbol{A}$ 的共轭矩阵)并移项后化为

$$(-1)^d\boldsymbol{A}^d-\widetilde{\boldsymbol{A}}^d\equiv(-1)^d\boldsymbol{E} \pmod{10} \qquad (3.2.9)$$

当 $2|d$ 时即

$$(\mathbf{A}-\widetilde{\mathbf{A}})f_d \equiv \mathbf{E} \pmod{10}$$

化为

$$(2\mathbf{A}-\mathbf{E})f_d \equiv \mathbf{E} \pmod{10}$$

由表示的唯一性得 $2\equiv 0$ 及 $-f_d\equiv 1 \pmod{10}$，此不可能.

当 $2\nmid d$ 时由式(3.2.9)可得 $l_d\not\equiv 1 \pmod{10}$，$\{l_n\}$ 为卢卡斯序列. 写出 $l_n \pmod{10}$ 如下

$$2,1,3,4,7,1,8,9,7,6,3,9,2,1,\cdots$$

可知当且仅当 $d\equiv 1$ 或 $5 \pmod{12}$ 时 $l_d\equiv 1 \pmod{10}$ 成立. 证毕.

定理 3.2.4 的证明：

因为 $f(\mathbf{A}^{p^e})\equiv f(\mathbf{A})^{p^e}\equiv 0 \pmod p$，故依定理 3.2.7，对任何 $\mathbf{w}\in\Omega_Z$，式(3.2.4)成立.

定理 3.2.5 的证明：

当 $\gcd(m,a_k)=1$ 时由引理 3.1.7～3.1.8 知，$\mathrm{ord}_m(\mathbf{A})=g$ 存在. $d\equiv 1 \pmod g$ 时，可设 $d=hg+1$，于是

$$f(\mathbf{A}^d)=f(\mathbf{A}^{hg}\cdot\mathbf{A})\equiv f(\mathbf{E}\cdot\mathbf{A})=f(\mathbf{A})=0 \pmod m$$

故得所证.

定理 3.2.6 的证明：

当 $\gcd(c,a_k)=1$ 时，同上知 $\mathrm{ord}_c(\mathbf{A})=g$ 存在. 若取素数 $p\equiv 1 \pmod g$，则也有 $p^e\equiv 1 \pmod g$. 于是仿上可证得 $f(\mathbf{A}^{p^e})\equiv 0 \pmod c$. 另一方面，$f(\mathbf{A}^{p^e})\equiv f(\mathbf{A})^{p^e}\equiv 0 \pmod p$. 如果我们这样选取 p，使 $p\nmid c$，则由引理 3.1.2 得 $f(\mathbf{A}^{p^e})\equiv 0 \pmod{cp}$. 这样，取 $m=cp$，$d=p^e$ 时式(3.2.4)就成立.

另一方面，由狄利克雷(Dirichlet)关于算术级数中素数的定理，适合 $p\equiv 1 \pmod g$ 之素数个数无限，其

密度为 $1/\varphi(g)$（φ 为欧拉（Euler）函数）[5]. 从中去掉可能整除 c 的有限个素数，密度不变. 证毕.

定理 3.2.6 推论 2 的证明：

同前有 $f(\boldsymbol{A}^{p^e})\equiv 0 \pmod p$. 因为 $2\nmid p$，所以只要证 $f(\boldsymbol{A}^{p^e})\equiv 0 \pmod 2$，即要证 $\boldsymbol{A}^{2p^e}\equiv a\cdot \boldsymbol{A}^{p^e}+b\boldsymbol{E} \pmod 2$.

当 $a\equiv b\equiv 0$，则 $\boldsymbol{A}^2=a\boldsymbol{A}+b\boldsymbol{E}\equiv 0 \pmod 2$，结论显然.

当 $a\equiv 0, b\equiv 1$，则 $\boldsymbol{A}^2\equiv \boldsymbol{E} \pmod 2$；当 $a\equiv 1, b\equiv 0$，则 $\boldsymbol{A}^2\equiv \boldsymbol{A} \pmod 2$. 结论均显然.

当 $a\equiv b\equiv 1$，则 $\boldsymbol{A}^2\equiv \boldsymbol{A}+\boldsymbol{E} \pmod 2$. 可得 $\boldsymbol{A}^3\equiv 2\boldsymbol{A}+\boldsymbol{E}\equiv \boldsymbol{E}(mod2)$.

因为 $p>3$，所以 $p^e\equiv 1$ 或 $2 \pmod 3$，从而 $\boldsymbol{A}^{p^e}\equiv \boldsymbol{A}$ 或 $\boldsymbol{A}^2 \pmod 2$，$\boldsymbol{A}^{2p^e}\equiv \boldsymbol{A}^2$ 或 $\boldsymbol{A} \pmod 2$. 因为 $\boldsymbol{A}^2\equiv \boldsymbol{A}+\boldsymbol{E}$ 或 $\boldsymbol{A}\equiv \boldsymbol{A}^2+\boldsymbol{E} \pmod 2$ 均成立，故得所证.

因为其他定理或推论均可由已证结果直接得出，故至此，前面六个定理及几个推论全部处理完毕.

定理 3.2.7 的条件还可进一步放宽，即不必求式 (3.2.4) 对任何 $\mathfrak{w}\in\Omega_Z$ 均成立，而只要求对个别的 $\mathfrak{w}$ 成立. 为解决这一问题，我们需要把 $M_Z(\boldsymbol{A})$ 中的同余关系推广到一般**整数矩阵**（即每个元素均为整数的矩阵）.

设 m 为大于 1 的整数，$\boldsymbol{A}=(a_{ij})_{r\times n}$ 和 $\boldsymbol{B}=(b_{ij})_{r\times n}$ 为整数矩阵，当且仅当对一切 $1\leqslant i\leqslant r, 1\leqslant j\leqslant n$ 均有 $a_{ij}\equiv b_{ij} \pmod m$ 时称 $\boldsymbol{A}$ 和 $\boldsymbol{B}$ **对模** m **同余**，记为 $\boldsymbol{A}\equiv B \pmod m$. 整数矩阵的同余关系具有 $M_Z(\boldsymbol{A})$ 中的同余关系的一些类似性质，可参照本章第一节.

定理 3.2.8　设 $\Omega_Z(a_1,\cdots,a_k)=\Omega_Z(\boldsymbol{A})=\Omega_Z(f(x))$，$\mathfrak{w}\in\Omega_Z$ 为已知序列，设 W_n 表 $\mathfrak{w}$ 的第 n 列，则式(3.2.4)

成立的充要条件是

$$f(\boldsymbol{A}^d)\boldsymbol{W}_0\equiv 0 \pmod m \tag{3.2.10}$$

即

$$\boldsymbol{W}_{kd}\equiv a_1\boldsymbol{W}_{(k-1)d}+\cdots+a_{k-1}\boldsymbol{W}_d+a_k\boldsymbol{E} \pmod m \tag{3.2.11}$$

亦即只要式(3.2.4)对 $n=0,1,\cdots,k-1$ 成立.

其证明是显然的,从略.

3.2.2 主序列及主相关序列的同余性质

主序列及主相关序列的同余性质应用最多因而是研究的重点.

定理 3.2.9 设 $\mathfrak{u},\mathfrak{v}$ 分别为 $\Omega_Z(a,b)$ 中主序列及其相关序列,p 为素数,则

$$u_p\equiv\left(\frac{\Delta}{p}\right) \pmod p \tag{3.2.12}$$

$$v_p\equiv v_1=a \pmod p \tag{3.2.13}$$

证 设 $\theta,\tilde{\theta}$ 为 Ω 的一组共轭二值特征根,由 $\tilde{\theta}=a-\theta$知 $\tilde{\theta}\in ZV_{k,1}(\theta)$.

式(3.2.12)的证明如下:由

$$(\theta-\tilde{\theta})^p\equiv\theta^p-\tilde{\theta}^p=(\theta-\tilde{\theta})u_p \pmod p$$

两边乘 $\theta-\tilde{\theta}$ 得

$$\Delta^{(p+1)/2}\equiv\Delta u^p \pmod p \tag{3.2.14}$$

若 $p\nmid\Delta$,则两边乘 Δ 对模 p 之逆元 Δ^{-1}得

$$u_p\equiv\Delta^{(p-1)/2}\equiv\left(\frac{\Delta}{p}\right) \pmod p$$

若 $p\mid\Delta,p\neq 2$ 时由 $a^2\equiv -4b$ 及递归关系易知

$$u_n\equiv n(a/2)^{n-1} \pmod p$$

所以 $u_p\equiv 0=\left(\frac{\Delta}{p}\right) \pmod p$,$p=2$ 时结论显然.

式(3.2.13)的证明如下:$v_p=\theta^p+\tilde{\theta}^p\equiv(\theta+\tilde{\theta})^p=$

$a^p \equiv a \pmod p$，即证.

推论1 若 $p \nmid 2b$，则：

$\left(\frac{\Delta}{p}\right)\Delta=1$ 时

$$u_{p-1} \equiv 0, u_{p+1} \equiv 1, v_{p-1} \equiv 2, v_{p+1} \equiv a^2+2b \pmod p \tag{3.2.15}$$

$\left(\frac{\Delta}{p}\right)=-1$ 时

$$u_{p-1} \equiv ab^{-1}, u_{p+1} \equiv 0, v_{p-1} \equiv -2-a^2b^{-1}$$
$$v_{p+1} \equiv -2b \pmod p \tag{3.2.16}$$

$p \mid \Delta$ 时

$$u_{p-1} \equiv -2a^{-1}, u_{p+1} \equiv 2^{-1}a, v_{p-1} \equiv 2$$
$$v_{p+1} \equiv -2b \pmod p \tag{3.2.17}$$

证 根据定理的结果及式(2.2.9)和递归关系即可得证.注意，当 $p \mid \Delta$ 时，因为 $p \nmid 2b$，所以 $p \nmid a$，故 a 对模 p 之逆 a^{-1} 存在.

推论2 若 $p \nmid 2b$，则

$$u_{p-\left(\frac{\Delta}{p}\right)} \equiv 0 \pmod p \tag{3.2.18}$$

$p \nmid \Delta$ 时

$$v_{p-\left(\frac{\Delta}{p}\right)} \equiv 2(-b)^{\frac{1}{2}\left(1-\left(\frac{\Delta}{p}\right)\right)} \pmod p \tag{3.2.19}$$

1988年，Robbins[6]把定理3.2.9的结果对 $\Delta>0$ 的情况进行了推广.我们再把它推广到任意 Δ 的情况，这就是：

定理3.2.10 设 $\mathfrak{u}, \mathfrak{v}$ 分别为 $\Omega_Z(a,b)$ 中主序列及其相关序列，p 为素数，$p \nmid \gcd(a,b)$，$k \in \mathbf{Z}_+$，则

$$v_{kp^m} \equiv v_{kp^{m-1}} \pmod{p^m} \tag{3.2.20}$$

$p \geqslant 3$ 时

$$u_{kp^m} \equiv \left(\frac{\Delta}{p}\right) u_{kp^{m-1}} \pmod{p^m} \tag{3.2.21}$$

$p=2$ 时

$$u_{k2^m}\equiv\begin{cases}(-1)^b u_{k2^{m-1}}, & 当\ 2\nmid\Delta\\ 2u_{k2^{m-1}}, & 当\ 2\mid\Delta\end{cases}\pmod{2^m}\tag{3.2.22}$$

此外,Robbins 对上面的式(3.2.21),(3.2.22)均只考虑了 $p\nmid\Delta$ 的情况.他的证明也很烦琐,我们另给出简单证明.

证 取 Ω 中一组共轭二值特征根,$\theta,\tilde{\theta}$.

(1)$p\nmid 2b$ 时.由定理 2.3.9 及其推论 1:

$p\nmid\Delta$ 时有

$$\theta^p=u_p\theta+bu_{p-1}\equiv\alpha\pmod p\tag{3.2.23}$$

其中当 $\left(\frac{\Delta}{p}\right)=1$ 或 -1 时,相应地有 $\alpha=\theta$ 或 $\tilde{\theta}$. 可写 $\theta^p=\alpha+p\beta_1,\beta_1\in ZV_{k,1}(\theta)$. 则

$$\theta^{p^2}=\alpha^p+p^2\alpha^{p-1}\beta_1+\binom{p}{2}p^2\alpha^{p-2}\beta_1^2+\cdots=\alpha^p+p^2\beta_2$$

依此可归纳地证得

$$\theta^{p^m}\equiv\alpha^{p^{m-1}}+p^m\beta_m(\beta_m\in ZV_{k,1}(\theta))$$

即

$$\theta^{p^m}\equiv\alpha^{p^{m-1}}\pmod{p^m}$$

所以

$$\theta^{kp^m}\equiv\alpha^{kp^{m-1}}\pmod{p^m}\tag{3.2.24}$$

同理

$$\tilde{\theta}^{kp^m}\equiv\tilde{\alpha}^{kp^{m-1}}\pmod{p^m}$$

上两式相加即得式(3.2.20),相减得

$$(\theta-\tilde{\theta})u_{kp^m}\equiv\left(\frac{\Delta}{p}\right)(\theta-\tilde{\theta})u_{kp^{m-1}}\pmod{p^m}$$

因为 $p\nmid\Delta$,所以两边乘 $\Delta^{-1}(\theta-\tilde{\theta})$ 即得式(3.2.21).

$p\mid\Delta$ 时由式(3.2.12)和式(3.2.17)可得

$$\theta^p \equiv b(-2a^{-1}) \equiv a/2 \pmod p \qquad (3.2.25)$$

由此仿前可证

$$\theta^{kp^m} \equiv (a/2)^{kp^{m-1}} \pmod{p^m}$$

由引理 2.1.1 可得

$$u_{kp^m} \equiv (a/2)^{kp^{m-1}} u_0 = 0 \pmod{p^m} \quad (3.2.26)$$

及

$$v_{kp^m} \equiv (a/2)^{kp^{m-1}} v_0 = 2(a/2)^{kp^{m-1}} \pmod{p^m} \quad (3.2.27)$$

另一方面式(3.2.25)可改写为 $\theta^p \equiv (a/2)^p \pmod p$，由此

$$\theta^{kp^{m-1}} \equiv (a/2)^{kp^{m-1}} \pmod{p^{m-1}}$$

当 $m>1$ 时有

$$[\theta^{kp^{m-1}} - (a/2)^{kp^{m-1}}]^2 = \theta^{2kp^{m-1}} - 2(a/2)^{kp^{m-1}}\theta^{kp^{m-1}} + (a/2)^{2kp^{m-1}} \equiv 0 \pmod{p^m} \quad (3.2.28)$$

又由 $(a/2)^2 \equiv -b \pmod p$ 可得

$$(a/2)^{2kp^{m-1}} \equiv (-b)^{kp^{m-1}} = (\theta \cdot \tilde{\theta})^{kp^{m-1}} \pmod{p^m}$$

以之代入式(3.2.28)，然后两边乘以 $((-b)^{-1}\tilde{\theta})^{kp^{m-1}}$（因为 b 对模 p^m 可逆）得

$$v_{kp^{m-1}} \equiv 2(a/2)^{kp^{m-1}} \pmod{p^m} \quad (3.2.29)$$

比较式(3.2.29)与式(3.2.27)可知，$m>1$ 时式(3.2.20)成立. 至于 $m=1$. 由 $v_k \equiv v_k^p = (\theta^k + \tilde{\theta}^k)^p \equiv \theta^{kp} + \tilde{\theta}^{kp} = v_{kp} \pmod p$ 即证. 又式(3.2.26)说明式(3.2.21)成立. 故 $p \mid \Delta$ 之情况证完.

(2) $p \mid b, p>2$ 时.

因为 $p \nmid \gcd(a,b)$，所以 $p \nmid a$. 此时 $\Delta \equiv a^2 \not\equiv 0 \pmod p$，故恒有 $\left(\frac{\Delta}{p}\right) = 1 \pmod p$. 于是 $u_p \equiv 1 \pmod p$，而 $\theta^p =$

$u_p\theta+bu_{p-1}\equiv\theta \pmod p$. 此为式(3.2.23)之形式,故仿前可得证.

(3) $p=2$ 时.

若 $2\mid b$,则 $2\nmid a$,可完全仿(2)证之.

若 $2\nmid ab$,则 $\theta^2\equiv\theta+1\equiv1-\theta=\tilde{\theta} \pmod 2$,此为式(3.2.23)之形,故可得证.

若 $2\mid a$,$2\nmid b$,此时 $2\mid\Delta$,并有 $\theta^2\equiv1 \pmod 2$. 此为式(3.2.25)之形,可仿前证之. 至此,完全证毕.

式(3.2.13)可推广到高阶情形,这就是:

定理 3.2.11 设 $\mathfrak{v}$ 为 $\Omega_Z(a_1,\cdots,a_k)$ 中主相关序列,p 为素数,则对 $m\in\mathbf{Z}_+$ 有

$$v_{mp}\equiv v_m \pmod p \tag{3.2.30}$$

证 设 Ω 的特征根为 $x_1,\cdots,x_k$,则

$$v_m\equiv v_m^p=(x_1^m+\cdots+x_k^m)^p\equiv x_1^{mp}+\cdots+x_k^{mp}=v_{mp} \pmod p$$

证毕.

此定理进一步推广到 p 的高次幂较为困难,但 1982 年 Adams 和 Shanks[13] 对特殊三阶序列证明了:

定理 3.2.12 设 $\mathfrak{v}$ 为 $\Omega_Z(a,b,1)$ 中主相关序列,p 为素数,$m\in\mathbf{Z}$,则

$$v_{mp^r}\equiv v_{mp^{r-1}} \pmod{p^r} \tag{3.2.31}$$

证 设 Ω 之特征根为 α,β,γ. 令 $a_1=\alpha^m+\beta^m+\gamma^m$,$b_1=-(\alpha^m\beta^m+\alpha^m\gamma^m+\beta^m\gamma^m)$,设 $\mathfrak{w}$ 为 $\Omega_Z(a_1,b_1,1)$ 中的主相关序列,则有 $w_n=\alpha^{mn}+\beta^{mn}+\gamma^{mn}=v_{mn}$. 且 $a_1=v_m$,$b_1=-(\alpha^{-m}+\beta^{-m}+\gamma^{-m})=-v_{-m}$.

由根之对称多项式之性质,对任何整数 m 有

$$w_1^p=(\alpha^m+\beta^m+\gamma^m)^p=w_p+ph(a_1,-b_1)$$

其中 $h(x,y)$ 为整系数多项式,即

$$v_{mp}=v_m^p-ph(v_m,v_{-m}) \tag{3.2.32}$$

所以 $v_{mp}\equiv v_m^p\equiv v_m\pmod p$，即 $r=1$ 时定理成立. 现设对 $r-1$ 定理已成立，即对任何 $m\in\mathbf{Z}$

$$v_{mp^{r-1}}\equiv v_{mp^{r-2}}\pmod{p^{r-1}}\qquad(3.2.33)$$

在式(3.2.32)中以 mp^{r-1} 代 m 得

$$v_{mp^r}=v_{mp^{r-1}}^p-ph(v_{mp^{r-1}},v_{-mp^{r-1}})\qquad(3.2.34)$$

由式(3.2.33)可知

$$v_{mp^{r-1}}^p\equiv v_{mp^{r-2}}^p\pmod{p^r}\qquad(3.2.35)$$

又在式(3.2.33)中以 $-m$ 代 m 得

$$v_{-mp^{r-1}}\equiv v_{-mp^{r-2}}\pmod{p^{r-1}}\qquad(3.2.36)$$

以式(3.2.33)，式(3.2.35)，(3.2.36)一起代入式(3.2.34)得

$$v_{mp^r}=v_{mp^{r-2}}^p-ph(v_{mp^{r-2}},v_{-mp^{r-2}})\pmod{p^r}$$

在式(3.2.32)中以 mp^{r-2} 代 m 可知上式即

$$v_{mp^r}\equiv v_{mp^{r-1}}\pmod{p^r}$$

证毕.

3.2.3 以 F-L 数为模的同余关系

以 F-L 数为模的同余式在研究 Diophantine 方程以及 F-L 数的数型等方面均有其应用，故值得加以探讨.

定理 3.2.13 设 $\mathfrak{u},\mathfrak{v}$ 分别为 $\Omega_Z(a,1)$ 中的主序列及其相关序列，则 $t\in\mathbf{Z}_+$ 时

$$u_{n+2kt}\equiv(-1)^{(k-1)t}u_n\pmod{v_k}\qquad(3.2.37)$$

$$v_{n+2kt}\equiv(-1)^{(k-1)t}v_n\pmod{v_k}\qquad(3.2.38)$$

$$u_{n+2kt}\equiv(-1)^{kt}u_n\pmod{u_k}\qquad(3.2.39)$$

$$u_{n+2kt}\equiv(-1)^{kt}v_n\pmod{u_k}\qquad(3.2.40)$$

证 式(3.2.27)的证明如下：在(2.2.63)中令 $n=k,m=n+k$ 得

$$u_{n+2k}=(-1)^{k-1}u_n+u_{n+k}v_k\equiv(-1)^{k-1}u_n\pmod{v_k}$$

即对 $t=1$,式(3.2.27)已成立.假设该式对 t 已成立,则

$$\begin{aligned} u_{n+2k(t+1)} = u_{(n+2kt)+2k} &\equiv \\ (-1)^{k-1} u_{n+2kt} &\equiv \\ (-1)^{k-1} \cdot (-1)^{(k-1)t} u_n &= \\ (-1)^{(k-1)(t+1)} u_n & \pmod{v_k} \end{aligned}$$

故证.

式(3.2.38)～(3.2.40)的证明可分别利用式(2.2.65),式(2.2.64)和式(2.2.63)仿上证之.

以 F-L 数为模的二次剩余问题,常涉及到雅可比符号,我们有:

定理 3.2.14 设 $\mathfrak{u},\mathfrak{v}$ 分别为 $\Omega_Z(a,1)$中的主序列及主相关序列,则 $2\nmid a$,$k\equiv\pm 2 \pmod 6$时:

(1)$v_k\equiv 3$ 或 $7 \pmod 8$依 $2\parallel k$ 或 $4\mid k$ 而定,有

$$\left(\frac{2}{v_k}\right)=(-1)^{k/2} \tag{3.2.41}$$

$$\left(\frac{a}{v_k}\right)=\left(\frac{-2}{a}\right) \tag{3.2.42}$$

$$\left(\frac{v_3}{v_k}\right)=\left(\frac{-2}{a}\right) \tag{3.2.43}$$

$$\left(\frac{v_k}{bu_5}\right)-\left(\frac{2}{b}\right)(b\in\mathbf{Z}),\text{适合 } a^2+4=bd^2(d\in\mathbf{Z}) \tag{3.2.44}$$

证 (1)设 θ 为 Ω 的二值特征根,则 $\theta^2=a\theta+1$.当 $2\nmid a$ 时 $a^2\equiv 1 \pmod 8$,故有

$$\theta^4=a^2\theta^2+2a\theta+1\equiv\theta^2+2a\theta+1=3a\theta+2 \pmod 8$$

则

$$\theta^6=\theta^4\cdot\theta^2\equiv 3a^2\theta^2+5a\theta+2=8a\theta+5\equiv 5 \pmod 8$$

于是

$$\theta^{6m}\equiv(1+4)^m\equiv1+4m \pmod 8$$

所以 $$\theta^{6m+2}\equiv(1+4m)(a\theta+1) \pmod 8$$

得 $v_{6m+2}\equiv(1+4m)(av_1+v_0)=(1+4m)(a^2+2)\equiv 3(1+4m)\equiv3$或$7 \pmod 8$，依 $2|m$ 或 $2\nmid m$ 而定.

又

$$\theta^{-2}=(-\tilde{\theta})^2=\tilde{\theta}^2=a\tilde{\theta}+1=a(a-\theta)+1=-a\theta+2 \pmod 8$$

所以

$$\theta^{6m-2}\equiv(1+4m)(-a\theta+2) \pmod 8$$

得 $v_{6m-2}\equiv(1+4m)(-a^2+4)=3(1+4m)\equiv3$ 或 7，依 $2|m$ 或 $2\nmid m$ 而定.

由已知有 $k=6m\pm2$，综上即得所证.

式(3.2.41)的证明如下：由式(2.2.57)知，$v_{k/2}^2=v_k+2(-1)^{k/2}\equiv2(-1)^{k/2} \pmod{v_k}$，由此得证.

式(3.2.42)的证明如下：由 $v_n=av_{n-1}+v_{n-2}\equiv v_{n-2} \pmod a$ 知 $v_k\equiv v_0=2 \pmod a$. 又由(1)之结果知 $2\parallel v_k-1$，故有

$$\left(\frac{a}{v_k}\right)=(-1)^{\frac{a-1}{2}\cdot\frac{v_k-1}{2}}\left(\frac{v_k}{2}\right)=(-1)^{\frac{a-1}{2}}\left(\frac{2}{a}\right)=\left(\frac{-2}{a}\right)$$

式(3.2.43)的证明如下：令 $k=6m\pm2$. 由 $\theta^3+\tilde{\theta}^3=v_3\equiv0 \pmod{v_3}$ 得 $\theta^6\equiv1 \pmod{v_3}$. 所以

$$\theta^{6m\pm2}\equiv\theta^{\pm2} \pmod{v_3}$$

由此

$$v_k=v_{6m\pm2}\equiv v_{\pm2}=a^2+2 \pmod{v_3}$$

而

$$v_3=a(a^2+3)=4a\cdot(a^2+3)/4=4aa_1\ (2\nmid a_1)$$

所以 $$\left(\frac{v_3}{v_k}\right)=\left(\frac{a}{v_k}\right)\left(\frac{a_1}{v_k}\right)=\left(\frac{-2}{a}\right)\left(\frac{a_1}{v_k}\right)$$

又

$$\left(\frac{v_k}{a_1}\right)=\left(\frac{a^2+2}{a_1}\right)=\left(\frac{4a_1-1}{a_1}\right)=\left(\frac{-1}{a_1}\right)$$

所以 $$\left(\frac{a_1}{v_k}\right)=(-1)^{(a_1-1)/2}\left(\frac{v_k}{a_1}\right)=1$$

故证.

式(3.2.44)的证明如下:由

$$\theta^5-\tilde{\theta}^5=(\theta-\tilde{\theta})u_5\equiv 0(\bmod u_5)$$

得

$$\theta^{10}\equiv -1(\bmod u_5)$$

又由

$$k=6m\pm 2=6(10n+r)\pm 2(r=0,\pm 1,\pm 2,\pm 3,\pm 4,5)$$

得

$$\theta^k\equiv\theta^{6r\pm 2}\equiv\pm\theta^{\pm 2},\pm\theta^4,\pm 1(\bmod u_5)$$

所以 $$u_k\equiv\pm v_2,\pm v_4,\pm 2(\bmod u_5)$$

由已知可知 $a^2\equiv -4(\bmod b)$,及 $b\equiv 1(\bmod 4)$.

又

$$v_2=a^2+2\equiv 3(\bmod 4)$$

$$v_4=u_5+u_3\equiv u_3=a^2+1(\bmod u_5)$$

而

$$u_3=2\cdot(a^2+1)/2=2a_2,a_2\equiv 1(\bmod 4)$$

再又

$$u_5=a^4+3a^2+1\equiv 5(\bmod 8)$$

并且

$$u_5\equiv -1(\bmod v_2)\text{及 }u_5\equiv -1(\bmod u_3)$$

于是

$$\left(\frac{v_2}{u_5}\right)=\left(\frac{u_5}{v_2}\right)=\left(\frac{-1}{v_2}\right)=-1,\left(\frac{2}{u_5}\right)=-1$$

$$\left(\frac{v_4}{u_5}\right)=\left(\frac{2a_2}{u_5}\right)=\left(\frac{2}{u_5}\right)\left(\frac{a_2}{u_5}\right)=-\left(\frac{u_5}{a_2}\right)=-\left(\frac{-1}{a_2}\right)=-1$$

又由 $v_2\equiv -2 \pmod b$，$v_4=a^4+4a^2+2\equiv 2 \pmod b$ 得

$$\left(\frac{\pm v_2}{b}\right)=\left(\frac{\pm 2}{b}\right)=\left(\frac{2}{b}\right),\left(\frac{\pm v_4}{b}\right)=\left(\frac{2}{b}\right)$$

把上述结果代入 $\left(\frac{v_k}{bu_5}\right)=\left(\frac{v_k}{b}\right)\left(\frac{v_k}{u_5}\right)$ 即得所证.

作为这方面的应用，除了参看第 7 章相关内容和文献外，还可参看文献[22-23].

3.3　一般 F-L 序列的模周期性

3.3.1　模周期的概念与性质

对整数序列 $\{w_n\}$，若存在正整数 t 和非负整数 n_0，使得当且仅当 $n\geqslant n_0$ 时有

$$w_{n+t}\equiv w_n \pmod m \tag{3.3.1}$$

则称 $\{w_n\}$ 为**模 m 周期序列**，其他**周期**和**预备周期**等概念仿 1.7. 当 $\{w_n\}$ 的模 m 周期为 t 时记 $P(m,\mathbf{w})=t$. 同样仿 1.7 有：

引理 3.3.1　设 $P(m,\mathbf{w})=t$，若存在正整数 t' 及非负整数 n_1，使 $n\geqslant n_1$ 时 $w_{n+t'}\equiv w_n \pmod m$，则 $t\mid t'$.

引理 3.3.2　任何 $\mathbf{w}\in\Omega_Z(a_1,\cdots,a_k)=\Omega_Z(\mathbf{A})$ 必为模 m 周期的，且当 $\gcd(m,a_k)=1$ 时必为纯周期的.

证　以 $\mathbf{W}_n$ 表 $\mathbf{w}$ 之第 n 列，则 $\mathbf{W}_n \pmod m$ 仅有 m^k 个不同的剩余类. 于是诸 $\mathbf{W}_i$ $(i=0,1,\cdots,m^k)$ 中必有某两个适合

$$\mathbf{W}_{n_0+t}\equiv \mathbf{W}_{n_0} \pmod m\ (0\leqslant n_0<n_0+t\leqslant m^k) \tag{3.3.2}$$

当 $n\geqslant n_0$ 时将上式两边左乘 $\mathbf{A}^{n-n_0}$ 得 $\mathbf{W}_{n+t}\equiv \mathbf{W}_n \pmod m$.

此即说明周期性.

当 $\gcd(m,a_k)=1$ 时 $\boldsymbol{A}$ 对模 m 可逆,因此对任何 $n\geqslant 0$,$\boldsymbol{A}^{n-n_0}\pmod m$ 有意义,即对任何 $n\geqslant 0$ 有 $\boldsymbol{W}_{n+t}\equiv \boldsymbol{W}_n\pmod m$,此即说明纯周期性.

引理 3.3.3 若 $m_1\mid m_2$,则 $P(m_1,\mathfrak{w})\mid p(m_2,\mathfrak{w})$.

引理 3.3.4 设 $m=m_1m_2$,$\gcd(m_1,m_2)=1$,则

$$P(m,\mathfrak{w})=\operatorname{lcm}(P(m_1,\mathfrak{w}),P(m_2,\mathfrak{w}))\tag{3.3.3}$$

此引理与引理 1.7.9 之证明相仿,从略.此引理把对模 m 的周期问题转化成了以素数幂为模的周期问题,即:

推论 设 m 的标准分解式为 $m=p_1^{r_1}\cdots p_s^{r_s}$,则

$$P(m,\mathfrak{w})=\operatorname*{lcm}_{1\leqslant i\leqslant s}P(p_i^{r_i},\mathfrak{w})$$

引理 3.3.5 若对一切 $n\geqslant 0$,$w_n\equiv h_n\pmod m$ 则 $P(m,\mathfrak{w})=P(m,\mathfrak{h})$.

此乃显然.

3.3.2 用相关环中元素的阶研究序列的模周期

引理 3.3.6 设 $\Omega_Z(a_1,\cdots,a_k)=\Omega_Z(\boldsymbol{A})=\Omega_Z(f(x))$,$\theta$ 为其 k 值特征根,则 $\gcd(m,a_k)=1$ 时

$$\operatorname{ord}_m(\theta)=\operatorname{ord}_m(\boldsymbol{A})=\operatorname{ord}_m(x)=P(m,f(x))\tag{3.3.4}$$

今后为了叙述简便,我们只选取上式中一个量作为代表,而当需要时又可随时换成上式中其他量.

定理 3.3.1 设 $\mathfrak{u}$ 为 $\Omega_Z(a_1,\cdots,a_k)=\Omega_Z(\boldsymbol{A})$ 中主序列,$\gcd(m,a_k)=1$,则 $P(m,\mathfrak{u})=\operatorname{ord}_m(\boldsymbol{A})$,而 Ω 中其他序列的周期整除 $\operatorname{ord}_m(\boldsymbol{A})$.

注意:当定理中 $\operatorname{ord}_m(\boldsymbol{A})$ 换成 $\operatorname{ord}_m(\theta)$ 时,则 θ 应视为正则环中的元素或真 k 值数.

证　由引理 3.3.2 知 $\mathbf{u}$ 为纯周期的，设 $P(m,u)=t$，则当 $n\geqslant 0$ 时 $u_{n+t}\equiv u_n \pmod m$. 因 Ω 中任一序列 $\mathfrak{w}$ 均可由 $\mathbf{u}$ 线性表示，故也有 $w_{n+t}\equiv w_n \pmod m$. 依引理 2.1.1 之逆知有 $\boldsymbol{A}^{n+t}\equiv\boldsymbol{A}^n \pmod m$. 令 $n=0$ 得 $\boldsymbol{A}^t\equiv\boldsymbol{E}(\mathrm{mod})$. 所以 $t_1=\mathrm{ord}_m(\boldsymbol{A})\mid t$.

反之，由 $\boldsymbol{A}^{t_1}\equiv\boldsymbol{E}\pmod m$ 可推出 $u_{n+t_1}\equiv u_n \pmod m$，所以又有 $t\mid t_1$. 故 $t=t_1$. 定理的第二部分显然.

定理 3.3.1 把求主序列的周期问题转化成了求 $\boldsymbol{A},\theta$ 等元素对模的阶的问题，也转化成了求特征多项式的周期问题. 反之，我们指出，也可用 F-L 序列的模周期来求 $\boldsymbol{A},\theta$ 等对模的阶. 例如，朱德高[21]就曾用斐波那契序列的模周期来求其联结矩阵在 $\mathrm{GL}(2,F_p)$ 中的阶.

下面我们进一步讨论其他序列与主序列之间周期的关系.

设 $\mathfrak{w}\in\Omega(a_1,\cdots,a_k)$，$\boldsymbol{W}_n$ 表其第 n 列，称行列式

$$D_n^{(k)}(\mathfrak{w})=\det(\boldsymbol{W}_{n+k-1},\cdots,\boldsymbol{W}_{n+1},\boldsymbol{W}_n) \tag{3.3.5}$$

为 $\mathfrak{w}$ 的 Hankel **行列式**. 依式(2.1.18)显然有

$$D_n^{(k)}(\mathfrak{w})=(-1)^{n(k-1)}a_k^n\det(\boldsymbol{W}_{k-1},\cdots,\boldsymbol{W}_0)=(-1)^{n(k-1)}a_k^nD_0^{(k)}(\mathfrak{w}) \tag{3.3.6}$$

定理 3.3.2　设 $\mathbf{u}$ 为 $\Omega_Z(a_1,\cdots,a_k)$ 中主序列，$\mathfrak{w}$ 为其中任一序列，若 $\gcd(m,D_0^{(k)}(\mathfrak{w}))=1$，则 $P(m,\mathfrak{w})=P(m,\mathbf{u})$.

证　我们采用定理 2.1.5 证明中的记号，对任何 $n\geqslant 0$ 可写 $\boldsymbol{w}_{n+i}=\boldsymbol{A}_n'\boldsymbol{W}_i$. 令 $i=0,\cdots,k-1$ 得

$$(\boldsymbol{w}_{n+k-1},\cdots,\boldsymbol{w}_{n+1},\boldsymbol{w}_n)=\boldsymbol{A}_n'(\boldsymbol{W}_{k-1},\cdots,\boldsymbol{W}_1,\boldsymbol{W}_0)$$

由 $\boldsymbol{A}_n'$ 之意义知，上式可看作关于各基本序列的项 $u_n=u_n^{(k-1)},\cdots,u_n^{(1)},u_n^{(0)}$ 的线性方程组，而其系数行列式恰

为 $D_0^{(k)}(\mathfrak{w})$. 因此 $\gcd(m, D_0^{(k)}(\mathfrak{w}))=1$ 时上式关于模 m 可解出

$$u_n \equiv c_1 w_{n+k-1}+\cdots+c_k w_n \pmod m$$

即 $\mathfrak{u}$ 的项可由 w 的项模 m 线性表示. 由此可知 $P(m, \mathfrak{u}) \mid P(m, \mathfrak{w})$. 又后者整除前者,故二者相等.

由式(2.1.34)我们可得:

定理 3.3.3 设 $\Omega_Z(\mathbf{A})$ 有 $\Delta \neq 0$,$\boldsymbol{u}, \boldsymbol{v}$ 分别为其中广 F 序列与广 L 序列,若 $\gcd(m, \Delta)=1$,则 $P(m, \mathfrak{v})=P(m, \mathfrak{u})$.

为了更细致地刻画模周期,一些文献对二阶序列引入了约束周期的概念. 我们把这一概念推广到一般 F-L 序列.

对于整数序列 $\{w_n\}$,大于 1 的整数 m,若存在正整数 s,非负整数 n_0 及整数 c,$\gcd(m, c)=1$,使得当且仅当 $n \geqslant n_0$ 时

$$w_{n+s} \equiv c w_n \pmod m \tag{3.3.7}$$

则称使上式成立的最小正整数 s 为 $\{w_n \pmod m\}$ 的**约束周期**. 记为 $P'(m, \mathfrak{w})=s$,而称相应的 n_0 为**预备约束周期**,称 c 为**乘子**(任何模 m 同余于 c 的整数也为乘子). 当 $n_0=0$ 时称 $\{w_n \pmod m\}$ 为**纯约束周期的**.

对于模 m 的 F-L 序列,因为周期存在,所以约束周期必然存在. 且由引理 3.3.2 可知:

引理 3.3.7 设 $\mathfrak{w} \in \Omega_Z(a_1, \cdots, a_k)=\Omega_Z(\mathbf{A})$,则当 $\gcd(m, a_k)=1$ 时 $\mathfrak{w}$ 为模 m 纯约束周期的.

引理 3.3.8 设 s, c 分别为 $\{w_n \pmod m\}$ 的约束周期和乘子,则 $j \geqslant 0, n \geqslant n_0$ 时

$$w_{n+js} \equiv c^j w_n \pmod m \tag{3.3.8}$$

此极易归纳证得. 用此引理仿引理 1.7.2 可证得:

引理 3.3.9　在引理 3.3.8 条件下，若还有 $s_1\in\mathbf{Z}_+$，$n_1\geqslant 0$，及 $c_1\in\mathbf{Z}$，$\gcd(m,c_1)=1$，使得 $n\geqslant n_1$ 时 $w_{n+s_1}\equiv c_1w_n$，则 $s\mid s_1$.

采用本章第一节的记号，设 α 为 Ω_Z 的相关 R 环中的一个元素，若存在 $s\in Z_+$ 及 $c\in\mathbf{Z}$，$\gcd(m,c)=1$，使得

$$\alpha^s\equiv c\cdot 1(\bmod m)(1 \text{ 为 } R \text{ 中单位元})$$

则称使上式成立的最小正整数 s 为 α 对模 m 的**约束阶**，记为 $\mathrm{ord}'_m(\alpha)=s$，而称 c 为**乘子**.

引理 3.3.10　设 $\Omega_Z(a_1,\cdots,a_k)=\Omega_Z(f(x))=\Omega_Z(\mathbf{A})$，$\theta$ 为其 k 值特征根，则当且仅当 $\gcd(m,a_k)=1$ 时 $\mathrm{ord}'_m(\theta)$，$\mathrm{ord}'_m(x)$，$\mathrm{ord}'_m(\mathbf{A})$存在，并且此时它们相等.

证　$\gcd(m,a_k)=1$ 时，因为 $\mathrm{ord}_m(\theta)$等存在，故 $\mathrm{ord}'_m(\theta)$等必存在. 反之，若 $\mathrm{ord}'(\theta)$（以之为代表证之）存在，则由 $\theta^s\equiv c(\bmod m)$两边取范数得$(-1)^{s(k-1)}a_k^s\equiv c^k(\bmod m)$.

因为 $\gcd(m,c)=1$，所以 $\gcd(m,a_k)=1$.

又由诸相关环的同构性知诸约束阶相等.

引理 3.3.11　设 $\mathrm{ord}'_m(\alpha)=s$，又 $\alpha^{s_1}\equiv c_1\cdot 1(\bmod m)$，$c_1\in\mathbf{Z}$，则 $s\mid s_1$.

定理 3.3.4　设 $\mathbf{u}$ 为 $\Omega_Z(a_1,\cdots,a_k)=\Omega_Z(\mathbf{A})$中主序列，$\mathfrak{w}$ 为其中任一序列，$\gcd(m,a_k)=1$，则：

(1) $s=P'(m,\mathbf{u})=\mathrm{ord}'_m(\mathbf{A})$，而 $P'(m,\mathfrak{w})\mid\mathrm{ord}'(\mathbf{A})$.

(2) $\mathbf{u}(\bmod m)$的乘子为 u_{s+k-1}.

(3) s 为适合 $u_s\equiv u_{s+1}\equiv\cdots\equiv u_{s+k-2}\equiv 0(\bmod m)$的最小正整数.

证　(1)完全可仿定理 3.3.1 得证. 又因为 $u_{k-1}=1$，

所以在 $u_{n+s}\equiv cu_n \pmod m$ 中令 $n=k-1$ 得 $c\equiv u_{s+k-1}\pmod m$，即(2)得证. 而(3)可由式(3.3.7)立得.

推论 在定理条件下，$G=\{u_{k-1+js}\mid j\geqslant 0\}$ 对模 m 构成由 u_{s+k-1} 生成的乘法循环群.

引理 3.3.12 设 $\Omega_Z(a_1,\cdots,a_k)=\Omega_Z(\boldsymbol{A})$，$\gcd(m,a_k)=1$，$c$ 为 $\boldsymbol{A}$ 对模 m 的乘子，则

$$\mathrm{ord}_m(\boldsymbol{A})=\mathrm{ord}_m(c)\cdot \mathrm{ord}'_m(\boldsymbol{A}) \qquad (3.3.9)$$

证 设 $\mathrm{ord}_m(\boldsymbol{A})=t$，$\mathrm{ord}_m(c)=r$，$\mathrm{ord}'_m(\boldsymbol{A})=s$. 则由 $\boldsymbol{A}^t\equiv \boldsymbol{E}\pmod m$ 及引理 3.3.11，$s\mid t$. 又由 $\boldsymbol{A}^s\equiv c\boldsymbol{E}\pmod m$ 得 $\boldsymbol{A}^{rs}\equiv c^r\boldsymbol{E}\equiv \boldsymbol{E}\pmod m$，所以 $t\mid rs$. 故有 $t=t_1s$，$t_1\mid r$. 若 $t_1<r$，则由 $\boldsymbol{A}^t\equiv \boldsymbol{A}^{t_1s}\equiv c^{t_1}\boldsymbol{E}\equiv \boldsymbol{E}\pmod m$ 得 $c^{t_1}\equiv 1\pmod m$，这与 r 之意义矛盾. 所以 $t_1=r$. 证毕.

由此引理立即得到周期和约束周期之间的关系，即根据定理 3.3.1 和定理 3.3.4 有：

定理 3.3.5 设 $\mathbf{u}$ 为 $\Omega_Z(a,\cdots,a_k)$ 中的主序列，$\gcd(m,a_k)=1$，c 为 $\mathbf{u}$ 对模 m 的乘子，则

$$P(m,\mathbf{u})=\mathrm{ord}_m(c)\cdot P'(m,\mathbf{u}) \qquad (3.3.10)$$

推论 在定理的条件下，设 $P'(m,\mathbf{u})=s$，则

$$c^k\equiv(-1)^{(k-1)s}a_k^s \pmod m \qquad (3.3.11)$$

此由 $\boldsymbol{A}^s\equiv c\boldsymbol{E}\pmod m$ 两边取行列式即证.

定理中的 $\mathrm{ord}_m(c)$ 称为 $\mathbf{u}$ 对 m 的**周期系数**，记为 $\mu(m,\mathbf{u})$.

下面的定理是上述定理的直接结果.

定理 3.3.6 设 $\mathbf{u}$ 为 $\Omega_Z(a_1,\cdots,a_k)$ 中的主序列，$\gcd(m,a_k)=1$，令 $P'(m,\mathbf{u})=s$，$\mu(m,\mathbf{u})=r$，$c=u_{s+k-1}$，则 $\{u_n\pmod m\}$ 一个周期的结构如下

$$\begin{cases} 0,\cdots,0,1, & u_k, & u_{k+1}, & \cdots,u_{s-1} \\ 0,\cdots,0,c, & cu_k, & cu_{k+1}, & \cdots,cu_{s-1} \\ \vdots \quad \vdots \ \vdots & \vdots & \vdots & \vdots \ \vdots \\ 0,\cdots,0,c^{r-1}, & c^{r-1}u_k, & c^{r-1}u_{k+1}, & \cdots,c^{r-1}u_{s-1} \end{cases} \pmod m$$

此为文献[7]的结果的推广.

推论　在定理中，若 $m=p$ 为素数，$r>1$，则 $\sum_{i=0}^{r-1}u_{n+is}\equiv(\bmod\ p)$.

证　由式(3.3.8)我们有 $\sum_{i=0}^{r-1}u_{n+is}\equiv\left(\sum_{i=0}^{r-1}c^i\right)u_n\pmod p$. 因 $(c-1)\sum_{i=0}^{r-1}c^i=c^r-1\equiv 0\pmod p$. 而 $r>1$ 推出 $c-1\not\equiv 0\pmod p$，于是 $\sum_{i=0}^{r-1}c^i\equiv 0\pmod p$，推论得证.

此推论说明，当 $m=p$ 为素数，$r>1$ 时，定理中结构表的每列之和均能被 p 整除.

定理 3.3.7　设 $\mathbf{u}$ 为 $\Omega_Z(a_1,\cdots,a_k)$ 中的主序列，$m>2$，$\gcd(m,a_k)=1$，$P'(m,\mathbf{u})=s$，$\mu(m,\mathbf{u})=r$，那么：

(1) $a_k\equiv\pm 1\pmod m$ 时，设 $\mathrm{ord}_m(-a_k)=h$，则 $2\mid hks$ 时 $r\mid hk$，$2\nmid hks$ 时 $r\mid 2hk$ 且 $2\mid r$.

(2) $a_k\equiv 1\pmod m$ 且 $2\mid(k-1)s$，或 $a_k\equiv -1\pmod m$ 且 $2\mid ks$ 时均有 $r\mid k$.

(3) $a_k\equiv 1\pmod m$ 且 $2\nmid(k-1)s$，或 $a_k\equiv -1\pmod m$ 且 $2\nmid ks$ 时均有 $r\mid 2k$ 且 $2\mid r$，$2\nmid(2k/r)$.

证　只证(1) $2\mid hks$ 时，将式(3.3.11)两边 h 次方得 $c^{hk}\equiv 1\pmod m$. 因为 $r=\mathrm{ord}_m(c)$，所以 $r\mid hk$.

$2\nmid hks$ 时有 $c^{hk}\equiv -1\pmod m$，则 $c^{2hk}\equiv 1\pmod m$，所以 $r\mid 2hk$. 若 $r\mid hk$，则由 $c^r\equiv 1\pmod m$ 将有 $c^{hk}\equiv$

$1 \pmod m$)，此乃矛盾. 故 $2|r$. 证毕.

显然，关于其他序列与主序列的约束周期之间也有类似于定理 3.3.2 及定理 3.3.3 的关系，即：

定理 3.3.8 设 $\mathfrak{u}$ 为 $\Omega_Z(a_1,\cdots,a_k)$中的主序列，$\mathfrak{w}$ 为其中任一序列，若$\gcd(m,D_0^{(k)}(\mathfrak{w}))=1$，则 $P'(m,\mathfrak{w})=P'(m,\mathfrak{u})$.

定理 3.3.9 设 $\mathfrak{u},\mathfrak{v}$ 分别为 $\Omega_Z(\mathbf{A})(\Delta\neq 0)$中广 F 序列与广 L 序列，若 $\gcd(m,\Delta)=1$，则 $P'(m,\mathfrak{v})=P'(m,\mathfrak{u})$.

注 在定理 3.3.8 的条件下，如果有 $w_d\equiv w_{d+1}\equiv\cdots\equiv w_{d+k-2}\equiv 0 \pmod m$，而 $\gcd(m,w_{d+k-1})=1$，则我们可以断言$\{w_n\}$和$\{u_n\}$对模 m 有相同的周期性质. 这一点，可以由直接验证 $w_n\equiv w_{d+k-1}u_{n-d} \pmod m$ 而得出.

根据定理 3.3.1，我们可直接把引理 3.1.13，3.1.14 翻译成下面的：

定理 3.3.10 设 $\mathfrak{u}$ 为 $\Omega_Z(\mathbf{A})$中的主序列，p 为素数，$p\nmid a_k$，有：

(1) $p\neq 2$ 时，若 $P(p,\mathfrak{u})=\cdots=P(p^i,\mathfrak{u})\neq P(p^{i+1},\mathfrak{u})$，则 $r>i$ 时

$$P(p^r,\mathfrak{u})=p^{r-i}P(p,\mathfrak{u})$$

(2) $p=2$ 时，若 $P(4,\mathfrak{u})=\cdots=P(2^i,\mathfrak{u})\neq P(2^{i+1},\mathfrak{u})$，则 $r>i$ 时

$$P(2^r,\mathfrak{u})=2^{r-i}p(4,\mathfrak{u})$$

其他相关推论不再赘述. 值得一提的是，$\mathrm{ord}'_m(\alpha)$与 $\mathrm{ord}_m(\alpha)$一样，具有完全相仿于引理 3.1.12～3.1.15 的性质，以至只要把其中的 $\mathrm{ord}_m(\alpha)$一一改为 $\mathrm{ord}'_m(\alpha)$就可以了. 其证明方法也基本类似. 我们对这些就不再

列举了.同样地,由约束阶的性质可翻译出下面的:

定理 3.3.11 设 $\mathbf{u}$ 为 $\Omega_Z(\mathbf{A})$ 中的主序列,p 为素数,$p\nmid a_k$,有:

(1) $p\neq 2$ 时,若 $P'(p,\mathbf{u})=\cdots=P'(p^i,\mathbf{u})\neq P'(p^{i+1},\mathbf{u})$,则 $r>i$ 时

$$P'(p^r,\mathbf{u})=p^{r-i}P'(p,\mathbf{u})$$

(2) $p=2$ 时,若 $P'(4,\mathbf{u})=\cdots=P'(2^i,\mathbf{u})\neq P'(2^{i+1},\mathbf{u})$,则 $r>i$ 时

$$P'(2^r,\mathbf{u})=2^{r-i}p'(4,\mathbf{u})$$

3.3.3 用多项式的模周期研究序列的模周期

根据式(3.3.4)和定理 3.3.1,我们可以变换一个角度以特征多项式为工具来研究模周期.因为多项式具有可约或不可约的性质,这会从另一个方面为我们提供方便.1989 年,Harris Kwong[8] 在研究由母函数 $1/\widetilde{f}(x)$ 发生的整数序列的模周期方面做出了一系列结果.我们将引述他的一些结果.但为了简便,我们是从多项式角度进行叙述和证明的,有的证明方法也不同,而且补充了一些证明.

由于有式(3.3.4),所以本章1中关于阶的各种结果可直接引用到多项式的模周期,而不必重新加以叙述.为方便,我们引入如下记号:

设 p 为素数,k 次首 1 多项式 $\varphi(x)\in Z[x]$,$p\nmid\varphi(0)$,则记 $\varphi(x)\in\mathbb{P}_k$,而令 $\mathbb{P}=\bigcup\limits_{k=0}^{\infty}\mathbb{P}_k$.

定理 3.3.12 设 $k\geqslant 1$,$f(x)\in\mathbb{P}_k$ 且模 p 不可约,$\mathbf{u}$ 为 $\Omega_Z(f(x))$ 中的主序列,则

$$P(p,\mathbf{u})=P(p,f(x))\mid p^k-1 \qquad (3.3.12)$$

$$P'(p,\mathbf{u})\mid(p^k-1)/(p-1) \qquad (3.3.13)$$

证 设 $\theta=(x_1,\cdots,x_k)$ 为 $f(x)\pmod p$ 之 k 值

根.由 $f(x)$之模 p 不可约性知对任何 $i=1,\cdots,k,x_i$，$x_i^p,\cdots,x_i^{p^{k-1}}$ 恰为 $f(x)(\mathrm{mod}\ p)$之全部根，且 $x_i^{p^k}\equiv x_i(\mathrm{mod}\ p)$，因而 $\theta^{p^k}\equiv\theta(\mathrm{mod}\ p)$.由于 $p\nmid f(0)$，则 θ 模 p 可逆，所以 $\theta^{p^k-1}\equiv1(\mathrm{mod}\ p)$，故证得式(3.3.12).

又由韦达定理得 $\theta\cdot\theta^p\cdot\cdots\cdot\theta^{p^{k-1}}=\theta^{(p^k-1)/(p-1)}\equiv(-1)^kf(0)(\mathrm{mod}\ p)$.故由引理3.3.11及定理3.3.4证得式(3.3.13).

推论 在定理的条件下 $\gcd(p,P(p,f(x))=1$.

当 $f(x)\in\mathbb{P}$ 模 p 不可约时，则 $r\geqslant1$ 时 $f(x)$模 p^r 不可约因而其零点 mod p^r 互异，设它们为 $\alpha_1,\cdots,\alpha_k$.今设 $w(x)\in Z[x]/(p^r)$，若存在某个 i，使 $w(\alpha_i)\equiv0(\mathrm{mod}\ p^r)$，则不难证明对一切 $1\leqslant i\leqslant k$ 有 $w(\alpha_i)\equiv0(\mathrm{mod}\ p^r)$.由于$f(x)$是首1的，故可由带余除法得 $w(x)\equiv f(x)q(x)+t(x)(\mathrm{mod}\ p^r)$，$t(x)\equiv0$ 或 $\partial^\circ t\leqslant\partial^\circ f(\mathrm{mod}\ p^r)$.于是 $t(\alpha_i)\equiv0(\mathrm{mod}\ p^r)$，$i=1,\cdots,k$.若 $t(x)\not\equiv0$，则推出$\partial^\circ t\geqslant\partial^\circ f(\mathrm{mod}\ p^r)$的矛盾，所以 $t(x)\equiv0$，因而得到：

引理 3.3.13 设 $f(x)\in\mathbb{P}$ 模 p 不可约，$r\geqslant1$，$f(\alpha)\equiv0(\mathrm{mod}\ p^r)$，$w(x)\in Z[x]$，则 $f(x)\mid w(x)(\mathrm{mod}\ p^r)$ 当且仅当 $w(\alpha)\equiv0(\mathrm{mod}\ p^r)$.

推论 设 $f(x)\in\mathbb{P}$ 模 p 不可约，$r\geqslant1$，α 为 $f(x)(\mathrm{mod}\ p^r)$的任一零点，则 $P(p^r,f(x))=\mathrm{ord}_{p^r}(\alpha)$.

证 设 $P(p^r,f(x))=\mu$，则 $f(x)\mid(x^\mu-1)(\mathrm{mod}\ p^r)$，所以 $\alpha^\mu\equiv1(\mathrm{mod}\ p^r)$，即 $\mathrm{ord}_{p^r}(\alpha)=t\mid\mu$.反之由 $\alpha^t\equiv1(\mathrm{mod}\ p^r)$得 $f(x)\mid(x^t-1)(\mathrm{mod}\ p^r)$，故又 $\mu\mid t$，所以 $\mu=t$.

引理 3.3.14 设 $f_1(x),f_2(x)\in\mathbb{P}$,$P(p^r,f_1(x)|\mu$,

$h(x)\equiv(x^{\mu}-1)/f_1(x)\pmod{p^r}$，又 $f_2(x)$ 模 p 不可约，$f_2(\alpha)\equiv 0\pmod{p^r}$，则当且仅当 $h(\alpha)\equiv 0\pmod{p^r}$ 时 $P(p^r,f_1(x)f_2(x))\mid\mu$.

证 $P(p^r,f_1(x)f_2(x))\mid\mu$ 之充要条件是 $f_1(x)\cdot f_2(x)\mid(x^{\mu}-1)\pmod{p^r}$，而由已知 $f_1(x)\mid(x^{\mu}-1)\pmod{p^r}$，故上述充要条件转化为 $f_2(x)\mid h(x)\pmod{p^r}$. 由 $f_2(x)$ 之模 p 不可约性及引理 3.3.13 即证.

引理 3.3.15 设 $f_1(x),f_2(x)\in\mathbb{P}$，$f_1(x)\mid f_2(x)$，则

$$P(p^r,f_1(x))\mid P(p^r,f_2(x))$$

下面的定理 3.3.13～3.3.17 是 Harris Kwong 的结果.

定理 3.3.13 设 $\varphi(x)\in\mathbb{P}$ 模 p 不可约，$P(p,\varphi(x))=\lambda$，则当 $p^{r-1}<t\leqslant p^r(r\geqslant 1)$ 时

$$P(p^m,\varphi(x)^t)=\lambda p^{m+r-1}\tag{3.3.14}$$

证 记 $P(p^i,\varphi(x)^j)=\tau(i,j)$. 由已知 $\tau(1,1)=\lambda$，即有 $\varphi(x)\mid(x^{\lambda}-1)\pmod p$，于是

$$\varphi(x)^{p^r}\mid(x^{\lambda}-1)^{p^r}\equiv(x^{\lambda p^r}-1)\pmod p$$

由引理 3.1.9(翻成多项式周期的语言，以后同此)，$\tau(1,p^r)\mid\lambda p^r$. 同理有 $\lambda\mid\tau(1,p^r)$. 依定理 3.3.12 之推论，$\gcd(p,\lambda)=1$. 故必有 $\tau(1,p^r)=\lambda p^s$. 反设 $s<r$，则

$$\varphi(x)^{p^r}\mid(x^{\lambda p^s}-1)\equiv(x^{\lambda}-1)^{p^s}\pmod p$$

因为 $\varphi(x)$ 模 p 不可约，所以 $\varphi(x)\mid x^{\lambda}-1$. 又因为 p,λ 互素，故 $x^{\lambda}-1$ 无重因子$\pmod p$，而 $\tau>s$，此乃矛盾. 所以 $\tau(1,p^r)=\lambda p^r$.

由引理 3.1.13 推论(1)，$\tau(m,p^r)\mid p^{m-1}\tau(1,p^r)=\lambda p^{m+r-1}$，$\tau(m,p^{r-1})\mid\lambda p^{m+r-2}$. 由于 $\varphi(x)^{p^{r-1}}$，$\varphi(x)^{p^{r-1}+1}$，$\varphi(x)^t$，$\varphi(x)^{p^r}$ 之间依次有整除关系，因而

四个周期 $\tau(m,p^{r-1}),\tau(m,p^{r-1}+1),\tau(m,t),\tau(m,p^b)$ 之间也依次有整除关系，故我们只要能证明 $\tau(m,p^{r-1}+1)\nmid\lambda p^{m+r-2}$，则后面三个周期必都大于 λp^{m+r-2}，因而只可能都等于 λp^{m+r-1}，这就证明了定理.

设 $\varphi(\alpha)\equiv 0 \pmod{p^m}$. 由上已知

$$\varphi(x)^{p^{r-1}} \mid (x^{\lambda p^{m+r-2}}-1) \pmod{p^m}$$

由 $\varphi(x)$ 之模 p 不可约性，上式等价于

$$(x-\alpha)^{p^{r-1}} \mid (x^{\lambda p^{m+r-2}}-1) \pmod{p^m}$$

令

$$h(x)\equiv (x^{\lambda p^{m+r-2}}-1)/(x-\alpha)^{p^{r-1}} \pmod{p^m}$$

反设 $\tau(m,p^{r-1}+1)\mid\lambda p^{m+r-2}$，则由引理 3.3.14 有

$$h(\alpha)\equiv 0 \pmod{p^m}$$

又

$$x^{\lambda p^{m+r-2}}-1=\sum_{i=1}^{\lambda p^{m+r-2}}\binom{\lambda p^{m+r-2}}{i}\alpha^{\lambda p^{m+r-2}-i}(x-\alpha)^i \pmod{p^m}$$

当 $1\leqslant i<p^{r-1}$ 时，由

$$\binom{\lambda p^{m+r-2}}{i}=\frac{\lambda p^{m+r-2}}{i}\prod_{j=1}^{i-1}\frac{\lambda p^{m+r-2}-j}{j}$$

知 $\mathrm{pot}_p\binom{\lambda p^{m+r-2}}{i}\geqslant m$. 同样可知 $\mathrm{pot}_p\left[\begin{matrix}\lambda p^{m+r-2}\\ p^{r-1}\end{matrix}\right]=m-1$.

于是

$$h(x)\equiv\sum_{i=p^{r-1}}^{\lambda p^{m+r-2}}\binom{\lambda p^{m+r-2}}{i}\alpha^{\lambda p^{m+r-2}-i}(x-\alpha)^{i-p^{r-1}} \pmod{p^m}$$

而

$$h(\alpha)\equiv\left[\begin{matrix}\lambda p^{m+r-2}\\ p^{r-1}\end{matrix}\right]\alpha^{\lambda p^{m+r-2}-p^{r-1}}\not\equiv 0 \pmod{p^m}$$

此乃矛盾. 证毕.

注意，定理中 $\varphi(x)$ 模 p 不可约不能代之以模 p^m

不可约. 而 $P(p,\varphi(x))=\lambda$ 不可代之以 $P(p^m,\varphi(x))=\lambda$. 否则,结论可能不成立. 前者可以 $\varphi(x)=x^2+x+1$, $p=3$, $m=2$ 为反例. 后者可以 $\varphi(x)=2x-1$, $p=3$, $m=2$为反例.

定理 3.3.14　设 $\varphi(x)\in\mathbb{P}$ 模 p 不可约, $P(p,\varphi(x))=\lambda$. 对于 $i=1,\cdots,t$, $\psi_i(x)\equiv\varphi(x)^s \pmod p$,但 $\varphi(x)^s\nmid\psi_i(x)$. 令

$$f_t(x)=\prod_{i=1}^{t}\psi_i(x) \tag{3.3.15}$$

对固定的 $s,r\geqslant 1$,若存在 $T>1$,使得 $p\geqslant 3$ 时

$$(T-1)s\leqslant p^{r-1}<Ts<(T+1)s\leqslant p^r \tag{3.3.16}$$

或 $p=2$ 时

$$(T-1)s\leqslant 2^{r-1}<Ts<(T+1)s\leqslant 2^r,\text{且}(T+2)s\leqslant 2^{r+1} \tag{3.3.17}$$

则对适合 $p^{r-1}<ts\leqslant p^r$ 的任何 t

$$P(p^m,f_t(x))=P(p^m,\varphi(x)^{st})=\lambda p^{m+r-1} \tag{3.3.18}$$

证　由已知,可知有

$$f_t(x)=\prod_{i=1}^{t}[\varphi(x)^s-p\xi_i(x)](\varphi(x)^s\nmid\xi_i(x))$$

因为 $f_t(x)\equiv\varphi(x)^{st}\pmod p$,所以由上一定理知

$$P(p,f_t(x))=P(p,\varphi(x)^{st})=\lambda p^r \tag{3.3.19}$$

同样由引理 3.1.13 推论(1)知 $P(p^m,f_t(x))\mid\lambda p^{m+r-1}$. 因为 T 是适合条件 $p^{r-1}<ts\leqslant p^r$ 的最小 t,所以 $f_T(x)\mid f_t(x)$,从而 $P(p^m,f_T(x))\mid P(p^m,f_t(x))$. 故只要证 $P(p^m,f_T(x))=\lambda p^{m+r-1}$,则定理得证. 根据定理 3.3.10,对 $p\geqslant 3$,只要证 $P(P^2,f_T(x))\nmid\lambda p^r$ 已足;对 $p=2$,只

要证 $P(2^3, f_t(x)) \nmid \lambda 2^{r+1}$ 已足.

$p \geqslant 3$ 时

$$f_T(x) \equiv \varphi(x)^{sT} - p\varphi(x)^{s(T-1)}\eta(x) \pmod{p^2}$$

其中

$$\eta(x) = \sum_{i=1}^{T} \xi_i(x)$$

于是

$$f_T(x)[\varphi(x)^s + p\eta(x)] \equiv \varphi(x)^{sT+s} \pmod{p^2}$$

所以

$$\frac{x^{\lambda p^r}-1}{f_T(x)} \equiv \frac{(x^{\lambda p^r}-1)[\varphi(x)^s + p\eta(x)]}{\varphi(x)^{sT+s}} = \frac{x^{\lambda p^r}-1}{\varphi(x)^{sT}} + \frac{(x^{\lambda p^r}-1)p\eta(x)}{\varphi(x)^{sT+s}} \pmod{p^2} \tag{3.3.20}$$

反设 $P(p^2, f_T(x)) \mid \lambda p^r$,则 $f_T(x) \mid (x^{\lambda p^r}-1) \pmod{p^2}$. 由式(3.3.16)及定理 3.3.13 知 $\varphi(x)^{sT+s} \mid (x^{\lambda p^r}-1) \pmod{p}$,则 $\varphi(x)^{sT+s} \mid (x^{\lambda pr}-1)p \pmod{p^2}$. 这样,从式(3.3.20)就推出 $\varphi(x)^{sT} \mid (x^{\lambda p^r}-1) \pmod{p^2}$,这与定理 3.3.13 矛盾.

$p=2$ 时

$$f_T(x) \equiv \varphi(x)^{sT} - 2\varphi(x)^{s(T-1)}\eta(x) + 4\varphi(x)^{s(T-2)}\omega(x) \pmod{8}$$

其中

$$\eta(x) = \sum_{i=1}^{T} \xi_i(x), \omega(x) = \sum_{1 \leqslant i < j \leqslant T} \xi_i(x)\xi_j(x)$$

于是

$$f_T(x)[\varphi(x)^s + 2\eta(x)][\varphi(x)^{2s} + 4\eta(x)^2 - 4\omega(x)] \equiv \varphi(x)^{s(T+3)} \pmod{8}$$

所以

$$\frac{x^{\lambda 2^{r+1}}-1}{f_T(x)} \equiv \frac{x^{\lambda 2^{r+1}}-1}{\varphi(x)^{sT}}+\frac{2(x^{\lambda 2^{r+1}}-1)\eta(x)}{\varphi(x)^{sT+s}}+$$

$$\frac{4(x^{\lambda 2^{r+1}}-1)[\eta(x)^2-\omega(x)]}{\varphi(x)^{sT+2s}} \pmod 8 \tag{3.3.21}$$

反设 $P(2^3, f_T(x)) \mid \lambda 2^{r+1}$，则 $f_T(x) \mid (x^{\lambda 2^{r+1}}-1) \pmod 8$，同样仿前利用式(3.3.17)和定理 3.3.13 可证得

$$\varphi(x)^{sT+s} \mid 2(x^{\lambda 2^{r+1}}-1) \pmod 8$$

及

$$\varphi(x)^{sT+2s} \mid 4(x^{\lambda 2^{r+1}}-1) \pmod 8$$

于是由式(3.3.21)推出与定理 3.3.13 相矛盾的结论. 证毕.

推论 1　在定理的条件下，若 $s=1$，则 $p \geqslant 3$ 时只要 $r \geqslant 1$，$p=2$ 时只要 $r \geqslant 2$，就有适合式(3.3.16)，(3.3.17)的 T 存在，因而 $p^{r-1} < t \leqslant p^r$ 时就有

$$P(p^m, f_t(x)) = \lambda p^{m+r-1}$$

推论 2　令 $f_t(x) = \prod_{i=1}^{t}(x-c_i)$，$c_i \equiv c \neq 0 \pmod p$ $(i=1,\cdots,t)$. 则 $p^{r-1} < t \leqslant p^r$（当 $p \geqslant 3$ 时 $r \geqslant 1$，$p=2$ 时 $r \geqslant 2$）时

$$P(p^m, f_t(x)) = P(p^m, (x-c)^t) = \mathrm{ord}_p(c) \cdot p^{m+r-1} \tag{3.3.22}$$

当 $s=1$，$p=2$，$r=1$ 时，适合式(3.3.17)之 T 不存在. 适合 $1 < t \leqslant 2$ 的 t，只有 $t=2$. 此时

$$f_2(x) = [\varphi(x) - 2\xi_1(x)][\varphi(x) - 2\xi_2(x)]$$

采用上述定理证明中相同的方法可得如下形式

$$\frac{x^{4\lambda}-1}{f_2(x)} \equiv \frac{x^{4\lambda}-1}{\varphi(x)^2}+\frac{2(x^{4\lambda}-1)[\xi_1(x)+\xi_2(x)]}{\varphi(x)^3}+$$

$$\frac{4(x^{4\lambda}-1)\omega(x)}{\varphi(x)^4}\pmod 8 \qquad (3.3.23)$$

这样，适当修改条件之后，仿照上述定理证明的方法可得下面的：

定理 3.3.15 设 $\varphi(x)\in\mathbb{P}$ 模 2 不可约，$\varphi(x)\nmid\xi_1(x),\xi_2(x)$，$P(2,\varphi(x))=\lambda$. 令

$$f(x)=[\varphi(x)-2\xi_1(x)][\varphi(x)-2\xi_2(x)] \qquad (3.3.24)$$

则当 2 或 $\varphi(x)$ 整除 $\xi_1(x)+\xi_2(x)$ 时

$$P(2^m,f(x))=\lambda 2^m \qquad (3.3.25)$$

推论 设 $f(x)=(x-r)(x-s)$，若 $r\equiv s\equiv 1$ 或 $3\pmod 4$，则

$$P(2^m,f(x))=2^m \qquad (3.3.26)$$

当 $r\not\equiv s$ 时不适合上面定理的条件，这时有：

定理 3.3.16 设 $f(x)=(x-r)(x-s)$，$r\equiv 1$ 而 $s\equiv 3\pmod 4$，则有

$$P(2^m,f(x))=2^t$$

其中：

(1)若 $\mathrm{pot}_2(r-1)\neq\mathrm{pot}_2(s+1)$，则 $\mathrm{pot}_2(r+s)\geqslant m$ 时 $t=1$，否则 $t=m-\mathrm{pot}_2(r+s)+1$.

(2)若 $\mathrm{pot}_2(r-1)=\mathrm{pot}_2(s+1)$，则 $\mathrm{pot}_2(r-1)\geqslant m$ 时 $t=1$，否则 $t=m-\mathrm{pot}_2(r-1)$.

证 $r=1$ 或 $s=3$ 时显然，只考虑 $r\neq 1,s\neq 3$.

因为 $f(x)\equiv x^2-1\pmod 2$，所以 $P(2,f(x))=2$.

依引理 3.1.14 推论(1)，应有 $P(2^m,f(x))=2^t$. 记 $\mathrm{ord}_{2^m}(r)=\alpha$，$\mathrm{ord}_{2^m}(s)=\beta$. 则 $P(2^m,x-r)=\alpha$，$P(2^m,x-s)=\beta$.

因为 $x-r$，$x-s$ 均整除 $f(x)$，所以 $\alpha\mid 2^t$，$\beta\mid 2^t$. 于

是

$$(x-r)\mid(x^{2^t-1})(\mathrm{mod}\ 2^m)$$

令

$$h(x)\equiv(x^{2^t}-1)/(x-r)(\mathrm{mod}\ 2^m)$$

则

$$h(x)\equiv(x^{2^t}-r^{2^t})/(x-r)=$$

$$\prod_{i=0}^{t-1}(x^{2^i}+r^{2^i})(\mathrm{mod}\ 2^m)$$

依引理 3.3.14,应有

$$h(s)\equiv\prod_{i=0}^{t-1}(s^{2^i}+r^{2^i})\equiv 0(\mathrm{mod}\ 2^m)$$

因为 $2\nmid r,s$,所以 $i>0$ 时 $\mathrm{pot}_2(s^{2^i}+r^{2^j})=1$,因而当 $2^t\geqslant\alpha,\beta$ 时上述同余式成立之条件为 $\mathrm{pot}_2(r+s)+t-1\geqslant m$,得 $t\geqslant m-\mathrm{pot}_2(r+s)+1=d$. 故必有

$$2^t=\max\{\alpha,\beta,2^d\}\qquad(3.3.27)$$

下面分别考察 α,β 和 2^d 之值. 设 $\mathrm{pot}_2(r-1)=i\geqslant 2$,即 $r=1+2^ih$,$2\nmid h$. 则有 $\mathrm{ord}_2(r)=\mathrm{ord}_4(r)=\cdots=\mathrm{ord}_{2^i}(r)=1$,但 $\mathrm{ord}_{2^{i+1}}(r)\neq 1$,故依引理 3.1.14 推论(3),$m\leqslant i$ 时 $\alpha=1$,$m>i$ 时 $\alpha=2^{m-i}$.

同样,设 $\mathrm{pot}_2(s+1)=j\geqslant 2$,则当 $m\leqslant j$ 时 $\beta=1$,$m>j$ 时 $\beta=2^{m-j}$.

又

$$r+s=(r+1)+(s-1)$$

所以 $i\neq j$ 时 $\mathrm{pot}_2(r+s)=\min\{i,j\}$,由此根据式(3.3.27)可证得(1);而 $i=j$ 时 $\mathrm{pot}_2(r+s)>i$,又可证得(2).

定理 3.3.14 之推论 2 还可进一步推广如下:

定理 3.3.17　设 p 为奇素数,令

$$g(x)=\prod_{j=0}^{p-1}g_j(x)\text{，而 }g_j(x)=\prod_{i=1}^{t_j}(x-r_{j,i})$$

(3.3.28)

其中 $r_{j,1}\equiv\cdots\equiv r_{j,t_j}\equiv j(\bmod p),j=0,\cdots,p-1$.

又设 $\mu_j=P(p^m,g_j(x))$，则

$$\mu_j=\begin{cases}1\text{，当 }t_j=0\text{ 或 }j=0\\ \mathrm{ord}_{p^m}(r_{j,1})\text{，当 }t_j=1\\ \mathrm{ord}_p(j)\cdot p^{m+r-1}\text{，当 }p^{r-1}<t_j\leqslant p^r,r\geqslant 1\end{cases}$$

(3.3.29)

且

$$P(p^m,g(x))=\operatorname*{lcm}_{1\leqslant j\leqslant p-1}\mu_j \qquad (3.3.30)$$

Harris Kwong 还利用上述结果计算了第二类斯特林数序列 $\{S(n+k,k)\}_{n\geqslant 0}$ 以及 q 二项系数序列的模 p^m 周期，指出了可利用这些结果计算形如 x^d-1 的二项式所含线性因子($\bmod p^m$)的个数. 最后他提出了几个未解决的问题. 它们可理解为：

(1)哪些序列或多项式具有"p 乘"性质？亦即什么条件下象有 $P(p^{m+1},\mathbf{u})=p\cdot P(p^m,\mathbf{u})$ 或 $P(p^m,\varphi(x)^{pt})=p\cdot P(p^m,\varphi(x)^t)$ 成立？能否有一个判别标准？

(2)若 $f(x)\equiv\varphi(x)^{st}(\bmod p)$，是否 $f(x)$ 与 $\varphi(x)^{st}$ 的模 p^m 周期相同？

(3)因为他从母函数角度只考虑了分子为 1 的母函数，所以进一步提出对一般母函数情形将是如何？从多项式的角度看，就是能否找到一个如定理1.7.3那样的判别法则？但是，在 mod p^m 下，母函数的"既约性"和多项式的"极小性"都是较为复杂的问题.

最后指出，笔者 1996 年[24] 利用多项式的模周期性成功地研究了斐波那契和卢卡斯多项式序列高阶导

数序列的性质.

3.4　二阶和某些三阶序列的模周期性

3.4.1　一般二阶序列的模周期

定理 3.4.1　设 $\mathbf{u}$ 为 $\Omega_Z(a,b)$ 的主序列，p 为奇素数，$p\nmid b$，令 $P'(p,\mathbf{u})=s$，$P(p,\mathbf{u})=t$，则：

(1)若 $r>0$，则 $u_r\equiv 0 \pmod p$（允许 $p=2$）当且仅当 $s|r$. 有

$$\left(\frac{\Delta}{p}\right)=1 \text{ 时 } s,t\,|\,p-1 \tag{3.4.1}$$

$$\left(\frac{\Delta}{p}\right)=-1 \text{ 时 } s\,|\,p+1,t\,|\,(p+1)\mathrm{ord}_p(-b) \tag{3.4.2}$$

$$p\,|\,\Delta \text{ 时}，s=p,t=p.\mathrm{ord}_p(a/2) \tag{3.4.3}$$

证　设 θ 为 Ω 之二值特征根.

(1)$u_r\equiv 0$ 时有 $\theta^r\equiv bu_{r-1} \pmod p$，由引理 3.3.11 得 $s|t$，反之若 $r=js$，则由式(3.3.8)知 $u_r\equiv 0 \pmod p$.

式(3.4.1)的证明如下：此时由定理 3.2.9 及其推论，$u_{p-1}\equiv 0$ 而 $u_p\equiv 1$，所以 $bu_{p-2}\equiv 1$，$\theta^{p-1}\equiv 1 \pmod p$. 依定理 3.3.1 得 $t|p-1$.

式(3.4.2)的证明如下：此时可得 $\theta^{p+1}\equiv -b \pmod p$，而当 $\mathrm{ord}_p(-b)=k$ 时有 $\theta^{k(p+1)}\equiv 1 \pmod p$，故证.

式(3.4.3)的证明如下：此时有 $u_p\equiv 0 \pmod p$，故由(1)，$s|p$，但 $s\neq 1$，所以$s=p$. 由定理 3.3.4 知乘子为 $u_{p+1}\equiv a/2 \pmod p$. 再由定理 3.3.5 得证.

推论 在定理条件下 $P'(p,\mathfrak{u})\mid p-\left(\frac{\Delta}{p}\right)$.

进一步我们有:

定理 3.4.2 设 $\mathfrak{u},\mathfrak{v}$ 分别为 $\Omega_z(a,b)$ 中主序列及其相关序列,p 为奇素数,$p\nmid b\Delta$. 令 $P'(p,\mathfrak{u})=s$,$P(p,\mathfrak{u})=t$.

(1)设 $p-\left(\frac{\Delta}{p}\right)=2^{\lambda}d$,$2\nmid d$,则或者

$$u_d\equiv 0 \pmod p\text{,因而 } s\mid d \tag{3.4.4}$$

或者

$$\text{存在 } 0\leqslant r<\lambda\text{,使 } v_{2^r d}\equiv 0 \pmod p\text{ 因而 } s\mid 2^{r+1}d \tag{3.4.5}$$

$$s\mid \frac{1}{2}\left(p-\left(\frac{\Delta}{p}\right)\right)\text{之充要条件为}\left(\frac{-b}{p}\right)=1 \tag{3.4.6}$$

证 (1)已知 $s\mid p-\left(\frac{\Delta}{p}\right)$,故 $2\nmid s$ 时必有 $s\mid d$,因而 $u_d\equiv 0 \pmod p$. $2\mid s$ 时,则存在 $0\leqslant r<\lambda$,使 $s\mid 2^{r+1}d$,但 $s\nmid 2^r d$,因而 $u_{2^{2+1}d}=u_{2^r d}v_{2^r d}\equiv 0$,但 $u_{2^r d}\neq 0$,所以

$$v_{2^r d}\equiv 0 \pmod p$$

式(3.4.6)的证明如下:设 $p-\left(\frac{\Delta}{p}\right)=2\tau$,则 $\left(\frac{\Delta}{p}\right)=1$ 时,$p=2\tau+1$. 由 $u_p\equiv 1$ 及式(2.2.59)得 $v_{(\tau+1)}u_\tau+(-b)^\tau\equiv 1 \pmod p$,所以 $s\mid\tau\Leftrightarrow u_\tau\equiv 0\Leftrightarrow(-b)^\tau=(-b)^{(p-1)/2}\equiv 1 \pmod p\Leftrightarrow\left(\frac{-b}{p}\right)=1$. 当 $\left(\frac{\Delta}{p}\right)=-1$ 时则有 $p=2\tau-1$ 及 $\tau-1=(p-1)/2$,同样由式(2.2.59)得证.

推论 在定理的条件下，$\left(\frac{-b}{p}\right)=1$ 时 $u_{\frac{1}{2}(p-(\frac{\Delta}{p}))}\equiv 0$. 否则

$$v_{\frac{1}{2}(p-(\frac{\Delta}{p}))}\equiv 0 \pmod p$$

定理 3.4.3 设 $\mathbf{u}$ 为 $\Omega_z(a,b)$ 中主序列，p 为奇素数，$p\nmid b$，$P'(p,\mathbf{u})=s$，又设 $\operatorname{ord}_p(-b)=\lambda$，$\gcd(\lambda,s)=d$，$\mathbf{u}$ 之周期系数 $\mu(p,\mathbf{u})=r$，则

$$u_{s+1}^2\equiv(-b)^s \pmod p \tag{3.4.7}$$

$$u_{s+1}^{2\lambda/d}\equiv 1 \pmod p \tag{3.4.8}$$

依 $u_{s+1}^{\lambda/d}\equiv 1$ 或 $-1 \pmod p$ 有 $r=\lambda/d$ 或 $2\lambda/d$

$$\tag{3.4.9}$$

证 由定理 3.3.4，3.3.5 知 u_{s+1} 为乘子，且 $r=\operatorname{ord}_p(u_{s+1})$. 取 Ω 之二值特征根 θ，则 $\theta^s\equiv u_{s+1}\pmod p$，两边取范数即得式(3.4.7). 从而又有 $u_{s+1}^{2\lambda/d}\equiv(-b)^{\lambda\cdot s/d}\equiv 1$，即式(3.4.8)，故有 $r\mid 2\lambda/d$.

又由 $u_{s+1}^r\equiv 1$ 得 $(-b)^{rs}\equiv 1\pmod p$，由此 $\lambda\mid rs$，从而 $\lambda/d\mid r\cdot s/d$. 但 $\gcd(\lambda/d,s/d)=1$，故 $\lambda/d\mid r$.

综上可得(3.4.9). 证毕.

推论 1 当 $b\equiv 1\pmod p$ 时 r 之值仅有下列可能

$$r=1\Leftrightarrow u_{s+1}\equiv 1\pmod p\Leftrightarrow 2\parallel s \tag{3.4.10}$$

$$r=2\Leftrightarrow u_{s+1}\equiv -1\pmod p\Leftrightarrow 4\mid s \tag{3.4.11}$$

$$r=4\Leftrightarrow u_{s+1}^2\equiv -1\pmod p\Leftrightarrow 2\nmid s \tag{3.4.12}$$

相应于 $r=1,2,4$ 分别有 $\left(\frac{\Delta}{p}\right)=1$，$\left(\frac{-\Delta}{p}\right)=1$，$\left(\frac{-1}{p}\right)=1$(反之不真)

$$\tag{3.4.13}$$

相应于 $r=1,2,4$ 分别有 $P(p,\mathbf{u})\equiv\pm 2,0,4\pmod 8$

$$\tag{3.4.14}$$

证 由(3.4.7)，$u_{s+1}^2\equiv(-1)^s$，$2\mid s$ 时有 $u_{s+1}\equiv 1$

或-1，$2\nmid s$ 时有 $u_{s+1}^2\equiv -1 \pmod p$. 又显然 $\lambda=2$. 所以 $d=2$ 或 1，依 $2\mid s$ 或 $2\nmid s$. 又 $2\mid s$ 时，设 $s=2k$. 由 $u_s=u_k v_k\equiv 0$ 及 s 之意义知 $u_k\neq 0$，所以 $v_k\equiv 0 \pmod p$. 于是依式(2.2.59)，$u_{s+1}=u_{2k+1}\equiv \pm 1 \Leftrightarrow -(-1)^k\equiv \pm 1 \pmod p$. 可知当且仅当 $2\nmid k$（或 $2\mid k$）时上（或下）号成立. 由此依(3.4.9)证得式(3.4.10)～(3.4.12).

又由(2.2.67)得 $-\Delta u_k^2\equiv 4(-1)^k \pmod p$，依此证得(3.4.13)中 $r=1,2$ 之情况，而 $r=4$ 之情况显然. (3.4.14)是式(3.4.10)～(3.4.12)之直接结果. 证毕.

此推论包含了 Krishna 的结果[10]作为特例. 朱德高[21]对于斐波那契序列的联结矩阵对模 p 的阶 t 给出了关系 $t=rs$，但未能指出只可能 $r=1,2,4$.

对于此推论中之(3.4.13)，我们进一步刻画如下：

推论 2 当 $b\equiv 1 \pmod p$ 时

$$\text{若}\left(\frac{\Delta}{p}\right)=1,\left(\frac{-1}{p}\right)=-1,\text{则 } r=1 \tag{3.4.15}$$

$$\text{若}\left(\frac{\Delta}{p}\right)=-1,\left(\frac{-1}{p}\right)=-1,\text{则 } r=2 \tag{3.4.16}$$

$$\text{若}\left(\frac{\Delta}{p}\right)=-1,\left(\frac{-1}{p}\right)=-1,\text{则 } r=4 \tag{3.4.17}$$

$$\text{若}\left(\frac{\Delta}{p}\right)=\left(\frac{-1}{p}\right)=1,\text{则}\left(\frac{2}{p}\right)=1\text{ 时 } r \text{ 可能为 } 1,2,4$$

$$\left(\frac{2}{p}\right)=-1\text{ 时 } r \text{ 可能为 } 1,4 \tag{3.4.18}$$

证 (3.4.15)的证明如下：显然 $r\neq 4$. 若 $r=2$，则

$$\left(\frac{-\Delta}{p}\right)=\left(\frac{-1}{p}\right)\left(\frac{\Delta}{p}\right)=\left(\frac{-1}{p}\right)=1$$

矛盾!

(3.4.16)显然,(3.4.7)的证明可仿(3.4.15)的证明证之.

(3.4.18)的证明如下:只要证$\left(\frac{2}{p}\right)=-1$时$r\neq 2$.反设$r=2$,则有$s=4\tau$,因此$v_{2\tau}\equiv 0 \pmod p$.由式(2.2.57)得$v_\tau^2\equiv 2(-1)^\tau=\pm 2 \pmod p$.于是$\left(\frac{\pm 2}{p}\right)=\left(\frac{\pm 1}{p}\right)\left(\frac{2}{p}\right)=\left(\frac{2}{p}\right)=1$,矛盾!证毕.

推论3 当$b\equiv -1 \pmod p$时,r之值仅有如下可能

$$2\mid s \text{ 时必有 } u_{s+1}\equiv -1 \pmod p, r=2 \tag{3.4.19}$$

$2\nmid s$时

$$r=1\Leftrightarrow u_{s+1}\equiv 1\Leftrightarrow u_{(s+1)/2}\equiv -u_{(s-1)/2} \pmod p \tag{3.4.20}$$

$$r=2\Leftrightarrow u_{s+1}\equiv -1\Leftrightarrow u_{(s+1)/2}\equiv u_{(s-1)/2} \pmod p \tag{3.4.21}$$

(1)相应于(3.4.19)有$\left(\frac{-\Delta}{p}\right)=1$,相应于式(3.4.20),(3.4.21)分别有$\left(\frac{2+a}{p}\right)=1$和$\left(\frac{2-a}{p}\right)=1$.

(2)若存在$\tau>0$,使$u_{\tau+1}\equiv \pm u_\tau \pmod p$,则

$$s=\min\{2\tau+1 \mid u_{\tau+1}\equiv \pm u_\tau \pmod p\}$$

证 (3.4.19)的证明如下:$s=2k$时有$u_{2k+1}\equiv \pm 1$及$v_k\equiv 0 \pmod p$,由式(2.2.59)得$\pm 1\equiv -1 \pmod p$,故只$u_{2k+1}\equiv -1$可能.仿推论1可证$r=2$.

式(3.4.20),(3.4.21)的证明如下:$s=2k+1$时

有 $u_{2k+1}\equiv 0$ 及 $u_{2k+2}=\pm 1$，化为

$$u_{k+1}^2-u_k^2\equiv 0 \tag{3.4.22}$$

即

$$u_k\equiv \pm u_{k+1}\pmod p$$

及

$$u_{k+1}v_{k+1}=u_{k+1}(au_{k+1}-2u_k)\equiv \pm 1\pmod p \tag{3.4.23}$$

依式(2.2.67′)有

$$u_{k+1}^2-au_{k+1}u_k+u_k^2=1$$

代入式(3.4.23)得

$$[(a-1)u_{k+1}-u_k][u_{k+1}+u_k]\equiv 0（取上号时）$$

或

$$[(a+1)u_{k+1}-u_k][u_{k+1}-u_k]\equiv 0（取下号时）$$

当 $a\neq\pm 2$ 时，由于 $p\nmid\Delta=a^2+4b\equiv a^2-4$ 及 $u_ku_{k+1}\neq 0$，以式(3.4.22)分别与上两式联立，分别得 $u_k\equiv -u_{k+1}$ 和 u_{k+1}，它们分别对应于 $u_{2k+2}\equiv 1$ 和 -1. $a\equiv 2$ 时则有 $u_n\equiv n$，因而 $s=p=2k+1$，此时显然有 $u_k\equiv -u_{k+1}$. 同理 $a\equiv -2$ 时有 $u_k\equiv u_{k+1}$. 故得所证.

(1)$2\mid s$ 之情况可仿推论 1 证之. $2\nmid s$ 时，以 $u_k\equiv \mp u_{k+1}$ 代入式(3.4.23)得

$$u_{k+1}^2(a\pm 2)\equiv \pm 1\pmod p$$

易知上式两边上、下号恰互相对应，即得所证.

(2)当存在 $\tau>0$ 使 $u_{\tau+1}\equiv \pm u_\tau$ 时，则可得 $u_{2\tau+1}\equiv 0\pmod p$. 所以 $s\mid 2\tau+1$，从而 $2\nmid s$. 运用已证之结果即可得证.

上述(3.4.19)，式(3.4.20)，(3.4.21)把文献[11]中相应的结果更细致化了.

推论 4 当 $b\equiv -1\pmod p$ 且 $p\nmid\Delta$ 时：

(1)若$\left(\frac{2+a}{p}\right)=1,\left(\frac{2-a}{p}\right)=-1$,则 $2\nmid s,r=1$.

(2)若$\left(\frac{2+a}{p}\right)=-1,\left(\frac{2-a}{p}\right)=1$,则 $2\nmid s,r=2$.

(3)若$\left(\frac{2+a}{p}\right)=\left(\frac{2-a}{p}\right)=-1$,则 $2\mid s,r=2$.

(4)$\left(\frac{2+a}{p}\right)=\left(\frac{2-a}{p}\right)=1$,则情况(1)～(3)均有可能.

证 注意 $\Delta\equiv a^2-4 \pmod p$,$\left(\frac{-\Delta}{p}\right)=\left(\frac{2+a}{p}\right)\left(\frac{2-a}{p}\right)$,可仿推论2证之.

至于计算 $P(p^m,\mathbf{u})$ 的问题,一般是在算得 $P(p,\mathbf{u})$(或多项式的模周期,或相关环中元素对模的阶等)的基础上,利用定理3.3.10(或利用3.3.3的结果,或一般地利用引理3.1.13～3.1.14).但是,用这些方法并不易得出一般规律,比如,连最普通的斐波那契序列,设其二值特征根为θ,我们也没有一般法则知道对哪些奇素数 p 有 $\mathrm{ord}_{p^2}(\theta)\neq\mathrm{ord}_p(\theta)$,因而我们不能得出此序列模 p^m 的周期的一般公式.从多项式角度而言,3.3.3的一些结果只是若干特殊情况.对 $P(p,\mathbf{u})$ 本身的计算,当 p 较大时,除了某些特殊情形,一般也不是很简单的.常用的方法,一是根据定理3.3.1计算 $\Omega_Z(a,b)$ 的相关环中元素的阶(或特征多项式的周期),二是根据本节的有关结果先求约束周期.这里,可以只从 $p-\left(\frac{\Delta}{p}\right)$ 的因数中去找,也可直接依次计算 $u_1,u_2,\cdots$ 直至发现 $p\mid u_s$ 为止.根据定理3.4.2,3.4.3及其推论的启发,我们可以考虑采用下列方法来求模周期,它只需求比约束周期更小的量,从而减少计算量.

定理 3.4.4 设 $\mathfrak{u},\mathfrak{v}$ 分别为 $\Omega_Z(a,b)$ 中主序列及其相关序列,p 为奇素数,$p\nmid b$,$P'(p,\mathfrak{u})=s$,令

$$q=Q(p,\mathfrak{u})=\min\{n\mid n>0,\ u_n^2+bu_{n-1}^2\equiv 0 \text{ 或 } v_n\equiv 0(\bmod p)\} \quad (3.4.24)$$

则

$$u_q^2+bu_{q-1}^2\equiv 0(\bmod p)\text{时 } s=2q-1 \quad (3.4.25)$$

$$v_q\equiv 0(\bmod p)\text{时 } s=2q \quad (3.4.26)$$

证 只证(1)此时可得 $u_{2q-1}\equiv 0(\bmod p)$,所以 $s\mid 2q-1$.反设 $s<2q-1$,则$s=2\tau-1$时有 $u_\tau^2+bu_{\tau-1}^2\equiv 0(\bmod p)$,这与 q 之最小性矛盾.故证.

关于任意二阶 F-L 序列与主序列的周期的关系,一般可用定理 3.3.2,3.3.3 来考虑,但对一些特殊情况,有更简单的结论.下面我们推广 Wall 关于斐波那契序列的若干结果[12].

定理 3.4.5 设 $\mathfrak{u}$ 为 $\Omega(a,b)$ 中主序列,$\mathfrak{w}$ 为其中其他序列,p 为奇素数,$p\nmid w_0,w_1$ 及 b.记 $P(p^m,\mathfrak{u})=t$,$P(p^m,\mathfrak{w})=\tau$,则:

(1) $\left(\frac{\Delta}{p}\right)=-1$ 时 $t=\tau$.

(2) $p>3$,$p\mid\Delta$ 及 $D_0^{(2)}(\mathfrak{w})$ 时,若 $\operatorname{ord}_{p^2}\left(\frac{a}{2}\right)\neq\operatorname{ord}_p\left(\frac{a}{2}\right)$,则 $t=p\tau$.

(3) $b=1$ 时,若 $2\nmid\tau$ 则 $t=2\tau$,若 $2\mid\tau$ 且 $p\nmid\Delta$,则 $t=\tau$.

证 $\mathfrak{w}$ 之 Hankel 行列式

$$D_0^{(2)}(\mathfrak{w})=w_2w_0-w_1^2=bw_0^2+aw_1w_0-w_1^2=[(2bw_0+aw_1)^2-\Delta w_1^2]/4b$$

(1) $\left(\frac{\Delta}{p}\right)=-1$ 时必有 $p\nmid D_0^{(2)}(\mathfrak{w})$，否则会导致 $\left(\frac{\Delta}{p}\right)=1$ 或 0 的矛盾. 于是 p^m 与 $D_0^{(2)}(\mathfrak{w})$ 互素，由定理 3.3.2 得证.

(2) 此时可得

$$(2bw_0+aw_1)^2\equiv 0 \pmod p$$

故

$$bw_0\equiv -aw_1/2 \pmod p$$

于是

$$w_n=w_1u_n+bw_0u_{n-1}\equiv\frac{1}{2}w_1(2u_n-au_{n-1})=\frac{1}{2}w_1v_{n-1}$$

$$(\mathfrak{v}\text{ 为主相关序列})\pmod p$$

所以

$$P(p,\mathfrak{w})=P(p,\mathfrak{v})$$

又由 $p\mid\Delta$ 知 Ω_Z 之相等特征根 $(\bmod p)$ 为 $\frac{a}{2}$，所以 $v_n\equiv 2\left(\frac{a}{2}\right)^n \pmod p$，又 $p\nmid b$ 时，$p\nmid a$，故 $P(p,\mathfrak{v})\equiv \operatorname{ord}_p\left(\frac{a}{2}\right)$，而由式(3.4.3)得 $P(p,\mathfrak{u})=p\cdot P(p,\mathfrak{w})$.

令 $\alpha=(a+\sqrt{\Delta})/2$，$\beta=(a-\sqrt{\Delta})/2$，则

$$2^{n-1}u_n=na^{n-1}+\binom{n}{3}a^{n-3}\Delta+\cdots \quad (3.4.27)$$

$$2^{n-1}v_n=a^n+\binom{n}{2}a^{n-2}\Delta+\cdots \quad (3.4.28)$$

注意上两式对 $\Delta=0$ 亦成立. 故 $p>3$ 时，令 $\operatorname{ord}_p\left(\frac{a}{2}\right)=r$，则有

$$u_{pr}\equiv pr\left(\frac{a}{2}\right)^{pr-1}\not\equiv 0\pmod{p^2}$$

所以 $P(p^2,\mathfrak{u})\neq P(p,u)=pr$，由定理 3.3.10 得 $P(p^m,\mathfrak{u})=p^m r$. 如果我们能证明 $P(p^2,\mathfrak{v})\neq P(p,\mathfrak{v})=r$，则有 $P(p^m,\mathfrak{v})=p^{m-1}r$，因而结论得证.

因为 $r\mid p-1$，所以可写 $p=kr+1$. 反设 $P(p^2,\mathfrak{v})=r$，则应有 $v_p=v_{kr+1}\equiv v_1=a\pmod{p^2}$. 由式(3.4.28)就有 $2\left(\frac{a}{2}\right)^{kr+1}\equiv a\pmod{p^2}$，即 $\left(\frac{a}{2}\right)^{kr}\equiv 1\pmod{p^2}$. 但已知 $\operatorname{ord}_{p^2}\left(\frac{a}{2}\right)\neq\operatorname{ord}_p\left(\frac{a}{2}\right)=r$，则由引理 3.1.13 应有 $\operatorname{ord}_{p^2}\left(\frac{a}{2}\right)=pr$，这导致 $pr\mid kr$ 的矛盾. 证毕.

(3)设 Ω 之联结矩阵为 $\boldsymbol{A}$. $w_{n+\tau}\equiv w_n\pmod{p^m}$ 可用矩阵表示为

$$(\boldsymbol{A}^\tau-\boldsymbol{E})\begin{bmatrix}w_1\\ w_0\end{bmatrix}\equiv 0\pmod{p^m}\qquad(3.4.29)$$

因为 $p\nmid w_1,w_0$，所以 $\det(\boldsymbol{A}^\tau-\boldsymbol{E})\equiv 0\pmod{p^m}$. 由定理 1.4.2，即

$$\begin{vmatrix}u_{\tau+1}-1 & u_\tau\\ u_\tau & u_{\tau-1}-1\end{vmatrix}=\begin{vmatrix}u_{\tau+1} & u_\tau\\ u_\tau & u_{\tau-1}\end{vmatrix}+\begin{vmatrix}u_{\tau+1} & 0\\ u_\tau & -1\end{vmatrix}+\begin{vmatrix}-1 & u_\tau\\ 0 & u_{\tau-1}\end{vmatrix}+\begin{vmatrix}-1 & 0\\ 0 & -1\end{vmatrix}\qquad(3.4.30)$$

这里利用了式(2.1.18).

当 $2\nmid\tau$ 时，上式化为 $v_\tau\equiv 0\pmod{p^m}$，由此 $t\mid 2\tau$. 又依定理 3.3.1 及定理3.4.3之推论 1，$\tau\mid t$，$2\mid t$，所以 $t=2\tau$.

当 $2\mid\tau$ 时，若 $p\nmid D_0^{(2)}(\mathfrak{w})$，则由定理 3.3.2 立证. 现

考虑 $p|D_0^{(2)}(\mathfrak{w})$ 的情况. 此时式(3.4.30)可化为 $u_{\tau+1}\equiv 2-u_{\tau-1}$, 即

$$au_\tau+2u_{\tau-1}\equiv 2 \pmod{p^m} \qquad (\mathrm{I})$$

又式(3.4.29)可化为

$$(u_{\tau+1}-1)w_1+u_\tau w_0\equiv 0 \pmod{p^m} \qquad (\mathrm{II})$$

$$u_\tau w_1+(u_{\tau-1}-1)w_0\equiv 0 \pmod{p^m} \qquad (\mathrm{III})$$

从式(Ⅰ)和式(Ⅲ)消去 $u_{\tau-1}$ 得

$$(2w_1-aw_0)u_\tau\equiv 0 \pmod{p^m} \qquad (\mathrm{IV})$$

现证 $\gcd(2w_1-aw_0,p)=1$. 反设 $p|(2w_1-aw_0)$. 则由 $p|D_0^{(2)}(\mathfrak{w})$ 可得 $D_0^{(2)}(\mathfrak{w})=w_0^2+aw_1w_0-w_1^2\equiv 0 \pmod p$. 可化为 $(2w_1-aw_0)^2\equiv \Delta w_0^2 \pmod p$. 因此, 由 $p|(2w_1-aw_0)$ 推出 $p|\Delta$ 或 $p|w_0$. 这与已知矛盾! 故必 $\gcd(2w_1-aw_0,p)=1$. 这样, 由式(Ⅳ)就得出 $u_\tau\equiv 0 \pmod{p^m}$, 以之代入式(Ⅱ)和式(Ⅲ), 并由 $p\nmid w_0,w_1$ 得 $u_{\tau+1}\equiv u_{\tau-1}\equiv 1 \pmod{p^m}$. 故 $t=\tau$.

3.4.2　斐波那契序列的模周期

下面的论述中, 均以 $\{f_n\}$ 表斐波那契序列. 这些论述, 可看作前面一般结果的较详细而具体的例子. 此序列为 $\Omega(1,1)$ 中主序列, $\Delta=5$. 主相关序列为卢卡斯序列 $\{l_n\}$. 我们沿用式(3.4.24)的记号, 记

$$q=Q(p,\mathfrak{f})=\min\{n|n>0,\ f_n^2+f_{n-1}^2\equiv 0 \text{ 或 } l_n\equiv 0 \pmod p\} \qquad (3.4.31)$$

且当 q 适合 $f_q^2+f_{q-1}^2\equiv 0 \pmod p$ 时记 $p\in Q_1$, 而 $v_q\equiv 0 \pmod p$ 时记 $p\in Q_2$. 又记 $P(p,\mathfrak{f})=t$, $P'(p,\mathfrak{f})=s$, $\mu(p,\mathfrak{f})=r$.

定理 3.4.6　设 p 为奇素数, 则:

(1) $q\in Q_1$ 时

$$s=2q-1, r=4, t=8q-4 \qquad (3.4.32)$$

(2)$q\in Q_2$ 且 $2\nmid q$ 时

$$s=2q,r=1,t=2q \tag{3.4.33}$$

(3)$q\in Q_2$ 且 $2|q$ 时

$$s=2q,r=2,t=4q \tag{3.4.34}$$

此为定理 3.4.4 及定理 3.4.3 推论 1 之直接结果.

定理 3.4.7 设 p 为奇素数,$p\neq5$,则:

(1)若 $p\equiv13,17 \pmod{20}$,则 $q\in Q_1$.

(2)若 $p\equiv11,19 \pmod{20}$,则 $q\in Q_2$ 且 $2\nmid q$.

(3)若 $p\equiv3,7 \pmod{20}$,则 $q\in Q_2$ 且 $2|q$.

(4)若 $p\equiv21,29 \pmod{40}$,则 $q\in Q_1$,或 $q\in Q_2$ 且 $2\nmid q$;若 $p\equiv1,9 \pmod{40}$,则 $q\in Q_1$ 或 Q_2.

此为定理 3.4.3 推论 2 之具体化. 下面我们把上述结果加以细致化. 因为定理 3.4.6 仅只考虑了 s 是否含有因数 2 或 4,我们再考虑 s 是否含有其他较简单的因数.

定理 3.4.8 设 p 为奇素数,$p\neq5$

(1)若 $s=3\tau,2\nmid\tau$,则

$$l_\tau^2\equiv-1,5f_\tau^2\equiv3 \pmod p \tag{3.4.35}$$

(2)若 $s=6\tau,2\nmid\tau$,则

$$l_{2\tau}\equiv-1,5f_{2\tau}^2\equiv-3,l_\tau^2\equiv-3,5f_\tau^2\equiv1 \pmod p \tag{3.4.36}$$

(3)若 $s=12\tau,2\nmid\tau$,则

$$l_{4\tau}\equiv1,5f_{4\tau}^2\equiv-3,l_{3\tau}^2\equiv-2,5f_{2\tau}^2\equiv2$$

$$l_{2\tau}^2\equiv3,5f_{2\tau}^2\equiv-1,(l_\tau^2+2)^2\equiv3,5f_\tau^2l_\tau^2\equiv-1 \pmod p \tag{3.4.37}$$

(4)若 $s=8\tau,2\nmid\tau$,则

$$l_{2\tau}^2\equiv2,f_{2\tau}^2\equiv-2,(l_\tau^2+2)^2\equiv2,5f_\tau^2l_\tau^2\equiv-2 \pmod p \tag{3.4.38}$$

(5)若 $s=5\tau, 2\nmid\tau$,则

$$(2l_{2\tau}-1)^2\equiv 5, (2l_\tau^2+3)^2\equiv 5, 5(2f_\tau^2-1)^2\equiv 1 \pmod p \tag{3.4.39}$$

(6)若 $s=10\tau, 2\nmid\tau$,则

$$(2l_{2\tau}+1)^2\equiv 5, (2l_\tau^2+5)^2\equiv 5, (10f_\tau^2-3)^2\equiv 5 \pmod p \tag{3.4.40}$$

证　(1)由式(2.3.30)知,$f_{3\tau}=f_\tau(l_{2\tau}-1)=f_\tau(l_\tau^2+1)\equiv 0$,按 s 之意义,$f_\tau\not\equiv 0$,所以 $l_\tau^2\equiv -1 \pmod p$. 再由 $l_\tau^2-5f_\tau^2\equiv 4(-1)^\tau$ 证得 $5f_\tau^2\equiv 3 \pmod p$.

(2)由 $f_{6\tau}=f_{3\tau}l_{3\tau}\equiv 0$,得 $l_{3\tau}\equiv 0$. 依式(2.3.32)即 $l_\tau(l_{2\tau}+1)=l_\tau(l_\tau^2+3)\equiv 0$. 若 $l_\tau\equiv 0$ 则 $f_{2\tau}\equiv 0$,这与 s 之意义矛盾,所以 $l_\tau^2\equiv -3$. 以下证法同前.

(3)由 $f_{12\tau}\equiv 0$ 得 $l_{6\tau}=l_{2\tau}(l_{4\tau}-1)=l_{2\tau}(l_{2\tau}^2-3)\equiv 0$,于是 $l_{2\tau}^2=(l_\tau^2+2)^2\equiv 3$. 其余仿前.

(4)~(6)只证(6). 由 $f_{10\tau}\equiv 0$ 及式(2.3.32)得 $l_{5\tau}=l_\tau(l_{4\tau}+l_{2\tau}+1)=l_\tau(l_{2\tau}^2+l_{2\tau}-1\equiv 0$,于是 $l_{2\tau}^2+l_{2\tau}-1\equiv 0$,即 $(2l_{2\tau}+1)^2=(2l_\tau^2+5)^2\equiv 5$,而由 $l_{2\tau}=5f_\tau^2-2$ 证得后一式.

由此定理,我们可以给予 s 一些新的二次特征,即:

推论 1

(1)若 $s=3\tau, 2\nmid\tau$,则

$$\left(\frac{-1}{p}\right)=1 \text{ 且 } \left(\frac{5}{p}\right)=\left(\frac{3}{p}\right) \tag{3.4.41}$$

(2)若 $s=6\tau, 2\nmid\tau$,则

$$\left(\frac{5}{p}\right)=\left(\frac{-3}{p}\right)=1 \tag{3.4.42}$$

(3)若 $s=12\tau, 2\nmid\tau$,则

$$\left(\frac{-5}{p}\right)=\left(\frac{3}{p}\right)=\left(\frac{-2}{p}\right)=1 \qquad (3.4.43)$$

(4)若 $s=8\tau, 2\nmid\tau$,则

$$\left(\frac{-5}{p}\right)=\left(\frac{2}{p}\right)=1 \qquad (3.4.44)$$

(5)若 $s=5\tau, 2\nmid\tau$,则

$$\left(\frac{5}{p}\right)=\left(\frac{-1}{p}\right)=1 \qquad (3.4.45)$$

(6)若 $s=10\tau, 2\nmid\tau$,则

$$\left(\frac{5}{p}\right)=1 \qquad (3.4.46)$$

上面的结果,还可进一步细致化.对 $n\in\mathbf{Z}, p\nmid n$.若有 $\left(\frac{n}{p}\right)=1$,我们形式地记适合 $m^2\equiv n \pmod{p}$, $0<m\leqslant(p-1)/2$ 的 m 为 $\sqrt{n} \pmod{p}$.这样就有:

推论 2 除了推论 1 中的二次特征外,还有:

(1) $s=12\tau, 2\nmid\tau$ 时

$$\left(\frac{-2+\sqrt{3}}{p}\right)=1 \text{ 或 } \left(\frac{-2-\sqrt{3}}{p}\right)=1 \pmod{p} \qquad (3.4.47)$$

(2) $s=8\tau, 2\nmid\tau$ 时

$$\left(\frac{-2+\sqrt{2}}{p}\right)=1 \text{ 或 } \left(\frac{-2-\sqrt{2}}{p}\right)=1 \pmod{p} \qquad (3.4.48)$$

(3) $s=5\tau, 2\nmid\tau$ 时

$$\left(\frac{(-3+\sqrt{5})/2}{p}\right)=1 \text{ 或 } \left(\frac{(-3-\sqrt{5})/2}{p}\right)=1 \pmod{p} \qquad (3.4.49)$$

(4) $s=10\tau, 2\nmid\tau$ 时

$$\left(\frac{(-5+\sqrt{5})/2}{p}\right)=1\text{ 或 }\left(\frac{(-5-\sqrt{5})/2}{p}\right)=1(\bmod p)$$

(3.4.50)

定理 3.4.9　设 p 为奇素数，$p\neq5$，则

$$s=3\tau,2\nmid\tau\Leftrightarrow\tau=\min\{2\nmid n,n\in\mathbf{Z}_+\mid l_n^2\equiv-1(\bmod p)\}$$

(3.4.51)

$$s=6\tau,2\nmid\tau\Leftrightarrow\tau=\min\{2\nmid n,n\in\mathbf{Z}_+\mid l_n^2\equiv-3(\bmod p)\}$$

(3.4.52)

$$s=12\tau,2\nmid\tau\Leftrightarrow\tau=\min\{2\nmid n,n\in\mathbf{Z}_+\mid (l_n^2+2)^2\equiv3(\bmod p)\}$$

(3.4.53)

$$s=8\tau,2\nmid\tau\Leftrightarrow\tau=\min\{2\nmid n,n\in\mathbf{Z}_+\mid (l_n^2+2)^2\equiv2(\bmod p)\}$$

(3.4.54)

$$s=5\tau,2\nmid\tau\Leftrightarrow\tau=\min\{2\nmid n,n\in\mathbf{Z}_+\mid (2l_n^2+3)^2\equiv5(\bmod p)\}$$

(3.4.55)

$$s=10\tau,2\nmid\Leftrightarrow\tau=\min\{2\nmid n,n\in\mathbf{Z}_+\mid (2l_n^2+5)^2\equiv5(\bmod p)\}$$

(3.4.56)

只证式(3.4.51). 必要性已由定理 3.4.8 证得. 充分性. 由 $l_\tau^2\equiv-1$ 及 $2\nmid\tau$ 可得 $l_{2\tau}-1\equiv0$，于是 $f_{3\tau}=f_\tau(l_{2\tau}-1)\equiv0(\bmod p)$. 故 $s\mid3\tau$.

若 $\gcd(s,3)=1$，则 $s\mid\tau$，从而 $f_\tau\equiv0$. 由 $l_\tau^2-5f_\tau^2\equiv4(-1)^\tau$ 就得 $-1\equiv-4$，则必 $p=3$. 但 $\left(\frac{-1}{3}\right)=-1$，这与 $l_\tau^2\equiv-1$ 矛盾. 因而 $3\mid s$.

反设有 $\tau'<\tau$，$s=3\tau'$，则仿必要性之证明可得 $l_{\tau'}^2\equiv-1$，这与 τ 之最小性矛盾. 证毕.

注　上述诸定理中关于 l_n 的同余式也可用相应的 f_n 的同余式代替.

定理 3.4.10　设 p 为奇素数，$p\neq5$.

(1)若 $p\equiv 13,17(\bmod 20)$，$p+1=2d$，d 为奇素数，则

$$s=(p+1)/2,t=2(p+1) \qquad (3.4.57)$$

(2)若 $p\equiv 11,19(\bmod 20)$，$p-1=2d$，d 为奇素数，则

$$s=t=p-1 \qquad (3.4.58)$$

(3)若 $p\equiv 3,7(\bmod 20)$，$p+1=4d$，d 为奇素数或1，则

$$s=p+1,t=2(p+1) \qquad (3.4.59)$$

(4)若 $p\equiv 1,9(\bmod 20)$，$p-1=2^{\lambda}\cdot d$，$\lambda\geqslant 2$，d 为奇素数，则：

1)$f_d\equiv 0(\bmod p)$时

$$s=(p-1)/2^{\lambda},t=(p-1)/2^{\lambda-2} \qquad (3.4.60)$$

2)若 $l_d\equiv 0(\bmod p)$，则

$$s=t=(p-1)/2^{\lambda-1} \qquad (3.4.61)$$

3)若 $f_d l_d\not\equiv 0$ 而 $l_{2d}\equiv 0(\bmod p)$，则

$$s=(p-1)/2^{\lambda-2},t=(p-1)/2^{\lambda-3} \qquad (3.4.62)$$

4)若存在 i，$2\leqslant i\leqslant\lambda-2$，$f_d l_d l_{2d}\cdots l_{2^{i-1}d}\not\equiv 0$，$l_2 l_{2^2}\cdots l_{2^i}\not\equiv 0$，而 $l_{2^i d}\equiv 0(\bmod p)$，则

$$s=(p-1)/2^{\lambda-i-1},t=(p-1)/2^{\lambda-i-2} \qquad (3.4.63)$$

5)若存在 i，$4\leqslant i\leqslant\lambda-2$，$l_2 l_{2^2}\cdots l_{2^{i-1}}\not\equiv 0$，而 $l_{2^i}\equiv 0(\bmod p)$，则

$$s=2^{i+1},t=2^{i+2} \qquad (3.4.64)$$

证 (1)～(3)为定理3.4.7和定理3.4.6之直接结果，只证(4)。

1)因为 $f_d\equiv 0(\bmod p)$，所以 $s|d$。又 d 为奇素数，而 $s\neq 1$，所以 $s=d$，$t=4d$，即证。

2) 此时有 $s \mid 2d$, 而 $s \neq 1, 2$. 若 $s = d$, 则与 $l_d^2 - 5f_d^2 \equiv 4(-1)^d \pmod p$ 矛盾, 故必 $s = 2d$, 因而 $t = s$. 故证.

3) 此时 $s \mid 4d$. 因为 $p \geqslant 29$, 而 $f_8 = 21$, 所以 $s > 8$. 则 $s \nmid 4$. 又由 $f_d l_d \not\equiv 0$ 知 $s \nmid 2d$, 故必 $s = 4d$, 从而 $t = 2s$. 故证.

4) 此时 $s \mid 2^{i+1}d$. 若 $s = 2^j$, $3 < j \leqslant i+1$, 则有 $l_{2^{j-1}} \equiv 0 \pmod p$, 这与已知矛盾. 若 $s = 2^k d$, $0 \leqslant k \leqslant i$, 则 $k = 0$ 时 $f_d \equiv 0$, $k > 0$ 时 $l_{2^{k-1}d} \equiv 0 \pmod p$, 均与已知矛盾. 故必 $s = 2^{i+1}d$, 从而 $t = 2s$. 故证.

5) 同理可证.

上述诸定理, 给出了对某些特殊的 p, 求 $\{f_n \pmod p\}$ 的周期的方法.

例 1　$p = 29 \equiv 9 \pmod{20}$. $p - 1 = 2^2 \cdot 7$. 因为 $l_7 \equiv 0 \pmod p$, 所以由式(3.4.61), $t = 14$.

例 2　$p = 31 \equiv 11 \pmod{20}$. $p - 1 = 2 \cdot 3 \cdot 5$. 依定理 3.4.7, 应有 $s = 2q$. 又显然 $s > 8$, 所以只可能 $s = 10$ 或 30. 由式(3.4.56), 因为 $(2l_1^2 + 5)^2 = 49 \not\equiv 5 \pmod{31}$, 所以 $s = 30$, $t = s = 30$.

例 3　$p = 37 \equiv 17 \pmod{20}$, $p + 1 = 2 \cdot 19$, 依式 (3.4.57), $t = 76$.

例 4　$p = 43 \equiv 3 \pmod{20}$, $p + 1 = 4 \cdot 11$, 依式(3.4.59), $t = 88$.

例 5　$p = 359 \equiv 19 \pmod{20}$, $p - 1 = 2 \cdot 179$, 而 179 为素数, 所以依式(3.4.58)得 $t = 358$.

例 6　$p = 449 \equiv 9 \pmod{20}$, $p - 1 = 2^6 \cdot 7$, 因为 $f_7 l_7 \not\equiv 0 \pmod p$, $l_{14} = 843 \equiv -55 \equiv 0$, $l_8 = 47 \not\equiv 0$, $l_{16} = l_8^2 - 2 \equiv -38 \not\equiv 0$, 又 $l_{28} \equiv (-55)^2 - 2 \equiv -120 \not\equiv 0$, $l_{56} \not\equiv$

$(-120)^2-2\equiv 30\not\equiv 0$, $l_{112}\equiv 30^2-2\equiv 0 \pmod{449}$，故依式(3.4.63)，$t=448$.（注意：因为必有 $s\mid(p-1)/2=224$，故计算到 $l_{56}\not\equiv 0$ 以后实际上不必继续计算即可作出结论）

Bauer[19] 曾给出一个求 $P(p,\mathbf{f})$ 计算机算法.

我们指出两点：其一，根据定理3.4.7之推论1～2，我们容易反转来得出用二次特征判别 s 的类型的定理，其结果较烦琐，我们就不罗列了；其二，上面关于斐波那契数的某些结果，可以毫无困难地推广到 $\Omega_Z(a,\pm 1)$ 中的主序列，而且证明方法完全相仿. 上述两方面的结果，部分出现在Somer的文章文献[11]中. 顺便指出，Somer对类似于我们这里的一些结果，采用了代数数论的证明方法. 兹以证明前面的式(3.4.36)为例介绍如下：

设 $\{f_n\}$ 之特征根为 x_1,x_2，P 为域 $Q(\sqrt{5})$ 中整除 p 的一个素理想. 当 $s=6\tau$，$2\nmid\tau$ 时有 $t=s$，所以 $x_1^{6\tau}\equiv x_2^{6\tau}\equiv 1 \pmod P$. 于是 $x_1^{2\tau}$ 和 $x_2^{2\tau}$ 均为3次单位根 $(\bmod P)$，而 x_1^{τ} 和 x_2^{τ} 均为6次单位根 $(\bmod P)$. 注意到 $x_1^{2\tau}\cdot x_2^{2\tau}=1$，$x_1^{\tau}\cdot x_2^{\tau}=-1$，则应有

$$x_1^{2\tau}\equiv(-1\pm\sqrt{-3})/2, x_2^{2\tau}\equiv(-1\mp\sqrt{-3})/2 \pmod P$$

及

$$x_1^{\tau}\equiv(1\pm\sqrt{-3})/2, x_2^{\tau}\equiv(-1\pm\sqrt{-3})/2 \pmod P$$

所以

$$l_{2\tau}=x_1^{2\tau}+x_2^{2\tau}\equiv -1, l_{\tau}=x_1^{\tau}+x_2^{\tau}\equiv\pm\sqrt{-3} \pmod p$$

最后两同余式两边均代表有理整数，故将 mod P 改成了 mod p. 后一式等价于 $l_{\tau}^2\equiv -3 \pmod p$. 由此即可完成式(3.4.36)之证明.

3.4.3　$\Omega_Z(a,b,1)$中序列的模周期

R. Perrin[14]研究了 $\Omega(0,1,1)$中的广 L 序列，后人称之为 Perrin **序列**. Adams 和 Shanks[13]在研究整数的素性判定中详细考察了 Perrin 序列的性质，并推广到 $\Omega_Z(a,b,1)$中的广 L 序列. 关于周期性，他们有如下结果：

定理 3.4.11　设 $\Omega_Z(a,b,1)=\Omega_Z(f(x))$有 $\Delta\neq 0$，$\mathbf{v}$ 为其中广 L 序列，p 为奇素数，$p\nmid\Delta$，记 $P(p,\mathbf{v})=t$，有：

(1)若 $f(x)$在 $Z/(p)$中完全分裂，则

$$t\mid p-1 \tag{3.4.65}$$

(2)若 $f(x)\equiv(x-c)g(x)\pmod p$，$c\in Z/(p)$，$g(x)$模 p 不可约，则

$$t\mid p^2-1 \tag{3.4.66}$$

(3)若 $f(x)$模 p 不可约，则

$$t\mid p^2+p+1 \tag{3.4.67}$$

(4)相应于(1)，(3)有 $\left(\frac{\Delta}{p}\right)=1$，相应于(2)有 $\left(\frac{\Delta}{p}\right)=-1$.

证　因为 $\Delta\neq 0$，所以依定理 3.3.3，$\mathbf{v}$ 与 Ω 中的主序列(此时也是广 F 序列)有相同的模周期. 又由(3.3.4)及定理 3.3.1 知，$t=P(p,f(x))$.

(1)此时有 $f(x)\equiv(x-c_1)(x-c_2)(x-c_3)\pmod p$，$c_1,c_2,c_3\in Z/(p)$. 且因为 $p\nmid\Delta$，所以 c_1,c_2,c_3 模 p 互异. 故由定理 3.3.1 及式(3.1.9)得 $t=\operatorname*{lcm}_{1\leqslant i\leqslant 3}\operatorname{ord}_p(c_i)\mid p-1$.

(2)此时必有 $x-c$ 与 $g(x)$ 模 p 互素，故依式(1.7.7)，有

$$t=\operatorname{lcm}\{P(p,x-c),P(p,g(x))\}$$

其中 $P(p,x-c)=\operatorname{ord}_p(c)\mid p-1$. $P(p,g(x))=t'$可看作$\Omega_Z(g(x))$中主序列的模 p 周期,依定理 3.3.12 有 $t'\mid p^2-1$,故证.

(3)此时依定理 3.3.12 之证明过程,有 $\theta\cdot\theta^p\cdot\theta^{p^2}\equiv(-1)^3\cdot f(0)$,即 $\theta^{p^2+p+1}\equiv1(\bmod p)$,此即所证.

(4)设 $f(x)$之三根为 x_1,x_2,x_3. 令 $\delta=(x_1-x_2)\cdot(x_2-x_3)(x_3-x_1)$,则$\delta^2=\Delta$. 对情形(1),对每个 i 均有 $x_i^p\equiv x_i(\bmod p)$,所以 $\delta^p\equiv(x_1^p-x_2^p)(x_2^p-x_3^p)(x_3^p-x_1^p)\equiv\delta(\bmod p)$,故得 $\left(\dfrac{\Delta}{p}\right)\equiv\Delta^{(p-1)/2}=\delta^{p-1}\equiv1(\bmod p)$. 对情形(2),不妨设 $x_1\in Z/(p)$,x_2 和 x_3 属 $Z/(p)$ 的代数闭域 D 而不属 $Z/(p)$,因为映射 $\sigma:D\to D,\sigma(x)=x^p$ 置换 $f(x)$的根,则 $x_1^p\equiv x_1,x_2^p\equiv x_3,x_3^p\equiv x_2$,从而得 $\delta^p\equiv-\delta(\bmod p)$,所以$\left(\dfrac{\Delta}{p}\right)=-1$. 对情形(3),不妨设 $x_2\equiv x_1^p,x_3\equiv x_1^{p^2}(\bmod p)$,由此即可得证.

由于可以用 $\Omega_Z(a,b,1)$中广 F 序列的周期来刻画广 L 序列的周期. 因此我们补充以下结果:

定理 3.4.12 设 $\Omega_Z(a,b,1)$有 $\Delta\neq0$,$\mathbf{u}$ 为其中广 F 序列,p 为奇素数,$p\nmid\Delta$,记 $\mu(p,\mathbf{u})=r$,则:

(1)

$$r=1\text{ 或 }3\tag{3.4.68}$$

(2)设 c 为 $\mathbf{u}$ 对模 p 的乘子,则 $r=3$ 的充要条件是 $p\neq3$,且

$$(2c+1)^2\equiv-3(\bmod p)\tag{3.4.69}$$

因而此时

$$\left(\frac{-3}{p}\right)=1 \tag{3.4.70}$$

证 (1)由定理3.3.7之(2)知 $r|3$,故证.

(2)因为 $r=\mathrm{ord}_p(c)$,所以 $c^3\equiv 1$,即 $(c-1)(c^2+c+1)\equiv 0(\mathrm{mod}\ p)$.故 $c\equiv 1$,此时 $r=1$,或 $c^2+c+1\equiv 0$,此时化为式(3.4.69).若 $p=3$,则由 $(2c+1)^2\equiv 0$ 得 $c\equiv 1(\mathrm{mod}\ 3)$,仍有 $r=1$.若 $p\neq 3$,则式(3.4.69)成立时 $c\neq 1$,因而 $r\neq 1$,故 $r=3$.证毕.

参考文献

[1]FREITAG H T. A property of unit digits of Fibonacci numbers[M]//Fibonacci numbers and their applications. Berlin:Springer-Verlag,1986, 1:39-41.

[2]FREITAG H T,PHILLIPS G M. A congruence relation for certain sequence [J]. Fibonacci Quart.,1986,24(4):332-335.

[3]FREITAG H T,PHILLIPS G M. A congruence relation for a linear recursive sequence of arbitrary order[M]//Applications of Fibonacci numbers,Berlin:Springer-Verlag,1988,2:39-44.

[4]SOMER L. Congruence relations for kth-order linear recurrences[J]. Fibonacci Quart., 1989, 27(1):25-31.

[5]COHN H. Advanced number theory[M]. New York:Dover Publications,Inc.,1980:159-179.

[6]NEVILLE R. Some congruence properties of bi-

nomial coefficients and linear second order recurrences[J]. Internat. J. Math. & Math. Sci. ,1988,11(4):743-750.

[7]肖果能,乐茂华. 关于 Fibonacci 数列的几个问题[J]. 长沙铁道学院学报,1991,9(1):101-105.

[8]KWONG Y H H. Periodicities of a class of infinite integer sequences modulo m[M]//Journal of number theory. Amsterdam: ELSEVIER, 1989, 31:64-79.

[9]KRUYSWIJK D. On the congruence $u^{p-1}\equiv 1$ modulo p^2[J]. Math Certrum Amsterdam Afd. Zuivere Wisk,1966,7.

[10]KRISHNA H V. Two properties of the Pell sequence[J]. Math Ed. (Siwan),1989,23(3):97-98.

[11]SOMER L. Possible restricted periods of certain Lucas sequences modulo p[M]//Applications of Fibonacci numbers, Berlin: Springer-Verleg, 1991,4:189-398.

[12]WALL D D. Fibonacci series modulo m[J]. Amer. Math. Monthly,1960,67:525-532.

[13]WILLIAM A,DANIEL S. Strong primality tests are not sufficient[J]. Math. Comp., 1982, 39(159):225-300.

[14]PERRIN R. Item 1484[J]. L′ Intermediare des Math. ,1899,6:76-77.

[15]TRENCH W F. On the periodicities of certain sequences of residues[J]. Amer. Math. Monthly,

1960,67:652-656.

[16]DEREK K C. Higher-order Fibonacci sequences modulom[J]. Fibonacci Quart., 1986, 24(1): 138-139.

[17]MAMANGAKIS S E. Remarks on Fibonacci Series modulom[J]. Amer. Math. Monthly, 1961, 68:648-649.

[18]AMOS E. On the periods of the Fibonacci sequences modulom[J]. Fibonacci Quart., 1989, 27(1):11-13.

[19]BAUER F L. Efficient solution of a nonmonotonic inverse problem[M]//Beauty is our business, Texts Monagraphs Comput. Sci., New York:Springer,1990:19-26.

[20]HOGGATT V E Jr, BICKNELL M. Some congruences of the Fibonacci numbers modulo a prime p[J]. Math. Mag., 1974, 47:210-214.

[21]朱德高. 斐波那契数与 GL$(2,F_p)$[J]. 华中师范大学学报(自科版),1989,23(23):327-329.

[22]ROBBINS N. Lucas numbers of the form px^2, where p is prime[J]. Internat. J. Math. & Math. Sci., 1991, 14(4):697-704.

[23]ZHOU C Z. A general conclusion on Lucas numbers of the form px^2 where p is prime[J]. Fibonacci Q., 1999, 37(1):39-45.

[24]ZHOU C Z. On k^{th}-order derivative sequences of Fibonacci and Lucas polynomials[J]. Fibonacci Q., 1996, 34(5):394-408.

第4章 整除性与可除性序列

整除性是 F-L 数的一种重要数论性质. 正因为 F-L 数具有递归的性质, 所以 F-L 数的整除性较一般整数更具有特殊之处. 本章首先引入"出现秩"这一概念, 然后讨论 F-L 数的一般整除性质, 接着讨论 F-L 数的本原因子问题. 然后介绍可除性序列和强可除性序列的概念及有关结果. 最后将介绍莱梅序列的有关性质. 本章内容在 Diophantine 方程及其他数论问题中都有很好的应用.

4.1 整除性

4.1.1 因数在序列中的出现秩

设 $\mathfrak{w}$ 为 $\Omega_Z(a,b)$ 中任一非零序列, m 为大于 1 的整数, 若存在 $n>0$ 使 $m\mid w_n$, 则称适合上述条件的最小正整数 n 为 m 在 $\mathfrak{w}$ 中的**出现秩**, 并记为 $\alpha(m,\mathfrak{w})=n$. 这个概念是卢卡斯最先提出来的.

定理 4.1.1 设 $\mathbf{u}$ 为 $\Omega_Z(a,b)$ 中主序列, $\gcd(m,b)=1$, 记 $P'(m,\mathbf{u})=s$, 则

$$\text{对 } r>0, m \mid u_r \Leftrightarrow s \mid r \tag{4.1.1}$$

$$\alpha(m,\mathfrak{u})\text{等于 } s \tag{4.1.2}$$

证　(4.1.1)是定理 3.4.1 之(1)的推广，且证法完全相同.

(4.1.2)的证明如下：记 $\alpha(m,\mathfrak{u})=r$，则由 $m \mid u_r$ 得 $s \mid r$，又由 $u_s \equiv 0 \pmod m$ 及 r 之意义知 $r \leqslant s$，所以 $r=s$.

值得注意的是，当 $\gcd(m,b)>1$ 时，由引理 3.3.10，$P'(m,\mathfrak{u})$ 不存在，而 $\alpha(m,\mathfrak{u})$ 却可能存在. 如设 $\mathfrak{u}$ 为 $\Omega(2,2)$ 中主序列，$m=4$，则

$$\{u_n \pmod 4\}: 0,1,2,2,0,0,\cdots$$

若存在 $P'(4,\mathfrak{u})=s$，则乘子 $c \equiv u_{s+1} \pmod 4$. 因按约束周期之定义应有 $s>0$ 且 $\gcd(4,c)=1$，这是不可能的. 但是却存在 $\alpha(4,\mathfrak{u})=4$. 一般地，当 $m>1$，存在 $m \mid u_n$ 时，则 $\alpha(m,\mathfrak{u})$ 存在.

进一步，对任意序列我们有：

定理 4.1.2　设 $\mathfrak{u}$ 为 $\Omega_Z(a,b)$ 中主序列，$\mathfrak{w}$ 为其中任一非零序列，且存在 $\alpha(m,\mathfrak{w})=r$，则：

(1)对任意 $n \geqslant 0$ 有

$$w_{r+n} \equiv w_{r+1} u_n \pmod m \tag{4.1.3}$$

(2)当 $\gcd(m,b)=1$ 时，设 $P'(m,\mathfrak{u})=s$，则对任何 $n \geqslant 0$，有

$$w_{s+n} \equiv u_{s+1} w_n \pmod m \tag{4.1.4}$$

因而 $P'(m,\mathfrak{w}) \mid s$.

(3)在(2)的条件下，若还有 $\gcd(w_0,w_1)=1$，则 $P'(m,\mathfrak{w})=s$，且乘子同为 $u_{s+1} \pmod m$.

证　(1)由式(2.2.17)即得

$$w_{r+n} = w_{r+1} u_n + b w_r u_{n-1} \equiv w_{r+1} u_n \pmod m$$

(2)此时利用(1)的结果有

$$w_{s+n}=w_{r+(s+n-r)}\equiv w_{r+1}u_{s+n-r}\equiv w_{r+1}u_{s+1}u_{n-r}\equiv u_{s+1}w_n \pmod m$$

式中当 $n<r$ 时 $u_{n-r}\pmod m$ 看作模序列的拓展. 故证.

(3)设 $P'(m,\mathfrak{w})=s'$,乘子为 c,则有

$$w_{r+(s'+n)}=w_{s'+(r+n)}\equiv cw_{r+n}\pmod m$$

利用(1)之结果得

$$w_{r+1}u_{s'+n}\equiv cw_{r+1}u_n\pmod m$$

若我们能证明 $\gcd(m,w_{r+1})=1$,则由上式可得 $u_{s'+n}\equiv cu_n\pmod m$,因而 $s\mid s'$. 但由(2)已证 $s'\mid s$,所以 $s'=s$,于是 $c\equiv u_{s+1}\pmod m$. 引理就得到了证明.

反设 w_{r+1} 与 m 有公共素因子 p,则 $p\mid w_{r+1}$,且由 r 之意义有 $p\mid w_r$,但 $p\nmid b$. 这样,由递归关系 $w_{n+2}=aw_{n+1}+bw_n$ 就可逆推得 $p\mid w_1$ 且 $p\mid w_0$,这与已知矛盾! 证毕.

本定理之(1)说明,当 $\alpha(m,\mathfrak{w})$存在时,在 mod m 的意义下,$\mathfrak{w}$ 相当于主序列 $\mathfrak{u}$ 移位(右移 r 个单位)和倍乘 w_{r+1}的结果,因而两序列应有相似的性质,故又有(2),(3)的结果.

下面我们考虑如何把"出现秩"这一概念推广到高阶序列情形. 设 $\mathfrak{w}$ 为$\Omega_Z(a_1,\cdots,a_k)$中任一非零序列,m 为大于 1 的整数. 因为当 $k\geqslant 3$ 时,单凭 m 整除某一项 w_n 似乎不能给我们提供多少有用的信息,所以我们采用如下定义方法:

记

$$d(n,\mathfrak{w})=\gcd(w_n,w_{n+1},\cdots,w_{n+k-2}) \quad (4.1.5)$$

设 $m>1$,若存在 $n>0$ 使 $m\mid d(n,\mathfrak{w})$,则称适合上述条

件之最小正整数 n 为 m 在 $\mathbf{w}$ 中之**出现秩**，记号同前. 这样，出现秩就表示当 m 整除 $\mathbf{w}$ 中连续 $k-1$ 项时其开始项的最小正下标. 在已有文献中，Gurak 曾对 $\Omega_Z(\Delta\neq0)$ 中广 F 序列引入了上述概念(参见第2章文献[9]P. 788). 同样，我们有：

定理 4.1.3　设 $\mathbf{u}$ 为 $\Omega_Z(a_1,\cdots,a_k)$ 中主序列，$\gcd(m,a_k)=1$，记 $P'(m,\mathbf{u})=s$，则

$$\text{对 } r>0,m\mid d(r,\mathbf{u})\Leftrightarrow s\mid r \qquad (4.1.6)$$

$$\alpha(m,\mathbf{u})\text{等于 } s \qquad (4.1.7)$$

定理 4.1.4　设 $\mathbf{u}$ 为 $\Omega_Z(a_1,\cdots,a_k)$ 中主序列，$\mathbf{w}$ 为其中任一非零序列，且存在 $\alpha(m,\mathbf{w})=r$，则：

(1)对任意 $n\geqslant0$，有

$$w_{r+n}\equiv w_{r+k-1}u_n\pmod m \qquad (4.1.8)$$

(2)当 $\gcd(m,a_k)=1$ 时，设 $P'(m,\mathbf{u})=s$，对任何 $n\geqslant0$，有

$$w_{s+n}\equiv u_{s+k-1}w_n\pmod m \qquad (4.1.9)$$

因而 $P'(m,\mathbf{w})\mid s$.

(3)在(2)的条件下，若还有 $\gcd(w_0,w_1,\cdots,w_{k-1})=1$，则 $P'(m,\mathbf{w})=s$，且乘子同为 $u_{s+k-1}\pmod m$.

上述两定理基本证法与前两个定理完全一样，只是在证式(4.1.8)时用到式(2.1.5). 对于定理 4.1.4 之意义也可仿定理 4.1.2 那样理解. 仿式(4.1.8)的证法还可得到：

推论　若 $m\mid d(r',\mathbf{w}),r'\geqslant0$，则对任何 $n\geqslant0$，有

$$w_{r'+n}\equiv w_{r'+k-1}u_n\pmod m \qquad (4.1.8')$$

定理 4.1.5　设 $\mathbf{u}$ 为 $\Omega_Z(a_1,\cdots,a_k)$ 中主序列，且存在 $\alpha(m,\mathbf{u})=r$，则：

(1)对任何 $n\geqslant0,j\geqslant0$，有

$$u_{jr+n} \equiv u_{r+k-1}^{j} u_n \pmod{m} \qquad (4.1.10)$$

(2)若 $r \mid n$,则

$$m \mid d(n, \mathfrak{u}) \qquad (4.1.11)$$

(3)若 $\gcd(m, a_k)=1$ 且 $m \mid d(n, \mathfrak{u})$,则

$$r \mid n \qquad (4.1.12)$$

证 由式(4.1.8)知,$u_{r+n} \equiv u_{r+k-1} u_n \pmod{m}$,然后对 j 用归纳法可证得(1). 设$n=jr$,利用(1)之结果得 $u_{jr} \equiv u_{r+k-1}^{j} u_0 = 0 \pmod{m}$,即得(2). $\gcd(m, a_k)=1$ 时,由式(4.1.7)有 $r=s$,再用式(4.1.6)得式(4.1.12).

推论 若 $m \mid d(r', \mathfrak{w})$,$r' \geqslant 0$,则对任何 $n \geqslant 0$,$j \geqslant 0$,有

$$u_{jr'+n} \equiv u_{r'+k-1}^{j} u_n \pmod{m} \qquad (4.1.10')$$

定理 4.1.6 设 $\mathfrak{u}$ 为 $\Omega_Z(a_1, \cdots, a_k)$中主序列,$\mathfrak{w}$ 为其中任一非零序列,且存在 $\alpha(m, \mathfrak{w})=r$. 又若 $\gcd(m, a_k)=1$,$P'(m, \mathfrak{u})=s$,则对任何 $n \geqslant r$,有:

(1)若 $s \mid n-r$,则

$$m \mid d(n, \mathfrak{w}) \qquad (4.1.13)$$

(2)若又有 $\gcd(w_0, w_1, \cdots, w_{k-1})=1$,则 $m \mid d(n, \mathfrak{w})$时,有

$$s \mid n-r \qquad (4.1.14)$$

证 (1)$s \mid n-r$ 时,设 $n=js+r$,则由式(4.1.9),对 $i=0,1,\cdots,k-2$,有

$$w_{n+i} \equiv w_{js+r+i} \equiv u_{s+k-1}^{j} w_{r+i} \equiv 0 \pmod{m}$$

故 $m \mid d(n, \mathfrak{w})$.

(2)当 $m \mid d(n, \mathfrak{w})$时,则对 $i=0,1,\cdots,k-2$ 有 $w_{n+i} \equiv 0$. 设 $n=js+r+r'$,$0 \leqslant r' < s$,同样由式(4.1.9)可得 $u_{s+k-1}^{j} w_{r+r'+i} \equiv 0 \pmod{m}$. 而由 $\mathfrak{u}$ 之乘子之意义,$\gcd(m, u_{s+k-1})=1$,所以 $w_{r+r'+i} \equiv 0 \pmod{m}$. 再由式

(4.1.8)得 $w_{r+k-1}u_{r'+i}\equiv 0 \pmod m$，又可仿定理 4.1.2 之(3)证明 $\gcd(m,w_{r+k-1})=1$，所以 $u_{r'+i}\equiv 0 \pmod m$. 若 $r'\neq 0$，则与 s 之意义矛盾，故 $r'=0$，从而 $s\mid n-r$.

定理 4.1.7 设 $\mathbf{u}$ 为 $\Omega_Z(a_1,\cdots,a_k)$ 中主序列，又设存在 $\alpha(m_i,\mathbf{u})=r(m_i)$，$i=1,2$，$\gcd(m_1,a_k)=1$，则 $m_1\mid m_2$ 时，有

$$r(m_1)\mid r(m_2) \tag{4.1.15}$$

证 因为 $m_2\mid d(r(m_2))$，所以 $m_1\mid d(r(m_2))$，根据式(4.1.12)即得 $r(m_1)\mid r(m_2)$.

定理 4.1.8 设 $\mathbf{w}$ 为 $\Omega_Z(a_1,\cdots,a_k)$ 中任一非零序列，$\gcd(w_0,\cdots,w_{k-1})=1$. 又设存在 $\alpha(m_i,\mathbf{w})=r(m_i)$，$i=1,2$，$\gcd(m_1,a_k)=1$. 再设 $\mathbf{u}$ 为 Ω_Z 中主序列，$P'(m_1,\mathbf{u})=s(m_1)$，则 $m_1\mid m_2$ 时，有

$$s(m_1)\mid r(m_2)-r(m_1) \tag{4.1.16}$$

证 同样有 $m_1\mid d(r(m_2))$. 然后利用式(4.1.14)得证.

4.1.2 k 阶 F-L 数的整除性

对于 $k\geqslant 3$ 时 F-L 数的整除性质除上目关于出现秩之性质外，其他知之甚少，我们下面叙述几个结果.

定理 4.1.9 设 $\mathbf{u}$ 为 $\Omega_Z(a_1,\cdots,a_k)$ 中主序列，$r\geqslant 1$，$d(r,\mathbf{u})\neq 0$，则：

(1)对任何 $j\geqslant 0$，有

$$d(r,\mathbf{u})\mid d(jr,\mathbf{u}) \tag{4.1.17}$$

(2)对任何 $j\geqslant 0$，有

$$d(r,\mathbf{u})\mid u_{jr+k-1}-u_{r+k-1}^{j} \tag{4.1.18}$$

(3)$j_1,j_2\geqslant 0$，$j_1+j_2=j$ 时，有

$$d(r,\mathbf{u})\mid u_{jr+k-1}-u_{j_1r+k-1}u_{j_2r+k-1} \tag{4.1.19}$$

证 $d(r,\mathbf{u})=\pm 1$ 时显然，否则在式(4.1.10′)中

取 $m=|d(r,\mathbf{u})|$，$r'=r$，令 $n=0,\cdots,k-2$ 即得(1). 令 $n=k-1$ 即得(2). 而(3)是(2)之直接结果.

推论 对 $r\geqslant 1$，$d(r,\mathbf{u})\neq 0$，若 $r|n$，则

$$d(r,\mathbf{u})\,|\,d(n,\mathbf{u}) \tag{4.1.20}$$

定理 4.1.10 设 $\mathbf{u}$ 为 $\Omega_Z(a_1,\cdots,a_k)$ 中主序列，简记 $d(r,\mathbf{u})=d(r)$，有：

(1)设 p 为素数，$\gcd(p,a_k)=1$，$p^i|d(r)$，则

$$p^{i+1}\,|\,d(pr) \tag{4.1.21}$$

(2)设 $r_1,r_2>0$，$\gcd(r_1,r_2)=r$，$\gcd(d(r_2),d(r_2))=d$，则 $\gcd(d,a_k)=1$ 时

$$d=d(r) \tag{4.1.22}$$

证 取 Ω_Z 的一个 k 值特征根 θ.

(1)因为 $\gcd(p,a_k)=1$. 所以由定理 4.1.3 知，$\alpha(p^i,\mathbf{u})$存在且等于 $P'(p^i,\mathbf{u})$，设为 s. 则由定理 3.3.4 有 $\theta^s\equiv u_{s+k-1}(\bmod p^i)$. 于是 $\theta^{ps}\equiv u_{s+k-1}^p(\bmod p^{i+1})$. 又因为 $p^i\,|\,d(r)$，所以由式(4.1.12)知，$s|r$. 设 $r=js$ 得 $\theta^{pr}\equiv u_{s+k-1}^{pj}(\bmod p^{i+1})$，从而 $\theta^{pr+n}\equiv u_{s+k-1}^{pj}\theta^n$，这样就有 $u_{pr+n}\equiv u_{s+k-1}^{pj}u_n(\bmod p^{i+1})$. 令 $n=0,\cdots,k-2$ 即得所证.

(2)由 $d\,|\,d(r_1)$ 及 $d(r_2)$ 仿上可得 $\theta^{r_i}\equiv u_{s'+k-1}^{j_i}(\bmod d)$，其中 $s'=\alpha(d,\mathbf{u})=P'(d,\mathbf{u})$，$r_i=j_is'$，$i=1,2$. 由 $\gcd(r_1,r_2)=r$ 知，存在 $x,y\in\mathbf{Z}$，使 $xr_1+yr_2=r$. 于是可得 $\theta^r\equiv u_{s+k-1}^{xj_1+yj_2}(\bmod d)$. 仿(1)可知 $d|d(r)$.

反之，由式(4.1.20)及 $r|r_1,r_2$ 得 $d(r)\,|\,d(r_1)$，$d(r_2)$，从而 $d(r)|d$. 综上得$d=d(r)$.

定理 4.1.11 设 $\mathbf{w}$ 为 $\Omega_Z(a_1,\cdots,a_k)$中任一非零序列，简记 $d(r,\mathbf{w})=d(r)$，$r\geqslant 0$. 又设对某个 r 有

$d(r)\neq 0$, $\gcd(d(r),a_k)=1$, $P'(d(r),\mathbf{u})=s$, $\mathbf{u}$ 为 Ω_Z 中主序列，则

$$d(r)\mid d(js+r) \tag{4.1.23}$$

$$d(r)\mid w_{js+r+k-1}-u_{s+k-1}^{j}w_{r+k-1} \tag{4.1.24}$$

对 $j_1,j_2\geqslant 0$, $j_1+j_2=j$ 有

$$d(r)\mid w_{r+k-1}w_{js+r+k-1}-w_{j_1s+r+k-1}u_{j_2s+r+k-1} \tag{4.1.25}$$

证　$d(r)=\pm 1$ 时显然，否则在式(4.1.8′)中取 $m=|d(r)|$, $r'=r$，得

$$w_{r+n}\equiv w_{r+k-1}u_n \pmod m$$

由此同样可推得式(4.1.9)，进而可得

$$w_{js+n}\equiv u_{s+k-1}^{j}w_n \pmod m$$

令 $n=r,\cdots,r+k-2$ 得(4.1.23). 令 $n=r+k-1$ 得(4.1.24). 又由 $w_{j_1s+r+k-1}\equiv u_{s+k-1}^{j_1}w_{r+k-1}$ 及 $w_{j_1s+r+k-1}\equiv u_{s+k-1}^{j_2}w_{r+k-1} \pmod m$ 相乘并利用(4.1.24)即得(4.1.25).

4.1.3　二阶 F-L 数的整除性

为应用方便，我们先把由前面一般情形推出的结果具体归纳如下：

定理 4.1.12　设 $\mathbf{u}$ 为 $\Omega_Z(a,b)$ 中主序列，简记 $\alpha(m,\mathbf{u})=\alpha(m)$, $P'(m,\mathbf{u})=s(m)$（假如它们均存在的话），$r\geqslant 1$, $u_r\neq 0$，那么：

(1) $r\mid n$ 时，有

$$u_r\mid u_n \tag{4.1.26}$$

(2) $j\geqslant 0$ 时，有

$$u_r\mid u_{jr+1}-u_{r+1}^{j} \tag{4.1.27}$$

(3) $j_1,j_2\geqslant 0$, $j_1+j_2=j$ 时，有

$$u_r\mid u_{jr+1}-u_{j_1r+1}u_{j_2r+1} \tag{4.1.28}$$

(4) 若 p 为素数，$\gcd(p,b)=1$，则 $p^i\mid u_r$ 时，有

$$p^{i+1} \mid u_{pr} \tag{4.1.29}$$

(5)设 $r_1, r_2>0$,$\gcd(r_1, r_2)=r$,$\gcd(u_{r_1}, u_{r_2})=d$,则 $\gcd(b,d)=1$ 时,有

$$d=|u_r| \tag{4.1.30}$$

(6)若 $\alpha(m)\mid n$,则 $m\mid u_n$,且当 $\gcd(m,b)=1$ 时,若 $m\mid u_n$,则

$$\alpha(m)=s(m)\mid n \tag{4.1.31}$$

(7)若 $\alpha(m_1)$,$\alpha(m_2)$均存在,且 $\gcd(m_1,b)=1$,则 $m_1\mid m_2$ 时,有

$$\alpha(m_1)\mid\alpha(m_2) \tag{4.1.32}$$

(8)若 $|u_r|>1$,$\gcd(u_r,b)=1$,且对任何 $0<h<r$,$u_r\nmid u_h$,则 $u_r\mid u_n$ 时

$$r\mid n \tag{4.1.33}$$

其中(8)未曾在前面出现,证明如下:

令 $m=|u_r|$,则由已知条件中知 $\alpha(m)=r$,而 $u_r\mid u_n\Rightarrow m\mid u_n$. 又 $\gcd(m,b)=1$,所以由(6)之结果有 $\alpha(m)\mid n$,即 $r\mid n$.

注意:(5)~(8)中有关数与 b 互素的条件是很重要的. 比如,对 $\Omega(2,2)$,$\gcd(u_4,u_6)=\gcd(16,120)=8$,$\gcd(4,6)=2$,但 $8\neq u_2=2$. 这是因为 $\gcd(8,2)\neq 1$. 但后面的定理 4.1.18 之推论 1 将表明,当 $\gcd(a,b)=1$ 时,上述条件一定满足. 定理 4.1.13 也有类似情况.

推论 若 $b=\pm 1$,则

$$\gcd(u_{r_1}, u_{r_2})=|u_r|, r=\gcd(r_1, r_2) \tag{4.1.34}$$

$$m\mid u_n\Leftrightarrow\alpha(m)=s(m)\mid n \tag{4.1.35}$$

若 $m_1\mid m_2$,则

$$\alpha(m_1)=s(m_1)\mid\alpha(m_2)=s(m_2) \tag{4.1.36}$$

若 $|u_r|>1$,且对任何 $0<h<r$,$u_r\nmid u_h$,则 $u_r\mid u_n$

时,有

$$r \mid n \tag{4.1.37}$$

对于其他序列,我们主要考察主相关序列.

定理 4.1.13 在定理 4.1.12 的条件下,又设 $\mathfrak{v}$ 为 Ω_Z 的主相关序列,简记 $\alpha(m,\mathfrak{v})=\alpha$(假设存在的话),又设 $v_r\neq 0$,那么:

(1)当 $s=s(v_r)$ 时,有

$$v_r \mid v_{js+r} \tag{4.1.38}$$

(2)当 $s=s(v_r)$ 时,有

$$v_r \mid v_{js+r+1}-u_{s+1}^j v_{r+1} \tag{4.1.39}$$

(3)对 $j_1,j_2\geqslant 0,j_1+j_2=j$ 时,有

$$v_r \mid v_{r+1}v_{js+r+1}-v_{j_1s+r+1}v_{j_2s+r+1} \tag{4.1.40}$$

(4)若 $\gcd(m,b)=1$,则 $s(m)\mid n-\alpha'(m)$ 时 $m\mid v_n$,若又有 $2\nmid a$,则 $m\mid v_n$ 时,有

$$s(m)\mid n-\alpha'(m) \tag{4.1.41}$$

(5)若 $\alpha'(m_1),\alpha'(m_2)$ 均存在,且 $2\nmid a,\gcd(m_1,b)=1$,则 $m_1\mid m_2$ 时,有

$$s(m_1)\mid \alpha'(m_2)-\alpha'(m_1) \tag{4.1.42}$$

(6)$r\mid n$ 且 $2\nmid (n/r)$ 时,有

$$v_r \mid v_n \tag{4.1.43}$$

(7)$\Delta\neq 0,r\mid n$ 且 $2\mid (n/r)$ 时,有

$$v_r \mid u_n \tag{4.1.44}$$

(8)若 $\gcd(m,2b)=1,\alpha'(m)$ 存在,则

$$\alpha(m)=s(m)=2\alpha'(m) \tag{4.1.45}$$

(9)若 $\gcd(m,2b)=1,2\nmid a$,则

$$m\mid v_n \Leftrightarrow \alpha'(m)\mid n \text{ 且 } n2\nmid (n/\alpha'(m)) \tag{4.1.46}$$

(10)设 $\alpha'(m_1),\alpha'(m_2)$ 存在,$\gcd(m_1,2b)=1$,$2\nmid a$,若 $m_1\mid m_2$,则

$$\alpha'(m_2)=q\alpha'(m_1)\text{且 }2\nmid q \qquad (4.1.47)$$

(11)设 $r>0$，$|v_r|>1$，$\gcd(v_r,2b)=1$，$2\nmid a$，且对任何 $0<h<r$，$v_r\nmid v_n$，则

$$v_r\mid v_n\text{ 时},r\mid n\text{ 且 }2\nmid(n/r) \qquad (4.1.48)$$

(12)设 $n>0$，u_n 或 u_{n+1} 与 b 互素，则

$$\gcd(u_n,v_n)=1\text{ 或 }2 \qquad (4.1.49)$$

(13)设 $r_1,r_2>0$，$\gcd(r_1,r_2)=r$，$\gcd(v_{r_1},v_{r_2})=d$，且 $2\nmid a$，$2\nmid(r_1/r)$和(r_2/r)，$\gcd(d,2b)=1$，则

$$d=|v_r| \qquad (4.1.50)$$

证 (1)～(5)是一般情形的直接推论.

(6)，(7)$\Delta=a^2+4b\neq0$ 时是式(2.3.32)，(2.3.33)的直接推论. $\Delta=0$ 时必有 $2\mid a$. 此时 $u_n=n(a/2)^{n-1}$，$v_n=2(a/2)^n$，可知(6)仍成立((7)则不然)，故证.

(8)设 $\alpha'(m)=r$. 因为 $\gcd(m,b)=1$，所以 $s(m)$存在. 由 $m\mid v_r$ 得 $m\mid u_{2r}$. 又由(4.1.1)得 $s(m)\mid 2r$. 若 $2\nmid s(m)$，则有 $s(m)\mid r$，再由(4.1.1)得 $m\mid u_r$. 但 $v_r^2-\Delta u_r^2=4(-b)^r$，所以 $m\mid 4(-b)^r$，这与已知矛盾. 故必 $2\mid s(m)$. 反设 $s(m)=2r'<2r$，则$m\mid u_{2r'}=u_{r'}v_{r'}$. 若存在 m 之素因子 p 同时整除 $u_{r'}$ 和 $v_{r'}$，则同上引出 $p\mid 4(-b)^{r'}$之矛盾. 故必 $m\mid u_{r'}$ 或 $m\mid v_{r'}$. 但前者与 $s(m)$之意义矛盾，后者与$\alpha'(m)=r$ 之意义矛盾. 所以 $s(m)=2r$.

(9)由(9)⇒这是(4)与(8)的直接结果. ⇒设 $\alpha'(m)=r$. 则由 $n=qr$，$2\nmid q$ 及(6)得 $v_r\mid v_n$，而 $m\mid v_r$，故证.

(10)令 $\alpha'(m_2)=n$. 由 $m_2\mid v_n$ 得 $m_1\mid v_n$，再利用(9)即证.

(11)令 $m=v_r$. 由已知条件知 $\alpha'(m)=r$. 又 $v_r\mid v_n$ 即 $m\mid v_n$，由(9)即证.

(12)$\gcd(u_n,v_n)=\gcd(u_n,2u_{n+1}-au_n)=\gcd(u_n,2u_{n+1})$. 设 $\gcd(u_n,u_{n+1})=d$. 由已知可得 $\gcd(b,d)=1$，于是依式(4.1.30)有 $d=1$. 由此即证.

(13)由(9)及 $d\mid v_{r_1}$ 和 v_{r_2} 得 $t=\alpha'(d)\mid r_1$ 和 r_2 且 $2\nmid(r_1/t)$和(r_2/t)，所以$t\mid r$且 $2\nmid(r/t)$. 又由(9)得 $d\mid v_r$. 反之，由(6)及 $r\mid r_1$ 和 r_2，$2\nmid(r/r_1)$和(r/r_2)得 $v_r\mid v_{r_1}$ 和 v_{r_2}，所以 $v_r\mid d$，综上得 $d=v_r$.

推论 若 $b=\pm1$，则：

(1)$2\nmid m$，$\alpha'(m)$存在时

$$\alpha(m)=s(m)=2\alpha'(m) \tag{4.1.51}$$

(2)$2\nmid m$ 和 a 时

$$m\mid v_n \Leftrightarrow \alpha'(m)\mid n \text{ 且 } 2\nmid\frac{n}{\alpha'(m)} \tag{4.1.52}$$

(3)设 $r>0$，$|v_r|>1$，$2\nmid a$ 和 v_r，且对任何 $0<h<r$，$v_r\nmid v_n$，则 $v_r\mid v_n$ 时

$$vr\mid n \text{ 且 } 2\nmid(n/r) \tag{4.1.53}$$

(4)设 $n>0$，则

$$\gcd(u_n,v_n)=1 \text{ 或 } 2 \tag{4.1.54}$$

(5)设 $r_1,r_2>0$，$\gcd(r_1,r_2)=r$，$\gcd(v_{r_1},v_{r_2})=d$，且2不整除 $a,d,r/r_1$ 和 r/r_2，则

$$d=v_r \tag{4.1.55}$$

下面介绍几个其他方面的整除性.

定理 4.1.14 设 $\mathbf{u}$ 为 $\Omega_Z(a,b)$中主序列，那么：

(1)若 $m\mid u_i$ 和 u_j，则 $m\mid u_{i+j}$，且 $\gcd(m,b)=1$ 和 $i>j$时还有

$$m\mid u_{i-j} \tag{4.1.56}$$

(2)$u_n\neq0$，$\gcd(u_n,b)=1$ 时对 $k>0$ 有

$$u_n^2\mid u_{kn-1}-b^{k-1}u_{kn-1}^k \tag{4.1.57}$$

(3) $u_n \neq 0$ 时

$$u_n^{r+1} \mid u_{nu_n^r} \tag{4.1.58}$$

证 (1)由式(2.2.44)和式(2.2.48)即证.

(2)设 θ 为 Ω_Z 的二值特征根,则 $\theta^{kn}=(u_n\theta+bu_{n-1})^k \equiv ku_n(bu_{k-1})^{k-1}\theta+(bu_{n-1})^k \pmod{u_n^2}$. 两边乘以共轭特征根 $\tilde{\theta}$ 得

$$-b\theta^{kn-1} \equiv -bku_n(bu_{n-1})^{k-1}+(bu_{n-1})^k(a-\theta) \pmod{u_n^2}$$

所以由引理 2.1.1 知,$-bu_{kn-1} \equiv -(bu_{n-1})^k \pmod{u_n^2}$,即证.

(3)令 $m=u_n$,则 $\theta^{nm}=(u_n\theta+bu_{n-1})^m=u_n^m\theta^m+\cdots+mu_n(bu_{n-1})^{m-1}+(bu_{n-1})^m \equiv (bu_{n-1})^m=c \pmod{u_n^2}$. 改写为 $\theta^{nm}=c+ku_n^2$,则有

$$\theta^{m^2n}=c^m+c^{m-1}kmu_n^2+\cdots \equiv c^m \pmod{u_n^3}$$

仿此用归纳法可证得 $\theta^{m^rn} \equiv d \pmod{u_n^{r+1}}$,$d$ 为与 θ 无关之常数. 故得 $u_{nm^r} \equiv 0 \pmod{u_n^{r+1}}$,即证.

注 上述定理是 Cavachi[1] 1980 年结果的推广. 又在(1)中,若 $b=\pm1$,则可取消 $i>j$ 之限制,此时集 $\{i:m \mid u_i\}$ 构成一个 $\mathbf{Z}$ 模.

1966 年 Halton[2] 讨论了关于素因子在斐波那契数中出现的次数的定理,它们可被推广到一般二阶主序列及其相关序列.

定理 4.1.15 设 $\mathbf{u}$,$\mathbf{v}$ 分别为 $\Omega_Z(a,b)$ 中主序列及其相关序列,p 为奇素数,$p \nmid b$,$r \geqslant 0$,有:

(1)若 $p \mid u_m$,$p \nmid k$,则

$$\mathrm{pot}_p(u_{p^rkm}/u_m)=r \tag{4.1.59}$$

(2)若 $p \mid v_m$,$p \nmid k$,$2 \nmid k$,则

$$\mathrm{pot}_p(v_{p^rkm}/v_m)=r \tag{4.1.60}$$

证 (1)由式(2.5.15)知

$$u_{p^rkm}/u_m=\sum_{i=1}^{p^rk}\binom{p^rk}{i}b^{p^rk-i}u_{m-1}^{p^rk-i}u_m^{i-1}u_i=\sum_{i=1}^{p^rk}h_i$$

$i\geqslant p^{r+1}$时,则 $p^{r+1}\mid u_m^{i-1}$,因而 $p^{r+1}\mid h_i$;

$2\leqslant i<p^{r+1}$,$p\nmid i$ 时,$p^r\mid\binom{p^rk}{i}$,$p\mid u_m^{i-1}$,也有 $p^{r+1}\mid h_i$;

$2\leqslant i<p^{r+1}$,$i=tp^s$($p\nmid t$,$1\leqslant s\leqslant r$ 时,$p^{r-s}\mid\binom{p^rk}{i}$.

所以 $p^{r-s+i-1}\mid h_i$. 又因 $p\geqslant 3$,所以 $i\geqslant s+2$,故仍有 $p^{r+1}\mid h_i$.

另一方面,$i=1$ 时 $h_1=p^rkb^{p^rk-1}u_{m-1}^{p^rk-1}$. 因为 $p\nmid k$,b 故必 $p\nmid u_{m-1}$,否则由式(2.2.67′)就有 $p\mid b$,此乃矛盾. 于是 $p^r\parallel h_1$. 综上即得所证.

(2)由式(2.5.17)知

$$\Delta^{(p^rk-1)/2}v_{p^rkm}/v_m=\sum_{i=1}^{p^rk}\binom{p^rk}{i}b^{p^rk-i}v_{m-1}^{p^rk-i}v_m^{i-1}u_i=\sum_{i=1}^{p^rk}n_i$$

我们可先证 $p\nmid\Delta$,否则 $v_m\equiv 2(a/2)^m\pmod p$,因为 $p\nmid b$,则 $p\nmid a$,这与 $p\mid v_m$ 相矛盾. 其余完全可仿上证明. 只是在证 $p\nmid v_{m-1}$ 时采用下法:反设 $p\mid v_{m-1}$,又已知 $p\mid v_m$,$p\nmid b$,则由递归关系可逆推得 $p\mid v_0=2$,此乃矛盾.

注　若 $p=2$. 对(1),在推证过程中仅当 $i=2$ 时,$i\geqslant s+2$不成立. 此时若 $2\mid u_2=a$,或 $4\mid u_m$,则 $p^{r+1}\mid h_2$,式(4.1.59)仍成立. 若 $2\nmid a$ 且 $4\nmid u_m$,则式(4.1.59)左边$\geqslant r+1$. 对(2),除了上述情况外,尚需考虑是否 $2\mid v_{m-1}$.

斐波那契数 f_n 和卢卡斯数的某些特殊整除性质,早就引起人们注意. 早在 1878 年,卢卡斯就证明了 f_n 的一种类似二项系数的性质,这种性质包括我们前面已见过的斐波那契系数的整除性，不难一般地叙述和证明. 这就是：

定理 4.1.16 设 $\mathbf{u},\mathbf{v}$ 分别为 $\Omega_Z(a,b)$ 中主序列及其相关序列，且 $n>0$ 时 $u_n,v_n\neq 0$，记

$$J(t,k)=u_tu_{t+1}\cdots u_{t+k-1}/(u_1u_2\cdots u_k) \tag{4.1.61}$$

$$H(t,k)=v_{2t-1}v_{2t+1}\cdots v_{2t-1+2(2k-2)}/(v_1v_3\cdots v_{2k-1}) \tag{4.1.62}$$

则 $J(t,k),H(t,k)(t,k\geqslant 1)$ 均为整数.

证 由式(2.2.44)有

$$u_{m+n}=bu_mu_{n-1}+u_{m+1}u_n$$

化为

$$\frac{u_{n+1}\cdots u_{n+m-1}u_{n+m}}{u_1\cdots u_{m-1}u_m}=b\frac{u_{n+1}\cdots u_{n+m-1}}{u_1\cdots u_{m-1}}u_{n-1}+\frac{u_n\cdots u_{n+m-1}}{u_1\cdots u_m}u_{m+1}$$

即

$$J(n+1,m)=bJ(n+1,m-1)u_{n-1}+J(n,m)u_{m+1} \tag{4.1.63}$$

且

$$J(1,m)=1,J(n,1)=u_n \tag{4.1.64}$$

今对 $n+m=i$ 施行归纳. $i=2,3$ 时，$J(1,1),J(1,2),J(2,1)$ 均为整数. 假设对于 $n+m=k(\geqslant 3)$ 结论已成立，则式(4.1.63)右边的 $J(n+1,m-1),J(n,m)$ 均为整数，于是左边的 $J(n+1,m)$ 也为整数. 令 $n=1,\cdots,k-1$ 得 $J(2,k-1),J(k,1)$ 均为整数，又 $J(1,k)$ 为整数，故 $n+m=k+1$ 时结论也正确. 式(4.1.61)证毕.

对于式(4.1.62)，同样可对 $H(n,m)$ 之 $n+m=i$ 用归纳法. 因为 $H(1,1)=v_1/v_1$，$H(1,2)=v_1v_3v_5/(v_1v_3)$，$H(2,1)=v_3/v_1$，可知 $i=2,3$ 时结论正确. 设 $i=$

$k(\geqslant 3)$时结论已正确. 因为

$$H(n+1,m)=v_{2n+1}\cdots v_{2n+1+2(2m-4)}v_{2n+1+2(2m-2)}/(v_1v_3\cdots v_{2m+1})$$

又由式(2.2.65)得

$$v_{2n+1+2(2m-2)}+(-b)^{2m-1}v_{2n-1}=v_{(2n+2m-2)+(2m-1)}+(-b)^{2m-1}v_{(2n+2m-2-(2m-1)}=v_{2n+2m-2}v_{2m-1}$$

所以

$$H(n+1,m)=b^{2m-1}H(n,m)+H(n+1,m-1)v_{2n+2m-2}v_{2n+4m-5}$$

依归纳假设,$H(n,m)$,$H(n+1,m-1)$均为整数,故$H(n+1,m)$亦然. 又 $H(1,k)$显然为整数,因而 $i=k+1$ 时结论也成立. 证毕.

下面介绍关于斐波那契数的一个有趣的结果.

对于斐波那契数,如果 $\gcd(m,n)=1$ 或 2,那么由式(4.1.34)有,$\gcd(f_m,f_n)=1$. 又由式(4.1.26),f_m,$f_n\mid f_{mn}$,因而得 $f_mf_n\mid f_{mn}$. 现在要问,若 $\gcd(m,n)=r>2$,是否仍可能具有上述性质? 可以发现,$r=5$ 时也具有上述性质. 事实上,因为 $f_r=f_5=5$,所以我们只要证明 $\mathrm{pot}_5(f_{mn})\geqslant\mathrm{pot}_5(f_m)+\mathrm{pot}_5(f_n)$即可. 不妨设$m=5c$,$n=5^kd$,$k\geqslant 1$. 而 5,$c$,$d$ 两两互素. 由式(4.1.59)知,$\mathrm{pot}_5(f_{mn})=\mathrm{pot}_5(f_{5^k\cdot cd\cdot 5})=k+\mathrm{pot}_5(f_5)=k+1$,同理 $\mathrm{pot}_5(f_m)=1$,$\mathrm{pot}_5(f_n)=k$,故然. 但其他之 r 具有上述性质者即难以找出来,原来 1946 年 Jaden[3] 就证明了下述结果:

定理 4.1.17　$f_mf_n\mid f_{mn}$ 当且仅当 $\gcd(m,n)=1$,2 或 5.

证　充分性已证. 证必要性. 反设 $\gcd(m,n)=r\neq$

1,2,5 时 $f_mf_n|f_{mn}$,则必 $r>2$. 我们先证 f_r 不是 5 的幂,否则,因为 $r\neq5$,必有 $f_r=5^k,k\geqslant2$. 这样由式(4.1.35)得 $P'(5^k,\mathfrak{f})=s(5^k)|r$. 已知 $s(5)=5,s(5^2)=25\neq s(5)$,依定理 3.3.11,应有 $s(5^k)=5^{k-1}s(5)=5^k$. 于是 $5^k|r$. 但是 $r>5$ 时有 $f_r>r$,此乃矛盾! 因而必有一素数 $p\neq5,p|f_r$. 于是 $\alpha=\alpha(p,\mathfrak{f})|r$. 所以 $\alpha|m,n$. 记

$$m=p^tc\alpha,n=p^kd\alpha,p\nmid c,d$$

又由定理 3.4.1,$\alpha|p\pm1$,所以 $p\nmid\alpha$. 设 $\mathrm{pot}_p(f_\alpha)=h$,由定理 4.1.15 及其后的说明则有

$$\mathrm{pot}_p(f_m)=t+h+\delta(t),\mathrm{pot}_p(f_n)=k+h+\delta(k)$$

$$\mathrm{pot}_p(f_{mn})=t+k+h+\delta(t+k)$$

其中 $\delta(x)$ 当 $p=2$ 且 $x\geqslant1$ 时为 1,否则为 0. 理由如下:

$p=2$ 时,则 $\alpha=3,h=1$. 当 $t\geqslant1$ 时,$m=2^{t-1}\cdot c\cdot 6$,因为 $f_6=8$,所以在式(4.1.59)中令 $p=2,m=6$ 时公式成立. 因而 $\mathrm{pot}_2(f_m)=t-1+\mathrm{pot}_2(f_6)=t+2=t+h+\delta(t)$. 又当 $t=0$ 时只可能 $\mathrm{pot}_2(f_m)=1=t+h+\delta(t)$,因为若 $4|f_m$ 则 $\alpha(4,\mathfrak{f})=6|m$,此不可能. 其余同理.

根据上述讨论,可知 $f_mf_n|f_{mn}$ 之必要条件为

$$t+k+h+\delta(t+k)\geqslant t+k+2h+\delta(t)+\delta(k)$$

即

$$h\leqslant\delta(t+k)-\delta(t)-\delta(k)$$

而上式右边显然 $\leqslant0$,这与 h 之意义矛盾. 证毕.

在本节最后,我们介绍 Andrè-Jeannin,Richard[5] 1991 年的一个结果.

定理 4.1.18 设对 $\Omega_Z(a,b)$ 有 $\Delta\neq0,\gcd(a,b)=1$,$\mathbf{u}$ 为 Ω 中广 F 序列. 若 $n\geqslant2$ 且存在 $m>1$ 使 $n|u_m$,

则 $n|u_n$ 的充要条件是 n 的任一素因子在 $\mathbf{u}$ 中之出现秩整除 n.

证　因为 $n\geqslant 2$, $n|u_m$, 所以 n 及其一切素因子之出现秩均存在. 简记 $\alpha(q,\mathbf{u})=\alpha(q)$. 设 p 为 n 之任一素因子, 今证 $\gcd(p,b)=1$. 否则 $p|b$, 则有 $u_i\equiv au_{i-1}\pmod p$, 由此 $u_m\equiv a^{m-1}u_1=a^{m-1}\pmod p$, 所以 $p|a$, 这与已知矛盾.

必要性. $n|u_n\Rightarrow p|u_n$, 由 $p\nmid b$ 及式(4.1.31)得 $\alpha(p)|n$.

充分性. 设 $p^r\parallel n$, 因为 $p=2$ 或 $\alpha(p)\mid p-\left(\dfrac{\Delta}{p}\right)$, 所以 $p\nmid\Delta$ 时 $p\nmid\alpha(p)$. 故 $\alpha(p)|n$ 时, $\alpha(p)|n_1=n/p^r$. 于是 $p|u_{n_1}$. 由式(4.1.29)知, $p^{r+1}|u_{p^rn_1}=u_n$. 设 n 之标准分解式为 $n=p_1^{r_1}\cdots p_k^{r_k}$, 因为 $p_i^{r_i}|u_n$, 而诸 $p_i(i=1,\cdots,k)$ 两两互素, 故 $n|u_n$. 若 $p|\Delta$, 则 $p|u_p\Rightarrow p^r|u_{p^r}\Rightarrow p^r|u_{p^rn_1}=u_n$. 同上可证.

推论 1　若 $\gcd(a,b)=1$, 则对任何 $n\geqslant 1$, $\gcd(u_n,b)=1$, 从而 $m|u_n$ 时 $\gcd(m,b)=1$.

推论 2　$p^r|n$, $p\nmid\Delta$ 时, $p|u_n\Leftrightarrow p|u_{n/p^r}$.

4.2　F-L 数之本原因子

4.2.1　基本概念与引理

在本节中, 我们按照 P. Kiss[6] 的定义, 只考虑 $\Omega_Z(a,b)$ 的所谓**非退化**情形, 即 $ab\neq 0$, $\Delta\neq 0$, 且两特征根, α, β 之比不是一个单位根. 这时 Ω 中广 F 序列 $\mathbf{u}$ 有通项公式

$$u_n=(\alpha^n-\beta^n)/(\alpha-\beta) \tag{4.2.1}$$

且 $n>0$ 时 $u_n\neq 0$，我们也称 $\mathbf{u}$ 为**非退化的**. 本节约定 $\mathbf{u}$ 恒具有上述意义.

设 p 为素数，$p\nmid b$，若 $n>1$，$p\mid u_n$，而对 $1\leqslant i\leqslant n-1$，$p\nmid u_i$，则称 p 为 u_n 的一个**本原素因子**. 简记 $\alpha(m,\mathbf{u})=s(m)$（本节恒如此），显然有：

引理 4.2.1 素数 p 为 u_n 的一个本原素因子$\Leftrightarrow$ $p\nmid b$ 且 $s(p)=n$.

推论 (1)若 n 为素数，则 u_n 的一切不整除 b 的素因子都是本原的.

(2) $p\neq 2$，p 为 u_n 的本原素因子$\Rightarrow n\mid p-\left(\dfrac{\Delta}{p}\right)\Rightarrow$ $p=kn+\left(\dfrac{\Delta}{p}\right)$，特别地，若 $p\nmid\Delta$，则 $p\nmid n$，而 $p\mid\Delta$ 时，$p=n$.

若素数 p 为 u_n 的一个本原素因子，且 $p^r\parallel u_n$，则称 p^r 为 u_n 的一个**本原素幂**. 记 u_n 的一切本原素幂之积为

$$g_n=\prod p^r（若不存在本原因子，规定空积为 1）\tag{4.2.2}$$

这样，对任何 $m>1$，$m\mid g_n$ 均具有性质：

$\gcd(m,b)=1$，$m\mid u_n$，但对 $1\leqslant i\leqslant n-1$，$\gcd(m,u_i)=1$，我们称具此性质之 m 为 u_n 的一个**本原因子**. 反之，可知具此性质之 m 必整除 g_n，故我们又称 g_n 为 u_n 之**最大本原因子**（或**本原部分**）. 由上易知：

引理 4.2.2 若 p 为 u_n 之本原素因子，则

$$\mathrm{pot}_p(u_n)=\mathrm{pot}_p(g_n)$$

引理 4.2.3 整除 m 为 u_n 之本原因子$\Rightarrow s(m)=n$，特别地，若 $\gcd(m,n)=1$，则 $m=kn\pm 1$.

此引理之逆一般不成立. 引理之后一部分是由于 m 的每个素因子均有 $kn\pm1$ 之形的缘故.

本原素因子定义中的条件 $p\nmid b$ 可代之以 $\gcd(a,b)=1$. 因为如上节末所知, 当 $\gcd(a,b)=1$ 时, 若 $p\mid u_n$ 则必 $p\nmid b$. 同时因 $u_2=a$, 故 $n>2$ 时, 任何 $p\mid a$ 均非 u_n 的本原素因子, 因此, 本节中我们恒假定 a,b 互素. 另外, 有些文献把 $p\mid\Delta$ 的情形排除在本原素因子的定义之外, 因为此种 p 个数有限, 故无重要影响.

当 $\Omega_Z(a,b)$ 之两特征根 α,β 为整数时, 设

$$h_n=\alpha^n-\beta^n=(\alpha-\beta)u_n \tag{4.2.3}$$

同样可定义 h_n 之本原因子, 并可知 $n>1$ 时 h_n 之本原因子必与 $\alpha-\beta$ 互素, 因而也为 u_n 之本原因子. 反之, 设 p 为 u_n 之本原素因子, 若 $p\mid\alpha-\beta$, 则 $p\mid(\alpha-\beta)^2=\Delta$, 由引理 4.2.1 之推论(2)得 $p=n$. 因此, $p\nmid\Delta$ 或 $p\neq n$ 时, p 也为 h_n 之本原素因子. 这样, 当 n 大于 Δ 中的最大素因子时, u_n 与 h_n 的本原因子完全相同. 早在 1904 年, Birkhoff 和 Vandiver[8] 就证明了 $n>6$ 时, h_n 必有本原素因子存在. 详细情况可参看柯召和孙琦的书[9], 该书还举出了利用本原素因子证明算术级数中素数个数的无限性以及证明某些不定方程无解的例子.

当 $\beta=1$ 时, $h_n=\alpha^n-1$ 的本原素因子又称为关于 (α,n) 的 Zsigmondy **素数**[10], 因为最先是 Zsigmondy 在 1892 年研究了 $h_n=\alpha^n-1$ 的本原素因子, 证明了除 $(\alpha,n)=(2,6)$ 或 $\alpha=2^k-1$ 且 $n=2$ 以外 h_n 存在本原素因子. 1988 年, Walter Feit[11] 提出: 若 p 为关于 (α,n) 的 Zsigmondy 素数, 且 $p^2\mid\alpha^n-1$ 或 $p>n+1$, 则称 p 为 Zsigmondy **大素数**. 他证明了除少数几种情况外, 关于 (α,n) 的 Zsigmondy 大素数存在. 1992 年, 袁平

之[40]把本原大素因子的概念推广至$|\alpha^n-\beta^n|_p>nN+1$(其中$|k|_p$表$k$的$p$部分,即$|k|_p=p^r$,$p^r\parallel k$),证明了除少数几种情形外,推广的 Zsigmondy 大素数存在,并用此结论巧妙地给出了 Selfridge 问题[41]的另一个解答.同时提出下面有趣的猜想.

猜想 设整数$\alpha>\beta>0$,$\gcd(\alpha,\beta)=1$,N为给定正整数.记N_0为使得$\alpha^n-\beta^n$具有本原素因子p,且$|\alpha^n-\beta^n|_p>nN+1$的最小正整数$n$,则存在与$\alpha$,$\beta$无关的绝对常数$c$,使$N_0\leqslant cN$.

袁平之[40]同时证明了$N_0<c(\delta)N^{1+\delta}$,其中$\delta>0$为任意给定的常数,$c(\delta)$仅与$\delta$有关.

对于α,β的一般情形,P. Kiss 归纳了三个感兴趣的问题:

1. g_n(或u_n)的最大素因子有多大?

2. u_n的本原素因子有多少?

3. 对于多少素数p,存在$n>1$,使得$p^r|g_n$而$r>1$?

问题 3 的难度非常大,就连最熟悉的斐波那契数f_n,我们也不知它的本原素因子p是否有$p^2|f_n$.更特殊一些,适合$p^2|2^{p-1}-1$的素数p称为 Wieferich 素数,然而直至今天我们尚只知道两个这样的素数,即 1 093 和 3 511.

问题 1,2 已有一系列结果,但需要解决的问题仍很多.1981 年,Shòrey 和 Stewart[14]证明了,对$n>3$,如果n的不同素因子的个数$\omega(n)\leqslant k\cdot\log\log n$($0<k<1/\log 2$),则$u_n$的最大素因子$\psi(u_n)>c\cdot\varphi(n)\cdot\log n/q(n)$($q(n)=2^{\omega(n)}$),其中$\varphi(n)$为欧拉函数,$c$为仅与$\alpha$,$\beta$和$k$有关的正常数.他们还证明了“几乎”对一切$n$有$\psi(u_n). n\cdot\log^2 n/(f(n)\cdot\log\log n)$,其中

$f(n)$为实值函数,适合$\lim\limits_{n\to\infty} f(n)=\infty$. 对于问题 1 的高阶情形,Stewart[17]也作出了若干结果. 对于问题 2,首先是解决了存在性问题. 1903 年,Carmichael[25]证明了,当α,β为实数,$n>12$时$\alpha^n-\beta^n$存在本原素因子. 1974 年,Schinzel[13]证明了,当α,β为一般代数数时,对于充分大的n,$\alpha^n-\beta^n$存在本原素因子. 这些结果都是在代数数的意义下讨论和得出的. 1977 年,Stewart[15]进一步找到了一个绝对常数$n_0=\max\{2(2^d-1),e^{452}d^{67}\}$,其中$d$为代数数$\alpha/\beta$的次数,使得$n>n_0$时,$\alpha^n-\beta^n$存在本原素因子. 另一方面,一些文献对本原因子的各种阶进行了估计,如文献[16-19]. 上述结果的得出都颇费工夫,我们只能详细介绍其中两、三个主要结果. 为简便,我们仍只涉及整数序列,但其方法具有普遍意义.

下面我们再证若干引理.

引理 4.2.4　若$\gcd(m,b)=1$,$m\mid u_n$,且对每个$t\mid n$,$t<n$有$\gcd(m,u_t)=1$,则m为u_n之本原因子.

证　只要证对$1<i<n$有$\gcd(m,u_i)=1$. 反设有m之素因子$p\mid u_i$. 令$t=s(p)$,则$t\mid i$,又因为$p\mid u_n$,所以$t\mid n$,且$t<n$. 再由$p\mid u_t$得m与u_t有公因子p,这与已知矛盾. 证毕.

引理 4.2.5　设奇素数p为u_m的一个本原因子,又$p\mid u_n$,则

$$\mathrm{pot}_p(u_n)=\mathrm{pot}_p(n)+\mathrm{pot}_p(u_m)\qquad(4.2.4)$$

证　可知$s(p)=m$. 又因为$p\nmid b$,所以由式(4.1.31)有$m\mid n$. 设$n=p^r km$,$r\geqslant 0$,$p\nmid k$,由式(4.1.59)立得所证.

设$\varepsilon=e^{2\pi i/n}$为一个n次单位原根,由文献[9]知,作

为 x,y 的多项式

$$H(n)=x^n-y^n(n\geqslant 1) \tag{4.2.5}$$

有本原因式

$$W(n)=\prod_{\substack{1\leqslant d\leqslant n\\ \gcd(d,n)=1}}(x-\varepsilon^d y)=\prod_{\substack{d<n/2\\ \gcd(d,n)=1}}\left((x-y)^2+4xy\sin^2\frac{\pi d}{n}\right) \tag{4.2.6}$$

它是次数为 $\varphi(n)$ 的不可约整系数多项式，且

$$H(n)=\prod_{d\mid n}W(d) \tag{4.2.7}$$

在 $W(n)$ 和 $H(n)$ 中分别令 $x=\alpha,y=\beta$，所得结果分别记为 w_n 和 h_n（在本节的讨论中，g_n，w_n 和 h_n 恒保持固定意义），则得 h_n 仍有表达式(4.2.3)，不过此时 α,β 不必为整数，又得

$$w_n=\prod_{\substack{1\leqslant d\leqslant n\\ \gcd(d,n)=1}}(\alpha-\varepsilon^d\beta)=\prod_{\substack{d<n/2\\ \gcd(d,n)=1}}\left((\alpha-\beta)^2+4\alpha\beta\sin^2\frac{\pi d}{n}\right) \tag{4.2.8}$$

及

$$h_n=\prod_{d\mid n}w_d \tag{4.2.9}$$

引理 4.2.6

$$u_n=\prod_{d\mid n,d>1}w_d \tag{4.2.10}$$

而

$$w_n=\prod_{d\mid n}(h_{n/d})^{\mu(d)} \tag{4.2.11}$$

及

$$w_n = (\alpha - \beta)^{1/n} \prod_{d|n} (u_{n/d})^{\mu(d)} \qquad (4.2.12)$$

其中 $\mu(x)$ 为 Möbius 函数.

证　式(4.2.10)显然.式(4.2.11)由式(4.2.9)用 Möbius 反演公式可得.而由式(4.2.11)有

$$w_n = \prod_{d|n} (\alpha - \beta)^{\mu(d)} (u_{n/d})^{\mu(d)}$$

因为 $\prod_{d|n} (\alpha - \beta)^{\mu(d)} = (\alpha - \beta)^{\sum_{d|n}\mu(d)} = (\alpha - \beta)^{1/n}$

故又证得式(4.2.12).

引理 4.2.7　设 $2|u_n, 2\nmid n$,又 2 为 u_m 的一个本原素因子,则

$$\text{pot}_2(u_n) = \text{pot}_2(u_m) \qquad (4.2.13)$$

证　由已知可知 $s(2)=m, 2\nmid b, m|n$.设 $n=km$, $2\nmid k$.当 $2|a$ 时,式(4.1.59)仍成立,可知引理成立.

当 $2\nmid a$,则 $a\equiv\pm1, b\equiv\pm1 \pmod 4$.当 $b\equiv1 \pmod 4$ 时,$u_0=0, u_1=1, u_2=a, u_3=a^2+b\equiv1+1=2, u_4\equiv 2a+a=3a, u_5\equiv3a^2+2\equiv5, u_6\equiv5a+3a\equiv0, \cdots \pmod 4$.可知此时 $s(2)=m=3, s(4)=6$.若 $4|u_n$ 或 $4|u_m$,则 $6|n$ 或 m,这与已知矛盾,故必 $\text{pot}_2(u_n)=\text{pot}_2(u_m)=1$.所以引理也成立.

当 $b\equiv-1 \pmod 4$ 时,同理可知 $m=3$,但 $2^2|u_3$,故此时式(4.1.59)成立,因而引理也成立.证毕.

推论　$n>3$ 时 2 非 u_n 之本原素因子.

引理 4.2.8　设 2 为 u_m 的一个本原素因子,$n=2^rkm, r\geqslant0, 2\nmid k$.又设 $\mathfrak{v}$ 为 $\mathfrak{u}$ 的相关序列,$a\equiv\pm1$ 或 $\pm3 \pmod 8$,则:

(1)$b\equiv1 \pmod 8$ 时

$$\mathrm{pot}_2(v_n)=2(\text{当 } r=0)\text{或 } 1(\text{当 } r\geqslant 1) \tag{4.2.14}$$

(2)$b\equiv -3 \pmod 8$时

$$\mathrm{pot}_2(v_n)=1(\text{当 } r\geqslant 1)\text{或}\geqslant 3(\text{当 } r=0) \tag{4.2.15}$$

证 因为 $a^2\equiv 1 \pmod 8$，所以 $b\equiv 1 \pmod 8$ 时 $\{v_n \pmod 8\}$ 为 $2,a,3,4a,-1,3a,2,5a,-1,4a,3,-a,2,a,\cdots$ 可知此时 $m=3$，$2\parallel v_{6t}$，$4\parallel v_{6t+3}$，故证得(1). 同样可知 $b\equiv -3$ 时 $m=3$，$2\parallel v_{6t}$，$8\mid v_{6t+3}$，故证得(2).

引理 4.2.9 $n>1$ 时 w_n 必为整数.

证 因为 $u_{n/d}\mid u_d$，所以任何素数 $p\mid u_{n/d}$ 时必有 $p\mid u_n$. 因此，由式(4.2.12)，我们只要证，对任何 $p\mid u_n$ 有 $\mathrm{pot}_p(w_n)\geqslant 0$ 即可. 设 $s(p)=m$，因我们约定 a,b 互素，则 $p\nmid b$，从而由式(4.1.31)有 $m\mid n$. 设 $n=p^r km$，$r\geqslant 0$，$p\nmid k$. 因为当且仅当 $m\mid (n/d)$ 即 $d\mid (n/m)$ 时 $p\mid u_{n/d}$，故由式(4.2.12)知，$n>1$ 时

$$\mathrm{pot}_p(w_n)=\sum_{d\mid (n/m)}\mu(d)\mathrm{pot}_p(u_{n/d}) \tag{4.2.16}$$

当 $r=0$ 时，则 $n/d=(k/d)m$，由式(4.2.4)和式(4.2.13)得

$$\mathrm{pot}_p(u_{n/d})=\mathrm{pot}_p(u_m)$$

因而

$$\mathrm{pot}_p(w_n)=\mathrm{pot}_p(u_m)\sum_{d\mid (n/m)}\mu(d)=\left[\frac{m}{n}\right]\mathrm{pot}_p(u_m)\geqslant 0 \tag{4.2.17}$$

当 $r\geqslant 1$ 时，因为只需考虑 d 无平方因子的情形，所以

$$\begin{aligned}\mathrm{pot}_p(w_n) = &\sum_{d\mid pk}\mu(d)\mathrm{pot}_p(u_{n/d}) = \\ &\sum_{d\mid k}\mu(d)\mathrm{pot}_p(u_{n/d}) + \\ &\sum_{d'\mid k}\mu(pd')\mathrm{pot}_p(u_{n/pd'}) = \\ &\sum_{d\mid k}\mu(d)[\mathrm{pot}_p(u_{n/d}) - \mathrm{pot}_p(u_{n/pd})]\end{aligned} \tag{4.2.18}$$

因为

$$n/d=(p^r k/d)m, n/pd=(p^{r-1}kd)m$$

所以由式(4.2.4)，$p\neq 2$ 时，式(4.2.18)右边方括号中式子之值为 1，此时

$$\mathrm{pot}_p(w_n)=\left[\frac{1}{k}\right]\geqslant 0 \tag{4.2.19}$$

$p=2$ 时，若 $2\mid a$，则由定理 4.1.5 后面之说明知式(4.1.59)仍成立，于是上述方括号中式子之值仍为 1，因而仍有式(4.2.19)。若 $a\equiv\pm 1, b\equiv -1 \pmod 4$，则由引理 4.2.7 之证明知，此时式(4.2.19)也成立。因为 $2\nmid b$，故剩下 $a\equiv\pm 1, b\equiv 1 \pmod 4$ 即 $a\equiv\pm 1, \pm 3$，$b\equiv 1$ 或 $-3 \pmod 8$ 的情形。此时式(4.2.19)可化为

$$\mathrm{pot}_2(w_n) = \prod_{d\mid k}\mu(d)\mathrm{pot}_2(v_{n/2d}) \tag{4.2.20}$$

其中 $\mathfrak{v}$ 为 $\mathfrak{u}$ 的相关序列。因为

$$n/2d=(2^{r-1}k/d)m$$

所以由引理 4.2.8 得

$$\mathrm{pot}_2(w_n)=\tau(r)\left[\frac{1}{k}\right]\geqslant 0 \tag{4.2.21}$$

其中

$$\tau(r)=\begin{cases}2 \text{ 或} \geqslant 3, \text{当 } r=1\\ 1, \text{其他}\end{cases} \tag{4.2.22}$$

综上,引理得证.

推论 $n>1$ 时 $w_n \mid u_n$.

引理 4.2.10 存在整数 λ_n,使

$$w_n=\lambda_n g_n \tag{4.2.23}$$

且若以 $\psi(n)$ 表 n 之最大素因子,则当 $n>12$ 时

$$|\lambda_n|=\begin{cases}p,当\ p=\psi(n),n=p^r m,r\geqslant 1,2\nmid p,s(p)=m\\2,当\ n=2^r\cdot 3,r\geqslant 2\\1,其他\end{cases} \tag{4.2.24}$$

证 由式(4.2.10),因为 $d>1$ 时 $w_d \mid u_d$,故 g_n 之本原性,$d<n$ 时 g_n 与 w_d 互素.由此可知 $g_n \mid w_n$,即任何 g_n 之因子均含于 w_n 中.

反之,我们只需考虑是否有素数 $p \mid w_n$,但 $p \nmid g_n$,亦即 p 非 u_n 之本原素因子.此时必须 $s(p)=m<n$ 且 $\mathrm{pot}_p(w_n)\geqslant 1$.由引理 4.2.9 之证明过程可知,此种情况之出现只有下列可能:

(1)式(4.2.19)中之 $k=1$,此时 $n=p^r m,r\geqslant 1,p$ 为奇素数,或 $p=2$ 但 $2\mid a$,或 $p=2$ 而 $a\equiv \pm 1,b\equiv -1 \pmod 4$.

(2)式(4.2.21)中之 $k=1$,此时 $p=2,m=3,n=2^r\cdot 3,a\equiv \pm 1,\pm 3,b\equiv 1$ 或 $-3 \pmod 8$.如果 $n>12$,则 $r>1$,于是式(4.2.22)中之 $\tau(r)=1$.

从上可知,当 $n>12$ 时两种情况下均有 $\mathrm{pot}_p(w_n)=1$.又因 $s(3)=2$ 或 4.故(1)、(2)两种情况不相交.在情况(1),因为 $s(p)=m \mid p-\left(\frac{\Delta}{p}\right)$,故知 p 为 n 之最大素因子,因而是唯一的.故引理得证.

推论 1 $n>12$ 时

$$|\lambda_n| = \psi(n/\gcd(3,n)) \text{或} 1 \qquad (4.2.25)$$

推论 2　$n>6$ 时，若素数 p 非 u_n 之本原因子，则

$$\mathrm{pot}_p(w_n) \leqslant \mathrm{pot}_p(n) \qquad (4.2.26)$$

4.2.2　几个结果的证明

我们需要借助于贝克[20]的下述结果：

引理 4.2.11　设 $\Lambda = b_1 \log z_1 + \cdots + b_r \log z_r$，其中 b_i 为有理整数，$z_i(\neq 0$ 或 $1)$ 为代数数，$i=1,\cdots,r$，而对数均取主值. 又设诸 b_i 均不超过 $N(\geqslant 4)$ 且不全为 0，z_i 的高不超过 $m_i(\geqslant 4)$，诸 z_i 在有理数域上生成的域的次数不超过 d. 那么，若 $\Lambda \neq 0$，则

$$|\Lambda| > N^{-c\omega \cdot \log \omega'} \qquad (4.2.27)$$

其中

$$\omega = \log m_1 \cdot \log m_2 \cdots \log m_r, \omega' = \omega / \log m_r \qquad (4.2.28)$$

而 c 是仅与 r 和 d 有关的有效可计算的常数($c = (16rd)^{200r}$).

注　代数数的高是指它所适合的整系数不可约多项式之系数的最大绝对值.

引理 4.2.12　设 z 为代数数，$|z|=1$ 但 z 非单位根，则 $n \geqslant 4$ 时

$$|1-z^n| > \mathrm{e}^{-c\log n} \qquad (4.1.29)$$

其中 $c>0$ 为仅与 z 有关的常数.

证　设 $z=\mathrm{e}^{\mathrm{i}\theta}$，$\theta$ 取主值，即 $-\pi<\theta<\pi$，由假设知 $\theta \neq 0$. 此时易证 $|1-z| = 2\left|\sin\dfrac{\theta}{2}\right| > \dfrac{1}{2}|\theta|$. 设 $n\theta = 2k\pi + \theta_1$，$-\pi<\theta_1<\pi$，$\theta_1 \neq 0$. 同样有 $|1-z^n| = |1-\mathrm{e}^{\mathrm{i}\theta_1}| > \dfrac{1}{2}|\theta_1|$，但 $\dfrac{1}{2}|\theta_1| = \dfrac{1}{2}|n\theta - 2k\pi| = \dfrac{1}{2}|n\log z - 2k\log(-1)|$，且 $|2k| \leqslant n$. 当 $n \geqslant 4$，运用引理 4.2.11 于

上式右边的对数线性型得

$$|1-z^n|>\frac{1}{2}n^{-c'}>e^{-c\log n}$$

其中 c',c 仅与 z 有关,故证.

注 我们可将 z 和 -1 的高之上界选得较大,使 $c>0$.

由非退化性知,$|\alpha|$ 和 $|\beta|$ 中至少有一个大于 1,今设 $|\alpha|>1$.

引理 4.2.13 存在仅与 a,b 有关的常数 $c>0$,使得 $n\geqslant 4$ 时

$$\varphi(n)\log|\alpha|-2^{\omega(n)-1}(\log 2+c\cdot\log n)<\log|w_n|<\varphi(n)\log|\alpha|+2^{\omega(n)-1}(\log 2+c\cdot\log n) \quad (4.2.30)$$

其中 $\varphi(n)$ 为欧拉函数,$\omega(n)$ 为 n 的不同素因子的个数.

证 由 $|h_n|=|\alpha^n-\beta^n|=|\alpha|^n\cdot|1-(\beta/\alpha)^n|$ 知 $|h_n|\leqslant 2|\alpha|^n$. 由非退化性,当 α,β 为实数时 $|\beta/\alpha|<1$, $|h_n|>|\alpha|^n(1-|\beta/\alpha|)>|\alpha|^{n-1}$. 当 α,β 为共轭虚数时,$|\beta/\alpha|=1$ 但 β/α 非单位根,此时由式(4.2.29)有 $|h_n|>|\alpha|^n e^{-c\cdot\log n}$. 适当变动 c(仍记为 c),可使 $|\alpha|^{-1}>e^{-c\cdot\log n}$. 于是不论 α,β 是否为实根,均有

$$n\cdot\log|\alpha|-c\cdot\log n<\log|h_n|\leqslant n\cdot\log|\alpha|+\log 2$$

把上式应用于式(4.2.11)得

$$\log|w_n|>\sum_{d|n,\mu(d)=1}\mu(d)((n/d)\log|\alpha|-c\cdot\log(n/d))+\sum_{d|n,\mu(d)=-1}\mu(d)((n/d)\log|\alpha|+\log 2)\geqslant\log|\alpha|\cdot\sum_{d|n}\mu(d)n/d-2^{\omega(n)-1}(c\cdot\log n+\log 2)$$

由此得式(4.2.30)之左边,其右边同理可证.

定理 4.2.1　对于充分大的 n，u_n 存在本原素因子.

证　我们仿照文献[15]的基本方法. 由于不要求找出作为 n 的下界的绝对常数 n_0，故证明过程将大大缩短. 由引理 4.2.10 之推论 2，如果我们能证明对于充分大的 n 有 $\log|w_n|>\log n$，则必有某个素数 p 使 $\mathrm{pot}_p(w_n)>\mathrm{pot}_p(n)$，因而 p 为 u_n 之本原因子. 由式(4.2.30)，这就只要证 n 充分大时

$$\varphi(n)\log|\alpha|-2^{\omega(n)-1}(\log 2+c\cdot\log c)>\log n$$

亦只要证

$$\varphi(n)\log|\alpha|-2^{\omega(n)}c\cdot\log n>\log n$$

为更简化，我们只要证 $\varphi(n)\log|\alpha|>2^{\omega(n)}(c+1)\log n$，即要证

$$\varphi(n)/(2^{\omega(n)}\log n)>c_1\ (c_1=(c+1)/\log|\alpha|) \tag{4.2.31}$$

下面对 $x=\omega(n)$ 的上界进行估计. 具有 x 个不同素因子之最小正整数为 $m=p_1p_2\cdots p_x$，其中 p_i 表第 i 个素数. 由文献[26]之定理 3 和定理 10 知，x 充分大时，$x\log x<p_x<2x\log x$，$\sum\limits_{p\leqslant x\log x}\log p>c_2x\log x$（此地和下面诸 c_i 均表常数）. 于是 $c_2x\log x<\log m<x\log p_x<x(\log x+\log(2\log x))$. 由此又可得 $\log\log m<c_3\cdot\log x$，因而有 c_4 使

$$x<c_4\cdot\log m/\log\log m$$

易知 n 较大时函数 $\log n/\log\log n$ 为递增的，故对任何具有 x 个不同素因子的 n 有

$$x<c_4\cdot\log n/\log\log n$$

于是

$$2^{\omega(n)}=2^x<n^{c_5/\log\log n}$$

又由文献[26]之定理 15 知,n 充分大时有

$$\varphi(n)>c_6 n/\log\log n$$

从而 $\varphi(n)/(2^{\omega(n)}\log n)>c_7\sqrt{n}$. 只要 $n>(c_1/c_7)^2$,则式(4.2.31)成立. 因为我们可选择充分大的 n 使上述过程中诸不等式均成立,故定理得证.

下面我们证明 P. Kiss 的两个结果[6].

定理 4.2.2

$$\sum_{n\leqslant x}\log g_n=\frac{3\log|\alpha|}{\pi^2}x^2+O(x\cdot\log x) \tag{4.2.32}$$

其中 α,β 为 $\Omega_Z(a,b)$ 的特征根,$|\alpha|\geqslant|\beta|$.

证 由非退化性,$n>0$ 时 u_n,g_n,w_n 均非零. 由式(4.2.11)知

$$\begin{aligned}\log|w_n|=&\sum_{d\mid n}\mu(d)\cdot\log|\alpha^{n/d}-\beta^{n/d}|=\\&\sum_{d\mid n}\mu(d)\frac{n}{d}\cdot\log|\alpha|+\\&\sum_{d\mid n}\mu(d)\cdot\log|1-(\beta/\alpha)^{n/d}|=\\&\varphi(n)\log|\alpha|+\sum_{d\mid n}\mu(d)\cdot\log|1-\\&(\beta/\alpha)^{n/d}|\end{aligned} \tag{4.2.33}$$

由式(4.2.23)知,$\log g_n=\log|w_n|-\log|\lambda_n|$,而 $|\lambda_n|\leqslant n$,所以

$$\sum_{n\leqslant x}\log g_n=\log|\alpha|\sum_{n\leqslant x}\varphi(n)+O(\log([x]!))+E_x \tag{4.2.34}$$

其中

$$E_x=\sum_{n\leqslant x}\sum_{d\mid n}\mu(d)\cdot\log|1-(\beta/\alpha)^{n/d}| \tag{4.2.35}$$

因为

$$\sum_{n\leqslant x}\varphi(n)=\frac{3}{\pi^2}x^2+O(x\cdot\log x) \quad (4.2.36)$$

(参见文献[40]P. 128,或文献[21]P. 268). 又依斯特林公式,$\log([x]!)=O(x\cdot\log x)$,故我们只需证 $E_x=O(x\cdot\log x)$. 我们改写

$$E_x=\sum_{n\leqslant x}\sum_{d\mid n}\mu(n/d)\cdot\log|1-(\beta/\alpha)^d|=\sum_{d\leqslant x}[\log|1-(\beta/\alpha)^d|\cdot\sum_{t\leqslant x/d}\mu(t)] \quad (4.2.37)$$

若 α,β 为实数,则 $|\beta/\alpha|<1$,此时 $\log|1-(\beta/\alpha)^d|=O(1)$,故定理由此即可得证.

若 α,β 为非实数,则 $|\beta/\alpha|=1$,但 β/α 为非单位根. 由引理 4.2.12,$d\geqslant4$ 时

$$\log|1-(\beta/\alpha)^d|=O(\log d) \quad (4.2.38)$$

当 $x/2<d\leqslant x$ 时,$1\leqslant x/d<2$,则 $\sum_{t\leqslant x/d}\mu(t)=1$,因而

$$E_x=E_{x/2}+O\left[\sum_{x/2<d\leqslant x}\log d\right]=E_{x/2}+O(x\cdot\log x) \quad (4.2.39)$$

又

$$\sum_{n\leqslant y}\mu(n)=O(y\cdot e^{-c\sqrt{\log y}})=O(y/\log y)$$[22]

所以

$$E_{x/2}=O\left[\sum_{d\leqslant x/2}(\log d)\cdot\frac{x/d}{\log(x/d)}\right]=O\left[x\sum_{d\leqslant x/2}\frac{\log d}{d}\cdot\frac{1}{\log(x/d)}\right]$$

由欧拉求和公式得

$$\sum_{d\leqslant x/2}\frac{1}{\log(x/a)}=O\left[\int_1^{x/2}\frac{\mathrm{d}t}{\log(x/t)}\right]=$$

$$O\left[x\int_2^x\frac{\mathrm{d}y}{y^2\log y}\right]=O(x)$$

再利用阿贝尔(Abel)分部求和公式得

$$E_{x/2}=O[x(\log(x/2)/(x/2)\sum_{d\leqslant x/2}1/\log(x/a)]=$$

$$O(x\cdot\log x)$$

综上,定理证毕.

上述定理表明,$\log g_n$ 的平均值

$$(\sum_{n\leqslant x}\log g_n)/x\sim(3\log|\alpha|)x/\pi^2$$

故知存在本原因子任意大的 u_n. 利用

$$\pi(x)=x/\log x+O(x/\log^2 x)$$

和 Chebyshev 函数 $\Theta(x)=\sum_{p\leqslant x}\log p=x+O(x/\log^2 x)$[22],由上述定理可推得:

推论 设 $\omega(n)$ 表 n 之不同素因子的个数,则对任意 $\varepsilon>0$,存在 $x_0(\varepsilon)$,当$x>x_0(\varepsilon)$时

$$\sum_{n\leqslant x}\omega(g_n)<((3\log|\alpha|)/(2\pi^2)+\varepsilon)x^2/\log x \tag{4.2.40}$$

该定理还可推出其他一些结果. 下面是关于最大本原素幂的一个结果:

定理 4.2.3 设 x 和$\lambda(0<\lambda<1)$均为实数,S_x 表如下的 n 之集合:$n\leqslant x$,g_n 有一个本原素幂因子大于 $n^{2-\lambda}$,则对任意 $\varepsilon>0$,存在 $x_0(\varepsilon)$,当 $x>x_0(\varepsilon)$时

$$|S_x|>(3\lambda/(2\pi^2)-\varepsilon)x \tag{4.2.41}$$

证 可假定 x 为正整数. 设 ζ 适合 $0<\zeta<3/(2\pi^2)$,$g_{n_1},\cdots,g_{n_x}$ 为$\{g_n\}_{n\leqslant x}$的一个排列,适合 $i<j$ 时

$G(n_i)>G(n_j)$，其中 $G(n)$ 表 g_n 的最大本原素幂因子.

记

$$Q_x=\prod_{n_i>\zeta x} g_{n_i}$$

因为 $n>2$ 时，n 的不同正因子的个数 $\leqslant n^{c/\log\log n}$（参见定理 4.2.1 的证明过程），又 $\varphi(n)<n$，所以由式(4.2.33)，式(4.2.23)及式(4.2.29)得

$$\log g_n<(1+\varepsilon)n\cdot\log|\alpha|\leqslant(1+\varepsilon)x\cdot\log|\alpha|$$

对任给 $\varepsilon>0$ 和 $x\geqslant n>n_0(\varepsilon)$ 成立. 由此，利用定理 4.2.2 得

$$\log Q_x>((3\cdot\log|\alpha|)/\pi^2)x^2-(1+\varepsilon)\zeta^2\cdot\log|\alpha|$$

因此，当 x 充分大时，对任给 ε，有

$$Q_x>\exp\{(3/\pi^2-\zeta-\varepsilon)x^2\log|\alpha|\}$$

另一方面，显然有（$\omega(n)$ 之意义同式(4.2.40)）

$$Q_x\leqslant G(Q_x)^{\omega(Q_x)}$$

又由式(4.2.40)得

$$\omega(Q_x)<((3\log|\alpha|)/(2\pi^2)+\varepsilon)\cdot x^2/\log x$$

所以

$$G(Q_x)\geqslant(Q_x)^{1/\omega(Q_x)}>\exp\{2\log x\cdot\log|\alpha|\cdot\frac{3-\pi\zeta^2-\varepsilon'}{3\log|\alpha|+\varepsilon'}\}>\exp\{\log x\cdot(2-2\pi^2\xi/3-\varepsilon'')\}=x^{2-2\pi^2\zeta/3-\varepsilon''}$$

这里 $\varepsilon'>0$，$\varepsilon''>0$ 可任意小，只要 x 充分大. 令 $\lambda=2\pi^2\zeta/3+\varepsilon''$，则得集合

$$S=\{g_{n_1},g_{n_2},\cdots,g_{n_{[\zeta x]}}\}$$

中每个元素有一个本原素幂因子 $>x^{2-\lambda}$，且 $|S|=[\zeta x]>(3\lambda/(2\pi^2)-\varepsilon)x$. 证毕.

前述诸结果显示，如果只有“少数”Wieferich 型素

数(即适合 $p^2 \mid u_{p-1}$ 或 u_{p+1} 之素数 p),那么就有"许多"广 F 数 u_n 具有大的素因子或许多不同的本原素因子. 定理 4.2.2 表明,使 g_n 具有 $>n^{2-\lambda}$ 的本原素幂因子的下标 n 之集合具有正密度.

P. Kiss[7] 还对于 u_n 的本原素因子的倒数和 $\beta(n)=\sum\limits_{s(p)=n}\dfrac{1}{p}$ 以及一切素因子的倒数和 $\tau(n)=\sum\limits_{p\mid u_n}=\dfrac{1}{p}$ 进行了估计,得出了 $\beta(n)<c(\log\log n)^2/n$($c$ 为绝对常数),而对于平均阶有 $\sum\limits_{n\leqslant x}\beta(n)=\log\log x+O(1)$, $\sum\limits_{n\leqslant x}\tau(n)=c_0x+O(\log\log x)$($c_0$ 为仅与 u_n 有关的常数). 这里就不详细介绍了.

4.3 可除性序列

4.3.1 可除性序列

一个 F-L 整数序列 $\mathfrak{w}$ 若适合 $m\mid n$ 时有 $w_m\mid w_n$,则称为**可除性序列**. 可除性序列在整数分解和素性判定以及 Diophantions 方程中有其应用,故早已引起人们注意. 一个重要问题是,哪些序列是可除性序列. 对可除性序列 $\mathfrak{w}$,由于 $1\mid n$,所以 $w_1\mid w_n$,即序列各项均为 w_1 之倍数. 故我们只需研究 $w_1=1$ 的可除性序列,这种序列称**正规化**的可除性序列.

可除性序列有一个有趣的迭代性质,就是若 $\{w_n\}$ 和 $\{h_n\}$ 均为可除性序列,且 h_n 的项均为非负整数,则显然 $g_n=\omega h_n$ 确定可除性序列 $\{g_n\}$. 下面探讨可除性序列的特征.

定理 4.3.1 设 $\mathfrak{w}$ 为 $\Omega_Z(a_1,\cdots,a_k)$ 中可除性序

列，$a_k\neq 0$，则或者 $w_0=0$，或者此序列之项均属于一个整数环上有限生成的乘法子群.

证　设某项 w_n 有素因子 p，若 $p\nmid a_k$，则 $\{w_n(\bmod p)\}$ 为纯周期的.设其周期为 t，则由可除性有 $w_n\mid w_{tn}$，又由纯周期性有 $w_{tn}\equiv w_0(\bmod p)$，又 $w_{tn}\equiv 0(\bmod p)$，所以 $p\mid w_0$.若 $\mathfrak{w}$ 之项含有无数个不同的素因子，则必 $w_0=0$，否则 $\mathfrak{w}$ 之项必均属于某个由有限个元素在整数环上生成的乘法子群.

上述定理中后一种情形的可除性序列我们称之为**退化的可除性序列**.Polya[23] 曾证明，如果一个 F-L 序列的项均属于一个有限生成的乘法群，则具有形式

$$w_n=k^{-1}\sum_{j=0}^{k-1}b_j\alpha_j^n\left(\sum_{i=0}^{k-1}\zeta^{i(n-j)}\right)\qquad(4.3.1)$$

其中 $k\in\mathbf{Z}_+$，ζ 为 k 次单位根，亦即有

$$w_n=b_j\alpha_j^n(\text{当 } n\equiv j(\bmod k))\qquad(4.3.2)$$

可以看出，对 $i=0,\cdots,k-1$，$\alpha_j\zeta^i$ 均为 $\mathfrak{w}$ 的特征根，而其中对相同的 j 每两个根之商为单位根.因此，文献[24]中称一般 F-L 序列为**退化的**，如果它有一对特征根 $\alpha_i\neq\alpha_j$，使 α_i/α_j 为单位根，或者有某个根为单位根.但是，我们在上节定义的退化与非退化概念比这里条件要严格.下面将按照本节的定义进行讨论.

定理 4.3.2　以 $\Omega_Z(a,b)(b\neq 0)$ 为极小空间的正规化的非退化可除性序列只有下列两种形式

$$\begin{aligned}u_n&=nc^{n-1}\\u_n&=(\alpha^n-\beta^n)/(\alpha-\beta)\end{aligned}\qquad(4.3.3)$$

注　这里极小空间的意义是指把 Z—模 $\Omega_Z(a,b)$ 看作有理数域上的 F-L 序列空间时而言.

证　由非退化性有 $u_0=0$，由正规性有 $u_1=1$，因

此 $\mathbf{u}$ 为 Ω_Z 中主序列. 当 Ω 有相等特征根时, $\mathbf{u}$ 有通项形如(1). 而两特征根不等时, $\mathbf{u}$ 有通项形如(2). 当然, 这里 c,α,β 还要符合非退化条件. 反之, 显然(1),(2)均代表可除性序列. 证毕.

上述结果恰与式(4.1.26)相符. Hall[27] 曾猜测三阶可除性序列包含在下列形式之中

$$\begin{aligned}&(1)\ w_n=n^2\alpha^{n-1}\\&(2)\ w_n=n(\alpha^n-\beta^n)/(\alpha-\beta)\\&(3)\ w_n=(\alpha^n-\beta^n)^2/(\alpha-\beta)^2\end{aligned}\tag{4.3.4}$$

但 Hall 只研究了 $\mathbf{w}$ 的特征多项式在 $Z[x]$ 中不可约的情形. 我们指出, $\alpha\beta\neq 0$ 时, 形式(2)不是三阶 F-L 序列的通项. 事实上, 设 $\alpha+\beta=a,\alpha\beta=b,u_n=(\alpha^n-\beta^n)/(\alpha-\beta)$, 则 $\mathbf{u}$ 之母函数为 $U(x)=x/(1-ax-bx^2)$, 而 $\mathbf{w}$ 适合 $w_n=nu_n$, 故其母函数 $W(x)=xU'(x)=x(1+bx^2)/(1-ax-bx^2)^2$. $W(x)$ 可约, 当且仅当 α^{-1} 或 β^{-1} 为其分子的多项式之根, 但这导致 $\alpha=\beta$, 故不可能. 又 $b\neq 0$, 因而由定理 1.5.3 知, $\mathbf{w}$ 之极小多项式为 4 次, 即 $\mathbf{w}$ 至少为 4 阶 F-L 序列. 另外, 我们对其中一种情况证明如下:

定理 4.3.3 设 $\Omega_Z(a,b,c)(c\neq 0)$ 的三特征根相等, 则以 $\Omega(a,b,c)$ 为极小空间的正规化的非退化可除性序列 $\mathbf{w}$ 之通项有形式

$$w_n=n^2\alpha^{n-1}\tag{4.3.5}$$

证 设相等特征根为 α, 可知 $\alpha\in\mathbf{Z}$. 仿前有 $w_0=0,w_1=1$, 设 $w_2=d$. 由式(1.6.14)可得

$$w_n=n\alpha^{n-1}[(n-1)d-2(n-2)\alpha]/2$$

所以

$$w_{2n}=2n\alpha^{2n-2}[(2n-1)d-4(n-1)\alpha]/2$$

由 $c\neq0$ 知 $\alpha\neq0$，由可除性有

$$w_{2n}/w_n=2\alpha^n[2(d-2\alpha)n+4\alpha-d]/[(d-2\alpha)n+4\alpha-d]\in\mathbf{Z}$$

若 $d=2\alpha$，则 $w_n=n\alpha^{n-1}$，因而 $w\in\Omega(2\alpha,-\alpha^2)$，此与 $\mathfrak{w}$ 以 $\Omega(a,b,c)$ 为极小空间之假设矛盾. 所以 $d\neq2\alpha$. 于是

$$w_{2n}/w_n=4\alpha^n-2\alpha^n(4\alpha-d)/[(d-2\alpha)n+4\alpha-d]\in\mathbf{Z}$$

依狄利克雷定理，当 n 变化时，$(d-2\alpha)n+4\alpha-d$ 中有无数个不同素因子. 已知 $\alpha\neq0$，若 $4\alpha-d\neq0$，则 $2\alpha^n(4\alpha-d)$ 所含不同素因子的个数有限，此乃矛盾. 故必 $d=4\alpha$，因而 $w_n=n^2\alpha^{n-1}$.

在 Hall 以后，Ward[28] 进一步提出，是否一切可除性序列从实质上说是若干二阶可除性序列逐项的乘积(他当时是从两多项式的结式来叙述这一问题的，且未考虑重根情形). 这一问题，直到 1990 年，才有 Bèzivin，Pethö 和 van der Poorten 等人[35] 得出的一个结果. 他们是从更一般的范围来考察的. 首先把可除性序列的概念进行了推广：设 $\sum\limits_{n=0}^{\infty}w_nx^n$ 表示定义在特征为 0 的域 F 上的一个有理函数，当 $x\to\infty$ 时其值趋于 0. 若商的集合 $\{w_k/w_m\mid m\mid k\}$ 是 $\mathbf{Z}$ 上的一个有限生成环 R 的子集(当 $w_m=w_k=0$ 时定义 $w_k/w_m=0$)，则称 $\{w_n\}$ 为可除性序列. 在此推广的概念下，他们利用广义幂和、指数多项式以及阿达玛商的有关结果证明了：设 $\{w_n\}$ 为 F-L 序列，若存在整数 $d>1$ 使得 $w_n\mid w_{dm}(m=0,1,\cdots)$(整除的意义指商属于 $\mathbf{Z}$ 上的一个有限生成环)，则存在一个 F-L 序列 $\{\overline{w}_n\}$，通项为

$$\overline{w}_n=n^k\prod_{i=0}^{k-1}((\alpha_i^n-\beta_i^n)/(\alpha_i-\beta_i))\qquad(4.3.6)$$

使得

$$w_n \mid \overline{w}_n (n=0,1,\cdots)$$

4.3.2 强可除性序列

设 $\mathfrak{w}$ 为 F-L 整数序列，若对一切 $m,k\geqslant 1$，有

$$\gcd(w_m, w_k) = |w_{\gcd(m,k)}| \tag{4.3.7}$$

成立，则称 $\mathfrak{w}$ 为**强可除性序列**，这里补充规定 $\gcd(0,0)=0$. 由式(4.1.30)及其后面的注意可知，若 $\gcd(a,b)=1$，则 $\Omega_Z(a,b)$ 中之主序列为强可除性序列.

强可除性序列必为可除性序列，这是因为 $\{w_n\}$ 为强可除性序列时，由 $\gcd(w_{dm}, w_m) = |w_{\gcd(dm,m)}| = |w_n|$ 推出 $w_m \mid w_{dm}$. 但反之则不一定. 如可除性序列 $\mathfrak{u}$ 之通项为 $u_n = n\cdot 2^{n-1}$ 时，$\gcd(u_4, u_6) = 32 \neq |u_{\gcd(4,6)}| = u_2 = 4$，故 $\mathfrak{u}$ 为互非强可除性序列. 由此启发我们得到下面的：

定理 4.3.4 当且仅当 $\gcd(a,b)=1$ 时，存在以 $\Omega_Z(a,b)(b\neq 0)$ 为极小空间的正规化的非退化强可除性序列，且只有下列两种形式：

(1) $u_n = (\pm 1)^{n-1}$.

(2) $u_n = (\alpha^n - \beta^n)/(\alpha-\beta)$.

证 充分性上面已阐明，只证必要性. 设有素数 $p\mid a$, $p\mid b$，则 $n\geqslant 2$ 时 $p\mid u_n$. 于是 $\gcd(u_n, u_{n+1})\geqslant p$. 可见 $\gcd(u_n, u_{n+1}) \neq |u_{\gcd(n,n+1)}| = u_1 = 1$，因而 $\mathfrak{u}$ 为非强可除性序列. 必要性得证.

当 $\gcd(a,b)=1$ 时，若 $\Delta = a^2+4b = 0$，则只可能 $a=\pm 2$，由此得形式(1). 若 $\Delta\neq 0$，则得形式(2).

对于三阶强可除性序列，目前尚无一般结果. 1988 年，Horak[37] 对三阶情形的几种特例做出了若干结果. 他的条件放得很宽，实际上，他所得的结果或者是极小

空间为二维的情形或者是退化情形，另外，他所给强可除性序列的定义中对于 $\mathfrak{w}\in\Omega_Z(a_1,\cdots,a_k)$，只要求对 $n\geqslant1$ 适合递归关系式(1.1.1)，亦即不考虑

$$w_k=a_1w_{k-1}+\cdots+a_kw_0 \tag{4.3.8}$$

是否成立，因而也不必考虑 w_0 的值是什么. 这在非奇异情形(即 $a_k\neq0$ 时)与我们的前述定义没有本质区别，因为此时若对 $n\geqslant1$ 式(1.1.1)已成立，则可逆推得式(1.1.1)对 $n=0$ 亦成立. 但在奇异情形，则后式一定义所包含的强可除性序列可能要多，即可能增加使式(4.3.8)不成立者. 为简便，我们在介绍 Horak 的结果时采用他的定义，但证法有所不同. 另外，他在给出 $\mathfrak{w}\in\Omega_Z(a,b,c)$ 为强可除性序列时，未给出 a,b,c 因而序列构成规律不明确，我们将予给出.

定理 4.3.5 设 $\{w_n\}_1^\infty\in\Omega_Z(a,b,c)$ 为正规化(即 $w_1=1$)强可除性序列，则：

(1) $w_2=0$ 时，$\mathfrak{w}$ 必为下面四序列之一(均从下标为 1 的项写起，下同)

$$\mathfrak{w}^{(1)}=\{1,0,1,0,1,0,\cdots\},b=1,c=-a$$

$$\mathfrak{w}^{(2)}=\{1,0,1,0,-1,0,1,0,-1,\cdots\},b=-1,c=a=0$$

$$\mathfrak{w}^{(3)}=\{1,0,-1,0,-1,0,\cdots\},b=1,c=a=0$$

$$\mathfrak{w}^{(4)}=\{1,0,-1,0,1,0,-1,\cdots\},b=-1,c=a$$

(2) $w_3=0$ 时，$\mathfrak{w}$ 必为下面六序列之一

$$\mathfrak{h}^{(1)}=\{1,1,0,1,1,0,\cdots\},a=b=0,c=1$$

$$\mathfrak{h}^{(2)}=\{1,1,0,-1,-1,0,\cdots\}$$

$$a=b=0,c=-1 \text{ 或 } b=-a,c=a-1$$

$$\mathfrak{h}^{(3)}=\{1,1,0,-1,1,0,-1,1,0,\cdots\},a=b=-1,c=0$$

$$\mathfrak{h}^{(4)}=\{1,-1,0,-1,1,0,\cdots\},a=b=0,c=-1$$

$$\mathfrak{h}^{(5)}=\{1,-1,0,1,-1,0,\cdots\},a=b=0,c=1$$

$$\text{或 } b=a,c=a+1$$

$$\mathfrak{h}^{(6)}=\{1,-1,0,1,1,0,-1,-1,0,1,1,0,\cdots\}$$
$$a=1,b=-1,c=0$$

(3) $w_2\neq 0$ 但 $w_4=0$ 时, $\mathfrak{w}$ 必为下面两序列之一

$$\mathfrak{q}^{(1)}=\{1,2,1,0,1,2,1,0,\cdots\},a=c=1,b=-1$$
$$\mathfrak{q}^{(2)}=\{1,-2,1,0,1,-2,1,0,\cdots\},a=c=-1,b=-1$$

证 (1)由 $\gcd(w_2,w_{2k})=|w_{2'}|=0$ 得 $w_{2k}=0$. 又由 $\gcd(w_2,w_{2k+1})=|w_1|=1$得 $w_{2k+1}=\pm 1$, 因此 $k\geqslant 2$ 时由递归关系有

$$w_{2k}=aw_{2k-1}+b\cdot 0+cw_{2k-3}=0 \quad (\text{I})$$
$$w_{2k+1}=a\cdot 0+bw_{2k-1}+c\cdot 0 \quad (\text{II})$$

由式(II)可得 $w_{2k+1}=b^{k-1}w_3$. 可知 $b=\pm 1$. 当 $b=w_3=1$ 时, $w_{2k+1}=1$, 代入式(I)得 $c=-a$, 由此得 $\mathfrak{w}^{(1)}$. 当 $b=w_3=-1$时, $w_{2k+1}=(-1)^k$, 代入式(I)得$c=a$, 由此得 $\mathfrak{w}^{(4)}$. 当 $b=1,w_3=-1$ 时 $w_{2k+1}=-1$. 代入式(I)得 $aw_{2k+1}+cw_{2k-1}=-a-c=0(k\geqslant 2$ 时)及 $aw_3+cw_1=-a+c=0$, 所以 $a=c=0$, 由此得 $\mathfrak{w}^{(3)}$. 同理可得 $\mathfrak{w}^{(2)}$. 容易验证上述四序列是强可除性的.

(2)仿上易证 $w_{3k}=0,w_{3k\pm 1}=\pm 1$. 因此 $k\geqslant 1$ 时由递归关系得

$$w_{3k+1}=a\cdot 0+bw_{3k-1}+cw_{3k-2} \quad (\text{III})$$
$$w_{3k+2}=aw_{3k+1}+b\cdot 0+cw_{3k-1} \quad (\text{IV})$$
$$w_{3k+3}=aw_{3k+2}+bw_{3k+1}+c\cdot 0=0 \quad (\text{V})$$

由式(V)知 $b=\pm a$. 分下列情况讨论:

$b=a=0$ 时, 由式(III),(IV)得

$$w_{3k+1}=cw_{3k-2}=c^kw_1=c^k$$

及

$$w_{3k+2}=cw_{3k-1}=c^kw_2$$

由此知 $c=\pm 1$. 当 $c=1,w_2=\pm 1$ 时分别得 $\mathfrak{h}^{(1)}$ 和

$\mathfrak{h}^{(5)}$，当 $c=-1,w_2=\pm1$ 时分别得 $\mathfrak{h}^{(2)}$ 和 $\mathfrak{h}^{(4)}$.

$b=a\neq0$ 时，由式(Ⅴ)得 $w_{3k+2}=-w_{3k+1}$，代入式(Ⅲ)，(Ⅳ)得

$$w_4=aw_2+c$$

$$-w_{3k+2}=(a-c)w_{3k-1}$$

及

$$(1+a)w_{3k+2}=cw_{3k-1}$$

由此可得 $c-a=\pm1$ 及 $c=(a+1)(c-a)$. 于是

$$\begin{cases}c-a=1\\c=a+1\end{cases}\text{或}\begin{cases}c-a=-1\\c=-a-1\end{cases}$$

解得 $c=a+1$，或 $a=0$ 而 $c=-1$. 后一情形与 $b=a\neq0$ 之假设矛盾. 当 $c=a+1$ 时有 $w_{3k+2}=w_{3k-1}=\cdots=w_2$，由此 $w_{3k+1}=-w_2$. 故有 $w_4=-w_2$. 以上述结果代入 $w_4=aw_2+c$ 得 $(a+1)(w_2+1)=0$，所以 $a=-1$ 或 $w_2=-1$. 当 $a=-1$ 或 $c=0$，又若 $w_2=1$，则得 $\mathfrak{h}^{(3)}$. 当 $c=a+1$ 且 $w_2=-1$ 时又得 $\mathfrak{h}^{(5)}$.

同理，$b=-a\neq0$ 时，可得 $a=1,c=0$ 或 $w_2=1$. 前一情形取 $w_2=-1$ 时得 $\mathfrak{h}^{(6)}$，而 $c=a-1$ 且 $w_2=1$ 时又得 $\mathfrak{h}^{(2)}$.

直接验证可知上述六序列均为强可除性的.

(3)此时可知 $w_{4k}=0,w_{4k\pm1}=\pm1$，又由 $\gcd(0,w_{4k+2})=\gcd(w_4,w_{4k+2})=|w_2|$，若令 $w_2=\lambda\neq0$，可得 $w_{4k+2}=\pm\lambda$. 于是，由递归关系可得

$$\begin{aligned}&0=aw_3+b\lambda+c\\&w_5=a\cdot0+bw_3+c\lambda\\&w_6=aw_5+b\cdot0+cw_3\\&w_7=aw_6+bw_5+c\cdot0\end{aligned}\tag{Ⅵ}$$

上述方程组关于 a,b,c 要有解，必须

$$\begin{vmatrix} 0 & w_3 & \lambda & 1 \\ w_5 & 0 & w_3 & \lambda \\ w_6 & w_5 & 0 & w_3 \\ w_7 & w_6 & w_5 & 0 \end{vmatrix}=0$$

将此行列式按第一行展开,并注意 $w_{4k\pm1}^2=1$ 及 $w_6^2=\lambda^2$ 得

$$\lambda^4-\lambda^2 w_5 w_7-2\lambda w_3 w_5 w_6-w_3\lambda^2-w_3 w_7+ \\ w_3 w_5 w_7-w_5+1=0 \qquad (\text{Ⅶ})$$

当 $w_6=\lambda$ 且 $w_5=w_3$ 时得

$$\lambda^4-(w_3 w_7+w_3+2)\lambda^2+(1-w_3)(1+w_7)=0$$

若 $w_3=1$,上式化为 $\lambda^2=w_7+3$,故必 $w_7=1,\lambda=\pm 2$. 此时由式(Ⅵ)之任意三个方程可解得 $a=c=\pm 1,b=-1$,分别得序列 $\mathfrak{q}^{(1)}$ 和 $\mathfrak{q}^{(2)}$,可直接验证它们均为强可除性的,若 $\mathfrak{w}_3=-1$,可知上式关于 λ 无整数解.

对式(Ⅶ)继续按 $\mathfrak{w}_6=\lambda$ 且 $\mathfrak{w}_5=-\mathfrak{w}_3$ 等诸情况讨论,仿上可知,在这几种情况下式(Ⅶ)关于 λ 均无整数解. 证毕.

注 若要求 $\mathfrak{w}$ 适合 $w_3=aw_2+bw_1+cw_0$,则上述结果中的 $\mathfrak{w}^{(2)},\mathfrak{w}^{(3)},\mathfrak{h}^{(3)}$ 和 $\mathfrak{h}^{(6)}$ 均不合条件.

下面我们研究一般情形下 $w_2w_3w_4\neq 0$ 时 $\mathfrak{w}$ 为强可除性序列的若干必要条件. 下面定理条件中式(4.3.9)~(4.3.14)在文献[37]中出现过,但式(4.3.15)和式(4.6.16)是其中没有的.

定理 4.3.6 设 $\mathfrak{w}\in\Omega_Z(a,b,c),w_1=1,w_2w_3w_4\neq 0$,记 $w_2=\lambda,w_3=\mu$,则 $\mathfrak{w}$ 为正规化强可除性序列的必要条件是

$$\gcd(\lambda,\mu)=\gcd(\lambda,b)=1 \qquad (4.3.9)$$

$$\gcd(\mu,b\lambda+c)=\gcd(\mu,a(b\lambda+c)+c\lambda)=\gcd(b\mu+c\lambda,a\mu+b\lambda+c)=1 \tag{4.3.10}$$

$$\lambda\mid a\mu+c,\lambda\mid ab+c,\text{因而 }\lambda\mid a(b-\mu) \tag{4.3.11}$$

$$\gcd((ab+c)\mu+b(b\lambda+c),\ (a^2+b)\mu+(ab+c)\lambda+ac)=1 \tag{4.3.12}$$

$$\gcd(\mu(ab+c)/\lambda+ac,b+(a\mu+c)/\lambda)=1 \tag{4.3.13}$$

$$\mu\mid(a^2+b)(b\lambda+c)+ac\lambda \tag{4.3.14}$$

$$\mu\mid c^2(a\lambda+b) \tag{4.3.15}$$

$$\mu\mid c^2(a^2b^2+b^3-a^3c) \tag{4.3.16}$$

证　根据递归关系，考察下列同余式（其中允许 $|\lambda|=1$ 或 $|\mu|=1$ 等）

$$w_4=a\mu+b\lambda+c\equiv a\mu+c(\text{mod }|\lambda|)$$

$$w_4\equiv b\lambda+c\equiv 0(\text{mod }|\mu|)$$

$$w_5=aw_4+b\mu+c\lambda\equiv b\mu(\text{mod }|\lambda|)$$

$$w_5\equiv a(b\lambda+c)+c\lambda(\text{mod }|\mu|)$$

$$w_5\equiv b\mu+c\lambda(\text{mod }|w_4|)$$

$$w_6=aw_5+bw_4+c\mu\equiv(ab+c)\mu\equiv 0(\text{mod }|\lambda|)$$

$$w_6\equiv(a^2+b)(b\lambda+c)+ac\lambda\equiv 0(\text{mod }|\mu|)$$

$$w_6\equiv(ab+c)\mu+ac\lambda(\text{mod }|w_4|)$$

由 w_2 与 w_3 及 w_5 互素得式(4.3.9)．由 w_3 与 w_4，w_3 与 w_5，w_4 与 w_5 分别互素得式(4.3.10)．由 $w_2\mid w_4$ 及 $w_2\mid w_6$ 得式(4.3.11)．由 w_6 与 w_5 互素得式(4.3.12)．由 $\gcd(w_4,w_6)=|w_2|=|\lambda|$ 及式(4.3.11)即得式(4.3.13)．由 $w_3\mid w_6$ 得式(4.3.14)．继续作同余式

$$w_7\equiv(ab+c)(b\lambda+c)+bc\lambda(\text{mod }|\mu|)$$

$$w_8 \equiv a(ab+2c)(b\lambda+c)+c(ab+c)\lambda(\bmod |\mu|)$$

$$w_9 \equiv (ab+c)(a^2+b)(b\lambda+c)+a^2c(b\lambda+c)+ c(a^2b+ac+b^2)\lambda \equiv 0(\bmod |\mu|)$$

以式(4.3.14)代入 w_9 得

$$w_9 \equiv c[a^2(b\lambda+c)+b^2\lambda] \equiv c[-b(b\lambda+c)-ac\lambda+b^2\lambda] = -c^2(a\lambda+b) \equiv 0(\bmod |\mu|)$$

由此证得式(4.3.15).从式(4.3.14),(4.3.15)之两式消去 λ 即得式(4.3.16).

反之,文献[37]在满足上述定理的条件式(4.3.9)～(4.3.14)的假定下,证明了对任何 $1\leqslant i,j\leqslant 6$ 有 $\gcd(w_i, w_j)=|w_{\gcd(i,j)}|$ 及对任何 $j\geqslant 1$ 有 $\gcd(w_2,w_j)=|w_{\gcd(2,j)}|$.我们将在满足上述条件式(4.3.9)～(4.3.15)的假定下得出更进一步的结果.先证明下面的引理.

引理 4.3.1 设 $\mathfrak{w}\in\Omega_Z(a,b,c)$,$w_1=1$,$w_2w_3w_4\neq 0$,且适合条件式(4.3.14),(4.3.15),则 $k\geqslant 1$ 时

$$w_{3k}\equiv 0(\bmod |\mu|) \tag{4.3.17}$$

$$(a^2+b)w_{3k+1}+acw_{3k-1}\equiv 0(\bmod |\mu|) \tag{4.3.18}$$

及

$$c(a^2w_{3k+1}+b^2w_{3k-1})\equiv 0(\bmod |\mu|) \tag{4.3.19}$$

证 $w_3\equiv 0$ 显然.于是 $w_4\equiv b\lambda+c$,而由式(4.3.14)得 $(a^2+b)w_4+acw_2\equiv 0$.再由式(4.3.14),(4.3.15)得

$$c(a^2w_4+b^2w_2)\equiv c[a^2(b\lambda+c)+b^2\lambda] = c[(a^2+b)(b\lambda+c)-bc] \equiv -c^2(a\lambda+b)\equiv 0(\bmod |\mu|)$$

故 $k=1$ 时引理成立.

现设引理对 $k-1(k\geqslant 2)$ 已成立，即有 $w_{3k-3}\equiv 0$，$(a^2+b)w_{3k-2}+acw_{3k-4}\equiv 0$ 及 $c(a^2w_{3k-2}+b^2w_{3k-4})\equiv 0(\bmod |\mu|)$. 则

$$\begin{aligned}w_{3k}&\equiv aw_{3k-1}+bw_{3k-2}\equiv\\&a(aw_{3k-2}+cw_{3k-4})+bw_{3k-2}=\\&(a^2+b)w_{3k-2}+acw_{3k-4}\equiv\\&0(\bmod |\mu|)\end{aligned}$$

$$\begin{aligned}&(a^2+b)w_{3k+1}+acw_{3k-1}\equiv\\&(a^2+b)(bw_{3k-1}+cw_{3k-2})+acw_{3k-1}\equiv\\&(a^2+b)[b(aw_{3k-2}+cw_{3k-4})+cw_{3k-2}]+\\&ac(aw_{3k-2}+cw_{3k-4})=\\&(ab+c)[(a^2+b)w_{3k-2}+acw_{3k-4}]+\\&c(a^2w_{3k-2}+b^2w_{3k-4})\equiv 0(\bmod |\mu|)\\&c(a^2w_{3k+1}+b^2w_{3k-1})=\\&ca^2[(ab+c)w_{3k-2}+bcw_{3k-4}]+\\&cb^2(aw_{3k-2}+cw_{3k-4})=\\&abc[(a^2+b)w_{3k-2}+acw_{3k-4}]+\\&c^2(a^2w_{3k-2}+b^2w_{3k-4})\equiv 0(\bmod |\mu|)\end{aligned}$$

证毕.

定理 4.3.7　设 $\mathbf{w}\in\Omega_Z(a,b,c)$，$w_1=1$，$w_2w_3w_4\neq 0$，且适合条件式(4.3.9)～(4.3.15)，则：

(1)对任何 $1\leqslant i,j\leqslant 6$，$\gcd(w_i,w_j)=|w_{\gcd(i,j)}|$.

(2)对任何 $j\geqslant 1$，$\gcd(w_2,w_j)=|w_{\gcd(2,j)}|$.

(3)当 $\gcd(a,b)=1$ 时，对任何 $j\geqslant 1$，$\gcd(w_3,w_j)=|w_{\gcd(3,j)}|$.

证　(1)由式(4.3.9)～(4.3.14)显然得证.

(2)由式(4.3.11)有

$$w_{j+3}\equiv aw_{j+2}+bw_{j+1}-abw_j(\bmod |\lambda|)$$

由此

$$\begin{aligned} w_{j+3}-bw_{j+1} &\equiv a(w_{j+2}-bw_j)\equiv\cdots\equiv \\ & a^j(w_3-bw_1)\equiv \\ & a^{j-1}(a\mu+c)\equiv \\ & 0(\bmod |\lambda|) \end{aligned}$$

因为 $\gcd(\lambda,b)=1$，所以 $\gcd(w_2,w_{j+3})=\gcd(w_2,w_{j+1})$. 由 $j=1,2$ 时结论成立知 $j=2k,2k+1$ 时结论成立.

(3)由式(4.3.17)知 $j=3k$ 时结论成立. 故只要证 $\gcd(w_3,w_{3k\pm1})=1$. 已知 $j=1$ 时结论成立. 设已有 $\gcd(w_3,w_{3k-2})=1$. 由式(4.3.17)知

$$w_{3k}\equiv aw_{3k-1}+bw_{3k-2}\equiv 0(\bmod |\mu|)$$

今证 $\gcd(\mu,a)=\gcd(\mu,b)=1$. 若有素数 $p\mid\mu$，则由式(4.3.15)知，$p\mid c$ 或 $p\mid a\lambda+b$. 当 $p\mid c$ 时，若还有 $p\mid a$ 或 $p\mid b$，则与式(4.3.10)矛盾. 当 $p\mid a\lambda+b$ 时，若 p 整除 a,b 中之一个，则必整除另一个，这与 a,b 互素矛盾. 故 μ 与 a,b 互素，因而有 $\gcd(w_3,w_{3k-1})=\gcd(w_3,w_{3k-2})=1$.

当 $\gcd(\mu,c)=1$ 时，由式(4.3.19)知，$a^2w_{3k+1}+b^2w_{3k-1}\equiv 0(\bmod |\mu|)$，仿上可证 $\gcd(w_3,w_{3k+1})=\gcd(w_3,w_{3k-1})=1$. 当 μ,c 有公共素因子 p 时，则有 $w_{3k+1}\equiv bw_{3k-1}(\bmod p)$.

因为 $p\nmid b$，$p\nmid w_{3k-1}$，所以 $p\nmid w_{3k+1}$，故也有 $\gcd(w_3,w_{3k+1})=1$. 证毕.

下面从另一个角度给出强可除性序列的一个结果.

定理 4.3.8 设 $\Omega_Z(a,b,c)(c\neq 0)$ 三特征根相等，则当且仅当相等的特征根为 ±1 时，存在以 Ω 为极小

空间的正规化的非退化强可除性序列 $\mathfrak{w}$，其通项为

$$w_n = n^2(\pm 1)^{n-1} \tag{4.3.20}$$

证　因强可除性序列必为可除性序列，故 $\mathfrak{w}$ 之通项有形式(4.3.5)．又 $\gcd(w_n, w_{n+1}) = \gcd(n^2\alpha^{n-1}, (n+1)^2\alpha^n) = \alpha^{n-1} = |w_{\gcd(n,n+1)}| = |w_1| = 1$，所以 $\alpha = \pm 1$．容易直接验证式(4.3.20)表强可除性序列，证毕．

定理 4.3.4 启发我们，当 $\gcd(a, b) = 1$ 时

$$w_n = n^{k-1}(\pm 1)^{n-1} \text{ 及 } w_n = (\alpha^n - \beta^n)^{k-1}/(\alpha - \beta)^{k-1} \tag{4.3.21}$$

均为 k 阶正规化的非退化强可除性序列的通项公式．前者为对应于诸特征根全部等于 1 或 -1 的情形，此时 $a = \pm 2, b = 1$；后者对应于 $\Delta = a^2 + 4b \neq 0, \alpha, \beta = (a \pm \sqrt{\Delta})/2$，诸特征根为 $\alpha^{k-1-i}\beta^i (i = 0, \cdots, k-1)$ 的情形．但 k 阶正规化的非退化强可除性序列是否只有形式(4.3.21)，尚不得而知．

利用强可除性序列可以定义广义二项式系数与广义多项式系数，设 $\{a_n\}$ 为其项非零的强可除性序列，称

$$\binom{n}{k} = \prod_{i=1}^{n} a_i \Big/ \left(\prod_{i=1}^{k} a_i \prod_{i=1}^{l} a_i\right) (k + l = n) \tag{4.3.22}$$

和

$$\binom{n}{k_1, \cdots, k_r} = \prod_{i=1}^{n} a_i \Big/ \left(\prod_{i=1}^{k_1} a_i \cdots \prod_{i=1}^{k_r} a_i\right) (k_1 + \cdots + k_r = n) \tag{4.3.23}$$

分别为**广义二项式系数**和**广义多项式系数**．Ando 和 Sato[43] 利用强可除性证明了广义二项式系数和广义多项式系数的最大公约数及最小公倍数的若干结果．

关于强可除性序列的概念，已推广到代数数域，有

关结果可参看文献[36-38].

4.4 莱梅序列

4.4.1 基本概念与同余性质

设 $l,b\in\mathbf{Z},l>0,\gcd(l,b)=1,a=\sqrt{l}$,我们来研究 $\Omega(a,b)$中的主序列 $\mathfrak{u}$ 与主相关序列 $\mathfrak{v}$. 当 l 为为平方数时,$\mathfrak{u},\mathfrak{v}$ 均为整数序列,但 l 为非平方数时则不然. 可见此种序列为 F-L 整数序列之一种推广. 由递归关系有

$$u_n=\sqrt{l}u_{n-1}+bu_{n-2}=\sqrt{l}(\sqrt{l}u_{n-2}+bu_{n-3})+bu_{n-2}=(l+b)u_{n-2}+b(u_{n-2}-bu_{n-4})$$

即

$$u_n=(l+2b)u_{n-2}-b^2u_{n-4}\tag{4.4.1}$$

可见$\{u_{2n}\}$和$\{u_{2n+1}\}\in\Omega(l+2b,-b^2)$,同理$\{v_{2n}\}$和$\{v_{2n+1}\}$亦如此.

由

$$u_0=0,u_1=1,u_2=\sqrt{l},u_3=l+b$$

及

$$v_0=2,v_1=\sqrt{l},v_2=l+2b,v_3=\sqrt{l}(l+3b)$$

可知 $u_{2n}/\sqrt{l},u_{2n+1},v_{2n}$和 $v_{2n+1}/\sqrt{l}$均$\in\mathbf{Z}$. 构造整数序列 $\bar{\mathfrak{u}}=\{\bar{u}_n\}$和 $\bar{\mathfrak{v}}=\{\bar{v}_n\}$,使

$$\bar{u}_n=\begin{cases}u_n,\text{当 }2\nmid n,\\u_n/\sqrt{l},\text{当 }2\mid n\end{cases}\text{和 }\bar{v}_n=\begin{cases}v_n/\sqrt{l},\text{当 }2\nmid n\\v_n,\text{当 }2\mid n\end{cases}\tag{4.4.2}$$

称 $\bar{\mathfrak{u}},\bar{\mathfrak{v}}$ 为莱梅**序列**,并且称 $\bar{\mathfrak{u}}$ 为莱梅**主序列**,$\bar{\mathfrak{v}}$ 为莱梅

主相关序列. 此种序列是莱梅[39]于 1930 年首先开始研究的,他推广了卢卡斯(第 2 章文献[1])于 1878 年所研究的序列.为简便,本节中 $\mathfrak{u},\mathfrak{v},l,b,\bar{\mathfrak{u}},\bar{\mathfrak{v}}$ 恒具上述意义,不再说明.

记 $\Delta=\sqrt{l+4b}$,$\alpha,\beta=(\sqrt{l}\pm\sqrt{l+4b})/2$,则当 $\Delta\neq 0$ 时式(4.4.2)可改写为

$$\bar{u}_n=\begin{cases}(\alpha^n-\beta^n)/(\alpha-\beta),\text{当 } 2\nmid n\\(\alpha^n-\beta^n)/(\alpha^2-\beta^2),\text{当 } 2\mid n\end{cases}\tag{4.4.3}$$

$$\bar{v}_n=\begin{cases}(\alpha^n+\beta^n)/(\alpha+\beta),\text{当 } 2\nmid n\\\alpha^n+\beta^n,\text{当 } 2\mid n\end{cases}\tag{4.4.4}$$

当 $\Delta=l+4b=0$ 时,由于 l,b 互素,$l>0$,所以 $b=-1,l=4$,此种情形很简单.

另一方面,$\Omega_Z(l+2b,-b^2)$ 之特征根恰为 α^2,β^2,设其主序列及主相关序列分别为 $\mathfrak{w}$ 和 $\mathfrak{h}$,则可得

$$\bar{u}_{2n}=w_n,\bar{v}_n=h_{2n}\tag{4.4.5}$$

及

$$\bar{u}_{2n+1}=w_{n+1}-bw_n,\bar{v}_{2n+1}=(h_{n+1}-bh_n)/l\tag{4.4.6}$$

其中式(4.4.5)显然,式(4.4.6)以第一式为代表证明如下:

由

$$\alpha^{2n+1}=(\alpha^2)^n\cdot\alpha=(w_n\cdot\alpha^2-b^2\cdot w_{n-1})\alpha(\beta\text{ 亦如此})$$

得

$$\begin{aligned}\bar{u}_{2n+1}=&w_n\cdot(\alpha^3-\beta^3)/(\alpha-\beta)-b^2w_{n-1}=\\&(l+b)w_n-b^2w_{n-1}=\\&(l+2b)w_n-b^2w_{n-1}-bw_n=\\&w_{n+1}-bw_n\end{aligned}$$

因此,序列 $\bar{\mathfrak{u}},\bar{\mathfrak{v}}$ 可通过式(4.4.1)~(4.4.6)与序

列 $\mathfrak{u},\mathfrak{v}$ 和 $\mathfrak{w},\mathfrak{h}$ 联系起来. 这样,前者的许多性质可以通过后者得到. 故有关前者的性质我们不一一列举,而择其较特别者加以介绍. 而且有些性质可直接由 $\mathfrak{u},\mathfrak{v}$ 翻译为 $\bar{\mathfrak{u}},\bar{\mathfrak{v}}$,如由 $v_n^2-\Delta u_n^2=4(-b)^n$,及式(4.4.2)得

$$l\bar{v}_n^2-\Delta\bar{u}_n^2=4(-b)^n(\text{当 }2\nmid n) \tag{4.4.7}$$

$$\bar{v}_n^2-\Delta l\bar{u}_n^2=4(-b)^n(\text{当 }2\mid n) \tag{4.4.8}$$

在探讨 $\bar{\mathfrak{u}},\bar{\mathfrak{v}}$ 性质的过程中,有些结果还可以直接以 $\bar{\mathfrak{u}}$, $\bar{\mathfrak{v}}$ 的形式出现. 下面我们研究若干同余性质,假设涉及的同余关系 mod m 是在环 $Z(\alpha,\beta)$ 中对理想 (m) 定义的: $x,y\in Z(\alpha,\beta)$, $x\equiv y(\bmod m)\Leftrightarrow x-y\in(m)$.

定理 4.4.1 设 p 为奇素数,记 $\left(\frac{\Delta}{p}\right)=\varepsilon$, $\left(\frac{l}{p}\right)=\sigma$,则

$$u_p\equiv\varepsilon(\bmod p) \tag{4.4.9}$$

$$v_p\equiv\sqrt{l}\sigma(\bmod p) \tag{4.4.10}$$

$$2bu_{p-1}/\sqrt{l}\equiv\sigma-\varepsilon(\bmod p) \tag{4.4.11}$$

$$2bv_{p-1}\equiv\Delta\varepsilon-l\sigma=4b\varepsilon+l(\varepsilon-\sigma)(\bmod p) \tag{4.4.12}$$

$$2u_{p+1}/\sqrt{l}\equiv\sigma+\varepsilon(\bmod p) \tag{4.4.13}$$

$$2v_{p+1}\equiv\Delta\varepsilon+l\sigma=4b\varepsilon+l(\varepsilon+\sigma)(\bmod p) \tag{4.4.14}$$

$$u_{2p}/\sqrt{l}\equiv\sigma\varepsilon(\bmod p) \tag{4.4.15}$$

$$v_{2p}\equiv l\sigma^2+2b(\bmod p) \tag{4.4.16}$$

其证明完全可仿定理 3.2.9 及其推论进行. 比如 $v_p=\alpha^p+\beta^p\equiv(\alpha+\beta)^p=\sqrt{l}\cdot l^{(p-1)/2}\equiv\sqrt{l}\sigma(\bmod p)$等.

定理 4.4.2 设 p 为奇素数, $p\nmid lb$,则

$$u_{p-\varepsilon}\equiv 0(\bmod p) \tag{4.4.17}$$

此定理可根据上一定理用穷举法证之. 因 σ,ε 各有±1 和 0 三种取值,而由于 $\sigma=\varepsilon=0$ 不成立(否则与 l,b 互素矛盾),故只存在 8 种可能情况,经逐一验证知当 $p\nmid lb$ 时式(4.4.17)成立.

定理 4.4.3　设 p 为奇素数,$p\nmid\Delta$,则

$$\prod_{k=1}^{p-1}\bar{u}_k\equiv-\left(\frac{2}{p}\right)\sigma^{(p+1)/2}\pmod p \quad (4.4.18)$$

证　因为 l,b 互素,可知 $p\nmid l$. 由式(3.4.27)我们有

$$u_k\equiv k2^{1-k}l^{(k-1)/2}\pmod p \qquad (4.4.19)$$

所以

$$\begin{aligned}\prod_{k=1}^{p-1}\bar{u}_k &= \prod_{k=1}^{(p-3)/2}u_{2k+1}\cdot\prod_{k=1}^{(p-1)/2}u_{2k}/\sqrt{l}\equiv\\ &\prod_{k=1}^{(p-3)/2}(2k+1)2^{-2k}l^k\cdot\prod_{k=1}^{(p-1)/2}2k\cdot2^{1-2k}l^{k-1}\equiv\\ &(p-1)!2^{-(p-1)(p-2)/2}l^{(p-1)(p-3)/4}\equiv\\ &-\left(\frac{2}{p}\right)\left(\frac{l}{p}\right)^{(p-3)/2}\pmod p\end{aligned}$$

由此即得式(4.4.18).

上述定理是 Wilson 定理对于莱梅序列的推广. 此定理可进一步推广到任意整数模的情况.

定理 4.4.4　设 $2\nmid m$,$m\mid\Delta$,则

$$\prod_{k=1}^{p-1}\bar{u}_k=\eta_1\left\{\frac{2}{m}\right\}\left\{\frac{l}{m}\right\}^{(m+1)2}\pmod m \qquad (4.4.20)$$

其中 k 跑过 $\varphi(m)$个小于 m 且与 m 互素的整数,记号 $\left\{\frac{t}{m}\right\}\equiv t^{\varphi(m)/2}\pmod m$,$\eta_1=-1$ 或 1,依 m 是否为一个奇素数的幂而定.

证 利用式(4.4.19),我们有

$$\prod_{k=1}^{p-1}\bar{u}_k=\prod_{2\nmid k_1}\bar{u}_{k_1}\prod_{2\mid k_2}\bar{u}_{k_2}\equiv$$

$$\prod_{2\nmid k_1}k_1\cdot 2^{1-k_1}l^{(k_1-1)/2}\prod_{2\mid k_2}k_2\cdot$$

$$2^{1-k_2}l^{k_2/2-1}\pmod m$$

因 m 为奇时 $\varphi(m)$ 为偶,故上式中 k_1,k_2 各路过 $\varphi(m)/2$ 个数,又 k 与 $m-k$ 不同奇偶,所以

$$\sum_{2\nmid k_1}k_1+\sum_{2\mid k_2}k_2=m\varphi(m)/2$$

于是

$$\prod_{k=1}^{p-1}\bar{u}_k\equiv\prod_{k=1}^{p-1}k\cdot 2^{\varphi(m)-m\varphi(m)/2}l^{(m-3)\varphi(x)/4}=$$

$$\eta_1\left\{\frac{2}{m}\right)\left(\frac{l}{m}\right)^{(m+1)/2}\pmod m$$

其中 $\eta_1=\prod_{k=1}^{p-1}k$ 具有定理所述性质.这是因为根据高斯的一个结果,$\prod_{k=1}^{p-1}k=-1$ 或 $1\pmod m$,依是否 $m=4$,p^r,$2p^r$ 之一而定(参见文献[21]P.102),但 $2\nmid m$,故然.证毕.

定理 4.4.5 设 $2\mid m,m\mid\Delta$ 则

$$\prod_{k=1}^{p-1}\bar{u}_k=\prod_{k=1}^{p-1}u_k\equiv\eta_2\left\{\frac{-b}{m}\right\}^{(m-2)/2}\pmod m\tag{4.4.21}$$

其中 k 跑过 $\varphi(m)$ 个小于 m 且与 m 互素的整数,$\eta_2=-1$ 或 1,依是否 $m=4$ 或 $2p^r$(p 为奇素数,$r>0$)而定.

证 因为 $2\mid m$,所以对式(4.4.21)中一切 k,$2\nmid k$,因而 $\bar{u}_k=u_k$.又由 $\Delta=l+4b\equiv 0\pmod m$ 知 $2\mid l$,但 l 和

b 互素，所以 $2\nmid b$ 且 m,b 互素. 此时因 $2l$ 与 m 不互素，故不便应用式(3.4.27)，我们改用式(2.3.28)，在其中令 $n=k,t=1$，得

$$u_k=\sum_{i=0}^{(k-1)/2}\frac{k}{k-i}\binom{k-i}{i}(-b)^i\Delta^{(k-2i-1)/2}\equiv$$
$$k(-b)^{(k-1)/2}\pmod m$$

所以

$$\prod_{k=1}^{p-1}\bar{u}_k\equiv\prod_{k=1}^{p-1}k\cdot\prod(-b)^{(k-1)/2}\equiv$$
$$\eta_2(-b)^{(m-2)\varphi(m)/4}\pmod m$$

由此即得所证.

4.4.2 整除性

为研究方便，我们按照莱梅的做法，在下面的整除关系中补充规定 $m|\sqrt{l}$ 当且仅当 $m^2|l$.

定理 4.4.6 (1)当且仅当下列情形有 $2|u_n$：$2\nmid b$，且 l,n 适合 $4|l$ 时 $n=2k$，$2\parallel l$ 时，$n=4k$，$2\nmid l$ 时 $n=3k$.

(2)当且仅当下列情形有 $2|v_n$：$2\nmid b$，且 l,n 适合 $4|l$时 $n\in\mathbf{Z}$，$2\parallel l$ 时 $n=2k$，$2\nmid l$ 时，$n=3k$.

证 若 $2|b$，则 $2\nmid l$，由 $u_n\equiv\sqrt{l}\,u_{n-1}$ 及 $v_n\equiv\sqrt{l}v_{n-1}\pmod 2$知 $2\nmid u_n$ 及 v_n. $2\nmid b$ 时，由式(4.4.1)知

$$u_n\equiv lu_{n-2}-u_{n-4}\pmod 2$$

又

$$u_0=0,u_1=1,u_2=\sqrt{l},u_3=l+b\equiv l+1\pmod 2$$

依此可证得(1). 同理可证得(2).

在关于整除意义的补充规定下，我们可以像 4.1 中那样定义 m 在 $\mathbf{u}$ 中的出现秩 $\alpha(m,\mathbf{u})$，本节恒简记为 $\omega(m)$. 同样我们可得与本章前几节类似的一些结

果，且由于有 l,b 互素这一条件，结果显得更简洁.

定理 4.4.7 设 p 为素数，则 $p\mid u_n \Leftrightarrow \omega(p)\mid n$.

定理 4.4.8 (1) u_m, v_n 均与 b 互素.

(2) $\gcd(u_m, u_n)=|u_{\gcd(m,n)}|$.

(3) $\gcd(u_n, v_n)=1$ 或 2.

(4) 若 $m\mid n$ 则 $u_m\mid u_n$.

(5) 若 $m\mid n$ 且 $2\nmid(n/m)$，则 $v_m\mid v_n$.

定理 4.4.9 设 p 为素数，$p^{\lambda}\parallel u_m(\lambda>0)$，$p\nmid k$，则 $p^{r+1}\mid u_{p^r km}(r\geqslant 0)$. 又若 $p^{\lambda}\neq 2$，则 $p^{r+\lambda}\parallel u_{p^r km}$.（此相当于定理 4.1.15 的(1)）.

以上诸定理不再重新证明.

定理 4.4.10 设 p 为奇素数.

(1) 若 $p\nmid lb$，则 $\omega(p)\mid p-\sigma\varepsilon$.

(2) 若 $p\mid b$，则对任何 $n>0$，$p\nmid u_n$.

(3) 若 $p^2\mid l$，则 $\omega(p)=2$.

(4) 若 $p\mid l$，$p^2\nmid l$，则 $\omega(p)=2p$.

(5) 若 $p\mid\Delta$，则 $\omega(p)=p$.

证 (1) 此为式(4.4.17)与定理 4.4.7 之推论.

(2) 显然.

(3) $p^2\mid l$ 时 $p\mid\sqrt{l}=u_2$，故然.

(4) $p\mid l$，$p^2\nmid l$ 时，$p\nmid b$，$p\nmid\Delta$. 由式(4.4.15)得 $u_{2p}\equiv 0(\bmod p)$，所以 $\omega(p)\mid 2p$，但 u_1, u_2, u_p 均不被 p 整除，故 $\omega(p)=2p$.

(5) 显然.

设 m 的标准分解式为 $m=p_1^{r_1}\cdots p_t^{r_t}$，莱梅定义如下函数

$$T(m)=2\prod_{i=1}^{t}p_i^{r_i-1}\left\{p_i-\left(\frac{\Delta l}{p_i}\right)\right\} \quad (4.4.22)$$

其中$\left(\frac{\Delta l}{p}\right)$当 $p\neq 2$ 时为勒让德符号或雅可比符号,而$\left(\frac{\Delta l}{2}\right)=0,-1$,或$-2$ 分别依 $4\mid l,2\nmid l$ 或 $2\parallel l$ 而定.

函数 $T(m)$是欧拉函数的一种形式的推广,它具有性质:

定理 4.4.11　设 $\gcd(m,b)=1$,则

$$u_{T(m)}\equiv 0(\bmod m) \qquad (4.4.23)$$

证　设 p 为 m 之素因子.当 $p\neq 2$,则 $p-\left(\frac{\Delta l}{p}\right)=p-\sigma\varepsilon$.若 $p\mid l$,则由定理 4.4.10 之(3),(4),$p\mid u_{2p}=u_{2(p-6\varepsilon)}$,再由定理 4.4.9,$p^r\mid u_{2p^{r-1}(p-\sigma\varepsilon)}$.而 $p\nmid l$ 时则有 $p\mid u_{p-\sigma\varepsilon}$,同理推出 $p^r\mid u_{p^{r-1}(p-\sigma\varepsilon)}$.当 $p=2$,由定理 4.4.6 同样推出 $2^r\mid u_{2^{r-1}\{2-(\frac{\Delta l}{2})\}}$.根据上述讨论可知,当 $m=p_1^{r_1}\cdots p_t^{r_t}$ 时,每个 $p_i^{r_i}\mid u_{T(m)}$,由此得定理之证明.

我们指出,同样可以仿照 4.2 的方法定义莱梅数的本原因子并得出类似的结论.有兴趣的读者可参看有关文献,如 Stewart 等人的文献[14-17].

4.4.3　素性判定

文献[21]中引述了卢卡斯曾构造过的一个关于默森数 $M_p=2^p-1$ 为素数的判据:

定理 4.4.12　设 p 为素数,$p\equiv 3(\bmod 4)$,$\{l_n\}$为卢卡斯序列,则 $M=M_p=2^p-1$ 为素数之充要条件是 $l_{2^{p-1}}\equiv 0(\bmod M)$.

此定理之证明可参看文献[21]P. 224 或文献[40] P. P. 502-503.但上述判据不适用于 $p\equiv 1(\bmod 4)$之情形.莱梅利用 $\Omega(\sqrt{2},1)$中主相关序列 $\mathfrak{v}$ 的子列 $S_n=v_{2^n}(n=1,2\cdots)$构造了一个新的判据,完全解决了默森数的素性判定问题.

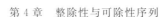

定理 4.4.13 设 $\mathfrak{v}$ 为 $\Omega(\sqrt{2},1)$ 中主相关序列，$S_1=v_2,S_n=v_{2^n}=S_{n-1}^2-2(n=2,3\cdots),2\nmid k$，则 $M=2^k-1$ 为素数之充要条件是 $S_{k-1}\equiv 0(\bmod M)$.

证 必要性. 设 $\mathfrak{u}$ 为 $\Omega(\sqrt{2},1)$ 中主序列. 我们有 $l=2,b=1,\Delta=6,\sigma=\left(\frac{l}{M}\right)=\left(\frac{2}{M}\right)=1,\varepsilon=\left(\frac{\Delta}{M}\right)=\left(\frac{6}{M}\right)=\left(\frac{3}{M}\right)=\left(\frac{-M}{3}\right)=-1$. 设 M 为素数，则由式(4.4.14)有 $2v_{M+1}\equiv -6+2=-4,v_{M+1}\equiv -2$，即 $S_k=S_{k-1}^2-2\equiv -2$，所以 $S_{k-1}\equiv 0(\bmod M)$.

充分性. 设 $S_{k-1}\equiv 0(\bmod M)$，即 $v_{2^{k-1}}\equiv 0$，所以 $u_{M+1}=u_{2^k}=u_{2^{k-1}}v_{2^{k-1}}\equiv 0(\bmod M)$.

又 $\gcd(u_{2^{k-1}},v_{2^{k-1}})=1$ 或 2，但 $2\nmid M$，由此知 $\gcd(M,u_{2^{k-1}})=1$. 今设 p 为 M 之任一素因子，则 $\omega(p)\mid M+1=2^k$，但 $\omega(p)\nmid 2^{k-1}$，所以 $\omega(p)=2^k$. 另一方面，$\omega(p)\mid p-\left(\frac{\Delta}{p}\right)\left(\frac{l}{p}\right)=p\pm 1$，故有 $p=m2^k\pm 1$，此式显然仅当 $p=2^k-1=M$ 时成立，因而 M 为素数.

莱梅还进一步把上述思想方法用于判定形如 $m2^k\pm 1$ 的数之素性. 1987 年，陈协彬[42]得出了一个素性判定的结果，我们叙述如下，并运用上述方法加以证明.

定理 4.4.14 设 $\mathfrak{v}$ 为 $\Omega(\sqrt{l},1)$ 中主相关序列.

(1)若 $M=m2^k+1,k\geqslant 2,0<m\leqslant 2^k-1,2\nmid m,\sigma=\left(\frac{l}{M}\right)=-1,\varepsilon=\left(\frac{\Delta}{M}\right)=-1$，则 M 为素数之充要条件是 $v_{(M-1)/2}\equiv 0(\bmod M)$.

(2)若 $M=m2^k-1,k\geqslant 2,0<m\leqslant 2^k+1,2\nmid m,\sigma=1,\varepsilon=-1$，则 M 为素数之充要条件是 $v_{(M+1)/2}\equiv 0(\bmod M)$.

证 只证(1)必要性. 设 M 为素数，则由式(4.4.12)

有 $2v_{M-1}\equiv -4, v_{M-1}\equiv -2$，即 $v^2_{(M-1)/2}-2\equiv -2$，所以 $v_{(M-1)/2}\equiv 0 \pmod M$.

(2)充分性. 设 $v_{(M-1)/2}\equiv 0 \pmod M$，则 $u_{M-1}=u_{(M-1)/2}v_{(M-1)/2}\equiv 0$. 同样知 $\gcd(u_{(M-1)/2}, v_{(M-1)/2})=1$，因而 $\gcd(M, u_{(m-1)/2})=1$. 反设 M 为合数，则由 $m\leqslant 2^k-1$ 知，M 必有一奇素因子 $p<2^k-1$. 因 $\omega(p)\mid M-1=m2^k$，而 $\omega(p)\nmid (M-1)/2=m2^{k-1}$. 故知 $\omega(p)=d2^k\geqslant 2^k$. 另一方面，由式(4.4.17)知，$\omega(p)\leqslant p+1<2^k$. 此乃矛盾，证毕.

上述方法还可引出更一般的结果，不赘述.

参考文献

[1] GAVACHI M. Unele proprietafi de termenilor sirului lui Fibonacci[J]. Gazeta Matem., 1980, 85:290-293.

[2] HALTON J H. On the divisibilities properties of Fibonacci numbers[J]. Fibonacci Quart., 1966, 4(3):217-240.

[3] JARDEN D. Two theorems on Fobpmacci′s sequence[J]. Amer. Math. Monthly, 1946, 53:425-427.

[4] HORADAM A F, LOH R P, SHANON A G. Divisibility properties of some Fibonacci-type sequences [M]//Combinatorial mathematics Ⅵ, Springer-Verlag, Heidelberg, 1979, 55-64.

[5] RICHARD A J. Divisibility of generalized Fibonacci and Lucas numbers by their subscripts

[J]. Fibonacci Quart. ,1991,29(4):364-366.

[6] KISS P. Primitive divisors of Lucas numbers [M]//Applications of Fibonacci numbers, Berlin: Spring-Verlag, 1988, 1: 29-38.

[7]KISS P. On prime divisors of the terms of second order linear recurrences sequences[M]//Applications of Fibonacci numbers, Berlin: Springer-Verlag, 1990, 2: 203-207.

[8]BIRKHOFF G D, VANDIVER H S. On the integral divisors of a^n-b^n[J]. Ann. of Math. ,1904, 5(2):173-180.

[9]柯召,孙琦. 数论讲义,下册[M]. 北京:高等教育出版社,1993.

[10] ZSIGMONDY K. Zur theorie der potenzreste [J]. Monatsch. Math. Phys. ,1892,3:265-284.

[11] WALTER F. On large Zsigmondy primes[J]. Proc. Amer. Math. Soc. ,1988,102(1):29-36.

[12]SCHINZEL A. On primitive prime factors of Lehmer numbers I[J]. Acta Arithm. ,1963,8:213-223.

[13]SCHINZEL A. Primitive divisors of the expression A^n-B^n in algebraic numbers fields[J]. J. Reine Angew. Math. ,1974,268/269:27-33.

[14]SHOREY T N, STEWART C L. On divisors of Fermat, Fibonacci, Lucas and Lehmer numbers Ⅱ[J]. J. London Math. Soc. ,1981,23(2):17-23.

[15]STEWART C L. Primitive divisors of Lucas and

Lehmer numbers[M]. New York: Acad. Press, 1977.

[16] STEWART C L. On divisors of Fermat, Fibonacci, Lucas and Lehmer numbers[J]. Proc. London Math. Soc., 1977, 35: 425-447.

[17] STEWART C L. On the greatest prime factor of terms of linear recurrence sequence[J]. Rocky Mountain J. Math., 1985, 15: 599-608.

[18] ERDÖS P. On the sum $\sum_{d \mid z^n - 1} d^{-1}$ [J]. Israel J. Math., 1971, 9: 43-48.

[19] POMERANCE C. On primitive divisors of Mersenne numbers[J]. Acta. Arithm, 1986, 46: 355-367.

[20] BAKER A. The theory of linear forms in logarithms[M]. New York: Acad. Press, 1977.

[21] HARDY G H, WRIGHT E M. An introduction to the theory of numbers[J]. The English language book society and Oxford University Press, 1981.

[22] APOSTOL T M. Introduction to analytic number theory[M]. Berlin: Springer-Verlag, 1976.

[23] PÒLYA G. Arithmetische Eigenschaften der Reihenentwicklungen rationaler functionen[J]. J. fiir Math., 1920, 151: 1-31.

[24] VAN DER POORTEN A J. Some facts that should be better known, espeially about rational functions[J]. Number theory and Applications,

1989:497-528.

[25]CARMICHAEL R D. On the numerical factors of the arithmetic forms $\alpha^n \pm \beta^n$ [D]. Ann. Math. ,1913,15:30-70.

[26]ROSSER J B, SCHOENFELD L. Approximate formulas for some functions of prime numbers [J]. Illinois J. Math. ,1962,6:64-94.

[27]HALL M. Divisibility sequences of third order [J]. Amer. J. Math. ,1936,58:577-584.

[28] WARD M. Linear divisibility sequences [J]. Trans. Amer. Math. Soc. ,1937,41:276-286.

[29]SOLOMON R. Divisibility properties of certain recurring sequences[J]. Fibonacci Quart. ,1976, 14:153-158.

[30]MCNEILL R B. A note on divisibility sequences [J]. Fibonacci Quart. ,1987,25(3):214-215.

[31]KLARK K. Génerating functions of linear divisibility sequences[J]. Fibonacci Quart. ,1980,18: 193-208.

[32]KLARK K. Strong divisibility sequences with nozero initial term[J]. Fibonacci Quart. ,1978, 16:541-544.

[33] KLARK K. Strong divisibility sequences and some conjectures[J]. Fibonacci Quart. , 1979, 17:13-17.

[34]PETHÖ A. Divisibility properties of linear recursive sequences[C]. Proc. International Conf. Number Theory,Budapèst:[s. n.],1987.

[35] BÈZIVIN J P, PETHÖ A, VAN DER POORTEN A J. A full characterisation of divisibility sequences[J]. Amer. J. Math.,1990,112:985-1001.

[36] SCHINZEL A. Second order strong divisibility sequences in an algebraic number field[J]. Archivum Mathematicum(Brno),1987,23:181-186.

[37] HORAK P. A note on the third-order strong divisibility sequences[J]. Fibonacci Quart.,1988,26(4):366-371.

[38] HORAK P,SKULA L. A characterization of the second-order strong divisibility sequences[J]. Fibonacci Quart.,1985,23(2):126-132.

[39] LEHMER D H. An extended theory of Lucas' functions[J]. Ann. Math.,1930,31:419-448.

[40] 袁平之. 本原大素因子与 Selfridge 问题[J]. 长沙铁道学院学报,1992,10:90-95.

[41] GUY R K. Unsolved problems in number theory [M]. Berlin:Springer-Verlag,1981.

[42] 陈协彬. Lucas 型数的数论性质及一类数为素数的充要条件[J]. 漳州师院学报(自然版),1987,(1):69-75,82.

[43] ANDO S,SATO D. On the proof of GCD and LCM equalities concerning the generalized binomial and multinomial coefficients[M]//Applictions of Fibonacci numbers,Berlin:Springer-Verlag,1991,4:9-16.

F-L 伪素数

第 5 章

F-L 伪素数是以费马(Fermat)小定理为基础的伪素数概念的推广. 由于 F-L 伪素数在整数分解、素性检验及现代密码学等方面显示了其重要作用,所以它已成为计算数论研究的一个重要课题. 本章简述了各种伪素数产生的背景,给出了各类伪素数的定义. 在此基础上,由简到繁地研究了用卢卡斯序列定义的 fpsp. ,用 $\Omega(m,1)$ 中序列定义的 fpsp. ,以及用一般二阶 F-L 序列定义的更广义的 lpsp. ,探讨了它们的存在、性质、构造方法以及分布等. 还介绍了它们在素性检验中的应用. 最后介绍了三阶序列中的 Perrin psp,并简介了伪素数研究的发展情况.

5.1 斐波那契伪素数

5.1.1 引言

由费马小定理知,对任何奇素数 p, $2^{p-1}\equiv 1(\bmod p)$. 人们很早就考虑,此同余式是否是 p 为奇素数的充分条件? 即是

否有奇合数 n，适合

$$2^{n-1}\equiv 1 \pmod n \tag{5.1.1}$$

后来发现这种合数是存在的，但很少，其最小者为 341. 人们称适合式(5.1.1)之奇合数为**伪素数**. 由于伪素数很少，而其他合数均不适合式(5.1.1)，故人们想到用式(5.1.1)作为检验素性之一种方法. 后来进一步扩展到，对固定的正整数 $a>1$，若合数 n 适合 $\gcd(a,n)=1$ 且

$$a^{n-1}\equiv 1 \pmod n \tag{5.1.2}$$

则称 n 为**以 a 为底的伪素数**，记为 $\mathrm{psp}(a)$.

在研究中发现，存在某些合数 n，它对任何与其互素的正整数 $a(>1)$ 都是 $\mathrm{psp}(a)$，称此种合数为 Chamichael **数**.

因为 $u_n=2^n-1$ 实际为 $\Omega(3,-2)$ 中的广 F 序列，式(5.1.1)即 $u_{n-1}\equiv 0 \pmod n$，故人们自然想到用 F-L 数来定义伪素数. 由定理 3.2.9 及其推论，在 $\Omega_Z(a,b)$ 中，$\mathfrak{u}$，$\mathfrak{v}$ 关于奇素数模 p 有一系列同余关系. 把其中某个同余关系改为以奇合数 n 为模，即得出一种 F-L 伪素数的定义. 因为这种伪素数非常稀少，故在整数分解、素性检验及现代密码学中有着很好的应用，从而引起人们极大的研究兴趣. 涉及这方面的文献颇多，而且出现了不少成果. 但由于对 F-L 伪素数的研究起步不久，所以尚待解决的问题也很多.

我们首先考虑最简单的卢卡斯序列 $\{l_n\}$. 对合数 $n>1$，若

$$l_n\equiv 1 \pmod n \tag{5.1.3}$$

成立，则称 n 为斐波那契**伪素数**，记为 fpsp.

1966 年，M. Pettet[1] 发现了最小的 fpsp 为 $Q_1=$

705,他也发现了 $Q_2=2\ 465$ 和 $Q_3=2\ 737$. 70 年代初, J. Greener 发现了 Q_4 和 Q_5[2]. Q_6 和 Q_7 则是 G. Logothetis 于 1980 年发现的[3],1987 年在发现更多的 fpsp 的好奇心的驱使下, A. D. Porto 和 P. Filipponi[4] 编制了一套程序,利用计算机搜索了 $2\sim 10^6$ 之间的 fpsp,发现其中共有 fpsp 86 个,且均为奇数,均不含平方因子. 因此他们做出猜测:不存在偶 fpsp,任何 fpsp 均不含平方因子. 对于 fpsp 的个数,他们猜测是无限的. 设不超过 x 的 fpsp 的个数为 $q(x)$,根据数据观察,他们猜测 $q(x)$ 近似于 $\pi(\sqrt{x})/\alpha$. 除了 fpsp 个数的无限性外,其他猜测均未获得证实.

5.1.2 fpsp 的性质

定理 5.1.1 若 $p_1,\cdots,p_k$ 为互异的奇素数,则 $n=p_1\cdots p_k$ 为 fpsp 的充要条件是

$$l_{n/p_i}\equiv 1(\mathrm{mod}\ p_i)(i=1,\cdots,k) \qquad (5.1.4)$$

证 必要性. 若 n 为 fpsp,则 $l_n\equiv 1(\mathrm{mod}\ n)$,所以 $l_n\equiv 1(\mathrm{mod}\ p_i)$. 由式(3.2.20)知, $l_{n/p_i}\equiv l_{(n/p_i)p_i}\equiv 1(\mathrm{mod}\ p_i)$.

充分性. 可由必要性逆推之.

推论 设 p,q 为互异的奇素数,则

$$l_{pq}\equiv 1(\mathrm{mod}\ pq)\Leftrightarrow l_p\equiv 1(\mathrm{mod}\ q) 且\ l_q\equiv 1(\mathrm{mod}\ p) \qquad (5.1.5)$$

当 $p<q$, $p=3,5,7,11,13$ 时,由 $l_3-1=3$, $l_5-1=2\times 5$, $l_7-1=2^2\times 7$, $l_{11}-1=2\times 3^2\times 11$, 及 $l_{13}-1=2^3\times 5\times 13$ 知此时式(5.1.5)右边的同余式组不成立,因而 $n=pq(p=3,5,7,11,13,p<q)$ 非 fpsp. 上述形式最小的 fpsp 为 $Q_5=37\times 113=4\ 181$.

定理 5.1.2 在下列情况下,奇合数 n 非 fpsp:

(1)$n=3k$,但 $k\not\equiv 1,3 \pmod 8$.

(2)$n=5k$,但 $k\not\equiv 1 \pmod 4$.

(3)$n=7k$,但 $k\not\equiv 1,7 \pmod{16}$.

(4)$n=11k$,但 $k\not\equiv 1 \pmod{10}$.

(5)$n=13k$,但 $k\not\equiv 1,13 \pmod{28}$.

(6)$n=17k$,但 $k\not\equiv 1,17 \pmod{36}$.

(7)$n=19k$,但 $k\not\equiv 1 \pmod{18}$.

证　只证(1),其余同法可证.考察$\{l_n \pmod 3\}$:2,1,0,1,1,2,0,2,2,1,….可知 $P(3,l)=8$.并知 k 为奇数时当且仅当 $k\equiv 1,3 \pmod 8$才有 $l_k\equiv 1 \pmod 3$.故由定理5.1.1得证.

推论1　若 $n=2h$,$h\geqslant 2$,则默森数 M_n 必非fpsp.

证　$M_n=2^n-1=4^h-1\equiv 0 \pmod 3$,而 $M_n=8\times 2^{2h-3}-1\equiv -8-1=-9 \pmod{24}$,所以 $k=M_n/3\equiv -3\not\equiv 1,3 \pmod 8$,由定理5.1.2之(1)得证.

推论2　在下列情况下,n 非fpsp:

(1)$n=3(10k+1)$,$k\geqslant 1$,但 $k\not\equiv 0,1 \pmod 4$.

(2)$n=13(10k+1)$,$k\geqslant 1$,但 $k\not\equiv 0,4 \pmod{14}$.

(3)$n=11(10k+3)$,$k\geqslant 0$.

(4)$n=19(10k+7)$,$k\geqslant 0$,但 $k\not\equiv 3 \pmod 9$.

(5)$n=7(10k+9)$,$k\geqslant 0$,但 $k\not\equiv 3,4 \pmod 8$.

(6)$n=17(10k+9)$,$k\geqslant 0$,但 $k\not\equiv 8,10 \pmod{18}$.

定理5.1.3　设 $p_i=5k_i\pm 1$,$q_j=5h_j\pm 2$ 为互异的奇素数,奇合数 $n=\prod\limits_{i,j} p_i^{\alpha_i} q_j^{\beta_j}$,$\alpha_i$,$\beta_j\in\{0,1\}$,令 $\lambda(n)=\operatorname*{lcm}\limits_{i,j}(p_i-1,2q_j+2)$,则 $n\equiv 1 \pmod{\lambda(n)}$ 时,n 为fpsp.

证　设 θ 为 $\Omega(1,1)$之二值特征根.因为 $\Delta=5$,

$\left(\frac{5}{p_i}\right)=1$，$\left(\frac{5}{q_j}\right)=-1$，所以由定理 3.4.1，$P(p_i,\mathfrak{f})\mid p_i-1$，$P(q_j,\mathfrak{f})\mid 2(q_j+1)$. 再由定理 3.3.1 得 $\theta^{p_i-1}\equiv 1(\bmod p_i)$，$\theta^{2(q_j+1)}\equiv 1(\bmod q_j)$. 于是 $\theta^{\lambda(n)}\equiv 1(\bmod p_i)$ 及 $\theta^{\lambda(n)}\equiv 1(\bmod q_j)$. 因为诸 p_i，q_j 两两互素，所以 $\theta^{\lambda(n)}\equiv 1(\bmod n)$. 又 $\lambda(n)\mid n-1$，故 $\theta^{n-1}\equiv 1(\bmod n)$，即 $\theta^n\equiv\theta(\bmod n)$. 依引理 2.1.1 得 $l_n\equiv l_1=1(\bmod n)$，即证.

5.1.3 构造 fpsp 的一种方法

下面介绍用构造 Carmichael 数的方法来构造 fpsp. 早在 1939 年，Chernick[5]就证明了：

引理 5.1.1 合数 $n>1$ 为 Carmichael 数的充要条件是 n 可表为 $k(>2)$ 个不同的奇素数 $p_1,\cdots,p_k$ 之积，且 $p_i-1\mid n-1(i=1,\cdots,k)$.

证 必要性. 设合数为 n 为 Carmichael 数. 首先证明 $n\neq p^r$，p 为素数，$r\geqslant 2$. 反设 $n=p^r$，若 $p=2$. 则取 $a=3$. 由 $3^{n-1}\equiv 1(\bmod n)$得 $3^{n-1}\equiv 1(\bmod 4)$. 所以$\mathrm{ord}_4(3)=2\mid n-1$，此乃矛盾. 若 $p\neq 2$，取 a 为 p^r 之原根，则由 $a^{n-1}\equiv 1(\bmod p^r)$得 $\varphi(p^r)=p^{r-1}(p-1)\mid n-1$，由此推出 $p\mid n-1$，此也不可能. 故 n 至少有两个不同之素因子.

设 n 的标准分解式为 $n=p_1^{r_1}\cdots p_k^{r_k}$，$k\geqslant 2$. 今证对每个 i，$p_i\neq 2$ 时有 $r_i=1$ 且 $p_i-1\mid n-1$. 反设有某个 $r_i\geqslant 2$. 设 $p_i^{r_i}$ 之原根为 g. 当 $\gcd(g,n)=1$ 时取 $a=g$，仿前可引出 $p_i\mid n-1$ 的矛盾. 当 $\gcd(g,n)=p_{i_1}^{\beta_1}\cdots p_{i_t}^{\beta_t}>1$，取 $a=n_1+g$，$n_1=n/(p_{i_1}^{r_{i_1}}\cdots p_{i_t}^{r_{i_t}})$，则 $\gcd(a,n)=1$，且 $p_i^{r_i}\mid n_1$，所以 $a\equiv g(\bmod p_i^{r_i})$. 又由 $a^{n-1}\equiv 1(\bmod n)$ 得 $g^{n-1}\equiv 1(\bmod p_i^{r_i})$，同样推出 $p_i\mid n-1$ 之矛盾. 故必 $r_i=1$，此时$\varphi(p_i^{r_i})=\varphi(p_i)=p_i-1\mid n-1$.

再证 $2\nmid n$. 若不然，则 $2\nmid n-1$. 但对 $p_i\neq 2$, $2|p_j-1$. 这与已证之 $p_i-1|n-1$ 矛盾.

还要证 $k>2$. 反设 $n=p_1p_2$, p_1, p_2 为互异之奇素数. 则 $n-1=p_1p_2-1=p_1(p_2-1)+(p_1-1)$, 因为已证 $p_1-1|n-1$, 所以 $p_1-1|p_2-1$, 同理 $p_2-1|p_1-1$, 于是 $p_1=p_2$, 此乃矛盾. 必要性证毕.

充分性. 设 $n=p_1\cdots p_k$, 诸 p_i 为互素之奇素数, 且 $p_i-1|n-1$, $k>2$. 任取与 n 互素的大于 1 的整数 a, 则 $a^{p_i-1}\equiv 1 \pmod{p_i}$. 因为 $p_i-1|n-1$, 所以 $a^{n-1}\equiv 1 \pmod{p_i}$, $i=1,\cdots,k$. 又 $p_1,\cdots,p_k$ 两两互素, 故 $a^{n-1}\equiv 1 \pmod n$. 因为 a 是任意的, 所以 n 为 Carmichael 数.

由上述引理及定理 5.1.3 可得：

定理 5.1.4　设 $n=p_1\cdots p_k(k>2)$, 其中 $p_i=5k_i\pm 1$ 为互异的素数, 则 n 为 Carmichael 数时 n 必为 fpsp.

Chernick[5] 发明了一种生成 Carmichael 数的普遍方法. 当 $k=3$ 时, H. Dubner[6] 对这种方法做了改进. 下面我们就介绍 Dubner 的方法：

设 $n=pqr$, p,q,r 为互异的奇素数. n 为 Carmichael 数, 当且仅当 $p-1$, $q-1$, $r-1$ 均整除 $pqr-1$ 时, 显然, 这等价于 $r-1|pq-1$, $q-1|pr-1$, $p-1|qr-1$. 设 $p=6m+1$, $q=12m+1$, 则 $pq=6m\cdot 3(4m+1)+1$. 所以 $6m\cdot 3(4m+1)=(r-1)x$, 得

$$r=6m\cdot 3(4m+1)/x+1 \qquad (5.1.6)$$

又

$$pr-1=6m(3(4m+1)(6m+1)/x+1)$$

则

$$(pr-1)/(q-1)=(3(4m+1)(6m+1)/x+1)2\in \mathbf{Z} \qquad (5.1.7)$$

因为 $p=6m+1$ 为素数，所以由式(5.1.6)，(5.1.7)知 $x\mid 3(4m+1)$. 于是

$$r=6mt+1(t \text{ 为 } 3(4m+1) \text{ 的因数}) \quad (5.1.8)$$

综上

$$n=(6m+1)(12m+1)(6mt+1) \quad (5.1.9)$$

其中 $6m+1$，$12m+1$，$6mt+1$ 均为素数，t 为 $3(4m+1)$ 的因数. 为达到上述要求，常取

$$m=(hc-1)^s/4 \quad (5.1.10)$$

这里 h 为固定的奇数，因数很多，s 也为固定的奇数. c 可不断变化，直至 p，q 为素数时止. 这时 $4m+1=(hc-1)^s+1$，它可被 hc 整除. 由于 h 之因数多，故 t 之选择方法也多，从而可能容易找到使 r 为素数之 t. 利用上述方法，可编制有效的搜索程序. Dubner 借助此法找到了有 3 710 位数字的大 Carmihael 数. 特别值得提出的是，1992 年张明志[28]找到了一种探求大 Carmichael 数的新方法，并且运用此方法实际上得到了大于 $10^{8\,300}$ 的 Camichael 数. C. Pomerance 函告张明志，在上述方法启发下，W. R. Alford，Andrew Granville 以及 Carl Pomerance 于 1992 年 7 月证明了：不超过 x 的 Carmichael 数的个数 $\geqslant x^{2/7}$，从而解决了 Cramichael 数个数的无限性这一长期悬而未决的问题.

把 Dubner 的方法略加修改，比如令 $p=30m+1$，$q=60m+1$，相应地求出 $r=30mt+1$，使 p，q，r 均为素数，根据定理 5.1.4，即可得到 $n=pqr$ 为 fpsp.

文献[7]中还一般运用定理 5.1.3 导出了构造 $n=p_1p_2p_3p_4$ 型和 $n=pq_1q_2$ 型的 fpsp 的公式，比如

$$n=(30t+1)(60t+1)(90t+1)(180t+1)(t\in \mathbf{Z}_+) \quad (5.1.11)$$

$$n=(20t+13)(40t+27)(100t+71)(t\in \mathbf{Z}_+) \tag{5.1.12}$$

$$n=(360t+203)(900t+511)(1\,620t+917)(t\in \mathbf{Z}_+) \tag{5.1.13}$$

等.

5.1.4　偶 fpsp 的存在性问题

关于偶 fpsp 不存在的猜想虽未得到证实,但对它的存在范围已有一定认识.下面的结果主要来自文献[4]和文献[8].

定理 5.1.5　若偶合数 $n\not\equiv\pm 2 \pmod{12}$,则 n 非 fpsp.

证　只要证 $n=12k,12k\pm 4,12k+6$ 时,$l_n\not\equiv 1 \pmod n$ 即可.考察 $\{l_n \pmod 2\}$:0,1,1,0,1,1,…可知 $l_{6t}\equiv 0 \pmod 2$,所以 $6t\nmid l_{6t}-1$.即 $n=12k$ 和 $12k+6$ 之情形已证.

由式(2.2.57),$l_{12k\pm 4}=l_{6k\pm 2}^2-2(-1)^{6k\pm 2}\equiv 1-2=-1 \pmod 4$,所以 $12k\pm 4\nmid l_{12k\pm 4}-1$,证毕.

推论 1　若 n 为偶 fpsp,则 $4\nmid n$.

推论 2　$n=2^k$ 非 fpsp.

证　$k=1,2$ 显然.$k>2$ 时,$n=4(3-1)^{k-2}\equiv\pm 4 \pmod{12}$,故证.

对 $n\equiv\pm 2 \pmod{12}$ 之情况可以进一步筛选.

定理 5.1.6　若 $n\equiv\pm 10 \pmod{60}$,则 n 非 fpsp.

证　由式(2.2.57),$l_{60k\pm 10}=5f_{30k\pm 5}^2-2\equiv -1 \pmod 5$,即证.

定理 5.1.7　若奇合数 n 为 fpsp,则 $2n$ 为非 fpsp.

证　若 $l_{2n}\equiv 1 \pmod{2n}$,则 $l_n^2-2(-1)^n\equiv 1 \pmod n$,

即 $l_n^2\equiv -1 \pmod n$，这与 n 为 fpsp 矛盾. 故证.

定理 5.1.8 若偶合数 n 为 fpsp，则至少有两个不同的奇素因子.

证 由定理 5.1.5 已知 $4\nmid n$，故只要证 $n\neq 2p^r$，p 为奇素数，$r\geqslant 1$. 根据式(3.2.30)，有

$$l_{2p^r}=l_{2p^{r-1}\cdot p}\equiv l_{2p^{r-1}}\equiv\cdots\equiv l_2\equiv 3 \pmod p$$

所以 $l_{2p^r}-1\equiv 2\not\equiv 0 \pmod{2p^r}$. 证毕.

定理 5.1.9 若 n 为偶 fpsp，奇素数 $p\mid n$，则 $p\equiv 1 \pmod 4$.

证 设 $n=2m$，则 $2\nmid m$. 由 $l_n=l_m^2-2(-1)^m\equiv 1 \pmod n$ 及 $p\mid n$ 得 $l_m^2\equiv -1 \pmod p$，所以 $p\equiv 1 \pmod 4$.

定理 5.1.10 设 n 为偶 fpsp，奇素数 $p\mid n$，又 $p>5$，$2\nmid P'(p,1)=s$，则必存在 k，$2\leqslant k\leqslant (s-1)/2$，适合 $l_k^2\equiv \pm 1 \pmod p$.

证 设 $n=js\pm k$，$0\leqslant k\leqslant (s-1)/2$. 由 $l_n\equiv 1 \pmod n$ 及 $p\mid n$ 得 $l_n\equiv 1 \pmod p$. 依式(3.3.8)及式(2.2.55)得

$$l_{js\pm k}\equiv (\pm 1)^k c^j l_k\equiv 1 \tag{5.1.14}$$

因而

$$c^{2j}l_k^2\equiv 1 \pmod p$$

又由

$$2\nmid s, l_s\equiv cl_0=2c, l_{2s}\equiv c^2 l_0=2c^2 \pmod p$$

及

$$l_{2s}=l_s^2-2(-1)^s$$

得

$$c^2\equiv -1 \pmod p$$

所以

$$l_k^2\equiv (-1)^j=\pm 1 \pmod p$$

当 $k=0$，上式化为 $3\equiv 0$ 或 $5\equiv 0 \pmod p$，这与 $p>5$

矛盾. 所以 $k\neq0$. 当 $k=1$,因为 $2|n$,所以 $2\nmid j$,这时式(5.1.14)化为$(\pm1)^k(-1)^{(j-1)/2}\cdot c\equiv1\pmod p$,于是 $c^2\equiv1\pmod p$,这与 $c^2\equiv-1\pmod p$矛盾. 所以 $k\neq1$. 证毕.

定理 5.1.11 设 n 为偶 fpsp,奇素数 $p|n$,$p\geqslant5$,又 $2|P'(p,\mathfrak{l})=s$,则存在 $2k$,$2\leqslant2k\leqslant(s-2)/2$,使 $l_{2k}\equiv\pm1\pmod p$.

证 设 $n=js\pm2k$,$0\leqslant2k\leqslant s/2$. 同样可得 $c^jl_{2k}\equiv1\pmod p$及 $c^2\equiv1$,因而 $l_{2k}\equiv\pm1\pmod p$. 又显然 $2k\neq0,1$. 若 $2k=s/2$,则 $l_s=l_{4k}=l_{2k}^2-2\equiv-1\pmod p$,又$l_s\equiv2c\equiv\pm2\pmod p$,所以 $1\equiv0$ 或 $3\equiv0\pmod p$,此乃矛盾. 故 $2k\neq s/2$. 证毕.

定理 5.1.12 没有任何奇素斐波那契数或奇素卢卡斯数可以整除偶 $fpsp$.

证 设 $p=l_m$ 为奇素数,$p|n$,n 为偶 fpsp. 因为最小的奇素卢卡斯数为$l_2=3$,但由定理 5.1.9 知 $p\neq l_2$,所以 $p\geqslant5$. 显然 $\alpha(p,\mathfrak{l})=m$. 由定理 4.1.13 的推论之(1)可知 $P'(p,\mathfrak{f})=s=2m$. 于是由定理 4.1.2,$P'(p,\mathfrak{l})=s=2m$,再由定理 5.1.11,存在 $2k$,$2\leqslant2k\leqslant(2m-2)/2=m-1$,适合 $l_{2k}\equiv\pm1\pmod p$,但 $l_{2k}\leqslant l_{m-1}<l_m-1=p-1$,此乃矛盾!

设 $p=f_m$ 为奇素数,$p|n$,n 为偶 fpsp. 因为 $f_4=3$,$f_5=5$,$f_7=13$,$f_{11}=89$,由上知 $p\neq3$,又由$\{l_n\pmod 5\}$知,$l_n\equiv1\pmod 5$时必有 $n\equiv1\pmod 4$,这与 $2|n$ 矛盾,所以 $p\neq5$. 同样知,$l_n\equiv1\pmod{13}$时,必有 $n\equiv1$ 或 $13\pmod{28}$,所以 $p\neq13$. 故 $p\geqslant89$,$m\geqslant11$.

若 $m=2r$,则存在 $2\leqslant2k\leqslant(2r-2)/2=r-1$,使 $p=f_{2r}|l_{2k}\pm1$. 但 $l_{2k}\leqslant l_{r-1}<l_r$,而 $p=f_rl_r$,此乃矛盾.

若 $m=2r+1$，则依定理 5.1.10，存在 $2\leqslant k\leqslant r$，使 $p=f_{2r+1}\mid l_k^2\pm1$，即

$$p=f_{r+1}^2+f_r^2\mid l_k^2\pm1<l_r^2\pm1$$

由式(2.2.67′)知，$f_{i+1}^2-f_if_{i+1}-f_i^2=(-1)^i$，解得

$$f_{i+1}/f_i=(1+\sqrt{5+4(-1)^i/f_i^2})/2$$

由此

$$f_{2i}/f_{2i-1}<f_{2i+2}<f_{2i+1}<\cdots<(1+\sqrt{5})/2<\cdots<$$
$$f_{2i+3}/f_{2i+2}<f_{2i+1}/f_{2i}$$

因为 $m\geqslant11$，所以 $r\geqslant5$，由上

$$8/5=f_6/f_5\leqslant f_{r+1}/f_r<f_7/f_6=13/8$$

于是

$$3.56f_r^2<[1+(8/5)^2]f_r^2<p<$$
$$[1+(13/8)^2]f_r^2<3.65f_r^2$$

而

$$l_r^2=5f_r^2+4(-1)^r\leqslant5f_r^2+4<2p-1$$
$$l_r^2\geqslant5f_r^2-4>p+1$$

所以 $p\nmid l_r^2\pm1$，故知 $k<r$. 又 $l_{r-1}^2=(3f_r-f_{r+1})^2\leqslant(3-8/5)^2f_r^2<p-1$. 从而 $l_k^2<p-1$，故知 $p\nmid l_k^2\pm1$. 此也矛盾. 证毕.

为证下面的结果，我们先证若干引理. 又为了以后其他地方的应用，对这些引理我们均从一般情形叙述和证明，而不像文献[8]中只限于卢卡斯序列.

引理 5.1.2 设 $\Omega_Z(a,b)$ 的 $\Delta\neq0$，p 为奇素数，$p\nmid b\Delta$，$\mathfrak{v}$ 为 Ω 中广 L 序列，$P'(p,\mathfrak{v})=s$. 若对固定的 $1\leqslant c\leqslant s-1$ 存在 $0\leqslant i\leqslant j\leqslant s-1$，使 $v_iv_{j+c}-v_{i+c}v_j\equiv0\pmod p$，则 $i=j$.

证 由式(2.3.5)及式(2.2.13)，有

$$v_iv_{j+c}-v_{i+c}v_j=(-b)^iu_c(2v_{j-i+1}-av_{j-i})=$$
$$(-b)^iu_c\cdot\Delta\cdot u_{j-i}\equiv 0 \pmod p$$

其中 $\mathbf{u}$ 为 Ω 中广 F 序列. 因为 $p\nmid\Delta$,所以与定理 3.3.3 类似地有 $s=P'(p,\mathbf{u})$,而 $1\leqslant c<s$,所以 $p\nmid u_c$. 又已知 $p\nmid b$,所以 $u_{j-i}\equiv 0 \pmod p$. 若 $j-i>0$,则与 $P'(p,\mathbf{u})$ 之意义矛盾,所以 $j-i=0$,即证.

注　文献[8]中相应的引理 2 遗漏了一个重要条件 $p\nmid\Delta=5$,因而其证明方法是错误的. 事实上在模序列$\{l_n \pmod 5\}$:2,1,3,4,2,1,⋯中有,$s=4$. 令 $c=1$, $i=1$, $j=2$,则 $l_1l_{2+1}-l_{1+1}l_2\equiv 4-9\equiv 0 \pmod 5$,但 $i\neq j$.

如果将引理 5.1.2 的已知条件之一改写为 $v_{i+c}/v_i\equiv v_{j+c}/v_j \pmod p$(当 $p\mid v_i$ 和 v_j 时形式地认为此式也成立),则其结论的意义是,固定 $1\leqslant c\leqslant s-1$,当 i 在区间$[0,s-1]$变化时,$v_{i+c}/v_j \pmod p$跑过互异的剩余.

引理 5.1.3　在引理 5.1.2 的条件下,若 $1\leqslant c<s/2$, $i\geqslant 0$, $i+c<s/2$,则

$$(v_{i+c}/v_i)(v_{s-i}/v_{s-i-c})\equiv(-b)^c \pmod p \tag{5.1.15}$$

证　首先,v_i 和 $v_{s-i-c}\not\equiv 0 \pmod p$,否则将有 u_{2i} 或 $u_{2(s-i-c)}\equiv 0 \pmod p$,于是 $P'(p,u)\mid 2i$ 或 $2(s-i-c)$,由此推出 $s\mid 2i$ 或 $s\mid 2(s-i-c)$. 这显然不可能. 又 $v_{s-i}\equiv dv_{-i}\equiv(-b)^{-i}dv_i$, $v_{s-i-c}\equiv(-b)^{-i-c}dv_{i+c} \pmod p$, d 为乘子,以之代入式(5.1.15)左边,可知此同余式成立.

引理 5.1.4　在引理 5.1.3 的条件下,若还有 $b=1$,则 $2\mid c$ 时 $v_{i+c}^2\not\equiv v_i^2 \pmod p$, $2\nmid c$ 时 $v_{i+c}^2\not\equiv -v_i^2$.

证　$2\mid c$ 时,若 $v_{i+c}^2\equiv v_i^2$,则 $v_{i+c}/v_i\equiv\pm 1 \pmod p$.

此时由式(5.1.15)得

$$v_{i+c}/v_i \equiv v_{s-i}/v_{s-i-c} \equiv \pm 1 \pmod p$$

再由引理 5.1.2 得 $i=s-i+c$,即 $s=2i+c$.但由已知条件,$s \geqslant 2i+2c \geqslant 2i+c$.此乃矛盾.

$2 \nmid c$ 时,若 $v_{i+c}^2 \equiv -v_i^2$,则 $v_{i+c}/v_i \equiv \pm\sqrt{-1} \pmod p$,$\sqrt{-1}$表$-1$对 p 的最小正二次剩余,其余仿上证之.

引理 5.1.5 在引理 5.1.2 的条件下:

(1)若 $2 \mid s$,则对 $0 \leqslant i \leqslant s$,当且仅当 $i=s/2$ 时 $p \mid v_i$.

(2)若 $2 \nmid s$,则对 $0 \leqslant i \leqslant s$,$p \nmid v_i$.

证 我们已知此时 $s=P'(p,\mathbf{u})$.故 $2 \mid s$ 时 $u_s = u_{s/2}v_{s/2} \equiv 0$,而由 $P'(p,\mathbf{u})$之意义,必 $v_{s/2} \equiv 0 \pmod p$.反之,若 $0 \leqslant i \leqslant s$,$p \mid v_i$,则 $s=P'(p,\mathbf{u}) \mid 2i$,所以 $2i=s$ 或 $2s$.但由 $P'(p,\mathbf{u})$之意义,只可 $2i=s$,故得(1).当 $2 \nmid s$时,若 $0 \leqslant i \leqslant s$,$p \mid v_i$,则 $s \mid 2i$ 推出 $s \mid i$,得 $i=0$ 或 s,此显然均不可能,故得(2).

引理 5.1.6 在引理 5.1.4 的条件下:

(1)若 $3 \leqslant 2i-1 \leqslant s/2$,又 $p \nmid a$,则 $v_{2i-1} \not\equiv \pm v_1 \pmod p$.

(2)若 $2 \leqslant 2i \leqslant s/2$,则 $v_{2i}^2 \not\equiv -v_1^2 \pmod p$.

证 只证(1).当 $2i-1=s/2$,则 $2 \mid s$,由引理 5.1.5 知,$v_{2i-1} \equiv 0 \not\equiv \pm v_i = \pm a \pmod p$.当 $3 \leqslant 2i-1 \leqslant s/2$,反设 $v_{2i-1} \equiv \pm v_i \pmod p$,即 $v_{1+(2i-2)}^2 \equiv v_1^2 \pmod p$,这与引理 5.1.4 矛盾.证毕.

引理 5.1.7 在引理 5.1.4 的条件下,至多存在一个整数 i,$2 \leqslant i < s/2$,使 $v_i^2 \equiv \pm v_1^2 \pmod p$.

证 反设有 $2 \leqslant i < i+c < s/2$,使 $v_i^2 \equiv \pm v_1^2$ 及 $v_{i+c}^2 \equiv \pm v_1^2 \pmod p$.若 $v_{i+c}^2 \equiv v_i^2 \equiv v_1^2$ 或 $-v_1^2 \pmod p$,则由引理 5.1.4 应有 $2 \nmid c$,但由引理 5.1.6 应有 $2 \mid c$,此乃矛

盾；若 $v_{i+c}^2 \equiv -v_i^2$，即 $v_{i+c}^2 \equiv \pm v_1^2$ 而 $v_i^2 \equiv \mp v_1^2 \pmod p$，同样可引出矛盾，证毕.

引理 5.1.8　设 n 为偶 fpsp，p 为奇素数，$p \mid n$，$p \geq 7$，$P'(p,\mathbf{l})=s$. 又设 $n \equiv \pm r \pmod s$，$0 \leq r \leq s/2$，则 $r \neq 0,1$. 此外，若 $2 \mid s$，则 $r \neq s/2$.

证　由已知有 $n=js \pm r$，所以 $l_n \equiv c^j(\pm 1)^r l_r \pmod p$，$c$ 为乘子. 由定理 5.1.10 及定理 5.1.11 之证明过程知，$2 \nmid s$ 时 $c^2 \equiv -1$，$2 \mid s$ 时 $c^2 \equiv 1$，所以 $l_n \equiv 1 \Rightarrow l_r^2 \equiv \pm 1 \pmod p$. 因为 $l_0^2=4$，$p \geq 7$，所以 $r \neq 0$. 若 $r=1$，则 j,s 必均为奇，于是 $c^2 \equiv -1$，$l_n \equiv \pm c$，所以 $l_n^2 \equiv -1$，这与 $l_n \equiv 1 \pmod p$ 矛盾，故 $r \neq 1$. 又当 $2 \mid s$ 时 $l_{s/2} \equiv 0$，所以 $r \neq s/2$. 证毕.

推论　在定理条件下，$l_r \equiv \pm c^j \pmod p$.

定理 5.1.13　设 p 为奇素数，$P'(p,\mathbf{l})=s$. 又设存在整数 r，$2 \leq r \leq s/2$，使得 $l_r^2 \equiv \pm 1 \pmod p$. 若 $5 \mid \gcd(r,s)$，或存在不整除任何偶 fpsp 的奇素数 p_1 使 $p_1 \mid \gcd(r,s)$，则 p 也不整除任何偶 fpsp.

证　设 n 为偶 fpsp，$p \mid n$，$n=js \pm k$，$0 \leq k \leq s/2$. 同样可得 $l_k^2 \equiv \pm 1 \pmod p$. 由定理 5.1.9，$p \neq 3$. 若 $p=5$，则 $n=10m$. 在 mod 6 下，若 $m \equiv \pm 1$，则与定理 5.1.6 矛盾. 若 $m \equiv 0, \pm 2$，则与定理 5.1.5 矛盾. 若 $m \equiv 3$，则 $3 \mid n$，仍是矛盾. 所以 $p \neq 5$，因而 $p \geq 7$（更简单的方法是由定理 5.1.12 立即得证）. 由引理 5.1.8，$k \neq 0,1$，即 $2 \leq k \leq s/2$. 因为 $l_1=1$，所以由引理 5.1.7 知，$k=r$. 从而 $\gcd(r,s) \mid n$. 于是 $4 \mid n$，这与定理 5.1.5 矛盾，或 $p_1 \mid n$，这与已知矛盾. 证毕.

定理 5.1.14　设 p 为奇素数，$P'(p,\mathbf{l})=s$，n 为偶合数，$p \mid n$，有：

(1)若 $s=3p_1d$,p_1 为不整除任何偶 fpsp 的奇素数,则 n 非 fpsp.

(2)若 $12|s$,则 n 非 fpsp.

证 (1)由定理 3.4.7 之(1)的证法知 $l_{p_1d}^2\equiv\pm1(\mathrm{mod}\ p)$.取 $r=p_1d$,则 $p_1|\gcd(r,s)$,由定理 5.1.13 得证.

(2)设 $s=3r$,$4|r$,由定理 3.4.7 之(3)的证法知 $l_r\equiv1$.$4|\gcd(r,s)$,同上得证.

北 Carolina 大学 Chapel Hill 分校的 David Banks 利用上述定理,借助于计算机的帮助,求出了可能整除偶 fpsp 的奇素数的一个下界,这就是:

定理 5.1.15 设 n 为偶 fpsp,p 为奇素数,$p|n$,则 $p>3\,797\,117$,且 $n>2(3\,797\,117)^2=28\,836\,195\,023\,378$.

Banks 的方法是:(1)根据定理 5.1.9 和定理 5.1.12,只需考察>13 且$\equiv1(\mathrm{mod}\ 4)$的 p.(2)计算 $P'(p,1)=s$.依定理 5.1.14,先考察 $3\nmid s$ 的情形.(3)当 $2\nmid s$,对 $2\leqslant i\leqslant(s-1)/2$ 计算 $l_i^2(\mathrm{mod}\ p)$,结果未发现 $l_i^2\equiv\pm1(\mathrm{mod}\ p)$者,故由定理 5.1.10,$p$ 不整除任何偶 fpsp.(4)当 $2|s$,对 $2\leqslant 2i\leqslant(s-2)/2$,计算 $l_{2i}^2(\mathrm{mod}\ p)$,结果未发现 $l_{2i}^2\equiv1(\mathrm{mod} p)$者,故由定理 5.1.11,$p$ 不整除任何偶 fpsp.(5)对 $13<p\leqslant3\,797\,117$,$3\nmid s$ 的情形完成搜索之后,即可证明在 $3|s$ 的情形 p 也不整除任何偶 fpsp.事实上,$3|s$ 时,由定理 5.1.14,要 p 整除某个偶 fpsp,必须 $12\nmid s$.因此 $s>6$ 时必有 $s=3p_1d$,p_1 为奇素数.又由定理 5.1.14,p_1 必须整除某个偶 fpsp,且由定理 3.4.1 知,$p_1\leqslant s/3\leqslant(p+1)/3$.故由无穷递降法可以完成证明.结论的第二部分则可由定理 5.1.8

得到.

5.2　一般二阶F-L伪素数

5.2.1　$m-$fpsp和$M-$sfpsp

设$\{v_n(m)\}$为$\Omega(m,1)(m\in\mathbf{Z}_+,\Delta\neq 0)$中广L序列,文献[7]中给出如下定义:设奇合数$n$适合

$$v_n(m)\equiv m(\bmod n) \tag{5.2.1}$$

则称n为**第m类斐波那契伪素数**,简记为$m-$fpsp.可见$1-$fpsp即上节的奇fpsp.若对一切$m=1,\cdots,M$,奇合数n均为$m-$fpsp,则称n为**第M类强斐波那契伪素数**,简记为$M-$sfpsp.1986年,Rotkiewicz[11]证明了对每个m,存在无限多个$m-$fpsp.文献[9]中证明了:

定理5.2.1　若奇合数n为$1-$fpsp,则必为$4-$fpsp.

证　$\Omega(1,1)$之二值特征根为$\theta=((1+\sqrt{5})/2,(1-\sqrt{5})/2)$,$\Omega(4,1)$之二值特征根为$\tau=(2+\sqrt{5},2-\sqrt{5})$.可知$\tau=2\theta+1=\theta^3$,故

$$v_n(4)=\tau^n+\tilde{\tau}^n=\theta^{3n}+\tilde{\theta}^{3n}=$$
$$(\theta^n+\tilde{\theta}^n)^3-3\theta\tilde{\theta}(\theta^n+\tilde{\theta}^n)=v_n(1)^3+3v_n(1)$$

若n为$1-$fpsp,则$v_n(1)\equiv 1(\bmod n)$,于是$v_n(4)\equiv 1^3+3\times 1=4(\bmod n)$,故证.

推论　若n为$3-$sfpsp,则必为$4-$sfpsp.

此定理我们可推广如下:

定理5.2.2　若奇合数n为$m-$fpsp,则对任何正奇数r,$M=v_r(m)$,n必为$M-$fpsp.

证 设 $\Omega(m,1)$ 和 $\Omega(M,1)$ 之二值特征根分别为 θ 和 τ，则

$$\tau+\tilde{\tau}=v_r(m)=\theta^r+\tilde{\theta}^r,\tau\tilde{\tau}=-1=\theta^r\cdot\tilde{\theta}^r$$

故可取 $\tau=\theta^r$. 依式(2.3.29)，有

$$v_n(M)=\tau^n+\tilde{\tau}^n=\theta^{rn}+\tilde{\theta}^{rn}=v_{rn}(m)=\sum_{i=0}^{r/2}(-1)^i\frac{r}{r-i}\binom{r-i}{i}(-1)^{ni}v_n(m)^{r-2i}$$

若 n 为 m－fpsp，则 $v_n(m)\equiv m=\theta+\tilde{\theta}\pmod n$，又因为 $2\nmid n$，所以

$$v_n(M)\equiv\sum_{i=0}^{r/2}(-1)^i\frac{r}{r-i}\binom{r-i}{i}(-1)^i(\theta+\tilde{\theta})^{r-2i}=\sum_{i=0}^{r/2}(-1)^r\frac{r}{r-i}\binom{r-i}{i}(\theta\tilde{\theta})^i(\theta+\tilde{\theta})^{r-2i}$$

由式(2.3.27)得

$$v_n(M)\equiv\theta^r+\tilde{\theta}^r=v_r(m)=M\pmod n$$

即 n 为 M－fpsp.

推论 若 $M=v_r(m)$，$2\nmid r$，则任何 $(M-1)$－sfpsp 必为 M－sfpsp.

上述定理提供了由类数较低的 m－fpsp 产生类数较高的 M－fpsp 的方法.

下面是定理 5.1.3 的推广，证明完全相仿.

定理 5.2.3 记 $\Omega(m,1)$ 之判别式为 $\Delta(m)$，设 p_i,q_j 均为奇素数，$\left(\frac{\Delta(m)}{p_i}\right)=1$，$\left(\frac{\Delta(m)}{q_j}\right)=-1$，$n=\prod\limits_{i,j}p_i^{\alpha_i}q_j^{\beta_j}$，$\alpha_i,\beta_j\in\{0,1\}$. 又记 $\mu(n)=\operatorname*{lcm}\limits_{i,j}(p_i-1,2q_j+2)$，则 $n-1\equiv 0(\bmod \mu(n))$ 时 n 为 m－fpsp.

推论 在定理的条件下：

(1)若 $p_i\equiv\pm1$，$q_j\equiv\pm3\pmod 8$，则 n 为 2－fpsp.

(2)若 $p_i \equiv 1,3,4$，$q_j \equiv 2,5,6 \pmod{13}$，则 n 为 3－fpsp.

(3)若 $p_i \equiv 1,4,5,6,9,13$，$q_i \equiv 2,3,8,10,11,12,14$，则 n 为 5－fpsp.

同样，可以利用定理 5.2.3 构造 M－sfpsp. 比如，从式(5.1.12)出发，当 $p=100t+71$，$q_1=20t+13$，$q_2=40t+27$ 为素数时给出 1－fpsp. 现对 p，q_j 分别加上 $\equiv \pm 1$ 和 $\equiv \pm 3 \pmod 8$ 的条件，譬如说，令 $q_1 \equiv -3 \pmod 8$，则必 $2|t$. 在式(5.1.12)中以 $2t$ 代 t 得

$$n=(40t+13)(80t+27)(200t+71) \tag{5.2.2}$$

其中已有 $q_2=80t+27\equiv 3$，$p=200t+71\equiv -1 \pmod 8$，则当 p，q_1，q_2 均为素数时 n 为 2－sfpsp. 类似地，利用

$$n=(520t+93)(1\,040t+187)(2\,600t+71) \tag{5.2.3}$$

和

$$n=(15\,080t+2\,173)(30\,160t+4\,347)(75\,400t+10\,871) \tag{5.2.4}$$

可分别构造 3－sfpsp 和 5－sfpsp.

1988 年，Filipponi[10] 造出了 10^8 以下的 1－fpsp 的表. 其中有 852 个 1－fpsp. 利用计算机，又在这 852 个数中找出了 48 个 2－sfpsp，4 个 4－sfpsp. 颇为特殊的是，其中第 802 个 1－fpsp 是一个 7－sfpsp，而且还是第 244 个 Carmichael 数，该数是

$$87\,318\,001=17\times 71\times 73\times 991$$

Di Porto 等[9] 对 10^{13} 以下的 Carmichael 数进行了搜索，发现其中斐波那契伪素数的类数最高者为 10，而其中强斐波那契伪素数的类数最高者为 7. 后来通过悬赏找到了一个 8－sfpsp. 现在用定理 5.2.3 的方

法可以找到最小的 $8-\text{sfpsp}$ 是一个 29 位的 Carmichael 数

34 613 972 314 979 099 337 871 392 961

实际上,这个数还是一个 $11-\text{sfpsp}$.

容易看出,对 $n>0, l_n=v_n(1)$ 为素数时,n 必为奇素数或 2 的正整数次幂. 若不然,则有 $n=kp, p$ 为奇素数,$k\geqslant 2$. 于是 $l_k<l_n$,而由式(4.1.43)得 $l_k\mid l_n$,这样 l_n 非素数,反之,若 n 为奇素数或 2 的正整数次幂,l_n 之素性若何? 下面我们介绍一个有趣的结论和一个猜想. 在证明这个有趣的结论之前,先证明一个引理,这个引理在搜索 F-L 伪素数的算法中也有其应用.

引理 5.2.1 设 $\mathfrak{u},\mathfrak{v}$ 为 $\Omega(a,b)$ 中的主序列及其相关序列,则

$$u_{2n+1}=v_n(au_n+v_n)/2-(-b)^n=u_n(\Delta u_n+av_n)/2+(-b)^n \tag{5.2.5}$$

$$u_{2n-1}=u_n(\Delta u_n-av_n)/2b-(-b)^{n-1}=v_n(v_n-au_n)/2b+(-b)^{n-1}\ (b\neq 0) \tag{5.2.6}$$

$$v_{2n+1}=v_n(\Delta u_n+aw_n)/2-a(-b)^n=\Delta u_n(au_n+v_n)/2+a(-b)^n \tag{5.2.7}$$

$$v_{2n-1}=v_n(\Delta u_n-av_n)/2b-a(-b)^{n-1}=\Delta u_n(v_n-au_n)/2b+a(-b)^{n-1}\ (b\neq 0) \tag{5.2.8}$$

证 只证式(5.2.5),(5.2.6),(2)由式(2.2.59)知

$$u_{2n+1}=u_{n+1}v_n-(-b)^n=v_{n+1}u_n+(-b)^n$$

$$u_{2n-1}=u_nv_{n-1}-(-b)^{n-1}=v_nu_{n-1}+(-b)^{n-1}$$

由式(2.2.9)和式(2.2.11)可得

$$u_{n+1}=(au_n+v_n)/2, u_{n-1}=(v_n-au_n)/2b$$

$$v_{n+1}=(\Delta u_n+av_n)/2, v_{n-1}=(\Delta u_n-av_n)/2b$$

以上面的式子分别代入 u_{2n+1} 和 u_{2n-1} 的式子即得所证.

定理 5.2.4　设 p 为大于 3 的素数或 2 的正整数次幂,则 $n=l_p$ 适合 $l_n\equiv 1(\bmod n)$.

证　由 $\{l_n(\bmod 2)\}$:0,1,1,0,1,1,…知,当且仅当 $3|n$ 时 $2|l_n$. 则当 p 为大于 3 的素数时 $2\nmid n=l_p$. 又由(3.2.13),$n=l_p\equiv 1(\bmod p)$,所以 $n=2kp+1$. 依(5.2.7),有

$$l_n=l_{2kp+1}=l_{kp}(5f_{kp}+l_{kp})/2-(-1)^{kp}=$$
$$5f_{kp}(f_{kp}+l_{kp})/2+(-1)^{kp}$$

当 $2\nmid k$ 时,由式(4.1.43),$n=l_p|l_{kp}$,当 $2|k$ 时,由式(4.1.44),$n=l_p|f_{kp}$,故均有 $l_n\equiv 1(\bmod n)$.

当 $p=2^r$ 时,由式(3.2.20),$l_{2^{r+1}}\equiv l_{2^r}(\bmod 2^{r+1})$. 但 $l_{2^{r+1}}=l_{2^r}^2-2$,故得

$$(l_{2^r}+1)(l_{2^r}-2)\equiv 0(\bmod 2^{r+1})$$

由 $l_2=3\equiv 1$ 及 $l_{2n}=l_n^2-2(-1)^n\equiv l_n(\bmod 2)$ 知 $r\geqslant 1$ 时 $2\nmid l_{2^r}$,所以 $l_{2^r}+1\equiv 0(\bmod 2^{r+1})$. 因而 $n=l_{2^r}=2^{r+1}t-1$,此时 $2\parallel l_{2^r}-1=2^{r+1}t-2$. 由 $l_{2^{r+1}}+1=(l_{2^r}+1)(l_{2^r}-1)$可得

$$\mathrm{pot}_2(l_{2^{r+1}}+1)=\mathrm{pot}_2(l_{2^r}+1)+1$$

而

$$\mathrm{pot}_2(l_2+1)=2$$

所以 $\mathrm{pot}_2(l_{2^r}+1)=r+1$,故 $2\nmid t$. 由式(5.2.8)得

$$l_n=l_{2\cdot 2^r t-1}=l_{2^r t}(5f_{2^r t}-l_{2^r t})/2-(-1)^{2^r t-1}$$

因为 $n=l_{2^r}|l_{2^r t}$,所以 $l_n\equiv 1(\bmod n)$.

上述定理说明,或者有无数个形如 $n=l_p$ 的素数,或者有无数个形如 $n=l_p$ 的斐波那契伪素数亦即 1－

fpsp. Di Proto 等[7]仍取上述形式的 $n=l_p$,在式(5.2.1)中对 $m=2$ 的情形进行了大量数据试验,结果未曾发现一个合数 $n=l_p$ 使式(5.2.1)成立. 这使他们作出如下猜想:

没有一个合数 l_p 是 2−fpsp,或等价地,l_p 为素数当且仅当式(5.2.1)对 $m=2$ 成立.

如果此猜想被证实,那么就发现了一种寻找非常大的卢卡斯素数的强有力的工具.

5.2.2 lpsp

fpsp 和 m−fpsp 都是以式(3.2.13)为依据定义的,下面依式(3.2.18)定义另一种伪素数. 设 $\mathbf{u}$,$\mathbf{v}$ 分别为 $\Omega_Z(a,b)(\Delta\neq 0)$ 中广 F 序列与广 L 序列,对奇合数 n,$\gcd(n,b\Delta)=1$,记 $\varepsilon(n)=\left(\frac{\Delta}{n}\right)$,$\delta(n)=n-\varepsilon(n)$,若

$$u_{\delta(n)}\equiv 0(\bmod n) \tag{5.2.9}$$

则称 n 为以 a,b 为参数的卢卡斯**伪素数**,简记为 lpsp(a,b). 我们统称斐波那契伪素数和卢卡斯伪素数为 F-L **伪素数**.

另外,由定理 3.2.9 及其推论,下列三个式子当 n 为奇素数且 $\gcd(n,b)=1$ 时是成立的

$$v_{\delta(n)}\equiv 2(-b)^{(1-\varepsilon(n))/2}(\bmod n) \tag{5.2.10}$$

$$u_n\equiv\varepsilon(n)(\bmod n) \tag{5.2.11}$$

$$v_n\equiv v_1=a(\bmod n) \tag{5.2.12}$$

当 n 为奇合数时,使上面四式均成立者很少,但当 $\gcd(n,2ab\Delta)=1$时,不难证明 n 适合式(5.2.9)~(5.2.12)中任何两个时必适合其余两个. 这点在素性检验中有用.

对伪素数的条件要求越严格,其存在就越稀少,下

面再介绍几种伪素数：

奇合数 n 若适合 $\gcd(a,n)=1(a>1)$，且

$$a^{(n-1)/2}\equiv\left(\frac{a}{n}\right)(\bmod n) \tag{5.2.13}$$

则称 n 为以 a 为底的欧拉**伪素数**，简记为 $\mathrm{epsp}(a)$.

奇合数 n 若适合 $\gcd(a,n)=1(a>1)$，$n-1=d\cdot 2^s$，$2\nmid d$，且

$$a^d\equiv 1，或对某个\ 0\leqslant r<s，a^{d\cdot 2^r}\equiv -1(\bmod n) \tag{5.2.14}$$

则称 n 为以 a 为底的**强伪素数**，简记为 $\mathrm{spsp}(a)$.

类似于式(5.2.9)，以 a,b 为参数的欧拉-卢卡斯**伪素数**，简记为 $\mathrm{elpsp}(a,b)$，是指适合下列条件的奇合数 n：$\gcd(n,b\Delta)=1$ 且

$$\begin{cases}\left(\dfrac{-b}{n}\right)=1\ 时\ u_{\delta(n)/2}\equiv 0(\bmod n)\\ \left(\dfrac{-b}{n}\right)=-1\ 时\ v_{\delta(n)/2}\equiv 0(\bmod n)\end{cases} \tag{5.2.15}$$

奇合数 n 称为以 a,b 为参数的**强卢卡斯伪素数**，简记为 $\mathrm{slpsp}(a,b)$，如果 $\gcd(n,\Delta)=1$，$\delta(n)=d\cdot 2^s$，$2\nmid d$，且

$$u_d\equiv 0，或对某个\ 0\leqslant r<s，v_{d\cdot 2^r}\equiv 0(\bmod n) \tag{5.2.16}$$

$\mathrm{elpsp}(a,b)$是依定理 3.4.2 之推论定义的，$\mathrm{slpsp}(a,b)$则是依定理 3.4.2 之(1)定义的.

显然由式(5.2.15)可推出式(5.2.9)，所以 $\mathrm{elpsp}(a,b)$必为 $\mathrm{lpsp}(a,b)$，即前者条件更强. 又我们有：

引理 5.2.2　若 n 为 $\mathrm{slpsp}(a,b)$，则 $\gcd(n,b)=1$.

证　反设 n,b 有公共素因子 p. 则 $u_{n+2}=au_{n+1}+bu_n\equiv au_{n+1}(\bmod p)$，由此 $u_n\equiv a^{n-1}(\bmod p)$. 由式

(5.2.16),$u_d\equiv a^{d-1}\equiv 0$ 或 $u_{d\cdot 2^{r+1}}\equiv a^{d\cdot 2^{r+1}-1}\equiv 0(\bmod p)$,或 $p\mid 1$(当 $d=1$),此不可能,或 $p\mid a$,从而 $p\mid\Delta$,这与 $\gcd(n,\Delta)=1$ 矛盾. 证毕.

显然式(5.2.16)可推出式(5.2.9),故根据上述引理,slpsp(a,b)也必为 lpsp(a,b). 但 elpsp(a,b)与 slpsp(a,b)之间的关系则需要经过较详细地讨论方可得出.

定理 5.2.5 若 n 为 slpsp(a,b),则 n 必为 elpsp(a,b).

证 因为 $\delta(n)=d\cdot 2^s$,$2\nmid d$,所以若 $v_{\delta(n)/2}\not\equiv 0$,则必可由 $u_d\equiv 0$ 或 $v_{d\cdot 2^r}\equiv 0(\bmod n)$ 出发,反复运用 $u_{2m}=u_m v_m$ 得到 $u_{\delta(n)/2}\equiv 0(\bmod n)$. 因此

$$u_{\delta(n)/2}\equiv 0(\bmod n) \tag{Ⅰ}$$

或

$$v_{\delta(n)/2}\equiv 0(\bmod n) \tag{Ⅱ}$$

今考察$\left(\frac{-b}{n}\right)$之值与式(Ⅰ),(Ⅱ)之关系. 设 $n=p_1\cdots p_t$(可能有相同因子),$p_1,\cdots,p_t$ 为素数,不妨设 $2^{k_j}\parallel\delta(p_j)$且 $k_1\leqslant\cdots\leqslant k_t$. 因为已证 $\gcd(n,b)=1$,所以 n 的任一因子 m 在 $\mathbf{u}$ 中的出现秩 $\alpha(m)$存在. 设 p 为 n 的任一素因子,$p^\tau\parallel n$. 由(5.2.16),$\alpha(p^t)\mid d$ 或 $d\cdot 2^{r+1}$. 如果出现后一情况,必 $\alpha(p^\tau)\nmid d\cdot 2^r$,否则将有 $u_{d\cdot 2^r}\equiv v_{d\cdot 2^r}\equiv 0(\bmod p^\tau)$,此不可能. 故 $2^\lambda\parallel\alpha(p^\tau)$,$\lambda=0$ 或 $r+1$,且对 n 的任一素因子,λ 取同一值. 由定理 3.3.11 之(1)知,$\alpha(p^\tau)/\alpha(p)$必为 p 之幂,所以也有 $2^\lambda\parallel\alpha(p)$. 故知 $\lambda\leqslant k_1$. 于是对每个 j 有 $p_j=2^\lambda d_j+\varepsilon(p_j)$,$2\nmid d_j$. 今设 $i\geqslant 0$ 为适合 $k_j=\lambda$ 之 j 的个数,则(空积为 1)

$$n \equiv \prod_{j=1}^{i}(2^{\lambda}+\varepsilon(p_j))\prod_{j=i+1}^{t}\varepsilon(p_j) =$$

$$\varepsilon(n)\prod_{j=1}^{i}(1+2^{\lambda}\cdot\varepsilon(p_j)) =$$

$$\varepsilon(n)\left(1+2^{\lambda}\sum_{j=1}^{i}\varepsilon(p_j)\right)(\bmod 2^{\lambda+1})$$

所以 $2|i$ 时 $2^{\lambda+1}|\delta(n)=n-\varepsilon(n)$，$2\nmid i$ 时 $2^{\lambda}\parallel\delta(n)$.

因式(Ⅰ)成立时必有 $\alpha(p)|\delta(n)/2$，所以 $2^{\lambda+1}|\delta(n)$，故对应于 $2|i$，同理式(Ⅱ)成立时对应于 $2\nmid i$.

另一方面，$j\leqslant i$ 时 $k_j=\lambda$，$\alpha(p_j)\nmid\delta(p_j)/2$，故必 $v_{\delta(p_j)/2}\equiv 0(\bmod p_j)$. 由定理 3.4.2 之推论知此时 $\left(\frac{-b}{p_j}\right)=-1$. 同理 $j>i$ 时 $\left(\frac{b}{p_j}\right)=1$，于是

$$\left(\frac{-b}{n}\right)=\prod_{j=1}^{t}\left(\frac{-b}{p_j}\right)=(-1)^{i}$$

由此就证明了定理.

定理 5.2.6　若 n 为 elpsp(a,b)，且 $\left(\frac{-b}{n}\right)=-1$ 或 $\delta(n)=2(\bmod 4)$，则 n 为 slpsp(a,b).

证　若 $\left(\frac{-b}{n}\right)=-1$，因为 n 为 elpsp，所以 $v_{\delta(n)/2}\equiv 0(\bmod n)$，故 n 为 slpsp. 若 $\delta(n)=2(\bmod 4)$，则 $\delta(n)/2=d$，$2\nmid d$. 不论 $u_d\equiv 0$ 或 $v_d\equiv 0(\bmod n)$ 都说明 n 适合 slpsp 的条件. 证毕.

我们进一步讨论 lpsp 与 elpsp 之间的关系.

定理 5.2.7　设 $\gcd(n,2b\Delta)=1$，$u_n\equiv\varepsilon(n)(\bmod n)$，且 n 为 lpsp(a,b). 若 n 又是 epsp$(-b)$，则 n 是 elpsp(a,b).

证　在式(2.2.64)中以 $(n+\varepsilon(n))/2$ 代 m，以

$(n-\varepsilon(n))/2$代 n 得

$$u_n-(-b)^{(n-\varepsilon(n))/2}u_{\varepsilon(n)}=v_{(n+\varepsilon(n))/2}u_{(n-\varepsilon(n))/2}$$

因为 $u_1=1, u_{-1}\equiv b^{-1}\pmod n$，所以 $(-b)^{(n-\varepsilon(n))/2}u_{\varepsilon(n)}\equiv\varepsilon(n)(-b)^{(n-1)/2}\pmod n$. 因已知 $u_n\equiv\varepsilon(n)\pmod n$，故得

$$u_{\delta(n)/2}v_{(n+\varepsilon(n))/2}\equiv\varepsilon(n)(1-(-b)^{(n-1)/2})\pmod n$$

又已知 n 为 epsp$(-b)$，所以 $(-b)^{(n-1)/2}\equiv\left(\frac{-b}{n}\right)\pmod n$，因而

$$\left(\frac{-b}{n}\right)=1 \text{ 时 } u_{\delta(n)/2}v_{(n+\varepsilon(n))/2}\equiv 0\pmod n \quad (\text{I})$$

$$\left(\frac{-b}{n}\right)=-1 \text{ 时 } u_{\delta(n)/2}v_{(n+\varepsilon(n))/2}\equiv 2\cdot\varepsilon(n)\pmod n \quad (\text{II})$$

再又 n 为 lpsp(a,b)，所以

$$u_{\delta(n)}=u_{\delta(n)/2}\cdot v_{\delta(n)/2}\equiv 0\pmod n \quad (\text{III})$$

当 $\left(\frac{-b}{n}\right)=1$ 时，我们要证 $u_{\delta(n)/2}\equiv 0\pmod n$. 反设不然，则由式(Ⅰ)，式(Ⅲ)，有 n 之素因子 $p\mid v_{(n+\varepsilon(n))/2}$ 和 $v_{\delta(n)/2}$. 而 $p\nmid b$，故可由 $u_{m+2}=au_{m+1}+bu_m$ 逆推得 $p\mid v_0=2$，此与 $2\nmid n$ 矛盾.

当 $\left(\frac{-b}{n}\right)=-1$ 时，由式(Ⅱ)知 $\gcd(n,u_{\delta(n)/2})=1$，故由式(Ⅲ)知，$v_{\delta(n)/2}\equiv 0\pmod n$. 证毕.

5.2.3 存在性与分布

1964 年，E. Lehmer[12] 证明了：

定理 5.2.8 存在无穷多个素数 p，使得 $n=f_{2p}$ 适合 $f_{\delta(n)}\equiv 0\pmod n$，因而存在无穷多个 lpsp(1,1).

证 考察

$f_n \pmod 5$：0，1，1，2，3，0，3，3，1，4，0，4，4，3，2
0，2，2，4，1，0，1，…

和

$l_n \pmod 5$：2，1，3，4，2，1，3，4，2，1，3，4，…

可知素数 $p \equiv \pm 1 \pmod{10}$ 时，$f_p \equiv \pm 1$，$l_p \equiv \pm 1 \pmod 5$。于是 $\left(\frac{5}{f_p}\right)=\left(\frac{f_p}{5}\right)=1$，同理 $\left(\frac{5}{l_p}\right)=1$。所以 $\left(\frac{5}{n}\right)=\left(\frac{5}{f_{2p}}\right)=\left(\frac{5}{f_p}\right)\left(\frac{5}{l_p}\right)=1$。从而 $\delta(n)=n-1=f_p l_p-1\equiv\left(\frac{5}{p}\right)\cdot 1-1\equiv 0 \pmod p$，又由 $\{f_n \pmod 2\}$ 和 $\{l_n \pmod 2\}$ 知，$p\neq 3$ 时，$2\nmid f_p l_p$，因而 $2\mid\delta(n)$，所以 $2p\mid\delta(n)$。故 $f_{2p}\mid f_{\delta(n)}$，即 $f_{\delta(n)}\equiv 0 \pmod n$。因为 n 为奇合数，所以 n 为 lpsp(1,1)。又形如 $10k\pm 1$ 之素数个数无限，故得所证。

1970 年，Parberry[13] 证明了：

定理 5.2.9　存在无穷多个 elpsp(1,1)。

此定理可作为定理 5.2.7 之推论，证明如下：在定理 5.2.8 证明的过程中，进一步考察 $\{f_n \pmod 4\}$ 和 $\{l_n \pmod 4\}$，可知 $p\equiv 1 \pmod 6$ 时 $f_p\equiv l_p\equiv 1 \pmod 4$，从而 $n=f_{2p}\equiv 1 \pmod 4$。因此，取素数 $p\equiv 1 \pmod{30}$ 时，$n=f_{2p}$ 既为 lpsp(1,1)，且有 $n=4tp+1$。由式(2.2.59)得

$$f_n=f_{4tp+1}=l_{2tp+1}f_{2tp}+(-1)^{2tp}\equiv 1=\left(\frac{5}{n}\right) \pmod n$$

又 $(-1)^{(n-1)/2}=\left(\frac{-1}{n}\right)$，故 n 符合定理 5.2.7 之全部条件，因而 n 为 elpsp(1,1)。因为形如 $30k+1$ 之素数个数无限，故定理得证。

在考察 lpsp 的分布时，我们要借助如下引理，它首先出现于文献[15].

引理 5.2.3 设 $N(p_1,\cdots,p_k;x)$表仅由素数 $p_1,\cdots,p_k$ 组成的$\leqslant x$ 的整数的个数，令 $k^u=x$，则对 $u<\log x/\log\log x$，存在正常数 c，使

$$N(p_1,\cdots,p_k;x)<x\exp(-cu\log u) \tag{5.2.17}$$

1980 年，Baillie 和 Wagstaff[14] 得出了不超过 x 的卢卡斯伪素数的个数的一个上界和强卢卡斯伪素数的个数的一个下界，这就是下面的两个定理.

定理 5.2.10 以 $\mathfrak{L}(x)$表不超过 x 的 lpsp(a,b)的个数，则存在正常数 c，使得对充分大的 x 有

$$\mathfrak{L}(x)<x\exp(-c(\log x\log\log x))^{1/2} \tag{5.2.18}$$

证 将$\leqslant x$ 的 lpsp(a,b)分为两类：第一类包含这样一些 lpsp n，对于 n 的每个素因子 p 均有 $\alpha(p,\mathbf{u})=\alpha(p)<\exp(S(x))$，$S(x)=(\log x\log\log x)^{1/2}$，其余的 n 则属第二类. 第一类伪素数显然均由

$$u_t(1\leqslant t<\exp(S(x))) \tag{Ⅰ}$$

的素因子组成. 至少由 t 个不同素因子组成的最小的正整数等于前 t 个素数之积，依素数定理，它近似于 t^t. 因为 $u_t=(\alpha^t-\beta^t)/(\alpha-\beta)$，所以 u_t 的不同的素因子的个数不超过 $t+c_1$，c_1 为常数. 因此，适合式(Ⅰ)的诸 u_t 的素因子总数(x 充分大时)

$$k<\sum_{t=1}^{\exp(S(x))}(t+c_1)<\exp(2S(x))$$

以上述结果代入引理 5.2.3，则有 $u=\log x/\log k=c_2(\log x/\log\log x)^{1/2}$. 由式(5.2.17)，可得第一类lpsp

的个数小于 $x\exp(-c_3S(x))$.

每个第二类 lpsp n 均存在一素因子 p 适合 $\alpha(p)\geqslant\exp(S(x))$. 由 $\gcd(n,b)=1$ 及 $n\mid u_{\delta(n)}$ 得 $p\mid u_{n-\varepsilon(n)}$，所以 $\alpha(p)\mid n-\varepsilon(n)$. 又 $p\mid n$ 及 $n>p$，所以 $n\geqslant p(\alpha(p)-1)$. 设 $p_1,\cdots,p_r$ 为 $\leqslant x$ 且适合 $\alpha(p_i)\geqslant\exp(S(x))$ 的全部素数，则第二类 lpsp 的个数小于

$$x\sum_{i=1}^{r}\frac{2}{p_i\alpha(p_i)}<2x\exp(-S(x))\sum_{p<x}\frac{1}{p}<x\exp(-c_4S(x))$$

这是因为对应于每个 p_i，第二类 lpsp 的个数小于 $x/(p_i(\alpha(p_i)-1))<2x/p_i\alpha(p_i)$，又 $\sum\limits_{p<x}\frac{1}{p}=\log\log x+c_5+O(1/\log x)$ 之故. 综上，定理得证.

此定理说明了 lpsp 的分布非常稀疏.

推论　对固定的 a,b，一切 lpsp(a,b) 的倒数和收敛.

定理 5.2.11　设对 $\Omega_Z(a,b)$ 有 $\gcd(a,b)=1,a>0,b<0,\Delta>0$ 但非平方数，则存在正常数 $c=c(a,b)$，使不超过 x 的 slpsp(a,b) 的个数（x 充分大时）

$$\Re(x)>c\cdot\log x \qquad (5.2.19)$$

证　设 $-b$ 除以它的最大平方因子所得的数为 b'. 当 $b'\equiv1\pmod 4$ 时令 $\eta=1$，当 $b'\equiv2$ 或 3 时令 $\eta=2$. 在定理的条件下，Rotkiewicz[16] 证明了，若 $h\geqslant7$ 为奇整数，$m=h\eta b'$，则 u_m 至少存在两个素因子 p,q 不整除 $mu_1u_2\cdots u_{m-1}$. 令 $n=pq$，下证 n 为 slpsp：

首先可知 p,q 在 $\mathbf{u}$ 中的出现秩，简记为 $\alpha(p)$ 和 $\alpha(q)$，均等于 m. 所以 $p\equiv\left(\frac{\Delta}{p}\right),q\equiv\left(\frac{\Delta}{q}\right)\pmod m$. 由

此 $pq\equiv\left(\frac{\Delta}{pq}\right)(\bmod m)$，亦即 $m\mid\delta(n)=n-\varepsilon(n)$. 其次又有 $u_m=0(\bmod n)$. 显然 $p,q\nmid\Delta$. 设 $\delta(u)=d\cdot 2^s$，$2\nmid d$. 则当 $\eta=1$ 时 $m\mid d$，由此 $u_d\equiv 0(\bmod n)$. 当 $\eta=2$ 时 $\left.\frac{m}{2}\right| d$，由 $u_m\equiv u_{m/2}v_{m/2}\equiv 0(\bmod n)$ 及 $p,q\nmid u_{m/2}$ 得 $v_{m/2}\equiv 0$，由此又有 $v_d\equiv 0(\bmod n)$. 故然.

由上知，对应于每个 $h_i=2i+1(i=3,4,\cdots,(h-1)/2)$ 都可得到至少两个不超过 u_m 的 slpsp. 所以 $\Re(u_m)\geqslant(h-5)/2$. 显然存在常数 $k=k(a,b)>1$，使得 $u_m<k^m$ 对一切 $m\geqslant 5$ 成立，又 $m\leqslant 2h(-b)$，故有 $\Re(k^{2h(-b)})\geqslant(h-5)/2$. 选择 h，使 $k^{2h(-b)}\leqslant x<k^{3h(-b)}$ 即得所证者.

此定理于 1986 年为 P. Kiss[17] 推广到 $\Omega_Z(a,b)$ 非退化且 $\gcd(a,b)=1$ 的情形. 1988 年，P. Erdös 等[18] 把 $\mathfrak{L}(x)$ 的下界改进到了 $\exp((\log x)^c)$，c 为绝对常数. 1991 年，D. M. Gordon 和 C. Pomerance[19] 把 $\mathfrak{L}(x)$ 的上界改进到了 $xL(x)^{-1/2}$，其中

$$L(x)=\exp(\log x\log\log\log x/\log\log x)$$

我们指出，仿照 lpsp，elpsp，slpsp 等的定义方法，也可利用莱梅序列定义各种伪素数[27]. 这里就不介绍了.

5.2.4 在素性检验中的应用

一个奇数 n，如果适合定义某种伪素数的等式，比如式(5.2.9)，那么，当 n 为合数时就是伪素数，否则 n 就是素数. 在这种情况下，我们称 n 为与伪素数相应类型的**可能的素数**. 比如，n 适合式(5.2.9)时称可能的卢卡斯素数，适合式(5.2.14)时称强可能的素数，等等. R. Baille 和 S. S. Wagstaff[14] 介绍了一种用伪素数

检验大奇数 n 是否为素数的方法，其一般步骤是：

(1)若 n 为某个方便的范围内(如1 000以内)的素数所整除，则 n 为合数.

(2)若 n 不是以2为底的强可能的素数，则 n 为合数.

(3)按下面的方法A或B选择参数 a, b.

方法A. 在序列 $5, -7, 9, -11, 13, \cdots$ 中选择最先出现的适合 $\left(\frac{\Delta}{n}\right)=-1$ 的数 Δ. 令 $a=1, b=(\Delta-1)/4$.

方法B. 设 Δ 为序列 $5, 9, 13, 17, 21, \cdots$ 中适合 $\left(\frac{\Delta}{n}\right)=-1$ 的第一个数，令 a 为 $>\sqrt{\Delta}$ 的最小奇数，$b=(\Delta-a^2)/4$.

(4)若 n 不是以 a, b 为参数的强可能的卢卡斯素数，则 n 为合数. 否则，n 几乎必为素数.

说明. (1)取 $\left(\frac{\Delta}{n}\right)=-1$ 而不取 $\left(\frac{\Delta}{n}\right)=1$，是为了避免出现 Δ 为平方数的情况. (2)方法A中把 -3 排除在序列之外，是为了避免出现 $(a, b)=(1, -1)$ 而使 $\mathbf{u}$ 为周期序列. (3)若出现 $\left(\frac{\Delta}{n}\right)=0$，则说明 n 为合数，检验终止. (4)若检验若干个 Δ 后，始终有 $\left(\frac{\Delta}{n}\right)=1$，则要检验 n 是否为平方数.

上述方法，比以往单纯用不同底的可能的素数检验法(即用式(5.1.2)检验)要有效得多. 因为，一则不同底的可能的素数检验法之间可能不是相互独立的，二则出现“最坏的”合数 Carmichael 数时，它可以通过以一切数为底的可能的素数检验. 实际数据计算表明，

50 个小 Carmichael 数在可能的卢卡斯素数检验下均未通过，25×10^9 以下 21 853 个 psp(2)在上述检验下也未通过.

文献[14]中还介绍了上述程序的改进. 特别地，配合其他同余式的检验，将更有效，这些同余式是：式(5.2.10)和

$$(-b)^{(n+1)/2}\equiv(-b)\left(\frac{-b}{n}\right)\pmod n\ (n,b\ 互素) \tag{5.2.20}$$

及

$$v_{n+1}\equiv2(-b)^{(n+1)/2}\cdot\left(\frac{-b}{n}\right)\pmod{n^2}$$
$$\left(n\ 与\ b\ 互素且\left(\frac{\Delta}{n}\right)=-1\right) \tag{5.2.21}$$

后一同余式当 n 为奇素数时成立的理由是：由 $\left(\frac{\Delta}{n}\right)=-1$ 得 $u_{n+1}\equiv0\pmod n$. 又由 $v_{n+1}^2-4(-b)^{n+1}=\Delta u_{n+1}^2\equiv0\pmod{n^2}$得

$$v_{n+1}\equiv\pm2(-b)^{(n+1)/2}\pmod{n^2}$$

再由式(3.2.6)，$v_{n+1}\equiv-2b\pmod n$推出$\pm(-b)^{(n+1)/2}\equiv-b\pmod n$，即$(-b)^{(n-1)/2}\equiv\pm1\pmod n$，因而正、负号与$\left(\frac{-b}{n}\right)$相同.

实践证明，用上述方法检验 25×10^9 以下的数的素性，结果完全正确. 文献[14]中最后还证明了为找到 $\left(\frac{\Delta}{n}\right)<1$ 之 Δ，所需计算次数小于 $n^{1/4+\varepsilon}$，并给出了该量的平均阶.

在检验过程中，需要计算 u_m 或 v_m 时可采用如下步骤：

(1)展开 m 为二进数,设 $m=\sum_{i=0}^{k}c_i 2^i$,$k=[\log_2 m]$.

(2)从 $u_{t_0}=1$,$v_{t_0}=a$ 出发,计算 (u_{t_i},v_{t_i}) $(i=1,\cdots,k)$,其中 $t_0=1$,而

$$t_i=\begin{cases}2t_{i-1},若\ c_{k-i}=0\\ 2t_{i-1}+1,若\ c_{k-i}=1\end{cases}$$

共按式(2.2.56),式(2.2.57),式(5.2.5)和式(5.2.7)进行计算.

若 $u_m=au_{m-1}+bu_{m-2}$ 依次计算,需要 $m-2$ 次迭代,而按上法只需$[\log_2 m]$次迭代,故大大提高了效率.

素性检验方法在公开密钥系统中起着重要的作用[20-21],这方面的研究方兴未艾.

5.3　Perrin 伪素数及其他

5.3.1　Perrin 伪素数

设 v 为我们在 3.4.3 中考察过的 Perrin 序列,即有

$$\begin{cases}v_{n+3}=v_{n+1}+v_n\\ v_0=3,v_1=1,v_2=2\end{cases}\tag{5.3.1}$$

对上述序列,我们称六元组

$$v_{-n-1},v_{-n},v_{-n+1},v_{n-1},v_n,v_{n+1}\pmod m\tag{5.3.2}$$

为 n **对模** m **的信号**,若 $m=n$,则简称 n **的信号**.最先,Perrin 曾提出是否有合数 n 适合 $v_n\equiv v_1\equiv 0\pmod n$.Adams 和 Shanks 为了加强问题的条件,提出了数组式(5.3.2)及信号的概念[13].在此基础上,他们定义了一种分布更为稀少的伪素数,用在素性检验中也显得

更为有力[22].当然研究起来也更为困难.

相应于定理 3.4.10 我们有:

定理 5.3.1 设 p 为素数,$f(x)=x^3-x-1$,$Z_p=Z/(p)$,有:

(1)若 $f(x)$ 在 $Z_p[x]$ 中完全分裂,则 p 有信号

$$1,-1,3,3,0,2 \tag{5.3.3}$$

(2)若 $f(x)$ 在 $Z_p[x]$ 中恰有一根,则 p 有信号

$$A,-1,B,B,0,C \tag{5.3.4}$$

其中 $B\in Z_p$,则

$$B^3-B-1\equiv 0 \pmod p \tag{5.3.5}$$

$$A\equiv B^{-2}+2B \pmod p \tag{5.3.6}$$

$$C\equiv B^2+2B^{-1} \pmod p \tag{5.3.7}$$

(3)若 $f(x)$ 在 $Z_p[x]$ 上不可约,则 p 有信号

$$0,-1,D',D,0,-1 \tag{5.3.8}$$

其中 $D,D'\in Z_p$,则

$$D'+D\equiv -3 \pmod p,\ (D'-D)^2\equiv -23=\Delta \pmod p \tag{5.3.9}$$

上述三种信号分别称为 S 信号,Q 信号和 I 信号,**相应地 p 称为 S 素数,Q 素数和 I 素数.**

证 设 α,β,γ 为 $f(x)$ 之根,则由韦达定理,$\alpha+\beta+\gamma=0$,$\alpha\beta+\alpha\gamma+\beta\gamma=-1$,$\alpha\beta\gamma=1$. 而 $v_n=\alpha^n+\beta^n+\gamma^n$. 仿定理 3.4.10 有:

(1)此时有 $\alpha,\beta,\gamma\in Z_p$,显然.

(2)此时不妨设 $\alpha\in Z_p$,则 $\alpha^p\equiv\alpha$,$\beta^p\equiv\gamma$,$\gamma^p\equiv\beta \pmod p$. 记 $\alpha\equiv B$,则 $\beta+\gamma\equiv -B$,$\beta\gamma\equiv B^{-1} \pmod p$. 于是

$$\begin{aligned} v_{p-1}&\equiv 1+\gamma\beta^{-1}+\beta\gamma^{-1}=1+(\beta^2+\gamma^2)/\beta\gamma\equiv\\ &1+B(B^2-2B^{-1})=B^3-1\equiv B \pmod p\end{aligned}$$

$$v_{p+1}\equiv B^2+2\beta\gamma\equiv B^2+2B^{-1}\pmod p$$
$$v_{-p-1}\equiv B^{-2}+2\beta^{-1}\gamma^{-1}\equiv B^{-2}+2B\pmod p$$

其余显然.

(3)此时不妨设 $\alpha^p\equiv\beta,\beta^p\equiv\gamma,\gamma^p\equiv\alpha\pmod p$,则

$$D=v_{p-1}\equiv\beta\alpha^{-1}+\gamma\beta^{-1}+\alpha\gamma^{-1}=\beta^2\gamma+\gamma^2\alpha+\alpha^2\beta$$
$$D'=v_{-p+1}\equiv\beta^{-1}\alpha+\gamma^{-1}\beta+\alpha^{-1}\gamma=\alpha^2\gamma+\beta^2\alpha+\gamma^2\beta$$
$$D'+D\equiv\beta\gamma(\beta+\gamma)+\gamma\alpha(\gamma+\alpha)+\alpha\beta(\alpha+\beta)=$$
$$-3\alpha\beta\gamma=-3\pmod p$$
$$D'D\equiv 3+\alpha^3+\beta^3+\gamma^3+\alpha^{-3}+\beta^{-3}+\gamma^{-3}=$$
$$3+v_3+v_{-3}=8\pmod p$$

所以 $(D'-D)^2\equiv-23\pmod p$,又

$$(\beta-\gamma)^2=(\beta+\gamma)^2-4\beta\gamma=\alpha^2-4\alpha^{-1}=$$
$$\alpha^{-1}(\alpha^3-4)=\alpha^{-1}(\alpha-3)$$

所以

$$\Delta=(\alpha-\beta)^2(\beta-\gamma)^2(\gamma-\alpha)^2=$$
$$\alpha^{-1}\beta^{-1}\gamma^{-1}(\alpha-3)(\beta-3)(\gamma-3)=$$
$$-f(3)=-23$$

其余显然. 证毕.

注意:$p\nmid\Delta$ 时,$D'\not\equiv D\pmod p$,但在式(5.3.9)中 D' 与 D 的地位是对称的,因此,适合式(5.3.9)的两数中任何一个均可能作为 D.

结合上述定理关于素数的信号以及定理 3.4.10 中确定的二次特征,Adams 和 Shanks[13] 以及后来 Arno[23] 引入了下述定义:设 n 为奇合数,$23\nmid n$,若 n 具有 Q 信号及二次特征 $\left(\frac{-23}{n}\right)=-1$,或 n 分别具有 S 信号和 I 信号且具有二次特征 $\left(\frac{-23}{n}\right)=1$,则称 n 为 Q Perrin **伪素数**,或相应地为 S Perrin **伪素数**和

I Perrin**伪素数**. 易知三类 Perrin 伪素数是互不相交的. 如果不知 n 是否为合数,但 n 符合上述定义中关于信号和二次特征的条件,分别称 n 具有**可接受的** Q 信号,S 信号和 I 信号. 注意,关于 n 的三种信号,定理 5.3.1中各式的 mod p 需要改为 mod n.

Adams 和 Shanks 构造了一种类似于计算二阶 F-L 数的"加倍"算法. 即根据

$$v_{2m}=\alpha^{2m}+\beta^{2m}+\gamma^{2m}=(\alpha^m+\beta^m+\gamma^m)^2-2(\alpha^m\beta^m+\beta^m\gamma^m+\gamma^m\alpha^m)=v_m^2-2v_{-m} \tag{5.3.10}$$

进行迭代. 实际搜索表明,Perrin 伪素数比一、二阶情形的伪素数要少得多. 比如在 25×10^9 以内的 2 163 个 Carmichael 数中,仅有 $c_1=7\,045\,248\,121=821\times1\,231\times6\,971$ 和 $c_2=7\,279\,379\,941=211\times3\,571\times9\,661$ 两个为 Perrin 伪素数,它们均具有 S 信号. 他们提出了这种伪素数(或具有可接受信号的数)非常稀少的理由:(1)$\Omega_Z(a,1)$(判别式非 0)中广 L 序列的周期 mod p 为偶数,且整除线性因子 $p-1$ 或 $2(p+1)$,但 Perrin 序列的周期 mod p 可为奇数甚至素数,且对占 5/6 的 Q 素数和 I 素数,周期以二次式 p^2-1 和 p^2+p+1 为界,而 S 素数的密度仅为 1/6. (2)单纯一个条件 $v_n\equiv v_1\equiv0 \pmod n$就不易满足,更何况有一组信号 6 个条件及二次特征的条件? (3)退一步说,设素数 $p\mid n$,那么由简化的条件 $v_n\equiv0 \pmod p$就往往要筛去一大批合数.

是否有无限多个 Perrin 伪素数,这是个公开问题. Adams 和 Shanks 根据数据搜索结果,未曾发现 Q 和 S Perrin 伪素数,因此他们猜测不存在 Q 和 S

Perrin 伪素数. 如果这个猜测被证实的话，我们将对 5/6 的素数具有一个 $O(\log n)$ 的素性检验法. 故研究这个猜想的意义非常重大.

定理 5.3.2　设 ω_p 表 Perrin 序列的模 p 周期，有：

(1)若 p 为 I 素数，n 有 I 信号，$p|n$，则

$$n\equiv p \text{ 或 } p^2 \pmod{p\omega_p} \tag{5.3.11}$$

(2)若 p 为 Q 素数，n 有 Q 信号，$p|n$，则

$$n\equiv p \pmod{p\omega_p} \tag{5.3.12}$$

证　只证(1)设 $\mathbf{V}_n$ 为 $\mathfrak{v}$ 的第 n 列，$\mathbf{A}$ 为其联结矩阵. 由已知 n 有 I 信号(mod n)，因而有 I 信号(mod p). 故有

$$\mathbf{V}_{n-1}=(v_{n-1},v_n,v_{n+1})'\equiv(D,0,1)' \text{或} (D',0,1)' \pmod p$$

(注意 D' 和 D 的对称性)

由于 p 也有 I 信号，因而

$$\mathbf{V}_{n-1}\equiv\mathbf{V}_{p-1} \text{ 或 } \mathbf{V}_{-p-2} \pmod p$$

两边相应地左乘 $\mathbf{A}^{m-p+1}$ 或 $\mathbf{A}^{m+p+2}$ 得

$$\mathbf{V}_{m+(n-p)}\equiv\mathbf{V}_m \text{ 或 } \mathbf{V}_{m+(n+p+1)}\equiv\mathbf{V}_m \pmod p$$

所以 $\omega_p|n-p$ 或 $\omega_p|n+p+1$.

又由(3.4.67)有 $p+1\equiv-p^2 \pmod{\omega_p}$，故后一式化为 $\omega_p|n-p^2$. 再由定理 3.4.10 知 ω_p 与 p 互素，但已知 $p|n$，因此 $p\omega_p|n-p$ 或 $p\omega_p|n-p^2$，即得所证.

定理 5.3.3　设 p 为素数，ω_p 的意义同前，$p|n$，而 n 有 S 信号，则当 p 分别为 S，Q 或 I 素数时，相应地有

$$n\equiv p, p^2 \text{ 或 } p^3 \pmod{p\omega_p} \tag{5.3.13}$$

反之，若 $n\equiv p \pmod{p\omega_p}$，则 p 为 S 素数；若 $n\equiv p^2 \pmod{p\omega_p}$，则 p 为 S 或 Q 素数；若 $n\equiv p^3 \pmod{p\omega_p}$，

则 p 为 S 或 I 素数.

证 因为 n 有 S 信号,所以 $V_{n-1}=(v_{n-1},v_n,v_{n+1})'\equiv(3,0,2)'=V_0(\mathrm{mod}\ p)$,由此可得 $\omega_p\mid n-1$. 当 p 分别为 S,Q,I 素数时,相应地有 $\omega_p\mid p-1,p^2-1,p^2+p+1$,前两种情况下推出 $\omega_p\mid n-p,n-p^2$,后一情况下推出 $\omega_p\mid(n-1)-(p-1)(p^2+p+1)=n-p^3$. 又因为 ω_p 与 p 互素,故式(5.3.12)成立.

反之,设 $n\equiv p(\mathrm{mod}\ p\omega_p)$. 因为 $\omega_p\mid n-1$,所以 $\omega_p\mid p-1$,因而 $V_{p-1}=(v_{p-1},v_p,v_{p+1})'\equiv(v_0,v_1,v_2)'=(3,0,2)'$,同理可得 $V_{-p-1}\equiv(1,-1,3)'$,所以 p 为 S 素数.

当 $n\equiv p^2(\mathrm{mod}\ p\omega_p)$,可推得 $\omega_p\mid p^2-1$. 只要证 p 不为 I 素数即可. 反设 p 为 I 素数,则 $\omega_p\mid p^2+p+1$. 由此推出 $\omega_p\mid p-1=(p-1)(p^2+p+1)-p(p^2-1)$,于是 p 又为 S 素数,这不可能.

最后,当 $n\equiv p^3(\mathrm{mod}\ p\omega_p)$,可推得 $\omega_p\mid p^2+p+1$. 同样可证 p 不为 Q 素数. 证毕.

推论 若 n 无平方因子且为 S 素数之积,则 n 有 S 信号,当且仅当对一切素数 $p\mid n$ 有 $n/p\equiv1(\mathrm{mod}\ \omega_p)$.

证 n 有 S 信号 $\Leftrightarrow$ 对 n 的一切 S 素因子 p 有 $n\equiv p(\mathrm{mod}\ p\omega_p)\Leftrightarrow n/p\equiv1(\mathrm{mod}\ \omega_p)$.

定理 5.3.4 设 p 为素数,$p\mid n$,有:

(1)若 n 有 Q 信号,则 p 不能为 I 素数.

(2)若 n 有 I 信号,则 p 不能为 Q 素数.

证 只证(1). 反设 p 为 I 素数,则由定理 5.3.1,$f(x)$ 模 p 不可约. 但 n 有 Q 信号,故由式(5.3.5)有 $B\in\mathbf{Z}$,$f(B)\equiv0(\mathrm{mod}\ n)$. 因为 $p\mid n$,所以 $f(B)\equiv0(\mathrm{mod}\ p)$. 此乃矛盾. 证毕.

Arno[23]曾考虑是否能证明 S 素数不能整除任何 I 素数,但他觉得证明这点很困难,甚至此结论不一定成立.他根据上面的一些定理编排了一个算法,这个算法较文献[22]中的算法更复杂但更有效.他利用这个算法的程序在 CRAY2 上运用了约 30 小时,结果在 10^{14} 以内没有发现 Q 和 I Perrin 伪素数.这对"不存在 Q 和 I Perrin 伪素数"这一猜想的成立似乎增加了一点信心.

上述关于 Perrin 伪素数的概念及结果,容易推广到 $\Omega_Z(a,b,1)$中去,我们就不做介绍了.

5.3.2　伪素数的进一步发展

某种伪素数越少,那么通过了相关素性检验的数为素数的可能性就越大.为了使伪素数稀疏化,一种办法是增强条件,因此出现了各种强伪素数或附某种条件的伪素数.另一种办法是向高阶发展.从上节可以看到,Perrin 伪素数较二阶的伪素数更稀少了.可以设想,在相似的定义下,随着阶数的增加,伪素数的稀疏程度也增加.Gurak[9]于 1990 年把伪素数的概念从三阶情形推广到了一般的高阶情形.他考虑的是 $\Omega_Z(a_1,\cdots,a_k)$的特征多项式 $f(x)$整系数不可约的情形.对其中的广 L 序列 $\mathfrak{v}$ 和广 F 序列 $\mathfrak{u}$ 分别定义了伪素数(在文末,对其他序列也定义了伪素数).他也引入了信号的概念,在信号的基础上再定义伪素数.关于信号,他是利用 Galois 群来定义的.关于高阶伪素数的性质与分布也得出了若干初步结果.另外,新近还出现了用椭圆曲线来定义伪素数的方法[25-26],因此出现了椭圆伪素数.这些我们就不能一一介绍了.

参考文献

[1]PETTER M. Problem B-93[J]. Fibonacci Quart., 1966,4(2):191.

[2] HOGGATT V E, BICKNELL M. Some contguences of the Fibonacci numbers Modulo a prime p[J]. Mathematics Magazine,1974,47(5): 210-214.

[3]POLLIN J M,SCHOENBERG I J. On the Matrix approach to Fibonacci numbers and the Fibonacci pseudoprimes[J]. Fibonacci Quart,,1980,18(3): 261-268.

[4] PORTO A D, FILIPPONI P. More on the Fibonacci pseudoprimes [J]. Fibonacci Quart., 1989,27(2):233-242.

[5]CHERNICK J. On Fermat's simple theorem[J]. Bull. Amer. Math. Soc.,1939,45:269-274.

[6]DUBNER H. A new method for producing large Carmichael numbers [J]. Math Comp., 1989, 53(187):411-414.

[7]PORTO A D,FILLIPPONI P,MONTOLIVO E. On the generalized Fibonacci pseudoprimes[J]. Fibonacci Quart.,1990,28(4):347-354.

[8] SOMER L. On even Fibonacci pseudoprimes [M]//Applications of Fibonacci numbers, Berlin:Springer-Verlag,1991,4:277-288.

[9]PORTO A D,FILIPPONI P. A Probabilistic pri-

mality test based on the properties of certain generalized Lucas numbers[M]//Lecture notes in computer science 330, Berlin: Springer-Verlag, 211-223.

[10]FILIPPONI P. Table of Fibonacci pseudoprimes to 10^8[J]. Note recensioni notizie, 1988, 37(1-2):33-38.

[11]ROTKIEWICZ A. Problem on Fibonacci numbers and their generalizations[J]. Fibonacci numbers and their applications, 1986, 241-255.

[12]LEHMER E. On the infinitude of Fibonacci pseudo-primes[J]. Fibonacci Quart., 1964, 2: 229-230.

[13]PARBERRY E A. On primes and pseudo-primes related to the Fibonacci sequence[J]. Fibonacci Quart., 1970, 8:49-60.

[14]BAILLIE R, WAGSTAFF S S Jr. Lucas pseudoprimes[J]. Math. comp., 1980, 35(152): 1391-1417.

[15]ERDÖS P. On pseudoprimes and Carmichael numbers[J]. Publ. Math. Debrecen, 1956, 4: 201-206.

[16]ROTKIEWICZ A. On Lucas numbers with two intrisic prime divisors[J]. Bull. Acad. Polon. Sci. Ser. Sci. Math. Astranom. Phys., 1962, 10: 229-232.

[17]KISS P. Some results on Lucas pseudoprimes [J]. Ann. Univ. Sci. Budapest. Sect. Math.,

1986,28:153-159.

[18] ERODÖS P, KISS P, SARKÖZY A. A lower bound for the counting function of Lucas pseudoprimes[J]. Math. Comp. ,1988,51(183):315-323.

[19]GORDON D M,POMERANCE C. The distribution of Lucas and elliptic pseudoprimes[J]. Math. Comp. ,1991,57(196):825-838.

[20] RIVEST R L, SHAMIR A, ADLEMAN L. A method for obtaining digital signature and public-key cryptosystems[J]. Comm. ACM, 1978, 21(2):120-126.

[21]SOLOVAY R,STRASSEN V. A fast Montecarlo test for primality[J]. SIAM J. Comput. , 1977,6(1):84-85.

[22]KURIZ G,SHANKS D, WILLIAMS H C. Fast primality tests for numbers less than $50 \cdot 10^9$ [J]. Math. Comp. ,1986,46:691-701.

[23] ARNO S. A note on Perrin pseudoprimes[J]. Math. Comp. ,1991,56(193):371-376.

[24] ADAMS W. Characterizing pseudoprimes for third-order linear recurrences [J]. Math. Comp. ,1987,48(177):1-15.

[25]GORDON D M. Pseudprimes on elliptic curves [J]. Proc. Internat. Numbers Theory conference,Laval,1987.

[26]GORDON D M. On the number of elliptic pseudoprimes[J]. Math. Comp. ,1989,52(185):231-

245.
[27] ROTKIEWICZ A. On Euler Lehmer pseudoprimes and strong Lehmer pseudoprimes with parameters L, Q in arithmetics progressions [J]. Math. Comp., 1982, 39(159): 239-247.
[28]张明志.探求大 Carmichael 数的一种方法[J].四川大学学报(自然版),1992,29(4):472-479.

第6章 值分布和对模的剩余分布

F-L 序列的值分布问题和对模的剩余分布问题涉及面较广，其中有些问题难度也较大. 本章主要介绍单值性，零点分布与一般值分布，两序列的公共项，F-L 序列对模的剩余分布以及对模的一致分布. 我们的重点放在二阶 F-L 序列，特别关于其中对模的剩余分布和一致分布进行了较详细地讨论. 我们还引入了 f－一致分布的概念，运用 f－一致分布的性质简化了一些讨论过程.

6.1 值 分 布

6.1.1 二阶序列的单值性

对于整数序列$\{w_n\}$，若不存在 $m\neq n$，使 $w_m=w_n$，则称该序列为**单值的**. 我们主要考察二阶 F-L 序列的情形. 对于 $\Omega_Z(a,b)$，若 $b=\pm 1$，上述定义中 m,n 可为任意整数，若 $b\neq \pm 1$，则只考虑 $m,n\geqslant 0$ 的情形. 1983 年，De Bouvere Larel 和 Kathrop Regina[1]提出并解决了 $\Omega_Z(1,1)$中序列的

1987 年，屈明华[2]解决了 $\Omega_Z(a,1)$ 中序列为单值的充要条件. 他证明了：

定理 6.1.1　设 $\mathbf{u}$ 为 $\Omega_Z(a,1)(a>0)$ 中主序列，$\mathbf{w}$ 为其中任一序列，则 $\mathbf{w}$ 为单值的充要条件是初值 w_0，w_1 不合下列条件：

(1)存在 t,d，使 $w_0=d\cdot u_t, w_1=d\cdot u_{t+1}$.

(2)存在 t,d，使 $w_0=d\cdot h_t, w_1=d\cdot h_{t+1}$.

其中 $\mathbf{h}\in\Omega_Z(a,1)$ 适合下列条件之一：

1) $2|a$ 时 $h_0=1, h_1=r/2$.

2) $2\nmid a$ 时 $h_0=2, h_1=r$.

3) $a\geqslant 2$ 时，$h_0=h_1=1$.

(3)存在 $n,d,t,t>0,2\nmid t$，使 $w_0=d\cdot g_n, w_1=d\cdot g_{n+1}$，其中 $\mathbf{g}\in\Omega_Z(a,1)$ 具有下列初始值：

1) $2|a$ 时 $g_0=u_t+u_{t-1}, g_1=u_t-u_{t-1}$.

2) $2\nmid a$ 时 $g_0=\varepsilon_{t-1}(u_t+u_{t-1}), g_1=\varepsilon_{t-1}(u_t-u_{t-1})$.

其中 $\varepsilon_m=2/(3-(-1)^{\langle m\rangle_3})$，$\langle m\rangle_3$ 表模 3 的最小非负剩余.

(4)存在 $n,d,t,t>0,2\nmid t$，使 $w_0=d\cdot k_n, w_1=d\cdot k_{n+1}$，其中 $\mathbf{t}\in\Omega_Z(a,1)$ 且具有下列初始值：

1) $2|a$ 时 $k_0=u_t+u_{t+1}, k_1=u_{t+2}-u_{t-1}$.

2) $2\nmid a$ 时 $k_0=\varepsilon_t(u_t+u_{t+1}), k_1=\varepsilon_t(u_{t+2}-u_{t-1})$.

对于 $\mathbf{w}\in\Omega_Z(-a,1)(a>0)$，他采用转化为 $\Omega_Z(a,1)$ 中的序列的方法，利用上述结果得出了相应的结论. 当 $a=0$ 时，对任何 $\mathbf{w}\in\Omega_Z(0,1)$ 有 $w_{n+2}=w_n$，故非单值的.

我们准备采用不同于文献[2]的方法，统一处理 a 的各种情形，从而简化证明过程. 对于问题的结论，我们将得到更加简洁的形式，同时，我们的结论将推广到 $b\neq 1$ 的情形.

对于 $\mathfrak{w},\mathfrak{h}\in\Omega_Z(a,b)$，若其通项适合 $w_n=h_{n+t}$，则称 $\mathfrak{w}$ 和 $\mathfrak{h}$ **移位等价**，当 $t>0$（或 $t<0$）时称 $\mathfrak{w}$ 为 $\mathfrak{h}$ 的**左（或右）移序列**；若其通项适合 $h_n=d\cdot w_n$（$d\in\mathbf{Z}$，$d\neq 0$），则称 $\mathfrak{w}$ 和 $\mathfrak{h}$ **位似等价**；若通项适合 $h_n=dw_{n+t}$（$d\neq 0$），则称 $\mathfrak{w}$ 和 $\mathfrak{h}$ **等价**. 此定义适合高阶序列及非整数序列. 显然有：

引理 6.1.1 $\mathfrak{h}\in\Omega_Z(a,b)$ 的单值性与它的位似等价序列相同. 又 $b=\pm 1$ 时 $\mathfrak{h}$ 的单值性它的移位等价序列相同.

对于 $\mathfrak{h}\in\Omega_Z(a,b)$，若 $\mathfrak{h}$ 非单值，则存在 $r>t$，使 $h_r=h_t$. 令 $k=r-t$，$w_n=h_{n+t}$，于是 $w_k=h_{k+t}=h_r=h_t=w_0$. 因此，寻求 $h_r=h_t$ 的问题，转化为寻求 $w_k=w_0$（$k>0$）的问题. 又由位似等价性，我们可以假定 w_0，w_1 互素.

引理 6.1.2 设 $\mathfrak{u},\mathfrak{v}$ 分别为 $\Omega(a,b)$ 中主序列及其相关序列，则：

(1) $b=1$ 时

$$u_{2n-1}-1=\begin{cases}u_nv_{n-1}, & \text{当 } 2\mid n\\ u_{n-1}v_n, & \text{当 } 2\nmid n\end{cases}\tag{6.1.1}$$

(2) $b=-1$ 时

$$u_{2n-1}+1=u_nv_{n-1}\tag{6.1.2}$$

而

$$u_{2n-2}+1=(u_n+u_{n-1})(u_{n-1}-u_{n-2})\tag{6.1.3}$$

证 (1) 由式(2.2.60)及式(2.2.67′)得

$$u_{2n-1}-1=u_n^2+u_{n-1}^2-(-1)^{n-1}(u_n^2-au_nu_{n-1}-u_{n-1}^2)$$

当 $2\mid n$ 时上式右边化为

$$2u_n^2-au_nu_{n-1}=u_n(2u_n-au_{n-1})=u_nv_{n-1}$$

当 $2\nmid n$ 时则化为

$$au_nu_{n-1}+2u_{n-1}^2=u_{n-1}(au_n+2u_{n-1})u_{n-1}v_n$$

(2)利用同样的公式,注意 $b=-1$ 得

$$u_{2n-1}+1=u_n^2-u_{n-1}^2+(u_n^2-au_nu_{n-1}+u_{n-1}^2)=u_nv_{n-1}$$

$$\begin{aligned}u_{2n-2}+1=u_{n-1}v_{n-1}+1=&\\ &u_{n-1}(2u_n-au_{n-1})+(u_n^2-au_nu_{n-1}+u_{n-1}^2)=\\ &(u_n+u_{n-1})(u_n-(a-1)u_{n-1})=\\ &(u_n+u_{n-1})(u_{n-1}-u_{n-2})\end{aligned}$$

引理 6.1.3　设 $\mathfrak{u},\mathfrak{v}$ 分别为 $\Omega_Z(a,b)(a\neq 0)$ 中主序列及其相关序列,$\mathfrak{w}\in\Omega_Z$ 且 w_0 与 w_1 互素,则存在 $k\neq 0$ 使 $w_k=w_0$ 的充要条件是:

(1)$2\nmid k$ 时

1)当 $2\mid a$,或 $2\nmid a$ 但 $k\equiv\pm 1\pmod 6$ 时

$$w_0=\pm u_k,w_1=\mp(u_{k-1}-1)$$

此时

$$w_n=\pm(u_n+u_{n-k})\tag{6.1.4}$$

2)当 $2\nmid a$ 且 $k\equiv 3\pmod 6$ 时

$$w_0=\pm u_k/2,w_1=\mp(u_k-1)/2$$

此时

$$w_n=\pm(u_n+u_{n-k})/2\tag{6.1.5}$$

(2)$2\mid k$ 时,设 $k=2m$,则

1)$2\mid m,2\mid a$ 时

$$w_0=\pm v_m/2,w_1=\mp v_{m-1}/2,\text{此时 } w_n=\mp v_{n-m}/2\tag{6.1.6}$$

2)$2\mid m,2\nmid a$ 时

$$w_0=\pm v_m,w_1=\mp v_{m-1},\text{此时 } w_n=\mp v_{n-m}\tag{6.1.7}$$

3) $2\nmid m$ 时

$$w_0=\pm u_m, w_1=\mp u_{m-1}, \text{此时 } w_n=\pm u_{n-m} \tag{6.1.8}$$

证 将 $w_k=w_0$ 用主序列表示得

$$w_1u_k+w_0u_{k-1}=w_0 \tag{Ⅰ}$$

若 $w_0=0$,因 w_0 与 w_1 互素,则 $w_1\neq 0$,故必 $u_k=0$. 因为 $\Delta=a^2+4>0$,所以 $\Omega_Z(a,1)$ 有不等两实根 α,β,且 $u_n=(\alpha^n-\beta^n)/(\alpha-\beta)$. 若 $u_k=0$,则只可能 $\alpha=-\beta$ 且 $2|k$. 但这时 $a=\alpha+\beta=0$,与已知矛盾. 所以 $w_0\neq 0$. 于是 $w_0|w_1u_k$,这就推出 $w_0|u_k$. 设 $u_k=dw_0$,代入式(Ⅰ)得

$$u_{k-1}=1-dw_1$$

所以

$$w_0=u_k/d, w_1=(1-u_{k-1})/d \tag{Ⅱ}$$

由 w_0,w_1 互素知,$|d|$ 必为 u_k 与 $1-u_{k-1}$ 的最大公约数.

反之,当 w_0,w_1 适合式(Ⅱ)时即可得式(Ⅰ),因而有 $w_k=w_0$. 因此我们下面只需设法求 d. 当 $2\nmid k$ 时,以 $u_k=dw_0$ 和 $u_{k-1}=1-dw_1$ 代入式(2.2.67′)并整理得

$$(w_0^2-aw_0w_1-w_1^2)d^2+(2w_1-aw_0)d=2$$

所以 $|d|=1$ 或 2. 考察 $\{u_n \pmod 2\}$ 知:

$2|a$ 时,由 $2\nmid k$ 得 $2\nmid u_k$,此时 $d=\pm 1$.

$2\nmid a$ 时,当且仅当 $k\equiv 3 \pmod 6$ 时有 $2|u_k$ 及 $u_{k-1}-1$,此时 $d=\pm 2$,而 $k\equiv\pm 1 \pmod 6$ 时 $d=\pm 1$.

当 $d=\pm 1$ 时有 $w_n=w_1u_n+w_0u_{n-1}=\mp(u_{k-1}-1)u_n\pm u_ku_{n-1}=\pm(u_n-u_nu_{k-1}+u_{n-1}u_k)=\pm(u_n+u_{n-k})$,这里用到了式(2.2.48). 这就证明了式(6.1.4). 当 $d=\pm 2$ 时同理得式(6.1.5).

当 $k=2m$ 时,$u_k=u_mv_m$,又由式(6.1.1)得 $u_{k-1}-$

$1=u_{2m-1}-1=u_m v_{m-1}$（当 $2\mid m$）或 $u_{m-1}v_m$（当 $2\nmid m$）.

$2\mid m$ 时：

$\gcd(u_k,u_{k-1}-1)u_m\cdot\gcd(v_m,v_{m-1})=u_m\cdot\gcd(v_1,v_0)=u_m\cdot\gcd(2,a)=2u_m$（当 $2\mid a$）或 u_m（当 $2\nmid a$）. 由此可得 w_0 及 w_1，并利用(2.2.52)完全证得式(6.1.6)，(6.1.7).

$2\nmid m$ 时，$\gcd(u_k,u_{k-1}-1)=v_m\cdot\gcd(u_m,u_{m-1})=v_m$，由此可以证得式(6.1.8). 证毕.

由上述引理立即得到：

定理 6.1.2　非零序列 $\mathfrak{h}\in\Omega_Z(a,1)(a\neq 0)$ 为单值的充要条件是 $\mathfrak{h}$ 不等价于式(6.1.4)～(6.1.8)所表示的序列 $\mathfrak{w}$.

引理 6.1.4　设 $\mathfrak{u},\mathfrak{v}$ 分别 $\Omega_Z(a,-1)(|a|\geqslant 2)$ 中主序列及其相关序列，$\mathfrak{w}\in\Omega_Z$ 且 w_0 与 w_1 互素，则存在 $k\neq 0$ 使 $w_k=w_0$ 的充要条件是：

(1) $k=2m-1$ 时

$$w_0=\pm(u_m-u_{m-1}),w_1=\pm(u_{m-1}-u_{m-2})$$

此时

$$w_n=\pm(u_{n-m+1}-u_{n-m})\tag{6.1.9}$$

(2) $k=2m,2\mid a$ 时

$$w_0=\pm v_m/2,w_1=\pm v_{m-1}/2,\text{此时 } w_n=\pm v_{n-m}/2\tag{6.1.10}$$

(3) $k=2m,2\nmid a$ 时

$$w_0=\pm v_m,w_1=\pm v_{m-1}/2,\text{此时 } w_n=\pm v_{n-m}\tag{6.1.11}$$

证　$b=-1$ 时 $w_k=w_0$ 可化为

$$w_1u_k-w_0u_{k-1}=w_0$$

同样可证，在 $|a|\geqslant 2$ 的条件下 $w_0\neq 0$，因而 $w_0\mid u_k$. 令

$u_k=d\cdot w_0$ 得

$$w_0=u_k/d, w_1=(u_{k-1}+1)/d$$

且 $|d|$ 为 u_k 与 $u_{k-1}+1$ 的最大公约数.

当 $k=2m-1$ 时 $u_k=u_{2m-1}=u_m^2-u_{m-1}^2=(u_m+u_{m-1})(u_m-u_{m-1})$. 又由式(6.1.3), $u_{k-1}+1=u_{2m-2}+1=(u_m+u_{m-1})(u_{m-1}-u_{m-2})$.

令 $g_n=u_n-u_{n-1}$, 可知 $\{g_n\}\in\Omega_Z(a,-1)$, 且由递归关系可得

$$\gcd(g_m,g_{m-1})=\gcd(g_1,g_0)=1$$

所以 $\gcd(u_k,u_{k-1}+1)=(u_m+u_{m-1})\cdot\gcd(g_m,g_{m-1})=u_m+u_{m-1}$. 由此可证得式(6.1.9).

当 $k=2m$ 时, $u_k=u_mv_m$, 又由式(6.1.2)得 $u_{k-1}+1=u_mv_{m-1}$, 以下仿引理 6.1.3 可证.

定理 6.1.3 非零序列 $\mathfrak{h}\in\Omega_Z(a,-1)(|a|\geqslant 2)$ 为单值的充要条件是 $\mathfrak{h}$ 与式(6.1.9)～(6.1.11)所表示的序列 $\mathfrak{w}$ 不等价.

当 $a=0,\pm 1$ 时 $\Omega(a,-1)$ 有互异的单位特征根, 因而其中任何序列均是周期的, 当然非单值的.

对于 $|b|>1$ 的情况, 我们的叙述方式某些地方与前面有所区别, 因为它受下标非负的限制.

引理 6.1.5 设 $\mathfrak{u}$ 为 $\in\Omega_Z(a,b)(|b|>1)$ 中主序列, 对 $k>0$ 定义函数 $\tau(k)$ 如下: 当存在 $m>1$, $\gcd(m,b)=1$, 使 $P(m,\mathfrak{u})\mid k$ 时, 令

$$\tau(k)=\max\{m:P(m,\mathfrak{u})\mid k\} \qquad (6.1.12)$$

否则令 $\tau(k)=1$. 则 $\tau(k)=\gcd(u_k,bu_{k-1}-1)$.

证 设 $\gcd(u_k,bu_{k-1}-1)=d$. 当 $d>1$ 时, 显然有 $\gcd(d,b)=1$, 且 $u_k\equiv 0, bu_{k-1}\equiv 1 \pmod d$, 所以 $u_{k+1}=au_k+bu_{k-1}\equiv 1 \pmod d$, 可知 $P(d,\mathfrak{u})\mid k$, 所以

$d \leqslant \tau(k)$. 反之由式(6.1.12)有 $u_k \equiv 0$ 及 $bu_{k-1} \equiv 1 (\bmod \tau(k))$. 由 d 之意义,应有 $\tau(k) \mid d$. 所以 $\tau(k) = d$. 当 $d=1$ 时结论显然.

引理 6.1.6　设 $\Omega_Z(a,b)(|b|>1)$的两特征根之比不是单位根,$\mathfrak{u}$ 为其中主序列,$\mathfrak{w}$ 为其中任一序列,适合 $\gcd(w_0, w_1)=1$,则存在 $k>0$ 使 $w_k = w_0$ 的充要条件是

$$w_0 = \pm u_k / \tau(k), w_1 = \pm (1 - bu_{k-1}) / \tau(k) \tag{6.1.13}$$

此时

$$w_n = \pm (u_n - (-b)^k u_{n-k}) / \tau(k) \tag{6.1.14}$$

其中 $\tau(k)$的意义如引理 6.1.5.

证　由 $w_k = w_0$ 可得 $w_1 u_k + b w_0 u_{k-1} = w_0$. 若 $w_0 = 0$,则 $u_k = 0$,可推出 $\Delta \neq 0$ 时两特征 α, β 适合 $\left(\frac{\alpha}{\beta}\right)^k = 1$,$\Delta = 0$ 时 $k\left(\frac{a}{2}\right)^{k-1} = 0$. 前者与已知矛盾,后者不可能. 所以 $w_0 \neq 0$. 由此得 $w_0 \mid u_k$. 设 $u_k = d \cdot w_0$ 得 $w_0 = u_k / d$, $w_1 = (1 - bu_{k-1}) / d$,且知 $|d|$ 为 u_k 与 $bu_{k-1} - 1$ 的最大公约数,因而 $d = \pm \tau(k)$. 于是得式(6.1.13). 利用 $w_n = w_1 u_n + b w_0 u_{n-1}$ 及式(2.2.48)可得式(6.1.14).

定理 6.1.4　设 $\Omega_Z(a,b)(|b|>1)$的两特征根之比不是单位根,$\mathfrak{u}$ 为其中主序列,$\mathfrak{h}$ 为其中任一非零序列,则 $\mathfrak{h}$ 为单值的充要条件是式(6.1.14)所表示的序列 $\mathfrak{w}$ 既不是 $\mathfrak{h}$ 的左移序列也不是 $\mathfrak{h}$ 的位似等价序列.

如果在引理 6.1.6 的条件中允许 Ω_Z 的两特征根之比是非 1 的 $k(>1)$次单位根,则 $u_k = 0$. 由 $w_k = w_0$ 可得 $w_0 = 0$ 或 $bu_{k-1} = 1$. 前者又由 $\gcd(w_0, w_1) = 1$ 得

$w_1=1$. 因而此时 $\mathfrak{w}$ 就是主序列 $\mathfrak{u}$，且是非单值的. 后者说明 $\mathfrak{u}$ 为周期的，于是 $\mathfrak{w}$ 亦然，因而是非单值的.

6.1.2　二阶序列的零点分布与任意值分布

给定一个 F-L 序列$\{w_n\}$和常数 c，问是否存在 n，使 $w_n=c$? 若存在，求出所有这样的 n. 方程 $w_n=c$ 的解数又称 c 在 $\mathfrak{w}$ 中的**重数**. 适合 $w_n=0$ 的 n 又称 $\mathfrak{w}$ 的**零点**. 这个问题比单值性问题更为困难，因为单值性问题实际是已知 c 为序列中某一项，问 c 是否还能出现在该序列的其他项. 而这里的问题首先要解决存在性问题，还要求出全部解. 从本质上来说，费马大定理是某个 $\Omega_Z(a,b,c)$ 中主相关序列 $\mathfrak{v}$ 的零点的存在性问题. 事实上，设(x_0,y_0,z_0)为方程 $x^n+y^n+z^n=0(n\geqslant 3,2\nmid n)$的非平凡整数解，令 x_0,y_0,z_0 是 $\Omega_Z(a,b,c)$的特征根，则其中主相关序列 $\mathfrak{v}$ 适合 $v_n=0$，由此可见，方程 $w_n=c$ 的解的问题其难度非同一般.

对于二阶序列，零点分布问题是一个较为容易的问题. 我们先证明：

引理 6.1.7　设 q 为有理数，则 $\cos q\pi$ 之有理数值只可能为 $0,1,-1,\frac{1}{2},-\frac{1}{2}$，此时分别有

$$q=k+\frac{1}{2},2k,2k+1,2k\pm\frac{1}{3},2k\pm\frac{2}{3}(k\in\mathbf{Z})$$

证　令 $\alpha=\cos q\pi i\sin q\pi$，则 $\cos q\pi$ 为有理数时，$f(x)=(x-\alpha)(x-\bar{\alpha})=x^2-2x\cos q\pi+1$为有理系数多项式. 于是存在 $c\in\mathbf{Z}$ 使 $c\cdot f(x)$为整系数多项式. 设 $q=s/r,s,r\in\mathbf{Z},r>0,\gcd(r,s)=1$，则 $c\cdot f(x)\mid x^{2r}-1$，所以 $c=1$，因而 $2\cos q\pi$ 为整数. 由此即可得到引理的结果.

引理 6.1.8　设$\{w_n\}$和$\{h_n\}$的通项有关系 $w_n=$

$d \cdot h_{n-r}(d\neq 0)$，则当且仅当 m 是 $\mathfrak{h}$ 的零点时 $m+r$ 是 $\mathfrak{w}$ 的零点. 特别地，位似等价序列的零点完全相同.

定理 6.1.5　设 $\mathfrak{u}$ 为 $\Omega_Z(a,b)(b\neq 0)$ 中主序列，则 $\mathfrak{u}$ 之零点有下列情形：

(1) $a=0$ 时有零点 $m=2k(k=0,1,\cdots$，当 $b=\pm 1$ 时 $k=0,\pm 1,\cdots$，下同).

(2) $a=\pm b_1, b=-b_1^2$ 时有零点 $m=3k(k=0,1,\cdots)$.

(3) $a=\pm 2b_1, b=-2b_1^2$ 时有零点 $m=4k(k=0,1,\cdots)$.

(4) $a=\pm 3b_1, b=-3b_1^2$ 时有零点 $m=6k(k=0,1,\cdots)$.

(5) 其他情况均有唯一零点 $m=0$.

证　设 $\mathfrak{u}$ 之特征根为 α,β，当 $\Delta\neq 0$ 时 $u_n=(\alpha^n-\beta^n)/(\alpha-\beta)$，$\Delta=0$ 时 $u_n=n(a/2)^{n-1}$. 因为 $u_0=0$，故只需考察 $u_m=0, m>0$ 的情形.

$\Delta>0$ 时 $(\alpha/\beta)^m=1$，且 α/β 为不等于 1 的实数，故必 $\alpha=-\beta$ 且 $2\mid m$ 时上式才能成立. 所以 $a=\alpha+\beta=0$，$m=2k$.

$\Delta=0$ 时，因为 $b\neq 0$，所以 $a\neq 0$，故 $m>0$ 时 $u_m\neq 0$.

$\Delta<0$，α,β 为共轭虚根，由 $\alpha\beta=-b>0$ 得 $|\alpha|=|\beta|=\sqrt{-b}$. 令 $\alpha=\sqrt{-b}\,\mathrm{e}^{\mathrm{i}\theta}(-\pi<\theta<\pi)$，则 $\beta=\sqrt{-b}\,\mathrm{e}^{-\mathrm{i}\theta}$，所以 $a=\alpha+\beta=2\sqrt{-b}\cos\theta$. 另一方面由 $(\alpha/\beta)^m=1$ 知 α/β 为虚单位根，设它为 r 次原根，则 $m=rk$，且 $(\mathrm{e}^{2\mathrm{i}\theta})^r=(\mathrm{e}^{\mathrm{i}\theta})^{2r}=1$，于是 $\theta=\frac{s\pi}{r}(-r<s<r, \gcd(s,r)=1)$. 由 $a^2=-4b\cos^2\theta=-2b(1+\cos 2s\pi/r)$ 知 $\cos 2s\pi/r$ 为有理数. 根据引理 6.1.7 得下列情况

$$\cos 2s\pi/r=0, 2s/r=\pm\frac{1}{2}, \pm\frac{3}{2}, s/r=\pm\frac{1}{4}, \pm\frac{3}{4}$$

此时 $r=4$，$m=4k$，且 $a=2\sqrt{-b}(\pm\sqrt{2}/2)$，所以 $b=-2b_1^2$，$a=\pm 2b_1$.

$\cos 2s\pi/r=1$，此时得 $\Delta=0$，矛盾！

$\cos 2s\pi/r=-1$，得 $s/r=\pm 1/2$，此时 $r=2$，$m=2k$，$a=0$.

$\cos 2s\pi/r=\frac{1}{2}$，得 $s/r=\pm 1/6$ 或 $\pm 5/6$，此时 $r=6$，$m=6k$，$a=2\sqrt{-b}\cdot(\pm\sqrt{3}/2)$，所以 $b=-3b_1^2$，$a=\pm 3b_1$.

$\cos 2s\pi/r=-1/2$，同样得 $m=3k$，$b=-b_1^2$，$a=\pm b_1$.

不难验证上述 m 均为 $\mathbf{u}$ 之零点，证毕.

定理 6.1.6 设 $\mathbf{u}$ 为 $\Omega_Z(a,b)(b\neq 0)$ 之主序列，$\mathbf{w}$ 为其中非零序列，则当且仅当 $\mathbf{w}$ 具有通项 $w_n=d(-b)^r u_{n-r}/\tau(r\geqslant 0, d\neq 0, |\tau|$ 为 u_r 与 bu_{r-1} 的最大公约数)时 $\mathbf{w}$ 存在零点. 此时 $\mathbf{w}$ 有一零点为 r，且当 $\mathbf{u}$ 有零点 m 时 $\mathbf{w}$ 有零点 $m+r$.

证 由 $w_n=w_1u_n+bw_0u_{n-1}$ 得，$w_0=0$ 时 $w_n=w_1u_n$，$w_1=0$ 时 $w_n=bw_0u_{n-1}$，上述情况均符合定理结论.

现设 $w_0w_1\neq 0$，由位似等价性，只需考虑 w_0，w_1 互素的情况. 若 $w_r=0$，即 $w_1u_r+bw_0u_{r-1}=0$. 由此 $w_0\mid u_r$，设 $u_r=\tau w_0$ 得 $w_0=u_r/\tau$，$w_1=-bu_{r-1}/\tau$. 所以 $w_n=(-bu_{r-1}u_n+bu_ru_{n-1})/\tau=-(-b)^r u_{n-r}/\tau$，故得定理.

注 若 $\gcd(a,b)=1$，则 $\gcd(u_r, bu_{r-1})=1$，于是定理中的 $\tau=\pm 1$. 又定理中的关系显然可改写为 $w_n=$

$w_{r+1}u_{n-r}$.

关于二阶序列的任意值分布，我们只考虑 $\Omega_Z(a,b)$中的主序列 $\mathbf{u}$，$\Delta\neq 0$ 时，$u_m=c$ 可用特征根表示为 $\alpha^m-\beta^m=\sqrt{\Delta}c$，可化为

$$\alpha^{2m}-\sqrt{\Delta}c\cdot\alpha^m-(-b)^m=0 \qquad (6.1.15)$$

所以

$$\alpha^m=(\sqrt{\Delta}c\pm\sqrt{\Delta c^2+4(-b)^m})/2 \quad (6.1.16)$$

一般地，当 $c\neq 0,b\neq\pm 1$ 时，上述方程是不易求解的，其中有解的一个必要条件是

$$x^2-\Delta c^2=4(-b)^m$$

有整数解$(x,m)(m\geqslant 0)$. 下面我们研究方程 $u_n=c$ 的解数，记为 $R(c)$.

引理 6.1.9　$a>0,\Delta\geqslant 0$ 时对任何 $n>0$ 有 $u_n>0$.

证　$u_n=\left[\left(\frac{a+\sqrt{\Delta}}{2}\right)^n-\left(\frac{a-\sqrt{\Delta}}{2}\right)^n\right]\Big/\sqrt{\Delta}=$

$$\frac{1}{2^n}\sum\binom{n}{2j+1}a^{n-2j-1}\Delta^j>0$$

引理 6.1.10　记 $\Omega_Z(a,b)$之主序列为 $\mathbf{u}(a,b)=\{u_n(a,b)\}$，则对一切 $n\geqslant 0$

$$u_n(-a,b)=(-1)^{n-1}u_n(a,b) \qquad (6.1.17)$$

证　可知 $\mathbf{u}(a,b)$和 $\mathbf{u}(-a,b)$之二值特征根分别为

$$\theta=((a+\sqrt{\Delta})/2,(a-\sqrt{\Delta}/2)$$

$$\tau=((-a-\sqrt{\Delta})/2,(-a+\sqrt{\Delta})/2)$$

则有 $\tau=-\theta$. 于是

$$\tau^n=(-1)^n\theta^n=(-1)^n(u_n(a,b)\theta+bu_{n-1}(a,b))=$$
$$(-1)^{n-1}u_n(a,b)\tau+(-1)^n bu_{n-1}(a,b)$$

由此依引理 2.1.1 即得所证.

定理 6.1.7 设 $\mathbf{u}$ 为 $\Omega_Z(a,b)(b\neq 0)$ 中主序列,则:

(1)$a=0$ 时:

1)若 $b=1$,则 $R(0)=\infty$,$R(1)=\infty$,其余的 $R(c)=0$.

2)若 $b=-1$,则 $R(0)=\infty$,$R(\pm 1)=\infty$,其余的 $R(c)=0$.

3)若 $|b|>1$,则 $R(0)=\infty$,$R(b^j)=1(j=0,1,\cdots)$,其余的 $R(c)=0$.

(2)$a\neq 0$,$b=1$ 时 $R(u_{2n-1})=2(n\in\mathbf{Z})$,其余的 $R(c)=0$ 或 1.

(3)$a\neq 0$,$b>1$,或 $|a|\geqslant |b|+1$,$b\leqslant -1$,或 $|a|=|b|\geqslant 4$,$b<0$ 时 $R(c)=0$ 或 1.

(4)当 $0<|a|=|b|\leqslant 3$,$b<0$,仅有下列情形 $R(c)\neq 0$.

1)$a=3$,$R(0)=\infty$,$R(9(-27)^j)=2(j=0,1,\cdots)$,$R(c_i(-27)^j)=1(c_i=1,3,6,j=0,1,\cdots)$.

2)$a=-3$,$R(0)=\infty$,$R(c_i(-27)^j=1(c_i=1,-3,6,-9,9,j=0,1,\cdots)$.

3)$a=2$,$R(0)=\infty$,$R(2(-4)^j)=2$,$R((-4)^j)=1(j=0,1,\cdots)$.

4)$a=-2$,$R(0)=\infty$,$R(c_i(-4)^j)=1(c_i=1,-2,2,j=0,1,\cdots)$.

5)$a=1$,$R(0)=\infty$,$R(1)=\infty$.

6)$a=-1$,$R(c_i)=\infty$,$c_i=0,\pm 1$.

(5)$a=\pm b_1$,$b=-b_1^2$,$b_1\geqslant 2$ 时相应地有 $R(0)=\infty$,$R(c_i(\mp b_1^3)^j)=1(i=1,2,c_1=1,c_2=\pm b_1,j=0,1\cdots)$,其余的 $R(c)=0$.

(6)$a=\pm 2b_1$,$b=-2b_1^2$,$b_1\geqslant 2$ 时相应地有 $R(0)=\infty$,$R(c_i(-4b_1^4)^j)=1$,$(c_i=1,\pm 2b_1,2b_1^2,j=0,1,\cdots)$,

其余的 $R(c)=0$.

(7) $a=\pm 3b_1, b=-3b_1^2, b_1\geqslant 2$ 时相应地有 $R(0)=\infty, R(c_i(-27b_1^6)^j)=1$ ($c_i=1, \pm 3b_1, 6b_1^2, \pm 9b_1^3, 9b_1^4$, $j=0,1,\cdots$),其余的 $R(c)=0$.

(8) $|a|=b_1-k, b=-b_1, b_1\geqslant 2, 1\leqslant k\leqslant b_1-1$ 时:

1)若 $k\leqslant b_1-2\sqrt{b_1}$,则 $R(c)=0$ 或 1.

2)若 $k>b_1-2\sqrt{b_1}$ 且 a,b 不合条件(5)~(7),则 $R(c)\leqslant 4$,且除了明显的有限多个例外情况之外有 $R(c)+R(-c)\leqslant 3$.

证　(1)此时 $\mathbf{u}$: $0,1,0,b,0,b^2,\cdots$,故然.

(2) $a\geqslant 1$ 时,因为 $\Delta>0$,所以由引理 6.1.9, $n>0$ 时 $u_n>0$,于是 $u_{n+1}>u_n$,又由 $u_{-n}=(-1)^{n-1}u_n$ 知 $|u_{-n-1}|>u_{-n}$,故得所证.

$a\leqslant -1$ 时,则 $a'=-a\geqslant 1$. 由引理 6.1.10, $u_n(a,1)=(-1)^{n-1}u_n(a',1)$,利用已证结果得证.

(3) $a\neq 0, b>1$ 时只考虑 $n\geqslant 0$,可仿(2)得证.

$|a|\geqslant |b|+1, b\leqslant -1$ 时,设 $b=-b_1$,则 $\Delta\geqslant (b_1+1)^2-4b_1\geqslant 0$. 若 $a>0$,则 $n>0$ 时 $u_n>0$,此时 $u_{n+1}\geqslant (b_1+1)u_n-b_1u_{n-1}$,即 $u_{n+1}-u_n\geqslant b_1(u_n-u_{n-1})$,由 $u_1>u_0$ 归纳地得到 $u_{n+1}>u_n$. 又 $b=-1$ 时可得 $|u_{-n-1}|>|u_{-n}|$. 由此得证. $a<0$ 时可仿(2)证之.

$|a|=|b|\geqslant 4, b<0$ 时,同样设 $b=-b_1$,得 $\Delta=b_1^2-4b_1\geqslant 0$. 若 $a>0$,则 $n>0$ 时 $u_n>0$,此时 $u_{n+1}=b_1u_n-b_1u_{n-1}$ 可化为

$$u_{n+1}-2u_n=(b_1-2)(u_n-2u_{n-1})+(b_1-4)u_{n-1}\geqslant (b_1-2)(u_n-2u_{n-1})$$

由 $u_1>2u_0$ 可归纳地证得 $u_n>2u_{n-1}$. 故 $a>0$ 时得证. $a<0$ 时仿前.

(4)只证其中(1). 此时特征根 $\alpha,\beta=(3\pm\sqrt{3}i)/2$, $\alpha/\beta=(1+\sqrt{3}i)/2$ 为 6 次单位原根, $u_6=0$, 又 $u_7=-27$, 故有 $\alpha^6=-27$, $\alpha^{6j+r}=(-27)^j\alpha^r$, 由此可得 $u_{6j+r}=(-27)^j u_r$, 又依次求得 $u_0\sim u_5$ 为 0,1,3,6,9,9. 故得所证.(注意:上述之 6 与 -27 类似于约束周期与乘子之性质)

(5)~(7)可仿(4)证之.

(8)中 1)此时 $|a|\geqslant 2\sqrt{b_1}$, 所以 $\Delta\geqslant 0$. 当 $a>0$, 则 $n>0$ 时 $u_n>0$, 此时 $u_{n+1}=(b_1-k)u_n-b_1u_{n-1}$ 可化为

$$u_{n+1}-\alpha\cdot u_n=(b_1-k-\alpha)(u_n-\alpha\cdot u_{n-1})$$

其中 α 为特征根 $(b_1-k+\sqrt{\Delta})/2>0$, 而且 $\beta=b_1-k-\alpha>0$. 以下仿(3)可证.

2)前一结果 $R(c)\leqslant 4$ 属洼田忠彦(Kubota)[3], 后一结果属 Beukers[11], 其证明过程从略.

Beukers 的结果在一定意义上来说, 可能是最好的结果.

对最后一种情形, 我们还可另外做些探讨.

定理 6.1.8 在定理 6.1.7 之(8)中 2)的条件下:

(1)只存在限个 c, 使 $R(c)>1$.

(2)若 $u_m=u_{m+1}(q\neq 0)$, 则对任何 $n\neq m$ 有 $u_n\neq u_{n+q}$.

(3)若 $u_m=u_{m+q}(q\neq 0)$, 则对任何 n 有 $v_n\neq v_{n+q}$($\mathfrak{v}$ 为 $\mathbf{u}$ 之相关序列).

(4)设 $c>1$, $\gcd(b,c)=1$(或 $\gcd(a,b)=1$), $m=\min\{n\mid u_n=c\}$, 则 $u_n=c$ 时 $m\mid n$.

(5)设 $\gcd(a,b)=d>1$, $u_m=u_n$, $2\leqslant m<n$, 则 $m\nmid n$.

证　(1)此时 $\Delta<0$，$|\alpha/\beta|=1$，但非单位根，因而 $\mathbf{u}$ 是非退化的.由此知存在 n_0，当 $n>n_0$ 时 u_n 有本原素因子，因而对任何 $n>n_0$，$u_n=c$ 的解数 $R(c)\leqslant 1$，即证.

(2)反设有某个 $n\neq m$，使 $u_n=u_{n+q}$，则由式(2.3.11)有

$0=u_m u_{n+q}-u_n u_{m+q}=(-b)^n u_{m-n}u_q$(当 $m>n$)或

$-(-b)^m u_{n-m}u_q$(当 $m<n$)

所以 $u_{m-n}=0$ 或 $u_q=0$，这与定理 6.1.5 矛盾.故证.

(3)若不然，则由式(2.3.13)有

$0=u_{m+q}v_n-u_m v_{n+q}=(-b)^m u_q v_{m-n}$(当 $m\geqslant n$)或

$(-b)^n u_q v_{n-m}$(当 $m<n$)

所以 $u_q=0$ 或 $v_{m-n}=0$，前者与定理 6.1.5 矛盾，后者当 $m=n$ 时不可能，而$m\neq n$时推出 $u_{2(m-n)}=0$，仍是矛盾，故证.

(4)此时 m 为 c 在 $\mathbf{u}$ 中之出现秩，由此可证.

(5)此时对任何 $i\geqslant 2$，有 $d\mid u_i$.反设有 $n=mt(t>1)$，则由式(2.5.15)，有

$$1=u_{mt}/u_m\equiv tb^{t-1}u_{m-1}^{t-1}\equiv 0 \pmod d$$

此不可能.证毕.

推论　在定理条件下：

(1)若 $u_m=u_n=u_k$，$m<n<k$，则 m,n,k 不可成等差数列.

(2)$\gcd(a,b)>1$ 时，若存在 $m\neq n$，$u_m=u_n=c$，$|c|>1$，则任何素数 $p\mid c$ 时必有 $p\mid b$.

证　(1)反设有 $n=m+q$，$k=m+2q$，由定理之(2)得证.

(2)此为定理之(4)和(5)的结果.

顺便指出，1984 年，Beukers 和 Tijdeman 证明了，对有理数域 Q 上的二阶 F-L 序列有 $R(c)\leqslant 29$，对于代

数数域 F 上的二阶 F-L 序列有 $R(c)\leqslant 100\max\{100, d\}, d=[F:Q]$. 但对于任意复二阶序列是否存在 $R(c)$ 的绝对上界,仍是公开问题[12].

6.1.3 一般序列的值分布

前面已经说过,这类问题难度相当大. 一些问题需要用到 $p-$adic 分析,对数的线性型,代数数的 Diophantine 逼近等工具. 1935 年,马乐(Mahler)[5]运用 $p-$adic方法证明了,任何一个 F-L 序列的零点的集合是**半线性的**,即为一个有限集和有限多个等差数集之并,亦即可表为 $D\cup\{b_1+dn\}\cup\cdots\cup\{b_r+dn\}$,其中 D 为自然数的有限集,$b_1,\cdots,b_r,d$ 为自然数. 但一直未找到确定 $<D,b_1,\cdots,b_r,d>$ 的有效算法. 直到 1985 年,Vereshchagin[6]才证明了,对于代数数域上的 F-L 序列空间 $\Omega(a_1,\cdots,a_k)$ 如果没有两个不同的特征根之比为单位根,且 $k\leqslant 3$,则对其中任一序列 $\mathfrak{w}$,可找到一个常数 c,使得 $w_n=0\Rightarrow n\leqslant c$,亦即其零点是有界的,因而个数是有限的. 还证明了 $k\leqslant 3$ 时存在一个有效算法来找出 $<D,b_1,\cdots,b_r,d>$. 又证明了,当 $a_1,\cdots,a_k$ 属于代数数域的一个子环(特别地属整数环)时,对于 $k\leqslant 4$,存在一个有效算法可以找出 $\mathfrak{w}\in\Omega(a_1,\cdots,a_k)$ 的全部零点. 1986 年,Vereshchagin[7]进一步给出了零点个数的一个有效上界. 1991 年,Mignotte 和 Tzanakis[4]对于有理数域上的 F-L 序列证明了有关定理,并运用于求解某些特殊条件下的方程 $w_n=c$. 我们介绍如下. 其中有关 $p-$adic 数的知识可参看第 2 章文献[40]或文献[49].

设 $\Omega(a_1,\cdots,a_k)$ 为有理数域 Ω 上非奇异 F-L 序列空间,$\Delta\neq 0$. 今取一奇素数 p,设有关 $p-$adic 赋值适

合如下条件：

$|\Delta|_p=1$，$|a_i|_p\leqslant 1$ 而 $|a_k|_p=1$，$i=1,\cdots,k$. 又对 $\mathfrak{w}=\{w_n\}_{-\infty}^{+\infty}\in\Omega$，设其初始值的 p－adic 赋值适合 $|w_j|_p\leqslant 1$，$j=0,\cdots,k-1$. 设 Ω 的特征根为 $x_1,\cdots,x_k$. 则有

$$w_n=\sum_{i=1}^{k}\zeta_i x_i^n\text{，且 } |x_i|_p\leqslant 1,\ |\zeta_i|_p\leqslant 1$$
$$(i=1,\cdots,k)$$

选择正整数 s，使

$$x_i^s\equiv d\ (\bmod\ p)\ (d\in\mathbf{Z},i=1,\cdots,k)$$

取一 $p-1$ 次 p－adic 单位根 a，使之适合 $a\equiv d\ (\bmod\ p)$，则有

$$x_i^s=a(1+\lambda_i p)\ (\lambda_i \text{ 为 } p\text{－adic 整数})$$

所以

$$x_i^{m+js}=a^j(1+\lambda_i p)^j x_i^m\ (i=1,\cdots,k)\tag{6.1.18}$$

于是对 $m,j\in\mathbf{Z}$，有

$$\begin{aligned}w_{m+js}&=a^j\sum_{i=1}^{k}\zeta_i(1+\lambda_i p)^j x_i^m=\\&a^j\sum_{r=0}^{\infty}\sum_{i=1}^{k}\zeta_i x_i^m\binom{j}{r}\lambda_i^r p^r=\\&a^j\sum_{r=0}^{\infty}\binom{j}{r}b_{mr}p^r\end{aligned}\tag{6.1.19}$$

其中

$$b_{mr}=\sum_{i=1}^{k}\zeta_i\lambda_i^r x_i^m\tag{6.1.20}$$

注意，对一切 m,r 有 $b_{mr}\in Q$. 且 $|b_{mr}|_p\leqslant 1$. 又 $b_{m0}=w_m$. 另外由式(6.1.18)我们可得

$$w_{m+js}\equiv a^j w_m\equiv d^j w_m\ (\bmod\ p)\tag{6.1.21}$$

在实际中,常常出现这样的情况,对于给定的有理数 c,已知方程 $w_n=c$ 的解集的一个子集 μ,要证明 μ 就是解集.这可以根据下面的定理,在上述条件下有:

定理 6.1.9 假设 d 这样选择,使得 d 模 p 和模 p^2 的阶有同一数值 t.又设 $c=0$ 或 $c\not\equiv 0 \pmod p$,P 为模 s 的一个完全剩余系,$P\supseteq\mu$,μ 适合下列条件:

(1)对每个 $m\in\mu$ 有 $w_n=c$.

(2)若对于某个 $r\in\{0,1,\cdots,t-1\}$ 有 $w_n\equiv cd^r \pmod p$,则 $n\in\mu$.

(3)对每个 $m\in\mu$,$w_{m+s}\not\equiv dw_m \pmod{p^2}$.

则 $w_n=c$ 推出 $n\in\mu$.

证 假设 $n\equiv m \pmod s$,$m\in P$.令 $n=js+m$,则由式(6.1.21)有 $c=w_n\equiv d^jw_m \pmod p$.存在 $r\in\{0,\cdots,t-1\}$,使 $d^{r+j}\equiv 1 \pmod p$,从而 $w_n\equiv cd^r \pmod p$.这样,由(2)推得 $m\in\mu$,即 $w_m=c$.所以 $c\equiv d^jc \pmod p$.若 $c\neq 0$,则 $d^j\equiv 1 \pmod p$,从而 $a^j=1$ 及 $w_n-a^jw_m=0$.若 $c=0$,当然有 $w_n-a^jw_m=0$.将此结果代入式(6.1.19)得

$$a^j\sum_{r=1}^{\infty}\binom{j}{r}b_{mr}p^r=0$$

若 $j\neq 0$,则上式两边除以 a^jjp 得

$$b_{m1}+\sum_{r=2}^{\infty}\binom{j-1}{r-1}b_{mr}p^{r-1}/r=0$$

因为 p 为奇素数,对一切 $r\geqslant 2$ 有 $|p^{r-1}/r|_p\leqslant 1$,所以 $p|b_{m1}$.另一方面,由式(6.1.19)有

$$w_{m+s}=a\sum_{r=0}^{\infty}\binom{1}{r}b_{mr}p^r$$

即

$$ab_{m1}p=w_{m+s}-aw_m$$

由此推出 $w_{m+s}\equiv aw_m(\bmod p^2)$. 又由 d 之选择方法可得 $a\equiv d(\bmod p^2)$，于是 $w_{m+s}\equiv dw_m(\bmod p^2)$. 这与(3)矛盾，故必 $j=0$，所以 $n=m\in\mu$. 证毕.

在具体计算中，s 常可利用模 p 约束周期求得，一般选择 p 在域 K 上完全分裂，以便 $s\mid p-1$.

例 1　$w_0=0$, $w_1=1$, $w_2=0$, $w_{n+3}=-w_{n+2}-w_{n+1}+w_n$，求解 $w_n=0$, $n\in\mathbf{Z}$.

解　取 $p=103$. 设 $\mathbf{u}$ 为 $\Omega(-1,-1,1)$ 中主序列，计算 $\{u_n(\bmod 103)\}$ 得

$$\cdots,0,0,1,-1,0,2,-3,1,4,-8,5,7,-20$$
$$18,9,-47,56,0,-103\equiv 0,159\equiv 56\cdots$$

可取 $s=17$, $d=56$. 计算 $\{w_n\}$ 得

$$\cdots,0,1,0,-1,2,-1,-2,5,-4,-3,12$$
$$-13,-2,17,-28,9,36,-73,46,\cdots$$

取 $\mu=\{0,2\}$, $P=\{0,\cdots,16\}\supseteq\mu$. 因对 $0\leqslant n\leqslant 16$ 适合 $w_n\equiv 0\cdot d^r(\bmod 103)$ 者仅 $n=0,2$，故定理之条件(2)满足. 又 $p^2\nmid w_{17}=-73$, $p^2\nmid w_{19}=63$，故定理之条件(3)也满足. 由此，μ 即 $\mathbf{w}$ 之零点集.

例 2　对例 1 中的 $\mathbf{w}$，求解 $w_n=-2$, $n\in\mathbf{Z}$.

解　由上例计算结果，取 $p=103$, $s=17$，则 $d=56$, $t=3$, $\mu=\{6,12\}$ 及 $P=\{0,\cdots,16\}\supseteq\mu$. 因为对 $0\leqslant n\leqslant 16$，适合 $w_n\equiv -2\cdot 56^r(\bmod 103)(r=0,1,2)$ 者仅 $n=6,12$，又可算得 $w_{23}\not\equiv 56w_6$, $w_{29}\not\equiv 56w_{12}(\bmod 103^2)$，故定理条件全部满足. 由此知 μ 即所求解集.

例 3　求 $\Omega(-1,-1,1)$ 中主序列 $\mathbf{u}$ 的零点集.

解　由例 1 计算结果可取 $\mu=\{0,1,4,17\}$. 因为 $u_{17}=0$，故不可取 $p=103$. 否则 $m=0$ 时定理的条件(3)

不满足. 经计算可取 $p=163, s=54, P=\{0,\cdots,53\}\subseteq\mu$. 其他步骤仿前. 结果 μ 即所求零点集.

例 4 对例 1 中之 $\mathfrak{w}$,求解 $w_n=2, n\in\mathbf{Z}$.

解 这里有 $\mu=\{-2,4\}$. 可取 $p=103, s=17, d=56, t=3$,但需取 $P=\{-2,-1,\cdots,14\}\supseteq\mu$. 其他仿前. 结果 μ 为所求解集.

利用上述定理还可求解形如 $w_n=\pm 2^r(r\geqslant 0)$ 的关于 n 和 r 的二元方程.

$\Omega(2,-4,4)$ 中的主序列 $\{b_n\}$ 称为 Berstel **序列**,对于它的值分布已有一些结果. 1975 年,Mignotte[8] 证明了它恰有 6 个零点,这是唯一已知的具有 6 个零点的非退化的三阶序列. 1986 年,他又证明了 $b_m=\pm b_n(m,n\in\mathbf{Z}, m<n)$ 恰有 21 个解 (m,n)[9]. 运用定理 6.1.9,他和 Tzanakis 还求得了 $b_n=\pm 2^{y_1}\cdot 3^{y_2}(y_1, y_2\in\mathbf{Z})$ 恰有 44 个解 (n,y_1,y_2)[4]

6.2 两个序列的值之间的关系

6.2.1 两个二阶序列的公共值

我们考察任意数域上的非奇异空间 $\Omega(a,b)$,因而一般情况下其中序列的下标可为任意整数. 下面是我们的一个结果.

定理 6.2.1 设 $\Omega(a,b)$ 非奇异,$\mathbf{u}$ 为其中主序列,$\mathfrak{w},\mathfrak{h}\in\Omega$,若存在 m,r,q 使 $w_m=h_r, w_{m+q}=h_{r+q}$,且 $u_q\neq 0$,则对任何 $n\in\mathbf{Z}, w_n=h_{n+r-m}$.

证 由式(2.3.5)有

$$0=w_{m+q}h_r-w_mh_{r+q}=u_q(w_{m+1}h_r-w_mh_{r+1})$$

因为 $u_q\neq 0$，所以 $w_{m+1}h_r-w_mh_{r+1}=0$. 若 $w_m=h_r\neq 0$，则 $w_{m+1}=h_{r+1}$. 若 $w_m=h_r=0$，则由 $w_{m+q}=w_{m+1}u_q+bw_mu_{q-1}$，$h_{r+q}=h_{r+1}u_q+bh_ru_{q-1}$ 及已知条件也可得 $w_{m+1}=h_{r+1}$. 于是由递归关系即证.

上述定理中条件若改为 $w_m=h_r$，$w_{m+q}=h_{r+t}$，$q\neq t$，则情况就复杂了. 为简化讨论，我们考察它们移位后的情况. 1991 年，Kimberling[10] 在严格的限制下证明了：

定理 6.2.2　设 $a,b>0$，$\mathfrak{w},\mathfrak{h}\in\Omega(a,b)$ 严格递增，$w_0=h_0$，且 $w_1,h_1>0$，则除了两序列重合外，至多存在一个 $m>0$，使得存在 $r>0$ 适合 $w_m=h_r$.

证　设 m 为使得存在 $r>0$ 适合 $w_m=h_r$ 的最小正数. 若 $w_{m+1}=h_{r+1}$，则由递归关系得 $w_{m-1}=h_{r-1}$. 又由 m 之最小性得 $m=1$. 再由严格递增性得 $r=1$. 所以此时两序列重合.

若 $w_{m+1}>h_{r+1}$. 设 $\mathfrak{u}$ 为 Ω 中主序列，可知 $\mathfrak{w},\mathfrak{h},\mathfrak{u}$ 从下标为 1 的项开始均为正. 由式(2.3.5)，对任何 $q>0$，有

$$w_m(w_{m+q}-h_{r+q})=w_{m+q}h_r-w_mh_{r+q}=$$
$$u_q(w_{m+1}h_r-w_mh_{r+1})>0$$

所以

$$w_{m+q}>h_{r+q}\qquad(\text{I})$$

又

$$w_m=h_r<h_{r+1},w_{m-1}<w_m=h_r$$

所以

$$w_{m+1}=aw_m+bw_{m-1}<ah_{r+1}+bh_r=h_{r+2}$$

于是 $w_m<h_{r+1}<w_{m+1}<h_{r+2}$. 运用递归关系可证得对任何 $q>0$，有

$$w_{m+q}<h_{r+q+1} \tag{Ⅱ}$$

由式(Ⅰ),(Ⅱ)知对任何 $n>m$,w_n 都不是 $\mathfrak{h}$ 中的项. $w_{m+1}<h_{r+1}$ 时同理可证.

对于高阶序列,Kimberling 做出如下猜测:设 $a_1,\cdots,a_k>0$,$\mathfrak{w},\mathfrak{h}\in\Omega(a_1,\cdots,a_k)$严格递增,$w_0=h_0$,$w_1,h_1>0$,则存在正常数 B_k,除了 $\mathfrak{w},\mathfrak{h}$ 重合外,$\mathfrak{w}$ 至多有 B_k 个项是 $\mathfrak{h}$ 中的项(均只考虑下标$\geqslant 0$).

设 α 为非零实数,则 $\Omega(2\alpha,-\alpha^2)$有重特征根 α,因而其主序列有通项公式 $u_n=n\alpha^{n-1}$. 任一 $\mathfrak{w}\in\Omega$ 有通项公式 $w_n=w_1u_n-\alpha^2\cdot w_0u_{n-1}=w_1n\alpha^{n-1}-w_0(n-1)\alpha^n$. 同样 $\mathfrak{h}\in\Omega$ 时有 $h_n=h_1n\alpha^{n-1}-h_0(n-1)\alpha^n$. Kimberling 对于这样两个序列的公共值做了较详细的讨论. 假设 $w_0=h_0=\lambda\neq 0$. $w_1=x$,$h_1=y$. 如果把 λ 看作已知(实际上不失一般性,可假设 $\lambda=1$),x,y 看作未知,那么原则上 $\mathfrak{w}$ 和 $\mathfrak{h}$ 可由另外两组公共值确定,即假设存在不同的整数对(m_i,n_i),$i=1,2$,使 $w_{m_i}=h_{n_i}$,则得关于 x,y 的线性方程组

$$m_i\alpha^{m_i-1}x-n_i\alpha^{n_i-1}y=(m_i-1)\lambda\alpha^{m_i}-(n_i-1)\lambda\alpha^{n_i}\quad(i=1,2) \tag{6.2.1}$$

当其系数行列式非零时,(x,y)有唯一解,因此所确定两序列 $\mathfrak{w}$ 和 $\mathfrak{h}$ 至少有三组公共值. 现在进一步问,$\mathfrak{w}$ 和 $\mathfrak{h}$ 是否可能存在四组公共值? 这时,在式(6.2.1)中要增加一个对应于 $i=3$ 的方程. 此三方程有解的必要的条件是

$$\begin{vmatrix} m_1\alpha^{m_1-1} & n_1\alpha^{n_1-1} & (m_1-1)\alpha^{m_1}-(n_1-1)\alpha^{n_1} \\ m_2\alpha^{m_2-1} & n_2\alpha^{n_2-1} & (m_2-1)\alpha^{m_2}-(n_2-1)\alpha^{n_2} \\ m_3\alpha^{m_3-1} & n_3\alpha^{n_3-1} & (m_3-1)\alpha^{m_3}-(n_3-1)\alpha^{n_3} \end{vmatrix}=0$$

可简化为

$$\begin{vmatrix} m_1\alpha^{m_1-1} & n_1\alpha^{n_1-1} & \alpha^{m_1}-\alpha^{n_1} \\ m_2\alpha^{m_2-1} & n_2\alpha^{n_2-1} & \alpha^{m_2}-\alpha^{n_2} \\ m_3\alpha^{m_3-1} & n_3\alpha^{n_3-1} & \alpha^{m_3}-\alpha^{n_3} \end{vmatrix}=0 \quad (6.2.2)$$

设上式左边为 $g(\alpha)$，易知存在 $r\in\mathbf{Z}$，使 $f(\alpha)=\alpha^r g(\alpha)$ 为整系数多项式且 $f(0)\neq 0$. 显然 $f(1)=g(1)=0$. 又由行列式求导法则可知 $g'(1)=0$，由此可推出 $f'(1)=0$. 因此 $(\alpha-1)^2\mid f(\alpha)$. 对应于 $\alpha=1$，方程组 $w_{m_i}=h_{n_i}(i=1,2,3)$ 必有解 $x=y=\lambda$，从而对一切 $n\in\mathbf{Z}$ 有 $w_n=h_n=\lambda$，此时 $\mathfrak{w}=\mathfrak{h}$ 为常数列是问题的平凡解. 综合上述讨论，我们有：

定理 6.2.3 设 α 为非零实数，$(m_i,n_i)(i=1,2,3)$ 为给定的不同于 $(0,0)$ 的互异整数对，若在实数域存在 $\mathfrak{w},\mathfrak{h}\in\Omega(2\alpha,-\alpha^2)$ 适合

$$w_0=h_0\neq 0, w_{m_i}=h_{n_i}(i=1,2,3) \quad (6.2.3)$$

的非平凡解，则或者 $f(\alpha)=\alpha^r g(\alpha)$ 有 1 以外的实根，或者对应于 $\alpha=1$，$g(\alpha)$ 的前两列中所有二阶子式等于零.

上述 $\Omega(2\alpha,-\alpha^2)$ 还有一个有趣的性质，这就是：

定理 6.2.4 设 α 为非零实数，$\mathfrak{w}\in\Omega(2\alpha,-\alpha^2)$，$w_0\neq 0$，若对一切 $n\geqslant 0$，w_n 均为整数，则 α 必为整数.

证 在式(2.3.8)中令 $p=q=1$ 得

$$w_{n+1}^2-w_nw_{n+2}=(w_1^2-2\alpha w_1w_0+\alpha^2w_0^2)\alpha^{2n}=(w_1-\alpha w_0)^2\alpha^{2n} \quad (6.2.4)$$

若 $w_1=\alpha w_0$，则 $\alpha=w_1/w_0$ 为有理数，且 $w_nw_{n+2}=w_{n+1}^2$，所以 $\mathfrak{w}$ 是公比为 α 的等比数列，因而 $w_n=w_0\alpha^n=w_1^n/w_0^{n-1}$. 若 α 非整数，则 $w_0\nmid w_1$，那么 $n>1$ 时 w_n 非整数，此与已知矛盾.

若 $w_1\neq\alpha w_0$. 在式(6.2.4)中令 $n=1$ 得

$$w_2^2-w_1w_3=[w_1^2-w_0(2\alpha w_1-\alpha^2w_0)]\alpha^2=(w_1^2-w_0w_2)\alpha^2$$

所以 α^2 为有理数. 又由式(6.2.4)知 $w_{n+1}^2-w_nw_{n+2}\neq 0$,故任何连续三项 w_n,w_{n+1},w_{n+2} 中至少一个非零. 今设 $w_m\neq 0,m>0$. 则由 $w_{m+1}=2\alpha\cdot w_n-\alpha^2\cdot w_{m-1}$ 知 α 也为有理数. 设 $\alpha=p/q,\gcd(p,q)=1$. 若 $q\neq 1$,则由式(6.2.4)知 $q^{2n}\mid w_1^2-w_0w_2$,这当 $n\to+\infty$时是不可能的. 证毕.

定理 6.2.3 是已知出现公共值的项数时求序列. 反转来,若已知序列,求出现公共值的项,则困难多了,因为涉及整数解问题. 下面研究 $\alpha=-1$ 的简单情形.

定理 6.2.5 设 $\mathfrak{w},\mathfrak{h}\in\Omega(-2,-1)$适合 $w_0=h_0$, $h_0+h_1\neq 0$,则存在 $m>0$ 使 $w_m=h_n$ 的充要条件是存在 $m>0$ 适合:

$m(w_1-h_1)/2(h_0+h_1)$为整数,此时

$$n=m(w_0+w_1)/(h_0+h_1)$$

或

$$[m(w_1+h_1+2w_0)+h_1-h_0]/2(h_0+h_1)]及$$

$$[2h_0-m(w_0+w_1)]/(h_0+h_1)$$

均为整数,此时

$$n=[2h_0-m(w_0+w_1)]/(h_0+h_1)$$

证 $\alpha=-1$ 时,参照式(6.2.1),$w_m=h_n$ 可化为

$$(-1)^{n-1}[(h_0+h_1)n-h_0]=(-1)^{m-1}[(w_0+w_1)m-w_0]$$

当 $n-m=2j$,可得 $n=m(w_0+w_1)/(h_0+h_1)$为整数,故必 $j=(n-m)/2=m(w_1-h_1)/2(h_0+h_1)$为整数. 反之,当 m 使上述 j 为整数时,则 $n=m+2j$ 亦然. 当 $n-m=2j+1$ 时同理可证.

另外,Kimberling 还证明了,当 $\alpha\neq 0$, $\mathfrak{w},\mathfrak{h}\in$

$\Omega(2\alpha,-\alpha^2)$适合 $w_0=h_0, w_m=h_r, w_{m+q}=h_{r+q}, m\neq 0$ 或 $r\neq 0, q\neq 0$,则 $w_n=h_{n+r-m}$. 我们的定理 6.2.1 是他的这一结果的推广,同时说明该结果中 $w_0=h_0$ 的条件是多余的.

6.2.2　两个 k 阶序列的公共值

我们下面把定理 6.2.1 推广到一般情形.

定理 6.2.6　设 $\Omega(a_1,\cdots,a_k)$非奇异,$\mathbf{u}^{(i)}$ $(i=0,\cdots,k-1)$为其中基本序列,$\mathfrak{w},\mathfrak{h}\in\Omega$ 适合 $w_m=h_r$,且存在互异的非零整数 q_i,使 $w_{m+q_i}=h_{r+q_i}, i=1,\cdots,k-1$. 又若 $\det|u_{q_j}^{(i)}|\neq 0(1\leqslant i,j\leqslant k-1)$,则对任何 $n\in\mathbf{Z}$,$w_n=h_{n+r-m}$.

证　在 Ω 中另取 $k-2$ 个序列 $\mathfrak{s},\mathfrak{t},\cdots,\mathfrak{g}$,由式(2.1.22)及已知条件我们有

$$0=\begin{vmatrix} w_m & h_r & s_{m_3} & t_{m_4} & \cdots & g_{m_k} \\ w_{m+q_1} & h_{r+q_1} & s_{m_3+q_1} & t_{m_4+q_1} & \cdots & g_{m_k+q_1} \\ \vdots & \vdots & \vdots & \vdots & & \vdots \\ w_{m+q_{k-1}} & h_{r+q_{k-1}} & s_{m_3+q_{k-1}} & t_{m_4+q_{k-1}} & \cdots & g_{m_k+q_{k-1}} \end{vmatrix}=$$

$$\begin{vmatrix} 0 & 0 & \cdots & 0 & 1 \\ u^{(k-1)}{}_{q_1} & u_{q_1}^{(k-2)} & \cdots & u_{q_1}^{(1)} & u_{q_1}^{(0)} \\ \vdots & \vdots & & \vdots & \vdots \\ u_{q_{k-1}}^{(k-1)} & u_{q_{k-1}}^{(k-2)} & \cdots & u_{q_{k-1}}^{(1)} & u_{q_{k-1}}^{(0)} \end{vmatrix}\cdot$$

$$\begin{vmatrix} w_{m+k-1} & h_{r+k-1} & s_{m_3+k-1} & t_{m_4+k-1} & \cdots & g_{m_k+k-1} \\ w_{m+k-2} & h_{r+k-2} & s_{m_3+k-2} & t_{m_4+k-2} & \cdots & g_{m_k+k-2} \\ \vdots & \vdots & \vdots & \vdots & & \vdots \\ w_m & h_r & s_{m_3} & t_{m_4} & \cdots & g_{m_k} \end{vmatrix}=$$

$$(-1)^{k-1}\det|u_{q_j}^{(i)}|\det(\boldsymbol{W}_m,\boldsymbol{H}_r,\boldsymbol{S}_{m_3},\boldsymbol{T}_{m_4},\cdots,\boldsymbol{G}_{m_k})$$

因为 $\det|u_{q_j}^{(i)}|\neq 0$，有

$$\det(\boldsymbol{W}_m, \boldsymbol{H}_r, \boldsymbol{S}_{m_3}, \boldsymbol{T}_{m_4}, \cdots, \boldsymbol{G}_{m_k})=0 \qquad (\text{I})$$

当 $w_m=h_r\neq 0$，我们在式(Ⅰ)中令 $m_3=m_4=\cdots=m_k=0$，并依次分别取 $\mathfrak{s},\mathfrak{t},\cdots,\mathfrak{g}$ 为 $\mathfrak{u}^{(k-1)},\mathfrak{u}^{(k-2)},\cdots,\mathfrak{u}^{(1)}$ 中除 $\mathfrak{u}^{(j)}(j=1,\cdots,k-1)$ 外的 $k-2$ 个序列，则得 $w_{m+j}h_r-w_mh_{r+j}=0$，所以 $w_{m+j}=h_{r+j}, j=0,1,\cdots,k-1$. 故定理结论成立.

当 $w_m=h_r=0$，根据式(2.1.5)有

$$w_{m+q_j}=\sum_{i=0}^{k-1}u_{q_j}^{(i)}w_{m+i}=\sum_{i=1}^{k-1}u_{q_j}^{(i)}w_{m+i}$$

关于 h_{r+q_j} 也有类似的式子. 由 $w_{m+q_j}=h_{r+q_j}$ 得

$$\sum_{i=1}^{k-1}u_{q_j}^{(i)}(w_{m+j}-h_{r+j})=0(j=1,\cdots,k-1)$$

上述齐次线性方程组的系数行列式 $\det|u_{q_j}^{(i)}|\neq 0$，故只有零解，由此得 $w_{m+j}=h_{r+j}, j=0,1,\cdots,k-1$. 故定理结论也成立. 证毕.

推论 在定理条件下，若 $\mathfrak{w}=\mathfrak{h}$，且 $m\neq r$，则 w 为周期序列.

下面的结果属于 Kimberling[10].

定理 6.2.7 设实数域上非奇异空间 $\Omega(a_1,\cdots,a_k)$ 的特征根均为实数，且它们的绝对值互异，$\mathfrak{w},\mathfrak{h}\in\Omega$，且 $\mathfrak{w}$ 以 Ω 为极小空间，则除了 $\mathfrak{w}$ 和 $\mathfrak{h}$ 移位等价以外，$\mathfrak{w}$ 和 $\mathfrak{h}$ 至多只有有限多个公共项.

证 设 Ω 的特征根 $r_1,\cdots,r_k$ 适合 $|r_1|>|r_2|>\cdots>|r_k|$. 反设有无限多不同的整数对 (m_i,n_i) 使 $w_{m_i}=h_{n_i}$，即有

$$c_1r_1^{m_i}+c_2r_2^{m_i}+\cdots+c_kr_k^{m_i}=d_1r_1^{n_i}+d_2r_2^{n_i}+\cdots+d_kr_k^{n_i} \qquad (\text{I})$$

其中 c_j,d_j 均实数,且由 $\mathfrak{w}$ 以 Ω 为极小空间知 $c_j\neq 0,j=1,\cdots,k$,不妨设有无数个 i 使 $n_i\geqslant m_i$(当有无数个 i 使 $n_i<m_i$时可经适当变换化为前一情形),则上式可化为

$$c_1+c_2(r_2/r_1)^{m_i}+\cdots+c_k(r_k/r_1)^{m_i}=$$
$$d_1r_1^{n_i-m_i}+d_2r_2^{n_i-m_i}(r_2/r_1)^{m_i}+\cdots+d_kr_k^{n_i-m_i}(r_k/r_1)^{m_i} \tag{Ⅱ}$$

若 $r_1=1$,则令 $i\to\infty$得 $c_1=d_1$. 若 $r_1=-1$(文献[10]中忽略了此种情况),则从某个 i 起,n_i-m_i 必恒为偶数或恒为奇数,否则,令 $i\to\infty$,式(Ⅱ)之左边仍$\to c_1\neq 0$,而右边恒在 d_1 和 $-d_1$ 两值上摆动,此不可能. 若 $r_1\neq\pm 1$,则 n_i-m_i 必有界,否则,令 $i\to\infty$,则式(Ⅱ)之右边或发散或$\to 0$,此不可能. 因此,必存在某个非负整数 q,使得有无数个 i 适合 $n_i-m_i=q$. 令这样的 $i\to\infty$,由式(Ⅱ)得 $c_1=d_1r_1^q$. 上述三种情况,不论哪一种,均有无限多个 i 使 $c_1=d_1r_1^{n_i-m_i}$. 从式(Ⅱ)两边消去此两相等之数,然后乘以 $r_1^{m_i}$ 得

$$c_2r_2^{m_i}+\cdots+c_kr_k^{m_i}=d_2r_2^{n_i}+\cdots+d_kr_k^{n_i} \tag{Ⅲ}$$

对式(Ⅲ)重复上述讨论同样可得 $c_2=d_2r_2^q$. 将此种手续施行下去,最后可得

$$c_j=d_jr_j^q(j=1,\cdots,k)$$

于是 $w_n=h_{n+q}$,即 $\mathfrak{w}$ 和 $\mathfrak{h}$ 移位等价. 证毕.

本节最后我们指出,对两序列的项之间的关系的研究,除了探求公共项 $w_m=h_n$ 的存在外,还有其他方面,比如,1985 年,P. Kiss[13] 证明了如下结果:

设 $\Omega(f(x))=\Omega(a_1,\cdots,a_k),\Omega(g(x))=\Omega(b_1,\cdots,b_r)$均为有理数域上的非奇异空间,$f(x)$ 和 $g(x)$的不

同的特征根分别为 $\alpha=\alpha_1,\cdots,\alpha_\lambda$，和 $\beta=\beta_1,\cdots,\beta_\mu$，$|\alpha|>|\alpha_2|\geqslant|\alpha_3|\geqslant\cdots\geqslant|\alpha_\lambda|$，$|\beta|>|\beta_2|>|\beta_3|\geqslant\cdots\geqslant|\beta_\mu|$，且 α 与 β 的重数均为 1. 又设 $\mathfrak{w}\in\Omega(f(x))$ 和 $\mathfrak{h}\in\Omega(g(x))$ 分别有通项公式

$$w_n=a\alpha^n+P_2(n)\alpha_2^n+\cdots+P_\lambda(n)\alpha_\lambda^n \quad (6.2.5)$$

$$h_n=b\beta^n+G_2(n)\beta_2^n+\cdots+G_\mu(n)\beta_\mu^n \quad (6.2.6)$$

其中 $P_i(n)$ 为多项式，其系数及数 a 均为 $\Omega(\alpha_1,\cdots,\alpha_\lambda)$ 中的代数数，$G_j(n)$ 为多项式，其系数及数 b 均为 $Q(\beta_1,\cdots,\beta_\mu)$ 中的代数数，$i=2,\cdots,\lambda$，$j=2,\cdots,\mu$. 再设 $p_1<p_2<\cdots<p_t$ 为有理素数，S 为仅以这些素数为因子的非零整数以及 ±1 组成的集. 那么，若对任何 i，$j>n_0$，$w_i\neq a\alpha^i$，$h_j\neq b\beta^j$，$ab\neq0$，且对任何整数 $s_1,s_2\in S$，$|s_1a\alpha^i|\neq|s_2b\beta^j|$，则

$$||s_1w_m|-|s_2h_n||>\exp\{c\cdot\max\{m,n\}\} \quad (6.2.7)$$

而一切 $m,n>n_1$ 及 $s_1,s_2\in S$ 成立，其中 c 和 n_1 是仅与 S,n_0 以及 $\mathfrak{w},\mathfrak{h}$ 的参数有关的有效可计算的正常数.

作为上述结果的推论，P. Kiss 证明了 $||w_m|-|h_n||<d$（d 为正常数）仅有有限多个正整数解 (m,n).

上述结果还可以推出一些新的结论和过去已有的结论. 如可以推出 $s_1w_m=s_2h_n$ 仅有有限多个正整数解 (m,n) 等. 还可对单个序列的值分布得出若干结果. 这些不一一列举，可参看文献[13-17]. 关于值分布的问题，我们在第 7 章 7.7 中还将有进一步的介绍.

另外，还有一些文献对 F-L 序列的 mod 1 分布以及相邻项的比的分布进行了研究，如文献[18-20].

6.3　对模的剩余分布

6.3.1　二阶模 p 序列的结构

为了简化 F-L 序列对模的剩余分布的讨论，弄清模序列的结构颇有好处. 在定理 3.3.6 中，我们曾得到 k 阶主序列的模 m 序列的结构，现在我们较详细地讨论二阶主序列的情形. 本节中，我们始终以 $\mathbf{u}$，$\mathbf{v}$ 分别表 $\Omega_Z(a,b)$ 中主序列及其相关序列，以 p 表素数，$p\nmid b$. 且约束周期 $P'(p,\mathbf{u})$ 及相应的乘子，周期系数分别以 s，c，r 表之. 又设 $q=Q(p,\mathbf{u})$ 恒具有式(3.4.24)所示的意义，并当 $u_q^2+bu_{q-1}^2\equiv 0\pmod p$ 时记 $p\in Q_1$，而当 $v_q\equiv 0\pmod p$ 时记 $P\in Q_2$.

定理 6.3.1　当 $p\neq 2$，$p\in Q_1$ 时，设 $\tau\equiv u_q/u_{q-1}\pmod p$，则

$$\tau^2\equiv -b\pmod p \tag{6.3.1}$$

$$c\equiv -\tau^s=-\tau^{2q-1}\pmod p \tag{6.3.2}$$

$$u_{q+n}\equiv\tau^{2n+1}u_{q-n-1}\pmod p\ (n\in\mathbf{Z}) \tag{6.3.3}$$

(1) $\{u_n\pmod p\}$ 一个周期的结构如下

$$\begin{array}{llllllll}
0, & u_1, & u_2, & \cdots, & u_{q-1}, & \tau u_{q-1}, & \tau^3u_{q-2}, & \cdots,\ \tau^{2q-3}u_1\\
0, & cu_1, & cu_2, & \cdots, & cu_{q-1}, & c\tau u_{q-1}, & c\tau^3u_{q-2}, & \cdots,\ c\tau^{2q-3}u_1\\
\vdots & \vdots & \vdots & & \vdots & \vdots & \vdots & \vdots\\
0, & c^{r-1}u_1, & c^{r-1}u_2, & \cdots, & c^{r-1}u_{q-1}, & c^{r-1}\tau u_{q-1}, & c^{r-1}\tau^3u_{q-2}, & \cdots,\ c^{r-1}\tau^{2q-3}u_1
\end{array}\pmod p \tag{6.3.4}$$

且记其中第 i 行第 j 列的元素为 $\zeta_{i,j}$ $(0\leqslant i\leqslant r-1,0\leqslant j\leqslant 2q-2=s-1)$ 时有：

1)对任何 $0\leqslant i\leqslant r-1$,$\zeta_{i,j}\equiv 0 \pmod p \Leftrightarrow j=0$.

2)对任何 $1\leqslant j\leqslant s-1$,$i_1<i_2$ 时 $\zeta_{i_1,j}\not\equiv\zeta_{i_2,j} \pmod p$.

3)设对 $1\leqslant j_1<j_2\leqslant s-1$ 存在 i_1,i_2 使 $\zeta_{i_1,j_1}\equiv\zeta_{i_2,j_2}$,则对任何 ζ_{i,j_1} 必有 ζ_{i',j_2} 使 $\zeta_{i,j_1}\equiv\zeta_{i',j_2} \pmod p$,反之亦然.

4)当 $n,j>0$,$n+2j\leqslant s-1$ 时,对任何 $0\leqslant i\leqslant r-1$,有

$$\zeta_{i,n+2j}\not\equiv\pm(-b)^j\zeta_{i,n} \pmod p \qquad (6.3.5)$$

5)设 $0\leqslant i\leqslant r-1$,$1\leqslant j\leqslant s-1$,固定 i 和 j,则当 n 在区间 $[1,s-1]$ 变化时 $\zeta_{i,n+j}/\zeta_{i,n} \pmod p$ 表互异之剩余(当 $n+j\geqslant s$ 时定义 $\zeta_{i,n+j}\equiv\zeta_{i+1,n+j-s}$,$\zeta_{r,j}\equiv\zeta_{0,j}$,mod p).

证 式(6.3.1)的证明如下:由 s 之意义,$u_{q-1}\not\equiv 0 \pmod p$,所以 τ 有意义.又由 $p\in Q_1$,知 $u_q^2\equiv -bu_{q-1}^2 \pmod p$,即证.

式(6.3.2)的证明如下:由式(3.4.25),$s=2q-1$,所以 $u_{q-1}=u_{s-q}\equiv cu_{-q}\equiv -c(-b)^{-q}u_q$,由此 $c\equiv -(-b)^q\tau^{-1}\equiv -\tau^{2q-1} \pmod p$.

式(6.3.3)的证明如下:$n=0$ 时,由 τ 之定义知结论成立.$n=1$ 时,$u_{q+1}=au_q+bu_{q-1}\equiv(a\tau+b)u_{q-1}$.又由 $u_q=au_{q-1}+bu_{q-2}\equiv\tau u_{q-1}$ 得 $a\tau u_{q-1}+b\tau u_{q-2}\equiv\tau^2u_{q-1}$,即 $(a\tau+b)u_{q-1}\equiv\tau^3u_{q-2}$.所以 $u_{q+1}\equiv\tau^3u_{q-2} \pmod p$,即 $n=1$ 时结论也成立.

假设对 $n-1,n(\geqslant 1)$ 结论已成立,则 $u_{q+n+1}=au_{q+n}+bu_{q+n-1}\equiv a\tau^{2n-1}u_{q-n-1}+b\tau^{2n-1}u_{q-n}\equiv -\tau^{2n+1}(u_{q-n}-au_{q-n-1})=-b\tau^{2n+1}u_{q-n-2}\equiv\tau^{2n+3}u_{q-n-2} \pmod p$.由此可知,对一切 $n\geqslant 0$,结论成立.

当 $n<0$,设 $n=-n'$.则 $u_{q+n}=u_{q-n'}=u_{s-(n'+q-1)}\equiv -c(-b)^{-(n'+q-1)}u_{q+n'-1}\equiv -\tau^{2q-1}\cdot\tau^{-2(n'+q-1)}u_{q-n-1}=$

$\tau^{2n+1}u_{q-n-1}\pmod p$. 证毕.

(1)式(6.3.4)为式(6.3.3)之直接结果.

1)$j\neq 0$ 时, $\zeta_{i,j}\equiv 0$ 将推出某个 $u_m\equiv 0\pmod p$, $1\leqslant m\leqslant q-1$, 此与 s 之意义矛盾, 故证.

2)因为 $\zeta_{i_1,j}$ 和 $\zeta_{i_2,j}$ 有 $c^{i_1}\tau^k u_m$ 和 $c^{i_2}\tau^k u_m$ 之形, 若它们模 p 同余, 则导致 $c^{i_2-i_1}\equiv 1\pmod p$, 但 $0<i_2-i_1<r$, 这与 r 之意义矛盾.

3)式(6.3.4)中第 j_1 列元素有形式 $c^i\tau^{k_1}u_{m_1}$, 第 j_2 列元素有形式 $c^i\tau^{k_2}u_{m_2}$, $i=0,\cdots,r-1$. 今设有 $\zeta_{i_1,j_1}\equiv\zeta_{i_2,j_2}$, 即 $c^{i_1}\tau^{k_1}u_{m_1}\equiv c^{i_2}\tau^{k_2}u_{m_2}$, 则对任何 $0\leqslant i\leqslant r-1$ 有 $c^i\tau^{k_1}u_{m_1}\equiv c^{i+i_2-i_1}\tau^{k_2}u_{m_2}$, 令 $0\leqslant i'\leqslant r-1$, $i'\equiv i+i_2-i_1\pmod r$, 则得 $c^i\tau^{k_1}u_{m_1}\equiv c^{i'}\tau^{k_2}u_{m_2}$, 即 $\zeta_{i,j_1}\equiv\zeta_{i',j_2}\pmod p$. 反之同理可证.

4)因为 $\zeta_{i,j}\equiv c^i\zeta_{0,j}$, 故只要对 $i=0$ 证明即可. 而 $\zeta_{0,j}\equiv u_j$, 故只要证 $u_{n+2j}\not\equiv\pm(-b)^j u_n\pmod p$. 若不然, 则由式(2.2.63), (2.2.64)有

$$u_{n+2j}\pm(-b)^j u_n\equiv u_{n+j}v_j\equiv 0 \text{ 或}\equiv v_{n+j}u_j\equiv 0\pmod p$$

由此推出 $u_{n+j}, u_{2j}, u_{2n+2j}, u_j$ 之一 $\equiv 0$, 由 n, j 之范围知 $n+j, 2j, j$ 均小于 s, 这与 s 之意义矛盾. 又知 $2n+2j<2s$, 故若 $u_{2n+2j}\equiv 0$, 则必 $2n+2j=s=2q-1$, 这也不可能. 故证.

5)同样只要证 $i=0$ 的情形, 即要证 $1\leqslant n<m\leqslant s-1$ 时, $u_{n+j}/u_n\not\equiv u_{m+j}/u_m\pmod p$. 若不然, 由式(2.3.11)则有

$$u_{n+j}u_m-u_nu_{m+j}=(-b)^n u_j u_{m-n}\equiv 0\pmod p$$

由此可引出与 s 之意义相矛盾之结果, 证毕.

推论 1　当 $p\neq 2$, $p\in Q_1$, 且 $b=1$ 时, 则

$$\tau^2\equiv -1, c\equiv(-1)^q\tau\pmod p \qquad (6.3.6)$$

$$r=4, p\equiv 1 \pmod 4 \quad (6.3.7)$$

$$u_{q+n}\equiv(-1)^n\tau u_{q-n-1} \pmod p\ (n\in\mathbf{Z}) \quad (6.3.8)$$

(1)$\{u_n \pmod p\}$一个周期的结构如下

1)$2\nmid q$ 时为

$$\begin{matrix} 0, & u_1, & u_2, & \cdots, & u_{q-1}, & \tau u_{q-1}, & -\tau u_{q-2}, & \cdots, & \tau u_2, & -\tau u_1 \\ 0, & -\tau u_1, & -\tau u_2 & \cdots, & -\tau u_{q-1}, & u_{q-1}, & -\tau u_{q-2}, & \cdots, & u_2, & -u_1 \\ 0, & -u_1, & -u_2, & \cdots, & -u_{q-1}, & -\tau u_{q-1}, & \tau u_{q-2}, & \cdots, & -\tau u_2, & \tau u_1 \\ 0, & \tau u_1, & \tau u_2, & \cdots, & \tau u_{q-1}, & -u_{q-1}, & u_{q-2}, & \cdots, & -u_2, & u_1 \end{matrix} \pmod p \quad (6.3.9)$$

2)$2\mid q$ 时为

$$\begin{matrix} 0, & u_1, & u_2, & \cdots, & u_{q-1}, & \tau u_{q-1}, & -\tau u_{q-2}, & \cdots, & -\tau u_2, & \tau u_1 \\ 0, & \tau u_1, & \tau u_2 & \cdots, & \tau u_{q-1}, & -u_{q-1}, & u_{q-2}, & \cdots, & u_2, & -u_1 \\ 0, & -u_1, & -u_2, & \cdots, & -u_{q-1}, & -\tau u_{q-1}, & \tau u_{q-2}, & \cdots, & \tau u_2, & -\tau u_1 \\ 0, & -\tau u_1, & -\tau u_2, & \cdots, & -\tau u_{q-1}, & u_{q-1}, & -u_{q-2}, & \cdots, & -u_2, & u_1 \end{matrix} \pmod p \quad (6.3.10)$$

推论 2 当 $p\neq 2, p\in Q_1$ 且 $b=-1$ 时,则

$$\tau\equiv\pm 1, c\equiv -\tau \pmod p \quad (6.3.11)$$

$$\tau=1 \text{ 时 } r=2, \tau=-1 \text{ 时 } r=1 \quad (6.3.12)$$

$$u_{q+n}\equiv\tau u_{q-n-1} \pmod p\ (n\in\mathbf{Z}) \quad (6.3.13)$$

(1)$\{u_n \pmod p\}$一个周期的结构如下:

1)$\tau=1, r=2$ 时为

$$\begin{matrix} 0, & u_1, & u_2, & \cdots, & u_{q-1}, & u_{q-1}, & u_{q-2}, & \cdots, & u_2, & u_1 \\ 0, & -u_1, & -u_2, & \cdots, & -u_{q-1}, & -u_{q-1}, & -u_{q-2}, & \cdots, & -u_2, & -u_1 \end{matrix} \pmod p \quad (6.3.14)$$

2)$\tau=-1, r=1$ 时为

$$0, u_1, u_2, \cdots, u_{q-1}, -u_{q-1}, -u_{q-2}, \cdots, -u_2, -u_1 \pmod{p} \tag{6.3.15}$$

定理 6.3.2　当 $p \neq 2, p \in Q_2$ 时

$$c \equiv -(-b)^q = -(-b)^{s/2} \pmod{p} \tag{6.3.16}$$

$$u_{q+n} \equiv (-b)^n u_{q-n} \pmod{p} \ (n \in \mathbf{Z}) \tag{6.3.17}$$

(1) $\{u_n \pmod{p}\}$ 一个周期的结构如下

$$\begin{array}{cccccccccc} 0, & u_1, & u_2, & \cdots, & u_{q-1}, & u_q, & (-b)u_{q-1}, & \cdots, & (-b)^{q-2}u_2, & (-b)^{q-1}u_1 \\ 0, & cu_1, & cu_2, & \cdots, & cu_{q-1}, & cu_q, & c(-b)u_{q-1}, & \cdots, & c(-b)^{q-2}u_2, & c(-b)^{q-1}u_1 \\ \vdots & \vdots & \vdots & \vdots & \vdots & & \vdots & \vdots & \vdots & \vdots \\ 0, & c^{r-1}u_1, & c^{r-1}u_2, & \cdots, & c^{r-1}u_{q-1}, & c^{r-1}u_q, & c^{r-1}(-b)u_{q-1}, & \cdots, & c^{r-1}(-b)^{q-2}u_2, & c^{r-1}(-b)^{q-1}u_1 \end{array} \pmod{p} \tag{6.3.18}$$

且其中元素 $\zeta_{i,j}$ $(0 \leqslant i \leqslant r-1, 0 \leqslant j \leqslant 2q-1 = s-1)$ 具有如下性质：

1)～3) 同定理 6.3.1 之(1)的 1)～3).

4) 当 $n, j > 0, n + 2j \leqslant s-1$ 时，对任何 $0 \leqslant i \leqslant r-1$，当且仅当 $n + j = q$ 时

$$\zeta_{i,n+2j} \equiv (-b)^j \zeta_{i,n} \pmod{p} \tag{6.3.19}$$

此外

$$\zeta_{i,n+2j} \not\equiv \pm(-b)^j \zeta_{j,n} \pmod{p} \tag{6.3.20}$$

5) 同定理 6.3.1 之(1)的 5).

证　式(6.3.1)的证明如下：因为 $p \in Q_2$，所以 $v_q = u_{q+1} + bu_{q-1} \equiv 0$ 且 $s = 2q$. 由此 $u_{q+1} = u_{s-(q-1)} \equiv -c(-b)^{-(q-1)}u_{q-1} \equiv -bu_{q-1} \pmod{p}$，故得所证.

式(6.3.17)的证明如下：由 $u_{q+n} - (-b)^n u_{q-n} \equiv v_q u_n \equiv 0 \pmod{p}$ 得证.

(1) 只证 4)，其余证法与定理 6.3.1 同理. 对于 4)，$u_{n+2j} \pm (-b)^j u_n \equiv 0 \pmod{p}$ 仅当 $n + j = q$ 且取下

号时成立. 证毕.

推论 1 $p\neq 2, p\in Q_2$ 且 $b=1$ 时,则:

(1)$2\nmid q$ 时 $c\equiv 1 \pmod p, r=1, \left(\frac{\Delta}{p}\right)=1$, $\{u_n \pmod p\}$ 一个周期的结构是

$$0, u_1, u_2, \cdots, u_{q-1}, u_q, -u_{q-1}, u_{q-2}, \cdots, -u_2, u_1 \pmod p \tag{6.3.21}$$

(2)$2\mid q$ 时 $c\equiv -1 \pmod p, r=2, \left(\frac{-\Delta}{p}\right)=1$, $\{u_n \pmod p\}$ 一个周期的结构是

$$\begin{matrix} 0, & u_1, & u_2, & \cdots, & u_{q-1}, & u_q, & -u_{q-1}, & u_{q-2}, & \cdots, & u_2, & -u_1 \\ 0, & -u_1, & -u_2, & \cdots, & -u_{q-1}, & -u_q, & u_{q-1}, & -u_{q-2}, & \cdots, & -u_2, & u_1 \end{matrix} \pmod p \tag{6.3.22}$$

推论 2 $p\neq 2, p\in Q_2$ 且 $b=-1$ 时,则 $c\equiv -1 \pmod p, r=2, \left(\frac{-\Delta}{p}\right)=1$, $\{u_n \pmod p\}$ 一个周期的结构是

$$\begin{matrix} 0, & u_1, & u_2, & \cdots, & u_{q-1}, & u_q, & u_{q-1}, & u_{q-2}, & \cdots, & u_2, & u_1 \\ 0, & -u_1, & -u_2, & \cdots, & -u_{q-1}, & -u_q, & -u_{q-1}, & -u_{q-2}, & \cdots, & -u_2, & -u_1 \end{matrix} \pmod p \tag{6.3.23}$$

6.3.2 对一类二阶序列具有不完全剩余系的素数

若 $\mathfrak{w}\in \Omega_Z(a,b)$ 对模 m 有不完全剩余系,我们称 $\mathfrak{w}$ 为模 m **亏的**,否则称 w 为**非亏的**. Shah[44] 和 Bruckner[45] 曾证明,若 $p>7$,则斐波那契序列是模 p 亏的. 前者证明了 $p\equiv 1,9,11,19 \pmod{20}$ 的情形,后者证明了 $p\equiv 3,7 \pmod{10}$ 的情形. 1988 年,Somer[46] 对 $\Omega_Z(a,\pm 1)$ 得出了一般结果.

对于任何 $\mathfrak{w}\in\Omega_Z(a,b)$，若 $\mathfrak{w}$ 为模 p 零序列，则显然是亏的. 否则，由 $p\nmid b$ 的假定，$P'(p,\mathfrak{w})=s_1$ 存在，且相应的乘子 $c_1\not\equiv 0 \pmod p$. 令 $\mathfrak{h}$ 适合 $h_n\equiv c_1^{-1}w_n \pmod p$，则 $h_{s_1}\equiv 0$，$h_{s_1+1}\equiv 1 \pmod p$. 可见 $\{w_n \pmod p\}$ 与主序列的模序列 $\{u_n \pmod p\}$ 等价. 故任一模 p 非零序列为模 p 亏的，当且仅当主序列为模 p 亏的.

定理 6.3.3　对于 $\Omega_Z(a,b)$，$p\neq 2$，有：

(1) 若 $\left(\frac{\Delta}{p}\right)=1$，则任何 $\mathfrak{w}\in\Omega$ 均为模 p 亏的.

(2) 若 $p\mid\Delta$，则当 $a\equiv\pm 2 \pmod p$ 时主序列 $\mathfrak{u}$ 为模 p 非亏的.

证　(1) 此时依式(3.4.1)，$\mathfrak{u}$ 之周期整除 $p-1$，故至多 $p-1$ 个不同的剩余 mod p.

(2) 当 $p\mid\Delta$，$a\equiv\pm 2$ 时，$u_n\equiv n(\pm 1)^{n-1} \pmod p$，结论显然.

下面是 Somer 的结果，我们对其证明进行了简化.

定理 6.3.4　对于 $\Omega_Z(a,-1)$ 有：

(1) 若 $p\geqslant 5$，$p\nmid\Delta$，对任何 $\mathfrak{w}\in\Omega$ 均为模 p 亏的.

(2) $p=2$ 或 3 时，则 $\Omega(3,-1)$ 中主序列是模 p 非亏的.

证　(1) 由定理 6.3.3，只证 $\left(\frac{\Delta}{p}\right)=-1$ 的情形. 由前面的说明，只需考虑主序列. 此时由式(3.4.2)有 $P(p,\mathfrak{u})=t\mid p+1$. 故要 $\mathfrak{u}$ 非亏，必须 $t=p+1$. 因为 $2\mid t$，所以式(6.3.15)的情形不可能. 若为(6.3.14)之情形，则 $p+1=2(2q-1)$，$p=4q-3$. 又其中至多有 $0,\pm u_1,\cdots,\pm u_{q-1} \pmod p$ 共 $2q-1$ 个可能不同的剩

余，故必$4q-3\leqslant 2q-1$，所以 $q\leqslant 1$，此不可能. 最后一种情形是式(6.3.23)，此时必 $p+1=4q$，且 $p=4q-1\leqslant 2q+1$，所以 $q\leqslant 1$，由此 $p\leqslant 3$. 证毕.

(2)可直接验证.

引理 6.3.1 设 $p\equiv 1 \pmod 4$，则 x 变化时，恰有 $(p-1)/4$ 个不同的$x^2 \pmod p$ 使 x^2+4 为 p 的二次非剩余.

证 因为 $\sum\limits_{x=1}^{p}\left(\frac{x^2+4}{p}\right)=-1$(参见第 2 章文献[40]，P. P190-191)，即 $2\sum\limits_{x=1}^{(p-1)/2}\left(\frac{x^2+4}{p}\right)+1=-1$，所以 $\sum\limits_{x=1}^{(p-1)/2}\left(\frac{x^2+4}{p}\right)=-1$. 故所求不同的 $x^2 \pmod p$ 的个数

$$\sum_{x=1}^{(p-1)/2}\left[1-\left(\frac{x^2+4}{p}\right)\right]\Big/2-\frac{1}{2}=(p-1)/4$$

定理 6.3.5 对于 $\Omega_Z(a,1)$，有：

(1)若 $p>7$，$p\not\equiv 1,9 \pmod{20}$，$p\nmid\Delta$，则任何 $\mathbf{w}\in\Omega$ 均为模 p 亏的.

(2)当 $p=2,3,5,7$ 时存在 $\mathbf{w}\in\Omega$ 为模 p 非亏的. 即 $p=2,3,7$ 时，斐波那契序列为模 p 非亏的，$p=5$ 时皮尔序列(即 $\Omega(2,1)$中的主序列)为模 p 非亏的.

(3)若 $p\mid\Delta$，则 $a\equiv\pm 2\sqrt{-1} \pmod p$时主序列 $\mathbf{u}$ 是模 p 非亏的.

证 (2)和(3)显然，只证(1). 同样只需考虑$\left(\frac{\Delta}{p}\right)=-1$ 及主序列的情形. 此时由(3.4.2)有 $t\mid 2(p+1)$，但因为 $u_p\equiv -1 \pmod p$，故 $t\neq p+1$. 要 $\mathbf{u}$ 非亏，只可能$t=2(p+1)$.

当 $p\in Q_2$，则只能出现式(6.3.22)的情形. 此时

$s=2q=p+1$. $p=2q-1$. 其中只有 $0,\pm u_1,\cdots,\pm u_q \pmod p$ 共 $2q+1$ 个可能不同余的剩余. 故若能证明它们中有三对同余,同 **u** 就是模 p 亏的. 由定理 6.3.2 之(1)的 5)知,当 n 在区间$[1,p]$变化时,$\zeta_{i,n+j}/\zeta_{i,n} \pmod p$ 互不同余,因而恰跑过 p 的完全剩余系,当然可取得剩余 1. 即存在 n,使 $\zeta_{i,n+j}\equiv\zeta_{i,n} \pmod p$. 取 $i=0$,由式(6.3.22)知,当 $j=1$ 时存在某个 $1\leqslant m\leqslant q-1$,使 $u_m\equiv u_{m+1}$ 或 $-u_{m+1} \pmod p$. 当 $j=3$ 时可能出现下列情况:

$u_{q-2}\equiv -u_{q-1}$(当 $n=q-2$)或 u_{q-1}(当 $n=q-1$).

$u_2\equiv u_1$(当 $n=2q-2$)或 u_1(当 $n=2q-1=p$).

存在 k,$1\leqslant k<k+3\leqslant q$,使 $u_k\equiv u_{k+3}$ 或 $-u_{k+3}$(n 为其他值时).

当 $j=5$ 时可能出现下列情况:

$u_{q-4}\equiv -u_{q-1}$,或 u_{q-1},$u_{q-3}\equiv u_{q-2}$ 或 $-u_{q-2}$,$q-4\leqslant n\leqslant q-1$时.

$u_4\equiv u_1$ 或 $-u_1$,$u_3\equiv u_2$ 或 $-u_2$,$p-4\leqslant n\leqslant p$ 时.

存在 l,$1\leqslant l<l+5\leqslant q$,使 $u_l\equiv u_{l+5}$ 或 $-u_{l+5}$,n 为其他值时.

由上知,当 $m\neq 1,q-2$ 时,对应于 $j=3$ 可找到 $1\leqslant k_1<k_2\leqslant q$,使 $u_{k_1}\equiv u_{k_2}$ 或 $-u_{k_2}$,且$(k_1,k_2)\neq(m,m+1)$. 而当 $m=1$ 或 $q-2$ 时,对应于 $j=5$ 可找到$1\leqslant l_1<l_2\leqslant q$,使 $u_{l_1}\equiv u_{l_2}$ 或 $-u_{l_2}$,且$(l_1,l_2)\neq(m,m+1)$. 又因为 $u_m\equiv\pm u_k$ 时 $-u_m\equiv\mp u_k \pmod p$,故 $p\in Q_2$ 的情形得证.

当 $p\in Q_1$,则只能出现式(6.3.9)或式(6.3.10)的情形. 此时 $s=(p+1)/2=2q-1$,$p=4q-3$. 而 $0,\pm u_1,\pm\tau u_1,\cdots,\pm u_{q-1},\pm\tau u_{q-1} \pmod p$ 恰有 $4q-3$ 个. 故只要

找出其中有一对同余者，则结论得证. 为此，只要证明存在 $1\leqslant j_1, j_2\leqslant q-1, j_1\neq j_2$，使 $u_{j_1}^2\equiv\pm u_{j_2}^2 \pmod p$ 即可.

由 $v_{2j-1}^2-\Delta u_{2j-1}^2=4(-1)^{2j-1}=-4$，可得 $\left(\frac{v_{2j-1}^2+4}{p}\right)=\left(\frac{\Delta}{p}\right)=-1$，当 $1\leqslant 2j-1\leqslant(p-3)/2$ 即 $1\leqslant j\leqslant(p-1)/4$. 由定理 6.3.1 之(1)的 4)知，当 $j\neq j'$ 时 $u_{2j-1}\not\equiv\pm u_{2j'-1} \pmod p$，因此上述 $(p-1)/4$ 个 $v_{2j-1}^2 \pmod p$ 互不同余. 因为 $p\not\equiv 1, 9 \pmod{20}$，所以 $\left(\frac{5}{p}\right)=-1$. 故由引理 6.3.1 知，必存在某个 $k=2j-1, 1\leqslant k\leqslant(p-3)/2=s-2$，使 $v_k^2\equiv 1$，或 $v_k\equiv\pm 1 \pmod p$.

令 $\mathfrak{g}$ 适合 $g_n=u_{nk}/u_k=(\alpha^{nk}-\beta^{nk})/(\alpha^k-\beta^k)=[(\alpha^k)^n-(\beta^k)^n]/(\alpha^k-\beta^k)$，$\alpha,\beta$ 为 $\Omega(a,1)$ 为特征根. 则 $g_0=0, g_1=1$. 又 $\alpha^k+\beta^k=v_k\equiv\pm 1 \pmod p$，$\alpha^k\cdot\beta^k=(-1)^k=-1$，所以 $\mathfrak{g}$ 与 $\Omega(\pm 1,1)$ 中的主序列 $\mathfrak{h}$ 同余 $\pmod p$. 因为 $\mathfrak{h}$ 之判别式 $\Delta'=5$，所以 $\left(\frac{\Delta'}{p}\right)=-1$，又 $\left(\frac{-1}{p}\right)=1$，故由式(3.4.17)知 $\mathfrak{h}$ 之周期系数 $r'=4$. 因而 $\{h_n \pmod p\}$ 一个周期之结构必形如式(6.3.9)或式(6.3.10)，只是将其中 $\mathfrak{u}$ 换成 $\mathfrak{h}$，$s=2q-1$ 换成 $s'=2q'-1$，s' 为 $\mathfrak{h}$ 的模 p 约束周期. 由此可得 $h_{s'-1}\equiv\pm\tau h_1\equiv\pm\tau, h_{s'-2}\equiv\mp\tau h_2\equiv\mp\tau$，亦即 $h_{s'-1}^2\equiv h_{s'-2}^2\equiv -1 \pmod p$，于是 $u_{(s'-1)k}^2\equiv u_{(s'-2)k}^2$. 今设 $(s'-1)k=i_1 s\pm j_1, (s'-2)k=i_1 s\pm j_2, 1\leqslant j_1, j_2\leqslant q-1$，则 $j_1\neq j_2$，否则就有 $k=(i_1-i_2)s$，由此推出 $u_k\equiv 0 \pmod p$，但 $1\leqslant k\leqslant s-2$，故这是不可能的. 又 $u_{is\pm j}\equiv(\pm 1)^{j-1}c^i u_j$，$c^2\equiv -1 \pmod p$，所以 $u_{is\pm j}^2\equiv\pm u_j^2$. 故由上又可得 $u_{j_1}^2\equiv\pm u_{j_2}^2 \pmod p$，证毕.

6.3.3 一个周期中剩余出现的次数

以 $N(p)$ 表 $\{u_n(\bmod p)\}$ 中不同剩余的个数，以 $R(d)$ 表剩余 d 在 $\{u_n(\bmod p)\}$ 一个周期中出现的次数. 1990 年，Somer[47] 对于 $\Omega_Z(a,\pm 1)$ 得出了下面若干结果. 在证明中，我们由于运用了模 p 序列的结构，故较 Somer 的证明更简单明了.

定理 6.3.6 当 $b=1, p\nmid 2a, r=1$ 时：

(1)

$$R(0)=1, 0\leqslant R(d)\leqslant 3 \tag{6.3.24}$$

(2)若 $d\not\equiv \pm 2/\sqrt{\Delta}(\bmod p)$，则

$$R(d)+R(-d)=0,2,4 \tag{6.3.25}$$

(3)若 $d\equiv \pm 2/\sqrt{\Delta}(\bmod p)$，则

$$R(d)+R(-d)=1,3 \tag{6.3.26}$$

(4)$a\equiv \pm 1(\bmod p)$时

$$R(1)=3, R(-1)=1 \tag{6.3.27}$$

(5)若 $R(d)+R(-d)=4$，则 $R(d)=1$ 或 3.

(6)若 $R(d)+R(-d)=3$，则 $R(d)=1$ 或 2.

证 此时只可能为式(6.3.21)之情形. 我们先证

$$R(d)+R(-d)\leqslant 4 \tag{6.3.28}$$

事实上，由定理 6.3.2 之(1)的 4)知，若 j_1, j_2 同属区间$[1,q]$或$[q+1,s-1]$，且 $\zeta_{0,j_1}\equiv \pm\zeta_{0,j_2}$，则必 j_1, j_2 不同奇偶. 因此，在上述每个区间中，不能有三个不同的 j，使 $\zeta_{0,j}\equiv \pm d$，这就证明了式(6.3.28).

(1)$R(0)=1$ 显然. $d\not\equiv 0$ 时，反设有 $1\leqslant j_1<j_2<j_3<j_4\leqslant s-1$ 使 $\zeta_{0,j_i}\equiv d(i=1,2,3,4)$. 由定理 6.3.2 之(1)的 4)知，必有 $j_2\leqslant q, j_3\geqslant q+1$，且 $j_1+j_4=j_2+j_3=2q$，于是 $\zeta_{0,j_4}=\zeta_{0,j_1+2(q-j_1)}\equiv(-1)^{q-j_1}\zeta_{0,j_1}$，同理 $\zeta_{0,j_3}\equiv(-1)^{q-j_2}\zeta_{0,j_2}$. 因为 j_1, j_2 不同奇偶，故引出 $d\equiv$

$-d$ 亦即 $d\equiv 0$ 之矛盾.

(2),(3). 由式(6.3.17)知,当 u_{q+n} 和 u_{q-n} 中有一个$\equiv\pm d(\bmod p)$时,则另一个亦然. 故当 $n\neq 0$ 即 $d\not\equiv u_q(\bmod p)$时 $R(d)+R(-d)$ 为偶数,否则为奇数. 因为此时 $P\in Q_2$, $2\nmid q$,所以有 $v_q\equiv 0$,故由 $v_q^2-\Delta u_q^2\equiv 4(-1)^q$ 得 $u_q\equiv\pm 2/\sqrt{\Delta}(\bmod p)$. 综上即证.

(4)$a\equiv 1(\bmod p)$时,$u_1\equiv u_2\equiv u_{s-1}(\bmod p)$,所以 $R(1)=3$. 又 $u_{s-2}\equiv -1(\bmod p)$,而 $R(1)+R(-1)\leqslant 4$,所以 $R(-1)=1$. $a\equiv -1(\bmod p)$时由 $u_1\equiv u_{s-2}\equiv u_{s-1}\equiv 1$, $u_2\equiv -1(\bmod p)$即得所证.

(5)仿照(1)之证明可知,$R(d)=R(-d)=2$ 是不可能的. 即证.

(6)由(2),(3)知,此时必有 $d\equiv u_q\equiv\pm 2/\sqrt{\Delta}(\bmod p)$. 若 $R(d)=3$,则有 $\zeta_{0,j_1}\equiv\zeta_{0,j_2}\equiv\zeta_{0,q}\equiv d$. j_1, j_2, q 互不相等. 因为 $2\nmid q$,则 j_1, j_2 必同为偶,且 $j_1+j_2=2q$. 但由此仿前可推出 $\zeta_{0,j_2}\equiv -\zeta_{0,j_1}$ 的矛盾,故 $R(d)\not\equiv 3$. 若 $R(d)=0$,则$R(-d)=3$,同理可证不可能. 故得所证.

定理 6.3.7 设 $b=1$, $p\nmid 2a$, $r=1$, $k=0$(当 $a\equiv\pm 1(\bmod p)$)或 1(其他),有:

(1)若 $p\equiv 3(\bmod 4)$,则

$$N(p)\leqslant(3p-5)/4+k \tag{6.3.29}$$

(2)若 $p\equiv 1(\bmod 4)$,则

$$N(p)\leqslant(3p-7)/8+k \tag{6.3.30}$$

(3)

$$s/2+1\leqslant N(p)\leqslant(3s-2)/4+k \tag{6.3.31}$$

证 (1)由式(6.3.21),$N(p)\leqslant q+1+(q-1)/2=(3q+1)/2$. 又此时$\left(\frac{\Delta}{p}\right)=1$,因而 $2q=s\mid p-1$,所以

$q\leqslant(p-1)/2$. 由此推出 $N(p)\leqslant(3p-1)/4=(3p-5)/4+1$. 但若 $a\equiv\pm1(\text{mod } p)$，则有 $u_2\equiv\pm u_1(\text{mod } p)$，故上述不等式之右边应减少 1. 即证.

(2)当 $p\equiv1(\text{mod } 4)$时$\left(\frac{-1}{p}\right)=1$，此时 $s\mid(p-1)/2$，由此 $q\leqslant(p-1)/4$. 其余仿上.

(3)不等式右边是(1)，(2)的直接结果，只证左边. 在式(6.3.28)中对所有不同的剩余 $d(\text{mod } p)$所对应的不等式(共 $N(p)$个)，除 $d\equiv0$ 的情形外，两边分别求和，并注意 $d\equiv u_q$ 时 $R(d)+R(-d)\leqslant3$ 得 $2(s-1)\leqslant4(N-1)-1$，所以 $N\geqslant s/2+3/4$，故 $N\geqslant s/2+1$.

定理 6.3.8　设 $b=1$，$p\nmid 2a$，$r=2$，则：

(1)$R(d)=R(-d)$.

(2)$R(0)=2$，$0\leqslant R(d)\leqslant4$.

(3)当且仅当 $d\equiv\pm2/\sqrt{-\Delta}(\text{mod } p)$时 $R(d)=1$ 或 3.

(4)若 $a\equiv\pm1(\text{mod } p)$，则 $R(1)=R(-1)=4$.

(5)若 $s=p+1$，$p\equiv7(\text{mod } 8)$，则 $R(2/\sqrt{\Delta})=R(-2/\sqrt{-\Delta})=1$，而 $N(p)=(3p+7)/4$.

(6)若 $s=P+1$，$p\equiv3(\text{mod } 8)$，则 $R(2/\sqrt{-\Delta})=R(-2/\sqrt{-\Delta})=3$，而 $N(p)=(3p+3)/4$.

证　此时只可能为情形式(6.3.22).

(1)显然.

(2)我们记 $R_i(d)$为剩余 d 在式(6.3.22)之第 i 行中出现的次数，则仿式(6.3.28)有

$$A_i(d)+A_i(-d)\leqslant4 \qquad (6.3.32)$$

对 $i=0,1$ 求和得 $A(d)+A(-d)\leqslant8$. 再由(1)得 $A(d)\leqslant4$.

(3)可仿定理6.3.6之(2),(3),证明当且仅当$d\equiv\pm2/\sqrt{-\Delta}\pmod p$时$R_i(d)+R_i(-d)=1$或3,从而$R(d)+R(-d)=2$或6再利用(1)即证.

(4)可直接验证.如$a\equiv1\pmod p$时,$u_1\equiv u_2\equiv u_{s-2}\equiv u_{2s-1}\equiv1\pmod p$.

(5)由式(6.3.22)知,若存在$1\leqslant m<m+2j-1\leqslant q$,使$u_m\equiv\pm u_{m+2j-1}\pmod p$,则令$d\equiv\pm u_m$时,$\pm d$将在$u_m$,$u_{m+2j-1}$,$u_{s-m}$,$u_{s-m-2j+1}$,$u_{s+m}$,$u_{s+m+2j-1}$,$u_{2s-m}$,$u_{2s-m-2j+1}$出现.因为$1\leqslant m\leqslant s-m<s+m\leqslant 2s-m\leqslant 2s$,$1<m+2j-1\leqslant s-m-2j+1<s+m+2j-1\leqslant 2s-m-2j+1<2s$,所以这些下标中适合$1\leqslant m_i<s-1=p$,$1\leqslant 2k_i-1\leqslant p$的下标对$(m_i,m_i+2k_i-1)$有下列情形:

$m+2j-1\neq q$时有

$$2j-1=(m+2j-1)-m=(s-m)-(s-m-2j+1)$$
$$s-2m-2j+1=(s-m-2j+1)-m=(s-m)-(m+2j-1)$$
$$2m+2j-1=(s+m+2j-1)-(s-m)=(s+m)-(s-m-2j+1)$$
$$s-2j+1=(s+m)-(m+2j-1)\cdot(2s-m-2j+1)-(s-m)$$

以上诸式的意义是$2k_i-1=(m_i+2k_i-1)-m_i$,其中$2k_i-1$有4个解,而(m_i,m_i+2k_i-1)有8个解,对应于d和$-d\pmod p$各4个解.且由$R(d)=R(-d)\leqslant4$知仅有这些解.反之可知,每4个上述$2k_i-1$对应于一对适合$1\leqslant m<m+2j-1<q$且$u_m\equiv\pm u_{m+2j-1}$的下标对$(m,m+2j-1)$.

当$m+2j-1=q$时,则$2j-1=s-2m-2j+1$,

$2m+2j-1=s-2j+1$，因此 $2k_i-1$ 只有两解. 反之，每两个这样的 $2k_i-1$ 对应于一对下标 (m,q) 适合 $1\leqslant m<q, u_m\equiv\pm u_q$.

另一方面，由定理 6.3.2 之(1)的 5)知，当 n 在区间 $[1,p]$ 变化时，对于固定的 $1\leqslant 2k-1\leqslant q$，$u_{n+2k-1}/u_n \pmod p$ 跑过 p 的完全剩余系. 故必存在 n，$1\leqslant n\leqslant p$，使 $u_{n+2k-1}/u_n\equiv 1$ 即 $u_{n+2k-1}\equiv u_n \pmod p$. 令 $2k-1$ 遍取 $[1,p]$ 中的奇数，即令 $k=1,2,\cdots,(p+1)/2$，共可得 $(p+1)/2$ 个这样的下标对 $(n,n+2k-1)$.

当 $p\equiv 7 \pmod 8$ 时，$(p+1)/2\equiv 0 \pmod 4$. 由此可知必有 $R(u_q)=R(-u_q)=1$. 否则，由前面的讨论将得出 $(p+1)/2\equiv 2 \pmod 4$，此乃矛盾. 又 $u_q\equiv\pm 2/\sqrt{-\Delta}$，故结论的第一部分得证.

综上可知，在 $\pm u_1,\pm u_2,\cdots,\pm u_q \pmod p$ 中，恰有 $\frac{1}{4}\cdot(p+1)/2$ 对出现 $u_m\equiv\pm u_{m+2j-1}$，所以 $N(p)=2q-2\cdot\frac{1}{4}(p+1)/2+1=(3p+7)/4$.

(6) $p\equiv 3 \pmod 8$ 时，$(p+1)/2\equiv 2 \pmod 4$. 由(5)之讨论知，此时必有 $R(u_q)=R(-u_q)=3$，而 $N(p)=2q-2\cdot\frac{1}{4}\left(\frac{p+1}{2}-2\right)-2+1=(3p+3)/4$.

定理 6.3.9　设 $b=1$，$p\nmid 2a$，$r=2$，相应于 $p\equiv 3$ 和 $7 \pmod 8$ 分别令 $k_1=3$ 和 7，相应于 $a\equiv\pm 1 \pmod p$ 和 $a\not\equiv\pm 1 \pmod p$ 分别令 $k_2=-1$ 和 1，则：

(1) $2\nmid N(p)$.

(2) $\left(\frac{\Delta}{p}\right)=-1$ 时必有 $p\equiv 3 \pmod 4$ 且 $N(p)\leqslant(3p+k_1)/4$.

(3)$\left(\frac{\Delta}{p}\right)=1$ 时必有 $p\equiv 1 \pmod 4$ 且 $N(p)\leqslant (p-1)/2+k_2$.

(4)$s/2+1\leqslant N(p)\leqslant s+k_2$.

(5)$s=p+1$ 时 $N(p)=(3p+k_2)/4$.

证 (1)由 $R(d)=R(-d)$ 知 $d\neq 0$ 时剩余 d 和 $-d$或同出现或同不出现. 故然.

(2)由式(6.3.22),$\left(\frac{-\Delta}{p}\right)=\left(\frac{-1}{p}\right)\left(\frac{\Delta}{p}\right)=1$,所以 $\left(\frac{\Delta}{p}\right)=-1$ 时 $\left(\frac{-1}{p}\right)=-1$,故 $p\equiv 3 \pmod 4$. 当式 $s=p+1$ 时,由定理 6.3.8 之(5),(6)知结论成立. 当 $s<p+1$. 因为 $\left(\frac{-1}{p}\right)=-1$,所以由式(3.4.6)知 $s\nmid (p+1)/2$. 故必 $s\leqslant (p+1)/3$. 于是 $N(p)\leqslant 2q+1=s+1\leqslant (p+4)/3<(3p+k_1)/4$.

(3)仿上可证 $p\equiv 1 \pmod 4$,且知 $s\mid (p-1)/2$. 所以 $N(p)\leqslant 2q+1\leqslant (p-1)/2+1$. 当 $a\equiv \pm 1 \pmod p$时,则 $u_1\equiv \pm u_2\equiv \pm 1 \pmod p$,所以 $N(p)\leqslant (p-1)/2-1$.

(4)$d\neq 0$ 时有 $R(d)+R(-d)\leqslant 8$. 两边对 $N(p)-1$ 个非零剩余求和得 $2(4q-2)\leqslant 8(N(p)-1)$,所以 $N(p)\geqslant q+\frac{1}{2}$,故 $N(p)\geqslant s/2+1$. $N(p)\leqslant s+k_2$ 是显然的.

(5)$s=p+1$ 时必有 $\left(\frac{\Delta}{p}\right)=-1$. 由此推出 $p\equiv 3 \pmod 4$,即得已证之结果.

定理 6.3.10 设 $b=1,p\nmid 2a,r=4$,则:

(1)$R(d)=R(c^i d),1\leqslant i\leqslant 3$.

(2)$R(d)=0,2$,或 4,而 $R(0)=4$.

(3)以 $R_i(d)$ 表 $d \pmod p$ 在式(6.3.9)或式(6.3.10)的第 i 行出现的次数,则对 $0 \leqslant i_1 < i_2 \leqslant 3$ 有

$$\sum_{i=0}^{3} R_{i_1}(c^i d) = \sum_{i=0}^{3} R_{i_2}(c^i d)$$

(4)$a \equiv \pm 1 \pmod p$ 时 $R(1) = R(-1) = R(\sqrt{-1}) = R(-\sqrt{-1}) = 4$.

证　此时必为式(6.3.9)或式(6.3.10)之情形. 以前者为例证之.

(1)当 $d, cd, c^2 d, c^3 d \pmod p$ 有一个出现在式(6.3.9)中之某一行某一列时,其余者必分别出现在其他行之同一列,故然.

(2)$R(0)=4$ 显然. 由式(6.3.9)知,当 $d \not\equiv 0 \pmod p$ 出现在其中时,则有 $d \equiv c^i u_m \pmod p$, $0 \leqslant i \leqslant 3$, $1 \leqslant m \leqslant q-1$,且显然 $R(d) \geqslant 2$. 若还存在 $0 \leqslant i_1 \leqslant 3$, $1 \leqslant m_1 \leqslant q-1$, $m_1 \neq m$,使 $c^{i_1} u_{m_1} \equiv c^i u_m \pmod p$,则 $R(d) \geqslant 4$,可知 $R(d) \neq 1, 3$. 今证 $R(d) \leqslant 4$. 若不然,则还有 $0 \leqslant i_2 \leqslant 3$, $1 \leqslant m_2 \leqslant q-1$, $m_2 \neq m, m_1$,使 $c^{i_2} u_{m_2} \equiv c^i u_m \pmod p$. m, m_1, m_2 三数中必有两数同奇偶,比如说 m_1 和 m_2. 由于 $u_{m_1}^2 \equiv \pm u_{m_2}^2 \pmod p$,这与式(6.3.5)矛盾. 证毕.

(3)我们有 $\zeta_{i_2, j} \equiv c^{i_2 - i_1} \zeta_{i_1, j} \pmod p$,而 $\{1, c, c^2, c^3\} \pmod p$ 构成一乘法群,故得所证.

(4)此可直接验证.

定理 6.3.11　设 $b=1$, $p \nmid 2a\Delta$, $r=4$,则:

(1)$N(p) \equiv 1 \pmod 4$.

(2)$\left(\dfrac{\Delta}{p}\right) = -1$ 时 $N(p) \leqslant p - 4k_1$,其中当 $a \not\equiv \pm 1 \pmod p$ 且 $p \equiv 1$ 或 $9 \pmod{20}$,或 $p=5$ 时 $k_1 = 0$,此外 $k_1 = 1$.

(3) $\left(\frac{\Delta}{p}\right)=1$ 时 $N(p)\leqslant(p-1)/2-4k_2-1$，其中当 $a\not\equiv\pm1(\mathrm{mod}\ p)$ 时 $k_2=0$，否则 $k_2=1$.

(4) $4[(s+1)/4]+1<N(p)\leqslant 2s-k_3$，其中当 $p\not\equiv 1,9(\mathrm{mod}\ 20)$ 且 $s=(p+1)/2$，或 $a\equiv\pm1(\mathrm{mod}\ p)$ 时 $k_3=5$，此外 $k_3=1$.

证 (1)由 $R(d)=R(c^i d)$ 及 $d\neq0$ 时诸 $c^i d$ 互异 $(\mathrm{mod}\ p)$ 即证.

(2)此时有 $\left(\frac{-1}{p}\right)=1$，故 $s=2q-1\mid(p+1)/2$，由此 $q\leqslant(p+3)/4$. 由式(6.3.9)(以之为例)，$N(p)\leqslant 4(q-1)+1\leqslant p$ 当 $a\equiv\pm1(\mathrm{mod}\ p)$ 时 $u_1\equiv\pm u_2$，故 $N(p)\leqslant p-4$. 当 $p\not\equiv1,9(\mathrm{mod}\ 20)$ 时，由定理 6.3.5 之(1)的证明中知，$p\geqslant11$ 且 $s=(p+1)/2$ 时，存在 $1\leqslant j_1<j_2\leqslant q-1$ 使 $u_{j_1}^2\equiv\pm u_{j_2}^2$，由此

$$u_{j_1}\equiv\pm u_{j_1}\text{ 或 }\pm\tau u_{j_2}\ (\mathrm{mod}\ p)$$

故也有 $N(p)\leqslant p-4$. 当 $s<(p+1)/2$ 时，则 $s=2q-1\leqslant(p+1)/3$. 由此 $q\leqslant(p+4)/6$. 再由式(6.3.9)知 $N(p)\leqslant 4(q-1)+1\leqslant(2p-1)/3\leqslant p-4$. 因为由 $\left(\frac{-1}{p}\right)=1$ 知 $p\equiv1(\mathrm{mod}\ 4)$，又小于 11 而合此条件之素数仅 $p=5$，故结论得证.

(3)此时有 $4s\mid p-1$，因而 $s=2q-1\leqslant(p-1)/4$，所以 $q\leqslant(p+3)/8$. 于是 $N(p)\leqslant4(q-1)+1\leqslant(p-1)/2-1$. 当 $a\equiv\pm1(\mathrm{mod}\ p)$ 时结论显然.

(4)首先，$N(p)\leqslant4(q-1)+1=2s-1$. 当 $p\not\equiv1,9(\mathrm{mod}\ 20)$ 且 $s=(p+1)/2$，或 $a\equiv\pm1(\mathrm{mod}\ p)$ 时仿(3). 之证明可得 $N(p)\leqslant2s-5$. 故 $N(p)\leqslant2s-k_3$ 成立.

其次，由定理 6.3.10 之(2)的证明过程知，对于 $d\equiv c^i u_m \pmod p$，$1\leqslant m\leqslant q-1$，至多存在一个 m_1，$1\leqslant m_1\leqslant q-1$，$m_1\neq m$，使 $c^{i_1}u_{m_1}\equiv c^i u_m \pmod p$. 由此 $N(p)\geqslant 4(q/2)+1=4[(s+1)/4]+1$. 证毕.

上述方法，容易应用到 $\Omega_Z(a,-1)$的情形，也可推广到一般的 $\Omega_Z(a,b)$. 不赘述.

6.4　对模的一致分布

6.4.1　对模一致分布的性质与必要条件

设整数序列$\{w_n\}$是模 m 周期的，若在任一周期中每个剩余 mod m 出现的次数相同，则称此序列为**对模 m 一致分布**，简记为 u. d. (mod m). 由于随机数发生中希望各剩余 mod m 出现的机会均等，故整数序列对模的一致分布问题早就引起了人们重视. 1961 年，Niven[21]提出了整数序列对模一致分布的概念. 1962 年，Gotusso[22]首先在有限域中给出了序列一致分布的定义. 1971～1972 年，Kuipers 和 Shiue[23-26]研究了二阶 F-L 序列对模的一致分布问题，并在文献[26]中证明了斐波那契序列 u. d. (mod m)的必要条件是 m 为素数的幂. 在同一期杂志上，Niederreiter[27]证明了斐波那契序列为 u. d. (mod 5^k). 1975 年，Niederreiter[28]确定了对哪些素数模二阶 F-L 序列是一致分布的，1973 年，Bundschuh 和 Shiue[29]研究过以素数幂为模的情况，1975 年，Bumby[30]较完整地研究过一般整数为模的情况. 此外，一些作者也涉及到在有限域和环 $Z/(m)$中的三阶，四阶和 k 阶 F-L 序列的一致分布问题[31-34].但研究得较为成熟的是二阶序列的一致分布问题,在 Narkiewicz[35] 的数学讲义中,全面总结了关于二阶 F-L 序列对任意模 m 一致分布的充要条件. 1987 年,Vèlez[36] 提出了条件更强的对模 f 一一致分布的概念,并用此来证明二阶 F-L 序列 u. d. (mod m) 的充要条件. 1990 年,Jacobson[37] 利用 Vèlez 的结果证明了对模一致分布的二阶序列的一条重要性质. 在本节中,我们将综合上述结果,对二阶序列 u. d. (mod m) 的充要条件给出较为简单的证明.

根据 u. d. (mod m)的定义,显然有:

引理 6.4.1 若$\{w_n\}$为 u. d. (mod m),则 $m \mid P(m,\mathfrak{w})$.

引理 6.4.2 若 $\gcd(m,d)=1$,$\{h_n\}$和$\{w_n\}$的通项适合 $h_n\equiv dw_n \pmod m$则$\{w_n\}$为 u. d. (mod m)当且仅当$\{h_n\}$为 u. d. (mod m).

引理 6.4.3 若$\{h_n\}$和$\{w_n\}$的通项适合 $h_n\equiv w_{n+k} \pmod m$,$k>0$,则$\{w_n\}$为 u. d. (mod m)时$\{h_n\}$也为 u. d. (mod m).

引理 6.4.4 若$\{w_n\}$为 u. d. (mod m),$m_1>1$,$m_1\mid m$,则$\{w_n\}$为u. d. (mod m_1).

证 根据引理 6.4.1,可设$\{w_n\}$的模 m 周期为 mf,因而任一剩余$r \pmod m$在一个周期内出现 f 次. 设 $w_{n_1}\equiv\cdots\equiv w_{n_f}\equiv r \pmod m$,则 $w_{n_1}\equiv\cdots\equiv w_{n_f}\equiv r\equiv r_1 \pmod{m_1}$,$0\leqslant r_1\leqslant m_1-1$. 又设 $m=km_1$. 则当 r 跑过 $0,1,\cdots,m-1$ 时,r_1 跑过 $0,1,\cdots,m_1-1$ 共 k 次. 故在 $w_0,w_1,\cdots,w_{mf} \pmod{m_1}$中每个 r_1 出现 kf 次. 又因为 $m_1\mid m$,所以 $P(m_1,\mathfrak{w})\mid mf$,因而在$\{w_n \pmod{m_1}\}$的任一周期中每个剩余 mod m_1 出现相同次数,即 $\mathfrak{w}$

为 u. d. (mod m_1).

定理 6.4.1　设 $\mathfrak{w}\in\Omega_Z(a,b)$，则 $\mathfrak{w}$ 为 u. d. (mod m) 的必要条件是对 m 的任一素因子 p 下列条件成立：

(1) $p\nmid b$ 且 $p\mid\Delta$.

(2) 若 $p\geqslant 3$，则 $p\nmid 2w_1-aw_0$.

(3) 若 $p=3$ 且 $9\mid m$，则 $\Delta\not\equiv 6\pmod 9$.

(4) 若 $p=2$，则 w_0 与 w_1 不同奇偶，若又有 $4\mid m$，则 $a\equiv 2\pmod 4$ 且 $b\equiv 3\pmod 4$.

为简便，今后我们记上述条件为条件 $D(m)$.

证　设 $\mathfrak{w}$ 为 u. d. (mod m)，则由引理 6.4.4，$\mathfrak{w}$ 也为 u. d. (mod p)，因而可设 $P(p,\mathfrak{w})=pk$. 设 $\mathfrak{u}$ 为 Ω 中主序列，则 $pk\mid P(p,\mathfrak{u})=t$.

(1) 若 $p\mid b$，则由递归关系，$n\geqslant 2$ 时，$u_n\equiv u_1a^{n-1}=a^{n-1}\pmod p$. 若 $a\equiv 0\pmod p$，则 $n\geqslant 2$ 时 $u_n\equiv 0\pmod p$，因而 $t=1$，这与 $pk\mid t$ 矛盾. 若 $a\not\equiv 0\pmod p$，则 $t=\mathrm{ord}_p(a)\mid p-1$，这也与 $pk\mid t$ 矛盾. 故 $p\nmid b$.

若 $p\nmid\Delta$，则 $p=2$ 时 $2\nmid a$，此时有 $u_{n+2}\equiv u_{n+1}+u_n\pmod 2$. 易知 $t=3$，这推出 $2k\mid 3$ 的矛盾. $p\neq 2$ 时，则依 $\left(\frac{\Delta}{p}\right)=1$ 或 -1 有 $t\mid p-1$ 或 $2(p+1)$，这均与 $pk\mid t$ 矛盾. 故 $p\mid\Delta$.

(2) 上已证 $p\mid\Delta=a^2+4b$，所以 $p\geqslant 3$ 时，$b\equiv-(a/2)^2\pmod p$. 又可知此时 $u_n\equiv n(a/2)^{n-1}\pmod p$. 所以 $w_n=w_1u_n+bw_0u_{n-1}\equiv w_1n(a/2)^{n-1}-w_0(n-1)\cdot(a/2)^n=[(2w_1-aw_0)n+aw_0]a^{n-1}/2^n\pmod p$. 反设 $p\mid 2w_1-aw_0$，则 $w_n\equiv w_0(a/2)^n\pmod p$. 显然 $w_0\not\equiv 0\pmod p$，则 $pk=\mathrm{ord}_p(a/2)\mid p-1$，这不可能，故证.

(3) $p=3$ 时，则 $\Delta\equiv a^2+b\equiv 0\pmod 3$. 由(1)知

$3\nmid b$，所以 $3\nmid a$，故必 $a^2\equiv 1$ 而 $b\equiv -1 \pmod 3$. 当 $a\equiv 1$，$b\equiv -1$ 和 $a\equiv -1$，$b\equiv -1 \pmod 3$ 时分别得 $\{u_n \pmod 3\}$ 为

$$0,1,1,0,-1,-1,0,1,\cdots$$

和

$$0,1,-1,0,1,\cdots$$

上述两情况下分别有 $P(3,\mathfrak{u})=6$ 和 3.

若又有 $9\mid m$，则也有 $\mathfrak{w}$ 为 u. d. (mod 9)，因此 $9\mid P(9,\mathfrak{u})$. 由此知 $P(9,\mathfrak{u})\neq P(3,\mathfrak{u})$. 根据定理 3.3.10 之(1)，应有 $P(9,\mathfrak{u})=3P(3,\mathfrak{u})=18$ 或 9. 今证 $u_3\not\equiv 0 \pmod 9$. 若不然，则由定理 3.3.4 有 $P'(9,\mathfrak{w})\mid P'(9,\mathfrak{u})=3$，因而 $w_{n+3j}\equiv c^j w_n \pmod 9$. 因为 $\mathfrak{w}$ 为 u. d. (mod 9)，所以存在 n 使 $w_n\equiv 0 \pmod 9$，但这样就有 $w_{n+3j}\equiv 0 \pmod 9$，$j=0,1,2,\cdots$. 于是，在长为 18 的一个周期内剩余 0(mod 9)出现次数 $=6>18/9$，在长为 9 的一个周期内剩余 0(mod 9)出现次数 $=3>9/9$，这均与 $\mathfrak{w}$ 为 u. d. (mod 9)矛盾.

因为 $u_3=a^2+b$，$3\nmid a,b$，所以 $a^2\equiv 1,4,7 \pmod 9$，故若 $u_3\equiv 0$，则 $b\equiv -1,-4,2 \pmod 9$，$\Delta\equiv 3b\equiv 6 \pmod 9$. 但因为 $u_3\not\equiv 0$，所以 $\Delta 6 \pmod 9$.

(4)若 $p=2$，则由 $2\mid\Delta$ 推出 $2\mid a$. 又已证 $2\nmid b$. 若还有 $4\mid m$，则 $\mathfrak{w}$ 也为u. d. (mod 4). 若 w_0，w_1 同奇偶，则由递归关系，$\mathfrak{w}$ 之各项均同奇偶，这与u. d. (mod 4)矛盾，所以 w_0，w_1 不同奇偶. 因为 $a\equiv 0,2$，$b\equiv \pm 1 \pmod 4$，则必 $a\not\equiv 0$，若不然，则 $\{w_n \pmod 4\}$ 为

$$w_0,w_1,\pm w_0,\pm w_1,w_0,w_1,\cdots$$

因为 $4\mid P(4,\mathfrak{w})$，所以取上号时不可能. 若取下号，由于 $\mathfrak{w}$ 为 u. d. (mod 4)，则 w_0 或 w_1 必有一个 $\equiv 0 \pmod 4$，

但这时相应地有 $-w_0$ 或 $-w_1\equiv 0 \pmod 4$，这又与 u. d. (mod 4)矛盾. 所以只可 $a\equiv 2 \pmod 4$. 再证 $b\not\equiv 1 \pmod 4$，若不然，则 $\{w_n \pmod 4\}$ 为

$$w_0, w_1, 2w_1+w_0, 2w_0+w_1, w_0, w_1, \cdots$$

可知必 $P(4,\mathfrak{w})=4$. 若 $2\mid w_0$，则 $w_1 \pmod 4$ 在一个周期内出现 2 次，此不可能. 同理 $2\mid w_1$ 也不可能. 因已证 w_0 与 w_1 不同奇偶，故 $b\equiv 1$ 的情形不可能. 所以 $b\equiv -1\equiv 3 \pmod 4$.

引理 6.4.5　设 $\mathfrak{w},\mathfrak{h}\in\Omega_Z(a,b)$，$h_n=w_{n+k}(n\geqslant 0, k>0)$. 若 $\mathfrak{w}$ 适合条件 $D(m)$，则 $\mathfrak{h}$ 也适合条件 $D(m)$.

证　只需考虑与初始值有关之条件(2)和(4)而(4)显然. 对于(2)，设 $p\geqslant 3$ 时 $p\nmid 2w_1-aw_0$. 则 $2h_1-ah_0=2w_{k+1}-aw_k=aw_k+2bw_{k-1}\equiv aw_k-(a^2/2)w_{k-1}\equiv (a/2)(2w_k-aw_{k-1}) \pmod p$. 由此可归纳证得 $p\nmid 2h_1-ah_0$.

定理 6.4.2　设 $\mathfrak{u}$ 为 $\Omega_Z(a,b)$ 中主序列，p 为素数，$\mathfrak{w}\in\Omega$ 适合条件 $D(p^r)$，则 $\mathfrak{w}$ 为 u. d. (mod p^r)的充要条件是 $\mathfrak{u}$ 为 u. d. (mod p^r).

证　必要性. 设 $\mathfrak{w}$ 为 u. d. (mod p^r)，则必存在 j，使 $w_j\equiv 0 \pmod{p^r}$. 由此推出 $p\nmid w_{j+1}$，否则，将有 $n\geqslant j$ 时 $w_n\equiv 0 \pmod p$，这与引理 6.4.4 矛盾. 令 $\mathfrak{h}$ 适合 $h_n\equiv w_{j+1}^{-1}w_{n+j} \pmod{p^r}$，$n\geqslant 0$，则 $h_0\equiv 0$，$h_1\equiv 1 \pmod{p^r}$，所以 $h_n\equiv u_n \pmod{p^r}$，故由引理 6.4.2 和 6.4.3 知 $\mathfrak{u}$ 为 u. d. (mod p^r).

充分性. 设 $\mathfrak{u}$ 为 u. d. (mod p^r). 则 $\mathfrak{u}$ 适合条件 $D(p^r)$. 因为 $p\mid\Delta$，$p\nmid b$，所以 $p=2$ 时 $2\mid a$，$2\nmid b$. 今证存在 n，使 $w_n\equiv 0 \pmod{2^r}$. 当 $r=1$ 时，由条件 $D(p^r)$ 知 w_0, w_1 不同奇偶，结论显然. 当 $r>1$ 且 $\Delta=0$ 时，$u_n=$

$n(a/2)^{n-1}$，所以

$$w_n = w_1 u_n + b w_0 u_{n-1} = [(w_1 - w_0 \cdot a/2)n + w_0 \cdot a/2](a/2)^{n-1} \tag{6.4.1}$$

又由条件 $D(p^r)$，$c \equiv 2 \pmod 4$，所以 $2 \nmid a/2$，于是 $2 \nmid w_1 - w_0 \cdot a/2$，故同余式 $(w_1 - w_0 \cdot a/2)n + w_0 \cdot a/2 \equiv 0 \pmod{2^r}$ 关于 n 有解. 结论成立. 当 $r > 1$ 且 $\Delta \neq 0$ 时，Ω 之特征根为 $\alpha = (a + \sqrt{\Delta})/2$，$\beta = (a - \sqrt{\Delta})/2$，而

$$u_n = (\alpha^n - \beta^n)/(\alpha - \beta)$$

$$\begin{aligned} w_n &= w_1 u_n + b w_0 u_{n-1} = \\ &(w_1 - w_0 a/2)(\alpha^n - \beta^n)/\sqrt{\Delta} + (\alpha^n + \beta^n) w_0/2 = \\ &(w_1 - w_0 a/2) \sum_{i \geqslant 0} \binom{n}{2i+1} a^{n-2i-1} \Delta^i / 2^{n-1} + \\ &w_0 \sum_{i \geqslant 0} \binom{n}{2i} a^{n-2i} \Delta^i / 2^n = \\ &(w_1 - w_0 a/2) \sum_{i \geqslant 0} \binom{n}{2i+1} (a/2)^{n-2i-1} (\Delta/4)^i + \\ &w_0 \sum_{i \geqslant 0} \binom{n}{2i} (a/2)^{n-2i} (\Delta/4)^i \end{aligned} \tag{6.4.2}$$

因为 $a \equiv 2$，$b \equiv -1 \pmod 4$，所以 $\operatorname{pot}_2(\Delta) \geqslant 4$，$\operatorname{pot}_2((\Delta/4)^i) \geqslant 2i$. 又 $i > 0$ 时，设 $2^\lambda \leqslant i < 2^{\lambda+1}$，则 $\operatorname{pot}_2((2i+1)!) = \operatorname{pot}_2((2i)!) \leqslant i + i/2 + \cdots + i/2^\lambda = (2 - 2^{-\lambda})i < 2i$，因此，若令 $n = 2^{r-1}k$，则有

$$\begin{aligned} w_n &\equiv (w_1 - w_0 a/2) n (a/2)^{n-1} + w_0 (a/2)^n = \\ &(a/2)^{n-1}[(w_1 - w_0 a/2) 2^{r-1} k + w_0 a/2] \pmod{2^r} \end{aligned} \tag{6.4.3}$$

下面对 r 用归纳法证明存在 n 使 $w_n \equiv 0 \pmod{2^r}$. $r=1$

时结论显然.设对 $r-1$,存在某个 $n_0=2^{r-2}k_0$,使 $w_{n_0}\equiv 0(\bmod 2^{r-1})$,由引理6.4.5,不妨设 $n_0=0$.

令 $w_0=2^{r-1}\tau$ 代入式(6.4.3)得

$$w_n\equiv(a/2)^{n-1}2^{r-1}[(w_1-w_0a/2)k+\tau a/2](\bmod 2^r)$$

因为 $(w_1-w_0a/2)k+\tau a/2\equiv 0(\bmod 2)$ 有解,故所求之 k 即使得 $w_n\equiv 0(\bmod 2^r)$.

当 $p>2$ 时,因为 $p\mid\Delta$,$p\nmid b$,所以 $p\nmid a$. $\Delta=0$ 时,w_n 仍有表达式(6.4.1).由条件 $D(p^r)$,$p\nmid 2w_1-aw_0$,故可求得适合 $w_n\equiv 0(\bmod p^r)$ 之 n. $\Delta\neq 0$ 时,w_n 仍有表达式(6.4.2).此时有 $\mathrm{pot}_p(\Delta_i)\geqslant i$.当 $i>0$,设 $p^\lambda\leqslant 2i+1<p^{\lambda+1}$,同样可得

$$\mathrm{pot}_p((2i+1)!)\leqslant(2i+1)(1-p^{-\lambda})/(p-1)$$

$p\geqslant 5$ 时,则

$$\mathrm{pot}_p((2i+1)!)<(2i+1)/4<i$$

$p=3$ 时,则

$$\mathrm{pot}_3((2i+1)!)<(2i+1)/2=i+\frac{1}{2}$$

因而 $\mathrm{pot}_3((2i+1)!)\leqslant i$.且知当且仅当 $3^\lambda\mid 2i+1$ 时等号成立,不难知此时必有 $2i+1=3^\lambda$.

同理 $p\geqslant 3$,$i>0$ 时

$$\mathrm{pot}_p((2i)!)<i$$

因此,若取 $n=p^{r-1}k$,则 $p\geqslant 5$ 时有

$$\begin{aligned}w_n&\equiv(2w_1-aw_0)a^{n-1}p^{r-1}k/2^n+w_0a^n/2^n\equiv\\&(a^{n-2}/2^n)[(2w_1-aw_0)p^{r-1}k+aw_0](\bmod p^r)\end{aligned}\tag{6.4.4}$$

由此,可完全仿 $p=2$ 的情形用归纳法证得存在 n,使 $w_n\equiv 0(\bmod p^r)$.

当 $p=3$ 时,由条件 $D(3^r)$,$r\geqslant 2$ 时 $\Delta\not\equiv 6(\bmod 9)$.

而 $3|\Delta$，故 $\Delta\equiv 0$ 或 $3(\mathrm{mod}\ 9)$. 若 $9|\Delta$，则 $\mathrm{pot}_3(\Delta^i)\geqslant 2i$，于是同样有式(6.4.4)，结论仿前得证. 当 $3\parallel\Delta$ 时，$\mathrm{pot}_3(\Delta^i)=i$. 此时由式(6.4.3)得

$$w_n\equiv(a^{n-3}/2^n)[(2w_1-aw_0)(a^2\cdot 3^{r-1}k+\binom{n}{3}\Delta)+a^3w_0](\mathrm{mod}\ 3^r)\qquad(6.4.5)$$

因为 $\binom{n}{3}\Delta=3^{r-1}k(3^{r-1}k-1)(3^{r-1}k-2)(\Delta/3)/2$

而

$$k(k-1)(k-2)(\Delta/3)/2\equiv 0(\mathrm{mod}\ 3)$$

所以 $r=1$ 时

$$w_n\equiv(a^{n-1}/2^n)[(2w_1-aw_0)k+aw_0](\mathrm{mod}\ 3)$$

由此知存在 n 使 $w_n\equiv 0(\mathrm{mod}\ 3)$. 同样做归纳假设，不妨设已有 $w_0=3^{r-1}q$，则由式(6.4.5)得

$$w_n\equiv(a^{n-3}/2)3^{r-1}[(2w_1-aw_0)\cdot(a^2+\Delta/3)k+a^3q](\mathrm{mod}\ 3^r)$$

这是因为 $(3^{r-1}k-1)(3^{r-1}k-2)\equiv 2(\mathrm{mod}\ 3)$ 之故. 注意到 $a^2\equiv 1,\Delta/3\equiv 1(\mathrm{mod}\ 3)$，可知 $3\nmid(a^2+\Delta/3)$. 由此，可求得 k，使 $w_n\equiv 0(\mathrm{mod}\ 3^r)$.

综上，我们已证在条件 $D(p^r)$ 下，恒有 m，使 $w_n\equiv 0(\mathrm{mod}\ p^r)$. 若 $p|w_{m+1}$，则 $\mathfrak{w}$ 为模 p 零序列，这与 $p\nmid 2w_1-aw_0$ 矛盾，所以 $p\nmid w_{n+1}$. 令 $\mathfrak{h}$ 之通项适合 $h_n\equiv w_{m+1}^{-1}w_{n+m}(\mathrm{mod}\ p^r)$，则 $h_n\equiv u_n(\mathrm{mod}\ p^r)$. 而已知 $\mathfrak{u}$ 为 u. d. $(\mathrm{mod}\ p^r)$，故 $\mathfrak{h}$ 亦然，又 $p\nmid b$，因而 w 为 u. d. $(\mathrm{mod}\ p^r)$.

6.4.2 对模的 f—一致分布

设 $\mathfrak{w}$ 的模 m 周期为 mf. 若对每一个 k，$w_k,w_{k+f},\cdots,w_{k+(m-1)f}$ 恰好构成 m 的完全剩余系，则称 $\mathfrak{w}$ 对模 m

是 f—**一致分布的**，简记为 f—u. d. (mod m). 显然，$\mathbf{w}$ 为 f—u. d. (mod m)时必为 u. d. (mod m). 对于二阶 F-L 序列，由于有定理 6. 4. 2，故我们以下只要研究主序列.

定理 6. 4. 3　设 p 为素数，$\Omega_Z(a,b)$ 中主序列 $\mathbf{u}$ 适合条件 $D(p^r)$，则 $\mathbf{u}$ 为 f—u. d. (mod p^r)，且 $f=\mathrm{ord}_p(a/2)$.

证　$r=1$ 时，$u_n\equiv n(a/2)^{n-1}(\mathrm{mod}\ p)$. 此时 $P'(p,\mathbf{u})=p$，乘子为 $u_{p+1}\equiv a/2(\mathrm{mod}\ p)$. 故由(3. 3. 10)得 $P(p,\mathbf{u})=p\cdot\mathrm{ord}_p(a/2)$，即有 $f=\mathrm{ord}_p(a/2)$. 于是 $(a/2)^f\equiv 1(\mathrm{mod}\ p)$. 这样就有

$$u_{k+if}\equiv(k+if)(a/2)^{k+if-1}\equiv(k+if)(a/2)^{k-1}(\mathrm{mod}\ p)$$

因为 $f\mid p-1$，所以 $p\nmid f$. 因此，当 i 跑过 p 的完全剩余系时，u_{k+if} 跑过 p 的完全剩余系，即 $r=1$ 时得证.

当 $r>1$ 时，因 $\Omega_Z(a,b)$ 的特征多项式 $f(x)=(x-a/2)^2-\Delta/4$，$p\mid\Delta$，则由定理 3. 3. 13，定理 3. 3. 14 的推论 2 以及定理 3. 3. 15 的推论知，不论是否 $\Delta=0$ 及是否 $p=2$，均有 $P(p^r,\mathbf{u})=p^r f$. 由定理 6. 4. 2 之证明知，式(6. 4. 2)成立. 在其中以 $\mathbf{u}$ 代 $\mathbf{w}$ 得

$$u_n=\sum_{i\geqslant 0}\binom{n}{2i+1}a^{n-2i-1}\Delta^i/2^{n-1}=$$

$$(a/2)^{n-1}\sum_{i\geqslant 0}\binom{n}{2i+1}a^{-2i}\Delta^i\qquad(6.4.6)$$

由定理 6. 4. 2 之证明可知，若 $n=m+p^{r-1}m_1$，则当 $p\geqslant 5$，或 $\mathrm{pot}_p(\Delta)>1$，或 $p=3$ 且 $\mathrm{pot}_3(\Delta)=1$ 但 $i\geqslant 2$ 时

$$\binom{n}{2i+1}a^{-2i}\Delta^i\equiv\binom{m}{2i+1}a^{-2i}\Delta^i(\mathrm{mod}\ p^r)$$

(6. 4. 7)

现在令 $n=k+\tau f,\tau=\mu+p^{r-1}\lambda$，则当 μ 和 λ 分别跑过 $0,1,\cdots,p^{r-1}-1$ 和 $0,1,\cdots,p-1$ 时，τ 跑过 p^r 的完全剩余系. 此时 $n=k+\mu f+p^{r-1}f\lambda$. 注意到

$$\mathrm{ord}_{p^r}(a/2)\mid p^{r-1}\mathrm{ord}_p(a/2)=p^{r-1}f$$

由式(6.4.6)可得

$$u_{k+\tau f}\equiv(a/2)^{k+\mu f-1}\sum_{i\geqslant 0}\binom{k+\tau f}{2i+1}a^{-2i}\Delta^i=$$
$$(a/2)^{k+\mu f-1}B(k+\tau f)\pmod{p^r}\quad(6.4.8)$$

假设 $\mathbf{u}$ 已经是 f—u. d. $(\mathrm{mod}\ p^{r-1})$，那么由于 $u_{k+\tau f}=u_{k+\mu f+p^{r-1}f\lambda}\equiv u_{k+\mu f}\pmod{p^{r-1}}$，所以当 μ 跑过 $0,1,\cdots,p^{r-1}-1$ 时诸 $u_{k+\tau f}$ 模 p^{r-1} 互异，因而也模 p^r 互异. 若能证明固定 μ 而让 λ 跑过 $0,1,\cdots,p-1$ 时诸 $u_{k+\tau f}$ 也模 p^r 互异，则当 τ 跑过 $0,1,\cdots,p^{r-1}$ 时诸 $u_{k+\tau f}$ 模 p^r 互异，因而定理得证. 根据式(6.4.7)，当 $p\geqslant 5$ 或 $\mathrm{pot}_p(\Delta)>1$ 时

$$B(k+\tau f)\equiv\binom{k+\mu f+p^{r-1}f\lambda}{1}+c(k,\mu)\pmod{p^r}$$

其中 $c(k,\mu)$ 与 λ 无关，而当 λ 跑过 $0,1,\cdots,p-1$ 时，$k+\mu f+p^{r-1}f\lambda$ 模 p^r 互异，故诸 $B(k+\tau f)$ 模 p^r 互异. 在式(6.4.8)右边，λ 仅与 $B(k+\tau f)$ 有关，故此时定理得证.

当 $p=3$ 且 $\mathrm{pot}_p(\Delta)=1$ 时，则

$$B(k+\tau f)\equiv\binom{k+\mu f+3^{r-1}f\lambda}{1}+$$
$$\binom{k+\mu f+3^{r-1}f\lambda}{3}a^{-2}\Delta+$$
$$c_1(k,\mu)\pmod{3^r}$$

其中 $c_1(k,\mu)$与 λ 无关. 由条件 $D(3^r)$之(3)$\Delta\equiv 3 \pmod 9$, 又 $a^2\equiv 1 \pmod 3$, 所以 $a^{-2}\Delta\equiv 3 \pmod 9$. 令 $B_1(k+\tau f)\equiv B(k+\tau f)-c_1(k,\mu) \pmod{3^r}$, $\lambda_1=f\lambda$, $m=k+\mu f$, 则

$$\begin{aligned}B_1(k+\tau f)\equiv\ & m+3^{r-1}\lambda_1+(m+3^{r-1}\lambda_1)\cdot \\ & (m+3^{r-1}\lambda_1-1)(m+3^{r-1}\lambda_1-2)\cdot \\ & (a^{-2}\Delta/3)/2\equiv m+3^{r-1}\lambda_1+ \\ & [m(m-1)(m-2)+3^{r-1}\lambda_1(m(m-1)+ \\ & m(m-2)+(m-1)(m-2))]\cdot \\ & (a^{-2}\Delta/3)/2\equiv m+3^{r-1}\lambda_1+ \\ & [m(m-1)(m-2)+2\cdot 3^{r-1}\lambda_1]\cdot \\ & (a^{-2}\Delta/3)/2\equiv \\ & 2\cdot 3^{r-1}\lambda_1+c_2(k,\mu) \pmod{3^r}\end{aligned}$$

其中 $c_2(k,\mu)$与 λ_1 因而与 λ 无关. 因为 $3\nmid f$, 所以 λ 跑过 0,1,2 时 λ_1 也跑过该剩余系. 由最后一式知, 此时诸 $B_1(k+\tau f)$模 3^r 互异, 因而诸 $B(k+\tau f)$亦然. 定理证毕.

由上述定理及定理 6.4.1 立得:

定理 6.4.4　设 p 为素数, 则 $\mathfrak{w}\in\Omega_Z(a,b)$为 u. d. (mod p^r)$\Leftrightarrow\mathfrak{w}$ 为 f－u. d. (mod p^r)$\Leftrightarrow\mathfrak{w}$适合条件 $D(p^r)$.

下面研究对一般整数模的 f－一致分布问题. 为简便, 记 $m=P_1\cdots P_t$, 其中每个 P_i 为一个素数幂, 且诸 P_i 互素. 假定对每个 i, $\mathfrak{u}$ 为 u. d. (mod P_i)且相应的周期为 P_if_i, 因而由定理 6.4.3, $\mathfrak{u}$ 也为 f－u. d. (mod p_i). 由式(3.3.3)知 $P(m,\mathfrak{u})=\mathrm{lcm}(P_1f_1,\cdots,P_tf_t)$, 我们记为 mf.

引理 6.4.6　设 $\mathfrak{w}$ 为 f－u. d. (mod m), 则 w_k, $w_{k+\lambda f}$, $w_{k+2\lambda f}$, $\cdots$, $w_{k+(m-1)\lambda f}$ 模 m 互异的充要条件是

$\gcd(m,\lambda)=1$.

证 充分性. 设 $\gcd(m,\lambda)=1$，则 $\lambda,2\lambda,\cdots,(m-1)\lambda$ 跑过 m 的完全剩余系. 设 $i\lambda=k_i m+s_i$，$0\leqslant s_i\leqslant m-1$，$i=0,\cdots,m-1$. 则

$$w_{k+i\lambda f}=w_{k+s_i f+k_i mf}\equiv w_{k+s_i f}\ (\mathrm{mod}\ m)$$

因为

$$\{s_0,\cdots,s_{m-1}\}=\{0,\cdots,m-1\}$$

所以由 $\mathfrak{w}$ 为 f－u. d. (mod m)知诸 $w_{k+i\lambda f}$ 模 m 互异.

必要性. 设 $\gcd(m,\lambda)>1$，则存在 $0<i<j<m$，使 $i\lambda\equiv j\lambda\ (\mathrm{mod}\ m)$. 设 $j\lambda\equiv i\lambda+\tau m$，则 $w_{k+j\lambda f}\equiv w_{k+i\lambda f+\tau mf}\equiv w_{k+i\lambda f}\ (\mathrm{mod}\ m)$，即诸 $w_{k+i\lambda f}$ 模 m 不互异. 证毕.

定理 6.4.5 设 $m=P_1\cdots P_t$，$\mathfrak{w}\in\Omega_Z(a,b)$ 为 f_i－u. d. (mod m)，$i=1,\cdots,t$. 设 $\mathrm{lcm}(P_1f_1,\cdots,P_tf_t)=mf$，则 $\mathfrak{w}$ 为 f－u. d. (mod m) 的充要条件是 $\gcd(m,f)=1$.

证 设 $P_i=p_i^{r_i}$，p_i 为素数，且不妨设 $p_1<\cdots<p_t$. 现证充分性. 设 $\gcd(m,f)=1$. 对 t 用归纳法. $t=1$ 的结论显然. 假设对 $t-1$ 结论已成立. 令 $F=P_1$，$L=P_2\cdots P_t$. 将 $m=FL$ 个元素 $w_k,w_{k+f},\cdots,w_{k+(m-1)f}$ 排成矩阵. 有

$$\boldsymbol{B}=\begin{bmatrix} w_k & w_{k+f} & \cdots & w_{k+(F-1)f} \\ w_{k+Ff} & u_{k+(F+1)f} & \cdots & w_{k+(2F-1)f} \\ \vdots & \vdots & & \vdots \\ w_{k+(L-1)Ff} & w_{k+((L-1)F+1)f} & \cdots & w_{k+(m-1)f} \end{bmatrix}$$

$\boldsymbol{B}$ 的(i,j)元为 $b_{ij}=w_{k+(iF+j)f}$，$0\leqslant i\leqslant L-1$，$0\leqslant j\leqslant F-1$. 所以 $f_1\mid p_1-1$，$p_1<\cdots<p_t$，因为 $\gcd(f_1,m)=1$. 但 $f_1\mid m_f$，所以 $f_1\mid f$. 设 $f=\lambda_1 f_1$，则有

$$b_{ij}=w_{k+iFf+j\lambda_1 f_1}$$

因为 $\gcd(F,\lambda_1)=1$，所以由引理 6.4.6，对固定的 i，当 $j=0,\cdots,F-1$ 时 b_{ij} 模 F 互异.

设 $\operatorname{lcm}(P_2f_2,\cdots,P_tf_t)=Lf'$，因已知 $\gcd(m,f)=1$，则 $\gcd(L,f')=1$. 由此 $f'\mid P_1f=Ff$. 设 $Ff=\mu f'$，则有

$$b_{ij}=w_{k+jf+i\mu f'}$$

因为 $\gcd(L,\mu)=1$，所以由归纳假设及引理 6.4.6，对固定的 j，当 $i=0,\cdots,L-1$ 时 b_{ij} 模 L 互异(但模 F 时互相同余).

因为 $\gcd(F,L)=1$，$m=FL$，所以由中国剩余定理，$i=0,\cdots,L-1$，$j=0,\cdots,F-1$ 时 b_{ij} 模 m 互异.

再证必要性. 设 $\gcd(m,f)>1$. 则存在最小的 s，使 $i<s$ 时 $\gcd(P_i,f)=1$，但 $\gcd(P_s,f)>1$. 设 $L=P_s\cdots P_t$，$F=m/L$，对于 F,L 的新值仍可构造形如上述的矩阵 $\boldsymbol{B}$. 且仿上可知，i 固定时，$b_{i,0},\cdots,b_{i,F-1}$ 互异 $(\bmod F)$，j 固定时，$b_{0,j}\equiv\cdots\equiv b_{L-1,j}\pmod F$. 由中国剩余定理，$\boldsymbol{B}$ 之一切元素模 m 互异，当且仅当其每列元素模 L 互异. 令 $F'=P_s$，$L'=P_{s+1}\cdots P_t$，以 $\boldsymbol{B}$ 之第一列元素作成一个新矩阵

$$\boldsymbol{G}=\begin{bmatrix} w_k & w_{k+Ff} & \cdots & w_{k+(F'-1)Ff} \\ w_{k+F'Ff} & & & \vdots \\ \vdots & & \ddots & \vdots \\ w_{k+(L'-1)F'Ff} & \cdots & \cdots & w_{k+(L-1)Ff} \end{bmatrix}$$

因为 $P_sf_s\mid FLf=FF'L'f$，又 $f_s\mid p_s-1$，$p_s<\cdots<p_t$，所以 $\gcd(f_s,F'L')=1$，故 $f_s\mid Ff$. 由此可知 $\boldsymbol{G}$ 之各行在 $\bmod F'$ 下重合. 令 $Ff=\mu f_s$. 由假设，$p_s\mid f$，但 $\gcd(p_s,f_s)=1$，故必 $p_s\mid\mu$. 于是 $\boldsymbol{G}$ 的 (i,j) 元可写成 $g_{ij}=w_{k+iF'Ff+j\mu f_s}$ $(0\leqslant i\leqslant L'-1,0\leqslant j\leqslant F'-1)$. 对固定

的 i，当 $j=0,\cdots,F'-1$ 时，由于 $\gcd(F',\mu)\neq 1$，故引理 6.4.6 之条件不满足，因而诸 g_{ij} 模 F' 不全互异. 而 $L=F'L'$，故 G 之元素模 L 不全互异，即 $\boldsymbol{B}$ 之第一列元素模 L 不全互异. 定理由此得证.

6.4.3 对任意整数模一致分布的充要条件

我们先证明 Jacobson[37] 的一个结果.

定理 6.4.6 设 p 为素数，$\mathfrak{w}\in\Omega_Z(a,b)$ 为 u.d. $(\bmod\ p^r)$，且相应的周期为 p^rf. 又设 $\mathfrak{w}$ 为模 m 纯周期的，相应的周期为 q，且 $p\nmid q$. 则对任何 $0\leqslant k<m$，$0\leqslant s<p^rm$ 且适合 $s\equiv k(\bmod\ m)$ 的 k,s 有

$$R(p^rm,s)=R(m,k)f/\gcd(f,q) \qquad (6.4.9)$$

其中 $R(N,c)$ 表 $c(\bmod\ N)$ 在 $\{w_n(\bmod\ N)\}$ 一个周期中出现的次数.

证 记 $R(m,k)=d$. 因 $d=0$ 时显然，故设 $d\geqslant 1$. 又设 $w_{n_i}\equiv k(\bmod\ m)$，$0\leqslant n_i<q$，$i=1,\cdots,d$. 对于 $0\leqslant s<p^rm$，设 $s\equiv l(\bmod\ p^r)$，$0\leqslant l<p^r$.

因为 $\mathfrak{w}$ 为 u.d. $(\bmod\ p^r)$，所以 $p\mid\Delta$. 若 $p\mid m$，则 $pf=P(p,\mathfrak{w})\mid P(m,\mathfrak{w})=q$，这与 $p\nmid q$ 矛盾. 所以 $p\nmid m$. 因而

$$t=P(p^rm,\mathfrak{w})=\operatorname{lcm}(p^rf,q)=p^rfq/\gcd(f,q)=p^rq\tau \qquad (6.4.10)$$

因为 $\gcd(m,p^r)=1$，故由中国剩余定理，要证式 (6.4.9)，只要证同余式组

$$\begin{cases}w_n\equiv k(\bmod\ m)\\ w_n\equiv l(\bmod\ p^r)\end{cases} \qquad (6.4.11)$$

恰有 $d\tau$ 个解 n 适合 $0\leqslant n<p^rq\tau$ 即可.

由假设，$w_{n_i+xq}\equiv k(\bmod\ m)$ 对一切 $0\leqslant x<p^r\tau-1$ 成立. 记 $\gcd(f,q)=h$，则 $f=h\tau$. 因此存在 τ 个数 $0\leqslant$

$\lambda_{i1}<\cdots<\lambda_{i\tau}<f$,使 $n_i\equiv\lambda_{i1}\equiv\cdots\equiv\lambda_{i\tau}\pmod h$. 因为 $\mathfrak{w}$ 为 u. d. $(\bmod p^r)$则必为 f-u. d. $(\bmod p^r)$,故对每个 $\lambda_{i\nu}(\nu=1,\cdots,\tau)$存在 $e_{i\nu}$,使

$$w_{\lambda_{i\nu}+e_{i\nu}f}\equiv l\pmod{p^r}$$

由周期性,对于任何 $0\leqslant y\leqslant q/h-1$ 也有

$$w_{\lambda_{i\nu}+(e_{i\nu}+p^r y)f}\equiv l\pmod{p^r}$$

现在求解方程

$$n_i+xq=\lambda_{i\nu}+(e_{i\nu}+p^r y)f \qquad (6.4.12)$$

由 $n_i\equiv\lambda_{i\nu}\pmod h$,可令 $n_i-\lambda_{i\nu}=hm_{i\nu}$.

注意到 $\gcd(p^r\tau,q/h)=1$,可知同余式

$$p^r\tau y\equiv m_{i\nu}-e_{i\nu\tau}\pmod{q/h}$$

有唯一解 $y=y_{i\nu}$ 适合 $0\leqslant y_{i\nu}<q/h-1$. 将此 $y_{i\nu}$ 代入式(6.4.12)得

$$qx=h(-m_{i\nu}+e_{i\nu}\tau+p^r\tau y_{i\nu})$$

且可知 q 整除右边式子的值. 因为 $\gcd(p^rq\tau,q)=q$,我们可进一步考察同余式

$$q\zeta\equiv h(-m_{i\nu}+e_{i\nu}\tau+p^r\tau y_{i\nu})\pmod{p^rq\tau}$$

它有唯一解 $\zeta=\zeta_{i\nu}$ 适合 $0\leqslant\zeta_{i\nu}\leqslant p^r\tau-1$. 对于这些 $\zeta_{i\nu}$, $y_{i\nu}$,有

$$n_i+\zeta_{i\nu}q\equiv\lambda_{i\gamma}+(e_{i\nu}+p^r y_{i\nu})f\pmod{p^rq\tau}$$

但因上式两边之值均小于 $p^rq\tau$,故此同余式变成了等式. 设等式两边之公共值为 $\sigma_{i\nu}$,则 $n=\sigma_{i\nu}$ 时式(6.4.11)成立. 当 $i=1,\cdots,d,\nu=1,\cdots,\tau$ 时,此种 $\sigma_{i\nu}$ 恰有 $d\tau$ 个. 今证诸 $\sigma_{i\nu}$ 互异. 设有 $\sigma_{i\nu}=\sigma_{j\psi}$. 则一方面得 $n_i+\zeta_{i\nu}q=n_j+\zeta_{j\psi q}$,由此 $q|n_i-n_j$. 但 $0\leqslant n_i,n_j<q$,所以 $n_i=n_j$,故 $i=j$. 另一方面又得

$$\lambda_{i\nu}+(e_{i\nu}+p^r y_{i\nu})f=\lambda_{i\psi}+(e_{i\psi}+p^r y_{i\psi})f$$

由此 $f|\lambda_{i\nu}-\lambda_{i\psi}$. 但 $0\leqslant\lambda_{i\nu},\lambda_{i\psi}<f$,所以 $\lambda_{i\nu}=\lambda_{i\psi}$,故 $\nu=$

ψ. 这就证明了诸 σ_{i_v} 互异. 由此知 $R(p^r m,s)\geqslant d\tau$. 下面证明等号成立. 我们采用两种方法来计算 $\{w_n(\mathrm{mod}\ p^r m)\}$一个周期中元素的个数

$$t=p^r q\tau=\sum_{s=0}^{p^r m-1}R(p^r m,s)=\sum_{k=0}^{m-1}\sum_{l=0}^{p^r-1}R(p^r m,s)\geqslant$$

$$\sum_{k=0}^{m-1}\sum_{l=0}^{p^r-1}R(m,k)\tau=p^r\tau\sum_{k=0}^{m-1}R(m,k)=p^r q\tau=t$$

因此,必须对一切 $0\leqslant s\leqslant p^r m-1$, $R(p^r m,s)=R(m,k)\tau$ 时上式才成立. 证毕.

推论 设 p 为素数, $\mathfrak{w}\in\Omega_Z(a,b)$ 为 u. d. (mod p^r) 又为 u. d. (mod m), 且 $p\nmid P(m,\mathfrak{w})$, 则 $\mathfrak{w}$ 也为 u. d. (mod $p^r m$).

证 此时式(6.4.9)中对每个 k, $R(m,k)$ 为常数, 故对每个 s, $R(p^r m,s)$ 也为常数. 此即所证.

利用上述推论,我们立即得到:

定理 6.4.7 $\mathfrak{w}\in\Omega_Z(a,b)$ 为 u. d. (mod m) 之充要条件是 $\mathfrak{w}$ 适合条件 $D(m)$.

证 只需证充分性. 我们采用定理 6.4.5 的记号. 因为 $\mathfrak{w}$ 适合条件 $D(m)$, 所以由定理 6.4.4, 对每个 $p_i^{r_i}\mid m$, $\mathfrak{w}$ 为 u. d. (mod $p_i^{r_i}$). 对 t 用归纳法. $t=1$ 时已证. 假设对 $t-1$ 结论已成立. 令 $m'=P_1\cdots P_{t-1}$, 则由归纳假设 $\mathfrak{w}$ 为 u. d. (mod m'). 又 $P(m',\mathfrak{w})=\mathrm{lcm}(P_1 f_1,\cdots,P_{t-1}f_{t-1})$, $p_t>p_{t-1}>\cdots>p_1$, 而 $f_i\mid p_i-1(i=1,\cdots,t-1)$, 所以 $p_t\nmid p(m',\mathfrak{w})$. 又 $m=p_t^{r_t}m'$, 故由上述定理之推论, $\mathfrak{w}$ 为 u. d. (mod m).

定理 6.4.7 若采用定理 6.4.5 来证明, 则是较困难的. 因为可能出现 $\gcd(m,f)\neq 1$ 的情况, 此时需要做技术性处理. 特别当 p_1, p_2 中出现 2 或 3 时, 这种处理

更为困难. 由此可见 Jacobson 的定理 6.4.6 的作用较大. 1987 年, Jacobson[38] 曾引入了下述定义: 整数序列 $\{w_n\}$ 称为**对模 m 几一致分布**, 简记为 aud(mod m), 若在 w 的任一个模 m 周期内, 各剩余(mod m)出现的次数恰有两个不同的值. 他证明了:

定理 6.4.8　对于 $m\in\{2\cdot 5^r, 4\cdot 5^r, 3\cdot 5^r, 9\cdot 5^r, r\geqslant 0\}$, 斐波那契序列 $\{f_n\}$ 为 aud(mod m).

证　此定理原来的证明较长, 现可用定理 6.4.6 证之. 极易检验 $\{f_n\}$ 适合条件 $D(5^r)(r>0)$. 令 $m_1\in\{2,4,3,9\}$, 则 $\{f_n(\bmod m_1)\}$ 为纯周期, 周期 $\in\{3,6,8,24\}$. 因为 5 不整除上述周期, 故由式(6.4.9), 有

$$R(5^r m_1, s)=R(m_1,k)\tau$$

容易直接验证 $R(2,0)=1, R(2,1)=2; R(4,0)=R(4,2)=R(4,3)=1, R(4,1)=3, R(3,0)=2, R(3,1)=R(3,2)=3; R(9,1)=R(9,8)=5$, 其余的 $R(9,k)=2$, 即对固定的 m_1, 每个 $R(m_1,k)$ 均恰有两个不同的值, 故 $P(5^r m_1, s)$ 亦然. 所以 $r>0$ 时定理得证, 而 $r=0$ 时由上述直接检验结果得证.

除了定理中所列 m 外, 是否还有其他 m 使 $\{f_n\}$ 为 aud(mod m)? Jacobson 曾用计算机对 $m\leqslant 1\ 000$ 进行了搜索, 未发现新的适合条件者. 因此他对所提问题做出了否定猜想, 但其证明却是未解决的问题.

6.4.4　其他情形简介

对于高阶序列的 u. d. (mod m) 的问题, Narkiewicz[35] 曾指出, 仅对 3,4 阶 F-L 序列知道 u. d. (mod m) 的充要条件, 但是这种条件非常麻烦, 这使人觉得有可能找出更简单的也许适合推广到更高阶序列的条件. 对于无重特征根的 k 阶序列, 他给出了一个 u. d. (mod p)

的必要条件,这就是:

定理 6.4.9 设 $\mathbf{w}\in\Omega_Z(a_1,\cdots,a_k)=\Omega(f(x))(a_k\neq 0)$无重特征根,$p$ 为素数,则 $\mathbf{w}$ 为 u. d. (mod p)的必要条件是 p 整除 $\mathbf{w}$ 的判别式 Δ.

证 反设 $p\nmid\Delta$,则 $f(x)\equiv f_1(x)\cdots f_r(x)\pmod p$,其中 $f_1(x),\cdots,f_r(x)$均模 p 不可约且两两模 p 互素. 由定理 3.3.12,每个 $f_i(x)$的模 p 周期整除$p^{k_i}-1(k_i>0)$,而 $P(p,f(x))=\operatorname*{lcm}\limits_{1\leqslant i\leqslant r}P(p,f_i(x))$,所以 $p\nmid P(p,f(x))$. 但由定理 3.3.1,$P(p,\mathbf{w})=P(p,f(x))$,这与引理 6.4.1 矛盾. 故证.

由于 u. d. (mod m)的条件较强,于是出现了所谓弱一致分布的概念[48],即设整数序列$\{w_n\}$为模 m 周期的,若在任一周期内 m 的缩系中每个剩余出现的次数相同(假设必有缩系中的剩余出现),则称此序列为**对模 m 弱一致分布**,简记为 wud(mod m). 关于弱一致分布更一般的定义及相关的结果可参看文献[42].

另外我们指出,一些文献已把 F-L 整数序列的 u. d. (mod m)的概念推广到了代数整数和 p－adic 整数的情形,并取得了若干成果[39-41]. 对模的一致分布及弱一致分布问题与置换多项式有密切的关系,文献[50]和文献[35]中都介绍了这方面的结果.

最后我们指出,对于有限域中 F-L 序列的值分布和一致分布问题,也取得了许多成果(文献[31,32,43]及第 1 章文献[2]).

参考文献

[1]KAREL D E,LATHROP R E. Injectivity of ex-

tended generalized Fibonacci sequences [J]. Fibonacci Quart., 1983, 21: 37-52.

[2]屈明华. 关于广义二阶线性递归序列 $H_n(r)=rH_{n-1}(r)+H_{n-2}(r)$ 的单值性[J]. 四川大学学报(自科版), 1987, 24(1): 13-18.

[3]KUBOTA K. On a conjecturc of M. Ward Ⅰ, Ⅱ, Ⅲ[J]. Acta Arith., 1997, 33: 11-28, 29-48, 29-48, 99-109.

[4] MIGNOTTE M, TZANAKIS N. Arithmetical stuy of recurrence sequences[J]. Acta Arithmetica, 1991, 58: 357-364.

[5]MAHLER K. Eine arithmetische eigenschaft Taylorschen koeffitienten rationaler functuonen[J]. Loninkl. Akad. wetensch. Amst., 1935, 38(1): 52-60.

[6]VERESHCHAGIN N K. Rucurrence of zero in a linear recuesive sequence[J]. Mat. Zametki, 1985, 38(2): 177-189.

[7]VERESHCHAGIN N K. Effective upper bounds for the number of zeros of a linear recursive sequence[J]. Mat. Zametki, 1986, 41(1): 25-30.

[8]MIGNOTTE M. A note on linear recursive sequences[J]. J. Austral. Math. Soc., 1975, 20(2): 242-244.

[9]MIGNOTTE M. Determination des repetitions d'une certaine suite recurrente linèaire [J]. Acta Math. Debrecem, 1986, 33: 297-306.

[10] KIMBERLING C. Terms common to two se-

quences satisfying the same linear recurrence [M]//Applications of Fibonacci numbers, Berlin: Springer-verlag, 1991, 4: 177-188.

[11] BEUKERS F. The multiplisity of binary recurrences[J]. Compositio Math., 1980, 40: 251-267.

[12] BEUKERS F, TIJDEMAN R. On the multiplicity of binary complex sequences, Compositio Math., 1984, 51: 193-213.

[13] KISS P. Differences of the terms of linear recurrences[J]. Studia Sci. Math. Hungar, 1985, 20: 285-293.

[14] KISS P. On common terms of linear recurrences [J]. Acta Math. Acad. Sci. Hungar, 1983, 40: 119-123.

[15] GYÖRY K, KISS P, SCHINZEL A. A note on Lucas and Lehmer sequences and their applications to Diophantine equations [J]. Collog. Math., 1981, 45: 75-80.

[16] GYÖRY K. On some arithmetical properties of Lucas and Lehmer numbers[J]. Acta Arith., 1982: 369-373.

[17] MIGNOTTE M, SHOREY T N, TIJDEMAN R. The distance between terms of an algebraic recurrence sequence[J]. J. Reine Angew. Math., 1984, 349: 63-76.

[18] LEVIN M B, SPALINSKI I E. The uniform distribution of fractional part of recurrent sequences(Russian)[J]. Usp. Mat. Nauk, 1979, 34:

203-204.

[19]KISS P,MOLINĂR S. On distribution of Linear recurrences modulo1[J]. Studia Sci. Math. Hungar,1982,17:113-127.

[20]KISS P,POBERT F T. Distribution of the ratios of the terms of a second order Linear recurrence [J]. Mathematics,Proceedings,1986,89:79-86.

[21]NIVEN I. Uniform distribution of sequences of integers[J]. Trans. Amer. math. Soc. ,1961,98:52-61.

[22]GOTUSSO L. Successioni uniformemente distribuite in corpi finiti[J]. Atti Sem. mat. Fis. Univ. Modena,1962/63,12:215-232.

[23]KUIPERS L, SHIUE J S. On the distuibution modulo m of sequences of generalized Fibonacci numbers[J]. Tamkang J. Math. , 1971, 2: 181-186.

[24]KUIPERS L,SHIUE J S. A distribution property of a Linear recurrence of the second order[J]. Atti Accad. Naz. Lincei. Rend. C. Sci. Fis. Mat. Matur. ,1972,52(8):6-10.

[25]KUIPERS L,SHIUE J S. A distribution property of the sequences of Lucas numbers[J]. Elemnste der Math. ,1972,27:10-11.

[26]KUIPERS L,SHIUE J S. A distribution property of the sequence of Fibonacci numbers[J]. Fibonacci Quart. ,1972,10:375-376.

[27]NIEDERREITER H. Distribution of Fibonacci

numbers mod 5^k[J]. Fibonacci Quart. ,1972,10:373-374.

[28]NATHANSON M B. Linear recurrences and uniform distribution[J]. Proc. Amer. Math. Soc. , 1975,48:289-291.

[29] BUNDSCHUH P, SHIUE J S. Solution of a problem on the uniform distribution of integers [J]. Atti Accad. Naz. Lincei Rend. Cl. Sci. Fis. Mat. Natur,1973,55:172-177.

[30]BUMBY R T. A distribution property for linear recurrence of the second order[J]. Proc. Amer. Math. Soc. ,1975,50:101-105.

[31]NIEDERREITER H,SHIUE J S. Equidistribution of linear recurring sequences in finite fields [J]. Indag. Math. ,1977,39:397-405.

[32]NIEDERREITER H,SHIUE J S. Equidistribution of linear recurring sequences in finite fields, Ⅱ[J]. Acta Arith. ,1980,38:197-207.

[33] NIEDERREITER H. Verteilung von Reston rekursiver Folgen[J]. Arch. Math. , 1980, 34: 526-533.

[34]KNIGHT M J, WEBB W A. Uniform distribution of third order linear recurrence sequence [J]. Acta Arith. ,1980,36:6-20.

[35]NARKIEWICZ W. Uniform distribution of sequences of integers in residue classes[M]Berlin Heidelberg:Springer,1984,1087(4):1—121.

[36]VELEZ W Y. Uniform distribution of two-term

recurrence sequences[J]. Trans. Amer. Math. Soc.,1987,301(1):37-45.

[37]JACOBSON E. The distribution of residues of two term recurrences sequences[J]. Fibonacci Quart.,1989,28(3):335-337.

[38]JACBOSON E. Almost uniform distribution of the Fibonacci suqneces[J]. Fibonacci Quart.,1989,27(3):335-337.

[39]TICHY R F,TURNWALD G. Uniform distribution of recurrences in Dedkind domains[J]. Acta Arith.,1985,46:81-89.

[40]TURNWALD G. Gleichverteilung von linearen rekursiven Folgen[J]. Sitzungsber. Osterr. Akad. Wiss. Math. Naturwiss. Kl, 1984, 193: 201-205.

[41]TURNWALD G. Uniform distribution of second-order linear recurring sequences[J]. Proc. Amer. Math. Soc.,1986,96(2):189-198.

[42]TURNAWALD G. Weak uniform distribution of second-order linear recurring sequences[J]. Number Theory,Proceedings,1989:242-253.

[43]SHPARLINSKII U E. On distribution of values of recurrence sequences[J]. Tranlated from Problemy peredachi informatsii,1989,25(2):46-53.

[44]SHAH A P. Fibonacci sequence modulo m[J]. Fibonacci Quart.,1968,6:139-141.

[45]BRUCKNER G. Fibonacci sequence modulo a

prime $p\equiv 3 \pmod 4$[J]. Fibonacci Quart. ,1970, 8:217-220.

[46]SOMER L. Primes having an incomplete system of residues for a class of second-order recurrences[M]//Applications of Fibonacci numbers. Berlin:Springer-Verlag,1988,2:113-141.

[47] SOMER L. Distribution of residues of certain second-order linear recurrences modulo p[J]. Applications of Fibonacci numbers,1990,3:311-324.

[48]UCHIYAMA S. A note on the uniform distribution of sequence of integers[J]. J. Fac. Sci. Shinshu Univ. ,1968,3:163-169.

[49]KOBUITZ NEAL. p－adic numbers, p－adic analysis,and Zeta-functions[M]. Berlin:Springer-Verlag,1984.

[50]孙琦,万大庆. 置换多项式及其应用(世界数学名题欣赏丛书)[M]. 沈阳:辽宁教育出版社,1987.

第7章 F-L 序列与不定方程

一个二阶 F-L 序列中的各项,通常都是某个不定方程的解;反之,一个不定方程的解往往可以用 F-L 序列来刻画. 由于两者之间的这种关系,F-L 序列成为研究不定方程的一种有用的工具. 本章从阐述上面这种关系入手,接着介绍有关的初等方法以及柯召－Terjanian－Rotkiewicz 方法,然后简单地介绍了一点 p－adic 方法. 在最后两节,我们分别介绍了超几何级数方法和贝克的有效方法. 我们可以看到,通过对不定方程的种种研究,又反过来深化了对 F-L 序列性质的认知.

7.1 二阶 F-L 序列与二次不定方程

7.1.1 $\Omega_Z(a,\pm 1)$ 中的序列与不定方程

设 $\mathbf{w}\in \Omega_Z(a,\pm 1)$,在式(2.3.8)中,令 $p=q=1$ 得

$$w_{n+1}^2 - w_n w_{n+2} = c(\mp 1)^n \qquad (7.1.1)$$

其中

$$c = w_1^2 - a w_1 w_0 - b w_0^2 \qquad (7.1.2)$$

再以 $w_{n+2} = a w_{n+1} + b w_n$ 及 $\Delta = a^2 + 4b$ 代入式(7.1.1)得

$$(2w_{n+1} - a w_n)^2 - \Delta w_n^2 = 4c(\mp 1)^n \qquad (7.1.3)$$

采用 2.2 中关于相关序列的记号,上式还可简写为

$$w_n'^2 - \Delta w_n^2 = 4c(\mp 1)^n \qquad (7.1.3')$$

由上我们得出:

定理 7.1.1 设 $\mathfrak{w} \in \Omega_Z(a, \pm 1)$,则对任何 $n \in \mathbf{Z}$,(w_n', w_n)均为不定方程

$$x^2 - \Delta y^2 = 4c(\mp 1)^n \qquad (7.1.4)$$

的整数解,其中 c 适合式(7.1.2).

应该指出的是,在一般情况下,$(w_n', w_n)(n \in \mathbf{Z})$不给出式(7.1.4)的全部整数解.

特别地,当 $\mathfrak{w} = \mathfrak{u}$ 为 $\Omega_Z(a, \pm 1)$中主序列时,$c = 1$,此时式(7.1.3′)变成了式(2.2.67),即

$$v_n^2 - \Delta u_n^2 = 4(\mp 1)^n \qquad (7.1.5)$$

当 $2|a$ 时,则 $2|v_n$,$2|u_{2n}$但 $2\nmid u_{2n+1}$.此时可得

$$(v_{2n}/2)^2 - \Delta(u_{2n}/2)^2 = 1$$

$$(v_{2n+1}/2)^2 - (\Delta/4)u_{2n+1}^2 = \mp 1$$

当 $2\nmid a$ 时,则 $2|v_n$ 和 $2|u_n$ 之充要条件均为 $3|n$,在式(7.1.5)中以 $3n$ 代 n 得

$$(v_{3n}/2)^2 - \Delta(u_{3n}/2)^2 = (\mp 1)^n$$

由此得定理 7.1.1 之:

推论 设 $\mathfrak{u}, \mathfrak{v}$ 分别为 $\Omega_Z(a, \pm 1)$中主序列及其相关序列,则

(1)$2|a$ 时,$(v_{2n}/2, u_{2n}/2)$和$(v_{2n+1}/2, u_{2n+1})(n \in$

$\mathbf{Z}$)分别为不定方程

$$x^2-\Delta y^2=1 \tag{7.1.6}$$

和

$$x^2-(\Delta/4)y^2=\mp 1 \tag{7.1.7}$$

之整数解.

(2)$2\nmid a$ 时,$(v_{3n}/2,u_{3n}/2)(n\in\mathbf{Z})$为不定方程

$$x^2-\Delta y^2=(\mp 1)^n \tag{7.1.8}$$

之整数解.

注　当 Δ 为非完全平方的正整数时,利用皮尔方程 $x^2-\Delta y^2=1$ 和 $x^2-\Delta y^2=-1$ 的基本解的性质,可以证明当 $n\geqslant 0$ 时上述诸解给出了相应方程的全部非负整数解.

7.1.2　皮尔方程的解的递归表示

设 $a\in\mathbf{Z}_+$,$a>1$. 令 b,D 是由 $\sqrt{a^2-1}=b\sqrt{D}$ 确定的任一组数,作二阶矩阵.

$$\mathbf{A}=\begin{bmatrix} a & b\sqrt{D} \\ b\sqrt{D} & a \end{bmatrix} \tag{7.1.9}$$

则 $\mathbf{A}$ 的迹与行列式分别为

$$\mathrm{Tr}(\mathbf{A})=2a,\det(\mathbf{A})=a^2-Db^2=1 \tag{7.1.10}$$

又记 $\mathbf{A}$ 的幂为

$$\mathbf{A}^n=\begin{bmatrix} x_n & y_n\sqrt{D} \\ y_n\sqrt{D} & x_n \end{bmatrix}(n\geqslant 0)$$

则易知序列$\{x_n\}$和$\{y_n\}$均属 $\Omega_Z(2a,-1)$,只是初始值不同而已,即有

$$\left\{\begin{aligned} & x_{n+2}=2ax_{n+1}-x_n,y_{n+2}=2ay_{n+1}-y_n \\ & x_0=1,x_1=a,y_1=0,y_1=b \end{aligned}\right\} \tag{7.1.11}$$

由方程的幂的行列式的性质可知

$$\det(\boldsymbol{A}^n)=[\det(\boldsymbol{A})]^n=1 \qquad (7.1.12)$$

亦即

$$x_n-Dy_n^2=1 \qquad (7.1.13)$$

故$(x_n,y_n)(n\geqslant 0)$是皮尔方程

$$X^2-DY^2=1 \qquad (7.1.14)$$

的解.由关系式$\boldsymbol{A}^{n+1}=\boldsymbol{A}^n\cdot\boldsymbol{A}$,可得下面的递推关系

$$\begin{cases}x_{n+1}=ax_n+bDy_n\\ y_{n+1}=bx_n+ay_n\\ x_0=1,y_0=0\end{cases} \qquad (7.1.15)$$

以$\sqrt{D}y_n=\sqrt{x_n^2-1}$,$b\sqrt{D}=\sqrt{a^2-1}$,$x_n=\sqrt{1+Dy_n^2}$代入式(7.1.15),可得数列$\{x_n\}_{n\geqslant 0}$,$\{y_n\}_{n\geqslant 0}$的一阶递归表示

$$\left.\begin{cases}x_{n+1}=ax_n+\sqrt{(a^2-1)(x_n^2-1)}\ (n\geqslant 0)\\ x_0=1\end{cases}\right\} \qquad (7.1.16)$$

$$\left.\begin{cases}y_{n+1}=ay_n+b\sqrt{1+Dy_n^2}\ (n\geqslant 0)\\ y_0=0\end{cases}\right\} \qquad (7.1.17)$$

反之,若$(a,b)(a>1)$是皮尔方程式(7.1.14)的任意一组解,因而$\sqrt{a^2-1}=b\sqrt{D}$,则式(7.1.1),式(7.1.11);式(7.1.15)~(7.1.17)均分别递归地给出方程的无穷多组解.

为了得到方程式(7.1.14)的全部正整数解的递归表示,我们有下面的:

定理 7.1.2 设(a,b)是皮尔方程$X^2-DY^2=1$的基本解,则此方程的全部非负整数解由式(7.1.11)或式(7.1.16)与式(7.1.17)递归表示.

证　此时方程的全部非负整数解 $x+\sqrt{D}y$ 可表示为 $x+\sqrt{D}y=(a+b\sqrt{D})^n(n\geqslant 0)$. 而 $\tau=a+b\sqrt{D}$ 恰为 $\Omega_Z(2a,-1)$ 之特征根. 故由式(2.2.3)有

$$x+\sqrt{D}y=\tau^n=u_n\tau+bu_{n-1}=(au_n+bu_{n-1})+bu_n\sqrt{D}$$

所以

$$x=au_n+bu_{n-1}=x_1u_n+bx_0u_{n-1}=x_n$$
$$y=bu_n=y_1u_n+b\cdot y_0u_{n-1}=y_n$$

即证.

对于方程 $X^2-DY^2=-1$ 皮尔有类似的结果.

定理 7.1.3　设 (a,b) 是皮尔方程 $X^2-DY^2=-1$ 的基本解,则方程的全部正整数解 (x_n,y_n) 由二阶 F-L 序列

$$\begin{cases}x_{n+2}=2(2a^2+1)x_{n+1}-x_n\\ x_0=a,x_1=4a^3+3a\end{cases}\tag{7.1.18}$$

及

$$\begin{cases}y_{n+2}=2(2a^2+1)y_{n+1}-y_n\\ y_0=b,y_1=4a^2b+b\end{cases}\tag{7.1.19}$$

给出.

我们略去定理 7.1.3 的证明,因为它可以完全仿照讨论定理 7.1.2 的各个步骤而得出.

7.1.3　不定方程 $X^2-Y^2=ck^n$ 的解

以上两目我们考察了两种比较简单的特殊情形,因而得到:$\mathbf{w}\in\Omega_Z(a,\pm 1)$ 各项均满足某个二次不定方程,而皮尔方程 $X^2-DY^2=\pm 1$ 的全部正整数解可用某个二阶 F-L 序列来表示. 在以下的几目中,我们将用二阶 F-L 序列来刻画几类二次不定方程的解集.

首先,我们讨论方程

$$X^2-Y^2=ck^n \tag{7.1.20}$$

其中 $c>0,k>0$. 为简单起见,我们只考虑方程的既约正整数解(x,y),即 x,y 满足 $x>0,y>0$ 而$(x,y)=1$. 由于此类方程并不复杂,故我们仅陈述结果而略去证明.

定理 7.1.4 对于方程式(7.1.24),其所有解$(x(n),y(n))$可表示如下:

(1)当 $2\nmid k$ 时

1)若 $2\nmid c$,则

$$(x(n),y(n))=\left(\frac{1}{2}(c_1k_1^n+c_2k_2^n),\frac{1}{2}(c_1k_1^n-c_2k_2^n)\right)$$

$$c=c_1c_2,k=k_1k_2,(c_1k_1,c_2k_2)=1,c_1k_1^n>c_2k_2^n$$

2)若 $2\mid c$ 而 $4\nmid c$,则方程无解.

3)若 $4\mid c$,则

$$(x(n),y(n))=(c_1k_1^n+c_2k_2^n,c_1k_1^n-c_2k_2^n)$$

$$c=4c_1c_2,k=k_1k_2,(c_1k_1,c_2k_2)=1,c_1k_1^n>c_2k_2^n$$

(2)当 $2\mid k$ 时

1)若 $n\geqslant 2$,则

$$(x(n),y(n))=(\frac{1}{4}c_1k_1^n+c_2k_2^n,\frac{1}{4}c_1k_1^n-c_2k_2^n)=$$

$$(c_1k_1^n+\frac{1}{4}c_2k_2^n,c_1k_1^n-\frac{1}{4}c_2k_2^n)$$

或

$$c=c_1c_2,k=k_1k_2,(c_1k_1,c_2k_2)=1,2\mid k_1 \text{ 或 } 2\mid k_2$$

2)若 $n=1$,则当 $4\mid ck$ 时

$$(x(1),y(1))=(m+n,m-n),ck=4mn$$

(3)当 $4\nmid ck$ 时,方程无解.

由此我们看出;对每种情形,当 $c_1,c_2;k_1,k_2$ 固定而 n 变化时,数列$(x(n),y(n))$均是二阶 F-L 序列.

7.1.4 不定方程 $X^2-DY^2=c$ 的解

本目我们研究不定方程

$$X^2-DY^2=c \tag{7.1.21}$$

其中 $D>0$ 且 D 不为完全平方数，c 是一个不为 0 的整数.

设 $u+v\sqrt{D}$ 为式(7.1.21)的一个解. 再设 $s+t\sqrt{D}$ 是皮尔方程

$$X^2-DY^2=1 \tag{7.1.22}$$

的任意一个解. 则显然

$$(u+v\sqrt{D})(s+t\sqrt{D})=(us+vtD)+(vs+ut)\sqrt{D}$$

也是式(7.1.21)的一个解，这时，我们称这个解与解 $u+v\sqrt{D}$ 相结合. 为了以后需要，下面引述文献[97]中若干结论.

引理 7.1.1 方程(7.1.21)的解 $u'+v'\sqrt{D}$ 与解 $u+v\sqrt{D}$ 相结合的充要条件是

$$uu'-vv'D\equiv 0(\bmod |c|),vu'-uv'\equiv 0(\bmod |c|) \tag{7.1.23}$$

由引理 7.1.1 容易验证，结合关系"～"是一个等价关系，这个关系决定式(7.1.21)的解集的一个划分. 划分所得的每一类，称为一个结合类，而引理 7.1.1 恰是两个解属于同一结合类的充要条件. 根据这一条件可以推出

$$-(u+v\sqrt{D})\sim u+v\sqrt{D},-(u-v\sqrt{D})\sim u-v\sqrt{D}$$

设 k 是任一个结合类，它包含式(7.1.21)的解 $u_i+v_i\sqrt{D}$，$i=1,2,\cdots$，则 $u_i-v_i\sqrt{D}$ 显然也是式(7.1.21)的解，且易知 $u_i-v_i\sqrt{D}$，$i=1,2,\cdots$ 也组成一个类，记为 $\bar{k}$，k 和 $\bar{k}$ 一般是不同的，如果 $k=\bar{k}$ 则称 k 为歧类.

对于一个固定的类 k，我们用下面的方法确定 k 中的一个解 $u_0+v_0\sqrt{D}$：设 v_0 是 k 中所有 $v\geqslant 0$ 的解 $u+v\sqrt{D}$ 中最小的 v，如果 k 不是歧类，则可选 k 中含 v_0 的解为 $u_0+v_0\sqrt{D}$，因为 $-u_0+v_0\sqrt{D}=-(u_0-v_0\sqrt{D})$ 在 $\bar{k}$ 中，故 u_0 是唯一决定的；如果 k 是歧类，则选 k 中含 v_0 的解中 $u\geqslant 0$ 的为 $u_0+v_0\sqrt{D}$. 这样的解 $u_0+v_0\sqrt{D}$ 称为 k 的基本解.

现设 $v=N>0$，下面的定理说明，在这种情况下，方程式(7.1.25)的解集中只含有限多少结合类.

定理 7.1.5 设 $u_0+v_0\sqrt{D}$ 是方程

$$u^2-Dv^2=N \tag{7.1.24}$$

的某些合类 k 的基本解，$x_0+y_0\sqrt{D}$ 是 $x^2-Dy^2=1$ 的基本解，则有

$$0\leqslant v_0\leqslant y_0\sqrt{N}/\sqrt{2(x_0+1)} \tag{7.1.25}$$

$$0\leqslant u_0\leqslant\sqrt{\frac{1}{2}(x_0+1)N} \tag{7.1.26}$$

对 $c=-N,N>0$ 的情形，与定理 7.1.5 类似地有：

定理 7.1.6 设 $u_0+v_0\sqrt{D}$ 是方程

$$u^2-Dv^2=-N \tag{7.1.27}$$

的某结合类 k 的基本解，$x_0+y_0\sqrt{D}$ 是 $x^2-Dy^2=1$ 的基本解，则有

$$0<v_0\leqslant\frac{y_0\sqrt{N}}{\sqrt{2(x_0-1)}} \tag{7.1.28}$$

$$0\leqslant |u_0|\leqslant\sqrt{\frac{1}{2}(x_0-1)N} \tag{7.1.29}$$

由上面的两条定理立即可得：

定理 7.1.7　设 $D>0,N>0,D$ 不是完全平方数，则不定方程式(7.1.24)及式(7.1.27)的解集均仅含有限多个结合类. 所有类的基本解可由式(7.1.25)，(7.1.26)或式(7.1.28)，(7.1.29)经有限步求出. 设 $u_0+v_0\sqrt{D}$ 是类 k 的基本解，则类 k 的全部解 $u+v\sqrt{D}$ 可由

$$u+v\sqrt{D}=\pm(u_0+v_0\sqrt{D})(x_0+y_0\sqrt{D})^n \tag{7.1.30}$$

表出，其中 $(x_0+y_0\sqrt{D})$ 是 $x^2-Dy^2=1$ 的基本解. n 为整数.

如果式(7.1.24)或式(7.1.27)没有满足式(7.1.25)，(7.1.26)或式(7.1.28)，(7.1.29)的解，则它们无解.

7.1.5　不定方程 $aX^2+bY^2=cp^n$ 的解

我们讨论不定方程

$$aX^2+bY^2=cp^n \tag{7.1.31}$$

其中 $c=\varepsilon q_1^{\alpha_1}q_2^{\alpha_2}\cdots q_s^{\alpha_s}$，$\varepsilon=1$ 或 2，$2<q_1<q_2<\cdots<q_s$，$\alpha_i\geqslant 0$，$i=1,2,\cdots,s$. p 为奇素数. 为简便起见，我们还假定 $ab\not\equiv 3(\bmod 4)$，$(ab,cp)=1$.

令 $\lambda=ax\pm yw$，注意到 λ 为代数整数，λ 的范数(从 $Q(w)$ 到 Q)为 acp^n. 由于 $p\nmid 2ab$，$q_i\nmid 2ab$，$2<q_i$，故 p,q_i 在 $Q(w)$ 中不分歧. 若 $p,q_i(i=1,\cdots,s)$ 为 $Q(w)$ 中的素数，则有 $p\mid\lambda$ 或 $q_i\mid\lambda(i=1,\cdots,s)$，这与 $p\nmid ax$，$q_i\nmid ax(i=1,\cdots,s)$ 矛盾，p,q_i 在 $Q(w)$ 中分裂.

记

$$p=\mathfrak{p}\bar{\mathfrak{p}},q_i=\mathfrak{q}_i\bar{\mathfrak{q}}_i(i=1,\cdots,s)$$

又由于 $2a\mid 2ab$，故 $2,a$ 在 $Q(w)$ 分歧，即有理想 α,ζ，使 $(\alpha)=\alpha\cdot\alpha=\alpha^2$，$(2)=\zeta$. 由于 $1=1^2$. 当 $\varepsilon=1$ 时，亦可记为 $\varepsilon=\zeta^2=1$. 进一步，由于 $q_i\nmid\lambda$，$(i=1,\cdots,s)$，$p\nmid\lambda$，

且 $\lambda\bar{\lambda}=acp^n$，因此适当选取 λ 的符号和 $\mathfrak{q}_i=\mathfrak{q}_i$ 或 $\bar{\mathfrak{q}}_i$，我们有

$$(\lambda)=\alpha\zeta_j C_j\mathfrak{p}^n$$

其中 $C_j=\mathfrak{q}_1^{r_1}\cdots\mathfrak{q}_s^{r_s}$. 这时我们称 (x,y) 是方程式(7.1.31)的属于理想 C_j 的解. 因此若方程(7.1.31)有属于理想 C_j 的解，则存在最小的正整数 L 使

$$\alpha\zeta C_i\mathfrak{p}^L=(u) \qquad (7.1.32)$$

如果对指数 n，方程(7.1.31)有属于理想 C_i 的解，即

$$\alpha\zeta C_i\mathfrak{p}^n=(\lambda)$$

显然，由理想论的基础知识有

$$\mathfrak{p}^{n-L}\sim(1) \qquad (7.1.33)$$

记 β 在 $Q(w)$ 的理想类群中的阶为 H，即 H 为适合 $\mathfrak{p}^H=(\mu_0)$，$\mu_0\in Z[w]$ $(ab\not\equiv 3 \pmod 4)$ 的最小正整数. 由式(7.1.33)可得

$$n\equiv L \pmod H$$

反之若 $n\equiv L \pmod H$，并且式(7.1.32)成立，则有代数整数 λ 使 $\alpha\zeta C_i\mathfrak{p}^n=(\lambda)$ 成立.

记 $\lambda=ax\pm yw$，则 (x,y) 为式(7.1.31)的解. 若记

$$\mu=ax(0)+y(0)w, n-L=rH$$
$$\lambda=ax(r)\pm y(r)w, \mu_0=u+vw$$

则由(7.1.32)，(7.1.33)两式得，适当选取 λ 的符号，我们有

$$ax(r)+y(r)w=(ax(0)+y(0)w)(u+vw)^n$$

至此，我们已经证明了下面的定理.

定理 7.1.8 方程(7.1.31)有解的充要条件是：

(1) p 分裂，q_i 分裂 $(i=1,\cdots,s)$.

(2) $n\equiv L \pmod H$.

(3) 有 $C_i=\mathfrak{q}_1^{r_i}\cdots\mathfrak{q}_s^{r_s}$，其中 $q_j=q_j$ 或 $\bar{q}_j$，$j=1,\cdots,s$，

和 L 使 $\alpha\zeta C_i\mathfrak{p}^L\sim(1)$. 这里 $(a)=\alpha^2$, $(\varepsilon)=\zeta^2$, 且对于每个这样的 n 有且仅有一个属于理想 C_i 的正整数解.

若令 $n-L=kH$, 则式(7.1.31)的所有属于 C_i 的正整数解 $(x(k),y(k))$ 均可表为

$$\pm ax(k)\pm y(k)w=(ax(0)+y(0)w)(u+vw)^k \tag{7.1.34}$$

这里符号适当选取, $N(n+vw)=p^H$.

对 $ab\equiv3(\bmod 4)$, 也有完全类似的结果, 此时方程(7.1.31)要适当调整. 即我们此时讨论如下不定方程

$$ax^2+by^2=cp^n \tag{7.1.35}$$

其中 $c=\varepsilon q_1^{\alpha_1}q_2^{\alpha_2}\cdots q_s^{\alpha_s}$, $\varepsilon=1$ 或 4, $2<q_1<q_2<\cdots<q_s$, $\alpha_i>0$, $i=1,2,\cdots,s$. p 为不同奇素数.

类似地, 我们可以定义 μ,μ_0 等. 我们有: 设 $\mu\notin Z[w]$, 但 $\mu_0\in Z[w]$, 若 $\varepsilon\neq4$, 则方程(7.1.35)无解, 若 $\varepsilon=4$, 则方程(7.1.35)有和定理 7.1.8 完全类似的结论. 若 $\mu\notin Z[w]$ 且 $\mu_0\in Z[w]$, 则两种情形($\varepsilon=1$ 或 $\varepsilon=4$)均有和定理 7.1.8 完全类似的结论. 若 $\mu\in Z[w]$, $\mu_0\in Z[w]$, 则若 $\varepsilon=1$ 时需用 $3H$ 代替 H, 其他完全类似.

如果 p 不是整数, 参照文献[1]中定理 4 可得出类似的结论. 这里从略.

综上, 我们有:

定理 7.1.9　若方程(7.1.31)有解, 则方程(7.1.31)的解可按理想进行分类, 且方程(7.1.31)只有有限多个类有解, 其最小解可在有限步内求出. 设某一类中最小解为 $ax(0)+y(0)w$, 则这个类中的所有正整数 $(x(k),y(k))$ 解都可表示为

$$\pm ax(k)\pm y(k)w=(ax(0)+y(0)w)(u+vw)^k$$

这里符号适当选取，$N(u+vw)=p^h$，$h=H$ 或 $3H$. 其中 H 为 p 在 $Q(w)$的理想类群中的阶.

小结

下面，我们对前面讨论过的不定方程(7.1.21)和(7.1.31)的解与二阶序列的关系给出一个小结. 从7.1.4和 7.1.5 两目的讨论得知：我们可以将上面二类方程的正整数解分为有限多个类，对于每一类解可以排序为

$$(x(1),y(1)),(x(2),y(2)),\cdots,(x(k),y(k)),\cdots$$

并且$(x(i),y(i))$满足

$$\pm ax(n)\pm y(n)w=(\pm ax(n-1)\pm y(n-1)w)(u+vw)$$

其中 $w=\sqrt{ab}$ 或 $\sqrt{-ab}$，当 $w=\sqrt{ab}$ 时，取 $+$ 号. 当 $w=\sqrt{-ab}$时，符号适当选定. 当 $w=\sqrt{ab}$ 时，$u+vw$ 表示 $x^2-aby^2=1$ 的基本解，当 $w=\sqrt{-ab}$时，$u+vw$ 表示 $x^2+aby^2=p^n$ 的最小解. 即，当 $w=\sqrt{ab}$时

$$\begin{pmatrix}x(n)\\y(n)\end{pmatrix}\begin{pmatrix}u & vb\\va & u\end{pmatrix}\begin{pmatrix}x(n-1)\\y(n-1)\end{pmatrix}\qquad(7.1.36)$$

由式(7.1.36)可得 $x(n)$，$y(n)$都适合二阶序列

$$\begin{aligned}x(n)&=2ux(n-1)-x(n-1)\\y(n)&=2uy(n-1)-y(n-2)\end{aligned}\qquad(7.1.37)$$

当 $w=\sqrt{-ab}$时

$$\begin{pmatrix}x(n)\\y(n)\end{pmatrix}\begin{pmatrix}u & -vb\\va & c\end{pmatrix}\begin{pmatrix}x(n-1)\\y(n-1)\end{pmatrix}\qquad(7.1.38)$$

这里 $x(n)$，$y(n)$允许带符号(正、负号). 由此可得 $x(n)$，$y(n)$都适合二阶 F-L 序列

$$\begin{aligned}x(n)&=2ux(n-1)-p^Hx(n-1)\\y(n)&=2uy(n-1)-p^Hy(n-2)\end{aligned}\qquad(7.1.39)$$

由此我们得出下面的结论：

定理 7.1.10 不定方程(7.1.20),(7.1.21)和(7.1.31)的所有解均可由有限多个二阶 F-L 序列完全表出.

对于一般的二次方程

$$ax^2+bxy+cy^2+dx+ey+f=0 \text{ 或 } cp^n \tag{7.1.40}$$

若它有解，则其解分成有限多个类，且有唯一的整数对(k,l)使对每类解的所有解(x,y)都有：$x-k,y-l$可由二阶递时序列完全表出.

引人注目的是除方程(7.1.40)之外，目前还没有找出有无穷多个解，并且这无穷多个解可分成有限多个类，且每类解可由一具 n 阶常系数线性递归序列完全表出的不定方程. 也就是说目前找出的能表示某个只有有限个类解的方程的某一类解的二阶递归序列在本节均已给出.

7.2 初等方法(一)

7.2.1 幂数问题

设 $n>0$ 是一个整数，若对于任意质数 p，当 $p\mid n$ 时，必有 $p^2\mid n$，则称 n 是一个**幂数**. 关于幂数问题，Erdös,Colomb 等有过不多的工作并且提出了许多猜想和问题[2].

对于任意给定的正数 m，以下两个问题是很基本的：

(1)若 $m\neq 0$，m 是否可真表示为两个幂数之差，并且被减数为完全平方数，而表示的方法有无穷多种？

(2)若 $m\neq 0$,m 是否可真表示为两个非完全平方数的幂数之差,并且表示的方法有无穷多种?

1988 年,肖戎[3]、袁平之[4-5],孙琦完全回答了问题(1),并且基本上回答了问题(2),其证明是构造性的. 文章发表后,他们注意到了 W. L. Mcdaniel[6], R. A. Mollin和 P. G. Walsh[9-11]在 1987 年也回答了上述两个问题,但其证明基本上不是构造性的. 1988 年, Mollin 和 Walsh[12]给出了问题(2)的一个构造性的证明,其方法与文献[5]的方法是一致的. 下面介绍的结果大都是源于文献[5].

引理 7.2.1 设 $m\neq 0$ 为给定的整数,整数 k_0 满足$(k_0,m)=1$,并且 $D=k_0^2-m>0$为非完全平方数. 若不定方程 $X^2-DY^2=1$ 有解 $x+y\sqrt{D}$ 满足$(y,D)=1$,则 m 可真表示为两个幂数之差,其中的被减数为完全平方数,且表示的方法有无穷多种.

证 设皮尔方程 $X^2-DY^2=1$ 的基本解为 $x_0+y_0\sqrt{D}$,由于

$$x_k+y_k\sqrt{D}=(x_0+y_0\sqrt{D})^k=$$
$$\sum_{i=0}^{\frac{k}{2}}\binom{k}{2i}x_0^{k-2i}y_0^{2i}D^i+$$
$$\sum_{i=0}^{\frac{k-1}{2}}\binom{k}{2i+1}x_0^{k-2i-1}y_0^{2i+1}D^i\sqrt{D}$$

且 $X^2-DY^2=1$ 有解$(x+y\sqrt{D})$满足$(y,D)=1$,故 $y_0\mid y_k$,$(y_0,D)=1$. 显然方程 $X^2-DY^2=m$ 有解 $k_0+\sqrt{D}$,现在我们证明在结合类 $X_k+Y_k\sqrt{D}=(k_0+\sqrt{D})(x_0+y_0\sqrt{D})^k$ 中有无穷多个 k 使得 $D\mid Y_k$,且

$(X_k,m)=1$.

由于 $x_0^2-Dy_0^2=1$，故 $(x_0+k_0y_0)(x_0-k_0y_0)\equiv 1 \pmod m$. 又

$$X_k=\sum_{i=0}^{\frac{k}{2}}\binom{k}{2i}x_0^{k-2i}y_0^{2i}(k_0^2-m)k_0+\sum_{i=0}^{\frac{2k-1}{2}}\binom{k}{2i+1}x_0^{k-2i-1}y_0^{2i+1}(k_0^2-m)^{i+1}\equiv$$
$$k_0\left(\sum_{i=0}^{\frac{k}{2}}\binom{k}{2i}x_0^{k-2i}(y_0k_0)^{2i}+\sum_{i=0}^{\frac{2k-1}{2}}\binom{k}{2i+1}x_0^{k-2i-1}(y_0k_0)^{2i+1}\right)\pmod m\equiv$$
$$k_0(x_0+y_0k_0)^k\pmod m$$

由于 $(k_0,m)=1$，$((x_0+k_0y_0),m)=1$，故对任意正整数 k，均有 $(X_k,m)=1$.

其次，由于

$$Y_k=\sum_{i=0}^{\frac{k}{2}}\binom{k}{2i}x_0^{k-2i}y_0^{2i}D^i+\sum_{i=0}^{\frac{k-1}{2}}k_0\binom{k}{2i+1}x_0^{k-2i-1}y_0^{2i+1}D^i\equiv$$
$$x_0^k+kk_0x_0^{k-1}y_0\pmod D$$

$(k_0,D)=(k_0,m)=1$，$(y_0,D)=1$，$(x_0,D)=1$，故有正整数 k_1 使得当 $k\equiv k_1\pmod D$ 时，$Y_k\equiv 0\pmod D$ 时，$X_k^2-D^3Y'^2_k=m$，且 $(m,X_k)=1$，引理得证.

引理 7.2.2　设 m 为给定的整数，若有非完全平方数 $a>0$，$b>0$ 满足 $(a,b)=1$，$a-b=m$. 且皮尔方程 $X^2-abY^2=1$ 有解 $x+y\sqrt{D}$ 满足 $(y,ab)=1$，则 m 可

真表示为两个非完全平方数的幂数之差，且表示的方法有无穷多种.

证 由于 $X^2-abY^2=1$ 有解 $x+y\sqrt{D}$ 满足 $(y,ab)=1$，故皮尔方程 $X^2-abY^2=1$ 的基本解 $x_0+y_0\sqrt{ab}$ 满足 $(y_0,ab)=1$. 设

$$x_k+y_k\sqrt{ab}=\sum_{i=0}^{\frac{k}{2}}\binom{k}{2i}x_0^{k-2i}y_0^{2i}(ab)^i+\sum_{i=0}^{\frac{k-1}{2}}k_0\binom{k}{2i+1}x_0^{k-2i-1}y_0^{2i+1}(ab)^i\sqrt{ab}$$

由于 $aX^2-bY^2=m$ 有解 $\sqrt{a}+\sqrt{b}$，易证 $X_k\sqrt{a}+Y_k\sqrt{b}=(\sqrt{a}+\sqrt{b})\cdot(x_k+y_k\sqrt{ab})$ 仍然是方程 $aX^2-bY^2=m$ 的解. 下面将证明在解 $X_k\sqrt{a}+Y_k\sqrt{b}$ 中有无穷多个 k 满足 $a\mid X_k$ 且 $b\mid Y_k$，而 $(aX_k,bY_k)=1$. 由于

$$X_k=\sum_{i=0}^{\frac{k}{2}}\binom{k}{2i}x_0^{k-2i}y_0^{2i}(ab)^i+\sum_{i=0}^{\frac{k-1}{2}}k_0\binom{k}{2i+1}x_0^{k-2i-1}y_0^{2i+1}(ab)^i\equiv x_0^k+kbx_0^{k-1}y_0\pmod{ab}$$

故 $X_k\equiv x_0^k\pmod{b}$，因此 $(X_k,b)=(x_0^k,b)=1$，$X_k\equiv x_0^{k-1}(x_0+by_0k)\pmod{a}$，$(a,b)=1$，$(y_0,ab)=1$，故有正整数 k_1 使得当 $k\equiv k_2\pmod{a}$ 时，有 $X_k\equiv 0\pmod{a}$.

完全类似地我们有 $(Y_k,a)=1$，且有正整数 k_2 使得当 $k\equiv k_1\pmod{b}$ 时，有 $Y_k\equiv 0\pmod{b}$. 由于 $(a,b)=1$，由孙子定理知有正整数 k_3，使得当 $k\equiv k_3\pmod{ab}$ 时，$k\equiv k_1\pmod{a}$ 且 $k\equiv k_2\pmod{b}$，故 $X_k\equiv 0\pmod{a}$ 且 $Y_k\equiv 0\pmod{b}$. 此时令 $X_k=aX'_k$，$Y_k=bY'_k$，则有

$m=a^3X'^2_k-b^3Y'^2_k$. 由于 $X_k=x_k+by_k$, $Y_k=ay_k+x_k$, 可得 $x_kX_k-by_kY_k=x_k^2-aby_k^2=1$, 故 $(X_k,Y_k)=1$. 因此 $(aX_k,bY_k)=(X_k,Y_k)=1$. 引理得证.

现在我们应用上述引理给出问题(1)及问题(2)的解答.

定理 7.2.1　设 $m\neq 0$ 为给定的整数,则 m 可真表示为两个幂数之差(所谓真表示,即要求这两个幂数互质),其中的被减数为完全平方数,且表示法有无穷多种.

证　我们只需在各种情况下对所给的 $m\neq 0$ 验证引理 7.2.1 的条件完全成立,详情如表 1 所列,故定理得证.

表 1

m	k_0	D	$x+y\sqrt{D}$
1	2	3	$2+\sqrt{3}$
5	4	11	$10+3\sqrt{11}$
$m\equiv 1\pmod 4$	$\frac{1}{2}2(m-1)$	$\frac{1}{4}(m^2-bm+1)$	$\left(\left(\frac{m-3}{2}\right)^2-1\right)+\left(\frac{m-3}{2}\right)\sqrt{D}$
$m\equiv 3\pmod 4$, $m\not\equiv 0\pmod 5$	$\frac{1}{2}(m+5)$	$\frac{1}{4}(m^2+6m+25)$	$\frac{1}{4}\left[\left(\left(\frac{m+3}{2}\right)^2+2\right)+\left(\frac{m+3}{2}\right)\sqrt{D}\right]^2$
$m\equiv 3\pmod 4$, $m\equiv 0\pmod 5$	$\frac{1}{2}(5m+1)$	$\frac{1}{4}(25m^2+6m+1)$	$\frac{1}{4}\left[\left(\left(\frac{25m+3}{2}\right)^2+2\right)+\frac{5}{2}\left(\frac{25m+3}{2}\right)\sqrt{D}\right]^2$
$m=2m_1$, $m_1\equiv 1\pmod 4$, $m\neq 1,5$	$\frac{1}{2}(m_1+1)$	$\frac{1}{4}(m_1^2-bm_1+1)$	$\left(\left(\frac{m_1-3}{2}\right)^2-1\right)+\left(\frac{m_1-3}{2}\right)\sqrt{D}$
2	3	7	$8+3\sqrt{7}$
10	11	111	$295+28\sqrt{111}$
$m=2m_1$, $m_1\equiv 3\pmod 4$, $m_1\not\equiv 0\pmod 3$	$\frac{1}{2}(m_1+3)$	$\frac{1}{4}(m_1^2-2m_1-9)$	$\left(\left(\frac{m_1-1}{2}\right)^2+1\right)+\left(\frac{m_1-1}{2}\right)\sqrt{D}$
$m=2m_1$, $m_1\equiv 3\pmod 4$ $m_1\not\equiv 0\pmod 3$	$\frac{1}{2}(3m_1+1)$	$\frac{1}{4}(9m_1^2-2m_1+1)$	$\left(\left(\frac{9m_1-1}{2}\right)^2+1\right)+\frac{3}{2}(9m_1-1)\sqrt{D}$
$m=4m_1$	$2m_1+1$	$4m_1^2+1$	$(8m_1^2+1)+4m_1\sqrt{D}$

定理 7.2.2 设 m 为给定的整数,则 m 可表示两个非完全平方数的幂数之差,并且表示的方法有无穷多种.

证 当 $m=1$ 时,结论成立,其证明可参见文献[3],兹不赘.当 $m\neq 1$ 时,只需依各种不同的情形验证引理 7.1.2 的条件完全成立,详情如表 2 所列,故定理得证.

表 2

m	a	b	$x+y\sqrt{ab}$
$m\neq 1,2\nmid m$	$\frac{1}{4}(m^2+2m-3)$	$\frac{1}{4}(m^2-2m-3)$	$\frac{1}{4}(m^2-5)+\sqrt{ab}$
$3\mid m$	$\frac{1}{4}(3m^2+2m-1)$	$\frac{1}{4}(3m^2-2m-1)$	$\frac{1}{4}(9m^2-5)+3\sqrt{ab}$
2	7	5	$6+\sqrt{35}$
$m=2m_1,2\nmid m_1,(3,m_1)=1$	$\frac{1}{2}(m_1^2-2m_1+3)$	$\frac{1}{2}(m_1^2-2m_1+3)$	$\left(\frac{1}{4}(m_1^2+1)^2+1\right)+$ $\frac{1}{2}(m_1^2+1)\sqrt{ab}$
$m=2m_1,2\nmid m,(3,m_1)\neq 1$	$\frac{1}{2}(m_1^2+2m_1-1)$	$\frac{1}{2}(m_1^2-2m_1-1)$	$\left(\frac{1}{4}(m_1^2-3)^2-1\right)+$ $\frac{1}{2}(m_1^2-3)\sqrt{ab}$
$m=4m_1,2\nmid m_1$	$m_1^2+2m_1+2$	$m_1^2+2m_1+1$	$\frac{1}{2}(m_1^4+2)(m_1^8+4m_1^4+1)+$ $\frac{1}{2}(m_1^4+1)(m_1^4+3)\sqrt{ab}$
	$2m_1^2-2m_1+1$	$2m_1^2-2m_1+1$	$(8m_1^4+1)+4m_1^2\sqrt{ab}$
$mm_1=4m_1,2\mid m_1$①	或 $2m_1^2+3m_1+1$	或 $2m_1^2-m_1+1$	或$(4m_1^3+2m_1^2+1)+2m_1\sqrt{ab}$
$mm_1=4m_1,2\mid m_1$①	或 $2m_1^2+m_1+1$	或 $2m_1^2-3m_1+1$	或$(4m_1^3-2m_1^2-1)+2m_1\sqrt{ab}$

从上面的证明我们看到:当 $m\equiv 2(\bmod 4)$ 和 $m\equiv 0(\bmod 8)$时,文献中还没有对 m 按模分类给出一个统一的构造性证明.因而自然提出以下的问题.

问题 能否对 $m\equiv 2(\bmod 4)$ 和 $m\equiv 0(\bmod 8)$按模

①注:这两种情形是由 Mollin 和 Walsh 给出的.

分类给出一个统一的构造性证明?

当然,幂数问题远不止这些,很多问题都是十分困难的,有兴趣的读者可参看文献[2]和[7].

7.3.2 Störmer定理及其推广和应用

利用皮尔方程 $X^2-DY^2=1$ 的解的序列结构. Störmer得到了一个十分优美的结果,即下面的:

定理7.2.3(Störmer定理) 设 x,y 是正整数,满足皮尔方程 $X^2-DY^2=\pm1$($D>0$ 且为非完全平方数). 如果 y 的所有素因子均整数 D,则 $x+y\sqrt{D}$ 是方程 $X^2-DY^2=\pm1$ 的基本解.

1967年,Walker[89]推广了Stormer的结果,1989年,孙琦和袁平之[90]给出了Walker的结果的一个简洁的证明,并且将其应用于解一类不定方程. 随后,曹珍富[91]用同样的方法得到了一类不定方程的所有解. 1991年,罗家贵[92]又用这种方法将上述结果推广到方程 $kX^2-lY^1=2$ 和 $kX^2-lY^2=4$,并求得了几类不定方程的所有解. 最近,袁平之得到了皮尔方程的又一个深刻的性质,并在文献[93-94]中将其应用于不定方程而得到一些深刻而有趣的结果,其证明方法完全是初等的. 下面我们即介绍这些方法和结论. 为此,我们先给出一个引理:

引理7.2.3 设 $k>1,l>1$ 为正整数,$(k,l)=1$,kl 为非完全平方数,如果不定方程

$$kX^2-lY^2=1 \tag{7.2.1}$$

有正整数解. 并设 $x_1\sqrt{k}+y_1\sqrt{l}$ 是此方程所有解 $x>0$,$y>0$ 中使 $x\sqrt{k}+y\sqrt{l}$ 最小的(为方便起见,我们称 $x_1\sqrt{k}+y_1\sqrt{l}$ 为此方程的最小解),则此方程的全部正整

数解 x,y 可由下式给出

$$x\sqrt{k}+y\sqrt{l}=(x_1\sqrt{k}+y_1\sqrt{l})^2\ (n>0,2\nmid n) \tag{7.2.2}$$

证 设 $\varepsilon_1=x_1\sqrt{k}+y_1\sqrt{l}$，$\delta=x\sqrt{k}+y\sqrt{l}$. 又设 $\eta=a+b\sqrt{kl}$ 是皮尔方程 $X^2-klY^2=1$ 的基本解. 容易验证 ε_1^2、ε_1 均为方程 $X^2-klY^2=1$ 的解，于是有正整数 $t_1,t_2,t_1>t_2$，使 $\varepsilon_1\delta=\eta^{t_1}$，$\varepsilon_1^2=\eta^{t_2}$，故 $\varepsilon_1^2\delta=\eta^{t_1}\varepsilon_1=\eta^{t_2}\delta$，从而

$$\delta=\eta^{t_1-t_2}\varepsilon_1 \tag{7.2.3}$$

现在，我们来证明 $\eta=\varepsilon_1^2$，否则有 $1<\eta<\varepsilon_1^2$，即 $\bar{\varepsilon}_1<\eta\bar{\varepsilon}_1<\varepsilon_1$，其中 $1=kx_1^2-ly_1^2=\varepsilon_1\bar{\varepsilon}_1$，由此可得

$$0<x_1\sqrt{k}-y_1\sqrt{l}<X\sqrt{k}+Y\sqrt{l}<x_1\sqrt{k}+y_1\sqrt{l} \tag{7.2.4}$$

其中 $X=ax_1-by_1l$，$Y=bx_1k-ay_1$. 易知 X,Y 是方程(7.2.1)的一组解.

如果 $1<X\sqrt{k}+Y\sqrt{l}<x_1\sqrt{k}+y_1\sqrt{l}$，由 $(X\sqrt{k}+Y\sqrt{l})(X\sqrt{k}-Y\sqrt{l})=1$ 知 $0<X\sqrt{k}-Y\sqrt{l}<1$，于是 $2X\sqrt{k}>0$，$X>0$，以及 $2Y\sqrt{l}=(X\sqrt{k}+Y\sqrt{l})-(X\sqrt{k}-Y\sqrt{l})>1-1=0$ 知 $Y>0$，由式(7.2.4)，此与 ε_1 是方程(7.2.1)的最小解矛盾.

如果 $0<X\sqrt{k}+Y\sqrt{l}<1$，则有 $X\sqrt{k}-Y\sqrt{l}>1$. 又由 $x_1\sqrt{k}-y_1\sqrt{l}<X\sqrt{k}+Y\sqrt{l}$，故

$$1<X\sqrt{k}-Y\sqrt{l}<x_1\sqrt{k}+y_1\sqrt{l} \tag{7.2.5}$$

于是可得 $2X\sqrt{k}>0$，$X>0$，以及 $-2Y\sqrt{l}=(X\sqrt{k}-Y\sqrt{l})-(X\sqrt{k}+Y\sqrt{l})>1-1=0$，知 $-2Y>0$，由式(7.2.5)，此与 ε_1 最小矛盾. 这便证明了 $\eta=\varepsilon_1^2$，代入

式(7.2.3)使得 $\delta=\varepsilon_1^{2(t_1-t_2)+1}$ 即式(7.2.2)成立. 反之，任给奇数 $n>0$，式(7.2.2)给出式(7.2.1)的一组解 x, y. 引理得证.

定理 7.2.4(Störmer 定理的推广)　设 $x\sqrt{k}+y\sqrt{l}$ 是方程式(7.2.1)的正整数解，则有：

(1) 当 x 的每一个素因子整除 k 时，$x\sqrt{k}+y\sqrt{k}=\varepsilon_1=x_1\sqrt{k}+y_1\sqrt{l}$ 或 $x=3^s x_1$，$3\nmid x_1$，且 $(3^s+3)/4k=x_1^2$，其中 ε_1 表方程(7.2.1)的最小解，s 为正整数.

(2) 当 y 的每一个素因子整除 l 时，$x\sqrt{k}+y\sqrt{k}=\varepsilon_1=x_1\sqrt{k}+y_1\sqrt{l}$ 或 $y=3^s y_1$，$3\nmid y_1$，且 $(3^s+3)/4k=y_1^2$，且 $(3^{s_1}-3)/4l=y_1^2$，其中 ε_1 表方程(7.2.1)的最小解，s_1 为正整数.

证　(1) 设 $x_t\sqrt{k}+y_t\sqrt{l}=(x_1\sqrt{k}+y_1\sqrt{l})^t$，$t>0$，$2\nmid t$，其中 $x_1\sqrt{k}+y_1\sqrt{l}$ 是方程式(7.2.1)的最小解. 并设所给式(7.2.1)的解 $x\sqrt{k}=x_n\sqrt{k}+y_n\sqrt{l}=(x_1\sqrt{k}+y_1\sqrt{l})^n$，$2\nmid n$. 如果 $r\mid n$，则由式(7.2.2)易知 $x_r\mid x_n$，因此如果 x_n 满足(1)所列的条件，则 x_r 也满足同样的条件.

如果 $x_n\sqrt{k}+y_n\sqrt{l}$ 不是最小解，则有 $n>1$，且存在奇素数 p，$p\mid n$，x_p 的每一个素因子均整除 k，此处 x_p 适合

$$x_p\sqrt{k}+y_p\sqrt{l}=(x_1\sqrt{k}+y_1\sqrt{l})^p$$

故

$$\frac{x_p}{x_1}=\sum_{j=0}^{\frac{p-1}{2}}\binom{p}{2j}(x_1^2k)^{\frac{p-2j-1}{2}}(ly_1^2)^j \tag{7.2.6}$$

由于 $x_p > x_1$，故 $\frac{x_p}{x_1} > 1$. 设 q 为 $\frac{x_p}{x_1}$ 的任一给定的素因子，由定理的条件知，$q \mid k$，式(7.2.6)给出 $q \mid p(ly_1^2)^{\frac{p-1}{2}}$，而 $(q, ly_1) = 1$，于是得 $q \mid p$，$q = p$. 现在我们进一步指出，当 $p > 3$ 时，$\frac{x_p}{x_1}$ 无平方因子. 否则，可设 $p^2 \mid \frac{x_p}{x_1}$，由式(7.2.6)得出 $p^2 \mid p(ly_1^2)^{\frac{p-1}{2}}$，这不可能. 因此在 $p > 3$ 时，我们推出 $\frac{x_p}{x_1} = p$，另一方面，在 $p > 3$ 时式(7.2.6)给出

$$\frac{x_p}{x_1} = \sum_{j=0}^{\frac{p-1}{2}} \binom{p}{2j} (x_1^2 k)^{\frac{p-2j-1}{2}} (ly_1^2)^j > p$$

这一矛盾结果说明，当 $n > 1$ 时，n 不含大于 3 的质因数. 现设 $n = 3^f$，$f \geqslant 1$，此时 $x_3 \mid x_n$，而

$$\frac{x_3}{x_1} = x_1^2 k + 3ly_1^2 = x_1^2 k + 3(k_1 x_1^2 - 1) = 4kx_1^2 - 3 \tag{7.2.7}$$

由于 $\frac{x_3}{x_1}$ 的每一个素因子整除 k，故 $\frac{x_3}{x_2} = 3^t$，且 $(3^t + 3)/4k = x_1^2$，显然 $t > 1$，故由式(7.2.7)知 $3 \nmid x_1$. 此时，如果 $n = 3$，则(1)已得证；当 $n = 3^f$，$f > 1$ 时，则有 $x_3 \mid x_9$，$x_9 \mid x_n$，我们有 $x_9\sqrt{k} + y_9\sqrt{l} = (x_1\sqrt{k} + y_1\sqrt{l})^9 = (x_3\sqrt{k} + y_3\sqrt{l})^3$. 由此推出

$$\frac{x_9}{x_3} = x_3^2 k + 3y_3^2 l \tag{7.2.8}$$

由于 $kx_3^2 - ly_3^2 = 1$，故 $(kx_3, ly_3) = 1$，再由 $\frac{x_9}{x_3}$ 的每一素因子整除 k 及式(7.2.8)，推出 $\frac{x_9}{x_3} = 3^{f_1}$，$f_1 \geqslant 1$，代入式

(7.2.8)得

$$3^{f_1}=x_3^2k+3y_3^2l \qquad (7.2.9)$$

显然 $f_1>1$，再由前面的讨论知 $3|x_3$. 由式(7.2.9)得 $9|3y_3^2l$，而 $3\nmid y_3^2l$，这一矛盾结果证明 $n>1$ 时必有 $n=3$. (1)由此得证.

(2)与(1)类似，设所给式(7.2.1)的解 $x\sqrt{k}+y\sqrt{l}=x_n\sqrt{k}+y_n\sqrt{l}=(x_1\sqrt{k}+y_1\sqrt{l})^n$，$2\nmid n$. 如果 $r|n$，则由式(7.2.2)易知 $y_r|y_n$，因此，如果 y_n 满足定理的条件，那么 y_r 也满足同样的条件. 如果 $x_n\sqrt{k}+y_n\sqrt{l}$ 不是最小解，则有 $n>1$，且存在奇素数 p，$p|n$，y_p 的每个素因子均整除 l，且

$$\frac{y_p}{y_1}=\sum_{j=0}^{\frac{p-1}{2}}\binom{p}{2j}(ly_1^2)^{\frac{p-2j-1}{2}}(kx_1^2)^j \qquad (7.2.10)$$

由于$\frac{y_p}{y_1}>1$，设 $q\left|\frac{y_p}{y_1}\right.$，$q$ 为$\frac{y_p}{y_1}$的任一给定的因子，由定理的条件知，$q|l$，式(7.2.10)给出 $q=p$，而当 $p>3$ 时，易知$\frac{y_p}{y_1}$无平方素因子，故$\frac{y_p}{y_1}=p$. 再由式(7.2.10)知$\frac{y_p}{y_1}>p$. 这一矛盾结果说明 $n>1$ 时，n 不含大于 3 的素因子. 现设 $n=3^h$，式 $h\geqslant1$，此时 $y_3|y_n$，而

$$\frac{y_3}{y_1}=ly_1^2+3kx_1^2=ly_1^2+3(ly_1^2+1)=4ly_1^2+3 \qquad (7.2.11)$$

由于$\frac{y_3}{y_1}$的每一个素因子整除 l，故$\frac{y_3}{y_1}=3^s$，$s\geqslant1$，且 $(3^s-3)/4l=y_1^2$. 由式(7.2.11)知 $s\geqslant1$，且 $3\nmid y_1$. 此时，如果 $n=3$，则(2)已证成立. 当 $n=3^h$，$h>1$ 时，则有 $y_3|y_9$，$y_9|y_n$，且

$$\frac{y_9}{y_3}=y_3^2 l+3x_3^2 k \qquad (7.2.12)$$

由于$(kx_3, ly_3)=1$以及$\frac{y_9}{y_3}$的每一素因子整除l，式(7.2.12)推出$\frac{y_3}{y_1}=3^e$，$e\geqslant 1$，代入式(7.2.12)和$3^e=y_3^2 l+3x_3^2 k$．由前面的讨论知$3\mid y_3$，故前式不可能，而(2)得证.

定理 7.2.5 (1)设$D>0$，D为非完全平方数，$4\nmid D$，且有整数$k>1$及l，$(k,l)=1$，$kl=D$，使得二次方程$kX^2-lY^2=1$有解，则k，l由D唯一决定.

(2)设$D>0$，D为非完全平方数，$2\nmid D$，且存有整数k，l，$(k,l)=1$，$kl=D$，使得二次方程$kX^2-lY^2=2$有解，则k，l唯一决定.

(3)设$D>0$，D为非完全平方数，$2\nmid D$，且有正整数$k>1$，及l，$(k,l)=1$，$kl=D$，使得二次方程$kX^2-lY^2=4$有解，则k，l由D唯一决定.

证 设$D>0$，D为非完全平方数，$4\nmid D$，熟知皮尔方程$X^2-DY^2=1$可解．设其基本解为$\varepsilon_0=x_0+y_0\sqrt{D}$，则$(x_0+1)(x_0-1)=Dy_0^2$．由于$(x_0+1)(x_0-1)=2^\delta$，$\delta=0$或1，故有正整数$k_0$，$l_0$，$y_1$，$y_2$，满足$(k_0,l_0)=1$，$k_0 l_0=D$，$y_1 y_2=2^{-\delta}y_0$，$x_0+1=2^\delta k_0 y_1^2$，$x_0-1=2^\delta l_0 y_2^2$．当$\delta$分别取1和0时，分别得到二次方程$k_0X^2-l_0Y^2=1$和$k_0X^2-l_0Y^2=2$有解$(y_1, y_2)$，显然上面的$k_0$，$l_0$由$D$唯一决定.

往证(1)．若二次方程$kX^2-lY^2=1$有解(x,y)，两边平方，得

$$(2kx^2-1)^2-kl(2xy)^2=1$$

故 $(2kx^2-1)+2xy\sqrt{kl}$ 是方程 $X^2-DY^2=1$ 的解，因而有正整数 r，使

$$(2kx^2-1)+2xy\sqrt{kl}=\varepsilon_0^r=[(2l_0y_2^2+1)+y_0\sqrt{k_0l_0}]^r$$

于是

$$2kx^2-1=\frac{\varepsilon_0^r+\bar{\varepsilon}_0^r}{2}=2ly^2+1 \qquad (7.2.13)$$

对 $2ly^2+1=\frac{\varepsilon_0^r+\bar{\varepsilon}_0^r}{2}$ 两边取模 $2l_0$，得 $2ly^2+1\equiv 1 \pmod{2l_0}$ 因此

$$ly^2\equiv 0 \pmod{l_0} \qquad (7.2.14)$$

若 r 为奇数，对 $2kx^2-1=\frac{\varepsilon_0^r+\bar{\varepsilon}_0^r}{2}$ 两边取模 $2k_0$，得 $2kx^2-1\equiv -1 \pmod{2k_0}$，因此

$$kx^2\equiv 0 \pmod{k_0} \qquad (7.2.15)$$

又 $(kx^2,l_0)=(kx^2,ly^2)=1$，故 $(kx^2,l_0)=1$. 对称地，有 $(ly^2,k_0)=1$. 再由式(7.2.14)，(7.2.15)及 $k_0l_0=kl$，即得 $k=k_0,l=l_0$. 若 r 为偶数，对 $2kx^2-1=\frac{\varepsilon_0^r+\bar{\varepsilon}_0^r}{2}$ 两边分别取模 $2k_0$ 和 $2l_0$，得

$$2kx^2-1\equiv 1 \pmod{2k_0},\ 2ly^2-1\equiv 0 \pmod{2l_0}$$

由于 $(k_0,l_0)=1$，因此 $kx^2\equiv 1 \pmod{k_0l_0}$，但 $k_0\mid kl$，故 $k=1$，得矛盾.

(2)，(3)的证明类似，故略.

由上面介绍的几个定理可以完全解决下面的一类不定方程

$$\frac{ax^n\pm c}{abxt^2\pm c}by^2\ (c=1,2,\text{或 }4,2\nmid n) \qquad (7.2.16)$$

其中 a 为给定的正整数，$x>1,b,y,t,n$ 为正整数的参变数，且当 $c=2$ 或 4 时，$2\nmid a$.

如文献[93]中证明了方程(7.2.16)无 $n>1$ 的正整数解.

同时用上面介绍的几个定理可以通过皮尔方程的基本解完全解决不定方程

$$ka_1^{x_1}\cdots a_r^{x_r}-lb_1^{y_1}\cdots b_s^{y_s}=c(c=1,2\text{ 或 }4) \tag{7.2.17}$$

其中 $k,l,a_1,\cdots,a_r,b_1,\cdots,b_s$ 为给定的正整数,$x_1,\cdots,x_r,y_1,\cdots y_s$ 为非负整数参变量,并可根据 D 的因子分解情况来判断下面形式的某些方程

$$x^2-Dy^2=c(c=-1,\pm 2,-4) \tag{7.2.18}$$

的无解性(见文献[94])

7.3 初等方法(二)

7.3.1 概述

利用 7.1 中介绍的二次方程的解的序列结构,通过讨论序列中元素的模的特征及元素之间的相互关系,再运用二次剩余符号等初等方法解不定方程,有时会得到一些意想不到的结果. 如 1964 年,柯召和孙琦[13],Wylier[14],Cohn[15]分别独立地用不同方法证明了第一类和第二类斐波那契数中除已知的平方数外,没有其他的平方数. W. Ljunggren, Modell, Nagell, Cohn, Bumby,柯召,孙琦等得到了 $Ax^2-By^4=c,c=\pm 1,\pm 2,\pm 4$ 的一些结果,其中 Ljunggren 的一些结果是很深刻的,然而他的证明大都用到 Skolem 的 $p-$adic 方法,四次域的单位和复杂的计算,其他方法大都是初等的,但很多情况都还没有得出和 Ljunggren 一

样深刻的结论.近年来,郑德勋,马德刚,屈明华,罗明,Browm,Gohn,Stroeker,Mohanty,Robbins,Abahecol 等又用这一初等方法完全解决了用代数数论方法,贝克有效方法和 Skolem 的 p-adic 方法已经解决和还没有解决的一些三、四次不定方程、二次联立不定方程和 k-数组问题(详见文献[21-38]).然而,这一方法是否对所有三、四次不定方程、二次联立方程和 k-数组都有效,特别是对 $x^2-2y^4=-1$ 是否有效,都是没有解决的公开问题.看来,要解决上述问题将是非常困难的.

下面我们介绍 Ljunggren[38],柯召和孙琦[39],罗明用此方法得到的几个结果.

7.3.2 不定方程 $Ax^4-By^2=c(c=4,1)$

这里我们介绍 1967 年 Ljunggren[38] 用初等方法得到的一个结果.

设 A,B 为给定正奇数,并设方程

$$Az_1^2-Bz_2^2=4 \tag{7.3.1}$$

有正奇数解 z_1,z_2.又设 (a,b) 为它的最小正奇数解,则它的任一正整数解 z_1,z_2 由下式给出

$$\frac{1}{2}(z_1A^{1/2}+z_2B^{1/2})=(\frac{1}{2}aA^{1/2}+bB^{1/2})^n \tag{7.3.2}$$

这里当 $A=1$ 时,n 为整数,当 $A>1$ 时,n 为奇数.

定理 7.3.1(Ljunggren) 在上面的假设条件下,不定方程

$$Ax^4-By^2=4 \tag{7.3.3}$$

最多只有两组正整数解.若 $a=h^2$ 且 $Aa^2-3=k^2$,则有两解 $x=h$ 和 $x=hk$;若 $a=h^2$ 且 $a^2A-3\neq k^2$,则只

有一解 $x=h$；若 $a=5h^2$ 且 $A^2a^4-5Aa^2+5=5k^2$，则仅有一解 $x=5hk$.

定理 7.3.2 在上述假设条件下，不定方程

$$Ax^4-By^2=1 \tag{7.3.4}$$

最多只有一组正整数解，且若 $x=x_1$ 和 $y=y_1$ 是其解，则

$$x_1A^{1/2}+y_1B^{1/2}=(\frac{1}{2}(aA^{1/2}+bB^{1/2}))^3$$

在证明定理 7.3.1 之前，我们引入一些记号并证明一些引理. 设 ε 为代数数域 $Q(D^{1/2})(D>0)$ 内范数为 $+1$ 的单位，ε' 表示其共轭单位，即 $\varepsilon\varepsilon'=1$.

我们引入下面一些记号，这里 n,m,p,t 均表示自然数，且 n 表奇数

$$H_m(\varepsilon)=\frac{\varepsilon^m-\varepsilon'^m}{\varepsilon-\varepsilon'}=H_m$$

$$P_n(\varepsilon)=\varepsilon'^{\frac{1}{2}(n-1)}\frac{\varepsilon^n-1}{\varepsilon-1}=H_{\frac{1}{2}(n+1)}(\varepsilon)+H_{\frac{1}{2}(n-1)}(\varepsilon)$$

$$Q_n(\varepsilon)=\varepsilon'^{\frac{1}{2}(n-1)}\frac{\varepsilon^n+1}{\varepsilon+1}H_{\frac{1}{2}(n+1)}(\varepsilon)-H_{\frac{1}{2}(n-1)}(\varepsilon)$$

$$R_p=\varepsilon^{2^p}+\varepsilon'^{2^p}$$

显然我们有

$$H_n(\varepsilon)=P_n(\varepsilon)Q_n(\varepsilon)$$

由著名的库默尔(Kummer)恒等式

$$x^n+y_n=\sum_{i=0}^{\frac{1}{2}(n-1)}(-1)^i\frac{n}{n-i}\binom{n-i}{i}(x+y)^{n-2i}(xy)^i$$

我们得到：对奇数 t，令 $x=\varepsilon^{\frac{1}{2}t}$，$y=\varepsilon'^{\frac{1}{2}t}$，则

$$Qn(\varepsilon')=\sum_{i=0}^{\frac{1}{2}(n-1)}(-1)^i\frac{n}{n-i}\binom{n-i}{i}\cdot$$

$$(\varepsilon+\varepsilon'+2)^{\frac{1}{2}(n-1)-i}(Q_t^2(\varepsilon))^{\frac{1}{2}(n-1)-i} \quad (7.3.5)$$

特别地，对 $t=1$，由于 $Q(\varepsilon)=1$，有

$$Qn(\varepsilon)=\sum_{i=0}^{\frac{1}{2}(n-1)}(-1)^i\frac{n}{n-i}(\varepsilon+\varepsilon'+2)^{\frac{1}{2}(n-1)-i} \quad (7.3.6)$$

引理 7.3.1　(1)若 $\varepsilon+\varepsilon'$ 为奇数，则

$$H_m\equiv H_m-6(\bmod 8)$$

(2)

$$Q_n(\varepsilon)\equiv\begin{cases}1(\bmod 8),若\ n\equiv\pm1(\bmod 12)且\ \varepsilon+\varepsilon'奇\\-(\varepsilon+\varepsilon')(\bmod 8),若\ n\equiv\pm5(\bmod 12)且\ \varepsilon+\varepsilon'奇\end{cases}$$

(3)若 $(m,6)=1$，则 $H_m\not\equiv0(\bmod 3)$.

(4)若 $\varepsilon+\varepsilon'+2\equiv0(\bmod n)$，$p\geqslant1$，则 $R_p\equiv2(\bmod n)$.

(5) $R_p\equiv\begin{cases}\varepsilon+\varepsilon'-1(\bmod Q_5(\varepsilon)),p\ 奇\\-(\varepsilon+\varepsilon')(\bmod Q_5(\varepsilon)),p\ 偶\end{cases}$.

证　(1)由 $H_3=\varepsilon^2+\varepsilon'^2+1=(\varepsilon+\varepsilon')^2-1\equiv 0(\bmod 8)$ 及 $H_m-H_{m-6}=(\varepsilon^{m-3}+\varepsilon'^{m-3})H_3$ 即得.

(2)利用(1)若 $n=12k+1$，则 $Q_n(\varepsilon)=H_{6k+1}-H_{6k}\equiv H_1\equiv1(\bmod 8)$ 若 $n=12k+5$，则 $Q_n(\varepsilon)=H_{6k-3}-H_{6k+2}\equiv H_3-H_2\equiv-(\varepsilon+\varepsilon')(\bmod 8)$

其余两个同余式可以类似证明.

(3)类似(1)的证明有：若 $(\varepsilon+\varepsilon',3)=1$，则 $H_m\equiv H_{m-6}(\bmod 3)$. 若 $(\varepsilon+\varepsilon',3)=3$，则 $H_m\equiv-H_{m-2}(\bmod 3)$. 再验证 H_1,H_2,H_3,H_4,H_5,H_6 即得.

(4)我们用数学归纳法来证. 当 $p=1$ 时，$\varepsilon^2+\varepsilon'^2-2=(\varepsilon+\varepsilon')^2-4=(\varepsilon+\varepsilon'+2)(\varepsilon+\varepsilon'-2)\equiv0(\bmod n)$. 假设 $R_p\equiv2(\bmod n)$，平方得 $R_p^2\equiv R_{p-1}+2\equiv 4(\bmod n)$，即 $R_{p+1}\equiv2(\bmod n)$，故(4)成立.

(5)由

$$Q_5(\varepsilon)=(\varepsilon+\varepsilon')^2-(\varepsilon+\varepsilon')-1$$

得

$$\varepsilon^2+\varepsilon'^2=(\varepsilon+\varepsilon')^2-2=(\varepsilon+\varepsilon')-1 \pmod{Q_5(\varepsilon)}$$

因此

$$\varepsilon^4+\varepsilon'^4=(\varepsilon^2+\varepsilon'^2)^2\equiv(\varepsilon+\varepsilon')^2-2(\varepsilon+\varepsilon')-1\equiv -(\varepsilon+\varepsilon') \pmod{Q_5(\varepsilon)}$$

类似地有,若 $R_p\equiv(\varepsilon+\varepsilon')-1 \pmod{Q_5(\varepsilon)}$,则 $R_{p+1}\equiv -(\varepsilon+\varepsilon') \pmod{Q_5(\varepsilon)}$ 且 $R_{p+2}\equiv(\varepsilon+\varepsilon')-1 \pmod{Q_5(\varepsilon)}$. 故(5)成立.

引理 7.3.2 若 $\varepsilon+\varepsilon'$ 为整数,则 $Q_9(\varepsilon)=z^2$, $Q_9(\varepsilon)=3z^2$ 和 $Q_9(\varepsilon)=2z^2$ 均无整数解.

证 我们有 $Q_9(\varepsilon)=Q_3(\varepsilon)Q_3(\varepsilon^3)=u(u^3+3u^2-3)$,这里 $u=\varepsilon+\varepsilon'-1$. 若 $Q_9(\varepsilon)=z^2$ 则

$$u=3h^2, u^3+3u^2-3=3k^2 \tag{7.3.7}$$

或

$$u=h^2, u^3+3u^2-3=k^2 \tag{7.3.8}$$

式(7.3.7) mod 9 知 $k^2\equiv -1 \pmod 9$ 不可能,式(7.3.8)给出

$$h^6+3h^4-3=k^2 \tag{7.3.9}$$

由于当 $h\geqslant 3$ 时, $2h^3+3h^2>2k>2h^3+3h-1$,故当 $h\geqslant 3$ 时式(7.3.9)不成立.

当 $h=2$ 时同样不成立,当 $h=1$ 时给出 $\varepsilon+\varepsilon'=2$. 由于得出 $\varepsilon=\varepsilon'=1$ 不可能.

由方程 $Q_9(\varepsilon)=3z^2$ 可得 $u=9h^2$, $u^3+3u^2-3=2k^2$,又 $u\equiv 0 \pmod 3$ 不可能. 故 $u^2=2h^2$, $u^3+3u^2-3=k^2$,因而 $8h^4+12h^4-3=k^2$. 由此得出, $2(2h^2+1)\cdot(2h^4+2h^2-1)=k^2-1$,但 $2h^4+2h^2-1\equiv -1 \pmod 4$

故不可能. 引理得证.

引理 7.2.3　若 n 为奇数, 无平方因子, 且含有 $q\equiv 3 \pmod 4$ 的素因子, $\varepsilon+\varepsilon'$ 为整数, $\varepsilon+\varepsilon'+2\equiv 0 \pmod{n^2}$, 则 $Q_n(\varepsilon)=nz^2$ 无整数解.

证　令 $n=mq,(m,q)=1$, 我们有 $Q_n(\varepsilon)=Q_m(\varepsilon)\cdot Q_q(\varepsilon^m)=mqz^2$. 由式(7.3.5)知 $Q_m(\varepsilon)$ 和 $Q_q(\varepsilon^m)$ 的公因子整除 q. 由式(7.3.6)知 $Q_m(\varepsilon)\equiv 0 \pmod q$ 且 $Q_q(\varepsilon^m)\equiv -q \pmod{q^2}$ 因此

$$Q_m(\varepsilon)=mh_1^2, Q_q(\varepsilon^m)=qh_2^2$$

最后一个方程给出 $h_2^2+1\equiv 0 \pmod q$ 矛盾.

引理 7.3.4　$n\not\equiv 5 \pmod{24}$, $\varepsilon+\varepsilon'$ 为奇整数且 $\varepsilon+\varepsilon'+2\equiv 0 \pmod{n^2}$, 则 $Q_n(\varepsilon)=nz^2$ 没有整数解.

证　由引理 7.3.2, 我们假设 $n\equiv 1 \pmod 4$. 首先证明 $n=qt+1$, t 为整数不可能. 我们有

$$Q_n(\varepsilon)+1=(\varepsilon^{2t}+\varepsilon'^{2t})(H_{2t+1}-H_{2t})$$

令 $2t=2^p t_1,(t_1,2)=1,p\geqslant 1$. 则 R_p 为 nz^2+1 的一个因子, 故 $(-n/R_p)=1$. 由于易证 $R_p\equiv -1 \pmod 8$ 且由引理 7.3.1(4)知 $R_p\equiv 2 \pmod n$, 故 $1=-\left(\frac{n}{R_p}\right)=-\left(\frac{R_p}{n}\right)=-\left(\frac{2}{n}\right)=-1$ 矛盾. 令 $n=8r+5$ 分 $r\equiv 2 \pmod 3$ 和 $r\equiv 1 \pmod 3$ 两种情况.

若 $r\equiv 2 \pmod 3$, 则 $n\equiv 0 \pmod 3$. 在引理 7.3.2 中取 $q=3$ 知可以排除这种情形.

若 $r\equiv 1 \pmod 3$, 则 $n\equiv 1 \pmod{12}$, 因此 $nz^2\equiv 1 \pmod 8$, 再由引理 7.3.1(2)知当 $\varepsilon+\varepsilon'$ 奇时 $n\equiv 1 \pmod 8$ 矛盾.

引理 7.3.5　若 $\varepsilon+\varepsilon'$ 为奇自然数, $n>3$, 则 $Q_n(\varepsilon)$ 不是平方数.

证 由于当 $n=4t+1$ 可完全类似地证明，故仅给出 $n=4t+3$ 的证明.

由

$$Q_n(\varepsilon)=z^2 \tag{7.3.10}$$

可得 $z^2+1=(\varepsilon^{t+1}+\varepsilon'^{t+1})(H_{t+1}(\varepsilon)-H_t(\varepsilon))$. 若 t 奇，令 $t+1=2^p t_1$，$(t_1,2)=1$，$p\geqslant 1$，由此得出 $z^2+1\equiv 0(\mathrm{mod}\ R_p)$，由于 $R_p\equiv -1(\mathrm{mod}\ 8)$矛盾. 若 t 偶且 $t\equiv 2(\mathrm{mod}\ 3)$，则$\frac{\varepsilon^3+\varepsilon'^3}{\varepsilon+\varepsilon'}=(\varepsilon+\varepsilon')^2-3=-2(\mathrm{mod}\ 8)$是 z^2+1的一个因子，矛盾. 若 t 偶且 $t\equiv 1(\mathrm{mod}\ 3)$，则 $\varepsilon+\varepsilon'$和 $\varepsilon+\varepsilon'-1$ 均为 z^2+1 的因子，由此得 $\varepsilon+\varepsilon'\equiv 1(\mathrm{mod}\ 4)$，$\varepsilon+\varepsilon'-1\equiv 0(\mathrm{mod}\ 4)$矛盾. 故 $t\equiv 0(\mathrm{mod}\ 3)$，即 $n\equiv 0(\mathrm{mod}\ 3)$.

由引理 7.3.2，仅需讨论 $n=3m$ 的情形且 $(m,3)=1$.

由方程(7.3.10)可得：$Q_m(\varepsilon)Q_3(\varepsilon^m)=z^2$，$(Q_m(\varepsilon),Q_3(\varepsilon^m))\mid 3$ 又 $Q_m(\varepsilon)\equiv 0(\mathrm{mod}\ 3)$(引理 7.3.1(2))，故 $Q_m(\varepsilon)=z_1^2$，$Q_3(\varepsilon^m)=z_2^2$，由前面的证明知 $m=1$，即 $n=3$，引理证完.

引理 7.3.6 若 $n>5$ 且无平方因子，$\varepsilon+\varepsilon'$奇，$\varepsilon+\varepsilon'+2\equiv 0(\mathrm{mod}\ n^2)$，则$Q_n(\varepsilon)=n^2$无整数解.

证 由引理 7.3.3，7.3.4 知只需考虑 $n=24k+5$ 的情形，我们有

$$Q_n(\varepsilon)+Q_5(\varepsilon)=(\varepsilon^{6k}+\varepsilon'^{6k})(H_{6k+3}-H_{6k+2}) \tag{7.3.11}$$

令 $k=2^{p-1}k_1$，$(k_1,2)=1$，$p\geqslant 2$，则 R_p 为式(7.3.11)右端的一个因子，从式(7.3.11)可得

$$1=\left(\frac{-nQ_5}{R_p}\right)=-\left(\frac{nQ_5}{R_p}\right)=-\left(\frac{n}{R_p}\right)\cdot\left(\frac{Q_5}{R_p}\right)=$$
$$-\left(\frac{2}{n}\right)\left(\frac{Q_5}{R_p}\right)=\frac{Q_5}{R_p}$$

由引理 7.3.1(2)我们有 $Q_n(\varepsilon)\equiv(\varepsilon+\varepsilon')\pmod 8$，因此 $\varepsilon+\varepsilon'=3\pmod 8$ 且 $Q_5\equiv5\pmod 8$. 于是我们有

$$1=\left(\frac{Q_5}{R_p}\right)=\left(\frac{R_p}{Q_5}\right)=\left(\frac{\varepsilon+\varepsilon'-1}{Q_5}\right)$$

p 奇或 $1=\left(\frac{-(\varepsilon+\varepsilon')}{Q_5}\right)=\left(\frac{\varepsilon+\varepsilon'}{Q_5}\right)=\left(\frac{\varepsilon+\varepsilon'}{Q_5}\right)=\left(\frac{Q_5}{\varepsilon+\varepsilon'}\right)=\left(\frac{-1}{\varepsilon+\varepsilon'}\right)=-1$，$p$ 偶，矛盾. 对前一种情形，令 $\varepsilon+\varepsilon'-1=2T$，$T\equiv1\pmod 4$，进一步，$1=\left(\frac{2}{Q_5}\right)\left(\frac{T}{Q_5}\right)=-\left(\frac{T}{Q_5}\right)=-\left(\frac{Q_5}{T}\right)=-1$，矛盾. 证完.

定理 7.3.1 的证明：

由于方程 $Ax^2-By^2=C$，$C=1,4$ 的正整数解 x,y 由下式给出

$$(x^2A^{1/2}+yB^{1/2})C^{-\frac{1}{2}}=\left(\frac{1}{2}(aA^{\frac{1}{2}}+bB^{\frac{1}{2}})\right)^n \tag{7.3.12}$$

这里 n 为奇的正整数.

由式(7.3.2)我们知道，当 $A=1$ 时，式(7.3.12)仍然正确.

当 $c=1$ 时 $n\equiv0\pmod 3$，但方程 $x^2+yB^{\frac{1}{2}}=\left(\frac{1}{2}(a+bB^{\frac{1}{2}})\right)^{6m}=\lambda^6$ 给出 $2x^2=\lambda^6+\lambda'^6$，$\lambda\lambda'=1$，或令 $\lambda+\lambda'=t$，则

$$2x^2=(t^2-2)((t^2-2)^2-3) \tag{7.3.13}$$

由式(7.3.13)成立得 $t^2-2=2h^2$，$4h^4-3=k^2$ 仅

有解 $t=2$ 不可能.

若 $c=4$，由方程 $\frac{1}{2}(x^2+yB^{1/2})=\lambda_1^2$ 得出 $x^2=\lambda_1^2+\lambda'^2_1=(\lambda_1+\lambda'_1)^2-2=t_1^2-2$ 不可能.

记

$$\varepsilon=\left(\frac{1}{2}(aA^{\frac{1}{2}}+bB^{\frac{1}{2}})\right)^2=\frac{1}{2}(Aa^2-2+ab(AB)^{1/2})$$

由式(7.3.12)得

$$2C^{-\frac{1}{2}}x^2=aQ_n(\varepsilon),\varepsilon+\varepsilon'+2=A^2 \quad (7.3.14)$$

首先我们来证明定理 7.3.1. 方程(7.3.13)可以写成

$$x^2=aQ_n(\varepsilon) \quad (7.3.15)$$

令 $a=rh^2$，r 无平方因子>1，由式(7.3.15)得

$$Q_n(\varepsilon)=rk^2 \quad (7.3.16)$$

由式(7.3.6)易知，r 是 n 的一个因子，记 $n=rn_1$. 若 $r=1$，得 $n=1$ 或 3(引理 7.3.2)，若 $r>1$，将式(7.3.16)写成

$$Q_{n_1}(\varepsilon)Q_r(\varepsilon^{n_1})=rk^2$$

得

$$Q_{n_1}(\varepsilon)=k_1^2,Q_r(\varepsilon^{n_1})=rk_2^2$$

第一个方程给出 $n_1=1$ 和 $n_1=3$，第二个给出 $r=5$，但 $Q_5(\varepsilon^3+\varepsilon'^3)=5k_3^2$ 可写成 $\left(\frac{1}{5}2(\varepsilon^3+\varepsilon'^3)-1\right)^2=1+4k_3^2$，且 $2(\varepsilon^3+\varepsilon'^3)\equiv 0(\bmod 4)$. 矛盾.

定理 7.3.2 的证明：从式(7.3.12)我们有

$$x^2A^{\frac{1}{2}}+yB^{\frac{1}{2}}=\left(\frac{1}{2}(aA^{\frac{1}{2}}+bB^{\frac{1}{2}})\right)^{3m} \quad (7.3.17)$$

我们分两种情形来讨论：

(1) $m\equiv 0(\bmod 3)$，令 $m=3r$，式(7.3.17)给出

$$x^2A^{\frac{1}{2}}+yB^{\frac{1}{2}}=\varepsilon_1^{\frac{9}{2}} \tag{7.3.18}$$

这里 $\varepsilon_1^{\frac{1}{2}}=\left(\frac{1}{2}(aA^{\frac{1}{2}}+bB^{\frac{1}{2}})\right)^r=\frac{1}{2}(uA^{\frac{1}{2}}+vB^{\frac{1}{2}})$. 因此

$$2x^2=uQ_9(\varepsilon_1) \tag{7.3.19}$$

由于 u 与 $Q_9(\varepsilon_1)$ 的最大公因子整除 9, 且若 $u\equiv 0 \pmod 3$, 则 $Q_9(\varepsilon_1)\equiv 9 \pmod{27}$. 从式(7.3.19)我们可以推出

$$u=k_1^2, Q_9(\varepsilon_1)=2k_2^2$$

或

$$u=2k_1^2, Q_9(\varepsilon_1)=k_2^2$$

由引理 7.3.2 知此不可能.

(2) $m\not\equiv 0 \pmod 3$, 令

$$\varepsilon_2^{\frac{1}{2}}=\left(\frac{1}{2}(aA^{y_2}+bB^{y_2})\right)^m=\frac{1}{2}(u_1A^{\frac{1}{2}}+v_1B^{\frac{1}{2}})$$

$$(u_1,2)=1$$

由式(7.3.17)我们有 $2x^2=u_1Q_3(\varepsilon_2)$, 由此可得

$$u_1=h^2, Q_3(\varepsilon_3)=2k^2 \tag{7.3.20}$$

或

$$u_1=3h^2, Q_3(\varepsilon_2)=6k^2 \tag{7.3.21}$$

前一种情况给出方程 $Ah^4-Bv_1^2=4$, $(h,2)=1$, 由定理 7.3.1 可得 $\frac{1}{2}(h^2A^{\frac{1}{2}}+v_1B^{\frac{1}{2}})=\left(\frac{1}{2}(aA^{\frac{1}{2}}+bB^{\frac{1}{2}})\right)^t$, $t=1$ 或 $t=5$. 这里由于 h 为奇, $t\neq 3$. 因此

$$x^2A^{1/2}+yB^{1/2}=\left(\frac{1}{2}(aA^{1/2}+bB^{1/2})\right)^{3t} \tag{7.3.22}$$

下面将证明 $t=5$ 不可能. 若 $t=5$, 我们将式(7.3.23)

写成如下形式

$$x^2A^{1/2}+yB^{1/2}=(a_1A^{1/2}+b_1B^{1/2})^5 \quad (7.3.23)$$

这里记

$$\left(\frac{1}{2}(aA^{1/2}+bB^{1/2})\right)^3=(a_1A^{1/2}+bB^{1/2})$$

从式(7.3.23)可得 $x^2=a_1(16A^2a_1^4-20A^2a_1^2+5)$，由此可得

$$a_1=h_1^2, 16A^2a_1^4-20Aa_1^2+5=k_1^2 \quad (7.3.24)$$

或

$$a_1=5h_1, 16A^2a_1^4-20Aa_1^2+5=5k_1^2 \quad (7.3.25)$$

式(7.3.24)，(7.3.25)的后一个方程可分别记为

$$(8Aa_1^2-5)2=4k_1^2 \text{ 和 } 5(40Ah_1^4-1)^2=1+4k_1^2$$

显然当 $Aa_1^2>4$ 时这些方程均无解，因此由式(7.3.22)给出的式(7.3.20)的解满足 $t=1$.

最后我们讨论式(7.3.21)，这里我们有 $9Ah^4-Bv_1^2=4,(h,2)=1$.

记

$$\left(\frac{1}{2}(aA^{\frac{1}{2}}+bB^{\frac{1}{2}})\right)^s=\frac{1}{2}(a_sA^{\frac{1}{2}}+b_sB^{\frac{1}{2}}),(s,6)=1$$

这里 s 满足使 $a_s\equiv 0 \pmod 3$ 的最小下标，并证明 $s=1$ 为其必要条件. 显然 $(Bb,3)=1$，假设 $(a,3)=1$，由 $Aa^2-Bb^2=4$ 得 $A-B\equiv 1 \pmod 3$ 故

$$A\equiv 2 \text{ 或} \equiv 0 \pmod 3$$

前一种情形 $s=3$，后一种情形 $s=2$ 与假设矛盾. 再由定理 7.3.1，我们得出

$$x^2A^{1/2}+yB^{1/2}=\left(\frac{1}{2}(aA^{1/2}+bB^{1/2})\right)^{3t} (t=1 \text{ 或 } t=5)$$

这里 $t=5$ 如前一种情形可排除. 定理 7.3.2 证完.

7.3.3　不定方程 $x^3-1=Dy^2$

这里我们介绍柯召、孙琦[39]用初等方法得到的关于不定方程

$$x^3-1=Dy^2 \tag{7.3.26}$$

其中 $D>2$，D 无平方因子且不能被 3 或 $6k+1$ 形状的素数整除的一个结果.

定理 7.3.3(柯召、孙琦)　丢番图方程(7.3.26)除开 $x=1,y=0$ 外，无其他的整数解.

证　如果方程(7.3.26)有整数解. 那么除开 $x=1,y=0$ 外，不妨设方程(7.3.26)的整数解 $x>0,y>0$ 且方程(7.3.26)可写为

$$(x-1)(x^2+x+1)=Dy^2 \tag{7.3.27}$$

因为 $(x-1,x^2+x+1)=1$ 或 3，先设 $(x-1,x^2+x+1)=1$，由于素数 $p\mid D$ 时，$p\equiv 2$ 或 $5 \pmod 6$，故 $p\nmid x^2+x+1$，于是由方程(7.3.27)得

$$x-1=Du^2,x^2+x+1=v^2,y=uv(u>0,v>0) \tag{7.3.28}$$

由于 $x^2+x+1=v^2$ 推出 $(2x+1)^2+3=(2v)^2$，式(7.3.28)显然不可能. 现在，设 $(x-1,x^2+x+1)=3$，可得

$$x-1=3Du^2,x^2+x+1=3v^2,y=3uv(u>0,v>0) \tag{7.3.29}$$

对于式(7.3.29)，将 $x=3Du^2+1$ 代入 $x^2+x+1=3v^2$，得到

$$3D^2u^4+3Du^2+1=v^2$$

即

$$(2v)^2-3(2Du^2+1)^2=1 \tag{7.3.30}$$

设 $\varepsilon=2+\sqrt{3}$，故由式(7.3.20)得

$$2v+(2Du^2+1)\sqrt{3}=\varepsilon^n(n>1,2\nmid n) \quad (7.3.31)$$

先讨论 $n\equiv 1(\bmod 4)$ 的情形. 设 $n=4s+1, s>0$, $\tilde{\varepsilon}=2-\sqrt{3}$, 由式(7.3.31)得

$$2Du^2=\frac{\varepsilon^{4s+1}-\tilde{\varepsilon}^{4s+1}}{\varepsilon-\tilde{\varepsilon}}-1=\frac{\varepsilon^{2s+1}+\tilde{\varepsilon}^{2s+1}}{\varepsilon+\tilde{\varepsilon}}\cdot\frac{\varepsilon^{2s}-\tilde{\varepsilon}^{2s}}{\varepsilon^2-\tilde{\varepsilon}^2}(\varepsilon+\tilde{\varepsilon})^2$$

如果 $2\nmid D$, 令 $u=4u_1$, 即得

$$2Du_1^2=\frac{\varepsilon^{2s+1}+\tilde{\varepsilon}^{2s+1}}{\varepsilon+\tilde{\varepsilon}}\cdot\frac{\varepsilon^{2s}-\tilde{\varepsilon}^{2s}}{\varepsilon^2-\tilde{\varepsilon}^2} \quad (7.3.32)$$

如果 $2\mid D$, 令 $u=2u_1$, 即得

$$\frac{D}{2}u_1^2=\frac{\varepsilon^{2s+1}+\tilde{\varepsilon}^{2s+1}}{\varepsilon+\tilde{\varepsilon}}\cdot\frac{\varepsilon^{2s}-\tilde{\varepsilon}^{2s}}{\varepsilon^2-\tilde{\varepsilon}^2} \quad (7.3.33)$$

现在,我们来证明 $\frac{\varepsilon^{2s+1}+\tilde{\varepsilon}^{2s+1}}{\varepsilon+\tilde{\varepsilon}}$ 和 $\frac{\varepsilon^{2s}-\tilde{\varepsilon}^{2s}}{\varepsilon^2-\tilde{\varepsilon}^2}$ 是互素的. 我们有

$$\frac{\varepsilon^{2s+1}+\tilde{\varepsilon}^{2s+1}}{\varepsilon+\tilde{\varepsilon}}+\frac{\varepsilon^{2s}-\tilde{\varepsilon}^{2s}}{\varepsilon^2-\tilde{\varepsilon}^2}=\frac{\varepsilon^{2s+2}-\tilde{\varepsilon}^{2s+2}}{\varepsilon^2-\tilde{\varepsilon}^2} \quad (7.3.34)$$

$$2\cdot\frac{\varepsilon^{2s+2}-\tilde{\varepsilon}^{2s+2}}{\varepsilon^2-\tilde{\varepsilon}^2}-\frac{\varepsilon^{2s+1}+\tilde{\varepsilon}^{2s+1}}{\varepsilon+\tilde{\varepsilon}}=\frac{\varepsilon^{2s+1}-\tilde{\varepsilon}^{2s+1}}{\varepsilon-\tilde{\varepsilon}} \quad (7.3.35)$$

$$4\left(\frac{\varepsilon^{2s+1}+\tilde{\varepsilon}^{2s+1}}{\varepsilon+\tilde{\varepsilon}}\right)^2-3\left(\frac{\varepsilon^{2s+1}-\tilde{\varepsilon}^{2s+1}}{\varepsilon-\tilde{\varepsilon}}\right)^2=1 \quad (7.3.36)$$

故由式(7.3.34)～(7.3.36)或可得

$$\left(\frac{\varepsilon^{2s+1}+\bar{\varepsilon}^{2s+1}}{\varepsilon+\bar{\varepsilon}},\frac{\varepsilon^{2s}-\bar{\varepsilon}^{2s}}{\varepsilon^2-\bar{\varepsilon}^2}\right)=\left(\frac{\varepsilon^{2s+1}+\bar{\varepsilon}^{2s+1}}{\varepsilon+\bar{\varepsilon}},\frac{\varepsilon^{2s+2}-\bar{\varepsilon}^{2s+2}}{\varepsilon^2-\bar{\varepsilon}^2}\right)$$

$$\left(\frac{\varepsilon^{2s+1}+\bar{\varepsilon}^{2s+1}}{\varepsilon+\bar{\varepsilon}},\frac{\varepsilon^{2s+1}-\bar{\varepsilon}^{2s+1}}{\varepsilon-\bar{\varepsilon}}\right)=1$$

又因奇数 $p\mid D$, $p\equiv 5(\bmod 6)$, 如果有这样的 $p\mid\frac{\varepsilon^{2s+1}+\varepsilon^{2s+1}}{\varepsilon+\bar{\varepsilon}}$, 由式(7.3.36)得 $\left(3\frac{\varepsilon^{2s+1}-\bar{\varepsilon}^{2s+1}}{\varepsilon-\bar{\varepsilon}}\right)^2=$

$-3 \pmod p$，与 $\left(\frac{-3}{p}\right)=-1$ 矛盾，故 $\left(D', \frac{\varepsilon^{2s+1}+\bar{\varepsilon}^{2s+1}}{\varepsilon+\bar{\varepsilon}}\right)=1$. 这时 $D'=\begin{cases} D, \text{如 } 2\nmid D \\ \frac{D}{2}, \text{如 } 2\mid D \end{cases}$，又由式(7.3.36)知 $2\nmid \frac{\varepsilon^{2s+1}+\bar{\varepsilon}^{2s+1}}{\varepsilon+\bar{\varepsilon}}=q^2$，代入式(7.3.36)得(再令 $\frac{\varepsilon^{2s+1}-\bar{\varepsilon}^{2s+1}}{\varepsilon-\bar{\varepsilon}}=r$)

$$4q^4-3r^2=1 \qquad (7.3.37)$$

易证方程(7.3.37)仅有正整数解 $q=r=1$. 故得 $\frac{\varepsilon^{2s+1}+\bar{\varepsilon}^{2s+1}}{\varepsilon+\bar{\varepsilon}}=1$ 推出 $s=0$，与所设 $s>0$ 不符合.

再讨论 $n\equiv 3 \pmod 4$ 的情形.

设 $n=4s+3$，($s\geqslant 1$，$s=0$ 单独处理). 由式(7.3.31)得

$$2Du^2=\frac{\varepsilon^{4k+3}-\bar{\varepsilon}^{4k+3}}{\varepsilon-\bar{\varepsilon}}-1=\frac{(\varepsilon^{2s+2}+\bar{\varepsilon}^{2s+2})(\varepsilon^{2s+1}-\bar{\varepsilon}^{2s+1})}{\varepsilon-\bar{\varepsilon}}$$

$$Du^2=\frac{\varepsilon^{2s+2}+\bar{\varepsilon}^{2s+2}}{2}\cdot\frac{\varepsilon^{2s+1}-\bar{\varepsilon}^{2s+1}}{\varepsilon-\bar{\varepsilon}} \qquad (7.3.38)$$

而

$$2\cdot\frac{\varepsilon^{2s+2}+\bar{\varepsilon}^{2s+2}}{2}+\frac{\varepsilon^{2s+1}-\bar{\varepsilon}^{2s+2}}{2}=\frac{\varepsilon^{2s+1}-\bar{\varepsilon}^{2s+1}}{\varepsilon-\bar{\varepsilon}} \qquad (7.3.39)$$

$$\frac{\varepsilon^{2s+3}-\bar{\varepsilon}^{2s+3}}{\varepsilon-\bar{\varepsilon}}-(\varepsilon^2+\bar{\varepsilon}^2)\frac{\varepsilon^{2s+1}-\bar{\varepsilon}^{2s+1}}{\varepsilon-\bar{\varepsilon}}=\frac{\varepsilon^{2s-1}-\bar{\varepsilon}^{2s-1}}{\varepsilon-\bar{\varepsilon}} \qquad (7.3.40)$$

由式(7.3.39)可得

$$\left(\frac{\varepsilon^{2s+2}+\bar{\varepsilon}^{2s+2}}{2}\right), \frac{\varepsilon^{2s+1}-\bar{\varepsilon}^{2s+1}}{\varepsilon-\bar{\varepsilon}}\left(\frac{\varepsilon^{2s+3}-\bar{\varepsilon}^{2s+3}}{\varepsilon-\bar{\varepsilon}}, \frac{\varepsilon^{2s+1}-\bar{\varepsilon}^{2s+1}}{\varepsilon-\bar{\varepsilon}}\right)$$

由式(7.3.40)可得

$$\left(\frac{\varepsilon^{2s+3}-\bar{\varepsilon}^{2s+3}}{\varepsilon-\bar{\varepsilon}},\frac{\varepsilon^{2s+1}-\bar{\varepsilon}^{2s+1}}{\varepsilon-\bar{\varepsilon}}\right)=$$

$$\left(\frac{\varepsilon^{2s+1}-\bar{\varepsilon}^{2s+1}}{\varepsilon-\bar{\varepsilon}},\frac{\varepsilon^{2s-1}-\bar{\varepsilon}^{2s-1}}{\varepsilon-\bar{\varepsilon}}\right)=\cdots\cdots=$$

$$\left(\frac{\varepsilon^{3}-\bar{\varepsilon}^{3}}{\varepsilon-\bar{\varepsilon}}\right)\left(\frac{\varepsilon-\bar{\varepsilon}}{\varepsilon-\bar{\varepsilon}}=1\right)$$

故$\left(\frac{\varepsilon^{2s+2}+\bar{\varepsilon}^{2s+2}}{2},\frac{\varepsilon^{2s+1}-\bar{\varepsilon}^{2s+1}}{\varepsilon-\bar{\varepsilon}}\right)=1$. 又有

$$\left(\frac{\varepsilon^{2s+2}+\bar{\varepsilon}^{2s+2}}{2}\right)^2-3\left(\frac{\varepsilon^{2s+2}-\bar{\varepsilon}^{2s+2}}{\varepsilon-\bar{\varepsilon}}\right)^2=1 \qquad (7.3.41)$$

而由式(7.3.31)可得

$$2Du^2+1=\sum_{i=0}^{\frac{n-1}{2}}\binom{n}{2i+1}2^{n-2i-1}3^i(n>1,n=4s+3)$$

上式给出

$$2Du^2+1\equiv(-1)^{\frac{n-1}{2}}=-1\pmod 4$$

故 $2\nmid D$,再由式(7.3.41)知,$\left(D,\left(\frac{\varepsilon^{2s+2}+\bar{\varepsilon}^{2s+2}}{2}\right)\right)=1$.

故由式(7.3.38)得$\frac{\varepsilon^{2s+2}+\bar{\varepsilon}^{2s+2}}{2}=q^2$ 再令

$$\frac{\varepsilon^{2s+2}+\bar{\varepsilon}^{2s+2}}{\varepsilon-\bar{\varepsilon}}=r$$

代入式(7.3.41)得

$$q^4-3r^2=1$$

易知[21],上式不可能,对于 $s=0$,由式(7.3.31)得 $2Du^2+1=15$ 亦不可能.定理 7.3.3 证完.

7.3.4 不定方程 $x^2-x+6=6y^2,x+1=z^2$

下面关于不定方程组

$$x^2-x+6=6y^2,x+1=z^2 \qquad (7.3.42)$$

的结果是罗明[27]在解决莫德尔[20]1969 年提出的一个

未解决问题 $6y^2=(x-1)\cdot(x^2-x+6)$ 时得到的.

定理 7.3.4(罗明)　Doephantus 方程组(7.3.42)仅有整数解$(x,y,z)=(0,\pm1,\pm1),(15,\pm6,\pm4)$.

证　由方程组(7.3.42)的前式得$(2x-1)^2-6(2y)^2=-23$. 方程 $x^2-6y^2=-23$ 的最小正整数解为 $1+2\sqrt{6}$,从而通解由下面两个结合类给出

$$x_n+y_n\sqrt{6}=(1+2\sqrt{6})(u_n+v_n\sqrt{6})=(1+2\sqrt{6})(5+2\sqrt{6})^n \tag{7.3.43}$$

$$x_n+y_n\sqrt{6}=(-1+2\sqrt{6})(u_n+v_n\sqrt{6})=(-1+2\sqrt{6})(5+2\sqrt{6})^n \tag{7.3.44}$$

其中 $5+2\sqrt{6}$ 是皮尔方程 $u^2-6v^2=1$ 的基本解,n 是任意整数. 因此 $2x-1=x_n$ 或$\bar{x}_n$ 由方程组(7.3.42)的后式得

$$2z^2=x_n+3 \tag{7.3.45}$$

或

$$2z^2=\bar{x}_n+3 \tag{7.3.46}$$

由式(7.3.43),(7.3.44)易得递归关系

$$x_{n+1}=10x_n-x_{n-1},x_0=1,x_1=29 \tag{7.3.47}$$

$$\bar{x}_{n+1}=10\bar{x}_n-\bar{x}_{n-1},\bar{x}_0=-1,\bar{x}_1=19 \tag{7.3.48}$$

$$u_{n+1}=10u_n-u_{n-1},u_0=1,u_1=5 \tag{7.3.49}$$

$$v_{n+1}=10v_n-v_{n-1},v_0=1,v_1=5 \tag{7.3.50}$$

显然只需讨论 $n\geqslant0$ 的情形. 先考虑式(7.3.45)对式(7.3.47)取 mod 3,则 $n\equiv0(\bmod 2)$时,$x_n\equiv1(\bmod 3)$,从而 $2z^2\equiv1(\bmod 3)$,不可能. 故必须 $n\equiv1(\bmod 3)$,又对式(7.3.47)取 mod 5,可知当 $n\equiv3(\bmod 4)$时,$x_n\equiv1(\bmod 5)$,从而 $2z^2\equiv4(\bmod 5)$也不可能. 故只能 $n\equiv$

1(mod 4).

对式(7.3.47)取 mod 73,得一周期为 36 的序列. 如表 1(只列出 $n\equiv 1 \pmod 4$ 的项).

表 1

n	1	5	9	13	17	21	25	29	33	37
$x_n \pmod{73}$	29	29	7	25	19	25	27	29	7	29
$\left(\frac{x_n+3}{83}\right)$	+	+	−	−	−	−	−	−	−	−

因 $\left(\frac{2z^2}{73}\right)=1$,故由上表,必须 $n\equiv 1,5 \pmod{36}$. 又对式(7.3.47)取 mod 17 得一周期为 18 的序列. 当 $n\equiv 5 \pmod{18}$时,$x_n\equiv 2 \pmod{17}$. 从而 $2x_2=5 \pmod{17}$,$1=\left(\frac{2x^2}{17}\right)=\left(\frac{5}{17}\right)=-1$ 矛盾.

故只剩下情形 $n\equiv 1 \pmod{36}$. 当 $n>1$ 时,给出式(7.3.43)的解$(x,y,z)=(15,\pm 6,\pm 4)$.

当 $n\equiv 1 \pmod{36}$,$n>1$ 时,令 $n=1+2\cdot l\cdot 3^2\cdot 2^r$,$2\nmid l$,$r\geqslant 1$,而令 $h=3^5\cdot 2^r$,其中 $r\equiv s \pmod 3$,$0\leqslant s\leqslant 2$,则 $k\equiv \pm 1 \pmod 7$,由 $x_{2k+n}\equiv -x_n \pmod{u_k}$得

$$2z^2\equiv x_{1+2\cdot 3^{2-s}\cdot l\cdot k+3}+3\equiv -x_1+3\equiv -26 \pmod{u_k}$$

因 $u_k\equiv 1 \pmod 4$. 故 $z^2\equiv -13 \pmod{u_k}$. 对式(7.3.49)取 mod 13 得一周期为 7 的序列. 当 $k\equiv \pm 1 \pmod 7$时,$u_k\equiv 5 \pmod{13}$,从而 $1=\left(\frac{z^2}{u_k}\right)=\left(\frac{-13}{u_k}\right)=\left(\frac{u_k}{13}\right)=\left(\frac{5}{13}\right)=-1$. 矛盾.

下面我们再来讨论式(7.3.36). 对式(7.3.38)取 mod 3,则 $n\equiv 1 \pmod 2$时,$\overline{x}_n\equiv 1 \pmod 3$,$2\overline{x}_2\equiv$

1(mod 3)不可能,又对式(7.3.38)取 mod 5.则当 $n\equiv 2 \pmod 4$ 时,$\bar{x}_n\equiv 1 \pmod 5$,$2z^2\equiv 4 \pmod 5$,不可能,故必须 $n\equiv 0 \pmod 4$.当 $n=0$ 时给出式(7.3.43)的解 $(x,y,z)=(0,\pm 1,\pm 1)$.当 $n\equiv 0 \pmod 4$,$n>0$ 时,令 $n=3^r\cdot 2\cdot m$,$2\mid m$,$3\nmid m$;则由 $\bar{x}_{2k+n}\equiv \bar{x}_n \pmod{u_k}$ 得

$$2z^2\equiv \bar{x}_{3^r\cdot 2^m}+3\equiv \pm\bar{x}_{2m}+3 \pmod{u_{2m}}$$

但 $\bar{x}_{2m}=-u_{2m}+12v_{2m}$,同时,又由 $u_{2n}=2u_n^2-1$,$v_{2n}=2u_nv_n$ 得

$$2z^2\equiv \pm 12v_{12m}+3\equiv \pm 24u_mv_m+6u_m^2\equiv$$
$$6u_m(u_m\pm 4v_m) \pmod{u_{2m}}$$

因 $u_{2m}\equiv 1 \pmod{12}$,所以 $\left(\frac{3}{u_{2m}}\right)=1$,又有 $\left(\frac{u_m}{u_{2m}}\right)=\left(\frac{u_{2m}}{u_m}\right)=\left(\frac{-1}{u_m}\right)=1$,故有

$$\left(\frac{u_m\pm 4v_m}{u_{2m}}\right)=\left(\frac{z^2}{u_{2m}}\right)=\left(\frac{-1}{u_m}\right)=1$$

故有

$$\left(\frac{u_m\pm 4v_m}{u_{2m}}\right)=\left(\frac{z^2}{u_{2m}}\right)=1 \qquad (7.3.51)$$

($(u_{2m},u_m\pm 4v_m)=1$ 这一点在以下的计算结束时可自然得出)另一方面,注意到 $2\mid m$ 时,$u_m\equiv 1 \pmod 8$,$v_m\equiv 0 \pmod 2$ 以及 $m>0$ 时,$4v_m>u_m>0$,我们有

$$\left(\frac{u_m\pm 4v_m}{u_{2m}}\right)=\left(\frac{\pm u_m\pm 4v_m}{u_m^2+6v_m^2}\right)=\left(\frac{u_m^2+6v_m^2}{\pm u_m+4v_m}\right)=$$
$$\left(\frac{\mp 11u_m\cdot\frac{v_m}{2}}{\pm u_m+4v_m}\right)=\left(\frac{\pm 11}{\pm u_m+4v_m}\right)\cdot$$
$$\left(\frac{u_m}{\pm u_m+4v_m}\right)\cdot\left(\frac{u_m/2^s}{\pm u_m+4v_m}\right) \qquad (7.3.52)$$

其中 $2^s\parallel v_m$,$s\geqslant 1$ 而

$$\left(\frac{u_m}{\pm u_m+4v_m}\right)=\left(\frac{\pm u_m+4v_m}{u_m}\right)=\left(\frac{v_m}{u_m}\right)\tag{7.3.53}$$

$$\left(\frac{v_m/2^s}{\pm u_m+4v_m}\right)=\left(\frac{u_m\pm 4v_m}{v_m/2^s}\right)=\left(\frac{u_m}{v_m/2^s}\right)=\left(\frac{v_m/2^s}{u_m}\right)=\left(\frac{v_m}{u_m}\right)\tag{7.3.54}$$

若 $v_m/2^s\equiv 1 \pmod 4$，则

$$\left(\frac{u_m/2^s}{-u_m+4v_m}\right)=\left(\frac{-u_m+4v_m}{v_m/2^s}\right)=\left(\frac{u_m}{v_m/2^s}\right)=\left(\frac{v_m}{u_m}\right)$$

若 $v_m/2^s\equiv 3 \pmod 4$ 则

$$\left(\frac{v_m/2^s}{-u_m+4v_m}\right)=-\left(\frac{-u_m+4v_m}{v_m/2^s}\right)=$$
$$-\left(\frac{-u_m}{v_m/2^s}\right)=\left(\frac{u_m}{v_m/2^s}\right)=\left(\frac{v_m}{u_m}\right)$$

又

$$\left(\frac{-11}{\pm u_m+4v_m}\right)=\left(\frac{-11}{\pm 4v_m+u_m}\right)=\left(\frac{u_m\pm 4v_m}{11}\right)\tag{7.3.55}$$

因此由式(7.3.53)～(7.3.55)得

$$\left(\frac{u_m\pm 4v_m}{u_{2m}}\right)=\left(\frac{u_m\pm 4v_m}{11}\right)$$

对式(7.3.48)，(7.3.49)取 mod 11 得两个周期为 3 的序列. 如表 2.

表 2

n	0	1	2	3	4	5	6
$u_m \pmod n$	1	5	5	1	5	5	1
$v_n \pmod{11}$	0	2	9	0	2	9	0
$u_n+4v_n \pmod{11}$	1	2	8	1	2	8	1
$u_n-4v_n \pmod{11}$	1	8	2	1	8	2	

因为 $3\nmid m$，由上表知 $u_m\pm 4v_m\equiv 2$ 或 $8 \pmod{11}$ 故 $\left(\frac{u_m\pm 4v_m}{11}\right)=-1$. 这与式(7.3.50)矛盾. 定理 7.3.4 证完.

7.4　柯召－Terjanian－Rotkiewicz 方法

7.4.1　雅可比符号 $\left(\frac{P_n}{P_m}\right)$

1960 年，柯召[40]通过计算雅可比符号证明了卡塔兰(Catalan)方程 $x^2-1=y^p$(p 为大于 3 的奇素数)没有正整数解. 1979 年，Terjanian[41]也通过计算雅可比符号证明了方程 $x^{2p}+y^{2p}=z^{2p}$，p 为奇素数，没有 $2p\nmid x$ 和 $2p\nmid y$ 的整数解. 1983 年，Rotkiewicz[4]综合并发展了柯召和 Terjanian 的方法，通过计算雅可比符号证明了某些与莱梅数有关的不定方程无解. 孙琦教授[99]称此为柯召－Terjanian－Rotkiewicz 方法. 下面我们介绍这一方法及其在与莱梅有关的不定方程及不定方程

$$Ax^4-By^2=\pm 1$$

上的应用. 先介绍雅可比符号 $\left(\frac{P_n}{P_m}\right)$ 的性质.

设 P_n 为莱梅数，即

$$P_n(\alpha,\beta)=\begin{cases}(\alpha^n-\beta^n)/\alpha-\beta, n\text{ 奇}\\(\alpha^n-\beta^n)/\alpha^2-\beta^2, n\text{ 偶}\end{cases}$$

α,β 为二次三项式 $z^2-\sqrt{L}+M(L>0, M$ 为有理整数，

L,M 互素)的根,且 $L-4M>0$.

设 n 和 m 为互素的正整数,由爱森斯坦(Eisenstein)法则,记

$$\begin{cases} n=2k_1 m+\varepsilon_1\gamma_1, 0<\gamma_1<m \\ m=2k_1 r_1+\varepsilon_2\gamma_2, 0<r_2<\gamma_1 \\ r_1=2k_3 r_2+\varepsilon_3\gamma_3, 0<r_3<r_2 \\ \quad\vdots \\ r_{l-3}=2k_{l-1}r_{l-2}+\varepsilon_{l-1}r_{l-1}, 0<r_{l-1}<r_{l-2} \\ r_{l-2}=2k_l r_{l-1}+\varepsilon_l r_l, r_l=1 \\ \varepsilon_i=\pm 1, 2\nmid r_i, i=1,2,\cdots,l \end{cases} \tag{7.4.1}$$

则有下面公式

$$\left(\frac{n}{m}\right)=(-1)^{\frac{m-1}{2}\cdot\frac{\varepsilon_1 r_1-1}{2}+\frac{r_1-1}{2}\cdot\frac{\varepsilon_2 r_2-1}{2}+\cdots+\frac{r_{l-2}-1}{2}\cdot\frac{\varepsilon_{l-1}r_{l-1}-1}{2}+\frac{r_{l-1}-1}{2}\cdot\frac{\varepsilon_l r_l-1}{2}} \tag{7.4.2}$$

对符号$\left(\frac{P_n}{P_m}\right)$,我们有:

定理 7.4.1 我们有

$$\left(\frac{P_n}{P_m}\right)=(-1)^{\frac{P_n-1}{2}}\cdot\frac{\varepsilon_1 P_{r_1}-1}{2}+\frac{P_{r_1}-1}{2}\cdot\frac{\varepsilon_2 P_{r_2}-1}{2}+\cdots+\frac{P_{r_{l-1}-1}}{2}\cdot\frac{\varepsilon_l P_{r_l}-1}{2}\cdot\left(\frac{M}{P_m}\right)^{k_1+\frac{\varepsilon_1-1}{2}}\cdot\left(\frac{M}{P_{r_1}}\right)^{k_2+\frac{\varepsilon_2-1}{2}}\cdot\cdots\cdot\left(\frac{M}{P_{r_{l-2}}}\right)^{k_{l-1}+\frac{\varepsilon_{l-1}-1}{2}}\cdot\left(\frac{M}{P_{r_{l-1}}}\right)^{k_l+\frac{\varepsilon_{l-1}}{2}} \tag{7.4.3}$$

这里 m,n,r_i,ε_i 为式(7.4.1)中的数.

定理 7.4.2 若 $2\nmid mn, K=L-4M>0$,则

$$\left(\frac{P_n}{P_m}\right)=\left(\frac{n}{m}\right),\text{若 } 4\mid L,M\equiv 1(\bmod 4),\left(\frac{L}{M}\right)=1 \tag{7.4.4}$$

$$\left(\frac{P_n}{P_m}\right)=1,\text{若 } 4\mid L,M\equiv -1(\bmod 4),\left(\frac{L}{M}\right)=1 \tag{7.4.5}$$

$$\left(\frac{P_n}{P_m}\right)=\left(\frac{n}{m}\right),\text{若 } 4\mid M,L\equiv -1(\bmod 4),\left(\frac{M}{L}\right)=1 \tag{7.4.6}$$

$$\left(\frac{P_n}{P_m}\right)=1,\text{若 } 4\mid M,L\equiv 1(\bmod 4),\left(\frac{M}{L}\right)=1 \tag{7.4.7}$$

$$\left(\frac{P_n}{P_m}\right)=(-1)^{s+\frac{\varepsilon_l-1}{2}}=(-1)^{\lambda} \tag{7.4.8}$$

若 $2\parallel M,L\equiv 1(\bmod 4),\left(\frac{M}{L}\right)=1$

这里 s 是式(7.4.1)中定义的序列 $\varepsilon_1,\cdots,\varepsilon_{l-1}$ 中为正的 ε_i 的个数，λ 是 $\frac{n}{m}$ 的连分式 $\frac{n}{m}=a_1+\frac{1}{a_2}+\frac{1}{a_3}+\cdots+\frac{1}{a_\lambda}$ $(a_\lambda>1)$ 的项数. 则

$$\left(\frac{P_n}{P_m}\right)=(-1)^{\sum\limits_{i=1}^{l}\frac{\left(\frac{-2}{r_i-1}\right)-1}{2}\cdot\frac{\varepsilon\left(\frac{-2}{r_i}\right)-1}{2}} \tag{7.4.9}$$

若 $2\parallel L,M\equiv 1(\bmod 4)\left(\frac{L}{M}\right)=1,r_0=m$

引理 7.4.1　设 $2\nmid n$，我们有：

(1)若 $4\mid L,M\equiv 1(\bmod 4)$，则 $P_n\equiv n(\bmod 4)$.

(2)若 $4\mid L,M\equiv -1(\bmod 4)$，则 $P_n\equiv 1(\bmod 4)$.

(3)若 $4\mid M,L\equiv -1(\bmod 4)$，则 $P_n\equiv n(\bmod 4)$.

(4)若 $4\mid M,L\equiv 1(\bmod 4)$，则 $P_n\equiv 1(\bmod 4)$.

(5)若 $2|M, L\equiv 1 \pmod 4$，则 $P_n\equiv -1 \pmod 4$，$n\geqslant 3$.

(6)若 $2\parallel M, L\equiv 3 \pmod 4$，则 $P_n\equiv -n \pmod 4$，$n\geqslant 3$.

(7)若 $2\parallel L, M\equiv 1 \pmod 4$，则 $P_n\equiv -\left(\frac{-2}{n}\right) \pmod 4$.

(8)若 $2\parallel L, M\equiv 3 \pmod 4$，则 $P_n\equiv\left(\frac{2}{n}\right) \pmod 4$.

证 我们有 $P_0=0, P_2=1, P_3=L-M$，当 $n=1$ 和 3，可直接验证，下面用归纳法完成证明.

(1)设已有 $P_{n-2}\equiv n-2, P_{n-4}\equiv n-4$，则由式(4.4.1)有 $P_n\equiv -2MP_{n-2}-M^2P_{n-4}\equiv -2(n-2)-(n-4)\equiv n \pmod 4$. 故证.

(2)设已有 $P_{n-2}\equiv P_{n-4}\equiv 1$，又 $M\equiv -1$，仿上即证.

(3)～(6)此时由式(4.4.1)有 $P_n\equiv LP_{n-2}$，容易根据不同初始值证之.

(7)此时有 $P_n\equiv -P_{n-4}$. 设已有 $P_{n-4}\equiv\left(\frac{-2}{n-4}\right)$，由 $P_n\equiv\left(\frac{-2}{n-4}\right)=(-1)^{(n-4-1)/2}\cdot(-1)^{[(n-4)^2-1]/8}=-(-1)^{(n-1)/2}\cdot(-1)^{(n^2-1)/8}=-\left(\frac{-2}{n}\right) \pmod 4$. 故证.

(8)仿上同理可证.

引理 7.4.2 设 $(n,m)=1, 2\nmid mn, m=2km+\varepsilon r$，$\varepsilon=\pm 1, 2\nmid r$，则

$$\left(\frac{P_n}{P_m}\right)=\left(\frac{\varepsilon P_r}{P_m}\right)\left(\frac{M}{P_m}\right)^{k+\frac{\varepsilon-1}{2}} \tag{7.4.10}$$

证 设 $\Omega(\sqrt{L}, -M)$ 中主序列及其相关序列分别

为 $\mathfrak{u},\mathfrak{v}$，而 $\bar{\mathfrak{u}},\bar{\mathfrak{v}}$ 为相应的莱梅序列，即有 $\mathfrak{B}=\bar{\mathfrak{u}}$. 则由式(2.2.45)和式(4.4.2)，有

$$2P_n=2P_{2km+\varepsilon r}=2u_{2km+\varepsilon r}=u_{2km}v_{\varepsilon r}+v_{2km}u_{\varepsilon r}=LP_{2km}\bar{v}_{\varepsilon r}+v_{2km}P_{\varepsilon r} \tag{7.4.11}$$

因为 $P_m\mid P_{2km}$，又由式(2.2.57)，$v_{2km}=\Delta u_{km}^2+2M^{km}$，而

$$u_{km}^2=P_{km}^2(2\nmid k)\text{或}LP_{\varepsilon r}^2 \pmod{P_m} \tag{7.4.12}$$

由引理 7.4.1，$2\nmid P_m$，故

$$P_n\equiv M^{km}P_{\varepsilon r} \pmod{P_m} \tag{7.4.13}$$

$\varepsilon=1$，则 $\left(\frac{P_n}{P_m}\right)=\left(\frac{M^{km}}{p_m}\right)\left(\frac{P_r}{P_m}\right)=\left(\frac{P_r}{P_m}\right)\left(\frac{M^k}{p_m}\right)$，引理成立.

当 $\varepsilon=-1$，因为 $P_{-r}\equiv-M^{-r}P_r \pmod{P_m}$，所以 $\left(\frac{P_n}{P_m}\right)=-\left(\frac{-P_r}{P_m}\right)\left(\frac{M^{k-1}}{P_m}\right)$，引理也成立. 证毕.

现在我们来计算 $\left(\frac{M}{P_m}\right)$，为此先证明下面的引理.

引理 7.4.3　设 $2\mid ML$，$(M,L)=1$，$2\nmid m$，则：

(1)若 $M\equiv1 \pmod 4$ 或 $4\mid L$，则

$$\left(\frac{M}{P_m}\right)=\left(\frac{L}{M}\right)^{(m-1)/2} \tag{7.4.14}$$

(2)若 $L\equiv1 \pmod 4$ 或 $4\mid M$，则

$$\left(\frac{M}{P_m}\right)=\left(\frac{M}{L}\right)^{(m-1)/2} \tag{7.4.15}$$

(3)若 $2\parallel M$，$L\equiv3 \pmod 4$，则

$$\left(\frac{M}{P_m}\right)=-\left(\frac{M}{L}\right)^{(m-1)/2} \tag{7.4.16}$$

(4)若 $2\parallel L$，$M\equiv3 \pmod 4$，则

$$\left(\frac{M}{P_m}\right)=\left(\frac{2}{M}\right)\left(\frac{L}{M}\right)^{(m-1)/2} \tag{7.4.17}$$

证 (1)由引理 7.4.1 知,$4|L$ 且 $M=-1 \pmod 4$ 时,$P_m \equiv 1 \pmod 4$. 又由式(4.4.1),有

$$P_m=(L-2M)P_{m-2}-M^2P_{m-4}\equiv LP_{m-2} \pmod M$$

所以 $M\equiv 1 \pmod 4$ 或 $4|L$ 时,有

$$\left(\frac{M}{P_m}\right)=\left(\frac{P_m}{M}\right)=\left(\frac{L}{M}\right)\left(\frac{P_{m-2}}{M}\right)$$

由 $\left(\frac{P_1}{M}\right)=1$ 及上式用归纳法即得所证.

(2) 由式(4.4.7),$L\bar{v}_n^2\equiv 4M^m \pmod{P_m}$,故有 $\left(\frac{M}{P_m}\right)=\left(\frac{L}{P_m}\right)$. 又

$$P_m=u_m=\sqrt{L}u_{m-1}-Mu_{m-2}=LP_{m-1}-MP_{m-2}\equiv$$
$$-MP_{m-2} \pmod L$$

所以当 $L\equiv 1 \pmod 4$ 时有

$$\left(\frac{L}{P_m}\right)=\left(\frac{P_m}{L}\right)=\left(\frac{M}{L}\right)\left(\frac{P_{m-2}}{L}\right)$$

由 $\left(\frac{P_3}{L}\right)=\left(\frac{L-M}{L}\right)=\left(\frac{M}{L}\right)$ 及上式可归纳地证得式(7.4.15). 而 $4|M$ 时结论显然.

(3) $2\parallel M$ 且 $L\equiv 3 \pmod 4$ 时,由引理 7.4.1 知当 $2\nmid n$ 时,$P_n\equiv -n \pmod 4$. 于是

$$\left(\frac{M}{P_m}\right)=\left(\frac{L}{P_m}\right)=(-1)^{(-m-1)/2}\left(\frac{P_m}{L}\right)=$$
$$(-1)^{(m+1)/2}\left(\frac{P_m}{L}\right)$$

由(2)之证明过程知

$$\left(\frac{P_m}{L}\right)=\left(\frac{-MP_{m-2}}{L}\right)=-\left(\frac{M}{L}\right)\left(\frac{P_{m-2}}{L}\right)$$

由此可得 $\left(\frac{P_m}{L}\right)=(-1)^{(m-1)/2}\cdot\left(\frac{M}{L}\right)^{(m-1)/2}$,于是

$$\left(\frac{M}{P_m}\right) = (-1)^m \cdot \left(\frac{M}{L}\right)^{(m-1)/2} = -\left(\frac{M}{L}\right)^{(m-1)/2}$$

故证.

（4）此时由引理 7.4.1 知当 $2 \nmid n$ 时 $P_n \equiv \left(\frac{2}{n}\right) (\bmod 4)$. 又由（1）之证明过程知

$$\left(\frac{M}{P_m}\right) = (-1)^{t_m}\left(\frac{P_m}{M}\right) = (-1)^{t_m}\left(\frac{L}{M}\right)\left(\frac{P_{m-2}}{M}\right)$$

其中 $t_i = \left(\left(\frac{2}{i}\right) - 1\right)\Big/ 2$. 又 $\left(\frac{P_{m-2}}{M}\right) = (-1)^{t_{m-2}}\left(\frac{M}{P_{m-2}}\right)$,
故

$$\left(\frac{M}{P_m}\right) = (-1)^{t_m + t_{m-2}}\left(\frac{L}{M}\right)\left(\frac{M}{P_{m-2}}\right)$$

下面用归纳法证明所需结果. $m=1$ 时显然, $m=3$ 时 $\left(\frac{M}{P_3}\right) = -\left(\frac{P_3}{M}\right) = -\left(\frac{L-M}{M}\right) = \left(\frac{2}{3}\right)\left(\frac{L}{M}\right)$, 结论也成立. 现设已有

$$\left(\frac{M}{P_{m-2}}\right) = \left(\frac{2}{m-2}\right)\left(\frac{L}{M}\right)^{(m-3)/2}$$

则

$$\left(\frac{M}{P_m}\right) = (-1)^{t_m + t_{m-2}}\left(\frac{2}{m-2}\right)\left(\frac{L}{M}\right)^{(m-1)/2}$$

因此, 只要证

$$(-1)^{t_m + t_{m-2}}\left(\frac{2}{m-2}\right) = \left(\frac{2}{m}\right) \qquad (7.4.18)$$

即可, 以 $m \equiv 3,7 (\bmod 8)$ 代入两边直接检验即得所证.

推论 7.4.1　设 $2 \nmid m, (L,M)=1$, 有:

（1）若 $2 \mid M, L \equiv 1 (\bmod 4)$, $\left(\frac{M}{L}\right)=1$ 或 $2 \mid L$ 且 $M \equiv 1 (\bmod 4)$, $\left(\frac{L}{M}\right) \equiv 1$ 或 $4 \mid L$ 且 $\left(\frac{L}{M}\right) = 1$ 或 $4 \mid M$ 且

$\left(\frac{M}{L}\right)=1$，则$\left(\frac{M}{P_m}\right)=1$.

(2)若 $2\parallel M, L\equiv 3 \pmod 4$，$\left(\frac{M}{L}\right)=1$，则$\left(\frac{M}{P_m}\right)=-1$.

(3)若 $2\parallel L, M\equiv 3 \pmod 4$，则$\left(\frac{M}{P_m}\right)=\left(\frac{2}{m}\right)$.

定理 7.4.1 的证明，由式(7.4.1)和引理 7.4.2 我们有

$$\begin{aligned}
\left(\frac{P_n}{P_m}\right)&=\left(\frac{\varepsilon_1 P_{r_1}}{P_m}\right)\cdot\left(\frac{M}{P_m}\right)^{k_1+\frac{\varepsilon_1-1}{2}}\\
\left(\frac{P_m}{P_{r_1}}\right)&=\left(\frac{\varepsilon_2 P_{r_2}}{P_{r_1}}\right)\left(\frac{M}{P_{r_1}}\right)^{k_2+\frac{\varepsilon_2-1}{2}}\\
\left(\frac{P_{r_1}}{P_{r_2}}\right)&=\left(\frac{\varepsilon_3 P_{r_3}}{P_{r_2}}\right)\left(\frac{M}{P_{r_2}}\right)^{k_3+\frac{\varepsilon_3-1}{2}}\\
&\vdots\\
\left(\frac{P_{r_{l-3}}}{P_{r_{l-2}}}\right)&=\left(\frac{\varepsilon_{l-1} P_{r_{l-1}}}{P_{r_{r_{l-1}}}}\right)\left(\frac{M}{P_{r_{l-2}}}\right)^{k_{l-1}+\frac{\varepsilon_{l-1}-1}{2}}\\
\left(\frac{P_{r_{l-2}}}{P_{r_{l-1}}}\right)&=\left(\frac{\varepsilon_{l-1} P_{r_{l-1}}}{P_{r_{r_{l-1}}}}\right)\left(\frac{M}{P_{r_{l-2}}}\right)^{k_l+\frac{\varepsilon_{l-1}-1}{2}}
\end{aligned}\tag{7.4.19}$$

由于当 a,b 为奇数时，$\left(\frac{a}{b}\right)=(-1)^{\frac{a-1}{2}\cdot\frac{b-1}{2}+\frac{\operatorname{sgn}a-1}{2}\cdot\frac{\operatorname{sgn}b-1}{2}}\left(\frac{b}{a}\right)$，$\left(\frac{a}{b}\right)=\left(\frac{a}{|b|}\right)$成立. 且 $P_i>0$(由于 $K=L-4M>0$). 故由式(7.4.19)有

$$\left(\frac{P_n}{P_m}\right)=\left(\frac{\varepsilon_1 P_{r_1}}{P_m}\right)\left(\frac{M}{P_m}\right)^{k_1+\frac{\varepsilon_1-1}{2}}=$$

$$(-1)^{\frac{P_m-1}{2}\cdot\frac{\varepsilon_1 P_{r_1}-1}{2}}\cdot\left(\frac{P_m}{P_{r_1}}\right)\cdot\left(\frac{M}{P_m}\right)^{k_1+\frac{\varepsilon_1-1}{2}}=\cdots=$$

$$(-1)^{\frac{P_{m-1}}{2}\cdot\frac{\varepsilon_1 P_{r_1}-1}{2}+\cdots+\frac{P_{r_l}-1}{2}\frac{\varepsilon_r P_{r_l}-1}{2}}\cdot$$

$$\left(\frac{P_{r_l-1}}{P_{r_l}}\right)\cdot\left(\frac{M}{P_{r_{l-1}}}\right)^{k_l+\frac{\varepsilon_{l-1}}{2}}\cdot\cdots\cdot\left(\frac{M}{P_m}\right)^{k_1+\frac{\varepsilon_1-1}{2}}$$

由于

$$\left(\frac{P_{r_{l-1}}}{P_{r_l}}\right)=\left(\frac{P_{r_{l-1}}}{1}\right)=1$$

因此$\left(\frac{P_n}{P_m}\right)=(-1)^{\frac{P_m-1}{2}\cdot\frac{\varepsilon_1 P_{r_1}-1}{2}+\cdots+\frac{P_{r_{l-1}}-1}{2}\cdot\frac{\varepsilon_l P_{r_l}-1}{2}}\left(\frac{M}{P_m}\right)^{k_1+\frac{\varepsilon_1-1}{2}}\cdot\cdots\cdot$

$\left(\frac{M}{P_{r_{l-1}}}\right)^{k_l+\frac{\varepsilon_l-1}{2}}$. 证毕.

现在若 $2\nmid m$，$(L,M)=1$，$2\mid M$ 且 $L\equiv1(\mathrm{mod}\ 4)$，$\frac{M}{L}$或 $2\mid L$ 且 $M\equiv1(\mathrm{mod}\ 4)$或 $4\mid L$，$\left(\frac{L}{M}\right)=1$ 或 $4\mid M$，$\left(\frac{M}{L}\right)=1$，则由推论 7.4.1 得 $\left(\frac{M}{P_m}\right)=1$，再由公式(7.4.3)我们有

$$\left(\frac{P_n}{P_m}\right)=(-1)^{\frac{P_m-1}{2}\cdot\frac{\varepsilon_1 P_{r_1}-1}{2}+\cdots+\frac{\varepsilon_1 P_{r_{l-1}}-1}{2}\cdot\frac{\varepsilon_l P_{r_l}-1}{2}} \tag{7.4.20}$$

定理 7.4.2 的证明：首先我们考虑 $4\mid L$，$M\equiv1(\mathrm{mod}\ 4)$，$\left(\frac{L}{M}\right)=1$ 或 $4\mid M$，$L\equiv3(\mathrm{mod}\ 4)$，$\left(\frac{M}{L}\right)=1$ 的情形. 由引理(7.4.1)，我们有 $P_n\equiv n(\mathrm{mod}\ 4)$，因此

$$\frac{P_{m-1}}{2}\cdot\frac{\varepsilon_1 P_{r_1}-1}{2}\equiv\frac{m-1}{2}\cdot\frac{\varepsilon_1 r_1-1}{2}\pmod 2$$

$$\vdots$$

$$\frac{P_{r_{l-1}}-1}{2}\cdot\frac{\varepsilon_l P_{r_l}-1}{2}\equiv\frac{r_{l-1}-1}{2}\cdot\frac{\varepsilon_l r_l-1}{2}\pmod 2$$

由式(7.4.20)得 $\left(\frac{P_n}{P_m}\right)=(-1)^{\frac{m-1}{2}\cdot\frac{\varepsilon_1 r_1-1}{2}+\cdots+\frac{r_{l-1}-1}{2}\cdot\frac{\varepsilon_l r_l-1}{2}}$,再由式(7.4.2)知 $\left(\frac{P_n}{P_m}\right)=\left(\frac{n}{m}\right)$.

其次考虑 $4\mid L, M\equiv-1\pmod 4$, $\left(\frac{L}{M}\right)=1$ 或 $4\mid M, L\equiv 1\pmod 4$, $\left(\frac{M}{L}\right)=1$ 的情形. 由引理 7.4.1 我们有 $P_n\equiv 1\pmod 4$,再由式(7.4.20)得

$$\left(\frac{P_n}{P_m}\right)=(-1)^{\frac{1-1}{2}\cdot\frac{\varepsilon_1-1}{2}+\cdots+\frac{1-1}{2}\cdot\frac{\varepsilon_l-1}{2}}=1$$

下面我们考虑 $2\parallel L, M\equiv 1\pmod 4$, $\left(\frac{L}{M}\right)=1$ 的情形. 由引理 7.4.1,我们有 $P_n\equiv\left(\frac{-2}{n}\right)\pmod 4$,从推论 7.4.1 可得 $\left(\frac{M}{P_n}\right)=1$. 再由式(7.4.20)有

$$\left(\frac{P_n}{P_m}\right)=(-1)^{\frac{\left(-\frac{2}{m}\right)-1}{2}\cdot\frac{\varepsilon_1\left(\frac{-2}{r_1}\right)-1}{2}+\cdots+\frac{\left(\frac{-2}{r_{l-1}}\right)-1}{2}\cdot\frac{\varepsilon_l\left(\frac{-2}{r_l}\right)-1}{2}}=$$

$$(-1)^{\sum_{i=1}^{l}\frac{\left(\frac{-2}{r_{l-1}}\right)-1}{2}\cdot\frac{\varepsilon_i\left(\frac{-2}{r_i}\right)-1}{2}}\text{(这里 } m=r_0\text{)}$$

其次我们考虑 $2\parallel m, L\equiv 1\pmod 4$, $\left(\frac{M}{L}\right)=1$ 的情形. 由推论 7.4.1 我们有 $\left(\frac{M}{P_m}\right)=1$,再由引理 7.4.1 有 $P_n\equiv-1\pmod 4$, $n\geqslant 3$,最后由式(7.4.20)得

$$\left(\frac{P_n}{P_m}\right)=(-1)^{\frac{-1-1}{2}\cdot\frac{-\varepsilon_l-1}{2}+\cdots+\frac{-1-1}{2}\cdot\frac{-\varepsilon_{l-1}-1}{2}+\frac{-1-1}{2}\cdot\frac{\varepsilon_l-1}{2}}=$$

$$(-1)^{s+\frac{\varepsilon_l-1}{2}}$$

这里 s 是序列 $\varepsilon_1\cdots\varepsilon_{l-1}$ 中为正的 ε_i 的个数.

另一方面,令 $P_n=(y^n-1)/(y-1)$,这里 $2\parallel y$,因此 $M=y\cdot 1\equiv 2\pmod 4$. $L=(\alpha+\beta)^2\equiv(y+1)^2\equiv 1\pmod 4$且$\left(\frac{P_n}{P_m}\right)=(-1)^{s+\frac{\varepsilon_{l-1}}{2}}$. 令$\frac{n}{m}=k_1+\frac{1}{k_2}+\cdots+\frac{1}{k_\lambda}$,这里 $k_\lambda>1$. 假设 $n=km+\gamma$,则$\frac{y^n-1}{y-1}=\frac{y^{km}-1}{y-1}\cdot y^\gamma+\frac{y^\gamma-1}{y-1}$. 特别地,对 $y=2$ 我们有 $2^n-1=(2^{km}-1)2^\gamma+(2^\gamma-1)$. 因此

$$\left(\frac{P_n}{P_m}\right)=\left(\frac{P_r}{P_m}\right),\left(\frac{2^n-1}{2^m-1}\right)=\left(\frac{2^\gamma-1}{2^m-1}\right)$$

令

$$n=k_1m+\gamma_1\ (0<\gamma_1<m)$$
$$m=k_2\gamma_1+\gamma_2\ (0<\gamma_2<\gamma_1)$$
$$\vdots$$
$$\gamma_{\lambda-3}=k_{\lambda-1}\gamma_{\lambda-2}+\gamma_{\lambda-1}\ (0<\gamma_{\lambda-1}=1<\gamma_{\lambda-2})$$
$$\gamma_{\lambda-2}=k_\lambda\gamma_{\lambda-1}+0$$

因此

$$\left(\frac{P_n}{P_m}\right)=\left(\frac{P_{r_1}}{P_m}\right)=(-1)^{\frac{P_m-1}{2}\cdot\frac{P_{r_1}-1}{2}}\left(\frac{P_m}{P_n}\right)=$$

$$(-1)^{\frac{P_m-1}{2}\cdot\frac{P_{r_1}-1}{2}}\left(\frac{P_{r_2}}{P_{r_1}}\right)=$$

$$(-1)^{\frac{P_m-1}{2}\cdot\frac{P_{r_1}-1}{2}+\cdots+\frac{P_{\gamma_{\lambda-3}}-1}{2}\cdot\frac{P_{\gamma_{\lambda-2}}-1}{2}}\left(\frac{P_{r_{\lambda-3}}}{P_{\gamma_{\lambda-2}}}\right)=$$

$$(-1)^{\frac{P_m-1}{2}\cdot\frac{P_{\gamma_1}-1}{2}+\cdots+\frac{P_{\gamma_{\lambda-3}}-1}{2}\cdot\frac{P_{\gamma_{\lambda-2}}-1}{2}}\left(\frac{P_{r_{\lambda-1}}}{P_{\gamma_{\lambda-2}}}\right)=$$

$$(-1)^{\frac{P_m-1}{2}\cdot\frac{P_{\gamma_1}-1}{2}+\cdots+\frac{P_{\gamma_{\lambda-3}}-1}{2}\cdot\frac{P_{\gamma_{\lambda-2}}-1}{2}}$$

又 $P_i\equiv -1(\mathrm{mod}\ 4)$，$i=2,3,\cdots$. 因此

$$\left(\frac{P_n}{P_m}\right)=(-1)^{\lambda-2}=(-1)^{\lambda}$$

若以 L^2 代替二次三项式 $X^2-\sqrt{L}x+M$ 中的我们得到 $x^2-\sqrt{L^2}x+M=x^2-Lx+M$. 数 $L_n=\frac{\alpha^n-\beta^n}{\alpha-\beta}$. 这里 α 和 β 是二次三项式 x^2-LX+M 的不同根，是与二次三项式相对应的卢卡斯数. 我们有 $\left(\frac{L^2}{M}\right)=1$，$M$ 奇或 $\left(\frac{M}{L^2}\right)=1$，$L$ 奇. 若 $2|L$，则 $4|L^2$，若 $L\equiv\pm 1(\mathrm{mod}\ 4)$，则 $L^2\equiv 1(\mathrm{mod}\ 4)$，故由定理 7.4.2 得：

定理 7.4.3 设 $L_n=\frac{\alpha^n-\beta^n}{\alpha-\beta}$，这里 α,β 为二次三项式 $x^2-Lx+M(L>0$，M 为有理整数，且 $K=L^2-4M>0)$，设 $2\nmid mn$，$(n,m)=1$，$(L,M)=1$，则：

(1)若 $2|L$，$M\equiv 1(\mathrm{mod}\ 4)$，则 $\left(\frac{L_n}{L_m}\right)=\left(\frac{n}{m}\right)$.

(2)若 $2|L$，$M\equiv -1(\mathrm{mod}\ 4)$或 $4|M$，$L=\pm(\mathrm{mod}\ 4)$，则 $\left(\frac{L_n}{L_m}\right)=1$.

(3)若 $2\parallel M$，$L\pm 1(\mathrm{mod}\ 4)$，则 $\left(\frac{L_n}{L_m}\right)=(-1)^{\lambda}$，这里 λ 是 $\frac{n}{m}=k_1+\frac{1}{k_2}+\cdots+\frac{1}{k_\lambda}$，$k_\lambda>1$ 的项数.

7.4.2 雅可比符号在某些与莱梅数有关的不定方程中的应用

首先我们给出柯召定理的一个新证明，即证明当 $p>3$ 时，$x^2-1=y^p$ 无 $y\neq 0$ 的正整数解. 设 $x^2-1=y^p$，$p>3$ 为奇数，由 Nagell[44] 定理知 $p|x$，$2|y$，因此

$y+1=p\square$，这里 $2\nmid\square$ 且 $y\equiv p-1\pmod 4$.

首先我们考虑：(1) $p=4k+3$ 由 $y\equiv(p-1)\pmod 4$ 知 $y\equiv 2\pmod 4$，由于 $p>3$，我们有 $p=3k+a$，这里 $a=1,2$ 且

$$1=\left(\frac{\square}{y^2+y+1}\right)=\left(\frac{y^p+1}{y^2+y+1}\right)=$$
$$\left(\frac{(y^3-1+1)^k y^a+1}{y^2+y+1}\right)=\left(\frac{y^a+1}{y^2+y+1}\right)\quad(7.4.21)$$

若 $a=1$，则 $\left(\frac{y^p+1}{y^2+y+1}\right)=\left(\frac{y+1}{y^2+y+1}\right)=-\left(\frac{y^2+y+1}{y+1}\right)=-1$ 与式(7.4.21)矛盾. 若 $a=2$，则 $\left(\frac{y^p+1}{y^2+y+1}\right)=\left(\frac{y^2+1}{y^2+y+1}\right)=\left(\frac{2}{y^2+1}\right)\left(\frac{y/2}{y^2+1}\right)=(-1)\cdot\left(\frac{y^2+1}{y/2}\right)=-1$ 与式(7.4.21)矛盾.

(2) $p=4k+1$. 令 $L_n=\frac{(-y)^n-1}{-y-1}$，并设 q 为满足 $\left(\frac{q}{p}\right)=-1$ 的奇素数，由 $y\equiv p-1\pmod 4$ 知 $y\equiv 0\pmod 4$，由定理7.4.2知 $\left(\frac{L_p}{L_q}\right)=1$，另一方面，由于 $y+1=p\square$，我们有

$$1=\left(\frac{L_p}{L_q}\right)=\left(\frac{p}{lp+q}\right)=\left(\frac{pl+q}{p}\right)=\left(\frac{q}{p}\right)=-1$$

$$L_q=\frac{y^2+1}{y+1}=y^{q-1}-y^{q-2}+\cdots+(-y)+1\equiv$$
$$1+1+\cdots+1\equiv q\pmod p$$

因此，$y^p+1=x^2$ 没有正整数解，柯召定理成立.

现记 $p_{\max(n)}$ 表示 n 的最大素因子，并令 $k=L-4M>0$，下面定理成立：

定理 7.4.4　设 $(L,M)=1$，$K=-4M>0$，若

$4\mid L, M\equiv 1 \pmod 4$，$\left(\frac{L}{M}\right)=1$ 或 $L\equiv 3 \pmod 4$，$4\mid M$，$\left(\frac{M}{L}\right)=1$，$2\nmid n\neq\square$，则 $P_n\neq\square$.

定理 7.4.5 设 $p_{\max(n)}\nmid k=L-4M>0$ 时 $n\neq 2^s$. 令 $n\neq 2^{2k+1}$，$n\neq 1$，若 $4\mid L, M\equiv 1 \pmod 4$，$\left(\frac{L}{M}\right)=1$ 或 $4\mid M, L\equiv 3 \pmod 4$，$\left(\frac{M}{L}\right)=1$，则 $P_n\neq\square$.

定理 7.4.4′ 设 $2\nmid n$，$n\nmid\square$，$n>1$，$K=L^2-4M>0$. 若 $(L,M)=1$，$2\mid L$，$M\equiv 1 \pmod 4$，则 $L_n\neq\square$.

定理 7.4.5′ 设 $n\neq 1, 2^k$，$p_{\max(n)}\nmid K=L^2-4M>0$，对 $n\neq 2^s$ 若 $(L,M)=1$，$2\mid L$，$M\equiv 1 \pmod 4$，则 $L_n\neq\square$.

首先，我们注意到 G. Terjanian 的一个定理是定理 7.4.4 的一种特殊情形. 事实上，若 $x^{2p}+y^{2p}=z^{2p}$，则 $2\mid xy$ 不失一般性我们可设 $2\mid y$，因此 $4\mid z^2-x^2$，$2\nmid zx$，因此，$z^2x^2\equiv 1 \pmod 4$，$2\mid z^2+x^2$，在定理 7.4.4 中，令 $L=z^2+x^2$，$M=z^2x^2$，我们有 $K_p=\frac{(z^2)^p-(x^2)^p}{z^2-x^2}=\frac{z^2p-x^2p}{z^2-x^2}\neq\square$. 由此得到 G. Terjanian 定理的一个证明.

定理 7.4.4 的证明：设 $2\nmid n$，$n\neq\square$，假设 $P_n=\square$，由定理 7.4.2 对任何奇数 m 有 $\left(\frac{n}{m}\right)=\left(\frac{P_n}{P_m}\right)=\left(\frac{\square}{P_m}\right)=1$，另一方面，对给定的奇数 n，令 m 为满足 $\left(\frac{n}{m}\right)=-1$ 的奇数，则 $\left(\frac{P_n}{P_m}\right)=\left(\frac{n}{m}\right)=-1$ 矛盾，由此知定理 7.4.4 成立.

定理 7.4.5 的证明：设 $p=p_{max(n)}\nmid k=(\alpha-\beta)^2=L-4M>0$，$p^l \parallel n$.

(1)设 $2\nmid n$，则

$$P_n=\frac{\alpha^n-\beta^n}{\alpha-\beta}=Q_pQ_{p^2}\cdots Q_{p^t}\prod_{\substack{1<i\mid n\\ i\neq p^s\\ 1\leqslant s\leqslant t}}Q_i$$

这里 $Q_k=\prod_{i\mid k}(\alpha^i-\beta^i)^{\mu(\frac{k}{i})}=\prod_{(m,k)}(a-\zeta_k^m\beta)$，$\mu$ 为 Möbius 函数，ζ_k 为 k 次本原单位根. 首先我们证明 $(Q_i,Q_{p^j})=1$，$1<i\mid n$，$i\neq p^s$，$1\leqslant s\leqslant t$，$j=1,2,\cdots$. 事实上，我们有 $(Q_i,Q_{p^j})=1$ 或 (i,p^j) 的最大素因子，在后一种情形，由于 $p=p_{\max(n)}$，我们有 $p\mid Q_i$，$p\mid Q_{p^j}$，$i=p^s$，$i\mid n$，但这是不可能的. 由于这种情况整除 p 的 Q_m 只能是 Q_p，Q_{p^2}，Q_{p^3}，…(见莱梅[44])因此

$$\Big(p,\prod_{\substack{1<i\mid n\\ i\neq p^s,1\leqslant s\leqslant t}}Q_i\Big)=1$$

且

$$\Big(Q_pQ_{p^2}\cdots Q_{p^t},\prod_{\substack{1<i\mid n\\ i\neq p^s,1\leqslant s\leqslant t}}Q_i\Big)=1$$

(2) 令 $2\mid n\neq 2^\lambda$，则 $P_n=\frac{\alpha^n-\beta^n}{\alpha^2-\beta^2}=Q_pQ^{p^2}\cdots Q_{p^t}\prod_{\substack{1<i\mid n\\ i\neq p^s,1\leqslant s\leqslant t}}Q_i$，因此 $\Big(Q_pQ_{p^2}\cdots Q_{p^t},\prod_{\substack{1<i\mid n\\ i\neq p^s,1\leqslant s\leqslant t}}Q_i\Big)=1$. 由 $p\nmid k=(\alpha-\beta)^2$ 可得 $p\nmid Q_p\cdots Q_{p^t}$ 且 $(Q_{p^\varepsilon},Q_{p^r})=1$，$\varepsilon\neq r$(见文献[45]). 因此在这两种情形若 $\frac{\alpha^p-\beta^p}{\alpha-\beta}=\square$，由定理 7.4.4 知此不可能.

(3)设 $n=2^{2k}$，则

$$P_n=\frac{\alpha^{2^{2k}}-\beta^{2^{2k}}}{\alpha^2-\beta^2}=(\alpha^2+\beta^2)\cdots(\alpha^{2^{2k-1}}+\beta^{2^{2k-1}})$$

若 $L\equiv 3(mod\ 4), M\equiv 0(mod\ 4)$

则 $P_4=\alpha^2+\beta^2=L-2M\equiv 3(mod\ 4)$，故 $P_4\neq\square$，又由于$(\alpha^{2^i}+\beta^{2^i},\alpha^{2^j}+\beta^{2^j})=1, i\neq j$我们有 $P_n\neq\square$，若 $P_n=\square$，则 $\alpha^2+\beta^2=2\square,\cdots,\alpha^{2^{2k-1}}+\beta^{2^{2k-1}}=2\square$. 因此$P_n=2^{2k-1}\square=\square$矛盾. 定理 7.4.5 证完.

定理 7.4.6 设 α 和 β 是三项式 $x^2-\sqrt{L}x+M$，这里 $K=L-4M>0,(L,M)=1$，若 $4|M, L\equiv 1(mod\ 4)$，$\left(\frac{M}{L}\right)=1$ 或 $4|L, M\equiv -1(mod\ 4)$，$\left(\frac{L}{M}\right)=1$，p 是奇素数，则 $p_p=\frac{\alpha^p-\beta^p}{\alpha-\beta}\neq p\square$.

定理 7.4.6 的证明：由库默尔恒等式我们有

$$\frac{a^n\pm b^n}{a+b}=(a+b)^{n-1}\mp n(a\pm b)^{n-3}ab+\frac{n(n-3)}{1\cdot 2}\cdot (a\pm b)^{n-5}a^2b^2\mp\cdots(\mp)^k\cdot \frac{n(n-k-1)(n-k-2)\cdot\cdots\cdot(n-2k+1)}{1\cdot 2\cdot\cdots\cdot k}\cdot (a\pm b)^{n-2k-1}a^kb^k+\cdots(\mp)^{\frac{(n-1)}{2}}n(ab)^{(n-1)/2} \tag{7.4.22}$$

因此

$$\frac{\alpha^q-\beta^q}{\alpha-\beta}=(\alpha-\beta)^2x+qM^{(q-1)/2} \tag{7.4.23}$$

这里 λ 为有理整数，q 为奇数.

设 $q\equiv 1(mod\ 4)$为满足$\left(\frac{p}{q}\right)=-1$的奇素数，即$\left(\frac{q}{p}\right)=-1$若 $P_p=\frac{\alpha^p-\beta^p}{\alpha-\beta}=p\square$，则 $p|P_p$ 因此由式(7.4.22)知 $p|(\alpha-\beta)^2$. 又由式(7.4.23)有

$$P_q\equiv qM^{(q-1)/2}(mod\ p) \tag{7.4.24}$$

由引理7.4.1有 $P_q\equiv 1(mod\ 4)$. 由定理7.4.2有 $\left(\frac{P_q}{P_q}\right)=1$，若 $P_p=\frac{\alpha^p-\beta^p}{\alpha-\beta}=p\square$，则 $1=\left(\frac{P_p}{P_q}\right)=\left(\frac{p\square}{P_q}\right)=\left(\frac{P_q}{p}\right)=\left(\frac{q(M)^{\frac{(q-1)2}{4}}}{p}\right)=\left(\frac{q}{p}\right)=-1$ 矛盾. 定理7.4.5证完.

定理7.4.6′ 设 $K=L_1^2-4M>0(L,M)=1$，α,β 为二次三项式 z^2-Lz+M 的两个不同根，这里 $2\nmid L_1$，$4\mid M$ 或 $2\mid L_1$，$M\equiv -1(mod\ 4)$，p为奇数，则 $L_p=\frac{\alpha^p-\beta^p}{\alpha-\beta}\neq p\square$.

证 由定理7.4.6显然.

定理7.4.7 假设条件同定理7.4.6，设n为奇数，则 $P_n=\frac{\alpha^n-\beta^n}{\alpha-\beta}\neq n\square$.

证 假设

$$\frac{\alpha^n-\beta^n}{\alpha-\beta}=n\square \tag{7.4.25}$$

并设p为n的最小素因子，我们有

$$\frac{\alpha^n-\beta^n}{\alpha-\beta}=\prod_{1<k\mid n}Q_k(\alpha,\beta) \tag{7.4.26}$$

这里 Q_k 的定义同定理7.4.5的证明中定义. 由于p是n的最小素因子，从式(7.4.25)，(7.4.26)可得 $p\mid x-y$ 且

$$\frac{\alpha^p-\beta^p}{\alpha-\beta}=pq_1^{\alpha_1}\cdots q_t^{\alpha_t}\bar{q}_1^{\beta_1}\cdots\bar{q}_r^{\beta_r} \tag{7.4.27}$$

这里 $q_i\mid n(i=1,\cdots t)$，$(\bar{q}_j,n)=1(j=1,\cdots,r)$，又 $(Q_i(\alpha,\beta),Q_j(\alpha,\beta))\mid ij$ 的最大素因子 $\mid n$. 故由式(7.4.25)，(7.4.26)可得 $\beta_i\equiv 0(mod\ 2)$，$i=1,\cdots,r$. 进一步，$q_i\mid Q_j(\alpha,\beta)$ 的充要条件是 $j=pq_i^l$，$l=0,1,2,\cdots$，令

$$q_i^{r_i} \parallel n(i=1,2,\cdots,t) \qquad (7.4.28)$$

因此 $q_i^{r_i} \parallel Q_{pq_i}(\alpha,\beta)\cdots Q_{pq_i^{r_i}}(\alpha,\beta)$，因此 $q_i^{\alpha_i+r_i} \parallel \frac{\alpha^n-\beta^n}{\alpha-\beta}$.

故由式(7.4.25)和式(7.4.28)得出 $\alpha_i\equiv 0(mod\ 2)(i=1,2,\cdots,t)$. 再由式(7.4.27)得

$$\frac{\alpha^p-\beta^p}{\alpha-\beta}=p\square$$

由定理 7.4.5 知矛盾. 定理 7.4.6 证完.

事实上我们证明了更强的结论.

推论 7.4.2 在定理 7.4.6 的假设条件下，设 n 为奇数，n'包含 n 的最小素因子，则$\frac{\alpha^n-\beta^n}{\alpha-\beta}\neq n'\square$.

定理 7.4.8 设在定理 7.4.6 的假设条件下，设 n 为奇数，n'包含 n 的最小素因子，则$\frac{\alpha^n-\beta^n}{\alpha-\beta}\neq n'\square$.

定理 7.4.7 中取 $\alpha=x_1^2,\beta=-y^2$ 即可得 *Terjanian* 的结果.

定理 7.4.9 设 α 和 β 为二次三项式 $x^2-\sqrt{L}x+M$，这里 $K=L-4M>0(L,M)=1$ 的二个不同根，若 $2\parallel M,L\equiv 1(mod\ 2),\left(\frac{M}{L}\right)=1$，则 $P_p=\frac{\alpha^p-\beta^p}{\alpha-\beta}\neq p\square$.

首先证明 $P_p=\frac{\alpha^p-\beta^p}{\alpha-\beta}\neq p\square$. 假设

$$P_p=\frac{\alpha^p-\beta^p}{\alpha-\beta}=p\square \qquad (7.4.29)$$

由引理 7.4.1 得 $P_p\equiv -1(mod\ 4)$，因此 $p\equiv 3(mod\ 4)$.

设 q 的一奇素数且 $q\equiv 1(mod\ 4)$，记 $\frac{p}{q}=c_1+\frac{1}{c_2}+\cdots+\frac{1}{c_\lambda}$，$c_\lambda>1$. 由式(7.4.23)得 $\frac{\alpha^q-\beta^q}{\alpha-\beta}=(\alpha-\beta)^2F$

$+qM^{(q-1)/2}$，F 为有理整数. 从 $p\mid P_p$ 得 $p\mid(\alpha-\beta)^2$ 且 $P_p\equiv qM^{(q-1)/2}(mod\ p)$，由定理 7.4.2 我们有

$$(-1)^\lambda=\left(\frac{P_p}{P_q}\right)=\left(\frac{p\square}{P_q}\right)=\left(\frac{p}{P_q}\right)=-\left(\frac{P_q}{p}\right)=$$
$$-\left(\frac{qM^{(q-1)/2}}{p}\right)=-\left(\frac{q}{p}\right)$$

现在只要找到 q，$q\equiv1(mod\ 4)$ 使 $(-1)^\lambda=\left(\frac{q}{p}\right)$，即知式(7.4.29)不可能. 若 $p-1=2l$，$l\equiv1(mod\ 4)$，$l>1$ 取 $q=1$，$\frac{2l+1}{l}=2+\frac{1}{l}$，$\lambda=2\left(\frac{q}{p}\right)=\left(\frac{1}{2l+1}\right)=1=(-1)^\lambda$；若 $p-1=2l$，$l\equiv3(mod\ 4)$ 取 $q=2l-1$，$\left(\frac{p}{p-2}\right)=1+\frac{1}{(p-3)/2}+\frac{1}{2}$，$\lambda=3$ 且 $\left(\frac{p}{q}\right)=\left(\frac{p-2}{p}\right)=\left(\frac{2}{p-2}\right)=(-1)^\lambda$.

其次若 $\frac{\alpha^p-\beta^p}{\alpha-\beta}=\square$. 由定理 7.4.2 知，$(-1)^\lambda=\left(\frac{P_p}{P_q}\right)=\left(\frac{\square}{P_q}\right)=1$. 故只需选取 q 使 λ 为奇数，这里 $\frac{p}{q}=c_1+\frac{1}{c_2}+\cdots+\frac{1}{c_\lambda}$，$c_\lambda>1$. 取 $q=p-2$ 由于 $\frac{p}{q}=1+\frac{1}{(p-3)/2}+\frac{1}{2}$，$\lambda=3$，$p>3$，$p=3$，$P_p=L-M$ 可能为平方数.

类似地，我们可以得到下面两个定理.

定理 7.4.9′　在定理 7.4.9 的假设条件下，设 $n>1$ 为奇数，则 $\frac{\alpha^n-\beta^n}{\alpha-\beta}\neq n\square$.

定理 7.4.9″　在定理 7.4.9 的假设条件下，若 $p_{max(n)}\nmid k=(\alpha-\beta)^2=L-4M$，n 为奇数，则

$$\frac{\alpha^n-\beta^n}{\alpha-\beta}\neq\square$$

7.4.3 在不定方程 $Ax^4-By^2=1$ 中的应用

关于不定方程

$$Ax^4-By^2=1 \tag{7.4.30}$$

的可解性判别柯召和孙琦，Nagell，Ljunggren，Gohn 都有过许多工作. 1985 年，朱卫三[101]得到了

$$x^4-Dy^2=1 \tag{7.4.31}$$

的可解性的充要条件.

这里，我们利用本节的一些结论得到了一般性的一些结果. 我们有：

定理 7.4.10 设 $A>1,B>0,AB$ 非平方数，并设有解，其最小解 $\varepsilon_0=\sqrt{A}x_0+\sqrt{B}y_0$，则

$$Ax^4-By^2=1 \tag{7.4.32}$$

有解的充要条件是 x_0 为一个平方数.

证 记 $\bar{\varepsilon}_0=\sqrt{B}y_0-\sqrt{A}x_0$，并不妨设

$$x^2\sqrt{A}+y\sqrt{B}=\bar{\varepsilon}_0^n$$

因此

$$x^2=x_0\cdot\frac{\varepsilon_0^n-\bar{\varepsilon}_0^n}{\varepsilon_0-\bar{\varepsilon}_0} \tag{7.4.33}$$

设 n_0 为满足式(7.4.33)的最小正整数. 若 $n_0=1$，则 x_0 为平方数. 若 $n_0>1$，由于 n_0 为奇数. 设 $n_0=pm$（p 为奇素数），则$\frac{\varepsilon_0^m-\bar{\varepsilon}_0^m}{\varepsilon_0-\bar{\varepsilon}_0}\cdot x_0$ 不是平方数($m<n_0$). 由于

$$x^2=\frac{\varepsilon_0^m-\bar{\varepsilon}_0^m}{2\sqrt{A}}\cdot\frac{\varepsilon_0^{mp}-\bar{\varepsilon}_0^{mp}}{\varepsilon_0^m-\bar{\varepsilon}_0^m}\text{且}\left(\frac{\varepsilon_0^{mp}-\bar{\varepsilon}_0^{mp}}{\varepsilon_0^m-\bar{\varepsilon}_0^m},\frac{\varepsilon_0^m-\bar{\varepsilon}_0^m}{2\sqrt{A}}\right)=1\text{ 或 }p$$

但 $x_0\cdot\frac{\varepsilon_0^m-\bar{\varepsilon}_0^m}{\varepsilon_0-\bar{\varepsilon}_0}$不是平方数，故

$$\frac{\varepsilon_0^{mp}-\bar{\varepsilon}_0^{mp}}{\varepsilon_0^{m}-\bar{\varepsilon}_0^{m}}=p\square \qquad (7.4.34)$$

由于 $L=(\varepsilon_0^m+\bar{\varepsilon}_0^m)^2\equiv 0 \pmod 4$，$M=\varepsilon_0^m\bar{\varepsilon}_0^m=-1$. 由定理 7.4.6 知式(7.4.34)不可能. 故 $n_0=1$，也就是 x_0 为平方数. 证完.

定理 7.4.11　设 $\varepsilon_0=\sqrt{A}x_0+\sqrt{B}y_0$ 是 $Ax^2-By^2=1$ 的最小解，其中 A,B 同定理 7.4.10. $y_0=df^2$，d 无平方因子. 记 $\bar{\varepsilon}_0=A\sqrt{x_0}-B\sqrt{y_0}$，则不定方程

$$Ax^2-By^4=1 \qquad (7.4.35)$$

有解的充要条件是(1)若 $2\mid d$，则 $\dfrac{\varepsilon_0^{d/2}-\bar{\varepsilon}_0^{d/2}}{2\sqrt{B}}$ 为平方数.

(2)若 $2\nmid d$，则 $\dfrac{\varepsilon_0^{d}-\bar{\varepsilon}_0^{d}}{2\sqrt{B}}$ 为平方数.

证　不妨设 $\sqrt{A}x+\sqrt{B}y^2=\varepsilon_0^n$，则 $y^2=\dfrac{\varepsilon_0^n-\bar{\varepsilon}_0^n}{2\sqrt{B}}$，因此

$$y^2=y_0^2\cdot\frac{\varepsilon_0^n-\bar{\varepsilon}_0^n}{\varepsilon_0-\bar{\varepsilon}_0} \qquad (7.4.36)$$

设 n_0 为使得式(7.4.36)成立的最小正整数. 若 $d=1$，定理显然成立. 若 $d>1$ 且 $2\nmid d$，则 n_0 为奇数. 由式(7.4.36)得

$$\frac{\varepsilon_0^{n_0}-\bar{\varepsilon}_0^{n_0}}{\varepsilon_0-\bar{\varepsilon}_0}=dy_1^2$$

由于 $\varepsilon_0-\bar{\varepsilon}_0\equiv 0 \pmod d$，因此 $n_0\equiv 0 \pmod d$. 设 $n_0=ds$，记

$$PQ=\frac{\varepsilon_0^{s}-\bar{\varepsilon}_0^{s}}{\varepsilon_0-\bar{\varepsilon}_0}\cdot\frac{\varepsilon_0^{ds}-\bar{\varepsilon}_0^{ds}}{\varepsilon_0^{s}-\bar{\varepsilon}_0^{s}}=dy_1^2$$

若 $(P,d)=1$，则 $P=x_0^2$，若 $(P,d)>1$，假设素数 $p\mid(P,$

d),记$(\varepsilon_0^s-\bar{\varepsilon}_0^s)/(\varepsilon_0-\bar{\varepsilon}_0)=p^\alpha q,(p,q)=1,\alpha\geqslant 1$. 由于 l 无平方因子,故 $p\parallel Q$,由此可得

$$\frac{\varepsilon_0^s-\bar{\varepsilon}_0^s}{\varepsilon_0-\bar{\varepsilon}_0}=x_1^2$$

由于 $\varepsilon_0+\bar{\varepsilon}_0=2\sqrt{A}x_0,\varepsilon_0\bar{\varepsilon}_0=1,2\nmid s$. 由定理 7.7.4 和定理 7.7.5 得 s 为一个平方数且 s 的最大素因子整除 By_0^2,由$\dfrac{\varepsilon_0^{sd}-\bar{\varepsilon}_0^{sd}}{\varepsilon_0-\bar{\varepsilon}_0}=dy_1^2$ 得

$$P_1Q_1=\frac{\varepsilon_0^{sd}-\bar{\varepsilon}_0^{sd}}{\varepsilon_0^d-\bar{\varepsilon}_0^d}\cdot\frac{\varepsilon_0^d-\bar{\varepsilon}_0^d}{\varepsilon_0-\bar{\varepsilon}_0}=dy_1^2$$

又当 $p\mid(\varepsilon_0^d-\varepsilon_0^d)/2\sqrt{B}$时,$p$ 为奇素数. $\mathrm{ord}_p\left(\dfrac{\varepsilon_0^{sd}-\varepsilon_0^{sd}}{\varepsilon_0^d-\varepsilon_0^d}\right)=\mathrm{ord}_p(s)$,且 s 为平方数. 故若 $p\mid(P_1,Q_1)$,则 $\mathrm{ord}_p(P_1)$ 为偶数,注意到 $d\mid\dfrac{\varepsilon_0^d-\bar{\varepsilon}_0^d}{\varepsilon_0-\bar{\varepsilon}_0}$. 由此可得$(\varepsilon_0^d-\bar{\varepsilon}_0^d)/(\varepsilon_0-\bar{\varepsilon}_0)=d\square$. 也就是$(\varepsilon_0^d-\bar{\varepsilon}_0^d)/2\sqrt{B}$为平方数.

若 $2\mid d$,则 n_0 为偶数且 $A=1$. 这时如果 $2\parallel n_0$. 记 $n_0=2n_1$,由式(7.4.36)得

$$y^2=\frac{\varepsilon_0^{n_1}+\bar{\varepsilon}_0^{n_1}}{2}\cdot\frac{\varepsilon_0^{n_1}-\bar{\varepsilon}_0^{n_1}}{\varepsilon_0-\bar{\varepsilon}_0}\cdot 2y_0$$

由于$\left(\dfrac{\varepsilon_0^{n_1}+\bar{\varepsilon}_0^{n_1}}{2},\dfrac{\varepsilon_0^{n_1}-\bar{\varepsilon}_0^{n_1}}{\sqrt{B}}\right)=1$,故

$$\frac{\varepsilon_0^{n_1}-\bar{\varepsilon}_0^{n_1}}{\varepsilon_0-\bar{\varepsilon}_0}=\frac{d}{2}y_2^2$$

类似前面的讨论知$\dfrac{\varepsilon_0^{d/2}-\bar{\varepsilon}_0^{d/2}}{2\sqrt{B}}$为平方数.

若 $2\mid d$ 且 $4\mid n_0$,设 $n_0=2^kn_2,k\geqslant 2$. 由式(7.4.36)得

$$y_0\prod_{i=0}^{k-1}(\varepsilon_0^{2^in_2}+\bar{\varepsilon}_0^{2^in_2})\cdot\frac{\varepsilon_0^{n_2}-\bar{\varepsilon}_0^{n_2}}{\varepsilon_0-\bar{\varepsilon}_0}=\square\qquad(7.4.37)$$

由于$(\varepsilon_0^{2^i n_2}+\bar{\varepsilon}_0^{2^i n_2},\varepsilon_0^{2^i n_2}+\bar{\varepsilon}_0^{2^j n_2})=2,i\neq j,0\leqslant i,j\leqslant k-1$且$(\varepsilon_0^{2^i n_2}+\bar{\varepsilon}_0^{2^i n_2},\dfrac{\varepsilon_0^{n_2}-\bar{\varepsilon}_0^{n_2}}{2\sqrt{B}})=2$. 故由式(7.4.37)得,$k$ 为奇数且 $\varepsilon_0^{2^i n_2}+\bar{\varepsilon}_0^{2^i n_2}=2\square,\dfrac{\varepsilon_0^{n_2}-\bar{\varepsilon}_0^{n_2}}{2\sqrt{B}}=2\square$,由 n_0 的最小性不可能. 证完.

7.5　p—adic 方法

7.5.1　简介

这里我们介绍 Skolem 和将 p—adic 理论应用于方程的方法,即所谓的 Skolem 的 p—adic 方法,简称局部方法. 显然,若方程只有有限多个 p—adic 整数解,则方程只有有限多个解. 基于这一朴实的观点,Skolem 建立了一套求解的个数的上界的方法——p—adic 方法. 在这方面有贡献的有 Skolem, Strassman, Nagell, Ljunggren, Siegel, Chabauty, Hasse 等(详见文献[20]). 由于这方面的理论涉及到 p—adic 理论和代数数论中的单位数问题,且计算十分繁杂,因此,这里只是简单地介绍 Strassman 的一个结果及其在与 F-L 序列有关的不定方程上的应用.

首先我们不加证明给出 Strassman 定理.

Starssman 定理:设级数 $f(t)=a_0+a_1t+a_2t^2+\cdots$,其中 $a_i(i=0,1,\cdots)$ 为 p—adic 整数,对所有 p—adic 整值 t 均收敛,若 a_n 为 p—adic 单位且 $a_s\equiv 0(\bmod p),s>n$. 则方程 $f(t)=0$ 至多只有 n 个 p—adic 整数解.

7.5.2 不定方程 $x^2+7=2^n$

求出不定方程

$$x^2+7=2^n \tag{7.5.1}$$

的全部正整数解是一个著名的问题.

早在 1913 年,印度天才数学家拉玛努扬(Ramanujan)就发现方程(7.5.1)有五组正整数解

$$(x,n)=(1,3);(3,4);(5,5);(11,7);(181,15) \tag{7.5.2}$$

他问,方程(7.5.1)除开(7.5.2)给出的解之外还有没有其他的正整数解?三十多年以后,Nagell[45]用 p—adic 方法第一个回答了这个问题.他证明了方程(7.5.1)仅有正整数解(7.5.2).后来,吃塞[46],Skolem,Chowla 和 Lewis[48],Mead[47],Beukers[49-50]又分别给出了四个不同的证明.50 年代以来,这个方程在组合数学上得到了应用.下面,我们介绍一个用 p—adic 方法给出的证明:

证 当 n 为偶数时,由式(7.5.1)得

$$2^{\frac{n}{2}}\pm x=7,2^{\frac{n}{2}}\mp x=1$$

两式相加得 $2^{\frac{n}{2}}=4$,即 $n=4$.

下面假设 n 为奇数,将方程写成

$$\frac{x^2+7}{4}=2^y \tag{7.5.3}$$

熟知,二次域 $Q(\sqrt{-7})$ 中整数唯一分解定理成立,且整数形如 $\frac{l+m\sqrt{-7}}{2}$,$l\equiv m \pmod 2$,其单位数为 ±1.将上述方程在 $Q(\sqrt{-7})$ 中分解.由于 $2=\left(\frac{1+\sqrt{-7}}{2}\right)\cdot\left(\frac{1-\sqrt{-7}}{2}\right)$,我们有

$$\frac{x\pm\sqrt{-7}}{2}=\pm\left(\frac{1\pm\sqrt{-7}}{2}\right)^n$$

故

$$\left(\frac{1+\sqrt{-7}}{2}\right)^n-\left(\frac{1-\sqrt{-7}}{2}\right)^n=\pm\sqrt{-7} \tag{7.5.4}$$

首先我们证明式(7.5.4)中取"+"号不可能，将式(7.5.4)写成

$$a^y-b^y=a-b$$

则

$$a^2\equiv 1(1-b)^2\equiv 1(\bmod b^2)$$

由于 $ab=2$，故

$$a^y\equiv a(a^2)^{\frac{y-1}{2}}\equiv a(\bmod b^2)$$

即

$$a\equiv a-b(\bmod b^2)$$

不可能. 因此我们有

$$-2^{y-1}=\binom{y}{1}-\binom{y}{3}\cdot 7+\binom{y}{5}\cdot 7^2+\cdots+\binom{y}{y}\cdot 7^{\frac{y-1}{2}} \tag{7.5.5}$$

即

$$-2^{y-1}\equiv y(\bmod 7)$$

而上述同余式仅有解 $y\equiv 3,5,13(\bmod 42)$.

当 $y=3,5,13$ 分别给出解 $(x,n)=(5,5)$；$(11,7)$ 和 $(181,15)$. 因此，只需证明(7.5.2)不可能有两个不同的解 y,y_1 满足 $y_1\equiv y(\bmod 42)$. 否则，可设 $y_1\neq y$，$y_1-y=7^l\cdot 6\cdot h,7\nmid h$，设 $a=\frac{1+\sqrt{-7}}{2}$，则

$$a^{y_1}=a^y\cdot a^{y_1-y}=a^y\cdot\left(\frac{1}{2}\right)^{y_1-y}\cdot(1+\sqrt{-7})^{y_1-y} \tag{7.5.6}$$

由于

$$\left(\frac{1}{2}\right)^{y_1-y}=\left(\left(\frac{1}{2}\right)^6\right)^{\frac{y_1-y}{6}}\equiv 1(\bmod 7^{l+1})$$

因此

$$(1+\sqrt{-7})^{y_1-y}\equiv 1+(y_1-y)\sqrt{-7}(\bmod 7^{l+1})$$

又由于

$$a^y=\left(\frac{1+\sqrt{-7}}{2}\right)^y=\frac{(1+\sqrt{-7})^y}{2^y}(y\geqslant 0)$$

故

$$2^y\cdot a^y\equiv 1+\sqrt{-7}(\bmod 7)$$

将上式代入式(7.5.6)得

$$a^{y_1}\equiv a^y+\frac{(y_1-y)}{2^y}\sqrt{-7}(\bmod 7^{l+1}) \tag{7.5.7}$$

同理

$$b^{y_1}\equiv b^y+\frac{(y_1-y)}{2^y}\sqrt{-7}(\bmod 7^{l+1}) \tag{7.5.8}$$

由于式(7.5.4)不能取正号,由此可得

$$a^y-b^y=a^{y_1}-b^{y_1}$$

即$(y_1-y)\sqrt{-7}\equiv 0(\bmod 7^{l+1})$. 由于 y_1,y 为有理整数,故 $y_1-y\equiv 0(\bmod 7^{l+1})$与 $7^l \parallel y_1-y$ 矛盾. 证完.

7.5.3 不定方程 $ax^2+D=p^n$ 或 $4p^n$

不定方程

$$ax^2+D=p^n \text{ 或 } 4p^n \tag{7.5.9}$$

其中 aD 为非平方数,p 为奇素数,$p\nmid aD$,简称为拉玛努扬－Nagell 方程. 对于这类方程,早在 1960 年,

R. Apery[51]就证明了 $x^2+D=p^n$ 最多只有两组正整数解. Ljunggren[52], Cohen[53], Alter 和 Kubota[54]也有一些结果, 1979 年, Bender 和 Herzberg[1]用 p-adic 方法证明了方程(7.5.9)除 $a=1$ 或 $3, 4p^n=D+1, D+3$ 外方程 $ax^2+D=4p^n$ 最多只有两组正整数解. 除 $a=2$ 或 6 且 $p^n=2+D$ 或 $6+D$ 之外, $ax^2+D=p^n$ 至多只有两组正整数解. 1989 年, 袁平之[55]和 Skinner[56]分别独立地用不同的方法解决了 $a=1, 4p^n=D+1$ 的情形. 这里我们介绍 Bender 和 Herzberg 文献[1]中最主要的定理.

首先我们不加证明地引用下面的引理(见文献[1]定理 9)

引理 7.5.1　假设方程(7.5.9)有解, 则 p 在 $Q(\sqrt{-aD})$ 中分裂, 并令其最小解 $n=m$, 且有另一解 $n=m'$, 则 m' 是 m 的奇数倍, 且对满足 $m\mid m''\mid m'$ 的 m'', $n=m''$ 均有解.

定理 7.5.1　假设方程(7.5.9)中 $ax^2+D=p^n$ 有解, 设 $(x,n)=(w,m)$ 为其最小解, 并且另有一解 $n=rm$, 设 q 为 qw^2 的一个素因子, $\mathrm{ord}_q(aw^2)=\lambda$, 若 $q=2$ 或 3, 假设 $\lambda\geqslant 2$. 设 s 为满足 $D^{2s}\equiv 1(\bmod q)$ 的最小正整数, $\eta=\mathrm{ord}_q(D^s\pm 1)$, 其中符号的选取使得达到最大值, 则:

(1) $r=2st+1$.

(2) $\eta=\lambda+\mathrm{ord}_q(r)\leqslant\lambda+1$.

若 $q=2$ 再设 $\lambda\geqslant 3$, 则 $ax^2+D=p^n$ 至多只有两个解, 另一解 $n=rm$, 其中 r 为素数.

证　这里只讨论 $ax^2+D=p^n$ 的情形. $ax^2+D=4p^n$ 可完全类似地讨论. 由 7.1 的结论有

$$v\cdot\sum_{j=0}^{(n-1)/2}\binom{n}{2j}(-bv^2)^{(r-2j-1)/2}(aw^2)^j=y(rm)\tag{7.5.10}$$

其中 $aw^2+bv^2=p^m.ax^2(rm)+by^2(rm)=p^{rm}$.

由于 $q|aw^2$,取模 q 得 $(-1)^{\frac{r-1}{2}}\equiv y(rm)(\bmod q)$,因此 $s|\frac{r-1}{2}$.(1)得证.

假设 $t\neq 0$. 式(7.5.10)两边同除 $(-D)^{st}$ 得

$$\sum_{j=1}^{\infty}\binom{2st+1}{2j}\left(-\frac{aw^2}{D}\right)^j=\pm\left(-\frac{1}{D}\right)^{st}-1\tag{7.5.11}$$

在下面的证明中所有的方程都看成是 q—adic 数域上的方程. 下面求出满足式(7.5.11)的 q—adic 整数 $t\neq 0$ 的个数的上界.

记 $(-1/D)^s=\pm(1+rq^\eta)$,这里 r 为 q—adic 单位,注意到当 $q=2,\eta\geqslant 2$ 且 $s=1$. 式(7.5.11)右边整除 q(当 $q=2$,除 4),由此可得 $\pm(-1/D)^{st}=(1+rq^\eta)^t$. 这里符号的选取同式(7.5.11),将此代入式(7.5.11)得

$$\sum_{j=1}^{\infty}\binom{2st+1}{j}\left(-\frac{aw^2}{D}\right)^j=\sum_{i=1}^{\infty}\binom{t}{i}(rq^\eta)^i\tag{7.5.12}$$

将式(7.5.12)视为 q—adic 数域上变量 t 的幂级数,由于

$$\mathrm{ord}\,q(N!)\leqslant\sum_{i=1}^{\infty}[N/q_i]<N/(q-1)$$

且 $\eta>1/(q-1)$. 故式(7.5.12)右端的幂级数是合理的,且当 $k\to\infty$ 时,t^k 的系数 q—adic 趋于 0. 式(7.5.12)

左边的和的项均为 t 的多项式，且 j 次多项式的系数满足 ord $q\geqslant\delta_j$，这里 $\delta_j\geqslant j\lambda-\mathrm{ord}_q((2j)!)>j\lambda-2j/(q-1)$，$q$ 奇或 $\delta_j>j+\lambda j-2j$，$q=2$. 由定理的假设有 $\delta_j>j/2$. 因此式(7.5.12)左边的幂级数的定义是合理的，且 t^k 的系数当 $k\to\infty$ 时 q—adic 趋于零. 又方程(7.5.12)可写成

$$q^\lambda st(2st+1)(c_0+q^\lambda F(t)/6)=trq^\eta(q+q^\eta G(t)/2)\tag{7.5.13}$$

这里 $c_0=-aw^2/Dq^\lambda$ 是 q—adic 单位，F. G 为 q—adic 整数环上 t 的幂级数. 由于 $s|q-1$. 故 s 为 q—adic 单位. 由式(7.5.13)两边的 q—赋值相等得 $\lambda+\mathrm{ord}_q(r)=\eta$，若 $q|r$，由引理 7.5.1 知，取 $r=q$. 因此 $\eta\leqslant\lambda+1$.

若 $q=2$，$\lambda\geqslant3$，式(7.5.13)两边除以 $2tq^\lambda$ 整理得

$$(sc_0-rq^{\eta-\lambda})/2+s^2c_0t-q^\lambda\sum_{i=1}^{\infty}c_it^i/12=0\tag{7.5.14}$$

这时 c_i 为 q—adic 整数，c_0 与 s 为 q—adic 单位，由 λ 的假设知高次项的系数为 q—adic 整数但不是 q—adic 单位，再由 Strassman 定理得式(7.5.14)最多只有一个 q—adic 整数解. 从而式(7.5.9)最多只有两组正整数解. 再由引理 7.5.1 知另一解 $n=rm$ 中 r 必为素数.

注　(1)这个方法对不定方程

$$ax^2+D=2p^n\tag{7.5.15}$$

同样有效.

(2)当 p 不是素数的情形. 可将 $ax^2+D=cp^n$，$c=1,2$ 或 4 的解分式有限个类，对每一类解定理 7.5.1 的结论仍成立. 对于这种情形的解的个数的上界估计，目前尚无不依赖于 p 的素因子的个数的非平凡的估计.

7.6 超几何级数方法

7.6.1 引言

1937 年,Siegel[57]在丢番图逼近理论中引入了超几何级数的概念. 1964 年,贝克[58]将西格尔的工作精细化,成功地给出了$\sqrt[3]{2}$的有理逼近的一个好的下界. 1981 年,Beukers[49-50]成功地将此方法应用于不定方程 $x\pm D=p^n$,得到了一些深刻的结论. 并解决了所谓的 Browkin-Schinzel(见文献[59-60])猜想. 之后,Tzanakis 和 Wolfskill[61-62]用此方法解决了 Calderbank 猜想(见文献[63]). 袁平之[64]推广了 Tzanakis 和 Wolfskill 的结果. 乐茂华[65-68]在此方面也有一些出色的工作. 下面我们介绍这一方法及袁平之在与 F-L 序列有关的不定方程 $ax^2+D=cp^n$,$c=1,2$ 或 4 上的应用.

7.6.2 超几何级数基础

超几何级数 $F(\alpha,\beta,r,z)$定义为级数

$$1+\frac{\alpha\cdot\beta}{1\cdot r}z+\frac{\alpha(\alpha+1)\beta(\beta+1)}{1\cdot 2\cdot r\cdot(r+1)}z^2+\cdots$$

当$|z|<1$ 和$|z|=1$ 且 $r-\alpha-\beta>0$ 时收敛,且 $F(\alpha,\beta,r,z)$满足常微分方程(见西格尔[57]或贝克[58])

$$z(z-1)F''+\{(\alpha+\beta+1)z-r\}F'+\alpha\beta F=0$$

引理 7.6.1 设 n_1,n_2 为正整数,$n=n_1+n_2$,$n_2>n_1$,令 $G(z)=F(-\frac{1}{2}-n_2,-n_2,-n,z)$,$H(z)=F(\frac{1}{2}-n_1,-n_2,-n,z)$,有

$$E(z)=\frac{F(n_2+1,n_1+\frac{1}{2},n+2,z)}{F(n_2+1,n_1+\frac{1}{2},n+2,1)}$$

则 $G(z)$ 和 $H(z)$ 为次数分别 n_1 和 n_2 的多项式,且

$$G(z)-\sqrt{1-z}H(z)=z^{n+1}G(1)E(z)$$

证　容易验证 $G(z)$, $\sqrt{1-z}H(z)$ 和 $z^{n+1}F(n_2+1,n_1+\frac{1}{2},n+2,z)$满足常微分方程

$$z(z-1)F''+\{(\frac{1}{2}-n)z+n\}F'+n_1(n_2+\frac{1}{2})F=0 \tag{7.6.1}$$

因此这三个函数之间存在线性关系. 将 $z=0$, $z=1$ 代入解得

$$G(z)-\sqrt{1-z}H(z)=z^{n+1}G(1)E(z) \tag{7.6.2}$$

证完.

引理 7.6.2　设 $G(z)$, $H(z)$, n_1, n_2, n 如引理 7.6.1中所定义,则:

(1) $|G(z)-\sqrt{1-z}H(z)|<G(1)|z|^{n+1}$, $|z|<1$.

(2) $G(1)<G(z)<G(0)=1$, $0<z<1$.

(3) $G(1)=\binom{n}{n_1}^{-1}\prod_{m=1}^{n_1}(1-\frac{1}{2m})$.

证　由于 $F(n_2+1,n_1+\frac{1}{2},n+2,z)$的系数全为正,我们有 $|F(n_2+1,n_1+\frac{1}{2},n+2,z)|<F(n_2+1,n_1+\frac{1}{2},n+2,1)$, $|z|<1$. 因此 $|E(z)|<1$,再由引理

7.6.1 得(1).

其次,注意到

$$G(z)=G(1)F(-\frac{1}{2}-n_2,-n_1,\frac{1}{2},1-z)$$

且 $F(-\frac{1}{2}-n_2,-n_1,\frac{1}{2},1-z)$ 是 $1-z$ 的正系数多项式,由于 $n_2\geqslant n_1$,由此可得

$$G(1)G(z)=G(1)F(-\frac{1}{2}-n_2,-n_1,\frac{1}{2},1-z)<G(0)\ (0<z<1)$$

即(2)成立.

最后,将 $z=0$ 代入 $G(z)$ 得

$$1=G(1)F(-\frac{1}{2}-n_2,-n_1,\frac{1}{2},1)$$

由高斯的一个著名公式(见文献[57])我们有

$$F(-\frac{1}{2}-n_2,-n_1,\frac{1}{2},1)=\frac{\Gamma\left(\frac{1}{2}\right)\Gamma(n+1)}{\Gamma(n_2+1)\Gamma(n_1+\frac{1}{2})}$$

因此

$$G(1)=\binom{n}{n_1}^{-1}\prod_{m=1}^{n_1}\left(1-\frac{1}{2m}\right)$$

证完.

引理 7.6.3 $\binom{n}{n_1}G(4z)$ 和 $\binom{n}{n_1}H(4z)$ 均为整系数多项式.

证 有

$$\binom{n}{n_1}G(4z)=$$

$$\binom{n}{n_1}\sum_{k=0}^{n_1}\binom{n_2+\frac{1}{2}}{k}\frac{n_1(n_1-1)\cdots(n_1-k+1)}{n(n-1)\cdots(n-k+1)}(-4z)^k=$$

$$\sum_{k=0}^{n_1}\binom{n_2+\frac{1}{2}}{k}\frac{n!}{n!\cdot n_2!}\cdot\frac{n_1(n_1-1)\cdots(n_1-k+1)}{n(n-1)\cdots(n-k+1)}(-4z)^k=$$

$$\sum_{k=0}^{n_1}\binom{n_2+\frac{1}{2}}{k}\binom{n-k}{n_2}(-4z)^k$$

由于 $\binom{n_2+\frac{1}{2}}{k}\cdot 4^k\in\mathbf{Z}$，由此可得 $\binom{n}{n_1}G(4z)\in Z[z]$，完全类似地可得

$$\binom{n}{n_1}H(4z)=\sum_{k=0}^{n_1}\binom{n_1-\frac{1}{2}}{k}\binom{n-k}{n_1}(-4z)^k\in Z[z]$$

证毕.

推论 7.6.1 $\binom{n}{n_1}G(4z)-\binom{n}{n_1}\sqrt{1-4z}H(4z)=z^{n+1}E_1(z)$. 这里 $E_1(z)$ 是 z 的幂级数，且其系数均为整数.

证 由引理 7.6.1 和 7.6.3 立得.

引理 7.6.4 定义

$$G^*(z)=F(-\frac{1}{2}-(n_2+1),-(n_1+1),-(n+2),z)$$

$$H^*(z)=F(\frac{1}{2}-(n_1+1),-(n_2+1),-(n+2),z)$$

则 $G^*(z)H(z)-H^*(z)G(z)=cz^{n+1}$，$c$ 为常数，$c\neq 0$.

证　由引理 7.6.1 得

$$G(z)-\sqrt{1-z}H(z)=z^{n+1}F(z)$$

且

$$G^*(z)-\sqrt{1-z}H^*(z)=z^{n+3}F^*(z)$$

其中 F 和 F^* 为某个超几何级数，消去 $\sqrt{1-z}$ 得 $z^{n+1}|G^*H-H^*G$. 再由引理 7.6.3，知 $G^*(z)H(z)-G(z)H^*(z)$ 为 z 的 $n+1$ 次多项式，再计算 z^{n+1} 的系数得

$$G^*(z)H(z)-G(z)H^*(z)=cz^{n+1}(c\neq 0)$$

证完.

完全类似地，可以证明：

推论 7.6.2　设

$$G_k(z)=F(-\frac{1}{2}-(n_2+k),-(n_1+k),-(n+2k),z)$$

$$H_k(z)=F(\frac{1}{2}-(n_1+k),-(n_2+k)-(n+2k),z)$$

$$E_k(z)=\frac{F(n_2+k+1,n_1+k+\frac{1}{2},n+2k+2,z)}{F(n_2+k+1,n_1+k+\frac{1}{2},n+2k+2,1)}$$

则有：

(1) $G_k(z)-\sqrt{1-z}H_k(z)=z^{n+2k+1}G_k(1)E_k(z)$.

(2) $G_k(z)H_l(z)-H_k(z)G_l(z)=c_{k,l}z^{n+\min\{k,l\}+1}$, $c_{k,l}\neq 0$.

引理 7.6.5　设 $|z|>8, n_1<\frac{1}{2}n_2$ 则

$$\left|\binom{n}{n_1}G(z)\right|<2^n\left(1+\frac{|z|}{2}\right)^{n_1}$$

$$\left|\binom{n}{n_1}\right|H(z)<4|z|^{n_2}$$

证

$$\left|\binom{n}{n_1}G(z)\right|=\left|\sum_{k=0}^{n_1}\binom{n_2+\frac{1}{2}}{k}\binom{n-k}{n_2}(-z)^k\right|<$$

$$\sum_{k=0}^{n_1}\binom{n_2+1}{k}\binom{n-k}{n_2}|z|^k=$$

$$\sum_{k=0}^{n_1}\frac{n_2+1}{n_2-k+1}\cdot\frac{(n-k)!}{n_1!(n_2-k)!}\cdot$$

$$\frac{n_1!}{(n_1-k)!k!}|z|^k$$

熟知$\binom{n-k}{n_1}<2^{n-k-1}$且当$k\leqslant n_1<\frac{1}{2}n_2$时$\frac{n_2+1}{n_2-k+1}<2$.由此可得

$$\left|\binom{n}{n_1}G(z)\right|<\sum_{k=0}^{n_1}2\cdot 2^{n-k-1}\binom{n_1}{k}|z|^k=$$

$$2^n\left(1+\frac{|z|}{2}\right)^{n_1}$$

其次,我们有

$$\left|\binom{n}{n_1}H(z)\right|=\left|\sum_{k=0}^{n_2}\binom{n_1-\frac{1}{2}}{k}\binom{n-k}{n_1}(-z)^k\right|<$$

$$\sum_{k=0}^{n_1}\binom{n_1}{k}\binom{n-k}{n_1}+$$

$$\sum_{k=n_1+1}^{n_2}\frac{n_1!(k-n_1)!}{k!}\binom{n-k}{n_1}|z|^k$$

注意到,若$k>\frac{n}{2}$,则$n-k<k$,因此,$\binom{n-k}{n_1}\Big/\binom{k}{n_1}<1$.

又

$$\left|\binom{n}{n_1}H(z)\right| < 2^n\left(1+\frac{|z|}{2}\right)^{n_1} + \sum_{n_1<k\leqslant\frac{n}{2}}\binom{n-k}{n_1}|z|^k + \sum_{\frac{n}{2}<k\leqslant n_2}|z|^k < 2^{n_2}(2+|z|)^{n_1} + \sum_{n_1<k\leqslant\frac{n}{2}}2^{n-k+1}|z|^k + 2|z|^{n_2} < 2^{n_2}(2+|z|)^{n_1} + (2|z|)^{n/2} + 2|z|^{n_2}$$

由于 $2n_1 < n_2$ 且 $|z| > 8$，故 $2^{n_2}(2+|z|)^{n_1} < (2\sqrt{2+|z|})^{n_2} < |z|^{n_2}$，且 $(2|z|)^{\frac{n}{2}} \leqslant (2|z|)^{\frac{3n_2}{4}} \leqslant |z|^{n_2}$，因此

$$\left|\binom{n}{n_1}H(z)\right| < 4|z|^{n_2}$$

证完.

7.6.3 不定方程 $ax^2+D=4p^n$

设 a,D 为给定的正整数，aD 为非平方数，$2\nmid aD$，$p\nmid aD$，记 $N(a,D;p)$ 为不定方程

$$ax^2+D=4p^n \tag{7.6.3}$$

的正整数解的个数. 关于这类方程，7.5 中已经介绍过，Apéry，哈塞，Nagell，莫德尔，Ljunggren，Cohn，Alter，Kubota，Bender，Herzberg，Beukers，Tzanakis，Wolfskill，袁平之，Skinner 等都有过一些工作，如 Bender 和 Herzberg 用 p—adic 方法证明了下面的定理 7.6.1.

定理 7.6.1（文献[1]定理 14） 若 $(ax_0^2,D;p^m)\neq(1,4p^m-1;p^m)$ 或 $(3,4p^m-3;p^m)$，则 $N(a,D;p)\leqslant 2$.

1989 年，袁平之和 Skinner 几乎同时用不同的方

法证明了：

定理 7.6.2　除$(a,D;p)=(1,7;2),(1,11;3)$和$(1,19;5)$之外，均有$N(1,4p^m-1;p^m)=2$且$N(1,7;2)=5,N(1,11;3)=N(1,19;5)=3$.

最后，袁平之用超几何级数方法和初等方法得到了方程(7.6.3)的一个完整的结果，并使这一方程得以统一的处理. 下面我们将介绍这一结果. 同时，我们可以看出，这个方法对不定方程$ax^2+D=p^n$和$2p^n$同样适用.

定理 7.6.3　除$(a,D;p)=(1,7;2),(3,5;2),(1,11;3)$和$(1,19;5)$外，均有$N(a,D;p)\leqslant 2$且$N(1,7;2)=5,N(3,5;2)=N(1,11;3)=N(1,19;5)=3$.

为了证明这一结论，我们需要用到下面的引理.

引理 7.6.6　设正整数x_0,x_1,x_2,j,j'满足$ax_0^2+D=4p^m$. $ax_1^2+D=4p^{jm},ax_2^2+D=4p^{jm},j'>j,2\nmid jj'$则

$$j'>(4p^{jm}/D)^{1/2} \tag{7.6.4}$$

证　令$\sqrt{a}x_0+\mathrm{i}\sqrt{D}=2p^{\frac{m}{2}}\mathrm{e}^{\mathrm{i}\eta},0<\eta<\frac{\pi}{2}$，由 7.1 的结果得

$$(\sqrt{a}x_1+\mathrm{i}\sqrt{D})=\frac{1}{2^{j-1}}(\sqrt{ax_0}+\mathrm{i}\sqrt{D})^j=2p^{\frac{mj}{2}}\mathrm{e}^{\mathrm{i}\eta j}$$

由此可得

$$\sin j\eta=(D/4p^{jm})^{1/2}$$

故存在非负整数J使得

$$J\pi-j\eta=\arcsin(D/4p^{jm})^{1/2}<\frac{\pi}{2}(D/4p^{jm})^{1/2} \tag{7.6.5}$$

$$0<\arcsin(D/4p^{jm})<\frac{\pi}{2}$$

类似地,存在非负整数 J' 使

$$J'\pi-j'\eta=\arcsin(D/4p^{j'm})^{1/2}<\frac{\pi}{2}(D/4p^{j'm})^{1/2} \tag{7.6.6}$$

$$e<\arcsin(D/4p^{j'm})^{1/2}<\frac{\pi}{2}$$

若 $J/j=J'/j'$,则 $j'/j\arcsin(D/4p^{jm})^{1/2}=\arcsin(D/4p^{j'm})^{1/2}$,不可能,故 $J/j\neq J'/j'$. 从(7.6.5)和(7.6.6)两式中消去 η 得

$$\frac{\pi}{jj'}\leqslant\left|\frac{J'}{j'}-\frac{J}{j}\right|<$$

$$\frac{\pi}{2}\left(\frac{1}{j'}(D/4p^{j'm})^{1/2}+\frac{1}{j}(D/4p^{jm})\right)^{1/2}<$$

$$\frac{\pi}{j}(D/4p^{jm})^{1/2}$$

因此

$$j'>(4p^{jm}/D)^{1/2}$$

证完.

引理 7.6.7 若方程 $ax^2+D=4p^m$ 有解 $(x,n)=(A,k)$ 和 (A',k') 且满足 $k'\geqslant 40k$, $4p^k/D>8$,则

$$p^k\leqslant\max\{2\,161,13D^2\} \tag{7.6.7}$$

证 设 G,H,n,n_1,n_2 如 7.6.1 节中所定义,且 $n_1<\frac{1}{2}n_2$,由式(7.6.2)有

$$\binom{n}{n_1}G(4z)-\binom{n}{n_1}\sqrt{1-4z}H(4z)=z^{n+1}E_1(z)$$

再由推论 7.5.1 知,$E_1(z)$ 为 z 的整系数幂级数,从而当 $\|z\|_p<1$ 时,$E(z)$ 在 p—adic 数域中收敛,这里

$\|\cdot\|_p$ 表示 $p-\text{adic}$ 赋值. 而且当 $\|z\|_p\leqslant 1$ 时，$\|E(z)\|_p\leqslant 1$. 将式(7.6.2)看成是 $p-\text{adic}$ 数域上的恒等式并令 $z=4p^k/D$,我们有

$$\left\|\binom{n}{n_1}G\left(\frac{4p^k}{D}\right)-\sqrt{1-4p^k/D}H\left(\frac{4p^k}{D}\right)\right\|_p\leqslant p^{-k(n+1)}$$

因此

$$\left\|\binom{n}{n_1}G\left(\frac{4p^k}{D}\right)-\sqrt{-\frac{a}{D}}A\binom{n}{n_1}H\left(\frac{4p^k}{D}\right)\right\|_p\leqslant p^{-k(n+1)} \tag{7.6.8}$$

适当选取 A 的符号,并令 $\zeta=AD^{n_2}\binom{n}{n_1}H(4p^k/D)$，$\eta=D^{n_2}\binom{n}{n_1}G(4p^k/D)$,并注意到 $\zeta,\eta\in\mathbf{Z}$. 式(7.6.8)两边同乘 $\sqrt{-\frac{D}{a}}D^{n_2}$ 得

$$\left\|\zeta-\eta\sqrt{-\frac{D}{a}}\right\|_p\leqslant p^{-k(n+1)} \tag{7.6.9}$$

由于 $4p^k/D>8$,由引理 7.6.7 得

$$|\zeta|<4\left|\frac{4p^k}{D}\right|^{n_2}\cdot|A|\cdot D^{n_2}=$$

$$4^{n_2+1}p^{n_2k}\left(\frac{4p^k-D}{a}\right)^{1/2}<2\cdot 4^{n_2+1}p^{(n_2+\frac{1}{2})k}$$

且

$$|\eta|<2^n\left(1+\frac{1}{2}\cdot\frac{4p^k}{D}\right)^{n_1}\cdot D^{n_2}=$$

$$2^{2n_1+n_2}p^{n_1k}\left(\frac{D}{2p^k}+1\right)^{n_1}\cdot D^{n_2-n_1}<$$

$$5^{n_1}\cdot 2^{n_2}\cdot p^{n_1k}\cdot D^{n_2-n_1}$$

选取 A' 的符号使得 $\left\|A'-\sqrt{-\frac{D}{a}}\right\|_p\leqslant p^{-k'}$,由于

$k'\geqslant 40k$. 取 n 满足 $kn\leqslant k'<k(n+1)$. 注意到 $n\geqslant 40$，取 n_1 适合 $\frac{n}{5}-\frac{6}{5}\leqslant n_1\leqslant\frac{n}{5}+\frac{3}{5}$ 且 $\zeta-\eta A\neq 0$（由引理 7.6.4 知，这种选取的方式是可能的），结合 $\| A'-\sqrt{-\frac{D}{a}}\|_p\leqslant p^{-k}$ 和式(7.6.9)得

$$\frac{1}{|\zeta-\eta A|}\leqslant\|\zeta-\eta A'\|_p=\max\{-p^{k'},p^{-k(n+1)}\}\tag{7.6.10}$$

由此可得

$$p^{k'}\leqslant|\zeta|+|A'\eta|<8\cdot 4^{n_2}\cdot p^{(n_2+\frac{1}{2})k}+5^{n_1}\cdot 2^{n_2}\cdot p^{n_1k}\cdot D^{n_2-n_1}\cdot\sqrt{\frac{4p^{k'}-D}{a}}$$

注意到 $\sqrt{\frac{4p^{k'}-D}{a}}<2p^{k'/2}$，由式(7.6.10)可得：

$$8\cdot 2^{2n_2}\cdot p^{(n_2+\frac{1}{2})k}\geqslant p^{\frac{k'}{2}}\geqslant p^{nk}\text{ 推出 }p^{(n_1-\frac{1}{2})k}<16\cdot 2^{2n_2}$$

或 $2\cdot 5^{n_1}\cdot 2^{n_2}\cdot p^{n_1k}\cdot D^{n_2-n_1}\cdot p^{k'/2}>p^{k'}$ 推出

$$4\cdot 5^{n_1}\cdot 2^{n_2}\geqslant p^{\frac{1}{2}k(n_2-n_1)}$$

因此

$$p^k\leqslant\max\{16^{\frac{1}{n_1-1/2}}\cdot 2^{\frac{2n_2}{n_1-1/2}},4^{\frac{1}{n_2-n_1}}\cdot 5^{\frac{2n_1}{n_2-n_1}}\cdot 2^{\frac{2n_2}{n_2-n_1}}\cdot 2^{\frac{2n_2}{n_2-n_1}}\cdot D^2\}$$

由于 $\frac{n}{5}-\frac{6}{5}\leqslant n_1\leqslant\frac{n}{5}+\frac{3}{5}$ 且 $n\geqslant 40$，因此

$$16^{\frac{1}{n_1-1/2}}\cdot 2^{\frac{2n_2}{n_1-1/2}}\leqslant 16^{\frac{1}{6\cdot 5}}\cdot 2^{\frac{68}{6\cdot 5}}\leqslant 2\ 161$$

且

$$4^{\frac{2}{n_2-n_1}}\cdot 5^{\frac{2n_2}{n_2-n_1}}\cdot 2^{\frac{4n_1}{n_2-n_1}}\leqslant 4^{\frac{2}{24}}\cdot 5^{\frac{6}{24}}\cdot 2^{\frac{64}{24}}<13$$

由此我们得出

$$p^k < \max\{2\,161, 13D^2\}$$

证完.

定理 7.6.3 的证明：由(7.6.4)和(7.6.7)两式可得当 $k \geqslant 3, p^m > 336$ 或 $k \geqslant 5, p^m \geqslant 10$ 或 $k = 7, p^m \geqslant 5$ 或 $k \geqslant 7$ 时，方程(7.6.3)至多只有两组解，对剩余的情形可用雅可比符号和取模等初等方法处理. 这里从略.

完全类似地，我们可以得到下面几个结论：

定理 7.6.3′　除 $(ax_0^2, D; p^m) = (2,3;5),(2,7;9)$ 之外，不定方程

$$ax^2 + D = p^n \ (p \nmid aD, a > 0, D > 0, aD \text{ 为非平方数}) \tag{7.6.11}$$

至多只有两组正整数解.

定理 7.6.3″　设 a, D 为正整数，p 为素数，$p \nmid aD, 2 \nmid aD, aD$ 为非平方数，则除 $(a, D; p) = (1,5;3),(3,7;5)$ 和 $(3,11;7)$ 之外，不定方程

$$ax^2 + D = 2p^n \tag{7.6.12}$$

最多只有两组正整数解

7.6.4　不定方程 $ax^2 - D = cp^n, c = 1,2,4$ 简介

不定方程

$$ax^2 - D = cp^n \ (c = 1,2 \text{ 或 } 4) \tag{7.6.13}$$

简称为广义拉玛努扬－Nagell 方程. 对此方程的研究工作已有下面一些结果：

1981 年，Beukers[49-50] 用超几何级数证明了不定方程

$$x^2 - D = p^n \ (p \text{ 奇 } p \nmid D, D \text{ 为非平方数}, D > 0) \tag{7.6.14}$$

最多只有四组正整数解. 同时猜测式(7.6.14)至多只

有三组正整数解.

1987 年，Tzanakis 和 Wolfskill 用超几何级数方法完全解决不定方程

$$x^2=4q^m+4q^n+1(n=1,2,q\text{ 为素数幂})\tag{7.6.15}$$

1988 年，袁平之(未发表方法与文献[45]类似)用超几何级数方法完全解决了不定方程

$$x^2=4q^m+4q^n+1(q\text{ 为素数},m\geqslant n)\tag{7.6.16}$$

证明了方程(7.6.16)，除有平凡解$(m,n,x)=(2n,n,2q^n+1)$之外，仅有 $p=3$，$(m,n,x)=(1,1,5)$，$(3,1,11)$和 $p=2$，$(m,n,x)=(1,1,5)$，$(3,1,7)$和$(7,1,23)$.

1991 年，乐茂华[65]综合超几何级数方法的结论和贝克有效方法及不定逼近证明了当 $\max\{D,p\}>10^{190}$ 时，方程(7.6.14)至多只有三组正整数解.

1992 年，袁平之[69]利用超几何级数方法的结论和贝克有效方法的有关结果并用不同于文献[65]的丢番图逼近证明了，当$(D,p)\neq\{\left(\frac{p^m-\varepsilon}{4a}\right)-p^m,4a^2+\varepsilon\}$，$\varepsilon=\pm 1$，则当 $D>10^{42}$ 时，方程(7.6.14)至多只有三组正整数解，显然低于这个界的所有解均可由计算机求出，但计算量较大，当$(D,p)=\{\left(\frac{pm-\varepsilon}{4a}\right)^2-p^m,4a^2+\varepsilon\}$，则当 $D>10^{65}$ 时，方程(7.6.14)至多有三组正整数解，求出低于这个界的全部解的计算量就更大了.

1992 年，乐茂华[68]证明了，除 $D=2^{2m}-3\cdot 2^{2m+1}+1,m\in\mathbf{Z},m\geqslant 3$ 不定方程

$$x^2-D=2^{n+2}\tag{7.6.17}$$

有四组正整数解之外，其余均最多只有三组正整数解.

对于一般的不定方程

$$ax^2-D=p^n$$

（$2p^n$ 和 $4p^n$，aD 为非平方数，p 为素数，$p\nmid aD$）同样可以用 Beukers，乐茂华，袁平之所使用的方法得到比较满意的结果. 例如，我们可以得出式(7.6.13)的正整数解的个数不超过 5，但要完全确定对于哪些类型的$(a,D;p)$，其解的个数为 1，2，3，4，5(?)将是十分困难的计算问题. 特别地，我们还没有找到一个确有 5 个解的方程? 有四个解的方程所知也有限.

另一方面，如果不限定式(7.6.13)中 p 为素数，则我们没有一般的结论，特别是当我们尚未找出以下方程

$$x^2=4a^m+4a^n+1(m>n) \qquad (7.6.18)$$

其中 a 为任何正整数的全部解，这些问题都有待进一步研究.

7.7　贝克有效办法

7.7.1　引言和基本结论

不定方程方面一个突破性进展是对很大一类不定方程的解的绝对值，求出它们的上界即著名的贝克有效方法. 然而贝克方法求得的解的上界往往太大，实际上往往很难求出不定方程的所有解，而决定一个方程是否有解，有解时求出其全部解对实际应用是非常重要的. 近来，法国数学家 Mignotte 和 Waldsmidt[70] 对贝克的工作的精细化结果及 Pethö 和 B. M. M. De Weger 博士[71-73] 的缩减算法(3L—算法)都是这方面的出色的工

作.限于篇幅和本书宗旨,这里我们只简单介绍用贝克有效方法得到的和 F-L 序列有关的不一方程的一些结果.

设 $r_1,\cdots,r_k,u_0,\cdots,u_{k-1}$ 为整数,$r_k\neq 0$,$|u_0|+\cdots+|u_{k-1}|\neq 0$,令

$$u_n=r_1u_{n-1}+\cdots+r_ku_{n-k}(n=k,k+1,\cdots) \tag{7.7.1}$$

设 $\alpha_1,\cdots,\alpha_t$ 是上述递归序列的特征多项式 $x^k-r_1x^{k-1}-\cdots-r^k$ 的不同根,其重数分别为 $w_1,\cdots,w_t$,则由定理 1.6.4 知,$\{u_n\}_{n=0}^{\infty}$ 的通项公式为

$$u_m=\sum_{i=1}^{t}f_i(m)\alpha_i^m(m=0,1,2,\cdots)$$

这里 $f_i(x)\in Q(\alpha_1,\cdots,\alpha_t)[x]$,$f_i(x)$ 的次数小于 w_i,特别地,当 $k=2,t=2$ 时二阶递归序列

$$u_n=r_1u_{n-1}+r_2u_{n-2}(n=2,3\cdots)$$

有通项公式

$$u_n=a\alpha^n+b\beta^n$$

若 $ab\neq 0,\alpha\beta\neq 0$ 且 α/β 不是单位根,则称上述二阶递归序列为非退化的.

设 $\alpha_1,\cdots,\alpha_n$ 为非零代数整数,$k=Q(\alpha_1,\cdots,\alpha_n)$,$[K:Q]=D$,$A_1,\cdots,A_n$ 分别表示 $\alpha_1,\cdots,\alpha_n$ 的高,并设 $A_n\geqslant 4$.进一步,设 $b_1,\cdots,b_{n-1}$ 为绝对值不超过 B' 的有理整数,b_n 为绝对值不超过 B' 的非零整数,$B'\geqslant 3$.令

$$\Lambda=b_1\log\alpha_1+\cdots+b_n\log\alpha_n$$

这里对数取其主值.

1973 年,贝克[74]证明了下面的结论 $\delta=1/B'$:

引理 7.7.1 设 $\Lambda\neq 0$,则

$$|\Lambda|>\exp(-C(\log B'\log A_n+B'/B))$$

这里 C 是依赖于 $D,n,A_1,\cdots,A_{n-1}$ 的可有效计算常数.

1976 年,Van der Poorten[75] 给出了上述贝克定理的 p—adic 类似.

引理 7.7.2　设 $\mathfrak{p}$ 为 K 中有理素数 p 上素理想,b_n 不整除 p. 若 $\alpha_1^{b_1}\cdots\alpha_n^{b_n}-1\neq 0$,则

$$\mathrm{ord}_{\mathfrak{p}}(\alpha_1^{b_1}\cdots\alpha_n^{b_n}-1)<C(\log B'\log A_n)+\frac{B}{B'})$$

这里 C 是仅依赖于 $n,D,A_1,\cdots,A_{n-1},p$ 的可有效计算常数.

注　最近,我国数学所于坤瑞[76] 研究员纠正了 Van der Poorten 上述定理的证明中的错误.

1976 年,S. V. Kotov[77] 得到了下面的结果.

引理 7.7.3　设 K 为有理数域上次数为 d 的代数扩张,m,n 为同整数,$m\geqslant 2,n\geqslant 3$,设 $G(x,y)=\alpha x^m+\beta y^n$,这里 α,β 为 K 上非零代数整数. 若 x,y 为 K 中互素的代数整数,且 $\mathrm{Norm}(G(x,y))$ 的最大素因子$\leqslant C$. 则 $\mathrm{Max}\{|N(x)|,|N(y)|\}\leqslant C_1$,这里 C_1 是一个仅依赖于 K,G 和 C 的可有效计算常数.

引理 7.7.4(1975,Barker)　设 K 为 Q 上次数 d 的代数扩张,$a_n\neq 0,a_{n-1},\cdots,a_0,b$ 为 K 中代数整数,m,n 为满足 $m\geqslant 2$ 的整数,并设 $f(x)=a_nx^n+\cdots+a_1x+a_0$ 为至少有三个单根的多项式,则满足不定方程

$$by^m=f(x)$$

的代数整数 x,y 适合 $\max\{|x|,|y|\}<C$,这里 C 为仅依赖于 $K,a_D,a_1,\cdots,a_n,b$ 的可有效计算常数.

7.2.2　主要问题和结论

对二阶非退化的整数递归序列,主要有下面几个

和不定方程有关的问题：

(1)$u_m=C$，特别是 $u_m=0$ 的解数. 这里 C 为给定整数.

(2)$u_m=u_n$ 的解数，即所谓的序列的重复度问题.

(3)$u_m=v_n$ 的解数，这里 $\{u_m\}_{m=0}^{\infty}$，$\{v_n\}_{n=0}^{\infty}$ 为二个不同的递归序列.

(4)$u_m=by^q$ 和 $u_m=by^q+c$ 的解数. 这时 b,c 为常数，$q\geqslant 2$，$\{u_m\}$ 为给定序列.

(5) $u_m=w\prod\limits_{i=1}^{s}p_i^{m_i}$，这里 $w,p_1,\cdots,p_s$ 为给定整数，$p_1,\cdots,p_s$ 两两互素，u_m 为给定序列.

(6)二次联立不定方程和 P_k 一数组.

对高阶非退化的整数递归序列，主要有下面两个问题：

(1)$u_m=C$ 特别 $u_m=0$ 的解数，这里 C 为给定整数.

(2)$u_m=u_n$ 的解数，即 $\{u_m\}_{m=0}^{\infty}$ 的重复度问题. 对于高阶的情形，目前仅有一些特殊的结果，而没有一般的结论，有兴趣的读者可参看文献[79]. 对于二阶情形我们将做一些一般性的讨论.

对于(1)，我们给出下面的定理：

定理 7.7.1(Stewart[78]，1976)　设 K 为 Q 上的二次扩域 a,b,α,β 是 K 中非零元，α,β 为首一的二次整系数多项式的两个根. 假设 $|\alpha|\geqslant|\beta|$，若 α/β 不是单位根，则当 $n>C_2$ 时

$$|a\alpha^n+b\beta^n|>|\alpha|^{n-C_1\log n} \tag{7.7.2}$$

这里 C_1 和 C_2 为仅依赖 a,b 的可有效计算常数. 显然，由定理 7.7.1 可得，若 $u_m=a\alpha^m+b\beta^n=0$ 或 C，则 m 界于一个仅依赖于 a,b 的可有效计算常数.

对于(2),我们给出 1982 年 Parnami 和 Shorey 的下面的定理(参见文献[79]).

定理 7.7.2　存在一个仅依赖于二阶递归序列 $\{u_m\}_{m=0}^{\infty}$ 的可有效计算常数 C_3. 使得当 $m\neq n$, $\max\{m,n\}>C_3$ 时, $u_m\neq u_n$.

在此方面,Shorey 在 1984 年得到了下面更强的结论,即存在仅依赖序列 $\{u_m\}_{m=0}^{\infty}$ 的可有效计算常数 C_4 和 C_5 使得当 $m\neq n$, $\max\{m,n\}>C_5$ 时

$$|u_m-u_n|\geqslant|\alpha|^{\max\{m,n\}}(m+2)^{-C_4\log(n+2)}$$

这里,我们就不介绍它的证明了(参见文献[79]).

关于(3),目前尚无一般的结论,文献[79]中有部分结果. 关于这一问题,有待进一步研究.

关于(4),我们沿着 Shorey 和 Stewart 的思路,介绍下面几个定理:

定理 7.7.3　设 K 为 Q 的代数扩域, $[K:Q]=d$, 并设 d,a,b 为 K 中非零元, δ 为一正实数,若

$$dx^q=a\alpha^n+b \tag{7.7.3}$$

$|b|<\alpha^{n(1-\delta)}$ 且 x,q 和 n 为大于 1 的正整数,则 $q<C_6$. 这里 C_6 为仅依赖于 D,d,a,α,δ 的可有效计算常数.

定理 7.7.4　设 d 为非零整数, u_n 为二阶非退化递归序列的第 n 项, α,β 且不是实数. 若

$$dx^q=u_n$$

对 $x>1$ 和素数 q 成立,则 $q<C_7$, 这里 C_7 为仅依赖于 a,α,b,β 和 d 的可有效计算常数.

定理 7.7.5　设 d 为非零正整数, u_n 如式(7.7.1)所定义,为二阶非退化递归序列. 若

$$dx^q=u_m$$

对 $x>1$, $q>1$ 成立,则 $\max\{x,q,n\}<C_8$. 这时 C_8 为

一个仅依赖于 a,α,b,β 和 d 的可有效计算常数.

关于(5),有兴趣的读者可参看文献[73]. 这里我们就不介绍了.

关于(6),我们将在 7.7.4 中专门讨论.

7.7.3 定理的证明

这里我们介绍 7.7.2 中五个定理的证明.

定理 7.7.1 的证明:下面 $C_9,C_{10},\cdots$ 表示仅依赖于 a,b 的可有效计算常数,令 $u_n=a\alpha^n+b\beta^n$, $n=1,2,\cdots$,首先我们证明当 $n>C_9$ 时,$u_n\neq 0$.

若 α/β 为 $Q(\alpha)$ 中的单位. 由于 α/β 不是单位根,易证 $\max\left\{\left|\frac{\alpha}{\beta}\right|,\left|\frac{\beta}{\alpha}\right|\right\}\geqslant\frac{1+\sqrt{5}}{2}$,因此若 $u_n=0$,则有 $-\frac{b}{a}=\left(\frac{\alpha}{\beta}\right)^n$,故 $n<C_9$. 若 α/β 不是单位,则有 $Q(\alpha)$ 的整数环中的某个素理想 $\mathfrak{p}$ 使 $\mathrm{ord}_{\mathfrak{p}}(\alpha/\beta)\neq 0$,由 $-b/a=(\alpha/\beta)^n$ 得 $n<C_{10}$.

设 $n>C_9+C_{10}$,则有

$$|u_n|=|a|\cdot|\alpha|^n|(-b/a)(\beta/\alpha)^n-1| \tag{7.7.4}$$

记

$$S=|(-b/a)(\beta/\alpha)^n-1| \tag{7.7.5}$$

由于对任何复数 z,要么 $|e^z-1|>\frac{1}{2}$ 或存在某个整数 k 使 $|z-ik\pi|\leqslant 2|e^z-1|$. 令 $z=\log(-b/a)+n\log\beta/\alpha$,这时对数取其主值. 因此 $S>1/2$ 或

$$S\geqslant\frac{1}{2}|\log(-b/a)+n\log(\beta/\alpha)-ik\pi|$$

对某个 $\leqslant 2(n+1)$ 的整数 k 成立. 由引理 7.7.1,令 $\alpha_1=-b/a,\alpha_2=-1,\alpha_3=\beta/\alpha,B=2(n+1),B'=n$ 得

$$S>A^{-C_{11}\log n}$$

这里 A 表示 α/β 的高，由于 $A\leqslant 2|\alpha|^2$，$|\alpha|>\sqrt{2}$，故

$$S>|\alpha|^{-C_{12}\log n} \tag{7.7.6}$$

由式(7.7.4)，(7.7.5)即得定理. 证完.

定理 7.7.2 的证明：记 C_{13}，C_{14}，…为仅依赖于序列$\{u_m\}_{m=0}^{\infty}$的可有效计算常数，若$|\alpha|>|\beta|$，结论显然成立. 因此我们可以假设$|\alpha|=|\beta|$，即 α 和 β 为共轭复根. 注意到，α/β 和 β/α 是 $Q(\alpha)$中绝对值为 1 的共轭代数数. 又 α/β 不是单位根，由此可得 α/β 和 β/α 都不是代数整数，因此存在整数环 $Q(\alpha)$中的素理想 $\mathfrak{p}$ 使 $\mathrm{ord}_{\mathfrak{p}}(\alpha/\beta)>0$，设 $m>n$，$m\geqslant 2$ 满足

$$u_m=u_n \tag{7.7.7}$$

即

$$\left(\frac{\alpha}{\beta}\right)^n=-\frac{b}{a}\cdot\frac{\beta^{m-n}-1}{\alpha^{m-n}-1}$$

因此，$n\leqslant\mathrm{ord}_{\mathfrak{p}}\left(\frac{\alpha}{\beta}\right)\leqslant\mathrm{ord}_{\mathfrak{p}}\left(\frac{b}{a}\right)+\mathrm{ord}_{\mathfrak{p}}(\beta^{m-n}-1)$. 易证 $\mathrm{ord}_{\mathfrak{p}}(\beta^{m-n}-1)\leqslant C_{13}\log m$. 因此

$$n\leqslant C_{14}\log m \tag{7.7.8}$$

其次由于

$$|u_m|=|u_n|\leqslant 2\max\{|a|,|b|\}|\alpha|^n \tag{7.7.9}$$

综合式(7.7.7)～(7.7.9)得

$$m-n\leqslant C_{15}\log m \tag{7.7.10}$$

由式(7.7.8)和式(7.7.10)有 $m\leqslant C_{16}$，若 $m<n$，类似地证明. 证完.

定理 7.7.3 的证明：下面 C_{16}，C_{17}…，表示反依赖于 D，d，a，α 和 β 的可有效计算常数. 注意到若$<C_{16}$且满足式(7.7.3)，则 $q<C_{17}$满足要求，因此我们可以假

设 $n>C_{16}$，C_{16} 足够大，由式(7.7.3)得

$$|dx^{9}|=|ax^{n}+b|\geqslant|a||x^{n}-b|$$

由于 $|b|<\alpha^{n(1-\delta)}$，我们有 $x^{q}\geqslant C_{18}x^{n}$. 因此

$$\log x\geqslant C_{19}n/q \qquad (7.7.11)$$

又

$$\frac{dx^{q}}{ax^{n}s}=1+\frac{b}{ax^{n}}$$

$$1-(|a|x^{\delta n})^{-1}\leqslant\left|\frac{d}{a}\right|,\alpha^{-n}x^{q}\leqslant 1+(|a|x^{\delta n})^{-1}$$

设 n 足够大使 $(|a|x^{\delta n})^{-1}<\frac{1}{2}$ 成立. 取对数并注意到当 $0\leqslant x<\frac{1}{2}$ 时

$$|\log(1+x)|\leqslant x \text{ 且 } |\log(1-x)|\leqslant 2x$$

因此

$$\left|\log\left|\frac{d}{a}\right|-n\log x+q\log x\right|<C_{20}x^{\delta n} \qquad (7.7.12)$$

令 $\lambda=\log\left|\frac{d}{a}\right|-n\log x+\log x+q\log x$，在引理 7.7.1 中，取 $n=3$，$D=D$，$\alpha_1=\left|\frac{d}{a}\right|$，$\alpha_2=x$，$\alpha_3=x$，$B'=q$ 和 $B=n$，再由式(7.7.11)和 $b\neq 0$，我们有 $\lambda\neq 0$. 因此由引理 7.7.1 可得

$$|\lambda|>\exp\left[-C_{21}\left(\log q\log x+\frac{n}{q}\right)\right]$$

由式(7.7.10)有

$$|\lambda|>\exp[-C_{22}(\log q\log x)]$$

比较式(7.7.12)得

$$-\log q\log x<C_{23}-C_{24}n \qquad (7.7.13)$$

又

$$x^q=(ax^n+b)d^{-1}\leqslant C_{25}x^n$$

因此当 n 充分大时，有 $C_{26}q\log x\leqslant n$. 再由式(7.7.13)得 $C_{27}q\log x<C_{28}+\log q\log x$. 因此 $q<C_{29}$. 证完.

定理 7.7.4 的证明：以下 C_{30}, C_{31} ⋯ 为仅依赖于 a, α, b, β, 和 d 的可有效计算常数. 由于

$$dx^q=a\alpha^n+b\beta^n \tag{7.7.14}$$

$ab\neq 0$, α, β 为首一二次整系数多项式的两个根，又 α, β 不是实数，故 α, β 为共轭复数，$|\alpha|=|\beta|$. 注意到 $|\alpha|=|\beta|>1$（否则为退化情形）且易证 $|\alpha|=|\beta|\geqslant\sqrt{2}$. 故 $x^q\leqslant C_{30}|x|^n$. 因此

$$q\log x\leqslant C_{31}n \tag{7.7.15}$$

由定理 7.7.1 得，当 $n>C_{32}$ 时，$|dx^q|>|\alpha|^{\frac{2}{3}}$. 又 $|\alpha|\geqslant\sqrt{2}$ 故

$$\frac{n}{q}<C_{32}\log x \tag{7.7.16}$$

注意到 α/β 和 β/α 是次数为 2 的共轭复数且 $|\alpha|=\beta|$. 故 α/β 和 β/α 的绝对值均为 1. 又 α/β 不是单位根且 $Q(\alpha)$ 没有不是单位根的单位. 故 α/β 和 β/α 都不是整数. 设 $\mathfrak{p}$ 为 $Q(\alpha)$ 的整数环中使得 $\mathrm{ord}_{\mathfrak{p}}\alpha/\beta$ 或 $\mathrm{ord}_{\mathfrak{p}}\beta/\alpha$ 为正的素理想. 不失一般性，设 $\mathrm{ord}_{\mathfrak{p}}\alpha/\beta$ 为正，由 $dx^q=ax^n+b\beta^n$ 得

$$\mathrm{ord}_{\mathfrak{p}}(db^{-1}x^q\beta^{-n}-1)=\mathrm{ord}_{\mathfrak{p}}\left(\frac{a}{b}\right)+n\,\mathrm{ord}_{\mathfrak{p}}\left(\frac{\alpha}{\beta}\right) \tag{7.7.17}$$

这里 $\mathfrak{p}$ 为素数 p 上的素理想且 $p<C_{33}$. 假设 $q>C_{34}$（否则定理显然成立）. 对式(7.7.17)或左边应用引理 7.7.2. 取 $x_1=d^{-1}b$, $\alpha_2=\beta$, $\alpha_3=x$, $b_1=1$, $b_2=n$, $b_3=q$,

注意到 q 为大于 1 的奇数,故 $q\nmid p$ 由引理 7.7.2 得

$$n\operatorname{ord}_{\mathfrak{p}}\left(\frac{\alpha}{\beta}\right)<C_{35}(\log q\log x+\frac{n}{q})+C_{36}$$

因此由式(7.7.16)得

$$n<C_{37}\log q\log x$$

再由式(7.7.15)得

$$q\log x<C_{38}\log q\log x$$

因此 $q<C_{39}$. 证完.

定理 7.7.5 的证明:下面 C_{40},C_{41}…为仅依赖于 d,a,x,b,β 的可有效计算常数,首先我们注意到只需对 q 为素数证明定理,由定理 7.7.3 和定理 7.7.4 得 $q<C_{40}$. 记$[x]$为 x 在 $Q(\alpha)$的整数环上生成的理想. 设$[\alpha^2]$,$[\beta^2]$,$[k]$. 这里 k 为正整数. 因此对 $n\geqslant 1$

$$u_{2n}=k^n(a\left(\frac{\alpha}{k}\right)^n+b\left(\frac{\beta^2}{k}\right)^n)$$

且

$$u_{2n+1}=k^n(a\alpha\left(\frac{d^2}{k}\right)+b\left(\frac{\beta^2}{k}\right)^n)$$

若 u_{2n}或 $u_{2n+1}=dx^q$,则 $k^n\mid dx^q$,故 $dx^qk^{-n}=d_1x_1^q$. 这里 d_1 和 x_1 为整数且$|d_1|\leqslant|d|\cdot k^q$,$0<x_1<x$. 因此,只需在假定$[\alpha]$,$[\beta]$互素时证明定理成立即可. 然后将此结果应于 $d_1x_1^q=k^{-n}u_{2n+\psi}$,$\psi=0$ 或 1,即得除 $x_1=1$ 外均有 $n<C_{41}$. 当 $x_1=1$ 时,由于 α/β 不是单位根,故由定理 7.7.1 得 $n<C_{42}$. 因此 $n<C_{41}+C_{42}$. 从而 $x,q<C_{43}$.

因此我们考虑

$$dx^q=a\alpha^n+b\beta^n \tag{7.7.18}$$

这里$[\alpha]$和$[\beta]$互素. 其次由于$[\alpha]$,$[\beta]$互素. 适当调整 x 和 d 的因子. 我们可以假设$[\alpha]$,$[\beta]$互素,特别地,用

dx^q 代替 d，x/k 代替 x，这里 k 为 x 和 b 的范数的最大公因子，可得. 令 r 为使 ra 为 rb 均为代数整的整数，显然我们可以选定$r<C_{44}$.

若 $q\geqslant 3$，令 $n=2m+\psi$，$\psi=0$ 或 1，由式(7.7.18)得

$$rdx^q-ra\alpha^{\psi}(\alpha^m)^2=rb\beta^n \qquad (7.7.19)$$

若 $q=2$，令 $n=3m+\psi$，$\psi=0$，1 或 2. 有

$$rdx^2-ra\alpha^{\psi}(\alpha^m)^3=rb\beta^n \qquad (7.7.20)$$

由于 Norm($rb\beta^n$)的最大素因子$<C_{45}$. 将引理 7.7.3 应于式(7.7.19)，(7.7.20)得$|x|<C_{46}$. 因此$|ax^n+b\beta^n|<C_{47}$. 再由定理 7.7.1 得 $n<C_{48}$. 证完.

7.7.4 联立不定方程和 P_k—数组

设 k 为整数，若不同的正整数集 $X=\{x_1,\cdots,x_n\}$ 满足 x_iy_j+k，$i\neq j$ 为平方数，则称之为一个长度为 n 的 P_k—数值. 因此$\{1,2,5\}$是一个长度为 3 的P_{-1}—数组. $\{1,79,98\}$是长度为 3 的 P_2—数组$\{51,208\ 465,1\ 973,2\ 328\}$是长度为 4 的 P_1—数组. 一个 P_k—数组 X 若满足：存在 $y\notin X$ 使$\{y\}\cup X$ 为 P_k—数组，则称 X 为可扩张的 P_k—数组.

关于 P_k—数组的扩张是一个古老的问题，历史上，可追溯到 Diophantus 时代(迪克森(Dickson)文献[80]Vol. II P513). 在此方面一个重大的进展是 1969 年由贝克和 Davenport[81]得到的，他们证明 P_1—数组$\{1,3,8,120\}$不可扩张，从而解决了费马提的一个问题，即找出了所有整数 x，其中 x 使得$\{1,3,8,x\}$为 P_{-1}—数组，随后 10 多年，Kanagasabapahty 和 Ponnudurai[32]，Sansone[82] 和 Gristead[83]给出了三个不同的证明. 其中文献[33]的证明是完全初等的，仅用到二

次互倒律. 之后 Mohanty 和 Ramasamy[84], Thamotherampillai[31], Bromn[30], 郑德勋[100] 等分别证明了一些类型的长度为 3 或 4 的 P_k—数组不可扩张,但目前还没有人给出长度为 5 的 P_k 数组.

另一方面,Hoggatt 和 Bergun[88]得到一类和斐波那契序列有关的 P_1—数组$\{F_{2n},F_{2n+2},F_{2n+4},4F_{2n+1}\cdot F_{2n+2}\cdot F_{2n+3}\}$,然而他们还不能证明长度为 3 的 P_1—数组$\{F_{2n},F_{2n+2},F_{2n+4}\}$的扩张是唯一的. 在此方面的推广工作有 Morgoda[85], Shannon[87], Horadam[86]. 例如 Horadam 于 1987 年得到了下面一般性的结论.

定理 7.7.6 设

$$w_0=a,w_1=b,w_{n+2}=Pw_{n+1}-qw_n,e=pab-qa^2-b^2$$
$$(n=0,1,2\cdots)$$
$$u_0=0,u_1=1,u_{n+2}=pu_{n+1}-qu_n(n=0,1,2\cdots)$$

则当 $n\geqslant 1$ 时,集合

$$\{w_n,w_{n+2r},w_{n+2r},4w_{n+r}w_{n+2r}w_{n+3r}\} \tag{7.7.21}$$

中任何两数之积与$(-eq^m)^t u_h^2(u_k^2)^{t-1}$之和为完全平方数,这里 m 为乘积因子 w 的下标的最小者,$t=1$ 或 2 依乘积中出现 2 或 4 个因子而定,u_h 和 u_k 为主序列$\{u_n\}$的某两个元素.

证 由式(2.3.8)我们有

$$w_nw_{n+r+s}-w_{n+r}w_{n+s}=eq^nu_ru_s \tag{7.7.22}$$

令 $s=r$ 得

$$w_nw_{n+r}-eq^nu_r^2=w_{n+r}^2 \tag{7.7.23}$$

以 $n+2r$ 代替式(7.7.23)中的 n 得

$$w_{n+2r}w_{n+4r}-eq^{n+2r}u_r^2=w_{n+3r}^2 \tag{7.7.24}$$

以 $2r$ 代替式(7.7.23)中的 r 得

$$w_2 w_{n+4r} - eq^n u_{2r}^2 = w_{n+2r}^2 \qquad (7.7.25)$$

式(7.7.22)平方得

$$4w_n w_{n+r} w_{n+s} w_{n+r+s} + (eq^n)^2 u_r^2 u_s^2 = (w_n w_{n+r+s} + w_{n+r} w_{n+s})^2 \qquad (7.7.26)$$

式(7.7.26)中令 $s=2r$ 得

$$4w_n w_{n+r} w_{n+2r} w_{n+3r} + (eq^n)^2 u_r^2 u_{2r}^2 = (w_n w_{n+3r} + w_{n+r} w_{n+2r})^2 \qquad (7.7.27)$$

以 $n+r$ 代替式(7.7.26)中的 r 得

$$4w_{n+r} w_{n+2r} w_{n+2r} w_{n+3r} + (eq^{n+r})^2 u_r^2 u_{2r}^2 = (w_{n+2r} w_{n+3r} + w_{n+r} w_{n+4r})^2 \qquad (7.7.28)$$

在式(7.7.26)中令 $s=r$ 得

$$4w_n w_{n+r}^2 w_{n+2r} + (eq^n)^2 u_r^4 = (w_n w_{n+2r} + w_{n+r}^2)^2 \qquad (7.7.29)$$

以 $n+r$ 代替式(7.7.29)中的 n 得

$$4w_{n+r} w_{n+2r}^2 w_{n+3r} + (eq^{n+r} + r)^2 u_r^4 = (w_{n+r} w_{n+3r} + w_{n+2r}^2)^2 \qquad (7.7.30)$$

综合式(7.7.23)～(7.7.25),式(7.7.27),(7.7.28),式(7.7.30)即得定理的证明. 证完.

关于式(7.7.21)的一个重要的猜想是 $x=4W_{n+r}W_{n+2r}W_{n+3r}$ 是否是满足定理 7.7.6 中一些结论的唯一整数.

其次,我们不难看出,长度为 n 的 P_k 一数组的扩张问题与二次联立不定方程组密切相关,下面我们先用贝克有效方法证明下面一般性的结论,然后将上面一些概念做些推广,提出 P_S 一数组的概念,并提出一些有价值的有待解决的问题.

定理 7.7.7　设 $a_i, b_i > 0$, $a_i b_i$ 不是平方数, c_i 为非零整数, $i=1,2$, $\frac{a_1 b_1}{a_2 b_2}$ 不是有理数的平方,则二次联

立不定方程组

$$\begin{cases}a_1x^2-b_1y^2=c_1\\a_2x^2-b_2y^2=c_2\end{cases}\qquad(7.7.31)$$

仅有有限多组整数解,并可有效计算.

证 由 7.1 的结论不难得出,满足 $a_1x^2-b_1y^2=c_1$ 的 x 可由有限个序列 $\{u_n\}$ 给出,且序列 $\{u_n\}$ 具有以下形式:$u_n=A_1\alpha_1^n+B_1\beta_1^n$,$n=0,1\cdots$. 这里 α_1 表示 $x^2-a_1b_1y^2=1$ 的基本解 $x_1+y_1\sqrt{ab_1}$,$\beta_1=x_1-\sqrt{a_1b_1}\,y_1$,$A_1B_1\neq0$,满足 $a_2x^2-b_2y^2=c_2$ 的 x 可由有限个序列 $\{v_n\}$ 给出,且 $\{v_n\}$ 具有以下形式:$v_n=A_2\alpha_2^n+B_2\beta_2^n$,$n=0,1\cdots$,这里 α_2 表示 $x^2-a_2b_2y^2=1$ 的基本解 $x_2+y_2\sqrt{a_2b_2}$,$\beta_2=x_2-y_2\sqrt{a_2b_2}$,$A_2B_2\neq0$.

由定理的假设条件知,$\alpha_1\neq\alpha_2^t$,这里 t 为某个有理数(否则有 $\alpha_1^k=\alpha_2^l$,k,l 为整数,由此得出 a_1b_1/a_2b_2 是一个有理数的平方). 下面我们证明对于上述有限多个序列 $\{u_n\}$ 和 $\{v_m\}$,仅有有限多个 m,n 使 $u_m=v_n$. 显然我们不妨选取两个序列 $\{u_m\}$ 和 $\{v_n\}$.

若 $u_m=v_n$,则 $A_1\alpha_1^m+B_1\beta_1^m=A_2\alpha_2^n+B_2\beta_2^n$. 由于 $\alpha_1\beta_1=\alpha_2\beta_2=1$,故 $\beta_1<1$,$\beta_2<1$. 由此可得

$$|A_1\alpha_1^m-A_2\alpha_2^n|\leqslant|B_1|+|B_2|\qquad(7.7.32)$$

由式(7.7.32)易证

$$C_1m\leqslant n\leqslant C_2m$$

其中 C_1,C_2 为仅依赖于 $A_1,A_2,|B_1|+|B_2|,\alpha_1,\beta_2$ 的可有效计算的正常数

记

$$S=\left|\frac{A_2}{A_1}\cdot\alpha_2^n\cdot\alpha_1^{-m}-1\right|\qquad(7.7.33)$$

显然 $S\neq 0$. 由于对任何复数 z,要么 $|e^z-1|>\frac{1}{2}$,或存在某个整数 k 使 $|z-ik\pi|\leqslant 2|e^z-1|$,令 $z=\log\frac{A_1}{A_2}+n\log\alpha_2+(-m)\log\alpha_1$,这里对数取其主值. 因此

$$S>\frac{1}{2}$$

或

$$S\geqslant\frac{1}{2}\left|\log\frac{A_1}{A_2}+n\log\alpha_2-m\log\alpha_2-ik\pi\right|$$

这里 $|k|\leqslant 2(m+n+1)$,k 为整数,在引理7.7.1中,取 $\alpha_1=\frac{A_1}{A_2}$,$\alpha_2=-1$,$\alpha_3=x_2+y_2\sqrt{a_1b_1}$,$\alpha_4=x_1+y_1\sqrt{a_1b_1}$,$B=(2C_2+2)m$,$B'=m$ 得出

$$S>A^{-C_3\log m}$$

这里 $A=2x_1$ 表示 $x_1+y_1\sqrt{a_1b_1}$ 的高,因此

$$S>|\alpha_1|^{-C_4\log m} \tag{7.7.34}$$

由式(7.7.32)~(7.7.34)知 m 有界,从而 n 有界,即定理成立,证完.

注 事实上,在定理7.7.7的证明过程中我们证明了更强的结论. 即

$$|u_m-v_n|>\max\{|u_m|,|v_n|\}^{1-\frac{C\log\max\{m,n\}}{\max\{m,n\}}}$$

这里 C 为仅依赖于 $\{u_m\}$ 和 $\{v_n\}$ 的可有效计算常数.

最后我们给出 P_s 一数组的概念. 设 S 为 $\mathbf{Z}$ 的一个子集. 如果不同正整数集 $X=\{x_1,\cdots,x_n\}$ 满足对任何 $i\neq j$,有 $k\in S$ 使 x_iy_i+k 是一个平方数,则称之为长度为 n 的 P_s 一数组. 如果存在 $y\in X$ 使 $X\cup\{y\}$ 为 P_s 一数组,则称 P_s 一数组 X 是可扩张的. 显然如果 S 只含一个元素 k,则就是通常所说的 P_k 一数组. 如果

$S=\{(-eq^m)^t u_h^2(u_k^2)^{t-1} \mid t=1$或 $2, h, k\in \mathbf{Z}_+$, $\mathbf{u}$ 为二阶递归序列 $u_{n+2}=pu_{n+1}-qu_n$的主序列$\}$. 则由定理 7.7.6 知,$\{w_n. w_{n+2r}. w_{n+4r}. 4w_{n+r}w_{n+2r}w_{n+3r}\}$是长度为 4 的 P_s一数组,如果 S 为有限集,利用定理 7.7.7,我们有:

定理 7.7.8 设 S 为有限集,$x_0>0$,$x_1>0$,$x_2>0$,且$\{x_0,x_1,x_2\}$为 P_s一数组,若 X 为 P_s 一数组且 $X\supseteq\{x_0,x_1,x_2\}$,则$|X|$界于一个仅依赖于 S 和 x_0,x_1,x_2 的可有效计算常数.

证 依题意,设 $x\in X$ 且 $x\neq x_0,x_1,x_2$,则 $\square-xx_0$,$\square-xx_1$,$\square-xx_2\in S$. 故有整数 A,B,C 使得 $x_0A^2-x_1B^2$,$x_0A^2-x_2C^2$,$x_1B^2-x_2C^2\in S_1$. 这里 S_1 为一个有限数集. 若 $x_1x_0=\square$,由于 $x_0A^2-x_1B^2\in S$. 故 A,B 有界,从而 C 有界. 由此易得 X 有界,也就是$|X|$界于一个仅依赖于 S,x_0,x_1,x_2 的一个可有效计算常数,若 $x_2x_0=\square$,或 $x_1x_2=\square$,完全类似地证明.

若 x_0x_1,x_1x_2,x_0x_2 都不是平方数,将定理 7.7.7 应用于 $x_0A^2-x_1B^2$,$x_0A^2-x_2C^2\in S$,得 A 有界,从而 B,C,X 有界,也就是$|X|$界于一个仅依赖于 S,x_0,x_1,x_2 的可有效计算常数,证完.

显然,对于 P_s一数组,下面一些问题是很基本的.

问题 1 设 S 为有限集,X 为 P_s一数组,问$|X|$是否有界?我们猜想是肯定的. 其次$|X|$和$|S|$的关系是什么?特别地,当$|S|=1$ 时,是否有$|X|\leqslant 4$?

问题 2 设 S 为$(Z,\times)$乘法半群的一个具有有限个生成元的子群或其子集时,且 X 为 P_s一数组,问$|X|$有界的充要条件是什么?特别是,当:

$S=\{(-eq^m)^t u_n^2(u_k^2)^{t-1} \mid t=1$ 或 $2, h, k\in \mathbf{Z}_+, e=$

$pab-qa^2-b$，$\{u_n\}$为二阶递归序列 $u_{n+2}=pu_{n+1}-qu_n$ 的主序列$\}$且 $X\in\{w_n,w_{n+2r},w_{n+4r}\}$为最大的 P_s－数组，问$|X|$是否有界？$|X|$是否为 4？X 是否唯一？即是否必有

$$X=\{w_n,w_{n+2r}w_{n+4r},4w_{n+r}w_{n+2r}w_{n+4r}\}$$

问题 3　上述结论是否可推广至 Q 上有限次代数扩域中去？是否可推广到群上？

最后，我们注意到当 $S=\{2^k|k\in\mathbf{Z}_+\}\cup\{3\cdot 2^k|k\in\mathbf{Z}_+\}$则 $X=\{2,2^2,\cdots,2^n,\cdots\}$为 P_s－数组，且$|X|=\infty$.

参考文献

[1]BENDER E A，HERZBERG N P. Some diophantine equations related to the quadratic form ax^2+by^2[J]. Bull. Amer. Math. Soc.，1975，81(1)：161-162.

[2]GUY R K. Unsolved problems in number theory[M]. Berlin：Springer-Verlag，1981.

[3]肖戎. 关于幂数的几个问题[J]. 数学研究与评论，1987，7：808-810.

[4]袁平之. 关于幂数问题的一个 Golomb 猜想[J]. 数学研究与评论，1989，3：277-282.

[5]孙琦，袁平之. 有关幂数的几个问题[J]. 四川大学学报，1989，3：277-282.

[6]MCDANIEL W L. Reprentations of every integer as the difference of Powerful numbers[J]. Fibonacci Quarterly，1982，20：85-87.

[7] GOLOMB S W. Powerful numbers[J]. Amer. Math. Monthly, 1970, 77: 848-852.

[8] EYNDEN C V. Differences between squares and Powerful numbers[J]. Fibonacci Quarterly, 1986, 24: 347-348.

[9] MOLLIN R A, WALSH P G. On nonsquare powerful numbers[J]. Fibonacci Quarterly, 1987, 25: 34-37.

[10] MOLLIN R A, WALSH P G. On powerfull numbers[J]. Internat. J. Math & Math. Sci., 1986, 9: 801-806.

[11] MOLLIN R A, WALSH P G. A note on powerful numbers[J]. Quadratic fields and the pellian. C. R. Math. Rep. Acad. Sci. canada, 1986, 8: 109-114.

[12] MOLLIN R A, WALSH P G. On nonsquare powerful numbers[J]. C. R. Math. Acad. Sci. Canada, 1988, (2): 71-76.

[13] 柯召，孙琦. 关于 Fibonacci 平方数[J]. 四川大学学报，1965，2：11-18.

[14] COHN J H E. On square Fibonacci numbers[J]. J. London Math. Soc., 1964, 39: 537-540.

[15] WYLER O. Squares in Fibonaui series[J]. Amer. Math. Monthly, 1964, 71: 220-222.

[16] 柯召，孙琦. 关于不定方程 $X^4-Dy^2=1$[J]. 四川大学学报，1975，1：57-61.

[17] 柯召，孙琦. 关于丢番图方程 $X^4-Dy=1$[J]. 四川大学学报，1979，1：1-4.

[18]柯召,孙琦.关于丢番图方程 $X^4-pqy^2=1$[J].科学通报,1979,6:721-723.

[19]柯召,孙琦. $X^4-2py^2=1$[J].四川大学学报,1979,4:5-9.

[20]MORDELL L J. Diophantine equations[M]. New York:Academic Press,1969.

[21]LJUNGGREN W. Some remarks on the diophantine equation $X^2-dy^4=1$ and $X^4-dy^2=1$[J]. J. London Math. Soc. ,1966,41:542-544.

[22]BUMBY R T. The diophantine equations $3X^4-2y^2=1$[J]. Math. Scand. ,1967,21:144-148.

[23]COHN J H E. Five diophantine equations[J]. Math. Scand. ,1967,21:67-70.

[24]COHN J H E. Eight diophantine equations[J]. Proc. London Math. Soc. ,1966,16:153-166.

[25]COHN J H E. The diophantine equation $X^4-Dy^2=1$[J]. Quart. J. Math. Oxford, 1975, 26(3):278-281.

[26]马德刚.方程 $6y^2=x(x+1)(2x+1)$的解的初等证明[J].四川大学学报研究生论文选刊,1985:1-10.

[27]屈明华.关于丢番图方程 $\mathrm{P}^2-2\mathrm{q}^2=-1$[J].四川大学学报研究生论文选刊,1986:1-9.

[28]STROEKER R J. How to solve a eiophantine. equation[J]. Amer. Math. Monthly,1984,8:385-392.

[29]COHN J H E. Lucas and Fibonacci numbers and some diophantions equations[J]. Proc. Glasgow

Math. Assoc. ,1965,7:24-28.

[30]BROWN E. Sets in which xy + k is always a square[J]. Math. comp. , 1985, 45 (172): 613-620.

[31]THAMOTHERAMPILLAI N. The set of numbers{1. 2. 7}[J]. Bull Calcutta Math. Soc. ,1980, 72:195-197.

[32]KANAGASARAPATHY P,PONNUDURAI T. The simultaneous diophantine equations $y^2-3x^2=-2$ ord $z^2-8x^2=-7$[J]. Quert. J. Math. Oxford,1975,26(3):275-278.

[33]GOLDMAN M. On Lucas numbers of the form pc^2,where $p=3,7,47$or 2207[J]. Math. Reports Canad. Acad. Sci. ,1988,(3):139-141.

[34]ROBBINS N. Lucas numbers of the form px^2, where p is a prime[J]. Internat J. Math. Sci. , 1991,14(4):697-704.

[35]MOHANTY S P. Integer points of $y^2=x^3-4x+1$[J]. J. Number. Theory,1988,30:86-93.

[36]ABAHECOL T. On the diophantine equation $3y(y+1)=x(x+1)(x+2)$[J]. Acta. Arith. , 1967,(14):102-107.

[37]MORDELL L J. On integer solutions of $y(y+1)=x(x+1)(x+2)$[J]. Pacific. J. Math. , 1963, 13: 1347-1351.

[38]LJUNGGREN W. On the diophantine equation $Ax^4-By^2=c(c=1. 4)$[J]. Math. Scand. ,1967, 21:149-158.

[39]柯召,孙琦.关于丢番图方程 $x^3\pm1=Dy^2$[J].中国科学,1981,12:1453-1457.

[40]柯召.关于方程 $x^2=y^n+1,xy\neq0$[J].四川大学学报,1962,1:1-6.

[41]TERJANIAN G. Sur l′e′ quatin $x^{2p}+y^{2p}=z^{2p}$[J]. C. R. Acad. Sci. Paris,1977,285:973-975.

[42]ROTKIEWICZ A. Applications of Jacobi′s symbol to Lehmer′s numbers[J]. Acta Arith.,1983,2:163-187.

[43]NAGELL T. Sur l′impossibilite′ de l′equation inde′termine′e $x^p+1=y^2$[J]. Norsk. Mat. Forenings Skrifter,1921,1(4).

[44]LEHMER D H. An extended theory of Lucas functions[J]. Ann. of Math.,1930,31:419-438.

[45]NAGELL T. The diophatine equation $x^2+7=2^n$[J]. Arkiv matematik,1960,4:185-187.

[46]HASSE H. Uber eine diophabtische Gleichungen Von Ramanujan-Nagell und ihre Verallgemeinerung[J]. Nag. Math. J.,1966,27:77-102.

[47]MEA D G. The equation of Ramanujan-Nagell and[y^2][J]. Proc. Amer. Math. Soc., 1973, 41(2):333-342.

[48]SKOLEM T,CHOWLA S,LEWIS D J. The diophantine equation $2^n+2-7=x^2$ and related problems[J]. Proc. Amer. Math. Soc.,1959,10:663-669.

[49]BEUKERS F. On the generalized Ramanujan-Nagell equation II[J]. Acta. Arith.,1981,38:

389-410.

[50] BEUKERS F. On the generalized Ramanujan-Nagell equation I[J]. Acta. Arith. , 1981, 39: 113-123.

[51]APÉRY R. Sur une equation diophantienne[J]. C. R. Acad. Sci Paris,1960,251:1451-1452.

[52]LJUNGGREN W. On the diophantine equation $Cx^2+D=y^n$[J]. Pacific J. Math. ,1964,14:585-596.

[53]COHEN E L. Sur certaines equations diophantiennes quadratiques[J]. C. R. Acad. Sci. Paris, 1972,274:139-140.

[54]ALTER R,KUBOTA K K. The diophantine equation $x^2+D=P^n$[J]. Pacific Joural of Mathematics,1973,46(1):11-16.

[55]袁平之.关于丢番图方程 $x^2+4p^m-1=4p^n$[J]. 长沙铁道学院学报,1989,7(3):85-92.

[56]SKINNER C. The diophantine equation $x^2=4q^m-4q+1$[J]. pacific J. Math. ,1989,139:303-309.

[57]SIEGEL C L. Die gleichung ax^n-by^n-c[J]. Math. Ann. ,1937,114:57-68.

[58]BAKER A. Rational appraximations to $\sqrt[3]{2}$ and other algebraic numbers[J]. Quart. J. Math. Oxford,1964,15(2):375-383.

[59]BROWKIN J, SCHINZEL A. On the equation $2^N-D=y^2$[J]. Bull. Acad. Polon. Sciser. Sci. Math. Astronom. Phy. ,1960,8:311-318.

[60]SCHINZEL A. On two theorem of Gelfond and

some of their applications[J]. Acta Arith. ,1967,13:177-236.

[61]TZANAKIS N,WOLFSKILL J. On the diophantine equation $Y^2=4q^n+4q+1$[J]. J. Number Theory,1986,23:219-237.

[62]TZANAKIS N,WOLFSKILL J. The diophantine dquation $x^2=4q^{a/2}+4q+1$ with an application to coding theory[J]. J. Number Theory,1987,26:96-116.

[63]CALDERBANK R. On uniformly packed[n. n－k. 4]codes over GF(q) and a class of caps in PG(k－1. q)[J]. J. London Math. Soc. ,1982,26(2):365-384.

[64]袁平之. 关于丢番图方程 $y^2=4p^m+4p^n+1$[J]. 岳阳大学学报,1993,8(1):13-17.

[65]乐茂华. 关于丢番图方程 $x^2-D=P^n$ 的解数[J]. 数学学报,1991,34(3):397-387.

[66]乐茂华. On the diophantine equation $x^2+D=4p^n$[j]. J. Number Theory,1992,41(1):87-97.

[67]Le M H. On the diophantine equation $x^2-D=4P^n$[J]. J. Number Theory,1992,41(3):257-271.

[68]Le M H. On the generalized Ramanujan-Nagell equation $x^2-D=2^{n+2}$[J]. Trans. Amer. Math. Soc. ,1992,334(2):809-825.

[69]袁平之. 关于不定方程 $X^2-D=P^n$ 的解数[J]. 四川大学学报,1998,35(3):311-316.

[70]MIGNOTTE M,WALDSCHMIDT M. Linear

forms in two logarithms and Schneider's method [J]. Ann. Fal. Sci. Toulse Math. ,1989,97:43-75.

[71]DEWEGER B M M. Products of prime powers in binary recurrence sequqnces part: the elliptic case with an application a mixed quadratic-exponential equation [J]. Math. comp. , 1986, 47(176):729-799.

[72] PETHÖ A, DEWEGER B M M. Products of prime in Binary Recurrence Sequences Part I [J]. Math. comp. ,1986,47:713-727.

[73]DEWEGER B M M. Algorithms for Diophantine Equations[D]. Centrum Voor Wiskunde en Informatica,Amesetrdam:Leiden,1988.

[74]BAKER A. A Sharpening of the bounds for inear forms in logarithms[J]. Acta Arith. ,1973,24:33-36.

[75]POORTEN A J V D. Linear forms in logarithmw in the p－adic(a)e[M]. NewYork: Academic Press,1977.

[76]YU K R. Linear forms in logarithms in the padic case[M]//New advances in Transcendence Theory. Cambridge: University of Cambridge press, 1988.

[77] KOTOV S V. Über die maximale Norm der ldealteiler des Polynoms $AX^m + By^n$ mit den algebraischen Koeffizienten [J]. Acta Arith. , 1976,31:219-230.

[78]STEWART C L. Divisor properties of arithemet-

ical sequences [D]. Cambridge: University of Cambridge, 1976.

[79] SHOREY T N, TIJDEMAN R. Exponential Diophantine Equations [M]. Cambridge: University of Cambridge Press, 1986.

[80] DICKSON L E. History of the theory of Numbers. Vol. I [M]. New York: Chelsea, 1966.

[81] BAKER A, DAVENPORT H. The equation $3X^2-2=Y^2$ and $8X^2-7=Z^2$ [J]. Quart J. Math. Oxford, 1960, 20(3): 129-137.

[82] SANSONE G. Iisistema diofanteo $N+1=x^2$. $3N+1=y^2$. $8N+1=Z^2$ [J]. Ann. Mat. Pura. Appl., 1976, 111: 125-151.

[83] GRINSTEAD C M. On a method of solving a class of diophantine equation [J]. Math. comp., 1978, 32: 936-940.

[84] MOHANTY S P, RAMASAMY A M S. The simuraneous diophantine equations $5Y^2-20=X^2$ and $2X^2+1=Z^2$ [J]. J. Number Theory, 1984, 18: 356-359.

[85] MORGADO J. Generalization of a result of Hoggatt and Bergum of Fibonacci numbers [J]. Portugaliae Math., 1983-84, 42: 441-445.

[86] HORADAM A F. Generalization of a result of Moragado [J]. Portugaliae Math., 1987, 44: 131-136.

[87] HORADAM A F, SHANNON A G. Generalization of identities of catalan and others [J]. Protu-

galiae Math. ,1987,44:137-148.

[88]HOGGATT V E Jr,BERGUM G E. A problem of Fermat and the Fibonacci sequences[J]. the Fibonacci Quarterly,1977,15(4):323-330.

[89]WALKER D T. On the diophantine equations $mx^2-ny^2=\pm 1$[J]. Amer. Math. Monthly, 1967,74:504.

[90]孙琦,袁平之. 关于丢番图方程 $\frac{ax^m-1}{ax-1}=by^2$ 和 $\frac{ax^n+1}{ax+1}=y^2$[J]. 四川大学学报,1989:20-24.

[91]曹珍富. 关于丢番图方程 $\frac{ax^m-1}{abx-1}=by^2$[J]. 科学通报,1990,35(7):492-494.

[92]罗家贵. 关于 Stormer 定理的推广和应用[J]. 四川大学学报研究生论文选刊,1991:52-57.

[93]袁平之. Pell 方程的一个新性质及其在不定方程中的应用[J]. 长沙铁道学院学报,1994,(3):79-84.

[94]袁平之. $X^2-Dy^2=-1$ 的可解性判别[J]. 长沙铁道学院学报,1994,12(1):107-108.

[95]孙琦. 关于丢番图方程 $a^m-kb^n=1$ 和 $a^m-b^n=2$[J]. 四川大学学报,1989,1:1-5.

[96]LJUNGGREN W. Some theorems on indeterminate equations of the form $\frac{x^n-1}{x-1}=y^2$[J]. Norsk. Mat. Tidskr. ,1943,25:17-20.

[97]柯召,孙琦. 谈谈不定方程[M]. 上海教育出版社,1980.

[98] NAGELL T. Introduction to number theory [M]. Manthattan: John Wilty and Sons Inc., 1959.

[99]孙琦. 关于不定方程 $Dx^2+1=y^p$[J]. 四川大学学报, 1987, 24: 19-24.

[100]郑德勋. 关于不定方程 $y^2-2x^2=1$. $Z^2-5x^2=4$ 和 $y^2-5x^2=4$. $Z^2-10x^2=9$[J]. 四川大学学报, 1987, 24: 25-29.

[101]朱卫三. $x^4-Dy^2=1$ 可解的充要条件[J]. 数学学报, 1985, 28: 681-683.

数的斐波那契表示

第8章

本章将介绍整数的斐波那契表示及其性质，有关表示中数字和的结果，还将介绍F-L连分数及相关性质. 同时我们也介绍一个相反的问题，即用实数来表示F-L整数. 作为工具，我们将研究舍入函数及其迭代性质，并自然地涉及F-L数阵对正整数的划分问题. 本章内容，在对策论、密码学、数值分析以及计算机科学方面均有其应用.

8.1 整数的斐波那契表示

8.1.1 自然数的斐波那契表示

一个自然数 N 的斐波那契**表示**(简称F **表示**)是指把 N 表示为正的，互异的斐波那契数之和，换句话说，就是把 N 用 $\{f_n\}_1^\infty$ 中的项表示为

$$N=f_{k_1}+f_{k_2}+\cdots+f_{k_r} \quad (8.1.1)$$

在 N 的 F 表示中，我们最感兴趣的是适合下列两附加条件的表示：

(1)加项中不出现相邻的斐波那契数,即

$$k_{i+1}\leqslant k_i-2(i=1,\cdots,r-1) \qquad (8.1.2)$$

(2)加项中不含 f_1(因 $f_1=f_2=1$),即

$$k_r\geqslant 2 \qquad (8.1.3)$$

这样,N 的 F 表示式(8.1.1)如果同时适合式(8.1.2),(8.1.3),则称为**标准的**.通常所说 F 表示,一般指标准表示.

定理 8.1.1　自然数 N 的标准 F 表示存在且唯一.

证　我们首先证明存在性.N 本身为斐波那契数时结论自然成立.只要证 $f_n<N<f_{n+1}$ 时结论成立即可.因为 $1=f_2,2=f_3,3=f_4,4=f_4+f_2$,所以当 $N<f_5$ 时结论已成立,现设对 $N<f_n$ 时结论已成立.当 $f_n<N<f_{n+1}$ 时,因 $N=f_n+(N-f_n)$,而 $N-f_n<f_{n+1}-f_n=f_{n-1}<f_n$,故依归纳假设,$N-f_n$ 存在标准 F 表示,且其表示式中的最大项 $\leqslant f_{n-2}$,因而 N 的 F 表示存在且是标准的.

下证唯一性,当 $n<f_5$ 时,可直接验证.设 $N<f_n$ 时已有唯一的标准 F 表示,设 $f_n\leqslant N<f_{n+1}$ 时,N 有一种标准 F 表示如式(8.1.1).显然 $F_{k_1}\leqslant f_n$,今证必有 $f_{k_1}=f_n$,若不然,设 $f_{k_1}\leqslant f_{n-1}$,则由式(2.4.1),当 $n=2k$ 时有

$$N\leqslant f_{2k-1}+f_{2k-3}+\cdots+f_3=f_{2k}-f_1=f_n-1$$

当 $n=2k+1$ 时有

$$N\leqslant f_{2k}+f_{2k-2}+\cdots+f_2=f_{2k+1}-f_1=f_n-1$$

均与 $N>f_n$ 矛盾.由 $N=f_n+(N-f_n)$及 $N-f_n$ 的标准 F 表示是唯一的,即得所证.

上述定理又称 Zeckendorf **定理**,因为最先是他在

1939 年提出自然数的 F 表示问题. 不过他当时还只证明了存在性, 而唯一性是由 Lekkerkerker 在 1952 年证明的[6]. N 的标准 F 表示也可转换为二元数码的形式, 即式(8.1.1)可改写为

$$N = \sum_{i=2}^{n} c_i f_i (c_i = 0 \text{ 或 } 1) \qquad (8.1.4)$$

从而 N 对应于一个二元码

$$C=(c_n,\cdots,c_2) \qquad (8.1.5)$$

而条件(8.1.3)已含在其中, 条件(8.1.2)则变换为 C 中不出现相邻的 1, 此时也称 C 为 1 **不相邻序列**. 此种形式在现代密码学中有其应用[7-8].

如果在自然数的 F 表示式(8.1.1)中不要求适合条件(8.1.2), 那么在哪些情况下仍有表示的唯一性呢? 我们有:

定理 8.1.2 把自然数 N 表示形如式(8.1.1)的和, 如果只要求 $k_1>k_2>\cdots>k_r\geqslant 2$, 那么, 当且仅当 N 为形如 f_n-1 的数时表示才是唯一的, 即标准表示.

证 充分性. 设 $N=f_n-1$, 则必 $k_1=n-1$. 若不然, 必有 $k_1\leqslant n-2$, 但由式(2.4.5), 此时将有

$$n\leqslant f_{n-2}+f_{n-3}+\cdots+f_2=f_n-2$$

此乃矛盾. 所以 $k_1=n-1$. 又由 $N-f_{k_1}=f_{n-2}-1$, 同理可证 $k_2=n-3$. 依此类推可得

$$N=f_{n-1}+f_{n-3}+f_{n-5}+\cdots+f_r$$

$r=2$ 或 3, 依 n 为奇或偶而定, 故 N 有唯一表示即标准表示.

必要性. 设 N 具有表示的唯一性, 由定理 8.1.1, 此唯一表示必为标准表示, 设为形式(8.1.1), 今只要证式(8.1.2)中右边等号均成立且 $k_r=2$ 或 3, 则证明

了 N 具有 f_n-1 之形(理由见充分性证明). 反设有某个 $i(1\leqslant i\leqslant r-1)$ 使 $k_{i+1}\leqslant k_i-3$,则在式(8.1.1)中可将 f_{k_j} 换成 $f_{k_i-1}+f_{k_i-2}$,这与表示的唯一性矛盾,同理,若 $k_r>3$,则 f_{k_r} 可换成 $f_{k_r-1}+f_{k_r-2}$ 而引出矛盾. 证毕.

下面证明标准 F 表示的两个简单性质,它们在一种叫 Nim 的对策中有用.

定理 8.1.3　设 $f_n<N<f_{n+1}$, N 的标准 F 表示为式(8.1.1),则

$$k_i>k_j \text{ 时 } f_{k_i}>2f_{k_j} \tag{8.1.6}$$

$$f_{k_r}<2(f_{n+1}-N) \tag{8.1.7}$$

证　式(8.1.6)的证明如下:此时有 $k_i\geqslant k_j+2$,所以 $f_{k_i}\geqslant f_{k_j+2}=f_{k_j+1}+f_{k_j}>2f_{k_j}$.

式(8.1.7)的证明如下:此时有

$$\begin{aligned}f_{n+1}-N\geqslant f_{k_1+1}-f_{k_1}-f_{k_1-2}-\cdots-f_{k_1-2j}-f_{k_r}=\\ f_{k_1-2j-1}-f_{k_r}\geqslant\\ f_{k_1-2j-1}-f_{k_1-2j-2}=f_{k_1-2j-3}\end{aligned}$$

所以 $2(f_{n+1}-N)\geqslant 2f_{k_1-2j-3}>f_{k_1-2j-2}\geqslant f_{k_r}$,证毕.

1907 年,Wythoff[13] 在提出一种新的 Nim 对策时引出了如下有趣的正整数对序列

$$\begin{gathered}(1,2),(3,5),(4,7),(6,10),(8,13),(9,15)\\(11,18),(12,20),(14,23),(16,26),(17,28)\\(19,31),(21,34),(22,36),\cdots\end{gathered} \tag{8.1.8}$$

此序列中任一数对 (a_n,b_n) 称为 Wythoff 对,可以严格定义如下:

(1) $a_1=1$, $n>1$ 时, a_n 为在 $(a_1,b_1),\cdots,(a_{n-1},b_{n-1})$ 中未出现过的最小正整数.

(2)

$$b_n = a_n + n \tag{8.1.9}$$

Wythoff 对有许多有趣的性质，它与自然数的 F 表示有密切的联系. 事实上，我们有：

定理 8.1.4 设正整数对(a_n, b_n)定义如下：

(1)$(a_1, b_1) = (1, 2)$.

(2)$n > 1$ 时，设 $n-1$ 的一种 F 表示为

$$n-1 = f_{k_1} + f_{k_2} + \cdots + f_{k_r} \ (k_1 > \cdots > k_r \geqslant 2) \tag{8.1.10}$$

令

$$a_n = f_{k_1+1} + \cdots + f_{k_r+1} + f_2 \tag{8.1.11}$$

$$b_n = f_{k_1+2} + \cdots + f_{k_r+2} + f_3 \tag{8.1.12}$$

则(a_n, b_n)为 Wythoff 对.

此定理并未要求式(8.1.10)为 $n-1$ 的标准 F 表示，因而此种表示不一定是唯一的，那么，a_n 和 b_n 是否与所选择的表示法有关，亦即能否唯一确定呢？为解决这一问题，在证明此定理之前，我们先证 Carlitz[12-13]在 1968 年和 1972 年的两个结果.

定理 8.1.5 设自然数 m 有两种不同的 F 表示

$$m = f_{k_1} + \cdots + f_{k_r} = f_{j_1} + \cdots + f_{j_s} \quad (k_1 > \cdots > k_r \geqslant 2, j_1 > \cdots > j_s \geqslant 2) \tag{8.1.13}$$

则

$$f_{k_1-1} + \cdots + f_{k_r-1} = f_{j_1-1} + \cdots + f_{j_s-1} \tag{8.1.14}$$

且

$$f_{k_1+1} + \cdots + f_{k_r+1} = f_{j_1+1} + \cdots + f_{j_s+1} \tag{8.1.15}$$

证 先证式(8.1.14). $m=1$ 时 $m = f_2$ 是唯一的

表示,所以 $f_{2-1}=f_1$ 的值唯一.设对$<m$ 之自然数式(8.1.4)已成立.今分别考察下列情况:

$k_1=j_1$ 时,则有 $f_{k_2}+\cdots+f_{k_r}=f_{j_2}+\cdots+f_{j_s}<m$,依归纳假设有

$$f_{k_2-1}+\cdots+f_{k_r-1}=f_{j_2-1}+\cdots+f_{j_s-1}$$

两边同加 $f_{k_1-1}=f_{j_1-1}$ 即得所证.

$k_1\neq j_1$ 时,不妨设 $k_1>j_1$.此时仿定理 8.1.2 之证明可知,必有 $j_1=k_1-1$.下面再分三种情形考虑:

(1)$k_2=k_1-1$ 时,则 $k_2=j_1$,此时仿 $k_1=j_1$ 之情形可证.

(2)$k_2=k_1-2$ 时,则式(8.1.13)化为

$$2f_{k_2}+f_{k_3}+\cdots+f_{k_r}=f_{j_2}+\cdots+f_{j_s}$$

因为 $j_2\leqslant j_1-1=k_1-2=k_2$,而且由式(2.4.5)同样可知,$j_2<k_2$ 不成立,所以 $j_2=k_2$.故得

$$f_{k_2}+f_{k_3}+\cdots+f_{k_r}=f_{j_3}+\cdots+f_{j_s}<m$$

由归纳假设有

$$f_{k_2-1}+\cdots+f_{k_r-1}=f_{j_3-1}+\cdots+f_{j_s-1}$$

两边同加 $f_{k_1-1}=f_{j_1}=f_{j_1-1}+f_{j_1-2}=f_{j_1-1}+f_{j_2-1}$ 即证.

(3)$k_2<k_1-2$ 时,式(8.1.13)可化为

$$f_{k_1-2}+f_{k_2}+\cdots+f_{k_r}=f_{j_2}+\cdots+f_{j_s}<m$$

由归纳假设有

$$f_{k_1-3}+f_{k_2-1}+\cdots+f_{k_r-1}=f_{j_2-1}+\cdots+f_{j_s-1}$$

两边同加 $f_{k_1-1}-f_{k_1-3}=f_{k_1-2}=f_{j_1-1}$ 即证.综上,式(8.1.14)已获证明.至于式(8.1.15)之证明,完全可仿上进行,只是在利用归纳假设时做相应改变而已.定理证毕.

由定理 8.1.5 可以得到:

定理 8.1.6 在定理 8.1.4 中定义的正整数对 (a_n, b_n) 对于每个 n 是唯一确定的，且具有下列性质：

(1) a_n 和 b_n 均分别为严格递增的.

(2) $b_n = a_n + n$.

(3) 对每个自然数 N，均存在自然数 n，使得 $N = a_n$ 或 $N = b_n$，但不存在 $m \neq n$，使得 $N = a_m = b_n$.

证 唯一确定性已由定理 8.1.5 得证. 下证诸性质，其中(1)和(2)由定义显然可得. 只证(3). 因 a_n 之值与 $n-1$ 的 F 表示的选择无关，故可设式(8.1.10)为标准表示. 若 $k_r \geqslant 3$，则式(8.1.11)已知 a_n 之标准 F 表示. 若 $k_r = 2$，则必存在 i，$1 \leqslant i \leqslant r$，使得

$$n-1 = f_{k_1} + \cdots + f_{k_{r-i}} + f_{2i} + f_{2i-2} + \cdots + f_2$$

且 $k_{r-i} > 2i+2$（当 $i < r$），或

$$n-1 = f_{2i} + f_{2i-2} + \cdots + f_2 \text{（当 } i = r\text{）}$$

于是由式(8.1.11)相应地有

$$\begin{aligned} a_n = & f_{k_1+1} + \cdots + f_{k_r - i+1} + f_{2i+1} + f_{2i-1} + \cdots + \\ & f_7 + f_5 + f_3 + f_2 = \\ & f_{k_1+1} + \cdots + f_{k_{r-i}+1} + f_{2i+2} \end{aligned} \tag{Ⅰ}$$

或

$$a_n = f_{2i+2} \tag{Ⅱ}$$

以上均为 a_n 之标准 F 表示，其特点是表示式中最小加项之下标为偶数. 同理可证 b_n 之标准 F 表示中，其最小加项之下标为奇数. 由标准表示之唯一性知，任何 $a_m \neq b_n$. 对于任何自然数 $N > 1$，若其标准 F 表示中最小项之下标为偶数，则其表示式必为式(Ⅰ)，(Ⅱ)之右边的形式，或为式(8.1.11)右边($k_r \geqslant 3$)的形式. 由此仿上述证明逆推之可得

$$N - f_2 = f_{k_1+1} + \cdots + f_{k_r+1}$$

为标准 F 表示，且 $k_r \geqslant 2$. 于是取

$$n = f_{k_1} + \cdots + f_{k_r + 1}$$

时，则由式(8.1.10)，(8.1.11)可得 $N = a_n$. 同理，当 $N > 1$ 且其标准 F 表示中最小项之下标为奇数时，必存在 n 使 $N = b_n$. 又 $N = 1$ 时显然. 证毕.

下面给出定理 8.1.4 的证明：

$n = 1$ 显然. $n > 1$ 时，只要证 a_n 为未在 $(a_1, b_1), \cdots, (a_{n-1}, b_{n-1})$ 中出现过的最小正整数即可. 设这个最小正整数为 N. 则 $N > 1$. 若 $a_n \neq N$，则由严格递增性知 $a_n > N$，而更有 $b_n = a_n + n > N$，于是再由严格递增性知，N 不在任何 (a_n, b_n) 中出现，这与定理 8.1.6 之(3)矛盾. 证毕.

由上述定理又可立即得到下面的：

定理 8.1.7　全体 Wythoff 对 (a_n, b_n) 将 $\mathbf{Z}_+$ 划分为两类：$\mathbf{Z}_+ = Z_1 \cup Z_2$，其中，$Z_1 = \{a_1, a_2, \cdots\}$，$Z_2 = \{b_1, b_2, \cdots\}$，$Z_1$(或 Z_2)中每数的标准 F 表示最小加项之下标为偶数(或相应地为奇数).

定理 8.1.8　正整数对 (a_n, b_n) $(n = 1, 2, \cdots)$ 构成全部 Wythoff 对的充要条件是定理 8.1.6 的条件(1)～(3)满足.

Wythoff 对还有一个有趣的性质，就是与所谓"黄金分割数"$(1+\sqrt{5})/2$ 有密切的联系，即有(Carlitz[11])：

定理 8.1.9　设 $\tau = (1+\sqrt{5})/2$，则对 $n \in \mathbf{Z}_+$，$a_n = [n\tau]$ 和 $b_n = [n\tau^2]$ 构成 Wythoff 对.

证　只要证定理 8.1.6 的条件(1)～(3)满足即可. 因为 $\tau > 1$，所以(1)显然. 又 $b_n = [n(\tau+1)] = [n\tau] + n = a_n + n$，所以(2)满足. 下证(3). 先证对任何整数

$m>1$有

$$[[m/\tau]\tau]=m-1 \tag{8.1.16}$$

或

$$[[m/\tau^2]\tau^2]=m-1 \tag{8.1.17}$$

若不然,则由$[m/\tau]\tau<m$及$[m/\tau^2]\tau^2<m$知,必有

$$[m/\tau]\tau<m-1 \text{ 且 } [m/\tau^2]\tau^2<m-1$$

于是$[m/\tau]+[m/\tau^2]<(m-1)/\tau+(m-1)/\tau^2=m-1$.另一方面,$[m/\tau]+[m/\tau^2]\geqslant[m/\tau+m/\tau^2]-1=m-1$.此乃矛盾.故式(8.1.16),(8.1.17)必有一成立.对任一自然数N,令$m=N+1$.当式(8.1.16)成立时,取$n=[m/\tau]$,则得$N=a_n$,当式(8.1.17)成立时,取$n=[m/\tau^2]$,则得$N=b_n$.

剩下要证明的是,不存在m,n使$[m\tau]=[n\tau^2]$.反设有$[m\tau]=[n\tau^2]=k$,则有

$$m\tau-1<k<m\tau \text{ 且 } n\tau^2-1<k<n\tau^2$$

两不等式各边分别除以τ和τ^2然后相加得

$$m+n-1<k<m+n$$

此显然不可能.证毕.

由定理8.1.9可进一步得到Wythoff对的一些恒等性质.

定理8.1.10 Wythoff对(a_n,b_n)适合下列恒等式

$$a_{b_n}=a_n+b_n \text{ 且 } b_{b_n}=a_n+2b_n \tag{8.1.18}$$

$$a_{a_n}=b_n-1 \text{ 且 } b_{a_n}=a_n+b_n-1 \tag{8.1.19}$$

$$a_{m+1}-a_m=2(\text{当 } m=a_n)\text{或 }1(\text{当 } m=b_n) \tag{8.1.20}$$

$$b_{m+1}-b_m=3(\text{当 } m=a_n)\text{或 }2(\text{当 } m=b_n) \tag{8.1.21}$$

证　式(8.1.18)的证明如下:前一式即要证

$$[[n\tau^2]\tau]=[n\tau]+[n\tau^2]=2[n\tau]+n \tag{8.1.22}$$

设 $n\tau=[n\tau]+\varepsilon_n$,则 $0<\varepsilon_n<1$,又 $0<\tau-1<1$,所以

$$\begin{aligned}[[n\tau^2]\tau]=[[n(\tau+1)]\tau]=[([n\tau]+n)\tau]=\\ [(n\tau-\varepsilon_n+n)\tau]=[2n\tau+n-\varepsilon_n\tau]=\\ [2(n\tau-\varepsilon_n)+(2-\tau)\varepsilon_n]+n=\\ 2[n\tau]+n\end{aligned}$$

后一式由 $b_{b_n}=a_{b_n}+b_n$ 即证.

式(8.1.19)的证明如下:只证前一式,即要证

$$[[n\tau]\tau]=[n\tau^2]-1=[n\tau]+n-1 \tag{8.1.23}$$

因为

$$\begin{aligned}[[n\tau]\tau]=[(n\tau-\varepsilon_n)\tau]=[n\tau^2-\varepsilon_n\tau]=\\ [n\tau+n-\varepsilon_n\tau]=[(n\tau-\varepsilon_n)-(\tau-1)\varepsilon_n]+n=\\ [n\tau]+n-1\end{aligned}$$

故证.

式(8.1.20)的证明如下:$m=a_n=[n\tau]$时,利用式(8.1.18),(8.1.19)之结果有

$$\begin{aligned}a_{m+1}=[([n\tau]+1)\tau]=[(n\tau-\varepsilon_n+1)\tau]=\\ [n\tau+n-\varepsilon_n\tau+\tau]=[n\tau]+1+n=a_m+2\end{aligned}$$

所以 $a_{m+1}-a_m=2$. $m=b_n=[n\tau^2]=[n\tau]+n$ 时可相仿证之.

式(8.1.21)的证明如下:$b_{m+1}-b_m=(a_{m+1}+m+1)-(a_m+m)$,然后利用式(8.1.20)之结果即证.

自然数的 F 表示问题有如下一些方面的推广:1968 年,Klarner[14] 提出了用 $\{f_n\}_{-\infty}^{+\infty}$ 同时表示两个非负整数的问题,并证明了,给定两个非负整数 M 和 N,存在一个整数集 $\{k_1,\cdots,k_r\}$,使得同时有

$$M=f_{k_1}+\cdots+f_{k_r} \text{ 和 } N=f_{k_1+1}+\cdots+f_{k_r+1}$$

并且 $i\neq j$ 时 $|k_i-k_j|\geqslant 2$.

1979 年,Hoggatt 等[15] 推广了 Wythoff 的对策问题,并提出了广义 Wythoff 对的概念. 1985 年,Bicknell-Johnson[16] 把广义 Wythoff 对应用到了 Klarner 所提出的推广的 F 表示法中.

1972 年,Garlitz 等[10] 提出了自然数的卢卡斯**表示**(或 L **表示**)问题,即把一个自然数 N 表示为正的,互异的卢卡斯数之和的问题. 而所谓 N 的**标准** L **表示**指用卢卡斯序列 $\{l_n\}_0^\infty$ 中的项把 N 表示为

$$N=l_{k_1}+\cdots+l_{k_r} \tag{8.1.24}$$

且

$$k_{i+1}\leqslant k_i-2(i=1,\cdots,r-1) \tag{8.1.25}$$

$$\text{若 } k_r=0\text{,则 } k_{r-1}\geqslant 3 \tag{8.1.26}$$

不难证明,对于自然数的 L 表示,也有与定理 8.1.1相仿的结果,其他一些结果也是如此. 故为节省篇幅,我们只以 F 表示作为代表.

8.1.2 F 表示中的加项个数

设自然数 N 的标准 F 表示为式(8.1.1),其中加项的个数 r 记为 $F(N)$. $F(N)$也代表 N 所对应的二元码式(8.1.5)中 1 的个数. 求 $F(N)$的问题由于有其实际意义,引起许多人的兴趣. 1952 年,Lekkerkerker[6] 对于从 f_n 到 $f_{n+1}-1$ 之间的数的标准 F 表示的加项数之和

$$\zeta(n)=\sum_{i=f_n}^{f_{n+1}-1}F(i) \tag{8.1.27}$$

做了一个估计,他证明了

$$\lim_{n\to\infty}\zeta(n+1)/(nf_n)=(5-\sqrt{5})/10 \tag{8.1.28}$$

1983 年，Pihko[17] 给出了一个完全而准确的结果：

定理 8.1.11　设 $\zeta(n)$ 之意义如式(8.1.27)，则

$$\zeta(n)=(f_n+nL_{n-2})/5(l_n\text{ 为卢卡斯数}) \tag{8.1.29}$$

证　当 $m<f_n$ 时，显然有

$$F(f_n+m)=1+F(m)$$

所以

$$\zeta(n)=\sum_{m=0}^{f_{n+1}-1}F(f_n+m)=f_{n-1}+\sum_{m=1}^{f_{n-1}-1}F(m)$$

同理

$$\zeta(n+1)=f_n+\sum_{m=1}^{f_n-1}F(m)$$

则

$$\zeta(n+1)-\zeta(n)=f_{n-2}+\sum_{m=f_{n-1}}^{f_n-1}F(m)$$

即得

$$\zeta(n+1)-\zeta(n)-\zeta(n-1)=f_{n-2} \tag{8.1.30}$$

显然有初始条件

$$\zeta(2)=\zeta(3)=1 \tag{8.1.31}$$

令 $\alpha,\beta=(1\pm\sqrt{5})/2$，可知非齐次递归方程(8.1.30)有形如 $\zeta(n)=\lambda n\alpha^{n-1}$ 和 $\mu n\beta^{n-1}$ 之特解．实际代入可求得 $\lambda=1/(\sqrt{5}(\alpha+2))$ 和 $\mu=-1/(\sqrt{5}(\beta+2))$，于是通解为

$$\zeta(n)=c_1\alpha^n+c_2\beta^n+n(\alpha^{n-1}/(\alpha+2)-\beta^{n-1}/(\beta+2))/\sqrt{5}=c_1\alpha^n+c_2\beta^n+nl_{n-2}/5$$

以初始条件代入上式得 $c_1=-c_2=1/(5\sqrt{5})$，于是上式化为式(8.1.29)．证毕．

从式(8.1.29)可以立即推式(8.1.28)．在文献

[18]中 Pihko 还把式(8.1.28)的结果推广到了一类更广泛的所谓 A—序列. 1988 年,Pihko[18]对 F 表示和 L 表示中的所谓极大(小)表示的数字和进行了研究,得出了类似于上述的结果,另一方面,1986 年,Coquet 和 Bosch[19]对平均阶 $\frac{1}{N}\sum_{0\leqslant n<N}F(n)$ 进行了估计,而 1989 年,Pethö 和 Tichy[20]进一步把上述结果推广到了高阶 F-L 序列的情形. 设 $\mathfrak{w}\in\Omega_z(a_1,\cdots,a_k)$, $a_1\geqslant a_2\geqslant a_k>0$, $w_0=1$, $w_i>a_1(w_0+\cdots+w_{i-1})$ $(i=1,\cdots,k-1)$. 对自然数 n, $w_l\leqslant n<w_{l+1}$ $(l\geqslant 0)$,定义 n 的 $\mathfrak{w}$ 表示如下

$$n=\sum_{j=0}^{l}\varepsilon_j w_j \qquad (8.1.32)$$

其中

$$\varepsilon_j=[n_j/w_j](\varepsilon_0=n_0) \qquad (8.1.33)$$

而

$$n_{j-1}=n_j-\varepsilon_j w_j(1\leqslant j\leqslant l, n_l=n) \quad (8.1.34)$$

定义

$$S(n)=\sum_{j=0}^{l}\varepsilon_j \qquad (8.1.35)$$

Pethö 和 Tichy 证明了

$$\frac{1}{N}\sum_{n<N}S(n)=c\cdot\log N+\psi(\log N/\log\alpha_1)+O(\log N/N) \qquad (8.1.36)$$

其中 c 为仅与 $\mathfrak{w}$ 有关的正常数,ψ 为仅与 $\mathfrak{w}$ 有关的周期为 1 的有界函数,α_1 为 $\mathfrak{w}$ 的主特征根.

对于一般的自然数 N,求出 $F(N)$的表达式的问题,是一个困难问题. 1988 年,Freitag 和 Fillipponi[21]给出了如下一种方法:对任何 $N>1$,必存在 $n>1$ 使

$N|f_n$(比如取 n 为 N 在 $\mathfrak{f}$ 中的出现秩). 令 $f_n/N=d$, 则 $N=f_n/d$,因而$F(N)=F(f_n/d)$. 对于 $2\leqslant d\leqslant 20$ 及适合一定条件的 n,他们给出了 $F(f_n/d)$的明显表达式,但其叙述与证明均较长(共 20 个定理). 我们下面将提出较一般的结果,而选取他们的结果作为具体例子.

定理 8.1.12　两个斐波那契数之差的标准 F 表示及加项数如下

$$F(f_{2m}-f_{2n})=F(\sum_{i=n}^{m-1}f_{2i+1})=m-n(m>n>0) \tag{8.1.37}$$

$$F(f_{2m+1}-f_{2n+1})=F(\sum_{i=n+1}^{m}f_{2i})=m-n(m>n\geqslant 0) \tag{8.1.38}$$

$$F(f_{2m}-f_{2n+1})=F(\sum_{i=n+1}^{m-1}f_{2i+1}+f_{2n})=m-n-\delta(n,0)(m>n\geqslant 0) \tag{8.1.39}$$

$$F(f_{2m+1}-f_{2n})=F(\sum_{i=n+1}^{m}f_{2i}+f_{2n-1})=m-n+1(m\geqslant n>0) \tag{8.1.40}$$

其中 $\delta(x,y)$为克罗内克函数.

证　由式(2.4.1)我们可得

$$f_{2n}=\sum_{i=0}^{n-1}f_{2i+1}\ 及\ f_{2n+1}=\sum_{i=1}^{n}f_{2i}(n>0) \tag{8.1.41}$$

以之代入定理中各式的左边即得所证.

推论

$$F(f_m-f_n)=[(m-n+1)/2]+\delta(n,1)[1+(-1)^m]/2(m>n>0) \tag{8.1.42}$$

定理 8.1.13 对于斐波那契数和卢卡斯数有

$$F(f_m l_{2n})=F(f_{m+2n}+f_{m-2n})=2(m>2n>0) \tag{8.1.43}$$

$$F(f_m l_0)=F(2f_m)=F(f_{m+1}+f_{m-2})=2(m>2) \tag{8.1.44}$$

$$F(f_{2m+1}l_{2n+1})=F(\sum_{i=m-n}^{m+n}f_{2i+1})=2n+1(m>n\geqslant 0) \tag{8.1.45}$$

$$F(f_{2m}l_{2n+1})=F(\sum_{i=m-n}^{m+n}f_{2i})=2n+1(m>n\geqslant 0) \tag{8.1.46}$$

$$F(l_{2m}f_{2n})=F(\sum_{i=m-n}^{m+n-1}f_{2i+1})=2n(m>n>0) \tag{8.1.47}$$

$$F(l_{2m+1}f_{2n})=F(\sum_{i=m-n+1}^{m+n}f_{2i})=2n(m\geqslant n>0) \tag{8.1.48}$$

$$F(l_m f_{2n+1})=F(f_{m+2n+1}+f_{m-2n-1})=2(m>2n+1>0) \tag{8.1.49}$$

$$F(l_m f_1)=F(l_m)=F(f_{m+1}+f_{m-1})=2(m>1) \tag{8.1.50}$$

此定理利用式(2.2.63),(2.2.64)和上一定理即证.

推论

$$F(f_m l_n)=1+(-1)^n+n[1-(-1)^n]/2(m>n\geqslant 0) \tag{8.1.51}$$

$$F(l_m f_n)=1-(-1)^n+n[1+(-1)^n]/2(m>n>0) \tag{8.1.52}$$

定理 8.1.14 (1)若 $s\geqslant 3,k\geqslant 1$,$N$ 的标准 L 表示中最大项之下标$\leqslant s-2$,则

$$F(f_{2sk-s}N)=F(f_sN) \tag{8.1.53}$$

(2)若 $s\geqslant 3,k\geqslant 2$,$N$ 的标准 F 表示中最大项之下标$\leqslant s-2$,则

$$F(l_{sk-s}N)=F(l_sN) \tag{8.1.54}$$

(3)若 $s\geqslant 2,k\geqslant 4$,$N$ 的标准 F 表示中最大项之下标$\leqslant 2s-2$,则

$$F(l_{sk-2s}N)=F(l_{2s}N) \tag{8.1.55}$$

证 (1)设 N 的标准 L 表示为

$$N=l_{k_1}+\cdots+l_{k_r}(k_1>\cdots>k_r)$$

记 $2sk-s=\tau$,则

$$\begin{aligned}f_\tau N=\sum_{i=1}^{r}f_\tau l_{k_i}=\sum_{i=1}^{r}[f_{\tau+k_i}+(-1)^{k_i}f_{\tau-k_i}]=\\ f_{\tau+k_1}+\cdots+f_{\tau+k_r}+(-1)^{k_r}f_{\tau-k_r}+\cdots+\\ (-1)^{k_2}f_{\tau-k_2}+(-1)^{k_1}f_{\tau-k_1}\end{aligned} \tag{Ⅰ}$$

当 $k_r\neq 0$ 时,若 $k_1,\cdots,k_r$ 均为偶数,则由已知条件知式(Ⅰ)为 $f_\tau N$ 之标准 F 表示,因而 $F(f_\tau N)=2r$.若 $k_1,\cdots,k_r$ 中有奇数,但其中不存在 i 使 k_i 和 k_{i+1} 均为奇数,则将式(Ⅰ)之右边适当添括号以后,负数项将全部出现在形如$[f_{\tau-k_{i+1}}-f_{\tau-k_i}]$的括号之中.将这样每个括号按定理 8.1.12 做标准 F 表示以后,式(Ⅰ)就化为 $f_\tau N$ 的标准 F 表示.由已知,$\tau-k_1\geqslant 2$,故不会有 $\tau-k_i=1$ 之情况.因而依式(8.1.42),对每个这种括号有

$$F(f_{\tau-k_{i+1}}-f_{\tau-k_i})=[(k_i-k_{i+1}+1)/2]$$

由此可知，$k_r\neq0$ 时 $F(f_\tau N)$ 之值与 τ 无关，从而与 k 无关.

当 $k_r=0$ 时，由标准 L 表示之定义，必有 $k_{r-1}\geqslant3$. 利用式(8.1.44)，式(Ⅰ)可化为

$$f_\tau N=f_{\tau+k_1}+\cdots+f_{\tau+k_{r-1}}+f_{\tau+1}+f_{\tau-2}+(-1)^{k_{r-1}}f_{\tau-k_{r-1}}+\cdots+(-1)^{k_1}f_{\tau-k_1}$$

若 $k_{r-1}>3$，则上式中各相邻项下标相差至少为 2，可仿前讨论得 $F(f_\tau N)$ 之值与 k 无关. 若 $k_{r-1}=3$，则可化 $f_{\tau-2}-f_{\tau-3}=f_{\tau-4}$. 又若 $k_{r-2}=5$，则又化 $f_{\tau-4}-f_{\tau-5}=f_{\tau-6}$，…，如此继续，最后必化为各相邻项下标相差至少为 2 的情形，从而也可证得 $F(f_\tau N)$ 之值与 k 无关.

若存在 i，使 k_i 和 k_{i+1} 均为奇数，则可利用 $-f_m-f_n=-f_{m+1}+(f_{m-1}-f_n)$ 及适当的添括号可化为已讨论过的情况.

综上，取 $k=1$，即得所证.

(2)和(3)完全可仿(1)证之，而且更简单一些，因为在 N 的 F 表示中不会出现下标为 0 的情形.

在以下的讨论中，恒约定 $d>1$，且简记 $\alpha(d,\mathfrak{f})=\omega(d)=\omega$.

定理 8.1.15 若 $2\parallel\omega=\omega(d)$，$d\mid l_{\omega/2}$，则

$$F(f_{\omega k}/d)=F(f_{\omega/2}l_{\omega/2}/d)k \qquad (8.1.56)$$

证 设 $\omega=2s$，$2\nmid s$，则 $f_{2sk}-f_{2sk-2s}=f_{2sk-s}l_s$，由此

$$f_{\omega k}/d=f_{2sk}/d=f_{2sk-s}N+f_{2s(k-1)}/d$$

其中 $N=l_s/d$. 显然 $\omega>2$，又已知 $2\parallel\omega$，则 $\omega\geqslant6$，$s\geqslant3$. 又 $N<2l_{s-1}/2=l_{s-1}$，则 N 之标准 L 表示中最大项下标 $k_1\leqslant s-2$. 根据式(8.1.53)之推证过程及定理 8.1.12，$f_{2sk-s}N$ 之标准 F 表示中最小项的下标$\geqslant 2sk-s-k_1-1\geqslant$

$2s(k-1)+1$，它显然比 $f_{2s(k-1)}/d$ 之标准F表示中最大项之下标至少大2，故有

$$F(f_{2sk}/d)=F(f_sN)+F(f_{2s(k-1)}/d)$$

此为关于 k 之一阶递归方程，解得

$$F(f_{2sk}/d)=F(f_sN)k$$

即证.

定理 8.1.16　若 $2|\omega=\omega(d)$，则

$$F(f_{\omega k}/d)=F(l_\omega f_\omega/d)[k/2]+F(f_\omega/d)[1-(-1)^k]/2 \tag{8.1.57}$$

证　利用 $f_{\omega k}-f_{\omega k-2\omega}=l_{\omega k-\omega}f_\omega$ 及式(8.1.54)可得

$$F(f_{\omega k}/d)=F(l_\omega f_\omega/d)+F(\omega(k-2)/d)$$

再由对应于 $k=1,2$ 时的初始条件分别解得

$$F(f_{\omega 2k}/d)=F(l_\omega f_\omega/d)k$$

及

$$F(f_{\omega(2k+1)}/d)=F(l_\omega f_\omega/d)k+F(f_\omega/d)$$

即证.

注　此定理包含了定理8.1.15的结果.事实上，当 $2\parallel\omega,d|l_{\omega/2}$ 时可以直接验证式(8.1.56)，(8.1.57)之右边相等.

定理 8.1.17　若 $2\nmid\omega=\omega(d)$，则

$$F(f_{\omega k}/d)=F(l_{2\omega}l_\omega f_\omega/d)[k/4]+F(f_{\omega\tau_k}/d) \tag{8.1.58}$$

其中 τ_k 为 k 的模4最小非负剩余，并规定 $F(0)=0$.

证　利用 $f_{\omega k}-f_{\omega k-4\omega}=l_{\omega k-2\omega}f_{2\omega}$ 及式(8.1.55)可得

$$F(f_{\omega k}/d)=F(l_{2\omega}f_{2\omega}/d)+F(f_{\omega(k-4)}/d)$$

结合 $k=1,2,3,4$ 时之初始值可分别解得

$$F(f_{\omega 4k}/d)=F(l_{2\omega}f_{2\omega}/d)k$$

$$F(f_{\omega(4k+1)}/d)=F(l_{2\omega}f_{2\omega}/d)k+F(f_{\omega}/d)$$
$$F(f_{\omega(4k+2)}/d)=F(l_{2\omega}f_{2\omega}/d)k+F(f_{2\omega}/d)$$
$$F(f_{\omega(4k+3)}/d)=F(l_{2\omega}f_{2\omega}/d)k+F(f_{3\omega}/d)$$

即证.

对于式(8.1.58),在计算过程中,我们可以利用 $f_{2\omega}=f_{\omega}l_{\omega}$,$f_{3\omega}=(l_{2\omega}-1)f_{\omega}$ 等公式以简化计算.定理 8.1.14 的证明过程实际上为我们运用定理 8.1.15～8.1.17 提供了具体的计算方法.

例 1 $d=19$ 时,$\omega=18$,$2\parallel\omega$,且 $d\mid l_9=76$,故利用式(8.1.56)较为简便.此时 $F(f_9l_9/19)=F(4f_9)=F(f_9l_3)=3$(根据式(8.1.45)),所以

$$F(f_{18k}/19)=3k$$

例 2 $d=18$ 时,$\omega=12$,此时只能用式(8.1.57).因 $F(l_{12}f_{12}/18)=F(8l_{12})=F(l_{12}f_6)=6$(根据式(8.1.47)),$F(f_{12}/18)=F(f_6)=1$,所以

$$F(f_{12k}/18)=6\cdot[k/2]+[1-(-1)^k]/2=3k(\text{当 }2\mid k)\ \text{或}\ 3k-2(\text{当 }2\nmid k)$$

例 3 $d=17$ 时,$\omega=9$,此时只能用式(8.1.58).我们有

$$\begin{aligned}F(l_{18}l_9f_9/17)=F(2l_{18}l_9)=F(l_{18}\cdot l_9f_3)=&\\ F(l_{18}(f_{12}+f_6))=&\\ F(f_{30}-f_6+f_{24}-f_{12})=&\\ F(f_{30}+f_{24}-(f_{13}-f_{11})-f_6))=&\\ F(f_{30}+(f_{24}-f_{13})+(f_{11}-f_6))=&\\ 1+[(24-13+1)/2]+[(11-6+1)/2]=&\\ 10(\text{根据式(8.1.42)})&\end{aligned}$$

又

$$F(f_9/17)=F(2)=1,F(f_{18}/17)=F(l_9f_3)=2$$

$$F(f_{27}/17)=F(2(l_{18}-1))=F(l_{18}f_3-f_3)=$$
$$F(f_{21}+(f_{15}-f_3))=1+6=7$$

所以 $F(f_{9k}/17)=10\cdot[k/4]+\delta_k,\delta_k=0,1,2,7$ 依 $k\equiv 0,1,2,3 \pmod 4$ 而定.

以上几例均与文献[21]之结果相吻合,其他例子便不再赘述.另外,上文的同样两位作者还在 1989 年研究了 $F(f_n^2/d)$ 与 $F(l_n^2/d)$ 的值,对于 $F(f_{ks}^2/f_s)$, $F(f_{2ks}^2/l_s)$,$F(l_{ks}^2/l_s)$ 等情况得出了一般公式并指出了相应表示法.其基本方法是利用斐波那契数的和的恒等式.有兴趣的读者可参看文献[22].

8.1.3　两个斐波那契 Nim

对策Ⅰ　有一堆棋子,甲、乙二人轮流从中取子.甲先取,他至少要取一个,但不准取完全堆.以后每人每次也至少要取一个,但不能超过对方刚才那次所取数的两倍.谁使剩余棋子数变为 0 则为胜者.

像上述这种形式的对策,很早就在中国的民间游戏中流传,旧名"拧法",广东话称之为"翻摊",在 19 世纪末叶开始传入欧洲,Nim 大概就是"拧"的音译[23].Nim 属于一种更广泛的累加式有限对策[24],但 Nim 本身又有许多类型和特殊的解法.

对策Ⅰ是 Whinihan1963 年根据自然数的 F 表示设计的[25],他的目的是,如果棋子总数 N 不是一个斐波那契数,那么乙总无法拿光棋子,而只能由甲拿光.事实上,设 N 的标准 F 表示为 $N=f_{k_1}+\cdots+f_{k_r}$,$k_1>\cdots>k_r\geqslant 2$,且 $r\geqslant 2$.甲首先取 f_{k_r} 个棋子.按式(8.1.6),$f_{k_{r-1}}>2f_{k_r}$,因此乙所取数 $x<f_{k_{r-1}}$,故乙不能取光棋子.设 $f_{k_{r-1}}-x$ 的标准 F 表示为 $f_{k_{r-1}}-x=f_{m_1}+\cdots+f_{m_t}$,则

$$N-x=f_{k_1}+\cdots+f_{k_{r-2}}+f_{m_1}+\cdots+f_{m_t}$$

也为标准 F 表示. 因 $N'=f_{k_{r-1}}-x<f_{k_{r-1}}$,故由式(8.1.7), $f_{m_t}<2(f_{k_{r-1}}-N')=2x$,于是甲可取去 f_{m_t} 个棋子. 若 $N-x$ 的 F 表示中只有 f_{m_t} 一项,则甲已取光而获胜. 否则,$N-x$ 的 F 表示中至少两项,甲取去 f_{m_t} 个后,乙面对上次同样的形势,无法取光棋子. 如此继续,因棋子总数有限,故必最后由甲取光棋子而获胜.

但当棋子总数 $N=f_n\geqslant 2$,则若乙是明智者时甲必败. 事实上,因 $f_n-f_{n-2}=f_{n-1}<2f_{n-2}$,如果甲取 $x\geqslant f_{n-2}$ 个,则乙可取完剩下棋子;如果甲取 $x<f_{n-2}$ 个,则 $f_{n-1}<f_n-x<f_n$,因而 f_n-x 非斐波那契数,由前面的讨论知乙必胜.

对策Ⅱ 设有两堆棋子,甲、乙二人轮流取子. 每人每次可以从一堆中取任意个或从两堆中各取同样多个,每次至少取一个. 谁使剩下棋子数变为 0 则为胜者.

此对策首先由 Wythoff 于 1907 年提出,1958 年,Isaacs[26] 以另一种形式(移动平面上的格点)重新发现. 1967 年,Kenyon[27] 指出上述两种形式是等价的,并指出这种游戏在中国早已出现. 下面分析其解法.

以数对(a,b)(我们称为点)表每次取过后两堆剩下的棋子数,而且始终以 a 表较少的一堆棋子数(在取的过程中哪一堆较少是不固定的). 解法的基本思想与对策Ⅰ相仿,就是甲设法采取一种取法,使得甲每次取过后,乙总无法取光剩下的棋子. 假设对策从点(a,b)开始,并设它不是一个 Wythoff 对(以下简称 w 对). 若 $ab=0$ 或 $a=b$,则甲可取光全部棋子. 否则,我们证明甲有一种取法,使(a,b)变为一个 w 对. 由定理 8.1.6,

存在一个 w 对(a_n,b_n)，使 $a=a_n$ 或 $a=b_n$. 分下列情况讨论：

$a=b_n$ 时，则 $b>a=b_n>a_n$，因此只要从 b 个棋子中取去 $b-a_n$ 个，则得点(a_n,b_n).

$a=a_n$ 时，若 $b>b_n$，则甲从 b 个棋子中取去 $b-b_n$ 个即可. 若 $b<b_n$. 因 $b_n=a_n+n$，故必有 $b=a_n+r$，$0<r<n$. 今考察 w 对(a_r,b_r)，设 $k=a_n-a_r$，则$(a,b)=(a_r+k,a_r+k+r)=(a_r+k,b_r+k)$. 于是甲从每堆各取 k 个棋子即可.

现在乙面临一个 w 对(a_m,b_m)，他无论怎样取，必变为(a_m-x,b_m)，(a_m,b_m-x)，(a_m-x,b_m-x)三种形式的点之一，显然这些点既不是$(0,0)$也不是 w 对. 于是甲又可把它变成$(0,0)$或 w 对. 如此继续，经有限步后甲必胜.

8.2　F-L 连分数

8.2.1　斐波那契连分数

上节是自然数的 F 表示，本节实际上是某些实数的 F-L 表示(通过连分数).

由 $f_{n+1}/f_n=(f_n+f_{n-1})/f_n=1+1/(f_n/f_{n-1})$逐步迭代我们可得

$$f_{n+1}/f_n=1+\frac{1}{1}+\frac{1}{1}+\cdots+\frac{1}{1}(n\geqslant 1)$$

因为$\lim\limits_{n\to\infty}(f_{n+1}/f_n)=\tau=(1+\sqrt{5})/2$，所以我们得到的连分数展开式：

定理 8.2.1

$$\tau=1+\frac{1}{1}+\frac{1}{1}+\cdots \tag{8.2.1}$$

且 f_{n+1}/f_n 为其第 $n-1$ 个渐近分数.

从连分数理论知,分母不大于 f_n 之有理分数中以 f_{n+1}/f_n 最接近 τ,故我们利用斐波那契序列迅速找到了 τ 的最佳渐近分数.我们下面研究 f_{n+1}/f_n 逼近 τ 的方式和程度.

定理 8.2.2 (1)

$$f_{2n}/f_{2n-1}<f_{2n+2}/f_{2n+1}<\cdots<\tau<\cdots<f_{2n+3}/f_{2n+2}<f_{2n+1}/f_{2n} \tag{8.2.2}$$

(2)在 τ 的任何两个相邻的渐近分数中至少有一个适合

$$|\tau-f_{n+1}/f_n|<1/(\sqrt{5}f_n^2) \tag{8.2.3}$$

证 (1)在证明定理 5.1.12 的过程中已证.

(2)令 $\bar{\tau}=(1-\sqrt{5})/2$,由式(2.2.67′)有

$$\begin{aligned}(-1)^n=&f_{n+1}^2-f_nf_{n+1}-f_n^2=\\&(f_{n+1}-\tau f_n)(f_{n+1}-\bar{\tau}f_n)=\\&(f_{n+1}-\tau f_n)(f_{n-1}+\tau f_n)\end{aligned}$$

所以 $|\tau-f_{n+1}/f_n|=1/(f_n^2(\tau-f_{n-1}/f_n))$.由式(8.2.2)知,$f_{n+1}/f_n$ 和 f_n/f_{n-1} 中必有一个小于 τ,不妨设 $f_n/f_{n-1}<\tau$,则 $f_{n-1}/f_n>1/\tau=\tau-1=-\bar{\tau}$,所以 $\tau+f_{n-1}/f_n>\tau-\bar{\tau}=\sqrt{5}$,由此即得所证者.

Hurwicz 曾证明任何正无理数 α 的二个连续渐近分数中至少有一个适合 $|\alpha-p/q|<1/2q^2$,三个连续渐近分数中至少有一个适合 $|\alpha-p/q|<1/\sqrt{5}q^2$,式(8.2.3)乃 Hurwicz 的结果之具体化和加强.

因为,由式(2.3.16),$f_{n+1}/f_n-f_n/f_{n-1}=(f_{n+1}f_{n-1}-$

$f_n^2)/f_nf_{n-1}=(-1)^n/f_nf_{n-1}$，所以 f_{n+1}/f_n 又可作为下列无穷级数的近似值

$$\tau = 1+\sum_{n=2}^{\infty}(-1)^n/f_nf_{n-1} \qquad (8.2.4)$$

又因为 $(f_{n+1}/f_n)(f_n/f_{n-1})=(f_{n+1}f_{n-1})/f_n^2=[f_n^2+(-1)^n]/f_n^2=1+(-1)^n/f_n^2$，所以 f_{n+1}/f_n 还可作为下列无穷乘积的近似值

$$\tau = \prod_{n=1}^{\infty}[1+(-1)^{n+1}/f_{n+1}^2] \qquad (8.2.5)$$

在数值分析的实际应用中，要求尽快使 f_{n+1}/f_n 之值逼近 τ. 这常可应用一种所谓"Aitken 加速法". 对序列 $\{x_n\}$，作变换

$$T_r(x_n)=(x_{n+r}x_{n-r}-x_n^2)/(x_{n+r}-2x_n+x_{n-r})$$
$$(1\leqslant r<n) \qquad (8.2.6)$$

这就是 Aitken 加速公式. 此公式右边的分子与二阶 F-L 序列恒等式(2.3.16)一致，这使我们想到上述变换可能对斐波那契序列产生一个好的结果. 事实上，1984 年，Phillips[28] 证明了：

定理 8.2.3

$$T_r(f_{n+1}/f_n)=f_{2n+1}/f_{2n} \qquad (8.2.7)$$

证　以 $x_n=f_{n+1}/f_n$ 代入式(8.2.6)，则右边的分子为

$$(f_{n+r+1}f_{n-r+1}f_n^2-f_{n+r}f_{n-r}f_{n+1}^2)/(f_{n+r}f_{n-r}f_n^2)=$$
$$[(f_{n+r+1}f_{n-r+1}-f_{n+1}^2)f_n^2-(f_{n+r}f_{n-r}-f_n^2)f_{n+1}^2]/$$
$$(f_{n+r}f_{n-r}f_n^2)=(-1)^{n+r}f_r^2(f_n^2+f_{n+1}^2)/(f_{n+r}f_{n-r}f_n^2)$$
$$(\text{由}(2.3.16))=(-1)^{n+r}f_r^2f_{2n+1}^2/(f_{n+r}f_{n-r}f_n^2) \qquad (\text{I})$$

又

$$x_n - x_{n-r} = (f_{n+1}f_{n-r} - f_{n-r+1}f_n)/(f_nf_{n-r}) = (-1)^{n-r-1}f_r/(f_nf_{n-r})\text{(由式(2.2.17))}$$

在上式中以 $n+r$ 代 n 得

$$x_{n+r} - x_n = (-1)^{n-1}f_r/(f_{n+r}/f_n)$$

于是式(8.2.6)右边的分母为

$$(-1)^{n-r}f_r[f_{n+r} - (-1)^rf_{n-r}]/(f_{n+r}f_{n-r}f_n) = (-1)^{n-r}f_r^2l_n/(f_{n+r}f_{n-r}f_n) \quad (\text{Ⅱ})$$

综合式(Ⅰ),(Ⅱ)即证得式(8.2.7).

我们还可用变换 T_r 连续作用而反复加速,文献[28]中证明了 $r=1$ 时:

定理 8.2.4

$$T_1^k(f_{n+1}/f_n) = f_{2^kn+1}/f_{2^kn} \quad (8.2.8)$$

此公式容易利用式(8.2.7)以归纳法证之,证明从略.

斐波那契序列是 $\Omega(1,1)$ 中主序列,是否还有其他二阶 F-L 主序列与它的特征根的连分数具有类似的关系呢? Hardy 和 Wright 的书(第 4 章文献[21])中曾研究一种更一般的情况,即:

定理 8.2.5 设 $a,c>0$,$\mathbf{u}$ 为 $\Omega_Z(ac,c)$ 中主序列,$\alpha=(ac+\sqrt{(ac)^2+4c})/2$,则(令 $b=ac$):

(1)

$$\alpha = b + \frac{1}{a} + \frac{1}{b} + \frac{1}{a} + \frac{1}{b} + \cdots = [b,a] \quad (8.2.9)$$

(2)设 p_{n-1}/q_{n-1} 为 α 的第 $n-1$ 个渐近分数,则

$$p_{n-1} = u_{n+1}/c^{[n/2]}, q_{n-1} = u_n/c^{[n/2]}$$

因而

$$u_{n+1}/u_n = p_{n-1}/q_{n-1} \quad (8.2.10)$$

证 (1)显然.对于(2),由 $q_0=1=u_1$,$q_1=a=u_2/c$,$p_0=b=u_2$,$p_1=ab+1=u_3/c$ 及 $u_{n+1}=acu_n+cu_{n-1}$,可

用归纳法证之.

对于一般 $\Omega_z(a,b)$，如果其特征根 $\alpha>0$ 为无理数，第 2 章文献[40]和第 4 章文献[21]中已证明其连分数为周期的. 但其渐近分数与 Ω 中主序列相邻项之比有何种关系，目前尚未发现一般结果.

8.2.2　广义斐波那契连分数

今考察 $\Omega_z(a,b)$，设其特征根 $\alpha=(a+\sqrt{\Delta})/2$ 和 $\beta=(a-\sqrt{-\Delta})/2$为无理数，且 $|\beta|<1$. 上一目中，我们是要求用简单连分数表示 α，本目我们将放宽为一般的连分数. 这对于用与 F-L 数有关的连分数表示 α 将开辟一个广阔的途径. 事实上，用这种连分数一般地还能表示 α 的幂. 首先，爱森斯坦[29]于 1984 年提出了用卢卡斯数 l_n 构造一个连分数表示 $\tau=(1+\sqrt{5})/2$ 的幂的问题. 这个问题于 1985 年为 Lord[30]所解决，即证明了

$$\tau^n=l_n-\frac{(-1)^n}{l_n}-\frac{(-1)^n}{l_n}-\cdots \tag{8.2.11}$$

1988 年，Shannon 和 Horadam[31]研究了一般情况，即用一般二阶 F-L 数 w_n 构造一般连分数(即称广义斐波那契连分数)来表示 α 的幂. 我们下面介绍他们的结果，但所用方法有所不同.

引理 8.2.1　设连分数

$$a_0+\frac{b_1}{a_1}+\frac{b_2}{a_2}+\cdots+\frac{b_k}{a_k}+\cdots \tag{8.2.12}$$

的第 k 个渐近分数为 $x_k(k=0,1,\cdots)$，则 x_k 可表成 $x_k=p_k/q_k$，适合

$$p_k=a_kp_{k-1}+b_kp_{k-2} \tag{8.2.13}$$

$$q_k=a_kq_{k-1}+b_kq_{k-2} \tag{8.2.14}$$

而

$$p_0=a_0,p_1=a_1a_0+b_1,q_0=1,q_1=a_1 \tag{8.2.15}$$

$$p_kq_{k-1}-p_{k-1}q_k=(-1)^{k-1}b_k\cdots b_1 \tag{8.2.16}$$

因而

$$x_k-x_{k-1}=p_k/q_k-p_{k-1}/q_{k-1}=(-1)^{k-1}b_k\cdots b_1/q_kq_{k-1} \tag{8.2.17}$$

$$x_k-x_{k-3}=p_k/q_k-p_{k-2}/q_{k-2}=(-1)^k a_kb_{k-1}\cdots b_1/q_kq_{k-2} \tag{8.2.18}$$

证 基本上仿照简单连分数性质之证法.

式(8.2.13)～(8.2.15)的证明如下

$$x_{k+1}=a_0+\frac{b_1}{a_1}+\frac{b_2}{a_2}+\cdots+\frac{b_k}{a_k}=$$
$$(a'_kp_{k-1}+b_kp_{k-2})/(a'_kq_{k-1}+b_kq_{k-2})$$

而 $a'_k=a_k+b_{k+1}/a_{k+1}=(a_{k+1}a_k+b_{k+1})/a_{k+1}$，以之代入上式得

$$x_{k+1}=[a_{k-1}(a_kp_{k-1}+b_kp_{k-2})+b_{k+1}p_{k-1}]/$$
$$[a_{k+1}(a_kq_{k-1}+b_kq_{k-2})+b_{k+1}q_{k-1}]=$$
$$(a_{k+1}p_k+b_{k+1}p_{k-1})/(a_{k-1}q_k+b_{k+1}q_{k-1})$$

即证.

式(8.2.16)，(8.2.17)的证明如下：由式(8.2.13)～(8.2.15)之结果有

$$p_kq_{k-1}-p_{k-1}q_k=\begin{vmatrix}a_kp_{k-1}-b_kp_{k-2} & p_{k-1}\\ a_kq_{k-1}+b_kq_{k-2} & q_{k-1}\end{vmatrix}=$$
$$-b_k(p_{k-1}q_{k-2}-p_{k-2}q_{k-1})$$

据此递推并结合初始条件即得式(8.2.16).

式(8.2.18)的证明可仿式(8.2.16)，(8.2.17)的证明证之.

定理 8.2.6　设 $\Omega_Z(a,b)$ 的特征根 α,β 为无理数，$|\beta|<1$，$\mathbf{w}\in\Omega_Z$ 有通项

$$w_n=\lambda\alpha^n+\mu\beta^n(\lambda>0) \tag{8.2.19}$$

令

$$d_n=\lambda\mu(-b)^n \tag{8.2.20}$$

若对某个 n 有 $d_n<0$，$w_n>0$，则

$$\lambda\alpha^n=w_n-\frac{d_n}{w_n}-\frac{d_n}{w_n}-\cdots \tag{8.2.21}$$

证　根据引理 8.2.1 的记号有 $a_0=a_k=w_n>0$，$b_k=-d_n$，$k=1,2,\cdots$. 这时

$$p_k=w_np_{k-1}-d_np_{k-2} \tag{8.2.22}$$

$$q_k=w_nq_{k-1}-d_nq_{k-2} \tag{8.2.23}$$

而

$$p_0=w_n,p_1=w_n^2-d_n,q_0=1,q_1=w_n \tag{8.2.24}$$

又

$$x_k-x_{k-1}=(-1)^{k-1}(-d_n)^k/q_kq_{k-1} \tag{8.2.25}$$

$$x_k-x_{k-2}=(-1)^kw_n(-d_n)^{k-1}/q_kq_{k-2} \tag{8.2.26}$$

当 $d_n<0$，则由式(8.2.23)，(8.2.24)可得 $q_k>0$ $(k=0,1,\cdots)$. 于是由式(8.2.25)，(8.2.26)得

$$x_0<x_2\cdots<x_{2k-2}<x_{2k}<\cdots<x_{2k+1}<x_{2k-1}<\cdots<x_3<x_1$$

由此可知 $k\to\infty$ 时 $\lim\limits_{k\to\infty}x_{2k}$ 和 $\lim\limits_{k\to\infty}x_{2k-1}$ 均存在，且极限位于 x_0 和 x_1 之间. 于是又有 $\lim\limits_{k\to\infty}(x_k-x_{k-2})=0$，由此推出

$$\lim_{k\to\infty}(-d_n)^k/q_kq_{k-2}=0$$

另一方面，由 $|\beta|=|a-\sqrt{\Delta}|/2<1$ 知，必有 $a>0$. 否则 $|\alpha|\leqslant|\beta|<1$，导致 $|b|=|\alpha|\cdot|\beta|<1$，与 $b\in\mathbf{Z}$ 及 α,β 为无理数矛盾. 于是 $\alpha>0$，$\alpha=|b/\beta|>1$. 又由 $d_n=$

$\lambda\alpha^n \cdot \mu\beta^n<0$ 知 $\mu\beta^n<0$.

再由式(8.2.23),$q_k>w_n q_{k-1}\geqslant q_{k-1}>0$,于是又有

$$|x_k-x_{k-1}|<(-d_n)^k/q_k q_{k-2}\to 0(k\to\infty)$$

故知 $k\to\infty$ 时 $\lim\limits_{k\to\infty} x_k=\xi$ 存在. 也就是说,式(8.2.21)右边之连分数收敛于 ξ,因而适合

$$\xi=w_n-d_n/\xi$$

即

$$0=\xi^2-w_n\xi+d_n=(\xi-\lambda\alpha^n)(\xi-\mu\beta^n)$$

所以

$$\xi=\lambda\alpha^n \text{ 或 } \mu\beta^n$$

但 $\xi>x_0=w_n>0>\mu\beta^n$,故必 $\xi=\lambda\alpha^n$. 定理得证.

Shannon 和 Horadam 实际上只推广了式(8.2.11)当 n 为奇数的情况. 下面我们补充一个结果,在此基础上可进一步推广上述两人的结果.

定理 8.2.7 在定理 8.2.6 的条件下,若 $d_n>0$,$w_n>0$,且 $\lambda\alpha^n\geqslant\mu\beta^n$,则式(8.2.21)成立.

证 由式(8.2.22)~(8.2.24)知,序列$\{p_k\}$,$\{q_k\}$均属 $\Omega(w_n,-d_n)$,其特征根为 $\delta=\lambda\alpha^n$,$\theta=\mu\beta^n$,由已知条件可知 $\delta,\theta>0$,当 $\delta>\theta$ 时,$\Omega(w_n,-d_n)$中主序列之通项为 $u_k=(\delta^k-\theta^k)/(\delta-\theta)$,于是

$$p_k=p_1u_k-p_0d_nu_{k-1}=(\delta^2+\delta\theta+\theta^2)u_k-(\delta+\theta)\delta\theta u_{k-1}$$

$$q_k=q_1u_k-q_0d_nu_{k-1}=(\delta+\theta)u_k-\delta\theta u_{k-1}$$

因为 $k\to\infty$ 时

$$u_k/u_{k-1}=(\delta^k-\theta^k)/(\delta^{k-1}-\theta^{k-1})=$$
$$[\delta-\theta\cdot(\theta/\delta)^{k-1}]/[1-(\theta/\delta)^{k-1}]\to\delta$$

故此时

$$p_k/q_k=[(\delta^2+\delta\theta+\theta^2)u_k/u_{k-1}-(\delta+\theta)\delta\theta]/$$
$$[(\delta+\theta)u_k/u_{k-1}-\delta\theta]\to$$

$$[(\delta^2+\delta\theta+\theta^2)\delta-(\delta+\theta)\delta\theta]/$$
$$[(\delta+\theta)\delta-\delta\theta]=\delta$$

此即式(8.2.21)成立.

当 $\delta=\theta$ 时，$u_k=k\delta^{k-1}$，$u_{k-1}=(k-1)\delta^{k-2}$，$k\to\infty$ 时，仍有 $u_k/u_{k-1}\to\delta$，因而也有 $p_k/q_k\to\delta$，故式(8.2.21)也成立.

注　实际上，上述两定理的条件可统一归纳并放宽为 $w_nd_n\neq0$，$|\lambda\alpha^n|\geqslant|\mu\beta^n|$，并且不必要求 α,β 为无理数. 修改后的定理可统一采用后一定理的证法证明之.

现在我们回过头来看式(8.2.12). $l_n=\tau^n+\bar{\tau}^n$. $\lambda=\mu=1$. $d_n=(-1)^n$. n 为奇数时 $d_n<0$，满足定理 8.2.6 的条件. n 为偶数时，$d_n>0$，而 $\tau^n>\bar{\tau}^n$，故满足定理 8.2.7 的条件. 因而式(8.2.12)成立.

8.3　F-L 整数的舍入函数表示

8.3.1　由特征根的幂产生的舍入函数

从前两节知道，一些实数能够用 F-L 整数表示，那么，一个相反的问题，怎样使 F-L 整数本身更简单表示出来，就自然地出现了. 这个问题既有理论意义，又有实际意义. 比如，对于斐波那契数 $f_n=(\tau^n-\bar{\tau}^n)/\sqrt{5}$，$\tau=(1+\sqrt{5})/2$，由于显然有 $|\bar{\tau}|^n/\sqrt{5}<0.5$，所以可写

$$f_n=[\tau^n/\sqrt{5}+0.5] \tag{8.3.1}$$

即要计算 f_n，只要计算 $\tau^n/\sqrt{5}$后再 4 舍 5 入. 这种方法已有人用于计算机程序中[32]. 1982 年，Spikerman(第 1 章文献[20])对于 $\mathfrak{f}^{<3>}\in\Omega(1,1,1)$，$f_0^{<3>}=0$，$f_1^{<3>}=$

$f_2^{<3>}=1$,证明了

$$f_n^{<3>}=[(\rho-1)\rho^{n-1}/(4\rho-6)+0.5] \quad (8.3.2)$$

其中 $\rho=(\sqrt[3]{19+3\sqrt{33}}+\sqrt[3]{19-3\sqrt{33}}+1)/3$.

1990 年,Capocelli 和 Cull[33] 把上述结果推广到了 $\mathfrak{f}^{<k>}\in\Omega(1,\cdots,1)$,$\mathfrak{f}_0^{<k>}=0$,$f_1^{<k>}=1$,$f_j^{<k>}=2^{j-2}(j=2,\cdots,k-1)$的情形.他们证明了:

定理 8.3.1 设 α 为 $g(x)=x^k-x^{k-1}-\cdots-x-1$ $(k\geqslant 2)$的唯一正实根,则对于 $n\geqslant -k+2$ 有

$$f_n^{<k>}=[\alpha^{n-1}(\alpha-1)/((k+1)\alpha-2k)+0.5] \quad (8.3.3)$$

我们先证明若干引理,既为定理的证明做准备,同时也对 $\mathfrak{f}^{(k)}$ 及其特征根的性质做一了解.

引理 8.3.1 $g(x)$有唯一正根 $\alpha_1=\alpha$ 适合

$$2-2^{1-k}<\alpha<2-2^{-k} \quad (\text{Ⅰ})$$

其余的根 $\alpha_i(i=2,\cdots,k)$适合

$$1/\sqrt[k]{3}<|\alpha_i|<1 \quad (\text{Ⅱ})$$

又若 $2|k$,则有一负根,设为 α_k,适合

$$-1+2/(3k)<\alpha_k<-1+2/k \quad (\text{Ⅲ})$$

证 因为 $g(1)<0$,可化 $g(x)=(x^{k+1}-2x^k+1)/(x-1)=p(x)/(x-1)$,所以 $g(x)$与 $p(x)$除 1 以外根完全相同.由 $\gcd(p'(x),p(x))=1$ 知,$g(x)$无重根.依笛卡儿(Descartes)符号法则,$g(x)$有唯一正根 $\alpha_1=\alpha$.因为

$$p(2-2^{1-k})=-2(1-2^{-k})^k+1<0$$

及

$$p(2-2^{-k})=-(1-2^{-k-1})^k+1>0$$

故得式(Ⅰ).

对其他根 α_i，我们有

$$0=|g(\alpha_i)|\geqslant|\alpha_i|^k-|\alpha_i|^{k-1}-\cdots-|\alpha_i|-1$$

及

$$0=|p(\alpha_i)|\geqslant 2|\alpha_i|^k-|\alpha_i|^{k+1}-1$$

即

$$g(|\alpha_i|)\leqslant 0 \text{ 及 } p(|\alpha_i|)=(|\alpha_i|-1)g(|\alpha_i|)\geqslant 0$$

由此可知，$g(|\alpha_i|)=0$ 或 $|\alpha_i|<1$. 若 $g(|\alpha_i|)=0$，则必 $|\alpha_i|=\alpha$，即有 $\alpha_i=\alpha\beta$，β 为单位模的复数. 但由

$$(\alpha\beta)^k=(\alpha\beta)^{k-1}+\cdots+(\alpha\beta)+1$$

可得 $\alpha^k=\alpha^{k-1}\beta^{-1}+\cdots+\alpha\beta^{-k+1}+\beta^{-k}\leqslant\alpha^{k-1}+\cdots+\alpha+1$，故必右边等号成立，而这只有 $\beta=1$ 才可达到，于是 $\alpha_i=\alpha$，此不可能. 所以 $|\alpha_i|<1$.

另一方面，考察 $p(x)$ 的互倒多项式 $h(x)=x^{k+1}-2x+1$，它与 $p(x)$ 的根互为倒数. 设 $|x_0|>1$ 使 $h(x_0)=0$，则 $|x_0|\cdot|x_0^k-2|=1$，由此推出 $|x_0^k-2|<1$，进而推出 $|x_0^k|<3$，即 $|x_0|<\sqrt[k]{3}$. 因此对 $|\alpha_i|<1$ 有 $|\alpha_i|>1/\sqrt[k]{3}$，即得式（Ⅱ）.

最后，当 $2|k$ 时同样可知，$g(x)$ 有唯一负根 α_k 位于区间 $(-1,0)$ 中，且在曲线 $y=x^k$ 和 $y=1/(2-x)$ 的交点上. 因为在此区间内 $x^{k+2}<x^k$，所以 k 增大时交点将左移，亦即 α_k 随 k 之增大而单调减小. α_k 之下界可应用 Newton 法于 $g(x)$ 而得到，上界可由 $p(-1+2/k)>0$ 得到，证毕.

引理 8.3.2　对每个 α_j，$2\leqslant j\leqslant[(k+1)/2]$，若 α_j 为虚根时位于上半复平面内，则有

$$2(j-1)\pi/k<\arg(\alpha_i)\leqslant 2(j-1)\pi/(k-1)$$

证　考察 $h(x)=x^{k+1}-2x+1$ 的一个虚根 $x_0=\rho(\cos\varphi+\mathrm{i}\sin\varphi)$，由 $h(x_0)=0$ 得

$$\rho^{k+1}\cos(k+1)\varphi-2\rho\cos\varphi+1=0$$

及

$$\rho^{k+1}\sin(k+1)\varphi-2\rho\sin\varphi=0$$

从两式消去 ρ 得

$$2^{k+1}\sin^k k\varphi-\sin^{k+1}(k+1)\varphi=0$$

当 φ 分别取 $2(j-1)\pi/k$ 和 $2(j-1)\pi/(k-1)$ 时，上式左边之值分别 <0 和 $\geqslant 0$，故必 φ 位于某个区间 $[(2(j-1)\pi/k, 2(j-1)\pi/(k-1)]$ 之内. 再考虑 x_0 之共轭虚根，就可得 $p(x)$ 之根的幅角的性质，引理即证.

引理 8.3.3

$$f_n^{(k)}=\sum_{j=1}^{k}\alpha_j^{n-1}(\alpha_j-1)/((k+1)\alpha_j-2k) \tag{8.3.4}$$

证 我们按公式(1.6.8)的证明. 首先，$\mathbf{f}^{<k>}$ 之特征多项式 $g(x)=p(x)/(x-1)$，则

$$g'(x)=(p'(x)(x-1)-p(x))/(x-1)^2$$

所以 $\quad g'(\alpha_j)=\alpha_j^{k-1}((k+1)\alpha_j-2k)/(\alpha_j-1)$

其次，依式(1.5.3)，$\mathbf{f}^{<k>}$ 之初始多项式为

$$\begin{aligned}U_0(x)=&0\cdot x^{k-1}+(1-0)x^{k-2}+(1-1-0)x^{k-3}+\\&(2-1-1-0)x^{k-4}+\cdots+\\&(2^{k-3}-2^{k-4}-\cdots-2^2-2-1-1-0)=x^{k-2}\end{aligned}$$

所以 $U_0(\alpha_j)=\alpha_j^{k-2}$. 以上述结果代入式(1.6.8)即证.

下面我们研究 $f_n^{<k>}$ 与式(8.3.4)中含 $\alpha_1=\alpha$ 的项之间的差的性质. 记

$$c_j=(\alpha_j-1)/((k+1)\alpha_j-2k)$$

$$e_n=f_n^{<k>}-c_1\alpha_1^{n-1}=f_n^{<k>}-c\alpha^{n-1}=\sum_{j=2}^{k}c_j\alpha_j^{n-1} \tag{8.3.5}$$

引理 8.3.4　序列$\{e_n\}$中至多连续有 $k-1$ 个项同号.

证　由

$$g(x)=(x-\alpha)[x^{k-1}+(\alpha-1)x^{k-2}+(\alpha^2-\alpha-1)x^{k-3}+\cdots+(\alpha^{k-1}-\alpha^{k-2}-\cdots-\alpha-1)]$$

及 $g(\alpha_j)=0$ 知,当 $\alpha_j\neq\alpha_1=\alpha$ 时

$$\alpha_j^{k-1}+(\alpha-1)\alpha_j^{k-2}+(\alpha^2-\alpha-1)\alpha_j^{k-3}+\cdots+(\alpha^{k-1}-\alpha^{k-2}-\cdots-\alpha-1)=0$$

上式可改写为矩阵形式,令

$$\boldsymbol{B}_j'=(\alpha_j^{k-1}\quad \alpha_j^{k-2}\quad \cdots\quad \alpha_j\quad 1)$$

$$\boldsymbol{A}'=(1\quad \alpha-1\quad \alpha^2-\alpha-1\quad \cdots\quad \alpha^{k-1}-\alpha^{k-2}-\cdots-\alpha-1$$

则有

$$\boldsymbol{A}'\boldsymbol{B}_j=0(2\leqslant j\leqslant k)$$

再令

$$\boldsymbol{D}'=(e_{n+k+1}\quad e_{n+k-2}\quad \cdots\quad e_{n+1}\quad e_n)$$

则

$$\boldsymbol{D}=\sum_{j=2}^{n}c_j\alpha^{n-1}\boldsymbol{B}_j$$

于是

$$\boldsymbol{A}'\boldsymbol{D}=\sum_{j=2}^{n}c_j\alpha^{n-1}\boldsymbol{A}'\boldsymbol{B}_j=0$$

即

$$e_{n+k-1}+(\alpha-1)e_{n+k-2}+\cdots+(\alpha^{k-1}-\alpha^{k-2}-\cdots-\alpha-1)e_n=0$$

由引理 8.3.1 及其证明知,$1,\alpha-1,\cdots,\alpha^{k-1}-\alpha^{k-2}-\cdots-\alpha-1$ 均为正,故连续 k 个数 $e_n,e_{n+1},\cdots,e_{n+k-1}$ 不可能全部同号.

引理 8.3.5　$\{e_n\}$适合

$$e_{n+1}=2e_n-e_{n-k}\tag{8.3.6}$$

证 由式(8.3.5)知$\{e_n\}\in\Omega(g(x))$,故有

$$e_{n+1}=e_n+e_{n-1}+\cdots+e_{n-k+1}=$$
$$e_n+(e_{n-1}+\cdots+e_{n-k+1}+e_{n-k})-e_{n-k}=$$
$$2e_n-e_{n-k}$$

引理 8.3.6 若$|e_n|\geqslant 1/2$,则对某个$2\leqslant i\leqslant k$,$|e_{n-i}|>1/2$.

证 若e_n与e_{n+1}异号,则由式(8.3.6),知

$$e_{n+1}^2=2e_ne_{n+1}-e_{n+1}e_{n-k}>0$$

因此e_{n+1}与e_{n-k}异号,而上式化为

$$-2|e_n|\cdot|e_{n+1}|+|e_{n+1}|\cdot|e_{n-k}|>0$$

所以

$$|e_{n-k}|>2|e_n|>1/2$$

若e_n与e_{n+1}同号,如果$|e_{n-k}|>1/2$,则已证.否则$|e_{n-k}|\leqslant 1/2$.而由

$$e_{n-k}=2e_n-e_{n+1}=\operatorname{sgn}(e_n)(2|e_n|-|e_{n+1}|)$$

得

$$-1/2\leqslant 2|e_n|-|e_{n+1}|\leqslant 1/2$$

于是

$$|e_{n+1}|\geqslant 2|e_n|-1/2\geqslant 1/2$$

若e_{n+1}与e_{n+2}异号,则仿上可证得$|e_{n-k+1}|>1/2$.若e_{n+1}与e_{n+2}同号,仿上又可得$|e_{n+2}|\geqslant 1/2$.如此继续,由引理 8.3.4,在$e_n,e_{n+1},\cdots,e_{n+k-1}$中必有两相邻项异号者,因而在$|e_{n-k}|,|e_{n-k+1}|,\cdots,|e_{n-2}|$中必有大于 1/2 者.证毕.

引理 8.3.7 对于$-k+2\leqslant i\leqslant 1$有$|e_i|<1/2$.

证 由递归关系及初始条件可逆推得$f_0^{<k>}=f_{-1}^{<k>}=f_{-2}^{<k>}=\cdots=f_{-k+2}^{<k>}=0$.又由式(8.3.5),知

$$e_0=-c\alpha^{-1},e_{-1}=-c\alpha^{-2},\cdots,e_{-k+2}=-c\alpha^{-k+1}$$

因为 $c>0,\alpha>1$，所以 $|e_0|>|e_{-1}|>\cdots>|e_{-k+2}|$.

故只要证 $|e_0|$ 和 $|e_1|<1/2$ 即可. $|e_0|<1/2$ 等价于

$$(k+1)\alpha(2-\alpha)<2$$

由引理 8.3.1，$2-\alpha<2^{1-k}$，故上式左边

$$<(k+1)\alpha/2^{k-1}<2(k+1)/2^{k-1}$$

因而只要证 $k+1\leqslant 2^{k-1}$ 即可. 但此式对 $k\geqslant 3$ 成立，从而 $|e_0|<1/2$ 成立. 又 $k=2$ 时可直接验证 $|e_0|<1/2$ 也成立.

因为 $e_0,e_{-1},\cdots,e_{-k+2}$ 均为负，则 e_1 必为正，于是 $|e_1|<1/2$ 等价于

$$1-(\alpha-1)/((k+1)\alpha-2k)<1/2$$

亦即 $\alpha<2(k+1)/(k-1)$，由于 $\alpha<2$，此不等式显然成立. 证毕.

定理 8.3.1 的证明：只要证明对一切 $n\geqslant -k+2$，$|e_n|<0.5$ 即可.

引理 8.3.7 已证明对 $-k+2\leqslant n\leqslant 1$ 成立. 今证 $|e_2|<0.5$. 若不然，$|e_2|\geqslant 0.5$，则由引理 8.3.6，存在 $2\leqslant i\leqslant k$，使 $|e_{2-i}|>0.5$，而 $1>2-i\geqslant -k+2$，此乃矛盾. 仿此可用归纳法完成证明.

8.3.2　舍入函数 $[\alpha n+0.5]$ 的迭代

我们在第 5 章，曾利用式(2.2.67′)解得

$$f_{i+1}=(f_i+\sqrt{5f_i^2+4(-1)^i})/2$$

容易证明，当 $i\geqslant 2$ 时

$$\sqrt{5}f_i-1<\sqrt{5f_i^2+4(-1)^i}<\sqrt{5}f_i+1$$

于是

$$f_i(1+\sqrt{5})/2-0.5<f_{i+1}<f_i(1+\sqrt{5})/2+0.5$$

即对于 $\tau=(1+\sqrt{5})/2,i\geqslant 2$，有

$$f_{i+1}=[\tau f_i+0.5] \tag{8.3.7}$$

这就把$\{f_i\}$所适合的二阶递归关系变成了一阶递归关系.如果作函数

$$r(n)=[\tau n+0.5] \tag{8.3.8}$$

则上述一阶递归关系可改写为对舍入函数 $r(n)$ 的迭代关系,即

$$f_2=f_1, f_{i+1}=r(f_i)=r^{i-1}(f_2)=r^i(1)(i\geqslant 2) \tag{8.3.9}$$

由此我们还得到一个有趣的等式

$$[\tau[\tau f_i+0.5]+0.5]=[\tau f_i+0.5]+f_i \tag{8.3.10}$$

1991 年,Kimberling[34]针对上式提出了一个推广性的问题:对于给定的哪些整数 a,b 存在实数 ζ,使得

$$[\zeta[n\zeta+0.5]+0.5]=a[n\zeta+0.5]+b \tag{8.3.11}$$

对一切整数 $n\geqslant 1$ 成立?若存在,是否唯一?接着,他解决了这一问题.下面介绍他的解法,在讨论中我们恒假定 a,b 为非零整数,$\Delta=a^2+4b\geqslant 0$,$\alpha=(a+\sqrt{\Delta})/2$,$\beta=(a-\sqrt{\Delta})/2$.

引理 8.3.8

$$|\beta|<1\Leftrightarrow|b-1|<|a|, |\beta|=1\Leftrightarrow|b-1|=|a| \tag{8.3.12}$$

证 $|\beta|\leqslant 1\Leftrightarrow a-2\leqslant\sqrt{a^2+4b}\leqslant a+2$.显然 $a\geqslant -2$.当 $a\geqslant 2$ 时,上式等价于

$$a^2-4a+4\leqslant a^2+4b\leqslant a^2+4a+4$$

亦即$-a\leqslant b-1\leqslant a$,且仅当$|\beta|=1$ 时等号成立.此即所需证者.当 $a=\pm 1$ 时,只要 $b\geqslant 1$ 且 $\sqrt{1+4b}\leqslant 3$ 即

可，得 $-1<b-1\leqslant 1$，此也为所需证者。当 $a=-2$ 时，仅当 $b=-1$ 时 $|\beta|=1$。此也符合式(8.3.12)。证毕。

引理 8.3.9　若 $|b-1|<|a|$，则(8.3.11)对 $\zeta=\alpha$ 和一切 $n\geqslant 1$ 成立。

证　此时有 $|\beta|<1$。令 $s=n\alpha+0.5-[n\alpha+0.5]$，则 $|s-0.5|<0.5<1/(2|\beta|)$。此式可改写为 $0<-0.5\beta+\beta s+0.5<1$。利用 $\alpha\beta=-b$ 得

$$0<-\alpha\beta n-0.5\beta+\beta s+0.5-bn<1$$

即

$$0<-\beta(\alpha n+0.5-s)+0.5-bn<1$$

即

$$0<(\alpha-a)[\alpha n+0.5]+0.5-bn<1$$

亦即

$$0<\alpha[\alpha n+0.5]+0.5-a[\alpha n+0.5]-bn<1$$

此即所需证者。

定理 8.3.2　若 $|b-1|<|a|$，则存在唯一的 ζ，使式(8.3.11)对一切 $n\geqslant 1$ 成立，进而言之，$\zeta=\alpha$。

Kimberling 在证此定理时增加了一条关于 α 的连分数性质的引理，把证明复杂化了，而且似有不妥之处，我们采用如下简单证法。

证　只需证唯一性。设 ζ 适合式(8.3.11)。记 $s=n\zeta+0.5-[n\zeta+0.5]$，则式(8.3.11)化为

$$0<\zeta(n\zeta+0.5-s)+0.5-a(n\zeta+0.5-s)-bn<1$$

即

$$0<((\zeta-a)\zeta-b)n+(\zeta-a)(0.5-s)+0.5<1 \tag{Ⅰ}$$

若 $(\zeta-a)\zeta\neq b$，则 $n\to\infty$ 时上述不等式不成立，这与式(8.3.11)对一切 $n\geqslant 1$ 成立的要求矛盾。所以 $(\zeta-a)\zeta=$

b. 令 $\mu=a-\zeta$,则 $\zeta+\mu=a$,$\zeta\mu=-b$,故 ζ,μ 必各为 α,β 之一. 若 $\zeta=\beta$,则式(Ⅰ)化为

$$-0.5<(s-0.5)\alpha<0.5$$

由此

$$\alpha<0.5/|s-0.5| \qquad (\text{Ⅱ})$$

因为 $|\beta|<1$,可知 $\zeta=\beta$ 为无理数. 令 $n\beta-[n\beta]=x_n$. 任取 $0.5<t<1$ 可知,t 为 $\{x_n\}$ 的极限点(参见第 2 章文献[40],P. 289). 取 $0<\varepsilon<t-0.5$,则存在 n,使 $0.5<t-\varepsilon<x_n<t+\varepsilon$,此时可得 $s=x_n-0.5$. 令 $t\to0.5$,则 $\varepsilon\to0$,$x_n\to0.5$,从而 $s\to0$,于是由式(Ⅱ)得 $\alpha\leqslant1$. 这就引出 $|b|<1$ 的矛盾. 故必 $\zeta=\alpha$.

定理 8.3.3 对任一个 $n\in\mathbf{Z}_+$,构造序列 $\{w_k\}$ 如下

$$w_1=n,w_{k+1}=[\alpha w_k+0.5](k\geqslant1) \qquad (8.3.13)$$

则当且仅当 $|b-1|<|a|$ 或 $\alpha,\beta\in\mathbf{Z}$ 时对一切 $n\in\mathbf{Z}_+$ 有

$$w_{k+2}=aw_{k+1}+bw_k(k\geqslant1)$$

证 充分性. 当 $|b-1|<a$ 时,由定理 8.3.2,式(8.3.11)对 $\zeta=\alpha$ 和一切 $n\in\mathbf{Z}_+$ 成立,亦即 $w_3=aw_2+bw_1$ 成立. 由式(8.3.13)知 $w_k\in\mathbf{Z}_+(k\geqslant1)$,因此在式(8.3.11)中以 w_k 代 n 得 $w_{k+2}=[\alpha w_{k+1}+0.5]=aw_{k+1}+bw_k$.

当 $\alpha,\beta\in\mathbf{Z}$ 时,由式(8.3.13),对一切 $k\geqslant1$ 有 $w_{k+1}=\alpha w_k$,于是

$$w_{k+2}-aw_{k+1}-bw_k=$$
$$w_{k+2}-(\alpha+\beta)w_{k+1}+\alpha\beta w_k=$$
$$(w_{k+2}-\alpha w_{k+1})-\beta(w_{k+1}-\alpha w_k)=0$$

故结论也成立.

必要性. 若 $|b-1|>|a|$,且 $\alpha,\beta\notin\mathbf{Z}$,则由引理 8.3.8,$|\beta|>1$. 而由

$$w_{k+2}=aw_{k+1}+bw_k=(\alpha+\beta)w_{k+1}-\alpha\beta w_k$$

得

$$w_{k+2}-\alpha w_{k+1}=\beta(w_{k+1}-\alpha w_k)$$

于是 $w_{k+2}-\alpha w_{k+1}=\beta^k(w_2-\alpha w_1)$. 从已知条件可知 $w_2\neq\alpha w_1$,由此 $|w_{k+1}-\alpha w_k|\to\infty(k\to\infty)$,故 k 充分大时式(8.3.13)不成立,此乃矛盾. 故证.

注　上述定理是对 Kimberling 的结果的修正,他忽略了 $\alpha,\beta\in\mathbf{Z}$ 的情况.

同一年,Kimberling 在另一文献[35]中把类似的结果推广到了高阶情形,我们即将在下一目介绍.

8.3.3　Stolarsky 数阵

我们已知知道全体 Wythoff 对中的数不重迭地复盖了正整数集. 1977 年,Stolarsky[37]发现了一个有趣的事实,用无数个 $\Omega(1,1)$ 中的整数序列可以不重迭地复盖 $\mathbf{Z}_+$. 把这些序列排成一个数阵时如下所示

1	2	3	5	8	13	21	…
4	6	10	16	26	42	68	…
7	11	18	29	47	76	123	…
9	15	24	39	63	102	165	…
12	19	31	50	81	131	212	…
14	23	37	60	97	157	254	…
17	28	45	73	118	191	309	…
			⋮				

记此数阵中第 i 行第 j 列的元素为 $s(i,j)(i,j=1,2,\cdots)$,则此数阵的构成规则是:

(1)$s(1,j)=f_{j+1}$ 为斐波那契数.

(2)$i>1$ 时,$s(i,1)$ 为在前面所有 $i-1$ 行中未曾出现过的最小正整数,而

$$s(i,j+2)=s(i,j+1)+s(i,j)(j\geqslant 1)$$

实际上,就是

$$s(i,j+1)=[\tau s(i,j)+0.5](j\geqslant 1),\tau=(1+\sqrt{5})/2$$

这一发现,引起了一些人的兴趣[35,36,38,42]. Stolarky 的结果,首先被推广到一般的二阶 F-L 序列,而 1991 年又为 Kimberling[35] 推广到高阶情形. 在推广中,舍入函数的迭代是一个重要工具. 我们下面着重介绍 Kimberling 的结果.

一个正整数的数阵 $s(i,j)(i,j=1,2,\cdots)$ 称为一个 Stolarsky **数阵**(更详细地,一个 $(a_1,\cdots,a_k)$ Stolarsky **数阵**),如果:

(1)每个正整数在此数阵中恰出现一次.

(2)存在整数 $a_1,\cdots,a_k,a_k\neq 0,k\geqslant 2$,使得对一切 $i\geqslant 1,j\geqslant 1$ 有

$$s(i,j+k)=a_1s(i,j+k-1)+\cdots+a_{k-1}s(i,j+1)+a_ks(i,j) \quad (8.3.14)$$

下面是一个三阶 Stolarsky 数阵,它的每一行都是 $\Omega(3,2,1)$ 中的序列. 值得注意的是,它的第一行不是 $\Omega(3,2,1)$ 中主序列 0,0,1,3,11,…去掉前面两个零得到的. 实际上,其每行均是按公式 $s(i,j+1)=[\alpha s(i,j)+0.5]$得到的,其中 $\alpha=3.627\ 365\ 084\ 711\ 83\cdots$ 为 x^3-3x^2-2x-1 的主实根. 则

1	4	15	54	196	711	2 579	9 355	…
2	7	25	91	330	1 197	4 342	15 750	…
3	11	40	145	526	1 908	6 921	25 105	…
5	18	65	236	856	3 105	11 263	40 855	…
6	22	80	290	1 052	3 816	13 482	50 210	…
8	29	105	381	1 382	5 013	18 184	65 960	…

⋮

引理 8.3.10　若 $\alpha>1, m, n\in \mathbf{Z}_{+}, m<n$，则 $[\alpha m+0.5]<[\alpha n+0.5]$.

证　由已知，$m\leqslant n-1$，则 $\alpha m\leqslant \alpha n-\alpha<\alpha n-1$，故 $[\alpha m+0.5]\leqslant[\alpha n-1+0.5]<[\alpha n+0.5]$.

引理 8.3.11　设 $f(x)=x^{k}-a_1x^{k-1}-\cdots-a_k$ 有一主实根 $\alpha>1$，对任意 $n\in \mathbf{Z}_{+}$，令 $g(n)=[\alpha n+0.5]$，若

$$g^{k+m}(n)=a_1g^{k+m-1}(n)+\cdots+a_kg^{m+1}(n)+a_kg^{m}(n) \tag{8.3.15}$$

对一切 $n\in \mathbf{Z}_{+}$ 及 $m=0$ 成立，则此式对一切 $n\in \mathbf{Z}_{+}$ 及 $m\geqslant 0$ 均成立.

证　当 $g^{k}(n)=a_1g^{k-1}(n)+\cdots+a_{k-1}g(n)+a_kn$ 对一切 $n\in \mathbf{Z}_{+}$ 成立时，以 $g^{m}(n)$ 代其中的 n 即得式(8.3.15). 证毕.

引理 8.3.12　在引理 8.3.11 的条件下，记

$$r_k=\{\alpha g^{k-1}(n)+0.5\}=\alpha g^{k-1}(n)+0.5-[\alpha g^{k-1}(n)+0.5]$$

则

$$g^{i}(n)=\alpha^{i}n+(\alpha^{i}-1)/(2(\alpha-1))-\sum_{j=1}^{i}r_j\alpha^{i-j}\ (i\geqslant 1)$$

证　$g(n)=\alpha n+0.5-r_1$，故 $i=1$ 时引理成立. 利用 $g^{i+1}(n)=\alpha g^{i}(n)+0.5-r_{i+1}$，可用归纳法证之.

定理 8.3.4　在引理 8.3.12 的条件下，令

$$\begin{aligned}M=&(a_1+\cdots+a_k-1)/(2(\alpha-1))-r_1a_k/\alpha-\\&r_2(a_k+a_{k-1}\alpha)/\alpha^{2}-r_3(a_k+\\&a_{k-1}\alpha+a_{k-2}\alpha^{2})/\alpha^{3}-\cdots-r_{k-1}(a_k+\\&a_{k-1}\alpha+\cdots+a_2\alpha^{k-2})/\alpha^{k-1}-r_k\end{aligned} \tag{8.3.16}$$

作数阵 $\{s(i,j)\}$ 如下：

(1)

$$s(1,1)=1,s(1,j)=[\alpha j+0.5](j\geqslant 1) \tag{8.3.17}$$

(2)$i>1$ 时,$s(i,1)$为不在 $s(t,j)(1\leqslant t\leqslant i-1,j\geqslant 1)$之中的最小正整数,而

$$s(i,j+1)=[\alpha s(i,j)+0.5](j\geqslant 1) \tag{8.3.18}$$

则$\{s(i,j)\}$为 Stolarsky 数阵之充要条件是$|M|<1$.

证 由$\{s(i,j)\}$之构成法知,每个 $n\in\mathbf{Z}_+$ 必在其中出现.今证每个 n 不重复出现.首先由引理 8.3.10,数阵中每行单调增加.又每行的第一数 $s(i,1)$不在前面的行出现.因此对任何 $1\leqslant t\leqslant i-1$,必存在 $j\geqslant 1$,使 $s(t,j)<s(i,1)<s(t,j+1)$.由此可得$[\alpha s(t,j)+0.5]<[\alpha s(i,1)+0.5]<[\alpha s(t,j+1)+0.5]$,即 $s(t,j+1)<s(i,2)<s(t,j+2)$,此说明 $s(i,2)$不在前面任一行中出现.依归纳法可证任何 $s(i,j)$亦如此.

这样,$\{s(i,j)\}$为 Stolarsky 数阵之充要条件就是式(8.3.15)对任何 $n\in\mathbf{Z}_+$ 及 $m\geqslant 0$ 成立了.而依引理 8.3.11,只需对 $m=0$ 成立即可.我们有

$$\begin{aligned}
&g^k(n)-\sum_{i=1}^{k}a_ig^{k-i}(n)=\\
&\alpha^k n+(\alpha^k-1)/(2(\alpha-1))-\sum_{j=1}^{k}r_j\alpha^{k-j}-\\
&\sum_{i=1}^{k}a_i(\alpha^{k-i}n+(\alpha^{k-i}-1)/(2(\alpha-1))-\sum_{j=1}^{k-i}r_j\alpha^{k-i-j})=\\
&nf(\alpha)+(\alpha^k-1-a_1(\alpha^{k-1}-1)-\\
&a_2(\alpha^{k-2}-1)-\cdots-a_{k-1}(\alpha-1))/(2(\alpha-1))-\\
&r_1(\alpha^{k-1}-a_1\alpha^{k-2}-\cdots-a_{k-2}\alpha-a_{k-1})-\\
&r_2(\alpha^{k-2}-a_1\alpha^{k-3}-\cdots-a_{k-2})-\cdots-\\
&r_{k-1}(\alpha-a_1)-r_k
\end{aligned}$$

利用 $f(\alpha)=0$ 的关系对上式右边各项加以变形，可知其结果恰为 M. 上式左边为一整数，故右边亦然. 式(8.3.15)成立之充要条件为 $M=0$，但此条件等价于 $|M|<1$. 证毕.

此定理应用于下面的几个推论，可得到一些具体的结果.

推论 1　设 $a_1,\cdots,a_k$ 为非负整数($a_k\neq 0$)，且

$$a_1\geqslant 1+a_2+\cdots+a_k \tag{8.3.19}$$

则 $\{s(i,j)\}$ 为 Stolarsky 数阵.

证　$f(x)=x^k-a_1x^{k-1}-\cdots-a_k$，由已知条件，$x\geqslant a_1+1$时 $f(x)>0$，$f(a_1)<0$，故 $f(x)$ 之主实根 α 适合 $a_1<\alpha<a_1+1$. 于是

$$M<(a_1+\cdots+a_k-1)/(2(a_1-1))\leqslant$$
$$2(a_1-1)/(2(a_1-1))=1$$

又在式(8.3.16)中令 $r_i=1-\varepsilon_i(i=1,\cdots,k)$得

$$M=-(a_1+\cdots+a_k-1)/(2(\alpha-1))+\varepsilon_1a_k/\alpha+$$
$$\varepsilon_2(a_k+a_{k-1}\alpha)/\alpha^2+\cdots+$$
$$\varepsilon_{k-1}(a_k+a_{k-1}\alpha+\cdots+a_2\alpha^{k-2})/\alpha^{k-1}+\varepsilon_k>$$
$$-(a_1+\cdots+a_k-1)/(2(\alpha-1))\geqslant -1$$

依定理得证.

由推论 1，可以构造出任何 $k(\geqslant 2)$阶的 Stolarsky 数阵. 但条件(8.3.19)并非必要的. 下面两个推论说明了这种情况.

推论 2　设 α 为 $p(x)=x^k-x^{k-1}-\cdots-x-1(k\geqslant 2)$的主实根，则以 $f(x)=(x-1)p(x)=x^{k+1}-a_1x^k-\cdots-a_{k+1}$为特征多项式构造的数阵 $\{s(i,j)\}$ 为 Stolarsky 数阵.

证　实际上 $f(x)=x^{k+1}-2x^k+1$，所以 $a_1=2$，

$a_{k+1}=-1$，其余的 $a_i=0$，故有

$$M=-r_1a_{k+1}/\alpha-r_2(a_{k+1}+a_k\alpha)/\alpha^2-\cdots-$$
$$r_k(a_{k+1}+a_k\alpha+\cdots+a_2\alpha^{k-1})/\alpha^k-r_{k+1}=$$
$$-r_{k+1}+\sum_{i=1}^{k}r_i/\alpha^i<\alpha^{-k}\sum_{i=0}^{k-1}\alpha^i=1$$

而 $M>-1$ 乃显然. 故证.

推论 3 设 $p(x)=x^3-c_1x^2-c_2x-c_3$ 有一主实根 α 适合

$$c_3\geqslant1,c_2\geqslant c_3(1-\alpha^{-1}),c_1\geqslant(c_2+c_3\alpha^{-1})(1-\alpha^{-1})$$

则以 $f(x)=(x-1)p(x')=x^4-a_1x^3-a_2x^2-a_3x-a_4$ 为特征多项式构造的数阵 $\{s(i,j)\}$ 为 Stolarsky 数阵.

证 有 $a_1=c_1+1,a_2=c_2-c_1,a_3=c_3-c_2,a_4=-c_3$. 则

$$M=r_1c_3/\alpha+r_2(c_3+\alpha(c_2-c_3))/\alpha^2+$$
$$r_3(c_3+\alpha(c_2-c_3)+\alpha^2(c_1-c_2))/\alpha^3-r_4$$

根据已知条件可知 r_2,r_3 之系数均非负，而 $c_3\geqslant1$，所以

$$M<c_3/\alpha+(c_3+\alpha(c_2-c_3))/\alpha^2+(c_3+\alpha(c_2-c_3)+$$
$$\alpha^2(c_1-c_2))/\alpha^3-r_4=$$
$$(c_1\alpha^2+c_2\alpha+c_3)/\alpha^3-r_4=1-r_4\leqslant1$$

又 $M>-1$ 乃显然，故证.

对于 $k=2$，由于定理 8.3.3，我们有：

定理 8.3.5 设 $f(x)=x^2-ax-b$(a,b 为非零整数)有实根 α,β，且 $|\beta|\leqslant1,\alpha>1$，则按 α 和 $f(x)$ 构造的数阵 $\{s(i,j)\}$ 为 Stolarsky 数阵.

Kimberling 曾提出一个问题：是否存在一个 Stolarsky 数阵，它至少有一行为 $\Omega(f(x))(\partial^\circ f=2)$ 中的

序列，而不是 $\Omega(f(x))$ 中的序列的行都是 $\Omega(g(x))(\partial^{\circ}g=3)$ 中的序列，且 $\gcd(f(x),g(x))=1$？

当然，这个问题应该是指这些序列分别以 $f(x)$ 和 $g(x)$ 为极小多项式，否则问题就是平凡的了．这个问题的解决有待对 Stolarsky 数阵性质的进一步探讨．

参考文献

[1]BRON J L,Jr. Zeckendorf's theorem and some applicaticaticatons[J]. Fibonacci Quart.,1964,2:162-168.

[2]BROWN J L. Unique representation of integers as sums of distinct Lucas numbers[J]. Fibonacci Quart.,1969,7:243-252.

[3]DAYKIN D E. Representation of natural numbers as sums of generalised Fibonacci numbers[J]. J. London Math. Soc.,1960,35:143-160.

[4]ZECKENDORF E. Reprèsentation des nombres naturels par une somme de nombres de Fibonacci ou de nombres de Lucas[J]. Bull. Soc. Royale Sci. Liege,1972,41:179-182.

[5]HOGATT V E. BICKNELL M. Generalized Fibonacci polynomials and Zeckendorf's representations[J]. Fibonacci Quart.,1973,11(4):399-419.

[6]LEKKERKERKER C G. Voorstelling van natuurlijk getallen door een som van getallen van Fibonacci[J]. Simon Stevin,1952,29:190-195.

[7]FILIPPONI P,MONTOLIVO E. Representation

of natural numbers as sums of Fibonacci numbers: an applications to modern Cryptography [M]//Applications of Fibonacci numbers, Berlin: Springer-Verlag, 1990, 3:89-99.

[8] FILIPPONI P, WOLFOWICZ W. A statistical property of nonadjacent ones binary sequences [J]. Note Recensioni Notizie, 1987, 103(314): 103-106.

[9] FILLIPPONI P. A noto on the representation of integers as a sum of distinct Fibonacci numbers [J]. Fibonacci Quart., 1986, 24(4): 336-343.

[10] CARLITZ L, SCOVILLE R, HOGGATT V E. Lucas representation [J]. Fibonacci Quart., 1972, 10: 29-42, 70, 112.

[11] CARLITZ L, SCOVILLE R, HOGGATT V E. Fibonacci representation [J]. Fibonacci Quart., 1972, 10: 527-530.

[12] GARLITZ L. Fibonacci representation [J]. Fibonacci Quart., 1968, 6.

[13] WYTHOFF W A. A modification of the game of Nim [J]. Nieuw Archief voor wiskunde, 1907, 7: 199.

[14] KLAMER D A. Partitions of N into distinct Fiboncci numbers [J]. Fibonacci Quart., 1968, 6(4): 235-243.

[15] HOGGATT V E, MATJORIE B J, RICHARD S. A generalization of Wythoff's Game [J]. Fibonacci Quart., 1979, 17(3): 198-211.

[16] MARJOIE B J. Generalized Wythoff numbers from simultaneous Fibonacci representations [J]. Fibonacci Quart. ,1985,23(4):308-318.
[17]PIHKO J. An algorithm for additive representation of positive integers[M]. Helsinki: Ann. Acad. Sci. Fenn. , Ser A I Math. Dissertations, 1983,46:1-54.
[18]PIHKO J. On Fibonacci and Lucas representotions and a theorem of Lekkerkerker[J]. Fibonacci Quart. ,1988,26(3):256-261.
[19]COQUET J,VAN DER BOSCH P. A summation formula involving Fibonacci digits[J]. J. Number Theory,1986,22:139-146.
[20]PETHO A,ROBERT R F T. On digit expansions with respect to linear recurrences[J]. J. Number Theory,1989,33:243-256.
[21]FREITAG H T,FILLIPPONI P. On the representation of integral sequence $\{f_n/d\}$ and $\{l_n/d\}$ as sums of Fibonacci numbers and as sms of Lucas numbers[J]. Applications of Foonacci numbers,1988,2:97-112.
[22]FREITAG H T,FILLIPPONI P. On the F-representation of integral sequences $\{f_n^2/d\}$ and $\{l_n^2/d\}$ where d is either a Fibonacci or Lucas number[J]. Fibonacci Quart. ,1989,27:276-282.
[23]谈祥柏.趣味对策论[M].北京:中国青年出版社,1982.
[24]TUCKER A. Applied combinatorics[M]. Man-

hattan:John Wiley & Sons,1984.

[25]WHINIHAN W J. Fibonacci Nim[J]. Fibonacci Quart. ,1963,1:9-13.

[26] ISAACS R P. Mentioned in gardner[J]. M. Math. Games,Sci. Amer. ,1997.

[27]KENYON J C. Nim-like games and the Sprague-Grudy theory[D]. Thesis, Alberta: Univ. Calgary,1967.

[28]PHILLIPS G M. Aitken sequences and Fibonacci numbers[J]. Amer. Math. Monthly,1984,91(6):354-357.

[29] EISENSTEIN M. B－530, B－531, Proplems proposed[J]. Fibonacci Quart. ,1984,22:274.

[30]LORD G. B－530,B－531,Problem solved[J]. Fibonacci Quart. ,1985,23:280-282.

[31]SHANNON A G,HORADAM A F. Generalized Fibonacci continued fractions [J]. Fibonacci Quart. ,1988,26:219-223.

[32] KNUTH D E. The art of computer programming,vol. 1[M]. Boston: Addison-Wesley Publishing Company,1975.

[33] CAPOCELLI R M, CULL P. Generalized Fibonacci numbers are rounded powers[M]. Applications of Fibonacci numbers,Berlin: Springer-Verlag,1990,3:57-62.

[34] KIMBERLING C. Second-order recurrence and iterats of[$\alpha n+1/2$][J]. Fibonacci Quart. ,1991,29(3):194-196.

[35] KIMBERLING C. Patitioning the positive integers with higher order recurrences[J]. Internal. J. Math. & Math. Sci. ,1991,14(3):457-462.

[36] KIMBERLING C. Second-order Stolarsky arrays [J]. Fibonacci Quart. ,1991,29(4):339-342.

[37] STOLARSKY K B. A set of generalized Fibonacci sequences such that each natural number belongs to exactly one [J]. Fibonacci Quart. ,1997,15:224.

[38] BUTCHER J C. On a conjecture concerning a set of sequences satisfying the Fibonacci differrce equation[J]. Fibonacci Quart. ,1978,16:81-83.

[39] HENDY M D. Stolarsky′s distribution of the positive integers[J]. Fibonacci Quart. ,1978,16:70-80.

[40] MORRISON D R. A Stolarsky array of Wythoff pairs,a Collection of manuscripts related to the Fibonacci sequence[J]. Fibonacci Association,1980:134-136.

[41] GBUR M E. A generalization of a problem of Stolarsky[J]. Fibonacci Quart. , 1981, 19: 117-121.

[42] BURKE J R,BERGUM G E. Covering the integers with linear recurrences[M]. Applications of Fibonacci numbers, Berlin: Springer-Verlag, 1988,2.